JN227205

記　号　表（続き）

V	K^n §1.1　V^*，$\cong$，$\langle f, x\rangle$ §1.2　$\{\ \}_K$，$x \equiv y \pmod W$，V/W §2.1　$V \otimes W$，$x \otimes y$ §2.2　$\mathscr{L}(V, V')$ §2.3　$\bigotimes_{i=1}^{s} V_i$，$\mathscr{L}(V_1, \cdots, V_s ; W)$ §2.4　$V \oplus W$，$\bigoplus_{i=1}^{s} V_i$ §3.1　$T^r(V)$ §3.2　$S^r(V)$，$A^r(V)$，$\mathscr{S}$，$\mathscr{A}$ §4.1　$T(V)$，$\mathrm{End}(V)$，$M_n(K)$，$\boldsymbol{H}$ §4.2　$S(V)$ §4.3　$A(V)$，$t \wedge t'$，$\wedge^r(V)$，$\wedge(V)$ §5.1　$V_{K'}$，$V_{\mathbf{C}}$ §5.2　${}_K\widetilde{V}$ 研究課題の1　$GL(V)$，ρ_W 研究課題の2　$\sim$，$\mathrm{Hom}_G(V, V')$，$\mathrm{End}_G(V)$ 研究課題の3　$(\rho : \rho_i)$，ρ^*
附録	§1　$\equiv$，$(\overrightarrow{PQ})$

数学選書 1

線型代数学

（新装版）

佐武一郎 著

裳 華 房

JCOPY 〈出版者著作権管理機構 委託出版物〉

2006年度日本数学会出版賞受賞のことば

今年（2006年）3月の学会のとき，思いがけず日本数学会出版賞をいただいた．大変有り難いことと思っている．

この「線型代数学」（最初は「行列と行列式」）が出版されたのは1958年春なので，もう50年近くも昔の話である．丁度その前年の秋に，パリのポアンカレ研究所に行くことが決まっており，東大の数学教室ではその学年の通年講義はしなくてもよいという，非常に寛大な処置をしていただいた．その余暇を利用して裳華房に以前から依頼されていたこの本を書きあげることができたのである．

序文にもかいたように，この本は教科書というより自習書，参考書として読んでもらうことを念頭に，内容も事実よりも概念の説明に重点をおいてかいた．そのため，今読み返してみると同じことを見方を変えて繰り返し説明しているような所が多い．しかし意外に多くの方々に読んでいただけたことは，このような特徴を認めていただけたのかと思い感謝している．

本をかくということは，著者に思いがけない恩恵を与えてくれることがある．私がT-病院に入院して手術を受けたとき，担任の医師の方から，「あなたはもしかして“行列……”をかいたS-さんではありませんか？」ときかれ，「そうだ」というと，「あの本にはずいぶん苦しめられましたよ」といいながらも，ある親近感をもって接していただいた．そのお陰でこちらも安心して手術を受けられたのであった．

著書は著者とは独立の運命をたどるものなので，著者の期待とは逆の評価をうけることも珍しくはない．しかしこの本に関する限り，私は非常に幸運な著者であった．この機会をかりて，改めて裳華房編集部の方はじめ，この本を支援して下さった多くの方々に，心からお礼を申し上げたい．

佐 武 一 郎

〔「数学通信」11巻2号掲載「特集：2006年度日本数学会出版賞受賞者のことば」より〕

本書は1958年刊（1974年増補改題），佐武一郎著「線型代数学」を“新装版”として刊行するものです．刊行にあたっては，明らかな誤記，誤植と思われる箇所について適宜訂正をおこない，また，あわせて一部の文字づかいをあらためました．

増補版への序

本書旧版（「行列と行列式」）が上梓されてから早くも15年余りの歳月が流れた．このたびMarcel Dekker社から英語版が出されるのに際し，かねて念願していたテンソル代数に関する一章を附加え，表題も「線型代数学」と改めることにした．この新しく追加した章においては表現論や微分幾何学を学ぶ上に特に重要な基礎概念であるテンソルの概念を詳述し，その応用として群（特に置換群）の表現論を概説した．原則的には抽象代数学の知識は仮定せず，本書前半と同じ枠内で理解し得るように努めた積りである．しかしそのため却って説明の重複や，接続の不自然な点が生じたことについては読者の寛容を乞わなければならない．尚この機会に英訳に協力されたS. Koh，秋葉忠利，伊原信一郎の三氏，並びに裳華房社長 安孫子貞次氏に感謝の意を表する．

1973年5月，Berkeleyにて

著　　者

序

本書は主として大学教養課程の学生諸君を対象に行列と行列式に関する最も基礎的な理論およびその根底に横たわるベクトル空間や一次写像の概念を説明したものである．

この程度のいわゆる‘線型代数学’は現在数学のあらゆる分野において不断に使用されるものであるから，特に理工科方面に進まれる人にとって欠くことのできない数学的教養の一つといえよう．従って教養課程においてそのために十分の講義がなされることが非常に望ましいのであるが，実際には時間数の不足と種々の伝統的制約のために，ごく大ざっぱな説明しかなされていないようである．本書はこのような現状に対する不満（教師の側からも学生の側からも）を少しでも緩和しようとして企画されたのであった．

それゆえ本書はもっぱらこうした過渡期における学生諸君の良き‘自習書’となることを目標として書かれた．そのために事項の選択や配列に関して，教科書や専門書とは違った特別の配慮をしたつもりである．例えばベクトルの概念にしても，最初からベクトル空間の公理を挙げて説明することをせず，はじめのうちは具体的な数ベクトルについて述べ，読者がある程度それに馴れるのを待って公理によってそれまでの結果を整理するという方針をとった．(このため III, §§6, 7 は本書を読む上に最も重要な概念上の転回点となった．）このような説明法は純数学的にはあまり好ましいものではないが，多くの読者にとって理解しやすいものであると信じる．一方，基礎事項の解説とともにそれらがいかに応用されるかを示すことも重要と考えたので，かなり多くの応用例をとり入れ，また他の分野との関連を明らかにするための説明を加えた．これらの部分（主として本文中小活字の部分および各章末の研究課題）はしかし初学者にとってかえってわずらわしいものであるかもしれない．はじめて通読される際にはあまりこだわらず読み進まれるのがよいであろう．その他本書の構成および読書上の注意に関しては目次および凡例を参照せられたい．

本書の内容は必ずしも‘新しい’ものではなく（事実それは大部分前世紀に得ら

れたものである)，またその説明も完全には現代的なものではない．しかし著者はこれらを通して読者をしらずしらずのうちに現代的思考へと導こうと努めたつもりである．

以上のような意味においてこの小著がいくらかでも学生諸君の役に立てば著者の本懐とする所である．

最後に本書の執筆にあたって東大教養学部数学教室の同僚諸氏から多くの助言を得たこと，および裳華房編集部の安孫子貞次氏に終始お世話になったことを記し，心から感謝の意を表する次第である．

1957 年　秋

著　　者

凡　例

1　本書は五つの章と附録とからなり，各章はいくつかの節と研究課題とからなっている．定理および式の番号は各章で通し番号とし（ただし研究課題の部分は別），例，問は各節で通し番号とした．

2　「問」は本文の理解をたすける程度の簡単なものに止めた．しかし中には二，三難しいものもある．すべての問題に対しかなり丁寧な解答を巻末に与えておいた．

3　各章の終りにある「研究課題」では自由に話題を選んで活きた数学と接触する機会を作ろうとした．しかし全体を通読するためには，もちろんとばして読んで差支えない．

4　I,§5，II,§6 もとばして読むことができる．また IV において，‘対称行列’‘二次形式’の標準化だけを知りたいと思う人は，§§1,2 にある必要な定義を参照しながら直接 §§3,4 を読むことができよう．一方，III から直接 V に進むこともできる．V においてはベクトル空間をより抽象的に取扱うためいくつか他の章と異る記号を用いたことに注意されたい．

5　「附録」では本文に述べたことの幾何学的意味づけを与えた．結局，解析幾何の résumé のようなものである．必ずしも本文を読み終ってからでなく，随時参考にされるならば，本文の理解をたすけることにもなると思う．

6　新しく定義されたすべての単語（太字）および重要な術語には巻末にその英訳と共に「索引」を設けた．また「文献表」においては，各所に引用した諸文献，および本書に接続する数学の諸分野の参考書のうち標準的と思われるものを列記した．

7　本書では論理および集合論の記号を多少使った．次に主な記号とその意味（読み方）を挙げておこう．

$P \Longrightarrow Q$	命題 P が成立すれば，命題 Q も成立する；P ならば Q である．
$P \Longleftrightarrow Q$	$P \Longrightarrow Q$ かつ $Q \Longrightarrow P$；P なるためには Q なることが

必要十分である；P と Q とは同値である．

$a \in M$	a は集合 M の元である；a は M に属す；M は a を含む．
$a \notin M$	$a \in M$ の否定；a は M に属さない；M は a を含まない．
$\{a_1, a_2, \cdots, a_m\}$	元 $a_1, a_2, \cdots, a_m$ からなる集合．
$\{a\,;\,......\}$	...... なる条件を満たす元 a 全体の集合．
$M \subset N$	$a \in M \Longrightarrow a \in N$；$M$ は N の部分集合である；M は N に含まれる；N は M を含む．
$M \not\subset N$	$M \subset N$ の否定；M は N に含まれない；N は M を含まない．
$M \subsetneqq N$	$M \subset N$ かつ $M \neq N$；M は N の真部分集合である；M は N に含まれかつ一致しない．
ϕ	空集合；一つも元を含まない集合．
$M \cap N$	$\{a\,;\,a \in M$ かつ $a \in N\}$；M, N の共通部分；M, N の交わり．
$M \cup N$	$\{a\,;\,a \in M$ または $a \in N\}$；M, N の和集合．
$M \times N$	$\{(a, b)\,;\,a \in M, b \in N\}$；$M, N$ の直積集合．

なお $\sum$, $\prod$ はそれぞれ和，積の記号である．例えば，

$$\sum_{i=1}^{n} a_i = \sum_{1 \leqq i \leqq n} a_i = a_1 + a_2 + \cdots + a_n.$$

一般に $\sum_{\cdots\cdots} a_i$ は …… なる条件を満たす元 a_i 全体の和を表わす．(p. 24)．二つの写像 ψ, φ の合成を $\varphi \cdot \psi$（特に V においては $\varphi \circ \psi$）で表わす．(pp. 21, 42)．また恒等写像および群，環の単位元等を表わすため多くの場合，文字 1 を流用した．特に記号 1_M は集合 M の恒等変換を表わす．その他本書で用いた主要な記号は見返しの「記号表」に表示した．

編集部による注記

本書では「線型代数学」第66版第4刷（2015年1月発行）を底本とし，著者の生前に指示のあった加筆，修正の内容を反映させた．その他の内容については原則変更を加えない一方，明らかな誤記，誤植と思われる箇所については適宜訂正をおこない，また，あわせて一部の文字づかいをあらためた．

なお本書99頁における部分空間の定義については，“W が空でない”という条件が必要では，という旨の指摘を複数の読者からいただいている．

目　次

I　ベクトルと行列の演算

II　行列式

III　ベクトル空間

Ⅳ　行列の標準化

Ⅴ　テンソル代数

附録　幾何学的説明

I

ベクトルと行列の演算

§1　ベクトルの演算

$(2, 0, -1)$，$\left(\frac{2}{3}, \sqrt{2}, \sqrt{2}\right)$ のように3個の数を一列に並べて書いたものを3次元の**数ベクトル**，または略して単に3次元のベクトルという*)．一つの3次元ベクトルを構成する3個の数をそのベクトルの**成分**という．一般に n 個（n は任意の正の整数）の数を一列に並べたものを n 次元のベクトルといい，その n 個の数をそのベクトルの成分という．この節ではこのようなベクトルの演算について説明するが，そのためにはまずベクトルやその成分を表わすのに都合のよい記法を導入する必要がある．

ベクトルの演算の定義や法則を述べるためには，どうしても‘一般の’ベクトル，すなわち成分が任意の数であるようなベクトルを使用しなければならない．3次元の一般のベクトルは3個の文字 a，b，c を用いて (a, b, c) と表される．(a, b, c はそれぞれ独立に任意の数を表わす．) しかしこのような記法では次元の高いベクトル，あるいは一般的に n 次元ベクトルを表わそうとする場合に都合が悪い．そこで3個の文字 a，b，c のかわりに，1個の文字 a に添数（index）1，2，3をつけたものを用いて，(a_1, a_2, a_3) のように表わす．この記法を使えば，例えば100次元のベクトルの場合にも全く同様にして，$(a_1, a_2, a_3, \cdots, a_{99}, a_{100})$，また一般に n 次元のベクトルの場合には，$(a_1, a_2, \cdots, a_n)$ と書くことができる．

ベクトル $(a_1, a_2, \cdots, a_n)$ は略して (a_i) と書かれる場合が多い．これはそのベクト

---

*) われわれは III, §6 においてベクトルのより抽象的な定義を与える．また幾何学的に導入されるベクトルと I ～ III で扱うベクトルとの関係については附録, §1, §4 で触れることにする．

ルの第 i 番目 $(i=1,2,\cdots,n)$ の成分が a_i で与えられることを示すのである．

またわれわれは個々の数 $a_1, a_2, \cdots, a_n$ ではなく，その組 $(a_1, a_2, \cdots, a_n)$ を一つの数学的対象として取り扱うのであるから，それを $\boldsymbol{a}=(a_1, a_2, \cdots, a_n)$ のように一つの文字で表わす方が考えやすい．本書ではベクトルを表わすのに $\boldsymbol{a}, \boldsymbol{b}, \cdots, \boldsymbol{x}, \boldsymbol{y}, \cdots$ 等の太字を用いることにする．

このように記号を定めた上で，もう一度念のために n 次元ベクトルの定義からやり直すことにしよう．n 個の数 a_i $(i=1,2,\cdots,n)$ の順序づけられた組

$$\boldsymbol{a}=(a_1, a_2, \cdots, a_n)$$

を **$\boldsymbol{n}$ 次元(数)ベクトル**といい，a_i をその**第 $\boldsymbol{i}$ 成分**という．二つのベクトル

$$\boldsymbol{a}=(a_1, a_2, \cdots, a_n), \qquad \boldsymbol{b}=(b_1, b_2, \cdots, b_{n'})$$

はその次元数 n と n' とが相等しく，かつ対応する成分 a_i と b_i とが相等しいとき，またその時に限って相等しいという．すなわち，$\boldsymbol{a}=\boldsymbol{b}$ なる等式は，次元数が相等しいこと $(n=n')$ を前提として，n 個の等式

$$a_i=b_i \qquad (i=1,2,\cdots,n)$$

と同値である. この定義によれば, 例えば $(1,2) \neq (2,1)$, また $(1,2) \neq (1,2,0,0)$.

さて同じ次元（以下，次元は n とする）のベクトル $\boldsymbol{a}=(a_i), \boldsymbol{b}=(b_i), \cdots$ に対して次の二つの演算が定義される．

(I) **加法**：$\boldsymbol{a}+\boldsymbol{b}=(a_1+b_1, a_2+b_2, \cdots, a_n+b_n)$.

これを $\boldsymbol{a}$，$\boldsymbol{b}$ の**和**という．

(II) **スカラー乗法***)：c を任意の数とするとき

$$c\boldsymbol{a}=(ca_1, ca_2, \cdots, ca_n).$$

これを $\boldsymbol{a}$ の c **倍**という．

これらの演算は成分ごとに行う演算をまとめて書いたものに過ぎないから，数に関する演算法則がほとんどそのまま成立する．以下それらの法則のうち特に基本的なものについて説明しよう．

まず

(1)　$(\boldsymbol{a}+\boldsymbol{b})+\boldsymbol{c}=\boldsymbol{a}+(\boldsymbol{b}+\boldsymbol{c})$,　（結合の法則）

(2)　$\boldsymbol{a}+\boldsymbol{b}=\boldsymbol{b}+\boldsymbol{a}$.　（交換の法則）

これらは対応する数の法則（§5 参照）から直ちに証明される．例えば，(2) は

$$((\boldsymbol{a}+\boldsymbol{b})\text{の第 } i \text{ 成分}) = a_i+b_i=b_i+a_i$$

---

*) ベクトル算においては普通の数のことを‘スカラー’という場合がある．

$$= ((\boldsymbol{b} + \boldsymbol{a})\text{の第}\,i\,\text{成分}).$$

ゆえに定義により $\boldsymbol{a} + \boldsymbol{b} = \boldsymbol{b} + \boldsymbol{a}$.

次にすべての成分が0に等しいベクトルを $\mathbf{0}$ で表わし，n 次元の**零ベクトル**という．すなわち，$\mathbf{0} = (0, 0, \cdots, 0)$．そのとき，任意の n 次元ベクトル $\boldsymbol{a}$ に対して

(3) $$\boldsymbol{a} + \mathbf{0} = \boldsymbol{a},$$

また $(-1)\boldsymbol{a} = (-a_1, -a_2, \cdots, -a_n)$ を $-\boldsymbol{a}$ で表わせば

(4) $$\boldsymbol{a} + (-\boldsymbol{a}) = \mathbf{0}$$

が成立する.（これらのことも定義からほとんど明らかであろう.）さて二つのベクトル $\boldsymbol{a}$，$\boldsymbol{b}$ が与えられたとき，方程式

$$\boldsymbol{x} + \boldsymbol{a} = \boldsymbol{b}$$

を満たすベクトル $\boldsymbol{x}$ はただ一つ存在し，$\boldsymbol{b} + (-\boldsymbol{a}) = (b_i - a_i)$ で与えられる．実際，上式を満足するベクトル $\boldsymbol{x} = (x_i)$ が存在したとすれば，両辺の第 i 成分を比較して，$x_i + a_i = b_i$. ゆえに $x_i = b_i - a_i$. 逆に $\boldsymbol{x} = (b_i - a_i)$ とおけば，$((\boldsymbol{x} + \boldsymbol{a})$ の第 i 成分$) = (b_i - a_i) + a_i = b_i$. ゆえに $\boldsymbol{x} = (b_i - a_i)$ は上式を満足する．ベクトル $(b_i - a_i)$ を $\boldsymbol{b} - \boldsymbol{a}$ で表わす．このようにして加法の逆演算である‘減法’が可能となった．

例　$\boldsymbol{x} + (4, 5, 6) = (1, 2, 3)$ の解：$\boldsymbol{x} = (-3, -3, -3)$.
　　$\boldsymbol{x} + (6, 5, 4) = (1, 2, 3)$ の解：$\boldsymbol{x} = (-5, -3, -1)$.

スカラー乗法に関しても，数の乗法の場合と同様な法則が成立する．すなわち，$c, d, \cdots$ を任意の数とするとき

(5) $$c(\boldsymbol{a} + \boldsymbol{b}) = c\boldsymbol{a} + c\boldsymbol{b},$$ （ベクトルに関する分配の法則）

(6) $$(c + d)\boldsymbol{a} = c\boldsymbol{a} + d\boldsymbol{a},$$ （スカラーに関する分配の法則）

(7) $$(cd)\boldsymbol{a} = c(d\boldsymbol{a}).$$ （結合の法則）

また任意のベクトルの1倍はそのベクトル自身に相等しい：

(8) $$1\boldsymbol{a} = \boldsymbol{a}.$$

スカラー $c \neq 0$ およびベクトル $\boldsymbol{a}$ が与えられたとき，方程式

$$c\boldsymbol{x} = \boldsymbol{a}$$

を満たすベクトル $\boldsymbol{x}$ はただ一つ存在し $\dfrac{1}{c}\boldsymbol{a} = \left(\dfrac{a_i}{c}\right)$ で与えられる．一方，任意のベクトルの0倍，および零ベクトルの任意のスカラー倍はつねに零ベクトルになる．すなわち

(9) $$0\boldsymbol{a} = c\mathbf{0} = \mathbf{0}.$$

以上証明はすべて容易であろう．

スカラー乗法は (スカラー) × (ベクトル) = (ベクトル) の形の乗法であるから，積における左側の因子と右側の因子とが対等でなく，従って本来の意味でベクトルの乗法ということはできない．

本来の意味でのベクトルの乗法，すなわち (ベクトル) × (ベクトル) = (ベクトル) の形の乗法は種々の場合に種々の仕方で導入される．例えば，次節で説明する n 次正方行列の乗法は n^2 次元ベクトルの一つの乗法と考えられる．また複素数の乗法は実数を成分とする 2 次元ベクトルの一つの乗法である．一方，われわれは，ベクトルの計量(長さ，角等)を定義するために，§6 において (ベクトル) × (ベクトル) = (スカラー) の形の乗法である‘内積’を導入する．これらの演算はしかしベクトル算としてはむしろ特別なものと見るべきであって，単にベクトルの演算というときにはこの節で述べた加法とスカラー乗法とだけを指すのである．この意味でベクトルの演算は本質的に加法的なものなのである．

与えられた有限個のベクトル $\boldsymbol{a}_\nu = (a_i^{(\nu)})\ (\nu = 1, 2, \cdots)$ から加法および任意のスカラー乗法によって生じるベクトル，すなわち

$$\sum_\nu c_\nu \boldsymbol{a}_\nu = \Big(\sum_\nu c_\nu a_1^{(\nu)}, \sum_\nu c_\nu a_2^{(\nu)}, \cdots, \sum_\nu c_\nu a_n^{(\nu)}\Big)^{*)}$$

の形のベクトルを $\boldsymbol{a}_\nu\ (\nu = 1, 2, \cdots)$ の**一次結合**という．また $\boldsymbol{a} = \sum_\nu c_\nu \boldsymbol{a}_\nu$ であるとき $\boldsymbol{a}$ は $\boldsymbol{a}_\nu\ (\nu = 1, 2, \cdots)$ の一次結合として表わされるという．

第 i 成分が 1 で他の成分はすべて 0 であるようなベクトルを $\boldsymbol{e}_i$ で表わし，$\boldsymbol{e}_i$ $(i = 1, 2, \cdots, n)$ を n 次元の**単位ベクトル**という．すなわち

$$\begin{aligned}\boldsymbol{e}_1 &= (1, 0, 0, \cdots, 0),\\ \boldsymbol{e}_2 &= (0, 1, 0, \cdots, 0),\\ &\cdots\cdots\cdots\\ \boldsymbol{e}_n &= (0, 0, 0, \cdots, 1).\end{aligned}$$

任意の n 次元ベクトル $\boldsymbol{a}$ は単位ベクトルの一次結合として一意的**) に表わされる．実際，$\boldsymbol{a} = (a_i)$ とすれば，明らかに

$$\boldsymbol{a} = a_1\boldsymbol{e}_1 + a_2\boldsymbol{e}_2 + \cdots + a_n\boldsymbol{e}_n.$$

逆に，$\boldsymbol{a} = x_1\boldsymbol{e}_1 + x_2\boldsymbol{e}_2 + \cdots + x_n\boldsymbol{e}_n$ とすれば，両辺の第 i 成分を比較して，$x_i = a_i$ を得る．

---

*) 本書では特に断らない限り和の記号 $\sum_\nu$ はつねに有限和を表わすものとする．

**) uniquely の訳語である．すなわち，表現の仕方がただ一通りしかないとき，‘表現は一意的である’という．また表現できてしかもその仕方がただ一通りしかないとき，‘一意的に表現できる’という．同様に方程式に解が (存在してしかも) ただ一つしかないとき，(‘一意的に解ける’または) ‘解は一意的である’という．

問 1　$2(2,0,-1)+\sqrt{2}\left(\frac{2}{3},\sqrt{2},\sqrt{2}\right)-3(1,1,8)$ を計算せよ.

問 2　ベクトル $(1,0,0)$ をベクトル $(0,1,1)$, $(1,0,1)$, $(1,1,0)$ の一次結合として表わせ.

§2　行列の演算

一般に nm 個（n, m は正の整数）の数を縦 n, 横 m の長方形に並べて書いたものを n 行 m 列の**行列**（マトリックス), または略して **(n, m) 型の行列**, (n, m) 行列などという. 一つの行列を構成する nm 個の数をその行列の**成分**という. また同じ横線上に並んでいる m 個の数の組をその行列の**行**, 精しくは第 1 行, 第 2 行, …, 第 n 行といい, 同じ縦線上に並んでいる n 個の数の組をその行列の**列**, 精しくは第 1 列, 第 2 列, …, 第 m 列という. 例えば

$$\begin{pmatrix} 1 & 3 & 0 & -1 \\ 2 & 5 & \frac{1}{2} & 6 \\ -2 & 3 & -10 & \frac{1}{4} \end{pmatrix}$$

は $(3,4)$ 型の行列で, $(1,3,0,-1)$, $\left(2,5,\frac{1}{2},6\right)$, … がその行, $(1,2,-2)$, $(3,5,3)$, … がその列である.

(n, m) 行列の行, または列をそれぞれ m 次元, n 次元のベクトルと見なして, ‘行ベクトル’, ‘列ベクトル’ などという場合がある.

行列の任意の成分は, それを含む行の番号と列の番号との組（その成分の座標！）によって完全に指定される；従って第 i 行 $(i=1,\cdots,n)$ と第 j 列 $(j=1,\cdots,m)$ の交叉点にある成分をその行列の **(i,j) 成分**という. 例えば, 上の例では $(1,3)$ 成分は 0 であり, $(3,2)$ 成分は 3 である.

われわれは行列を表わすのに $A, B, \cdots, X, Y, \cdots$ 等の大文字を用いる. また一般の (n, m) 型行列の成分は

$$A=\begin{pmatrix} a_{11} & a_{12} & \cdots & a_{1m} \\ a_{21} & a_{22} & \cdots & a_{2m} \\ & \cdots\cdots & & \\ a_{n1} & a_{n2} & \cdots & a_{nm} \end{pmatrix}$$

のように, 一つの文字 a *) に二重の添字をつけて表わすのが便利である. すなわ

*)　多くの場合, 行列を表わす大文字に対応する小文字を用いる.

ち，A の (i, j) 成分を a_{ij} によって表わすのである．また，行列 A の (i, j) 成分が a_{ij} によって与えられているとき，$A = (a_{ij})$ と略記することが多い[*]．

二つの行列 $A = (a_{ij})$，$B = (b_{ij})$ は型が同じで，かつ対応する成分が相等しいとき，またそのときに限って相等しいという．すなわち，$A = B$ は，型が同じである（共に (n, m) 型である）ことを前提として，$a_{ij} = b_{ij}\,(1 \leqq i \leqq n,\ 1 \leqq j \leqq m)$ を意味する．また，同じ型（以下 (n, m) 型とする）の行列に対し，前節におけると同様にして加法およびスカラー乗法を定義することができる．

(I) **加法**：$A = (a_{ij})$，$B = (b_{ij})$ に対し，$A + B = (a_{ij} + b_{ij})$．すなわち

$$A + B = \begin{pmatrix} a_{11} + b_{11} & a_{12} + b_{12} & \cdots & a_{1m} + b_{1m} \\ a_{21} + b_{21} & a_{22} + b_{22} & \cdots & a_{2m} + b_{2m} \\ & \cdots\cdots & & \\ a_{n1} + b_{n1} & a_{n2} + b_{n2} & \cdots & a_{nm} + b_{nm} \end{pmatrix}.$$

(II) **スカラー乗法**：c を任意の数とするとき，$cA = (ca_{ij})$．すなわち

$$cA = \begin{pmatrix} ca_{11} & ca_{12} & \cdots & ca_{1m} \\ ca_{21} & ca_{22} & \cdots & ca_{2m} \\ & \cdots\cdots & & \\ ca_{n1} & ca_{n2} & \cdots & ca_{nm} \end{pmatrix}.$$

これらの演算は結局 (n, m) 型の行列を（その成分を適当な方法で一列に並べることにより）nm 次元のベクトルとみなして加法およびスカラー乗法を行うことに他ならない．従ってベクトルの演算に関する諸法則は行列の演算 (I)，(II) に関してもそのまま成立する．ただしその際，零ベクトルに相当するものはすべての成分が 0 である行列

$$0 = \begin{pmatrix} 0 & 0 & \cdots & 0 \\ 0 & 0 & \cdots & 0 \\ & \cdots\cdots & & \\ 0 & 0 & \cdots & 0 \end{pmatrix}$$

である．これを（(n, m) 型の）**零行列**という．零行列を表わすのに数の零を表わすのと同じ 0 を用いるが，そのために混乱が起きることはないであろう．

例 $\begin{pmatrix} 1 & 2 \\ 3 & 4 \end{pmatrix} + \begin{pmatrix} 1 & 3 \\ 2 & 4 \end{pmatrix} = \begin{pmatrix} 2 & 5 \\ 5 & 8 \end{pmatrix}$, $\quad \begin{pmatrix} 1 & 2 \\ 3 & 4 \end{pmatrix} - \begin{pmatrix} 1 & 3 \\ 2 & 4 \end{pmatrix} = \begin{pmatrix} 0 & -1 \\ 1 & 0 \end{pmatrix}$,

---

[*] しかし，場合によっては (a_{ik})，$(a_{\lambda\mu})$，(a_{pq}) のように添数を (i, j) 以外の文字で表わすこともある．このような場合二つの添数のうちどちらが行の番号を表わし，どちらが列の番号を表わすかを一々明示するであろう．

$$\begin{pmatrix}2 & 5\\ 5 & 8\end{pmatrix}+\begin{pmatrix}0 & -1\\ 1 & 0\end{pmatrix}=2\begin{pmatrix}1 & 2\\ 3 & 4\end{pmatrix},\qquad \begin{pmatrix}2 & 5\\ 5 & 8\end{pmatrix}-\begin{pmatrix}0 & -1\\ 1 & 0\end{pmatrix}=2\begin{pmatrix}1 & 3\\ 2 & 4\end{pmatrix}.$$

また，単位ベクトルに相当するものは (i,j) 成分が 1，他のすべての成分が 0 であるような行列

$$E_{ij}=\begin{array}{c}\begin{array}{ccc} & \overset{j}{\smile} & \end{array}\\ \left(\begin{array}{ccc}0 & \vdots & 0\\ \cdots\cdots & 1 & \cdots\cdots\\ 0 & \vdots & 0\end{array}\right)\end{array}\!\!\begin{array}{l}\\ \\ (i\\ \\ \end{array}\quad (1\leqq i\leqq n,\ 1\leqq j\leqq m)$$ [*]

である．これら nm 個の行列を（(n,m) 型の）**行列単位**という.（ただしこれらを‘単位行列’とはいわない．単位行列という名称は別の意味に用いる．p. 12 参照.）任意の (n,m) 型の行列は nm 個の行列単位 E_{ij} の一次結合として一意的に表わされる．すなわち $A=(a_{ij})$ とすれば

$$A=\sum_{\substack{1\leqq i\leqq n\\ 1\leqq j\leqq m}} a_{ij}E_{ij}.$$

さて以上述べて来たベクトルや行列の演算は各成分ごとに行われる数の演算をただまとめて書いたものに過ぎなかった．われわれはここではじめて本質的に新しい演算として，行列の乗法を定義しよう．

(III) **行列の乗法**：$A=(a_{ij})$，$B=(b_{jk})$ をそれぞれ (i,j) 成分が a_{ij}，(j,k) 成分が b_{jk} であるような (n,m) 型，(m,l) 型の行列とする.（$1\leqq i\leqq n$，$1\leqq j\leqq m$，$1\leqq k\leqq l$.）そのとき，A の第 i 行と B の第 k 列とは共に m 次元のベクトルであるから，その対応する成分の積の和

$$c_{ik}=a_{i1}b_{1k}+a_{i2}b_{2k}+\cdots+a_{im}b_{mk}$$

を作ることができる．これを (i,k) 成分とする (n,l) 型の行列 $C=(c_{ik})$ を A，B の**積**といい，AB で表わす．すなわち

$$AB=\begin{pmatrix}\sum_{j=1}^{m}a_{1j}b_{j1} & \sum_{j=1}^{m}a_{1j}b_{j2} & \cdots & \sum_{j=1}^{m}a_{1j}b_{jl}\\ \sum_{j=1}^{m}a_{2j}b_{j1} & \sum_{j=1}^{m}a_{2j}b_{j2} & \cdots & \sum_{j=1}^{m}a_{2j}b_{jl}\\ & \cdots\cdots & & \\ \sum_{j=1}^{m}a_{nj}b_{j1} & \sum_{j=1}^{m}a_{nj}b_{j2} & \cdots & \sum_{j=1}^{m}a_{nj}b_{jl}\end{pmatrix}.$$

---

[*] 行列のある部分の成分がすべて 0 であるとき，その部分に略記号として（大きな）0 を記入する．

この操作を図示すれば次の通りである.

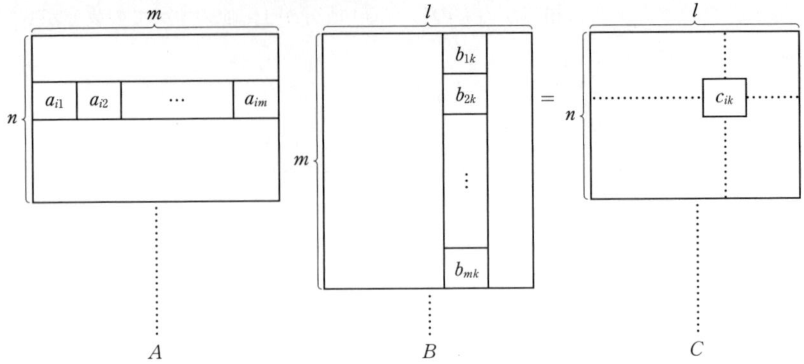

この定義からもわかるように行列の乗法では積の順序が重要である. 積 AB が定義されても積 BA は必ずしも定義されない. 積 BA が定義されるためには $n = l$ でなければならない. $l = m = n$ ならば, AB も BA も定義されて共に (n, n) 型の行列になるが, その場合でも $AB = BA$ であるとは限らない. 例えば

$$\begin{pmatrix} 1 & 2 \\ 0 & 2 \end{pmatrix}\begin{pmatrix} 1 & 0 \\ 2 & 2 \end{pmatrix} = \begin{pmatrix} 5 & 4 \\ 4 & 4 \end{pmatrix},$$

$$\begin{pmatrix} 1 & 0 \\ 2 & 2 \end{pmatrix}\begin{pmatrix} 1 & 2 \\ 0 & 2 \end{pmatrix} = \begin{pmatrix} 1 & 2 \\ 2 & 8 \end{pmatrix}.$$

行列の乗法では交換の法則は一般には成立しない. $AB = BA$ であるとき, 特に A, B は交換可能または可換であるという.

しかし行列の演算に関して次のような法則は成立する.

(10) $$(AB)C = A(BC),$$ (結合の法則)

(11) $$A(B + C) = AB + AC,$$ (左側分配の法則)

(12) $$(A + B)C = AC + BC.$$ (右側分配の法則)

ただし, これらの式が意味をもつとしてである. 例えば (10) において A, B, C はそれぞれ $(n, m), (m, l), (l, p)$ 型の行列であるとする. 証明はいずれも簡単であるが, 一例として (10) を証明しよう. A, B, C の $(i, j), (j, k), (k, h)$ 成分 $(1 \leqq i \leqq n,\ 1 \leqq j \leqq m,\ 1 \leqq k \leqq l,\ 1 \leqq h \leqq p)$ をそれぞれ a_{ij}, b_{jk}, c_{kh} とすれば

$$(AB\text{の}(i, k)\text{成分}) = \sum_{j=1}^{m} a_{ij}b_{jk}, \qquad (BC\text{の}(j, h)\text{成分}) = \sum_{k=1}^{l} b_{jk}c_{kh},$$

ゆえに

$$
\begin{aligned}
((AB)C\text{の}(i,h)\text{成分}) &= \sum_{k=1}^{l}\left(\sum_{j=1}^{m} a_{ij}b_{jk}\right)c_{kh} \\
&= \sum_{\substack{1\leqq j\leqq m\\ 1\leqq k\leqq l}} (a_{ij}b_{jk})c_{kh} = \sum_{\substack{1\leqq j\leqq m\\ 1\leqq k\leqq l}} a_{ij}(b_{jk}c_{kh}) \\
&= \sum_{j=1}^{m} a_{ij}\left(\sum_{k=1}^{l} b_{jk}c_{kh}\right) = (A(BC)\text{の}(i,h)\text{成分}).
\end{aligned}
$$

よって，$(AB)C = A(BC)$.

問 1　(11) が意味をもつための条件を述べ，かつその条件の下に (11) を証明せよ.

また，c を任意の数とすれば

(13)
$$(cA)B = A(cB) = c(AB)$$

が成立する．すなわち，スカラー乗法は行列の乗法と可換である．

例 1　(n, m) 行列

$$
A = \begin{pmatrix} a_{11} & a_{12} & \cdots & a_{1m} \\ a_{21} & a_{22} & \cdots & a_{2m} \\ & \cdots\cdots & & \\ a_{n1} & a_{n2} & \cdots & a_{nm} \end{pmatrix}
$$

において，$n = n_1 + n_2$，$m = m_1 + m_2$，

$$
A_{11} = \begin{pmatrix} a_{11} & \cdots & a_{1m_1} \\ & \cdots\cdots & \\ a_{n_1 1} & \cdots & a_{n_1 m_1} \end{pmatrix}, \qquad
A_{12} = \begin{pmatrix} a_{1,m_1+1} & \cdots & a_{1m} \\ & \cdots\cdots & \\ a_{n_1,m_1+1} & \cdots & a_{n_1 m} \end{pmatrix},
$$

$$
A_{21} = \begin{pmatrix} a_{n_1+1,1} & \cdots & a_{n_1+1,m_1} \\ & \cdots\cdots & \\ a_{n1} & \cdots & a_{nm_1} \end{pmatrix}, \qquad
A_{22} = \begin{pmatrix} a_{n_1+1,m_1+1} & \cdots & a_{n_1+1,m} \\ & \cdots\cdots & \\ a_{n,m_1+1} & \cdots & a_{nm} \end{pmatrix}
$$

とするとき

$$
A = \begin{pmatrix} A_{11} & A_{12} \\ A_{21} & A_{22} \end{pmatrix}
$$

とかく．同様に $B = (b_{jk})$ を (m, l) 行列，$m = m_1 + m_2$，$l = l_1 + l_2$，

$$
B = \begin{pmatrix} B_{11} & B_{12} \\ B_{21} & B_{22} \end{pmatrix}, \qquad B_{ij} : (m_i, l_j) \text{ 行列 } (i, j = 1, 2)
$$

とすれば

(＊)
$$
AB = \begin{pmatrix} A_{11}B_{11} + A_{12}B_{21} & A_{11}B_{12} + A_{12}B_{22} \\ A_{21}B_{11} + A_{22}B_{21} & A_{21}B_{12} + A_{22}B_{22} \end{pmatrix}
$$

が成立する．実際，AB の (i, k) 成分は，$1 \leqq i \leqq n_1$，$1 \leqq k \leqq l_1$ であるとき

$$
\begin{aligned}
(AB\text{の}(i,k)\text{成分}) &= \sum_{j=1}^{m} a_{ij}b_{jk} = \sum_{j=1}^{m_1} a_{ij}b_{jk} + \sum_{j=1}^{m_2} a_{i,m_1+j}b_{m_1+j,k} \\
&= \sum_{j=1}^{m_1}(A_{11}\text{の}(i,j)\text{成分})(B_{11}\text{の}(j,k)\text{成分}) \\
&\qquad + \sum_{j=1}^{m_2}(A_{12}\text{の}(i,j)\text{成分})(B_{21}\text{の}(j,k)\text{成分}) \\
&= ((A_{11}B_{11}+A_{12}B_{21})\text{の}(i,k)\text{成分}).
\end{aligned}
$$

同様にして AB の (i, l_1+k) 成分 $(1 \leqq i \leqq n_1,\ 1 \leqq k \leqq l_2)$，$(n_1+i, k)$ 成分 $(1 \leqq i \leqq n_2,\ 1 \leqq k \leqq l_1)$，$(n_1+i, l_1+k)$ 成分 $(1 \leqq i \leqq n_2,\ 1 \leqq k \leqq l_2)$ がそれぞれ $A_{11}B_{12}+A_{12}B_{22}$，$A_{21}B_{11}+A_{22}B_{21}$，$A_{21}B_{12}+A_{22}B_{22}$ の (i,k) 成分に等しいことが確かめられる．

（＊）から特に

$$
(**) \qquad \begin{pmatrix} A_{11} & A_{12} \\ 0 & A_{22} \end{pmatrix}\begin{pmatrix} B_{11} & B_{12} \\ 0 & B_{22} \end{pmatrix} = \begin{pmatrix} A_{11}B_{11} & A_{11}B_{12}+A_{12}B_{22} \\ 0 & A_{22}B_{22} \end{pmatrix},
$$

$$
(\overset{*}{**}) \qquad \begin{pmatrix} A_{11} & 0 \\ 0 & A_{22} \end{pmatrix}\begin{pmatrix} B_{11} & 0 \\ 0 & B_{22} \end{pmatrix} = \begin{pmatrix} A_{11}B_{11} & 0 \\ 0 & A_{22}B_{22} \end{pmatrix}
$$

が成立する．

また，一般に $n = \sum_{i=1}^{r} n_i$，$m = \sum_{j=1}^{s} m_j$，$l = \sum_{k=1}^{t} l_k$

$$
A = \begin{pmatrix} A_{11} & A_{12} & \cdots & A_{1s} \\ A_{21} & A_{22} & \cdots & A_{2s} \\ & \cdots\cdots & & \\ A_{r1} & A_{r2} & \cdots & A_{rs} \end{pmatrix}, \qquad B = \begin{pmatrix} B_{11} & B_{12} & \cdots & B_{1t} \\ B_{21} & B_{22} & \cdots & B_{2t} \\ & \cdots\cdots & & \\ B_{s1} & B_{s2} & \cdots & B_{st} \end{pmatrix}
$$

$$
A_{ij} : (n_i, m_j)\ \text{行列}, \qquad B_{jk} : (m_j, l_k)\ \text{行列}
$$

とするとき

$$
AB = \begin{pmatrix} \sum_{j=1}^{s} A_{1j}B_{j1} & \sum_{j=1}^{s} A_{1j}B_{j2} & \cdots & \sum_{j=1}^{s} A_{1j}B_{jt} \\ \sum_{j=1}^{s} A_{2j}B_{j1} & \sum_{j=1}^{s} A_{2j}B_{j2} & \cdots & \sum_{j=1}^{s} A_{2j}B_{jt} \\ & \cdots\cdots & & \\ \sum_{j=1}^{s} A_{rj}B_{j1} & \sum_{j=1}^{s} A_{rj}B_{j2} & \cdots & \sum_{j=1}^{s} A_{rj}B_{jt} \end{pmatrix}
$$

が成立する．

さて，(n, m) 行列 $A = (a_{ij})$ の行と列とを取りかえて得られる (m, n) 行列を A の**転置行列**といい，${}^tA$ で表わす*)．

$$A = \underbrace{\begin{pmatrix} a_{11} & a_{12} & \cdots & a_{1m} \\ a_{21} & a_{22} & \cdots & a_{2m} \\ & \cdots\cdots & & \\ a_{n1} & a_{n2} & \cdots & a_{nm} \end{pmatrix}}_{m} \Bigg\} n, \qquad {}^tA = \underbrace{\begin{pmatrix} a_{11} & a_{21} & \cdots & a_{n1} \\ a_{12} & a_{22} & \cdots & a_{n2} \\ & \cdots\cdots & & \\ a_{1m} & a_{2m} & \cdots & a_{nm} \end{pmatrix}}_{n} \Bigg\} m$$

${}^tA$ の (i, j) 成分は A の (j, i) 成分と一致するから，(i, j) 成分で表わせば ${}^tA = (a_{ji})$ である．B を任意の (n, m) 行列とするとき，定義から明らかに，${}^t(A+B) = {}^tA + {}^tB$, ${}^t(cA) = c{}^tA$．また B を (m, l) 行列とすれば，積 AB の転置行列について

(14) $$ {}^t(AB) = {}^tB{}^tA $$

が成立する．実際，(${}^t(AB)$ の (k, i) 成分) $=$ (AB の (i, k) 成分) $= \sum_{j=1}^{m} a_{ij}b_{jk} = \sum_{j=1}^{m} b_{jk}a_{ij} = \sum_{j=1}^{m}$ (${}^tB$ の (k, j) 成分)(${}^tA$ の (j, i) 成分) $=$ (${}^tB{}^tA$ の (k, i) 成分)．

n 次元ベクトル $\boldsymbol{a} = (a_i)$ はその成分を

$$(a_1, a_2, \cdots, a_n) \qquad \begin{pmatrix} a_1 \\ a_2 \\ \vdots \\ a_n \end{pmatrix}$$

のように横に並べるか，縦に並べるかに従ってそれぞれ $(1, n)$ 型または $(n, 1)$ 型の行列とみなすことができる．これを，それぞれの場合，‘横ベクトル’ または ‘縦ベクトル’ と呼ぶ．以後ベクトルに行列算を適用するときには，特に断らない限り，それを縦ベクトルとみなすこととする*)．従って同じ成分をもつ横ベクトルを表わすときには ${}^t\boldsymbol{a}$ のように転置行列の記号を使えばよい．

問2 次の行列を計算せよ．

$$\begin{pmatrix} 1 & -1 & -1 \\ 0 & 1 & -1 \\ 0 & 0 & 1 \end{pmatrix}\begin{pmatrix} 2 \\ 3 \\ 1 \end{pmatrix}, \qquad \begin{pmatrix} 1 & 0 & 0 \\ 0 & 1 & 0 \end{pmatrix}\begin{pmatrix} 2 \\ 3 \\ 1 \end{pmatrix},$$

前頁の*) 転置行列を表わすのに ${}^tA$ のほかに A', A^* 等の記号が用いられることもある．

*) しかしベクトルを個々に考えているときには印刷の都合上，横書きにすることもある．

$$(2\ \ 3\ \ 1)\begin{pmatrix}1 & -1 & -1\\ 0 & 1 & -1\\ 0 & 0 & 1\end{pmatrix},\qquad (2\ \ 3\ \ 1)\begin{pmatrix}1 & 0 & 0 & 0\\ 0 & 1 & 0 & 0\\ 0 & 0 & 1 & 0\end{pmatrix}$$

§3　行列の演算（続）

前節では，一般の長方行列について考えたが，この節では $m = n$ の場合，すなわち (n, n) 型の行列について考えよう．(n, n) 型の行列を **n 次の正方行列**あるいは単に n 次の行列という．前節で与えた定義により n 次の行列の範囲においては自由に加減乗の演算を行うことができる．特に正方行列 A に対してその**冪**（べき）が次のように帰納的に定義される．

$$A^2 = A\cdot A,\quad A^3 = A^2\cdot A,\quad \cdots,\quad A^\nu = A^{\nu-1}\cdot A,\quad \cdots$$

これに関して普通の数の場合と同様に指数法則

(15)　$$A^\nu A^\mu = A^{\nu+\mu},\qquad (A^\nu)^\mu = A^{\nu\mu}$$

が成立する．また A，B が交換可能ならば，$(AB)^\nu = A^\nu B^\nu$ も成立する．

例　A，B が交換可能ならば，'二項定理'

$$(A+B)^n = A^n + nA^{n-1}B + \cdots + \binom{n}{\nu}A^{n-\nu}B^\nu + \cdots + B^n$$

が成立する．（証明は数の場合と同様．）

さて n 次正方行列の乗法において，乗法の単位 1 に相当するものは**単位行列**

$$E = \begin{pmatrix}1 & 0 & \cdots & 0\\ 0 & 1 & \cdots & 0\\ & \cdots\cdots & & \\ 0 & 0 & \cdots & 1\end{pmatrix}$$

である．実際，E をこのように定義すれば，任意の n 次行列 A に対して

(16)　$$EA = AE = A$$

が成立する．E の (i, j) 成分を δ_{ij} で表わせば，定義により

$$\delta_{ij} = \begin{cases} 1 & (i = j)\\ 0 & (i \neq j)\end{cases}$$

である．今後このような意味をもつ記号 δ_{ij} を使うと便利なことがしばしばあるから，記号 δ_{ij} を上式によって定義し，これを **Kronecker のデルタ**と呼ぶ．

例　(n, n) 型の行列単位 E_{ij} $(1 \leqq i, j \leqq n)$ の (p, q) 成分は $\delta_{ip}\delta_{jq}$ で表わされる．また，それらの積に関して

(17)　$$E_{ij}E_{kl} = \delta_{jk}E_{il}\qquad (1 \leqq i, j, k, l \leqq n)$$

が成立する．これは行列を実際にかいてみれば直ちにわかるが，また次のような機械的な計算によって確かめることもできる．($E_{ij}E_{kl}$ の (p, r) 成分) $= \sum_{q=1}^{n}$ (E_{ij} の (p, q) 成分)(E_{kl} の (q, r) 成分) $= \sum_{q=1}^{n}(\delta_{ip}\delta_{jq})(\delta_{kq}\delta_{lr}) = \left(\sum_{q=1}^{n}\delta_{jq}\delta_{kq}\right)\delta_{ip}\delta_{lr} = \delta_{jk}(\delta_{ip}\delta_{lr})$ $= \delta_{jk}$(E_{il} の (p, r) 成分)――(17) は（積が定義される限り）長方行列についても成立する．特に，$E_{ij}\boldsymbol{e}_k = \delta_{jk}\boldsymbol{e}_i$，$\boldsymbol{e}_i{}^t\boldsymbol{e}_j = E_{ij}$，${}^t\boldsymbol{e}_i\,\boldsymbol{e}_j = \delta_{ij}$.

E のスカラー倍，すなわち

$$cE = \begin{pmatrix} c & 0 & \cdots & 0 \\ 0 & c & \cdots & 0 \\ & & \ddots & \\ 0 & 0 & \cdots & c \end{pmatrix}$$

の形の行列を一般に**スカラー行列**という．行列 A にスカラー行列 cE を左または右から掛けることは共に A をスカラー c 倍することに他ならない：

$$(cE)A = A(cE) = cA.$$

行列に関する乗法の逆演算（除法）は一般に複雑である．$A \neq 0$ であっても，方程式 $AX = B$ は一般に解を持たない．また解があるとしても一意的であるとは限らない．方程式 $XA = B$ についても同様である．しかも行列の乗法は可換でないから，$AX = B$ の解と $XA = B$ の解とは（たとえそれが一意的に存在するとしても）一般に相異なる．

例　方程式

$$\begin{pmatrix} 1 & 2 \\ 0 & 0 \end{pmatrix}\begin{pmatrix} x_{11} & x_{12} \\ x_{21} & x_{22} \end{pmatrix} = \begin{pmatrix} 1 & 2 \\ 2 & 4 \end{pmatrix}$$

は解を持たない．実際，x_{ij} にどんな数を代入しても（左辺の $(2,1)$ 成分）$= 0$．一方，（右辺の $(2,1)$ 成分）$= 2$．従って解は存在しない．しかし，方程式

$$\begin{pmatrix} x_{11} & x_{12} \\ x_{21} & x_{22} \end{pmatrix}\begin{pmatrix} 1 & 2 \\ 0 & 0 \end{pmatrix} = \begin{pmatrix} 1 & 2 \\ 2 & 4 \end{pmatrix}$$

には無数の解が存在する．実際，$x_{11} = 1$，$x_{21} = 2$，x_{12}, x_{22}：共に任意，が解になる．

しかしこれに関して次の定理が成立する．

定理 1　n 次正方行列 A に対し，方程式 $AX = E$，および $XA = E$ が共に解をもつとすれば，それらの解はいずれも一意的であり，かつ互に一致する．この解を A^{-1} で表わす．そのとき任意の n 次正方行列 B に対し，方程式 $AX = B$，および $XA = B$ は共に一意的に解くことができて，それらの解はそれぞれ $A^{-1}B$，BA^{-1}（これらは一般に相異なる）で与えられる．

証　方程式 $AX = E$ の任意の一つの解を X_1，$XA = E$ の任意の一つの解を X_2 とすれば

$$X_1 = EX_1 = (X_2A)X_1 = X_2(AX_1) = X_2E = X_2.$$

よって方程式 $AX = E$，$XA = E$ の解は共にただ一つであり，かつ互に一致する．(方程式 $AX = E$ の任意の二つの解を X_1，X_1' とすれば，上記により $X_1 = X_2$，$X_1' = X_2$．$\therefore\ X_1 = X_1'$．よって $AX = E$ の解はただ一つである．方程式 $XA = E$ についても同様.）よってこの解を A^{-1} で表わす．方程式 $AX = B$ の両辺に左から A^{-1} を掛けることにより

$$X = EX = (A^{-1}A)X = A^{-1}(AX) = A^{-1}B.$$

よってこの方程式に解があるとすれば，それは $A^{-1}B$ でなければならない．逆に $X = A^{-1}B$ をこの方程式の左辺に代入すれば

$$AX = A(A^{-1}B) = (AA^{-1})B = EB = B.$$

よって $A^{-1}B$ は確かにこの方程式の解である．ゆえに方程式 $AX = B$ は一意的に解けて，その解は $A^{-1}B$ で与えられる．方程式 $XA = B$ が一意的に解けて，解が BA^{-1} で与えられることも全く同様にして証明される．

注意　この定理の証明には乗法の法則（10)，(16）を使っただけで，それ以外に $A, B, \cdots$ が n 次正方行列であるということは使っていない．従って，この定理は法則（10)，(16）が成立するように乗法が定義されている“もの”の集りにならば何にでも適用することができる．一方，n 次正方行列に関しては，この定理の仮定を弱めて，“方程式 $AX = E$ または $XA = E$ の一方が解をもつならば，他方も解をもつ．それらの解は共に一意的であって，かつ互に一致する．…”と修正することができる．これに関しては p. 68～69 参照．なお A^{-1} の具体的な形については p. 64, (25）を見よ．

A^{-1} を A の**逆行列**という．これに関して

(18)
$$A^{-1}A = AA^{-1} = E$$

が成立する．逆に A^{-1} はこの性質によって特徴づけられる，すなわちある n 次行列 X_1 に対し $AX_1 = X_1A = E$ が成立すれば，A は逆行列をもち，$X_1 = A^{-1}$．逆行列 A^{-1} が存在するような行列 A（すなわち定理 1 の仮定を満たすような行列）を**正則**な行列という．A，B が共に正則ならば，積 AB も正則であって

(19)
$$(AB)^{-1} = B^{-1}A^{-1}.$$

(実際，$(B^{-1}A^{-1})AB = B^{-1}(A^{-1}A)B = B^{-1}EB = B^{-1}B = E$，同様に $AB(B^{-1}A^{-1}) = E$.）また A が正則ならば，逆行列 A^{-1} も正則で，$(A^{-1})^{-1} = A$．正則行列 A に対しては普通の数の場合と同様に

$$A^0 = E, \quad A^{-\nu} = (A^{-1})^{\nu} = (A^{\nu})^{-1} \quad (\nu = 1, 2, \cdots)$$

によって，零および負の整数を指数とする冪が定義される．このような行列の冪に関しても指数法則 (15) が成立することが，数の冪の場合と同様にして証明される．

例 1 n 次正方行列

$$A = \begin{pmatrix} a_{11} & a_{12} & \cdots & a_{1n} \\ a_{21} & a_{22} & \cdots & a_{2n} \\ \vdots & \vdots & \ddots & \vdots \\ a_{n1} & a_{n2} & \cdots & a_{nn} \end{pmatrix} = (a_{ij})$$

において $i = j$ の線を（主）対角線といい，対角線上にある成分 $a_{11}, a_{22}, \cdots, a_{nn}$ を**対角成分**という．

$$A = \begin{pmatrix} a_1 & & & 0 \\ & a_2 & & \\ & & \ddots & \\ 0 & & & a_n \end{pmatrix}$$

のように対角成分以外の成分がすべて 0 であるような行列を**対角行列**という．対角行列 A はその対角成分を $a_i\ (1 \leqq i \leqq n)$ とするとき，$A = (a_i \delta_{ij})$ と表わされる．A，B が共に対角行列ならば，$A \pm B$，AB もまた対角行列である．実際，$A = (a_i \delta_{ij})$，$B = (b_i \delta_{ij})$ とすれば，$A \pm B = ((a_i \pm b_i)\delta_{ij})$，$AB = (a_i b_i \delta_{ij})$．すなわち

$$A \pm B = \begin{pmatrix} a_1 \pm b_1 & & & 0 \\ & a_2 \pm b_2 & & \\ & & \ddots & \\ 0 & & & a_n \pm b_n \end{pmatrix}, \quad AB = \begin{pmatrix} a_1 b_1 & & & 0 \\ & a_2 b_2 & & \\ & & \ddots & \\ 0 & & & a_n b_n \end{pmatrix}.$$

特に対角行列同志は交換可能である．また対角行列 $A = (a_i \delta_{ij})$ はすべての対角成分 $a_i \neq 0\ (1 \leqq i \leqq n)$ のとき，かつそのときに限って正則であり，$A^{-1} = (a_i^{-1} \delta_{ij})$ となる．

例 2

$$A = \begin{pmatrix} a_{11} & a_{12} & \cdots & a_{1n} \\ & a_{22} & \cdots & a_{2n} \\ & & \ddots & \vdots \\ 0 & & & a_{nn} \end{pmatrix}$$

のように対角線の左下（または右上）の部分がすべて 0 であるような行列を**三角行列**という．A，B が共に（同じ型の）三角行列ならば，$A \pm B$，AB もまた三角行

列である．$A \pm B$ については明らかであろう．$A=(a_{ij})$，$B=(b_{ij})$ とおけば，(AB の (i,k) 成分) $= \sum_{j=1}^{n} a_{ij}b_{jk}$ であるが，$i>k$ のとき任意の j に対して $i>j$ または $j>k$.（$i \leqq j$ かつ $j \leqq k$ とすれば $i \leqq k$ となって仮定に反する．）$i>j$ ならば $a_{ij}=0$，また $j>k$ ならば $b_{jk}=0$．よっていずれにしても $i>k$ なるとき (AB の (i,k) 成分) $=0$．よって AB は三角行列である．また同様の考察により (AB の (i,i) 成分) $=a_{ii}b_{ii}$ であることがわかる．さて，A が正則である場合を考えよう．そのとき $XA=E$ なる n 次正方行列 X が存在する．$X=(x_{ij})$ とおけば，$XA=E$ の両辺における第 1 列を比較して

$$
\begin{aligned}
x_{11}a_{11}&=1 &\quad \therefore\ a_{11}&\neq 0,\ x_{11}=\frac{1}{a_{11}},\\
x_{21}a_{11}&=0 &\quad \therefore\ & x_{21}=0,\\
&\cdots\cdots & & \cdots\cdots\\
x_{n1}a_{11}&=0 &\quad \therefore\ & x_{n1}=0.
\end{aligned}
$$

次に第 2 列を比較して

$$
\begin{aligned}
x_{11}a_{12}+x_{12}a_{22}&=0 &\quad \therefore\ & x_{12}=-\frac{x_{11}a_{12}}{a_{22}}=-\frac{a_{12}}{a_{11}a_{22}},\\
x_{22}a_{22}&=1 &\quad \therefore\ a_{22}&\neq 0,\ x_{22}=\frac{1}{a_{22}},\\
x_{32}a_{22}&=0 &\quad \therefore\ & x_{32}=0,\\
&\cdots\cdots & & \cdots\cdots\\
x_{n2}a_{22}&=0 &\quad \therefore\ & x_{n2}=0.
\end{aligned}
$$

第 3 列を比較して

$$
\begin{aligned}
x_{11}a_{13}+x_{12}a_{23}+x_{13}a_{33}&=0 &\quad \therefore\ & x_{13}=-\frac{x_{11}a_{13}+x_{12}a_{23}}{a_{33}}\\
& & & \phantom{x_{13}}=\frac{-a_{22}a_{13}+a_{12}a_{23}}{a_{11}a_{22}a_{33}},\\
x_{22}a_{23}+x_{23}a_{33}&=0 &\quad \therefore\ & x_{23}=-\frac{x_{22}a_{23}}{a_{33}}=-\frac{a_{23}}{a_{22}a_{33}},\\
x_{33}a_{33}&=1 &\quad \therefore\ a_{33}&\neq 0,\ x_{33}=\frac{1}{a_{33}},\\
x_{43}a_{33}&=0 &\quad \therefore\ & x_{43}=0,\\
&\cdots\cdots & & \cdots\cdots\\
x_{n3}a_{33}&=0 &\quad \therefore\ & x_{n3}=0.
\end{aligned}
$$

以下同様にして $a_{ii} \neq 0$, $x_{ii} = \dfrac{1}{a_{ii}}$ $(1 \leqq i \leqq n)$, $x_{ij} = 0$ $(i > j)$ であることがわかる．よって A が正則であるとき，A^{-1} も三角行列になる．逆に $a_{ii} \neq 0$ $(1 \leqq i \leqq n)$ とすれば，上の計算からわかるように，方程式 $XA = E$ を解くことができる．また同様にして $AX = E$ を解くこともでき（定理1により，あるいは直接計算の結果により）これら二つの解は一致する．よって三角行列 $A = (a_{ij})$ が正則であるためにはすべての対角成分 a_{ii} が $\neq 0$ なることが必要かつ十分である．

問1 次の行列の冪を計算せよ．

(i) $\begin{pmatrix} 0 & & & 1 \\ & & 1 & \\ & \iddots & & \\ 1 & & & 0 \end{pmatrix}$,　(ii) $\begin{pmatrix} 0 & 1 & & 0 \\ & 0 & 1 & \\ & & 0 & 1 \\ 0 & & & 0 \end{pmatrix}$

問2 次の行列の逆行列を求めよ．

(i) $\begin{pmatrix} 1 & & & 0 & a_1 \\ & 1 & & & a_2 \\ & & \ddots & & \vdots \\ & & & 1 & a_{n-1} \\ 0 & & & & 1 \end{pmatrix}$,　(ii) $\begin{pmatrix} 1 & 1 & & 0 \\ & 1 & 1 & \\ & & 1 & 1 \\ 0 & & & 1 \end{pmatrix}$

§4 一次写像

n 次元ベクトル全体の集合を **n 次元（数）ベクトル空間**という．以下，m 次元ベクトル空間から n 次元ベクトル空間への写像（すなわち任意の m 次元ベクトルに一つの n 次元ベクトルを対応させる対応）f を考える．写像 f によって m 次元ベクトル $\boldsymbol{x}$ に n 次元ベクトル $\boldsymbol{y}$ が対応するとき，$\boldsymbol{y} = f(\boldsymbol{x})$，あるいは $f : \boldsymbol{x} \longrightarrow \boldsymbol{y}$ とかく．任意の n 次元ベクトル $\boldsymbol{y}$ に対して $f(\boldsymbol{x}) = \boldsymbol{y}$ となるような m 次元ベクトル $\boldsymbol{x}$ が少くとも（at least）一つ存在するとき，f は m 次元ベクトル空間から n 次元ベクトル空間の‘上へ’の写像であるという．またそのような $\boldsymbol{x}$ がたかだか（at most）一つしか存在しないとき，f は‘一対一’の写像であるという．

さて写像 f がベクトルの演算を保つとき，すなわち，m 次元ベクトル $\boldsymbol{a}, \boldsymbol{a}_1, \boldsymbol{a}_2, \cdots$，スカラー $c, c_1, c_2, \cdots$ に対して

(i) $f(\boldsymbol{a}_1 + \boldsymbol{a}_2) = f(\boldsymbol{a}_1) + f(\boldsymbol{a}_2)$,

(ii) $f(c\boldsymbol{a}) = cf(\boldsymbol{a})$

が成立するとき，f は**線型**（linear）であるという．また，(i)，(ii) を満たす写像 f を**一次写像**（線型写像）という．f が線型であるとき (i)，(ii) から一般に

$$f\left(\sum_\nu c_\nu \boldsymbol{a}_\nu\right) = \sum_\nu c_\nu f(\boldsymbol{a}_\nu)$$

を得る．また，零ベクトルの像は零ベクトルである：$f(\mathbf{0}) = \mathbf{0}$.（左辺の $\mathbf{0}$ は m 次元零ベクトル，右辺の $\mathbf{0}$ は n 次元零ベクトルである.）

一次写像の例は数学全般にわたって到る所に見出される．例えば，Euclid 空間における回転，裏返し，比例拡大などはその空間のベクトルに一次写像をひき起す.（附録参照.）また，解析学における微分や積分の演算は‘函数空間’の写像として線型である．このような拡張された意味におけるベクトル空間およびその間の一次写像に関してはIII, §6 で説明することにする．

さて A を任意の (n, m) 行列とするとき，m 次元（縦）ベクトル $\boldsymbol{x}$ に（行列としての）積 $A\boldsymbol{x}$ を対応させる対応 $f: \boldsymbol{x} \longrightarrow \boldsymbol{y} = A\boldsymbol{x}$ は一つの一次写像である．実際，(11)，(13) により

$$A(\boldsymbol{a}_1 + \boldsymbol{a}_2) = A\boldsymbol{a}_1 + A\boldsymbol{a}_2,$$
$$A(c\boldsymbol{a}) = c(A\boldsymbol{a})$$

が成立する．$A = (a_{ij})$，$\boldsymbol{x} = (x_j)$，$\boldsymbol{y} = (y_i)$ $(1 \leqq i \leqq n,\ 1 \leqq j \leqq m)$ とし，$\boldsymbol{y} = A\boldsymbol{x}$ を成分でかいてみれば

$$(20) \qquad \begin{cases} y_1 = a_{11}x_1 + a_{12}x_2 + \cdots + a_{1m}x_m \\ y_2 = a_{21}x_1 + a_{22}x_2 + \cdots + a_{2m}x_m \\ \qquad\cdots\cdots \\ y_n = a_{n1}x_1 + a_{n2}x_2 + \cdots + a_{nm}x_m, \end{cases}$$

すなわち，$\boldsymbol{y}$ の各成分は $\boldsymbol{x}$ の成分の斉一次式*) で表わされる**).

逆に，m 次元ベクトル空間から n 次元ベクトル空間への任意の一次写像 f はすべて上記のような方法で得られることを示そう．

$$\boldsymbol{e}_1', \boldsymbol{e}_2', \cdots, \boldsymbol{e}_m'\ ;\ \boldsymbol{e}_1, \boldsymbol{e}_2, \cdots, \boldsymbol{e}_n$$

をそれぞれ m 次元，n 次元の単位ベクトルとし，

$$f(\boldsymbol{e}_j') = \sum_{i=1}^{n} a_{ij}\boldsymbol{e}_i = \begin{pmatrix} a_{1j} \\ a_{2j} \\ \vdots \\ a_{nj} \end{pmatrix}$$

とおく．

---

*) 定数項のない一次式を‘斉一次式’，‘一次形式’などという．

) $x_1, \cdots, x_m$; $y_1, \cdots, y_n$ を変数とするとき，(20) のような‘変数変換’を一次変換**ということがある.（これは p. 21 にある一次変換の定義とは違う.）

$$\boldsymbol{x} = \sum_{j=1}^{m} x_j \boldsymbol{e}_j' = \begin{pmatrix} x_1 \\ x_2 \\ \vdots \\ x_m \end{pmatrix}, \qquad \boldsymbol{y} = f(\boldsymbol{x}) = \sum_{i=1}^{n} y_i \boldsymbol{e}_i = \begin{pmatrix} y_1 \\ y_2 \\ \vdots \\ y_n \end{pmatrix}$$

とおけば

$$\begin{pmatrix} y_1 \\ y_2 \\ \vdots \\ y_n \end{pmatrix} = f(\boldsymbol{x}) = \sum_{j=1}^{m} x_j f(\boldsymbol{e}_j') = \begin{pmatrix} \sum_{j=1}^{m} a_{1j} x_j \\ \sum_{j=1}^{m} a_{2j} x_j \\ \vdots \\ \sum_{j=1}^{m} a_{nj} x_j \end{pmatrix}$$

となる．これはちょうど m 次元の縦ベクトル $\boldsymbol{x} = (x_j)$ に (n, m) 行列 $A = (a_{ij})$ を左から掛けたものに他ならない．すなわち $\boldsymbol{y} = A\boldsymbol{x}$ である．—— 上の関係をもう一度，記号的に見やすくまとめれば次の通りである．

$$(f(\boldsymbol{e}_1'), \cdots, f(\boldsymbol{e}_m')) = (\boldsymbol{e}_1, \cdots, \boldsymbol{e}_n) \begin{pmatrix} a_{11} & \cdots & a_{1m} \\ & \cdots\cdots & \\ a_{n1} & \cdots & a_{nm} \end{pmatrix},$$

$$(\boldsymbol{e}_1, \cdots, \boldsymbol{e}_n) \begin{pmatrix} y_1 \\ \vdots \\ y_n \end{pmatrix} = \boldsymbol{y} = f(\boldsymbol{x}) = (f(\boldsymbol{e}_1'), \cdots, f(\boldsymbol{e}_m')) \begin{pmatrix} x_1 \\ \vdots \\ x_m \end{pmatrix}$$

$$= (\boldsymbol{e}_1, \cdots, \boldsymbol{e}_n) \begin{pmatrix} a_{11} & \cdots & a_{1m} \\ & \cdots\cdots & \\ a_{n1} & \cdots & a_{nm} \end{pmatrix} \begin{pmatrix} x_1 \\ \vdots \\ x_m \end{pmatrix},$$

$$\therefore \quad \begin{pmatrix} y_1 \\ \vdots \\ y_n \end{pmatrix} = \begin{pmatrix} a_{11} & \cdots & a_{1m} \\ & \cdots\cdots & \\ a_{n1} & \cdots & a_{nm} \end{pmatrix} \begin{pmatrix} x_1 \\ \vdots \\ x_m \end{pmatrix}.$$

よって，次の定理が得られた．

定理 2　任意の (n, m) 行列 A に対し，写像

$$f : \boldsymbol{x} \longrightarrow A\boldsymbol{x} \qquad (\boldsymbol{x} : m \text{ 次元ベクトル})$$

は m 次元ベクトル空間から n 次元ベクトル空間への一つの一次写像を定義する．逆に，m 次元ベクトル空間から n 次元ベクトル空間への任意の一次写像は，一つの (n, m) 行列 A によって $f(\boldsymbol{x}) = A\boldsymbol{x}$ と表わされる．(A は f によって一意的に定まる．)

このように（m 次元から n 次元への）一次写像 f と (n, m) 行列 A とは一対一に対応するから，f を 'A によって定義される一次写像'，A を 'f に対応する行列'，'f の行列' などという．また場合によっては '一次写像 A' というように行列と写像とを同一視して考えることもある．

例　2 次の行列 $X = \begin{pmatrix} x_1 & x_2 \\ x_3 & x_4 \end{pmatrix}$ を 4 次元ベクトルと見なしたとき，任意の 2 次の行列 $A = \begin{pmatrix} a_1 & a_2 \\ a_3 & a_4 \end{pmatrix}$ に対して，写像

$$f_A : X \longrightarrow AX, \qquad g_A : X \longrightarrow XA$$

は明らかに（4 次元ベクトル空間から自分自身への）一次写像である．これらに対応する行列を求めてみよう．まず，$Y = f_A(X) = \begin{pmatrix} y_1 & y_2 \\ y_3 & y_4 \end{pmatrix}$ とおけば，$\begin{pmatrix} y_1 & y_2 \\ y_3 & y_4 \end{pmatrix} = \begin{pmatrix} a_1 & a_2 \\ a_3 & a_4 \end{pmatrix}\begin{pmatrix} x_1 & x_2 \\ x_3 & x_4 \end{pmatrix}$ から

$$\begin{cases} y_1 = a_1x_1 + a_2x_3 \\ y_2 = a_1x_2 + a_2x_4 \\ y_3 = a_3x_1 + a_4x_3 \\ y_4 = a_3x_2 + a_4x_4 \end{cases}$$

よって対応する行列は

$$L_A = \begin{pmatrix} a_1 & 0 & a_2 & 0 \\ 0 & a_1 & 0 & a_2 \\ a_3 & 0 & a_4 & 0 \\ 0 & a_3 & 0 & a_4 \end{pmatrix}.$$

同様に $Y = g_A(X)$ に対応する行列は

$$R_A = \begin{pmatrix} a_1 & a_3 & 0 & 0 \\ a_2 & a_4 & 0 & 0 \\ 0 & 0 & a_1 & a_3 \\ 0 & 0 & a_2 & a_4 \end{pmatrix}$$

である．

さて $f_1 : \boldsymbol{x} \longrightarrow A_1\boldsymbol{x}$，$f_2 : \boldsymbol{x} \longrightarrow A_2\boldsymbol{x}$ を共に（m 次元から n 次元への）一次写像とすれば，$\boldsymbol{x} \longrightarrow A_1\boldsymbol{x} + A_2\boldsymbol{x} = (A_1 + A_2)\boldsymbol{x}$ *) も一つの一次写像になる．これ

*)　分配の法則（12）．

を f_1, f_2 の**和**といい $f_1 + f_2$ で表わす．同様に $f: \boldsymbol{x} \longrightarrow A\boldsymbol{x}$ を一次写像とすれば，任意の数 c に対して，写像 $\boldsymbol{x} \longrightarrow c(A\boldsymbol{x}) = (cA)\boldsymbol{x}$ も一つの一次写像になる．これを f の c **倍**といい，cf で表わす．$f_1 + f_2$, cf はそれぞれ行列 $A_1 + A_2$, cA によって定義される一次写像である．

次に

$$g: \boldsymbol{t} \longrightarrow B\boldsymbol{t}, \quad f: \boldsymbol{x} \longrightarrow A\boldsymbol{x}$$

をそれぞれ l 次元から m 次元へ，m 次元から n 次元への一次写像とする．f, g を合成して得られる写像 $\boldsymbol{t} \longrightarrow A(B\boldsymbol{t}) = (AB)\boldsymbol{t}$ *) は l 次元から n 次元への一次写像になる．これを f, g の**合成写像**といい，$f \cdot g$ で表わす．$f \cdot g$ には行列 AB が対応する．

このように一次写像の和やスカラー倍にはそれぞれ行列の和やスカラー倍が対応し，一次写像の合成には行列の積が対応する．—— 実際はこのような対応が成立するように，§2 において行列の演算（特に積！）を定義したのであった．

例 上の例で，$A, B, \cdots$ を 2 次の行列とするとき，$f_A(f_B(X)) = A(BX) = (AB)X = f_{AB}(X)$．よって $L_A L_B = L_{AB}$．同様にして $R_A R_B = R_{BA}$（順序に注意！）を得る．また $f_A(g_B(X)) = A(XB) = (AX)B = g_B(f_A(X))$．よって一次写像 f_A, g_B は交換可能である．従って対応する行列 L_A, R_B も交換可能である：$L_A R_B = R_B L_A$.

以上は一般に m 次元から n 次元への一次写像であったが，特に $m = n$ の場合には n 次元ベクトル空間から自分自身（の中）への一次写像が得られる．これを（n 次元ベクトル空間の）**一次変換**ともいう．それに対応する行列は n 次の正方行列である．**恒等変換**，すなわち任意の n 次元ベクトル $\boldsymbol{x}$ をそれ自身に写す変換は明らかに一つの一次変換であって，それに対応する行列は n 次の単位行列 E である**)．一般に c を任意の数とするとき，スカラー乗法：$\boldsymbol{x} \longrightarrow c\boldsymbol{x}$ は一つの一次変換であって，それに対応する行列がスカラー行列 cE である．

一次変換 f が n 次元ベクトル空間から自分自身の上への一対一対応であれば，任意の n 次元ベクトル $\boldsymbol{y}$ に対して $f(\boldsymbol{x}) = \boldsymbol{y}$ となるような n 次元ベクトル $\boldsymbol{x}$ が一意的に定まる．従って，$f(\boldsymbol{x}) = \boldsymbol{y}$ のとき $\boldsymbol{x} = f^{-1}(\boldsymbol{y})$ と定義することにより，**逆変換** f^{-1} が定義される．容易にわかるように f^{-1} も n 次元ベクトル空間の一次変

---

*) 結合の法則（10）．

**) 恒等変換を 1 で表わす場合がある．

換になる.(実際，$\boldsymbol{x}_1 = f^{-1}(\boldsymbol{y}_1)$，$\boldsymbol{x}_2 = f^{-1}(\boldsymbol{y}_2)$ とすれば，$f(\boldsymbol{x}_1 + \boldsymbol{x}_2) = f(\boldsymbol{x}_1) + f(\boldsymbol{x}_2) = \boldsymbol{y}_1 + \boldsymbol{y}_2$，$\therefore\ \boldsymbol{x}_1 + \boldsymbol{x}_2 = f^{-1}(\boldsymbol{y}_1 + \boldsymbol{y}_2)$．同様にして，$\boldsymbol{x} = f^{-1}(\boldsymbol{y}) \Longrightarrow c\boldsymbol{x} = f^{-1}(c\boldsymbol{y})$.）$f^{-1}$ に対応する行列を X_1 とおけば，f と f^{-1}，また f^{-1} と f を合成して得られる変換は恒等変換である（$f\cdot f^{-1} = f^{-1}\cdot f = 1$）から，$AX_1 = X_1A = E$．従って，$X_1 = A^{-1}$．逆に A に逆行列 A^{-1} が存在したとすれば，A^{-1} によって定義される一次変換を g とするとき，f と g，または g と f を合成して得られる変換は恒等変換である：$f\cdot g = g\cdot f = 1$．任意の n 次元ベクトル $\boldsymbol{y}$ に対して，$\boldsymbol{x} = g(\boldsymbol{y})$ とおけば，$f(\boldsymbol{x}) = f(g(\boldsymbol{y})) = \boldsymbol{y}$；逆に $f(\boldsymbol{x}) = \boldsymbol{y}$ とすれば，$\boldsymbol{x} = g(f(\boldsymbol{x})) = g(\boldsymbol{y})$．よって，任意の $\boldsymbol{y}$ に対して $f(\boldsymbol{x}) = \boldsymbol{y}$ となるようなベクトル $\boldsymbol{x}$ が一意的に定まる．ゆえに変換 f は逆変換 f^{-1} をもつ．以上をまとめれば，一次変換 f に対し逆変換 f^{-1} が存在するための必要かつ十分な条件は f に対応する行列 A が正則であることである．その場合，f^{-1} に対応する行列は A^{-1} である．逆変換 f^{-1} をもつような一次変換，すなわち一対一，上への写像であるような一次変換を**正則**な一次変換という．

注意　実際は，n 次元ベクトル空間の一次変換に関しては，‘一対一’であること，または‘上へ’の写像であることのいずれか一方を仮定すれば，他方はその結果として自然にでてくる.（III, §4, 定理 7 の系 1.）すなわち，f が正則であるためには，一対一の写像であるか，上への写像であるか，いずれか一方の条件だけで十分なのである.

§5　実数と複素数

われわれは今までベクトルや行列の演算について種々述べてきたが，それらの演算はすべてその成分である数の演算を基礎として定義されたのであった．ところで，数とは何か，またその演算はどのような法則に従うか，これらの点に関しては，—— それを一応既知のこととみなして —— 今まで何も説明しないできたのである．しかし，次の節でベクトルの内積に関する議論をするために実数や複素数の性質を今まで以上に使わなければならない．そこでこの機会に数とその演算に関する基本的な性質を整理しておこうと思う.

普通，数といわれるのは‘実数’のことである．実数とは何か，を一口で説明することは難しい．一直線上に原点と長さの単位とを定めたとき，直線上の点と実数とは一対一に対応する；実数は普通，10 進小数で表わされる；有理数（すなわち二つの整数の比 —— 分数 —— として表わされる数）はすべて実数であるが，有理数でない数，すなわち無理数（例えば $\sqrt{2} = 1.4142\cdots, \pi = 3.14159\cdots$）も存在する，… 等々といえば，概念的にはわかるであろう．しかし数学的にはむしろ実数を特徴づける性質（すなわち公理！）を挙げて説明する方が適切であろう．

(I) **四則演算**　実数 $a, b, \cdots$ に対しては，'加法' および '乗法' と呼ばれる二つの演算が定義される．a，b にこれらの演算を行った結果（すなわち '和' および '積'）をそれぞれ $a+b$，ab で表わせば，次のような法則が成立する：

(1.1) $(a+b)+c=a+(b+c)$,　(1.1′) $(ab)c=a(bc)$,　(結合の法則)

(1.2) $a+b=b+a$,　(1.2′) $ab=ba$,　(交換の法則)

(1.3) $a(b+c)=ab+ac$.　(分配の法則)

(1.4) 零と称する特別な数 0 が存在して，任意の実数 a に対して

$$a+0=a.$$

(1.5) 任意の実数 a に対して，$-a$ で表わされる一つの実数が存在し

$$a+(-a)=0.$$

(1.4′) 1 で表わされる特別な数が存在して，任意の実数 a に対して

$$a1=a.$$

(1.5′) 0と異なる任意の実数 a に対して，$\dfrac{1}{a}$ で表わされる一つの実数が存在し

$$a\cdot\frac{1}{a}=1.$$

(1.1)～(1.5′) を基礎として実数の四則演算に関する法則はすべてこれを証明することができる．例えば，任意の実数 a，b が与えられたとき，方程式

$$x+a=b$$

は一意的に解くことができ，$x=b+(-a)$.（実際，上の方程式を満たす x が存在すれば，$x=x+0=x+(a+(-a))=(x+a)+(-a)=b+(-a)$．逆に $x=b+(-a)$ とおけば，$x+a=(b+(-a))+a=b+((-a)+a)=b+0=b$．よって $x=b+(-a)$ は実際上の方程式を満足する．）$b+(-a)$ を $b-a$ と書く．このようにして加法の逆演算である減法が可能となる．全く同様に，$a\neq 0$ であるとき，方程式

$$ax=b$$

は一意的に解くことができ，$x=b\cdot\dfrac{1}{a}$．これを $\dfrac{b}{a}$ と書く．このようにして乗法の逆演算である除法が可能となる．また，(1.3) において，$b=c=0$ とおけば，$a0+a0=a(0+0)=a0$．ゆえに，上に述べた減法の一意性から

$$a0 = 0\ ^{*)}.$$

次に (1.3) において，$c=-b$ とおけば，$ab+a(-b)=a(b+(-b))=a0=0$. よって

$$a(-b) = -ab.$$

問 1 このような‘公理論’に興味をもつ読者は，例えば $(-a)(-b)=ab$, $\dfrac{-b}{a}=\dfrac{b}{-a}=-\dfrac{b}{a}$ 等を証明してみるとよい.

注意 結合の法則および交換の法則により，有限個の実数 $a_1, \cdots, a_n$ の和や積はその順序や括弧のつけ方に関係なく集合 $\{a_1, \cdots, a_n\}$ に対して一意的に定まることが証明される．よってそれらの和や積を記号 $\sum_{i=1}^{n} a_i$, $\prod_{i=1}^{n} a_i$ で表わすことが許されるのである．このような記号において index の i には特別の意味はない．すなわち（他と重複しない限り）どんな文字でおきかえても差支えないのである．例えば $\sum_{i=1}^{n} c_i a_i = \sum_{j=1}^{n} c_j a_j = \sum_{\nu=1}^{n} c_\nu a_\nu$. しかし $\sum_{j=1}^{n} c_i a_j \neq \sum_{i=1}^{n} c_i a_i$.（左辺 $= c_i a_1 + c_i a_2 + \cdots + c_i a_n$, 右辺 $= c_1 a_1 + c_2 a_2 + \cdots + c_n a_n$.）

最近の抽象代数学においては，一般に集合 K において加法および乗法と称する二つの演算が定義されていて，それらに関して (1.1)～(1.5′) が成立するとき，K を一つの**体**という．従って任意の体 K において実数におけると全く同様の四則演算ができるのである．実数全体の集合 $\boldsymbol{R}$ は通常の加法および乗法に関してもちろん一つの体（それを実数体という）になるが，$\boldsymbol{R}$ 以外の体の例としては，例えば有理数全体の作る体 $\boldsymbol{Q}$（有理数体）や次に述べる複素数全体の作る体 $\boldsymbol{C}$（複素数体）などがある．前者は実数体に含まれ，後者は実数体を含むと考えられる．これらはいずれも無限個の元[**)]からなる体であるが，有限個の元からなる体の例を作ることもできる．例えば，二つの元 0, 1 からなる集合 $\{0, 1\}$[***)] に次のような加法および乗法を定義すれば，それが一つの体になる.（すなわち (1.1)～(1.5′) が成立する.）

$$0+0=0, \quad 0+1=1, \quad 1+0=1, \quad 1+1=0,$$
$$0\cdot 0=0, \quad 0\cdot 1=0, \quad 1\cdot 0=0, \quad 1\cdot 1=1.$$

また一つの体 K が与えられたとき，K の元を係数とする有理式（すなわち二つの多項式の商）全体の集合はまた一つの体になる.（これを K を係数体とする有理函数体という.）

n 次の正方行列全体の集合には §2 で述べたように加法および乗法が定義されている．しかしそれは体にはならない．すなわち行列の乗法に関しては (1.2′) が成立せず，また (1.5′) が成立しない.（それ以外の法則はすべて成立する.）従って，実数の四則演算に関

---

*) このように，$a=0$ または $b=0$ のとき，$ab=0$ であるが，逆に $ab=0$ とすれば，$a=0$ または $b=0$ である．実際，$ab=0$, $a \neq 0$ とすれば，$b=\dfrac{0}{a}=0$.

),*) 一般に集合を構成しているもののことをその集合の‘元’という．元 $a_1, a_2, \cdots, a_m$ からなる集合を $\{a_1, a_2, \cdots, a_m\}$ のように表わす.

する性質のうち，(1.5′) または (1.2′) を使って証明されたことは n 次行列については必ずしも適用できない．例えば A，B を n 次の行列とするとき，$AB=0$ であっても，必ずしも $A=0$ または $B=0$ ではない．(その例を考えよ．) $AB=0$，$A\neq 0$，$B\neq 0$ であるとき，A，B を零因子ということがある．

さて，§1～§3 でベクトルや行列の演算に関して述べたことはすべて実数の演算に関する性質 (1.1)～(1.5′) だけを基礎として導かれていたのであった．従って，任意の体 K が与えられたとき，K の元を成分にもつベクトルや行列について考えることができ，それらに関しても §1～§3 で述べたのと全く同様のことが成立する．特にわれわれは今後，複素数を成分にもつベクトルや行列についてしばしば考えるであろう．―― 注意深い読者は，これから述べることのうちどれだけの部分が，一般に体の元を成分にもつベクトルや行列について成立するかをしらべながら読んでみるのもよいであろう．しかし今後も特に断らない限りベクトルや行列の成分はすべて実数であるとして議論を進めることにする．

(II) **大小関係**　実数の集合にはさらに大小関係（‘順序’ともいう）が定義されている．すなわち，二つの実数 a，b に対する関係 $a<b$ が定義されていて次のような性質をもつ*)．($a<b$ を $b>a$ ともかく．また，‘$a<b$ または $a=b$’であることを $a\leqq b$ とかく．)

(2.1)　任意の二つの実数 a，b に対して，次の三つの関係のうち一つ，しかもただ一つの関係が成立する．

$$a<b,\qquad a=b,\qquad a>b.$$

(2.2)　$a<b$，$b<c$ ならば，$a<c$.

(2.3)　$a<b$ ならば，任意の実数 c に対して $a+c<b+c$.

(2.4)　$a>0$，$b>0$ ならば，$ab>0$.

$a>0$ のとき，a は‘正’，$a<0$ のとき，a は‘負’であるという．(2.1) により，$a\neq 0$ ならば，a は正または負である．(2.3) により，$a>0 \Longrightarrow -a<0$，または $a<0 \Longrightarrow -a>0$．よって，$a>0$，$b<0$ のとき，$a>0$，$-b>0$，従って (2.4) により $a(-b)=-ab>0$．よって，$ab<0$．同様にして $a<0$，$b<0$ のとき，$ab>0$ であることが証明される．

さて，$a\neq 0$ とすれば，上記により $a^2>0$；$a=0$ ならば，もちろん $a^2=0$ である．よって任意の実数 a に対して $a^2\geqq 0$．ここで等号が成立するのは $a=0$ の場合に限る．

性質 (I)，(II) をもつ集合（すなわち‘順序づけられた体’）はかなり限定されたもの

*)　‘二つの実数 a，b に対する関係 $a<b$ が定義されている’とは二つの実数 a，b を任意に与えたとき，$a<b$ であるか，そうでないかいずれか一方（しかも一方だけ）が成立し，しかもそのどちらであるかを決定することができることをいう．

である．実際，複素数体 $\boldsymbol{C}$ や二元体 $\{0,1\}$ に対しては，上記の性質をもつ大小関係を定義することはできない．しかし一方，実数体 $\boldsymbol{R}$ 以外にも，例えば有理数体 $\boldsymbol{Q}$ のような $\boldsymbol{R}$ に含まれる体には（$\boldsymbol{R}$ の大小関係をそこに制限することにより）やはり大小関係を定義することができる．（さらに例えば $\boldsymbol{R}$ を係数体とする有理函数体にも上記の性質をもつ大小関係を定義することができる．）従って（I），（II）だけではまだ‘実数’を完全に特徴づけてはいないのである．そこで（I），（II）を仮定した上で最終的に実数を特徴づける性質は何かということが問題になる．それに答えるものが実数の連続性であって，19 世紀後半に至ってはじめて Dedekind，Cantor，Weierstrass 等により明確に把握されたのであった．これは解析学の基礎をなす実数の重要な性質であるが，本書においてはそれを使うことは少い．またそれを使う場合にもわれわれは解析学の初歩を既知として議論するから，直接に実数の連続性を使うわけではない．従ってここでは実数の連続性を規定する公理を（Dedekind の形で）述べるのにとどめよう*)．

（III）**連続性**　実数全体を次の条件が成立するように二つの組 A，B に分けたとする．

（i）任意の実数は A または B のいずれか一方に，しかもただ一方だけに属する．またAもBも共に空集合ではない．（すなわち少くとも一つの元を含む．）**)

（ii）　$a \in A,\ b \in B$ とすれば，$a < b$.

そのとき，A に最大数があるか，B に最小数があるかいずれかである．（いずれか一方が必ず起り，しかも両方が同時に起ることはない．）

以上述べた性質（I），（II），（III）によって実数は完全に特徴づけられる．すなわち，実数全体の集合は性質（I），（II），（III）をもっているが，逆に性質（I），（II），（III）をもっている集合があれば，それは実数全体の集合と‘同型’になる，すなわち両者は一対一に対応し，全く同じ数学的構造をもっていることが証明されるのである．

さて実数を係数とする一次方程式は四則演算だけによって解くことができる．従ってその根はまた実数になる．しかし（実数を係数とする）二次方程式を解くためには，‘平方根’を求めること，すなわち実数 a に対して方程式 $x^2 = a$ を解くことが必要である．x を実数とすれば $x^2 \geqq 0$ であるから，方程式 $x^2 = a$ が実数の範囲で解けるためには $a \geqq 0$ でなければならない．（逆に $a > 0$ ならばこの方程式は実数の範囲に二根をもつ***)．それを $\pm\sqrt{a}$ で表わす．$a = 0$ ならば，$x^2 = 0$ は等根 $x = 0$ をもつ．）すなわち，$a < 0$ のとき，a の平方根は実数の範囲には存在しない．しかし，$a < 0$ のときにも方程式 $x^2 = a$ が根をもつように数の範囲を拡張す

*) 連続性についての詳しい説明は，例えば，高木貞治，解析概論，岩波書店，（改訂第三版）1961，第 1 章および附録 I にある．

**) この条件を集合論の記号を使って表わせば，$\boldsymbol{R} = A \cup B$，$A \cap B = \phi$，$A \neq \phi$，$B \neq \phi$.

***) これは連続性を使って証明される．

ることができる．そのように拡張された数の範囲がすなわち複素数の範囲である．

複素数を導入する方法はいくつかあるが，ここでは行列による表現を利用して複素数を定義することにしよう．a_1，a_2 を二つの実数とし，行列

$$A = \begin{pmatrix} a_1 & -a_2 \\ a_2 & a_1 \end{pmatrix} \tag{21}$$

を考える．特に

$$E = \begin{pmatrix} 1 & 0 \\ 0 & 1 \end{pmatrix}, \quad J = \begin{pmatrix} 0 & -1 \\ 1 & 0 \end{pmatrix}$$

とおけば，$A = a_1E + a_2J$ と表わされる．$A = a_1E + a_2J$，$B = b_1E + b_2J$ とすれば，容易にわかるように

$$A + B = (a_1 + b_1)E + (a_2 + b_2)J, \tag{$*$}$$

$$AB = (a_1b_1 - a_2b_2)E + (a_1b_2 + a_2b_1)J. \tag{$**$}$$

この第二の式は

$$J^2 = \begin{pmatrix} 0 & -1 \\ 1 & 0 \end{pmatrix}\begin{pmatrix} 0 & -1 \\ 1 & 0 \end{pmatrix} = \begin{pmatrix} -1 & 0 \\ 0 & -1 \end{pmatrix} = -E$$

を使って導かれる．

問2 2次の正方行列の範囲において，方程式 $X^2 = -E$ は無数の解をもつ．それらの解を全部求めよ．

さて（$*$），（$**$）は $A = a_1E + a_2J$ の形の行列全体の集合が加法および乗法に関して閉じていることを示している．しかも，この演算に関して法則（1.1）～（1.5′）[*] が成立する．まず，（1.1），（1.1′），（1.2），（1.3）は§2に述べたことから明らかである．（1.2′）が成立することは（$**$）から直ちにわかる．（1.4），（1.4′），（1.5）に相当することはそれぞれ $0 = 0E + 0J$，$-A = (-a_1)E + (-a_2)J$，$E = 1E + 0J$ がやはり（21）の形の行列であること，およびそれらに関してそこに述べられている性質が成立すること（それは§2で述べた）から明らかである．最後に（1.5′）（に相当すること）であるが，まず $A = a_1E + a_2J$ に対して

$$A\,{}^tA = (a_1E + a_2J)(a_1E - a_2J) = ({a_1}^2 + {a_2}^2)E.$$

a_1，a_2 は実数であるから，$a_1 = a_2 = 0$ のとき以外は ${a_1}^2 + {a_2}^2 > 0$．従って $A \neq 0$ のとき，$A^{-1} = \dfrac{1}{{a_1}^2 + {a_2}^2}\,{}^tA$ とおけば，確かに $AA^{-1} = E$ が成立する．

なお，一般にスカラー行列 aE は(21)の形の行列の特別なものとみなすことがで

---

[*] ただし適当に字句を訂正しなければならない．例えば（1.4′）は‘E で表わされる特別な行列が存在して，（上の形の）任意の行列 A に対して $AE = A$’と訂正をする．

きるが，aE に実数 a を対応させれば，スカラー行列全体と実数全体とが演算まで含めて一対一に対応する．($aE \longleftrightarrow a$ とするとき，$aE + bE = (a+b)E \longleftrightarrow a + b$，$aE \cdot bE = (ab)E \longleftrightarrow ab$，また 0(零行列) $\longleftrightarrow 0$，$E \longleftrightarrow 1$.)

このように $A = a_1E + a_2J$ の形の行列全体の集合は（行列としての）加法および乗法に関して，実数の四則演算におけると全く同様な法則を満たしている.（すなわち一つの‘体’になる.）従ってわれわれはこの形の行列を新しく数とみなし，これを‘複素数’と呼ぶことにしよう．以後，複素数を $\alpha, \beta, \cdots$ 等の小文字で表わし，上記の行列 $A, B, \cdots$ 等はこれら複素数に対応する行列，すなわち複素数の行列による表現であると考える．そのときスカラー行列 aE は，上に述べたことにより，特に実数 a の行列表現であると考えられる．この意味において実数は複素数の特別なものとみなされるのである．また，行列 J に対応する複素数を i で表わす．これらの約束の下に行列 $a_1E + a_2J = a_1E + (a_2E)J$ に対応する複素数を $a_1 + a_2i$ とかくことができる．これが複素数の普通の記法である．

この記法を使って上に述べた複素数の四則演算を表わせば，次のようになる．

$$(a_1 + a_2i) \pm (b_1 + b_2i) = (a_1 \pm b_1) + (a_2 \pm b_2)i,$$

$$(22)\qquad (a_1 + a_2i)(b_1 + b_2i) = (a_1b_1 - a_2b_2) + (a_1b_2 + a_2b_1)i,$$

$$\frac{a_1 + a_2i}{b_1 + b_2i} = \frac{a_1b_1 + a_2b_2}{{b_1}^2 + {b_2}^2} + \frac{-a_1b_2 + a_2b_1}{{b_1}^2 + {b_2}^2}i.$$

また $\alpha = a_1 + a_2i$，$A = a_1E + a_2J$ であるとき，${}^tA = a_1E - a_2J$ に対応する複素数 $a_1 - a_2i$ を α の‘共役複素数’といい，$\bar{\alpha}$ で表わす．定義および (14) から明らかに

$$(23)\qquad \overline{\alpha \pm \beta} = \bar{\alpha} \pm \bar{\beta}, \qquad \overline{\alpha\beta} = \bar{\alpha}\bar{\beta}, \qquad \overline{\alpha/\beta} = \bar{\alpha}/\bar{\beta}.$$

すなわち，対応 $\alpha \longrightarrow \bar{\alpha}$ は複素数の四則演算を保存する．また $\alpha = \bar{\alpha}$ であるための必要十分条件は $a_2 = 0$，すなわち α が実数であることである．一般に複素数 $\alpha = a_1 + a_2i$ に対し，a_1，a_2 をそれぞれ α の実部，虚部といい，$\Re\alpha$，$\Im\alpha$（または $\mathrm{Re}\,\alpha$，$\mathrm{Im}\,\alpha$）で表わす．容易にわかるように

$$(24)\qquad \Re\alpha = \frac{1}{2}(\alpha + \bar{\alpha}), \qquad \Im\alpha = \frac{1}{2i}(\alpha - \bar{\alpha}).$$

複素数 $\alpha = a_1 + a_2i$ に対し，$\alpha\bar{\alpha} = {a_1}^2 + {a_2}^2 \geqq 0$．よって

$$|\alpha| = \sqrt{\alpha\bar{\alpha}} = \sqrt{{a_1}^2 + {a_2}^2}$$

とおき，これを α の‘絶対値’という．絶対値は次の性質をもつ．

(i)　$|\alpha| \geqq 0$．しかも $|\alpha| = 0 \Longleftrightarrow \alpha = 0$．

(ii)　$|\alpha\beta| = |\alpha||\beta|$．

(iii)　$|\alpha + \beta| \leqq |\alpha| + |\beta|$．

(i)，(ii) は定義および (23) から明らかである．(iii) をいうために，まず両辺の平方を計算すれば

$$|\alpha + \beta|^2 = (\alpha + \beta)(\bar{\alpha} + \bar{\beta}) = |\alpha|^2 + |\beta|^2 + (\alpha\bar{\beta} + \bar{\alpha}\beta),$$
$$(|\alpha| + |\beta|)^2 = |\alpha|^2 + |\beta|^2 + 2|\alpha||\beta|.$$

よって $\dfrac{1}{2}(\alpha\bar{\beta} + \bar{\alpha}\beta) = \Re\alpha\bar{\beta} \leqq |\alpha||\beta|$ をいえばよい．しかしこれは $|\alpha\bar{\beta}| = |\alpha||\beta|$，および任意の複素数 γ に対して $\Re\gamma \leqq |\gamma|$ となることから，明らかであろう．

注意　複素数 $\xi = x_1 + x_2 i$ に 2 次元ベクトル $\boldsymbol{x} = \begin{pmatrix} x_1 \\ x_2 \end{pmatrix}$ を対応させれば，明らかに $\xi \longleftrightarrow \boldsymbol{x}$，$\eta \longleftrightarrow \boldsymbol{y}$ のとき $\xi + \eta \longleftrightarrow \boldsymbol{x} + \boldsymbol{y}$，また任意の実数に対して $a\xi \longleftrightarrow a\boldsymbol{x}$．すなわち，複素数の加法および実数倍は，実数を成分にもつ 2 次元ベクトルの加法およびスカラー倍に対応する．複素数という名称はそれがこのように 2 次元の数とみなされることにもとづく．さて，$\alpha = a_1 + a_2 i$ を任意の複素数，$\eta = \alpha\xi$，$\eta \longleftrightarrow \boldsymbol{y} = \begin{pmatrix} y_1 \\ y_2 \end{pmatrix}$ とすれば (22) により

$$\begin{cases} y_1 = a_1 x_1 - a_2 x_2 \\ y_2 = a_2 x_1 + a_1 x_2. \end{cases}$$

すなわち，複素数 ξ にその α 倍を対応させる対応：$\xi \longrightarrow \alpha\xi$ は 2 次元ベクトル $\boldsymbol{x}$ に対する一つの一次変換をひき起す．この一次変換の行列が (21) の行列 $A = \begin{pmatrix} a_1 & -a_2 \\ a_2 & a_1 \end{pmatrix}$ に他ならない．このことから，$\alpha \longleftrightarrow A$，$\beta \longleftrightarrow B$ のとき $\alpha + \beta \longleftrightarrow A + B$，$\alpha\beta \longleftrightarrow AB$ であることは容易に証明される．われわれはこれらの結果を見越して最初からこの形の行列によって複素数を定義したのである．

問 3

$$A = \begin{pmatrix} a_1 & -a_2 & -a_3 & -a_4 \\ a_2 & a_1 & -a_4 & a_3 \\ a_3 & a_4 & a_1 & -a_2 \\ a_4 & -a_3 & a_2 & a_1 \end{pmatrix} \quad (a_1, a_2, a_3, a_4 : \text{実数})$$

の形の行列全体の集合は（行列としての）加法および乗法に関して閉じている．しかもこの形の行列に関して，乗法の可換性 (1.2′) を除き (1.1)～(1.5′) の法則がすべて成立することを確かめよ．($A \neq 0$ のとき，$A^{-1} = \dfrac{1}{a_1{}^2 + a_2{}^2 + a_3{}^2 + a_4{}^2}\,{}^t\!A$ となる．) これは 'Hamilton の四元数' と呼ばれるものの行列による表現である．四元数という名称はそれが 4 次元の数であることを表わす．実際，上の行列 A で表わされる四元数を α とかき

$$i=\begin{pmatrix}0&-1&0&0\\1&0&0&0\\0&0&0&-1\\0&0&1&0\end{pmatrix},\quad j=\begin{pmatrix}0&0&-1&0\\0&0&0&1\\1&0&0&0\\0&-1&0&0\end{pmatrix},\quad k=\begin{pmatrix}0&0&0&-1\\0&0&-1&0\\0&1&0&0\\1&0&0&0\end{pmatrix}$$

とおけば，$\alpha = a_1 + a_2 i + a_3 j + a_4 k$ とかくことができる．i, j, k の結合表（積の表）は次の通り：

$$i^2 = j^2 = k^2 = -1,$$
$$jk = -kj = i,\quad ki = -ik = j,\quad ij = -ji = k.$$

附記　複素数の幾何学的表示，代数学の基本定理

複素数はさらに平面上の‘点’で表わすことができる．すなわち，複素数 $\xi = x_1 + x_2 i$ に座標が (x_1, x_2) である点を対応させることにより，複素数全体と平面上の点全体とを一対一に対応させることができる．このように複素数と対応づけられた平面のことを数平面，または Gauss 平面という．$\alpha = a_1 + a_2 i$ を任意の複素数とするとき，対応 $\xi \longrightarrow \xi + \alpha$ は Gauss 平面上においては（ベクトル $\boldsymbol{a} = (a_1, a_2)$ に対応する）平行移動になる．また実数 $a > 0$ に対し対応 $\xi \longrightarrow a\xi$ は Gauss 平面上においては（中心 0，比 1 : a の）比例拡大になる．$|\xi| = \sqrt{x_1{}^2 + x_2{}^2}$ は原点と点 ξ との距離に他ならない．従って絶対値の性質（iii）は“三角形の二辺の和は他の一辺より小さくない”という初等幾何の定理を表わしている．また $\bar{\xi} = x_1 - x_2 i$ に対応する点は，点 ξ の x 軸に関する対称点である．従って対応 $\xi \longrightarrow \bar{\xi}$ は x 軸に関する裏返しである．特に $\xi = \bar{\xi}$ なる点，すなわち x 軸上の点には実数が対応する．

さて，$|\alpha| = 1$ とすれば，点 α は原点を中心とし半径 1 なる円周の上にある．従って α の偏角，すなわち半直線 0α の方向と x 軸の正の方向とのなす角（後者から前者へ測ったもの）を θ とすれば，$\alpha = \cos\theta + i\sin\theta$ と表わされる．そのとき，対応 $\xi \longrightarrow \alpha\xi$ は Gauss 平面においては（中心 0，角 θ の）回転になることが証明される．実際，すでに述べたように対応 $\xi \longrightarrow \alpha\xi$ は 2 次元ベクトル $\boldsymbol{x}$ に対しては，一次変換

$$\boldsymbol{x} \longrightarrow A\boldsymbol{x},\qquad A = \begin{pmatrix}\cos\theta & -\sin\theta\\ \sin\theta & \cos\theta\end{pmatrix}$$

をひき起す．一方，原点を中心とする角 θ だけの回転は，点 ξ の‘位置ベクトル’ $\boldsymbol{x}$ に対して一つの一次変換をひき起し，この回転により明らかに $\boldsymbol{e}_1 = \begin{pmatrix}1\\0\end{pmatrix} \longrightarrow \begin{pmatrix}\cos\theta\\ \sin\theta\end{pmatrix}$, $\boldsymbol{e}_2 = \begin{pmatrix}0\\1\end{pmatrix} \longrightarrow \begin{pmatrix}-\sin\theta\\ \cos\theta\end{pmatrix}$ である．従ってこれら二つの一次変換は一致し，

従ってまたそれらに対応する‘点の変換’も一致する．さて，原点を中心とする二つの回転を合成したものはまた原点を中心とする一つの回転になり，二つの回転の回転角を θ, φ とすれば，それらを合成した回転の回転角は $\theta+\varphi$ になる．従って，§4 で述べたことにより

$$\begin{pmatrix}\cos\theta & -\sin\theta\\ \sin\theta & \cos\theta\end{pmatrix}\begin{pmatrix}\cos\varphi & -\sin\varphi\\ \sin\varphi & \cos\varphi\end{pmatrix}=\begin{pmatrix}\cos(\theta+\varphi) & -\sin(\theta+\varphi)\\ \sin(\theta+\varphi) & \cos(\theta+\varphi)\end{pmatrix},$$

あるいは複素数を使って表現し

$$(25)\qquad (\cos\theta+i\sin\theta)(\cos\varphi+i\sin\varphi)=\cos(\theta+\varphi)+i\sin(\theta+\varphi).$$

を得る．これらの式の左辺を実際計算してみれば‘三角函数の加法定理’が得られる．

一般に複素数 $\alpha=a_1+a_2i\neq 0$ に対し，点 (a_1,a_2) の極座標を (r,θ) とすれば，$a_1=r\cos\theta$, $a_2=r\sin\theta$ であるから，$\alpha=r(\cos\theta+i\sin\theta)$ と表わされる．(25) により任意の整数 n に対し

$$\alpha^n=r^n(\cos n\theta+i\sin n\theta).\qquad \text{(de Moivre の公式)}$$

この式から，方程式 $x^n=\alpha$ の根（すなわち α の n 乗根）が

$$x=r^{\frac{1}{n}}\left(\cos\frac{\theta+2\pi k}{n}+i\sin\frac{\theta+2\pi k}{n}\right)\qquad (k=0,1,\cdots,n-1)$$

によって与えられることがわかる．特に 1 の n 乗根は

$$1,\zeta,\zeta^2,\cdots,\zeta^{n-1};\quad \zeta=\cos\frac{2\pi}{n}+i\sin\frac{2\pi}{n}$$

で与えられる．一般に α の n 乗根はその中の一つを ξ_0 とすれば，$\xi_0,\xi_0\zeta,\xi_0\zeta^2,\cdots,\xi_0\zeta^{n-1}$ によって与えられる．

このように複素数の範囲においては $\alpha\neq 0$ の n 乗根はつねに n 個存在するのであるが，さらに一般に n 次代数方程式

$$f(x)=\alpha_0x^n+\alpha_1x^{n-1}+\cdots+\alpha_n=0\qquad (\alpha_i：複素数)$$

はつねに少くとも一つの根をもつ．(Gauss) これを**代数学の基本定理**という*)．$f(x)=0$ の一つの根を ξ_1 とすれば，剰余定理により $f(x)=(x-\xi_1)f_1(x)$．方程式 $f_1(x)=0$ にふたたび上の定理を適用し，その一つの根を ξ_2 とすれば，$f_1(x)=(x-\xi_2)f_2(x)$．よって $f(x)=(x-\xi_1)(x-\xi_2)f_2(x)$．この操作をくり返せば，最後には $f(x)=\alpha_0(x-\xi_1)(x-\xi_2)\cdots(x-\xi_n)$ となる．よって次のような定理が

*) この定理の証明については，例えば高木貞治，代数学講義，共立出版，(改訂新版) 1965，第 2 章, §9，あるいは永田雅宜，可換体論，裳華房，1967，§2.12 または [16], Vol. I, §11.5 参照．

得られる.

定理 A　複素数の範囲では任意の多項式は一次式の積に分解される．すなわち，$f(x)$ を n 次多項式とすれば，$f(x) = \alpha_0(x-\xi_1)(x-\xi_2)\cdots(x-\xi_n)$.

ここで $\xi_1, \xi_2, \cdots, \xi_n$ は必ずしも全部相異なるとは限らない．適当に番号をつけかえてそれらのうち相異なるものを $\xi_1, \cdots, \xi_r$ とすれば，$f(x) = \alpha_0(x-\xi_1)^{n_1}(x-\xi_2)^{n_2}\cdots(x-\xi_r)^{n_r}$ と表わされる．このとき，'ξ_i は n_i 重根である' または '根 ξ_i の重複度は n_i である' という．従って定理 A を次の形で述べることもできる.

定理 A′　複素数の範囲では任意の n 次代数方程式は，根の重複度まで考慮すれば，つねに n 個の根をもつ.

特に $f(x)$ の係数 $\alpha_0, \alpha_1, \cdots, \alpha_n$ がすべて実数である場合には次の定理が成立する.

定理 B　$f(x)$ を実数を係数とする n 次多項式とすれば，$f(x)$ は複素数の範囲で次のような形に分解される：

$$f(x) = \alpha_0 \prod_{i=1}^{r_1}(x-x_i)^{m_i}\prod_{j=1}^{r_2}\{(x-\xi_j)(x-\bar{\xi}_j)\}^{n_j},$$

ここに $x_1, \cdots, x_{r_1}$ は実数，$\xi_1, \cdots, \xi_{r_2}$ は実数でない複素数，$\bar{\xi}_j$ は ξ_j の共役複素数.

実際，ξ_1 を $f(x)=0$ の根とすれば，(23) により

$$\begin{aligned}0 = \overline{f(\xi_1)} &= \overline{\alpha_0\xi_1{}^n + \alpha_1\xi_1{}^{n-1} + \cdots + \alpha_n} = \bar{\alpha}_0\bar{\xi}_1{}^n + \bar{\alpha}_1\bar{\xi}_1{}^{n-1} + \cdots + \overline{\alpha_n}\\ &= \alpha_0\bar{\xi}_1{}^n + \alpha_1\bar{\xi}_1{}^{n-1} + \cdots + \alpha_n = f(\bar{\xi}_1).\end{aligned}$$

よって，$\bar{\xi}_1$ も $f(x)=0$ の根である．よって ξ_1 が実数でない複素数であるとすれば，$f(x)$ は $(x-\xi_1)(x-\bar{\xi}_1)$ で割り切れる．$f(x) = (x-\xi_1)(x-\bar{\xi}_1)f_1(x)$ とし，$f_1(x)$ に対して同様の操作をくり返せば，最後には上記のような分解を得る.

定理 A，A′，B はいずれも代数学の基本定理と同値である.

§6　内　積

二つの n 次元ベクトル $\boldsymbol{a} = (a_i)$，$\boldsymbol{b} = (b_i)$ に対し，その対応する成分の積の和 $a_1b_1 + a_2b_2 + \cdots + a_nb_n$ を $\boldsymbol{a}$，$\boldsymbol{b}$ の**内積**（スカラー積）といい，$(\boldsymbol{a}, \boldsymbol{b})$ で表わす．$\boldsymbol{a}$，$\boldsymbol{b}$ を縦ベクトルと考えれば，これは行列としての積 ${}^t\boldsymbol{a}\boldsymbol{b}$（または ${}^t\boldsymbol{b}\boldsymbol{a}$）に他ならない．すなわち

$$(\boldsymbol{a}, \boldsymbol{b}) = {}^t\boldsymbol{a}\boldsymbol{b} = {}^t\boldsymbol{b}\boldsymbol{a} = \sum_{i=1}^{n} a_ib_i.$$

定義から明らかに内積は対称である：

(26) $$(\boldsymbol{a}, \boldsymbol{b}) = (\boldsymbol{b}, \boldsymbol{a}).$$

また $(\boldsymbol{a}, \boldsymbol{b})$ は $\boldsymbol{a}$ についても $\boldsymbol{b}$ についても<u>線型</u>である．すなわち $\boldsymbol{a}_1, \boldsymbol{a}_2, \cdots$ を n 次元ベクトル，$c, c_1, c_2, \cdots$ を数とするとき

(27) $$(\boldsymbol{a}_1 + \boldsymbol{a}_2, \boldsymbol{b}) = (\boldsymbol{a}_1, \boldsymbol{b}) + (\boldsymbol{a}_2, \boldsymbol{b}),$$

(28) $$(c\boldsymbol{a}, \boldsymbol{b}) = c(\boldsymbol{a}, \boldsymbol{b})$$

が成立する．よって一般に

$$\left(\sum_\nu c_\nu \boldsymbol{a}_\nu, \boldsymbol{b}\right) = \sum_\nu c_\nu (\boldsymbol{a}_\nu, \boldsymbol{b}),$$

また，$(\mathbf{0}, \boldsymbol{b}) = 0$．同様のことが（今度は $\boldsymbol{a}$ を固定して）$\boldsymbol{b}$ の方に関しても成り立つ．従って

$$\left(\sum_\nu c_\nu \boldsymbol{a}_\nu, \sum_\mu c_\mu' \boldsymbol{b}_\mu\right) = \sum_{\nu,\mu} c_\nu c_\mu' (\boldsymbol{a}_\nu, \boldsymbol{b}_\mu)$$

が成立する．

‘$(\boldsymbol{a}, \boldsymbol{b})$ が $\boldsymbol{a}$ について線型である’とは，ベクトル $\boldsymbol{b}$ を固定したとき，写像 $\boldsymbol{x} \longrightarrow (\boldsymbol{x}, \boldsymbol{b})$ が n 次元ベクトル空間から普通の数の空間（それを 1 次元ベクトル空間とみなす）への写像として線型であることをいう．その条件がすなわち (27)，(28) である．これらが成立することは定義の式：$(\boldsymbol{x}, \boldsymbol{b}) = {}^t\boldsymbol{b}\boldsymbol{x}$ から明らかであろう．(例えば，(27) は $(\boldsymbol{a}_1 + \boldsymbol{a}_2, \boldsymbol{b}) = {}^t\boldsymbol{b}(\boldsymbol{a}_1 + \boldsymbol{a}_2) = {}^t\boldsymbol{b}\boldsymbol{a}_1 + {}^t\boldsymbol{b}\boldsymbol{a}_2 = (\boldsymbol{a}_1, \boldsymbol{b}) + (\boldsymbol{a}_2, \boldsymbol{b})$．）定理 2 によれば，この逆も成立する．すなわち，n 次元ベクトル空間から普通の数の空間への任意の一次写像 f に対して，一つの $(1, n)$ 行列，すなわち一つの横ベクトル ${}^t\boldsymbol{b}$ が定まり，$f(\boldsymbol{x}) = {}^t\boldsymbol{b}\boldsymbol{x} = (\boldsymbol{x}, \boldsymbol{b})$ とかける．$\boldsymbol{x} = (x_i)$，$f(\boldsymbol{x}) = {}^t\boldsymbol{b}\boldsymbol{x} = b_1x_1 + b_2x_2 + \cdots + b_nx_n$ において，$x_1, \cdots, x_n$ を n 個の独立変数と考えれば，これはそれらに関する斉一次式（一次形式）である．

$A = (a_{ij})$ を (n, m) 行列，$\boldsymbol{x}$ を n 次元ベクトル，$\boldsymbol{y}$ を m 次元ベクトルとすれば，(14) により

(29) $$(\boldsymbol{x}, A\boldsymbol{y}) = {}^t(A\boldsymbol{y})\boldsymbol{x} = {}^t\boldsymbol{y}\,{}^tA\boldsymbol{x} = ({}^tA\boldsymbol{x}, \boldsymbol{y})$$

が成立する．これを成分で表わせば

$$(\boldsymbol{x}, A\boldsymbol{y}) = ({}^tA\boldsymbol{x}, \boldsymbol{y}) = \sum_{i,j} a_{ij}x_iy_j$$

となる．この式は $\boldsymbol{x}$ についても $\boldsymbol{y}$ についても線型（すなわち $x_1, \cdots, x_n$ についても $y_1, \cdots, y_m$ についても斉一次式）である．このような多項式を $\boldsymbol{x}$，$\boldsymbol{y}$ に関する（または変数 $x_1, \cdots, x_n$；$y_1, \cdots, y_m$ に関する）**双一次形式**という*)．

---

*) 逆に $\langle \boldsymbol{x}, \boldsymbol{y} \rangle$ を $\boldsymbol{x}$，$\boldsymbol{y}$ に関する双一次形式とすれば，$\boldsymbol{e}_i$ $(1 \leqq i \leqq n)$，$\boldsymbol{e}_j'$ $(1 \leqq j \leqq m)$ をそれぞれ n 次元，m 次元の単位ベクトル，$\langle \boldsymbol{e}_i, \boldsymbol{e}_j' \rangle = a_{ij}$ とおくとき，$\langle \boldsymbol{x}, \boldsymbol{y} \rangle = \langle \sum_i x_i\boldsymbol{e}_i, \sum_j y_j\boldsymbol{e}_j' \rangle = \sum_{i,j} x_iy_j \langle \boldsymbol{e}_i, \boldsymbol{e}_j' \rangle = \sum_{i,j} a_{ij}x_iy_j$，従って $A = (a_{ij})$ に対し，$\langle \boldsymbol{x}, \boldsymbol{y} \rangle = (\boldsymbol{x}, A\boldsymbol{y}) = ({}^tA\boldsymbol{x}, \boldsymbol{y})$ となる．$A = (a_{ij})$ を双一次形式 $\langle \boldsymbol{x}, \boldsymbol{y} \rangle = (\boldsymbol{x}, A\boldsymbol{y})$ の‘係数行列’という．

$f: \boldsymbol{y} \longrightarrow A\boldsymbol{y}$ を m 次元ベクトル空間から n 次元ベクトル空間への一次写像とすれば，任意の n 次元ベクトル $\boldsymbol{x}$ に対して，写像 $\boldsymbol{y} \longrightarrow (\boldsymbol{x}, A\boldsymbol{y})$ は m 次元ベクトル空間から普通の数の空間への一次写像になる．よって上の注意により，ある m 次元ベクトル $\boldsymbol{z}$ があって，$(\boldsymbol{x}, A\boldsymbol{y}) = (\boldsymbol{z}, \boldsymbol{y})$．(29) はこの $\boldsymbol{z}$ が ${}^tA\boldsymbol{x}$ で与えられることを示している．一次写像 $\boldsymbol{x} \longrightarrow \boldsymbol{z} = {}^tA\boldsymbol{x}$ を f の**双対写像**といい，${}^tf$ で表わす．

例　n 次正方行列 $A = (a_{ij})$ に対して，その対角成分の和 $\sum_{i=1}^{n} a_{ii}$ を A の**トレイス**（またはシュプール）といい，$\mathrm{tr}A$（または $\mathrm{Sp}A$）で表わす：$\mathrm{tr}A = \sum_{i=1}^{n} a_{ii}$．写像 $A \longrightarrow \mathrm{tr}A$ は n 次正方行列の空間（それは n^2 次元ベクトル空間とみなされる）から普通の数の空間への一つの一次写像である．定義から明らかに $\mathrm{tr}\,{}^tA = \mathrm{tr}A$．また $A = (a_{ij})$，$B = (b_{ij})$ を二つの n 次正方行列とするとき

(30)
$$\mathrm{tr}(AB) = \sum_{i,j} a_{ij}b_{ji} = \mathrm{tr}(BA),$$

すなわち n 次正方行列の空間を n^2 次元のベクトル空間とみなしたとき，内積 $(A, B) = \sum_{i,j} a_{ij}b_{ij}$ は $\mathrm{tr}({}^tAB)\ (= \mathrm{tr}(A\,{}^tB) = \mathrm{tr}(B\,{}^tA))$ で与えられる．同様のことは一般に (n, m) 行列全体の空間（それは nm 次元ベクトル空間とみなされる）においても成立する．上記ベクトルの内積はその $m = 1$ なる特別の場合である．

問 1　A，B，C をそれぞれ (n, m) 行列，(m, l) 行列，(l, n) 行列とするとき
$$\mathrm{tr}(ABC) = \mathrm{tr}(BCA) = \mathrm{tr}(CAB)$$
であることを証明せよ．

問 2　n 次正方行列の空間において一次写像 $X \longrightarrow AX$，$X \longrightarrow XA$ の双対写像はそれぞれ $X \longrightarrow {}^tAX$，$X \longrightarrow X\,{}^tA$ で与えられることを証明せよ．

内積 $(\boldsymbol{a}, \boldsymbol{b})$ において特に $\boldsymbol{a} = \boldsymbol{b}$ とすれば，

(31)
$$(\boldsymbol{a}, \boldsymbol{a}) = {a_1}^2 + {a_2}^2 + \cdots + {a_n}^2 \geqq 0,$$

かつ等号は $\boldsymbol{a} = \boldsymbol{0}$ の場合に限る．よって $\|\boldsymbol{a}\| = \sqrt{(\boldsymbol{a}, \boldsymbol{a})}$ とおき，これをベクトル $\boldsymbol{a}$ の**長さ**（または絶対値）という．定義から明らかに

(i)　$\|\boldsymbol{a}\| \geqq 0$．かつ $\|\boldsymbol{a}\| = 0 \Longleftrightarrow \boldsymbol{a} = \boldsymbol{0}$．

(ii)　c を実数とすれば，$\|c\boldsymbol{a}\| = |c|\,\|\boldsymbol{a}\|$．特に $\|-\boldsymbol{a}\| = \|\boldsymbol{a}\|$．

さらに次の‘三角不等式’が成立する．

(iii)　$\|\boldsymbol{a} + \boldsymbol{b}\| \leqq \|\boldsymbol{a}\| + \|\boldsymbol{b}\|$．

これを証明するために，両辺の平方を計算すれば
$$\|\boldsymbol{a} + \boldsymbol{b}\|^2 = (\boldsymbol{a} + \boldsymbol{b}, \boldsymbol{a} + \boldsymbol{b}) = (\boldsymbol{a}, \boldsymbol{a}) + (\boldsymbol{a}, \boldsymbol{b}) + (\boldsymbol{b}, \boldsymbol{a}) + (\boldsymbol{b}, \boldsymbol{b})$$
$$= \|\boldsymbol{a}\|^2 + \|\boldsymbol{b}\|^2 + 2(\boldsymbol{a}, \boldsymbol{b}),$$

$$(\|\boldsymbol{a}\| + \|\boldsymbol{b}\|)^2 = \|\boldsymbol{a}\|^2 + \|\boldsymbol{b}\|^2 + 2\|\boldsymbol{a}\|\cdot\|\boldsymbol{b}\|.$$

よって，$(\boldsymbol{a}, \boldsymbol{b}) \leqq \|\boldsymbol{a}\|\cdot\|\boldsymbol{b}\|$ を証明すればよい．$\boldsymbol{a} = \boldsymbol{0}$ のときは両辺とも $=0$ であるから明らかである．$\boldsymbol{a} \neq \boldsymbol{0}$ のとき，$\|\boldsymbol{a} + \boldsymbol{b}\|^2$ において $\boldsymbol{a}$ を $\lambda\boldsymbol{a}$（λ：実数）でおきかえれば

$$\|\lambda\boldsymbol{a} + \boldsymbol{b}\|^2 = \lambda^2\|\boldsymbol{a}\|^2 + 2\lambda(\boldsymbol{a}, \boldsymbol{b}) + \|\boldsymbol{b}\|^2.$$

これは λ に関する二次式であって，すべての λ の値に対して $\geqq 0$ である．よってその判別式 $(\boldsymbol{a}, \boldsymbol{b})^2 - \|\boldsymbol{a}\|^2\|\boldsymbol{b}\|^2$ は $\leqq 0$．すなわち

(32) $$|(\boldsymbol{a}, \boldsymbol{b})| \leqq \|\boldsymbol{a}\|\cdot\|\boldsymbol{b}\|.$$

これで（iii）が証明された．(32) を Schwarz（または Cauchy）**の不等式**という．上の証明からわかるように (32) において等号が成立するのは，$\boldsymbol{a} = \boldsymbol{0}$ またはある λ に対して $\lambda\boldsymbol{a} + \boldsymbol{b} = \boldsymbol{0}$ となる場合，すなわち $\boldsymbol{a}$，$\boldsymbol{b}$ の一方が他方のスカラー倍になる場合である．

$(\boldsymbol{a}, \boldsymbol{a}) \geqq 0$ およびそれから導かれた上の諸結果は前節で述べた実数の性質（II）を基礎としている．よってそれは実数体でない一般の体の元を成分にもつベクトルに対しては適用されない．しかし複素数を成分にもつベクトルに対しては次のように内積の定義を変更して同様の結果を得ることができる．すなわち，$\boldsymbol{a} = (\alpha_i), \boldsymbol{b} = (\beta_i), \cdots$ を複素数を成分にもつ n 次元ベクトルとし，$\boldsymbol{b} = (\beta_i)$ に対し $\overline{\boldsymbol{b}} = (\overline{\beta}_i)$ とおく．内積 $(\boldsymbol{a}, \boldsymbol{b})$ のかわりに $(\boldsymbol{a}, \overline{\boldsymbol{b}}) = {}^t\boldsymbol{a}\overline{\boldsymbol{b}}$ を考えれば，

$$(\boldsymbol{a}, \overline{\boldsymbol{a}}) = {}^t\boldsymbol{a}\overline{\boldsymbol{a}} = \sum_{i=1}^{n} \alpha_i\overline{\alpha}_i = \sum_{i=1}^{n} |\alpha_i|^2 \geqq 0,$$

かつ $(\boldsymbol{a}, \overline{\boldsymbol{a}}) = 0 \Longleftrightarrow \boldsymbol{a} = \boldsymbol{0}$．よって，$\|\boldsymbol{a}\| = \sqrt{(\boldsymbol{a}, \overline{\boldsymbol{a}})}$ とおくことによりベクトル $\boldsymbol{a}$ の‘長さ’が定義できる．$(\boldsymbol{a}, \overline{\boldsymbol{b}})$ は $\boldsymbol{a}$ については線型であるが，$\boldsymbol{b}$ については**共役線型**，すなわち，$(\boldsymbol{a}, \overline{\boldsymbol{b}_1 + \boldsymbol{b}_2}) = (\boldsymbol{a}, \overline{\boldsymbol{b}}_1) + (\boldsymbol{a}, \overline{\boldsymbol{b}}_2), (\boldsymbol{a}, \overline{\gamma\boldsymbol{b}}) = \overline{\gamma}(\boldsymbol{a}, \overline{\boldsymbol{b}})$（$\gamma$：複素数）である．これらのことからこの場合にも $\|\ \ \|$ が性質（i），（ii）（ただし，実数 c は複素数 γ でおきかえる），（iii）を満たすことが証明される．（i），（ii）は明らか．（iii）は上と同様にして $\Re(\boldsymbol{a}, \overline{\boldsymbol{b}}) \leqq \|\boldsymbol{a}\|\cdot\|\boldsymbol{b}\|$ に帰着され，この後の不等式も上と全く同様にして証明される．さらに，$(\boldsymbol{a}, \overline{\boldsymbol{b}}) \neq 0$ のとき，$\xi = \dfrac{(\boldsymbol{a}, \overline{\boldsymbol{b}})}{|(\boldsymbol{a}, \overline{\boldsymbol{b}})|}$ とおき，この不等式において $\boldsymbol{a}$ を $\overline{\xi}\boldsymbol{a}$ でおきかえれば，$|(\boldsymbol{a}, \overline{\boldsymbol{b}})| = \overline{\xi}(\boldsymbol{a}, \overline{\boldsymbol{b}}) = (\overline{\xi}\boldsymbol{a}, \overline{\boldsymbol{b}}) = \Re(\overline{\xi}\boldsymbol{a}, \overline{\boldsymbol{b}}) \leqq \|\overline{\xi}\boldsymbol{a}\|\cdot\|\overline{\boldsymbol{b}}\| = \|\boldsymbol{a}\|\cdot\|\boldsymbol{b}\|$．よって (32) も成立する．

さて，$\boldsymbol{a} \neq 0$，$\boldsymbol{b} \neq 0$ のとき (32) から

$$-1 \leqq \frac{(\boldsymbol{a}, \boldsymbol{b})}{\|\boldsymbol{a}\|\cdot\|\boldsymbol{b}\|} \leqq 1.$$

よって $\dfrac{(\boldsymbol{a}, \boldsymbol{b})}{\|\boldsymbol{a}\|\cdot\|\boldsymbol{b}\|} = \cos\theta$ となるような角 θ が $0 \leqq \theta \leqq \pi$ の範囲にただ一つ存在す

る．これをベクトル $\boldsymbol{a}$, $\boldsymbol{b}$ のなす**角**といい，$\angle(\boldsymbol{a},\boldsymbol{b})$ で表わす．従って $\angle(\boldsymbol{a},\boldsymbol{b})=\theta$ とすれば

$$(\boldsymbol{a},\boldsymbol{b})=\|\boldsymbol{a}\|\cdot\|\boldsymbol{b}\|\cos\theta \tag{33}$$

が成立する*)．

特に $(\boldsymbol{a},\boldsymbol{b})=0$ ならば，$\angle(\boldsymbol{a},\boldsymbol{b})=\dfrac{\pi}{2}$．この場合，二つのベクトル $\boldsymbol{a},\boldsymbol{b}$ は互いに**直交する**といい，$\boldsymbol{a}\perp\boldsymbol{b}$ とかく．($\boldsymbol{a}=\boldsymbol{0}$, または $\boldsymbol{b}=\boldsymbol{0}$ の場合にも $(\boldsymbol{a},\boldsymbol{b})=0$. この場合，$\angle(\boldsymbol{a},\boldsymbol{b})$ は定義されていないが，やはり $\boldsymbol{a}\perp\boldsymbol{b}$ とかく．) また，$\angle(\boldsymbol{a},\boldsymbol{b})=0$ または π となるのは $\boldsymbol{b}=c\boldsymbol{a}$ $(c\neq 0)$ となる場合であって，$c>0$ ならば，$\angle(\boldsymbol{a},\boldsymbol{b})=0$, $c<0$ ならば $\angle(\boldsymbol{a},\boldsymbol{b})=\pi$ である．

いくつかのベクトル $\boldsymbol{f}_1,\boldsymbol{f}_2,\cdots,\boldsymbol{f}_r$ があって，各ベクトルの長さは 1，かつ（番号の）相異なるベクトルは互に直交するとき，すなわち

$$(\boldsymbol{f}_i,\boldsymbol{f}_j)=\delta_{ij}\qquad(1\leqq i,j\leqq r)$$

であるとき，$\boldsymbol{f}_1,\boldsymbol{f}_2,\cdots,\boldsymbol{f}_r$ は**正規直交系**をなすという．例えば，単位ベクトル $\boldsymbol{e}_1,\boldsymbol{e}_2,\cdots,\boldsymbol{e}_n$ は正規直交系をなす．

問3　$\|\boldsymbol{a}+\boldsymbol{b}\|^2+\|\boldsymbol{a}-\boldsymbol{b}\|^2=2(\|\boldsymbol{a}\|^2+\|\boldsymbol{b}\|^2)$ を証明せよ．

問4　三つのベクトル $(0,1,1)$，$(1,0,1)$，$(1,1,0)$ の長さ，および相互の角を求めよ．

問5　$\boldsymbol{a}=(a_i)$ を n 次元ベクトル，$A=(a_{ij})$ を n 次正方行列とするとき，次の関係を確かめよ．ただし，$\boldsymbol{e}_i$ $(1\leqq i\leqq n)$，E_{ij} $(1\leqq i,j\leqq n)$ はそれぞれ n 次元の単位ベクトル，n 次の行列単位を表わす．

$$(\boldsymbol{e}_i,\boldsymbol{a})=a_i,\qquad(\boldsymbol{e}_i,A\boldsymbol{e}_j)=a_{ij},$$
$$\mathrm{tr}(E_{ji}A)=a_{ij},\qquad E_{ii}AE_{jj}=a_{ij}E_{ij}$$

*　　　*　　　*

研究課題　行列の指数函数について

数の解析学で重要な働きをする指数函数 $y=e^x$ を行列の場合に拡張することはできないであろうか．以下この問題について考えてみよう．

指数函数の定義の仕方は色々あるが，そのうち最も簡単で直接的なものは‘冪級数’による定義であろう．すなわち

$$e^x=1+x+\frac{x^2}{2!}+\cdots+\frac{x^\nu}{\nu!}+\cdots\qquad(|x|<\infty) \tag{1}$$

*) これらの式の幾何学的意味について附録, §3 参照.

右辺の冪級数はすべての実数 x に対して収斂し，その‘和’が e^x に等しいのである[*)]．この定義を行列の場合に拡張することを考えよう．

そのためにはまず行列の級数に対して‘収斂’，‘発散’等の概念を定義しなければならない．それはしかし容易である．すなわち，行列の級数

$$A_0 + A_1 + A_2 + \cdots, \qquad A_\nu = (a_{ij}{}^{(\nu)})$$

が収斂するとは，その各成分の級数

$$a_{ij}{}^{(0)} + a_{ij}{}^{(1)} + a_{ij}{}^{(2)} + \cdots \qquad (1 \leqq i, j \leqq n)$$

が収斂することと定義すればよい．また，そのとき $\sum_{\nu=0}^{\infty} A_\nu = \left(\sum_{\nu=0}^{\infty} a_{ij}{}^{(\nu)}\right)$ とおき，これをこの無限級数の和という．同様にしてベクトルや行列の‘列’(sequence) に対して収斂，発散，極限値等の概念を定義することができ，それに関して数列の場合の極限に関する基本的な諸定理がそのまま成立する．(例えば，$\lim_{\nu\to\infty} A_\nu = A$, $\lim_{\nu\to\infty} B_\nu = B$，のとき，$\lim_{\nu\to\infty}(A_\nu + B_\nu) = A + B$, $\lim_{\nu\to\infty} A_\nu B_\nu = AB$.)

さて (1) と類似の冪級数によって行列の指数函数を定義するためには n 次正方行列 A に対して級数

$$E + A + \frac{1}{2!}A^2 + \cdots + \frac{1}{\nu!}A^\nu + \cdots \tag{2}$$

が収斂することを示さねばならない．そのために $A = (a_{ij})$，$\operatorname*{Max}_{i,j}|a_{ij}| = M$ とおく．$A^\nu = (a_{ij}{}^{(\nu)})$ とおけば

$$|a_{ij}{}^{(\nu)}| \leqq n^{\nu-1}M^\nu \qquad (1 \leqq i, j \leqq n) \tag{$*$}$$

が成立する．$\nu = 1$ のときは M の定義から明らか．よって ν に関する帰納法で証明しよう．$\nu - 1$ のとき成立するものとすれば，$|a_{ij}{}^{(\nu-1)}| \leqq n^{\nu-2}M^{\nu-1}$．よって

$$|a_{ij}{}^{(\nu)}| = \left|\sum_{k=1}^{n} a_{ik}{}^{(\nu-1)}a_{kj}\right| \leqq \sum_{k=1}^{n}|a_{ik}{}^{(\nu-1)}||a_{kj}|$$
$$\leqq n \cdot n^{\nu-2}M^{\nu-1} \cdot M = n^{\nu-1}M^\nu.$$

ゆえに ν のときにも成立する．さて正級数

$$\frac{1}{n}e^{nM} = \sum_{\nu=0}^{\infty}\frac{1}{\nu!}n^{\nu-1}M^\nu$$

は確かに収斂する．よって ($*$) により級数

---

*) この冪級数は x が複素数のときにも収斂し，複素数の指数函数を表わす．また以下述べる行列の級数においても成分は複素数であるとして差支えない．

$$\sum_{\nu=0}^{\infty} \frac{1}{\nu!} a_{ij}{}^{(\nu)}$$

も（絶対）収斂し，従って上の定義により行列の級数（2）は収斂する．この級数の和を $\exp A$ で表わす．

このようにして定義された‘行列の指数函数’に関して指数法則が成立する．すなわち $A,\ B$ が交換可能ならば，

(3) $$\exp(A+B) = \exp A \exp B.$$

証明は数の場合 $(e^{a+b} = e^a e^b)$ の証明*) と全く同様にしてできる．

例 $A = aE + bJ = \begin{pmatrix} a & -b \\ b & a \end{pmatrix}$ を複素数 $\alpha = a + bi$ に対応する行列とする．E, J は交換可能だから，$\exp A = \exp(aE)\cdot\exp(bJ)$．さて明らかに

$$\exp(aE) = \left(1 + a + \frac{a^2}{2!} + \cdots\right)E = e^a\cdot E.$$

一方，$J^2 = -E$ であるから

$$\begin{aligned}\exp(bJ) &= E + bJ - \frac{b^2}{2!}E - \frac{b^3}{3!}J + \cdots \\ &= \left(1 - \frac{b^2}{2!} + \frac{b^4}{4!} - \cdots\right)E + \left(b - \frac{b^3}{3!} + \frac{b^5}{5!} - \cdots\right)J \\ &= \cos b\cdot E + \sin b\cdot J \ ^{**)}.\end{aligned}$$

よって $\exp A$ は複素数 $e^a(\cos b + i\sin b)$ に対応する行列である．従って指数函数を（(1) の冪級数により）複素数まで拡張すれば，複素数 $\alpha = a + bi$ に対し

(4) $$e^\alpha = e^{a+bi} = e^a(\cos b + i\sin b)$$

が成立する．

さて (3) から直ちに行列の指数函数に関する微分方程式が得られる．すなわち，t を実変数とし $F(t) = \exp tA$ とおけば

(5) $$\frac{d}{dt}F(t) = A\cdot F(t)$$

が成立する．ただし（実変数の）函数行列 $F(t)$ に対してその微分可能性および導

---

*) 微積分学の教科書の冪級数の項を見よ．例えば三村征雄編，大学演習　微分積分学，裳華房，1955，p. 180, 例題 7 参照．

**) 同上．例えば彌永昌吉，亀谷俊司，田村二郎，基礎課程　微分積分学，裳華房，1951，p. 173 参照．

函数 $\dfrac{dF(t)}{dt}$ は，上と同様に，成分ごとに定義するものとする．また A と $F(t)$ とは可換であるから，(5) の右辺は $F(t)A$ とかいてもよい．

(5) の証：(3) により $F(t+\varDelta t)=F(t)F(\varDelta t)$ であるから

$$\begin{aligned}\frac{1}{\varDelta t}\{F(t+\varDelta t)-F(t)\}&=\frac{1}{\varDelta t}(F(\varDelta t)-E)F(t)\\&=\frac{1}{\varDelta t}\left\{\sum_{\nu=0}^{\infty}\frac{1}{\nu!}(\varDelta t\,A)^{\nu}-E\right\}F(t)\\&=\left(\sum_{\nu=1}^{\infty}\frac{1}{\nu!}\varDelta t^{\nu-1}A^{\nu}\right)F(t).\end{aligned}$$

しかるに冪級数の連続性*) により，$\varDelta t\to 0$ のとき

$$A+\frac{1}{2!}\varDelta t\,A^2+\frac{1}{3!}\varDelta t^2A^3+\cdots\to A.$$

よって

$$\lim_{\varDelta t\to 0}\frac{1}{\varDelta t}\{F(t+\varDelta t)-F(t)\}=AF(t).$$

$F(t)$ の列ベクトルを $\boldsymbol{y}_1,\cdots,\boldsymbol{y}_n$ とすれば，それらは t の函数ベクトル（t の函数を成分とするベクトル）であって，(5) により

$$\frac{d}{dt}\boldsymbol{y}_i=A\boldsymbol{y}_i,$$

すなわち，$\boldsymbol{y}_j=(y_{ij}(t))$ とおけば，

$$\boldsymbol{y}=\boldsymbol{y}_j,\quad \text{あるいは}\quad \begin{cases}y_1=y_{1j}(t)\\ y_2=y_{2j}(t)\\ \quad\cdots\cdots\\ y_n=y_{nj}(t)\end{cases}\qquad (1\leqq j\leqq n)$$

は，連立線型微分方程式

$$(6)\qquad \frac{d}{dt}\boldsymbol{y}=A\boldsymbol{y},\quad \text{あるいは}\quad \begin{cases}y_1'=a_{11}y_1+a_{12}y_2+\cdots+a_{1n}y_n\\ y_2'=a_{21}y_1+a_{22}y_2+\cdots+a_{2n}y_n\\ \qquad\cdots\cdots\\ y_n'=a_{n1}y_1+a_{n2}y_2+\cdots+a_{nn}y_n\end{cases}$$

の n 個の解を与える．これらの解はそれぞれ初期条件

*) 微積分学の教科書の冪級数の項を見よ．例えば三村征雄編，大学演習　微分積分学，裳華房，1955，p. 374，定理 12 参照．

$$\boldsymbol{y}_j(0) = \boldsymbol{e}_j, \quad \text{あるいは} \quad \begin{cases} y_{1j}(0) = 0 \\ \quad \cdots\cdots \\ y_{jj}(0) = 1 \\ \quad \cdots\cdots \\ y_{nj}(0) = 0 \end{cases}$$

に対応する解であるから，全体として一次独立である.（III, §1 参照.）すなわち，連立線型微分方程式（6）の‘基本解’が $\exp tA$ の n 個の列ベクトルによって与えられるのである*).

問　$A = \begin{pmatrix} 2 & 1 & 1 \\ 1 & 2 & 1 \\ 1 & 1 & 2 \end{pmatrix}$ のとき，$\exp tA$ を計算せよ．またこれにより連立線型微分方程式

$$\begin{cases} y_1' = 2y_1 + y_2 + y_3 \\ y_2' = y_1 + 2y_2 + y_3 \\ y_3' = y_1 + y_2 + 2y_3 \end{cases}$$

の初期条件：$\begin{cases} y_1(0) = 1 \\ y_2(0) = 1 \\ y_3(0) = 1 \end{cases}$ に対する解を求めよ．

注意１　（6）を解くために $\exp tA$ を直接計算することは一般に得策ではない．行列 A を‘標準化’してから計算した方がよい.（IV, §2 ～ 5 参照.）

注意２　上記と同様にして任意の行列 A に対し $\sin A$，$\cos A$ が定義できる．また A の‘固有値’（IV, §1）の絶対値が < 1 なるとき $\log(E + A)$，$(E + A)^{\alpha}$（α：実数）等が定義される.（特に A が‘冪零’，すなわちある m に対して $A^m = 0$ となるならば，これらの冪級数は有限項で切れ，従って $\log(E + A)$ 等が定義できる.）

---

*)　一般に連立線型微分方程式の解の状態については，III, 研究課題参照.

II

行　列　式

§1　置　換

行列式を定義するための準備としてこの節では置換について説明する．**置換**とはものを置きかえる操作であるが，それを数学的に表現すれば，一つの集合を自分自身の上へ一対一にうつす写像（対応，変換）である．われわれは有限集合の置換だけについて考えるから，簡単のために 1 から n までの正の整数の集合 $M = \{1, 2, \cdots, n\}$ を基礎におき，その置換について考えることにしよう．$\{1, 2, \cdots, n\}$ の置換を n 文字の置換ともいう．すなわち，n 文字の置換とは集合 M の自分自身（の上）への一対一対応のことである[*]．

置換を $\sigma, \tau, \cdots$ 等で表わす．置換 σ によって $1, 2, \cdots, n$ がそれぞれ $i_1, i_2, \cdots, i_n$ にうつされるとき

$$\sigma(k) = i_k, \quad \text{または} \quad \sigma : k \longrightarrow i_k \qquad (k = 1, 2, \cdots, n),$$

または

$$(1) \qquad \sigma = \begin{pmatrix} 1 & 2 & \cdots & n \\ i_1 & i_2 & \cdots & i_n \end{pmatrix}$$

とかく．$i_1, i_2, \cdots, i_n$ は $1, 2, \cdots, n$ の一つの‘順列’であるが，逆に $1, 2, \cdots, n$ の任意の順列 $i_1, i_2, \cdots, i_n$ に対して (1) となるような置換 σ がただ一つ定まる．よって n 文字の置換は全体で $n!$ 個ある．(1) の右辺の記号は $1 \to i_1$，$2 \to i_2$，$\cdots$，$n \to i_n$ なる対応を表わしさえすればよいのであるから，$k_1, k_2, \cdots, k_n$ を $1, 2, \cdots, n$ の任意の順列とし

---

[*] 有限集合の自分自身への一対一の写像は必ず上への写像になる．(有限集合の定義！) また有限集合の自分自身の上への写像は必ず一対一の写像になる．

$$\sigma = \begin{pmatrix} k_1 & k_2 & \cdots & k_n \\ i_{k_1} & i_{k_2} & \cdots & i_{k_n} \end{pmatrix}$$

のようにかく場合もある．

例　1文字の置換：$\begin{pmatrix} 1 \\ 1 \end{pmatrix} = 1$ *)，　2文字の置換：$\begin{pmatrix} 1 & 2 \\ 1 & 2 \end{pmatrix} = 1$，$\begin{pmatrix} 1 & 2 \\ 2 & 1 \end{pmatrix} = (1,2)$，

3文字の置換：$\begin{pmatrix} 1 & 2 & 3 \\ 1 & 2 & 3 \end{pmatrix} = 1$，$\begin{pmatrix} 1 & 2 & 3 \\ 2 & 3 & 1 \end{pmatrix} = (1,2,3)$，$\begin{pmatrix} 1 & 2 & 3 \\ 3 & 1 & 2 \end{pmatrix} = (1,3,2)$，

$\begin{pmatrix} 1 & 2 & 3 \\ 1 & 3 & 2 \end{pmatrix} = (2,3)$，$\begin{pmatrix} 1 & 2 & 3 \\ 2 & 1 & 3 \end{pmatrix} = (1,2)$，$\begin{pmatrix} 1 & 2 & 3 \\ 3 & 2 & 1 \end{pmatrix} = (1,3)$．

また例えば次の記号はいずれも同じ置換を表わすものである．

$$\begin{pmatrix} 1 & 2 & 3 \\ 2 & 3 & 1 \end{pmatrix} = \begin{pmatrix} 2 & 3 & 1 \\ 3 & 1 & 2 \end{pmatrix} = \begin{pmatrix} 3 & 1 & 2 \\ 1 & 2 & 3 \end{pmatrix} = \begin{pmatrix} 1 & 3 & 2 \\ 2 & 1 & 3 \end{pmatrix} = \begin{pmatrix} 3 & 2 & 1 \\ 1 & 3 & 2 \end{pmatrix} = \begin{pmatrix} 2 & 1 & 3 \\ 3 & 2 & 1 \end{pmatrix}.$$

一次変換の場合と同様に，置換についてもその合成，逆などを考えることができる．すなわち，二つの置換 σ, τ に対し，それらを合成して得られる変換 $\sigma\tau$ も一つの置換になる．これを σ, τ の**積**という．

$$\tau = \begin{pmatrix} 1 & 2 & \cdots & n \\ j_1 & j_2 & \cdots & j_n \end{pmatrix}, \quad \sigma = \begin{pmatrix} 1 & 2 & \cdots & n \\ i_1 & i_2 & \cdots & i_n \end{pmatrix} = \begin{pmatrix} j_1 & j_2 & \cdots & j_n \\ k_1 & k_2 & \cdots & k_n \end{pmatrix}$$

とするとき，

$$\sigma\tau = \begin{pmatrix} j_1 & j_2 & \cdots & j_n \\ k_1 & k_2 & \cdots & k_n \end{pmatrix}\begin{pmatrix} 1 & 2 & \cdots & n \\ j_1 & j_2 & \cdots & j_n \end{pmatrix} = \begin{pmatrix} 1 & 2 & \cdots & n \\ k_1 & k_2 & \cdots & k_n \end{pmatrix},$$

別の記号でかけば，$(\sigma\tau)(k) = \sigma(\tau(k))$ $(k = 1, 2, \cdots, n)$ である．

このように定義された置換の‘乗法’に関して次のような法則が成立する．まず

(2)　　$(\sigma\tau)\rho = \sigma(\tau\rho)$.　　（結合の法則）

実際，$((\sigma\tau)\rho)(k) = (\sigma\tau)(\rho(k)) = \sigma(\tau(\rho(k)))$，一方 $(\sigma(\tau\rho))(k) = \sigma((\tau\rho)(k)) = \sigma(\tau(\rho(k)))$．よって，任意の k $(1 \leqq k \leqq n)$ に対し，$((\sigma\tau)\rho)(k) = (\sigma(\tau\rho))(k)$ が成立する．しかし，行列の乗法の場合と同様に交換の法則は一般に成立しない．例えば

$$\begin{pmatrix} 1 & 2 & 3 \\ 1 & 3 & 2 \end{pmatrix}\begin{pmatrix} 1 & 2 & 3 \\ 3 & 2 & 1 \end{pmatrix} = \begin{pmatrix} 1 & 2 & 3 \\ 2 & 3 & 1 \end{pmatrix},$$

$$\begin{pmatrix} 1 & 2 & 3 \\ 3 & 2 & 1 \end{pmatrix}\begin{pmatrix} 1 & 2 & 3 \\ 1 & 3 & 2 \end{pmatrix} = \begin{pmatrix} 1 & 2 & 3 \\ 3 & 1 & 2 \end{pmatrix}.$$

よって，これらの積は交換可能でない．

すべての文字を動かさない置換を**恒等置換**（単位置換）といい，1で表わす．す

*)　これらの式の右辺の意味は後で説明する．

なわち

$$1 = \begin{pmatrix} 1 & 2 & \cdots & n \\ 1 & 2 & \cdots & n \end{pmatrix}.$$

σ を任意の置換とすれば，明らかに

(3) $$1\sigma = \sigma 1 = \sigma$$

が成立する．また，任意の置換 σ に対して，その逆の変換 σ^{-1} も一つの置換である．これを σ の**逆置換**という．すなわち

$$\sigma = \begin{pmatrix} 1 & 2 & \cdots & n \\ i_1 & i_2 & \cdots & i_n \end{pmatrix} \text{ に対し，} \sigma^{-1} = \begin{pmatrix} i_1 & i_2 & \cdots & i_n \\ 1 & 2 & \cdots & n \end{pmatrix}$$

である．これに関して明らかに

(4) $$\sigma^{-1}\sigma = \sigma\sigma^{-1} = 1$$

が成立する．これから，正則な n 次正方行列の場合と同様に，$(\sigma\tau)^{-1} = \tau^{-1}\sigma^{-1}$，$(\sigma^{-1})^{-1} = \sigma$ 等を証明することができる．また，置換 σ, τ が与えられたとき，$\sigma\xi = \tau$，または $\xi\sigma = \tau$ となるような置換 ξ が一意的に存在し，それぞれ $\xi = \sigma^{-1}\tau$，$\xi = \tau\sigma^{-1}$（これらは一般に相異なる）で与えられる．(I, 定理 1 参照.)

一般に‘乗法’の定義された集合 G において，(i) 結合の法則が成立し（交換の法則は必ずしも成立しなくてよい），(ii)‘単位元’と称する特別な元 1 が存在しすべての $\sigma \in G$ に対して (3) が成立し，(iii) すべての $\sigma \in G$ に対し‘逆元’と称する元 σ^{-1} が存在して (4) が成立するとき，G は**群**を作るという．正則な n 次正方行列全体の集合，n 文字の置換全体の集合等は（それぞれの乗法に関して）群を作る．前者を n 次の**全行列群**（または全一次変換群），後者を n 文字の**対称群**といい，普通それぞれ，$GL(n, \boldsymbol{R})$，$\mathfrak{S}_n$ で表わす．また，一つの体 K において 0 以外の元全体は（体の乗法に関して）群を作る．K 自身も（体の加法に関して）群を作る．このように演算が加法で表わされている群を加群という．n 次元ベクトル空間も一つの加群である．このように群の例は非常に多いが，上記の公理 (i)～(iii) だけを基礎にして一般的な議論をしておけば，ある「乗法の定義された集合」G が群になることが証明されたとき，G の元がどのようなものであろうと，また G の乗法がどのような仕方で定義されていようと，G に対してその一般論を適用することができるであろう．例えば，$(\sigma\tau)^{-1} = \tau^{-1}\sigma^{-1}$ は群の公理だけから証明されることであるから，任意の群において成立する．このような一般論を展開するのが現在‘群論’と呼ばれる数学の一分野なのである．

標語的にいえば，静的な順列よりも動的な置換に着目し，また個々の置換ではなくそれら全体の集合（置換群）に着目すること，このようなことが近代数学の方法論上の大きな特徴なのである．

さて置換 σ によって固定される文字があるとき，(1) のような書き方においてその固定される文字のところは省略する場合がある．例えば

$$\begin{pmatrix}1 & 2 & 3 & 4 & 5\\ 4 & 2 & 1 & 3 & 5\end{pmatrix}=\begin{pmatrix}1 & 3 & 4\\ 4 & 1 & 3\end{pmatrix}.$$

すなわち，n 文字の置換がいくつかの文字を不変にするとき，それらの文字を省略することにより，それを n 個以下の文字に関する置換と考えるのである．従って逆に n 文字の置換 σ を，$k>n$ に対しては $\sigma(k)=k$ である，と考えることにより n 個以上の文字の置換とみなすこともできる．これは便宜上の約束に過ぎないが，次のような議論をする場合には都合がよい．

$k_1, k_2, \cdots, k_r$ を r 個の文字とするとき

$$\begin{pmatrix}k_1 & k_2 & \cdots & k_{r-1} & k_r\\ k_2 & k_3 & \cdots & k_r & k_1\end{pmatrix}$$

のような置換を**巡回置換**といい，$(k_1, k_2, \cdots, k_r)$ で表わす．任意の置換はいくつかの巡回置換の積として表わされる．実際，置換 σ に対し，$1=\sigma^0(1), \sigma(1), \sigma^2(1), \cdots$ を考えれば，これらのうち相異なるものは有限個しかない．従ってある $i<j$ に対し $\sigma^i(1)=\sigma^j(1)$ となる．このような i, j の組のうち j を最小にするものをとれば，$i=0$ でなければならない．($i>0$ ならば，$\sigma^0(1)=\sigma^{j-i}(1)$，$j-i<j$ となって矛盾．）よってそのとき $j=r$ とおけば，$1, \sigma(1), \cdots, \sigma^{r-1}(1)$ はすべて相異なり，$\sigma^r(1)=1$，$\sigma^{r+1}(1)=\sigma(1), \cdots$．すなわち，$1, \sigma(1), \sigma^2(1), \cdots$ はその最初の r 個を循環させて並べたものに他ならない．次に $1, \sigma(1), \sigma^2(1), \cdots, \sigma^{r-1}(1)$ に含まれない任意の文字を k' とし，上と同様に $\sigma(k'), \sigma^2(k'), \cdots$ のうちはじめて $=k'$ となるものを $\sigma^{r'}(k')$ とすれば，$k', \sigma(k'), \cdots, \sigma^{r'-1}(k')$ はすべて相異なり，$k', \sigma(k'), \sigma^2(k'), \cdots$ はそれらを循環させて並べたものになる．次に $1, \sigma(1), \cdots, \sigma^{r-1}(1), k', \sigma(k'), \cdots, \sigma^{r'-1}(k')$ に含まれない任意の文字 k'' をとり，以下同様の操作をくり返す．このような操作は有限回で終り，明らかに

$$\sigma=(1, \sigma(1), \cdots, \sigma^{r-1}(1))\,(k', \sigma(k'), \cdots, \sigma^{r'-1}(k'))\cdots$$

となる．

例 $\begin{pmatrix}1 & 2 & 3 & 4 & 5\\ 4 & 5 & 1 & 3 & 2\end{pmatrix}=(1, 4, 3)\,(2, 5).$

問 1 上の操作において r 個の文字 $1, \sigma(1), \cdots, \sigma^{r-1}(1)$ と r' 個の文字 $k', \sigma(k'), \sigma^{r'-1}(k')$ とは共通の文字を持たないこと，すなわちそれらは全体として $(r+r')$ 個の相異なる文字であることを証明せよ．

問 2 巡回置換について，$(k_1,\ k_2, \cdots, k_r)^{-1}=(k_r, k_{r-1}, \cdots, k_1)$ を証明せよ．

問 3 $\sigma=(k_1, k_2, \cdots, k_r)\,(k_{r+1}, k_{r+2}, \cdots, k_{r+r'})\cdots$，　$\tau=\begin{pmatrix}k_1 & \cdots & k_r & k_{r+1} & \cdots & k_{r+r'} & \cdots\\ l_1 & \cdots & l_r & l_{r+1} & \cdots & l_{r+r'} & \cdots\end{pmatrix}$

のとき，$\tau\sigma\tau^{-1} = (l_1, l_2, \cdots, l_r)(l_{r+1}, l_{r+2}, \cdots, l_{r+r'})\cdots$ となることを証明せよ．

特に二つの文字の置換

$$(j, k) = \begin{pmatrix} j & k \\ k & j \end{pmatrix}$$

を**互換**（または交換）という．互換に対しては，$(j, k)^{-1} = (j, k)$ が成立する．任意の置換はいくつかの互換の積として表わされる．これは n に関する帰納法により次のように証明される．まず，$n = 1, 2$ のときは明らか．（恒等置換は 0 個の互換の積と考える．）$(n-1)$ 個以下の文字の置換については成立すると仮定し，n 文字の置換について成立することを証明しよう．σ を (1) で与えられる置換とする．$i_n = n$ ならば，σ は $(n-1)$ 文字の置換と考えられるから，帰納法の仮定によりいくつかの互換の積として表わされる．$i_n \neq n$ のとき，$\sigma_1 = (n, i_n)\sigma$ とおけば，σ_1 に対しては $\sigma_1(n) = n$．よってまた帰納法の仮定により σ_1 はいくつかの互換の積として表わされる：$\sigma_1 = (j_1, k_1)(j_2, k_2)\cdots$．ゆえに $\sigma = (n, i_n)(j_1, k_1)(j_2, k_2)\cdots$．

問 4　$(k_1, k_2, \cdots, k_r) = (k_1, k_r)(k_1, k_{r-1})\cdots(k_1, k_2)$．

さて一つの置換をいくつかの互換の積として表わす表わし方はただ一通りではない．例えば，i, j, k を相異なる三文字とするとき

(5)
$$(j, k) = (i, j)(i, k)(i, j)$$

が成立する．（問 3 参照．）しかしその個数が偶数であるか，奇数であるかは定まるのである．このことをわれわれは対称式，交代式の概念と結びつけて説明することにしよう．

$f(x_1, x_2, \cdots, x_n)$ を n 個の変数（不定文字）$x_1, x_2, \cdots, x_n$ に関する多項式とし，‘f の変数に置換 σ をほどこしたもの’ を次のように定義する．すなわち，置換 σ に対し

$$(\sigma f)(x_1, x_2, \cdots, x_n) = f(x_{\sigma(1)}, x_{\sigma(2)}, \cdots, x_{\sigma(n)})$$

によって σf を定義する．明らかに恒等置換 1 に対して，$1f = f$，また，二つの置換 σ，τ に対して

$$\begin{aligned}(\sigma(\tau f))(x_1, x_2, \cdots, x_n) &= (\tau f)(x_{\sigma(1)}, x_{\sigma(2)}, \cdots, x_{\sigma(n)}) \\ &= f(x_{\sigma(\tau(1))}, x_{\sigma(\tau(2))}, \cdots, x_{\sigma(\tau(n))}) \\ &= f(x_{(\sigma\tau)(1)}, x_{(\sigma\tau)(2)}, \cdots, x_{(\sigma\tau)(n)}) \\ &= ((\sigma\tau)f)(x_1, x_2, \cdots, x_n)\end{aligned}$$

すなわち，$\sigma(\tau f) = (\sigma\tau)f$ が成立する．

すべての置換σに対して$\sigma f = f$が成立するとき，fを**対称式**という．この条件をゆるめて$\sigma f = \pm f$となる場合について考えてみよう．$f \neq 0$とすれば，符号± 1はσによって定まるから，それを$\varepsilon(\sigma)$とかく．$(\sigma\tau)f = \sigma(\tau f) = \sigma(\varepsilon(\tau)f) = \varepsilon(\sigma)\varepsilon(\tau)f$であるから，$\varepsilon(\sigma\tau) = \varepsilon(\sigma)\varepsilon(\tau)$.

まず，σが偶数個の互換の積ならば，$\varepsilon(\sigma) = 1$である．これを証明するためには，$\sigma = (j_1, k_1)(j_2, k_2)$と仮定してよい．またこれに関して次の三つの場合を考えれば，十分である．

1）$j_1 = j_2$, $k_1 = k_2$の場合．$\sigma = 1$であるから，明らかに$\varepsilon(\sigma) = 1$.

2）$j_1 = j_2$, $k_1 \neq k_2$の場合，(5) により

$$(j_1, k_1)(j_1, k_2) = (j_1, k_1)(k_1, k_2)(j_1, k_1)(k_1, k_2).$$

よって

$$\begin{aligned}\varepsilon(\sigma) &= \varepsilon((j_1, k_1)(k_1, k_2)(j_1, k_1)(k_1, k_2))\\ &= \varepsilon((j_1, k_1))\varepsilon((k_1, k_2))\varepsilon((j_1, k_1))\varepsilon((k_1, k_2))\\ &= \varepsilon((j_1, k_1))^2\varepsilon((k_1, k_2))^2\\ &= 1.\end{aligned}$$

3）j_1, k_1, j_2, k_2がすべて相異なる場合．$\sigma = ((j_1, k_1)(j_1, k_2))((k_2, j_1)(k_2, j_2))$であるから 2）の場合に帰着される．(証終)

よってあるσ_1に対して$\varepsilon(\sigma_1) = -1$であるとすれば，$\sigma_1$は奇数個の互換の積でなければならない．この場合，実はこの逆も成立する．すなわち，σ_2を奇数個の互換の積であるような任意の置換とすれば，$\sigma_1^{-1}\sigma_2$は偶数個の互換の積であるから$\varepsilon(\sigma_1^{-1}\sigma_2) = 1$, 従って$\varepsilon(\sigma_2) = \varepsilon(\sigma_1)\varepsilon(\sigma_1^{-1}\sigma_2) = -1$.

よって，任意の置換σに対して$\sigma f = \pm f$で，しかもあるσ_1に対して実際$\sigma_1 f = -f$となるような多項式f ($\neq 0$) が存在したとすれば，σが偶数個の互換の積であるとき，$\sigma f = f$, σが奇数個の互換の積であるとき，$\sigma f = -f$となる．従って，任意の置換σを互換の積として表わしたとき，その個数が偶数であるか奇数であるかはσだけによって定まる．上記のような性質をもつ多項式f ($= 0$でもよい) を**交代式**という．fが交代式であるための必要十分条件は変数の任意の互換によってfが$-f$に変わることである．

交代式 ($\neq 0$) が実際存在することは次の例によって示される．

$$\Delta(x_1, x_2, \cdots, x_n) = \prod_{1 \leqq i < j \leqq n}(x_i - x_j)$$

$$= (x_1 - x_2)(x_1 - x_3)\cdots(x_1 - x_n)$$
$$\times (x_2 - x_3)\cdots(x_2 - x_n)$$
$$\cdots\cdots$$
$$\times (x_{n-1} - x_n)$$

$\sigma_1 = (1,2)$ とすれば，明らかに $\sigma_1\varDelta = -\varDelta$．一般に任意の互換 (j,k) に対して $(j,k)\varDelta = -\varDelta$ である．よって $\varDelta$ は一つの交代式 $(\neq 0)$ である．$\varDelta(x_1,\cdots,x_n)$ を $x_1,\cdots,x_n$ の**差積**という．

以上によって次の定理が証明された．

定理 1　任意の置換はいくつかの互換の積として表わされる．その際，その互換の個数が偶数であるか，奇数であるかは表現の仕方に関係なく定まる．

偶数個の互換の積として表わされる置換を**偶置換**，奇数個の互換の積として表わされる置換を**奇置換**という．恒等置換 1 は 0 個の互換の積と考えられるから一つの偶置換である．$n \geqq 2$ のとき，偶置換と奇置換は共にそれぞれ $\dfrac{n!}{2}$ 個ある．実際，σ が偶置換全体を動くとき，$(1,2)\sigma$ は奇置換の中を動き，$\sigma_1 = \sigma_2 \Longleftrightarrow (1,2)\sigma_1 = (1,2)\sigma_2$，すなわち対応 $\sigma \longrightarrow (1,2)\sigma$ は一対一の対応である．従って，(偶置換の個数)$\leqq$(奇置換の個数)．同様に σ が奇置換全体を動くとき，$(1,2)\sigma$ は偶置換の中を動くから，同じ理由により (奇置換の個数)$\leqq$(偶置換の個数)．よって，(偶置換の個数) $=$ (奇置換の個数) $= \dfrac{n!}{2}$．

置換 σ に対して記号 $\varepsilon(\sigma)$ を

$$\varepsilon(\sigma) = \begin{cases} 1 & (\sigma：偶置換のとき), \\ -1 & (\sigma：奇置換のとき) \end{cases}$$

によって定義し，これを置換 σ の**符号**という．これに関して

$$(6) \qquad \varepsilon(\sigma\tau) = \varepsilon(\sigma)\varepsilon(\tau),$$
$$\varepsilon(1) = 1, \quad \varepsilon(\sigma^{-1}) = \varepsilon(\sigma)$$

が成立する．

一般に群 G の部分集合 H がそれ自身で（G の乗法に関して）群になるとき，H を G の**部分群**という．H が部分群になるための必要十分条件は，$\sigma, \tau \in H$ のとき，$\sigma\tau \in H$，$\sigma^{-1} \in H$ となることである．(この条件の下に H が群の三条件を満たすことは容易に確かめられる．)（n 文字の）偶置換全体の集合は n 文字の対称群 $\mathfrak{S}_n$ の一つの部分群になる．これを n 文字の**交代群**といい，普通 $\mathfrak{A}_n$ で表わす．一般に H を G の部分群とするとき，

$\sigma_1 \in G$ に対し，$\sigma_1 H = \{\sigma_1\tau\,;\,\tau \in H\}$ なる形の集合を H に関する一つの（**右**）**傍系**という．H 自身も一つの傍系と考えられる．($H = 1H$.) 今，二つの傍系 $\sigma_1 H$, $\sigma_2 H$ が共通の元をもてば，ある $h_1, h_2 \in H$ があって $\sigma_1 h_1 = \sigma_2 h_2$. よって $\sigma_1 = \sigma_2 h_2 h_1^{-1}$, $\sigma_1 H = \sigma_2 h_2 h_1^{-1} H = \sigma_2 H$ となり，それらは完全に一致する．すなわち，二つの傍系は $\sigma_1 H = \sigma_2 H$ か $\sigma_1 H \cap \sigma_2 H = \phi$ かのいずれかである．従って G は互に共通元をもたないいくつかの傍系の和集合になる：

$$G = H \cup \sigma_1 H \cup \sigma_2 H \cup \cdots.$$

これを G の H に関する**傍系分解**という．例えば，$\mathfrak{S}_n$ の $\mathfrak{A}_n$ に関する傍系分解は

$$\mathfrak{S}_n = \mathfrak{A}_n \cup (1, 2)\mathfrak{A}_n$$

である．H が有限群（すなわち有限個の元からなる群）であるとき，その元の個数を H の**位数**という．そのとき傍系 $\sigma_1 H, \sigma_2 H, \cdots$ の元の個数もすべて有限であって H の位数に相等しい．(その理由を考えよ．) 従って G が有限群であるとき，H の位数は G の位数の約数になる．上記 $\mathfrak{A}_n$ の位数が $\dfrac{n!}{2}$ になったのはこの特別な場合である．

例 n 個の変数 $x_1, x_2, \cdots, x_n$ に関する任意の交代式 $f(x_1, x_2, \cdots, x_n)$ は差積 $\varDelta(x_1, x_2, \cdots, x_n)$ で割り切れる．実際，交代式 f において $x_1 = x_2$ とおけば，$f(x_2, x_1, x_3, \cdots, x_n) = -f(x_1, x_2, x_3, \cdots, x_n)$ から，$f(x_2, x_2, x_3, \cdots, x_n) = -f(x_2, x_2, x_3, \cdots, x_n)$. よって $f(x_2, x_2, x_3, \cdots, x_n) = 0$. 従って剰余定理*) により f は $x_1 - x_2$ で割り切れる．全く同様にして一般に f は $x_i - x_j$ $(i < j)$ で割り切れる．$x_i - x_j$ $(i < j)$ は相異なる一次式（従って既約多項式）であるから，“n 変数の任意の多項式は既約多項式の積として一意的に表わされる” という定理**) により，f は $x_i - x_j$ $(i < j)$ の積，すなわち差積 $\varDelta(x_1, x_2, \cdots, x_n)$ で割り切れる．

$$f(x_1, x_2, \cdots, x_n) = \varDelta(x_1, x_2, \cdots, x_n)\, g(x_1, x_2, \cdots, x_n)$$

とおけば，$g(x_1, x_2, \cdots, x_n)$ は明らかに対称式である．

問5 f を任意の（n 変数）多項式とするとき

$$\sum_\sigma f(x_{\sigma(1)}, x_{\sigma(2)}, \cdots, x_{\sigma(n)}), \qquad \sum_\sigma \varepsilon(\sigma) f(x_{\sigma(1)}, x_{\sigma(2)}, \cdots, x_{\sigma(n)})$$

はそれぞれ対称式，交代式であることを示せ．ただし，和は n 文字の置換全体（$n!$ 個）にわたるものとする．

例えば，$n = 3$ のとき

---

*) n 変数の多項式 $f(x_1, x_2, \cdots, x_n)$ において，$x_1 = h(x_2, \cdots, x_n)$（$h$ は $(n-1)$ 変数の多項式）とおいたとき，$f(h(x_2, \cdots, x_n), x_2, \cdots, x_n) = 0$（$(n-1)$ 変数の多項式として）ならば，f は $x_1 - h(x_2, \cdots, x_n)$ で割り切れる．(証明は普通の剰余定理と全く同様．)

**) 例えば高木貞治，代数学講義，共立出版，(改訂新版) 1965，第 4, 5 章，[9], Ch. V または [16], Vol. I, Ch. 5 参照．(‘一意的’ とは，因子の順序および定数因子だけの違いを無視してただ一通りに，という意味である．)

f	$\sum_\sigma \sigma f$	$\sum_\sigma \varepsilon(\sigma)\sigma f$
1	6	0
x_1	$2(x_1+x_2+x_3)$	0
x_1^2	$2(x_1^2+x_2^2+x_3^2)$	0
x_1x_2	$2(x_1x_2+x_2x_3+x_3x_1)$	0
x_1^3	$2(x_1^3+x_2^3+x_3^3)$	0
$x_1^2x_2$	$x_1^2x_2+x_2^2x_3+x_3^2x_1$	$x_1^2x_2+x_2^2x_3+x_3^2x_1$
	$+x_2^2x_1+x_3^2x_2+x_1^2x_3$	$-x_2^2x_1-x_3^2x_2-x_1^2x_3=\Delta(x_1, x_2, x_3)$
$x_1x_2x_3$	$6x_1x_2x_3$	0
…	……	……

$x_1 + x_2 + x_3$, $x_1x_2 + x_1x_3 + x_2x_3$, $x_1x_2x_3$ を x_1, x_2, x_3 に関する基本対称式という．一般に

$$s_1 = \sum_{i=1}^{n} x_i, \quad s_2 = \sum_{i<j} x_ix_j, \quad s_3 = \sum_{i<j<k} x_ix_jx_k, \quad \cdots, \quad s_n = \prod_{i=1}^{n} x_i$$

を $x_1, x_2, \cdots, x_n$ に関する**基本対称式**という．$x_1, x_2, \cdots, x_n$ に関する任意の対称式は基本対称式の多項式として表わされることが証明される*)．

この節で述べたことは $1+1 \neq 0$ である限り任意の体 K に係数をもつ多項式に対しても成立する．

§2　行列式の定義と基本的性質

n^2 個の変数 x_{ij} $(i, j = 1, 2, \cdots, n)$ に関する多項式

$$\sum_{\sigma=\begin{pmatrix}1 & 2 & \cdots & n\\ i_1 & i_2 & \cdots & i_n\end{pmatrix}} \varepsilon(\sigma) x_{1i_1}x_{2i_2}\cdots x_{ni_n} \tag{7}$$

を ***n* 次の行列式**という．ここに和は n 文字 $1, 2, \cdots, n$ のすべての置換 σ にわたるものとし，$\varepsilon(\sigma)$ は置換 σ の符号を表わす．従って n 次の行列式は $n!$ 個の項からなる n 次の斉次多項式**) で，$n \geqq 2$ のとき係数のうち半分は $+1$，他の半分は -1 である．行列式を記号

$$\begin{vmatrix} x_{11} & x_{12} & \cdots & x_{1n} \\ x_{21} & x_{22} & \cdots & x_{2n} \\ & \cdots\cdots & & \\ x_{n1} & x_{n2} & \cdots & x_{nn} \end{vmatrix} \quad \text{または} \quad \det(x_{ij})$$

---

*) 前頁の **) 参照．

**) 多項式 $f(x_1, x_2, \cdots, x_n) = \sum_\nu a_{\nu_1\nu_2\cdots\nu_n} x_1^{\nu_1}x_2^{\nu_2}\cdots x_n^{\nu_n}$ において，$\sum_{i=1}^{n} \nu_i$ を項 $a_{\nu_1\nu_2\cdots\nu_n}x_1^{\nu_1}x_2^{\nu_2}\cdots x_n^{\nu_n}$ の（総）'次数' という．各項の次数がすべて n であるような多項式を 'n 次の斉次多項式'，'斉 n 次式'，'n 次形式' などという．

で表わす.

例えば，$n=1,2,3$ の場合

$$|x_{11}|=x_{11},\qquad \begin{vmatrix} x_{11} & x_{12} \\ x_{21} & x_{22} \end{vmatrix} = x_{11}x_{22}-x_{12}x_{21},$$

$$\begin{vmatrix} x_{11} & x_{12} & x_{13} \\ x_{21} & x_{22} & x_{23} \\ x_{31} & x_{32} & x_{33} \end{vmatrix} = x_{11}x_{22}x_{33}+x_{12}x_{23}x_{31}+x_{13}x_{21}x_{32}-x_{11}x_{23}x_{32}-x_{12}x_{21}x_{33}-x_{13}x_{22}x_{31}.$$

n 次正方行列 $A=(a_{ij})$ が与えられたとき，n 次の行列式において x_{ij} に a_{ij} を代入して得られる数を A の行列式といい，$|A|$，$\det A$，$\det(a_{ij})$ などともかく．明らかに

$$|E|=1,\qquad |0|=0,\qquad |cA|=c^n|A|.$$

問 1 次の行列式を計算せよ.

$$\text{(i)}\ \begin{vmatrix} -2 & 1 & 1 \\ 1 & -2 & 1 \\ 1 & 1 & -2 \end{vmatrix},\qquad \text{(ii)}\ \begin{vmatrix} 1 & 2 & 3 \\ 0 & 7 & 0 \\ 4 & 5 & 6 \end{vmatrix},\qquad \text{(iii)}\ \begin{vmatrix} a & b & c \\ c & a & b \\ b & c & a \end{vmatrix}$$

$n \geqq 4$ の場合，行列式を直接定義式 (7) から計算することは特別の場合の他は得策でない．§2，3，5 で述べる行列式の諸性質を適当に利用することにより，行列式の計算は著しく簡単になるのである.

例 1 三角行列

$$A=\begin{pmatrix} a_{11} & a_{12} & \cdots & a_{1n} \\ 0 & a_{22} & \cdots & a_{2n} \\ \vdots & \vdots & \ddots & \vdots \\ 0 & 0 & \cdots & a_{nn} \end{pmatrix}$$

に対しては

$$|A|=a_{11}a_{22}\cdots a_{nn} \tag{8}$$

である．実際，(7) に $x_{ij}=a_{ij}$ を代入したとき，$a_{ij}=0$ $(i>j)$ であるから，ある k に対し $\sigma(k)=i_k<k$ となるような σ に対応する項はすべて $=0$ である．よって，すべての k に対し $\sigma(k)=i_k \geqq k$，従ってすべての k に対し $\sigma(k)=k$，すなわち $\sigma=1$（恒等置換）となる項だけが残る.

例 2 $\tau=\begin{pmatrix} 1 & 2 & \cdots & n \\ k_1 & k_2 & \cdots & k_n \end{pmatrix}$ を一つの置換とする．n 次元ベクトル $\boldsymbol{x}=(x_1,x_2,\cdots,x_n)$ に $(x_{k_1},x_{k_2},\cdots,x_{k_n})$ を対応させる対応は，明らかに一つの一次変換である．それに対応する n 次正方行列の転置行列を A_τ とおく．すなわち

$$(x_{\tau(1)}, x_{\tau(2)}, \cdots, x_{\tau(n)}) = (x_1, \cdots, x_n)A_\tau$$

これから直ちに $A_{\sigma\tau} = A_\sigma A_\tau$, $A_1 = E$, $A_{\sigma^{-1}} = A_\sigma{}^{-1}$ 等を得る．さて定義から容易にわかるように，A_τ の (i, j) 成分は $\delta_{i,\tau(j)}$ で与えられる：$A_\tau = (\delta_{i,\tau(j)})$．よって，(7) により

$$|A_\tau| = \sum_\sigma \varepsilon(\sigma)\delta_{1,\tau\sigma(1)}\delta_{2,\tau\sigma(2)}\cdots\delta_{n,\tau\sigma(n)}$$
$$= \varepsilon(\tau^{-1}) = \varepsilon(\tau).$$

注意 $f(\boldsymbol{x}) = f\begin{pmatrix} x_1 \\ x_2 \\ \vdots \\ x_n \end{pmatrix}$ を n 変数の多項式とすれば，定義により $(\sigma f)(\boldsymbol{x}) = f({}^t A_\sigma \boldsymbol{x})$．すなわち f に σ をほどこすことと，変数 $\boldsymbol{x}$ に置換 ${}^t A_\sigma$ をほどこすこととは互に‘反変的’である．

さて (7) における一般項は

$$\varepsilon(\sigma)x_{1\sigma(1)}x_{2\sigma(2)}\cdots x_{n\sigma(n)} = \varepsilon(\sigma)\prod_{k=1}^{n} x_{k\sigma(k)}$$

であるが，積の順序を変えれば $\varepsilon(\sigma)x_{k_1\sigma(k_1)}x_{k_2\sigma(k_2)}\cdots x_{k_n\sigma(k_n)}$ と表わされる．ここに $k_1, k_2, \cdots, k_n$ は $1, 2, \cdots, n$ の任意の順列である．特に $k_i = \sigma^{-1}(i)$ $(i = 1, 2, \cdots, n)$ とおけば，$\sigma(k_i) = i$ であるから，$\varepsilon(\sigma) = \varepsilon(\sigma^{-1})$ に注意して

$$\varepsilon(\sigma)x_{1\sigma(1)}x_{2\sigma(2)}\cdots x_{n\sigma(n)} = \varepsilon(\sigma^{-1})x_{\sigma^{-1}(1)1}x_{\sigma^{-1}(2)2}\cdots x_{\sigma^{-1}(n)n}.$$

よって

$$\det(x_{ij}) = \sum_\sigma \varepsilon(\sigma)x_{1\sigma(1)}x_{2\sigma(2)}\cdots x_{n\sigma(n)}$$
$$= \sum_\sigma \varepsilon(\sigma^{-1})x_{\sigma^{-1}(1)1}x_{\sigma^{-1}(2)2}\cdots x_{\sigma^{-1}(n)n}.$$

σ が n 文字の置換全体を動くとき，σ^{-1} も n 文字の置換全体を動く．よって

(9) $$\det(x_{ij}) = \sum \varepsilon(\sigma)x_{\sigma(1)1}x_{\sigma(2)2}\cdots x_{\sigma(n)n}$$

とかくこともできる．

行列式の定義により，この式の右辺は $\det(x_{ji})$，すなわち

$$\begin{vmatrix} x_{11} & x_{21} & \cdots & x_{n1} \\ x_{12} & x_{22} & \cdots & x_{n2} \\ & \cdots\cdots & & \\ x_{1n} & x_{2n} & \cdots & x_{nn} \end{vmatrix}$$

に他ならない．よって次の定理が得られた．

定理 2 転置行列の行列式はもとの行列の行列式に相等しい．すなわち，n 次正

方行列 $A=(a_{ij})$ に対して，$|{}^tA|=|A|$，あるいは

(10) $$\begin{vmatrix} a_{11} & a_{21} & \cdots & a_{n1} \\ a_{12} & a_{22} & \cdots & a_{n2} \\ & \cdots\cdots & & \\ a_{1n} & a_{2n} & \cdots & a_{nn} \end{vmatrix} = \begin{vmatrix} a_{11} & a_{12} & \cdots & a_{1n} \\ a_{21} & a_{22} & \cdots & a_{2n} \\ & \cdots\cdots & & \\ a_{n1} & a_{n2} & \cdots & a_{nn} \end{vmatrix}$$

この定理により行列式は行と列とに関して対称である．すなわち，ある性質が行（列）に関して成立すれば，全く同様のことが列（行）に関しても成立するのである．

さて，(9)（または (7)）からわかるように行列式は各列の n 個の変数 $x_{1j}, x_{2j}, \cdots, x_{nj}$（各行の n 個の変数 $x_{i1}, x_{i2}, \cdots, x_{in}$）に関して斉一次式である．従って各列ベクトル（各行ベクトル）に関して線型である．すなわち次の定理が成立する．

定理 3 (i) $A=(a_{ij})$ の第 j 列が $a_{ij}=a_{ij}'+a_{ij}''$ $(1\leqq i\leqq n)$ のように和の形に表わされるならば，$|A|$ は第 j 列だけをそれぞれ a_{ij}', a_{ij}'' $(1\leqq i\leqq n)$ でおきかえて得られる二つの行列式の和に等しい：

(11) $$\begin{vmatrix} a_{11} & a_{1j}'+a_{1j}'' & a_{1n} \\ \vdots\cdots & \vdots & \cdots\vdots \\ a_{n1} & a_{nj}'+a_{nj}'' & a_{nn} \end{vmatrix} = \begin{vmatrix} a_{11} & a_{1j}' & a_{1n} \\ \vdots\cdots & \vdots & \cdots\vdots \\ a_{n1} & a_{nj}' & a_{nn} \end{vmatrix} + \begin{vmatrix} a_{11} & a_{1j}'' & a_{1n} \\ \vdots\cdots & \vdots & \cdots\vdots \\ a_{n1} & a_{nj}'' & a_{nn} \end{vmatrix}.$$

(ii) $A=(a_{ij})$ の第 j 列の各成分を c 倍して得られる行列の行列式は A の行列式の c 倍に等しい：

(12) $$\begin{vmatrix} a_{11} & ca_{1j} & a_{1n} \\ \vdots\cdots & \vdots & \cdots\vdots \\ a_{n1} & ca_{nj} & a_{nn} \end{vmatrix} = c\begin{vmatrix} a_{11} & a_{1j} & a_{1n} \\ \vdots\cdots & \vdots & \cdots\vdots \\ a_{n1} & a_{nj} & a_{nn} \end{vmatrix}.$$

(11), (12) から一般に

(13) $$\begin{vmatrix} a_{11} & \sum_{\nu} c_\nu a_{1j}^{(\nu)} & a_{1n} \\ \vdots\cdots & \vdots & \cdots\vdots \\ a_{n1} & \sum_{\nu} c_\nu a_{nj}^{(\nu)} & a_{nn} \end{vmatrix} = \sum_{\nu} c_\nu \begin{vmatrix} a_{11} & a_{1j}^{(\nu)} & a_{1n} \\ \vdots\cdots & \vdots & \cdots\vdots \\ a_{n1} & a_{nj}^{(\nu)} & a_{nn} \end{vmatrix}$$

が成立する．また明らかに

(14) $$\begin{vmatrix} a_{11} & 0 & a_{1n} \\ \vdots\cdots & \vdots & \cdots\vdots \\ a_{n1} & 0 & a_{nn} \end{vmatrix} = 0.$$

行に関しても全く同様のことが成立する．

一方，行列式の定義式(9)（または(7)）から，行列式はその列（行）に関して交代的である．実際，$\tau = \begin{pmatrix} 1 & 2 & \cdots & n \\ k_1 & k_2 & \cdots & k_n \end{pmatrix}$を任意の置換とするとき，(9)から

$$\det(x_{ij}) = \sum_{\sigma} \varepsilon(\sigma) x_{\sigma(k_1)k_1} x_{\sigma(k_2)k_2} \cdots x_{\sigma(k_n)k_n}.$$

$\sigma(k_i) = \sigma(\tau(i)) = (\sigma\tau)(i)$ であるから，$\varepsilon(\sigma\tau) = \varepsilon(\sigma)\varepsilon(\tau)$ に注意して

$$= \varepsilon(\tau) \sum_{\sigma} \varepsilon(\sigma\tau) x_{\sigma\tau(1)k_1} x_{\sigma\tau(2)k_2} \cdots x_{\sigma\tau(n)k_n}.$$

σ が n 文字の置換全体を動くとき，$\sigma\tau$ も n 文字の置換全体を動く．よって

$$= \varepsilon(\tau) \sum_{\sigma} \varepsilon(\sigma) x_{\sigma(1)k_1} x_{\sigma(2)k_2} \cdots x_{\sigma(n)k_n}.$$

行列式の定義式(9)により，これは $\varepsilon(\tau)\det(x_{ik_j})$，すなわち

$$\varepsilon(\tau) \begin{vmatrix} x_{1k_1} & x_{1k_2} & \cdots & x_{1k_n} \\ x_{2k_1} & x_{2k_2} & \cdots & x_{2k_n} \\ & \cdots\cdots & & \\ x_{nk_1} & x_{nk_2} & \cdots & x_{nk_n} \end{vmatrix}$$

に等しい．よって次の定理が得られた．

定理４ 行列 $A = (a_{ij})$ の列（行）に置換 $\tau = \begin{pmatrix} 1 & 2 & \cdots & n \\ k_1 & k_2 & \cdots & k_n \end{pmatrix}$をほどこして得られる行列 $(a_{i\tau(j)})$ の行列式は A の行列式に τ の符号を乗じたものに等しい：

$$\begin{vmatrix} a_{1k_1} & a_{1k_2} & \cdots & a_{1k_n} \\ a_{2k_1} & a_{2k_2} & \cdots & a_{2k_n} \\ & \cdots\cdots & & \\ a_{nk_1} & a_{nk_2} & \cdots & a_{nk_n} \end{vmatrix} = \varepsilon(\tau) \begin{vmatrix} a_{11} & a_{12} & \cdots & a_{1n} \\ a_{21} & a_{22} & \cdots & a_{2n} \\ & \cdots\cdots & & \\ a_{n1} & a_{n2} & \cdots & a_{nn} \end{vmatrix}. \tag{15}$$

特に行列式の二つの列を入れかえれば，行列式の符号が変わる：

$$\begin{vmatrix} a_{11} & \overset{j}{a_{1k}} & \overset{k}{a_{1j}} & a_{1n} \\ \vdots \cdots & \vdots \cdots & \vdots \cdots & \vdots \\ a_{n1} & a_{nk} & a_{nj} & a_{nn} \end{vmatrix} = - \begin{vmatrix} a_{11} & \overset{j}{a_{1j}} & \overset{k}{a_{1k}} & a_{1n} \\ \vdots \cdots & \vdots \cdots & \vdots \cdots & \vdots \\ a_{n1} & a_{nj} & a_{nk} & a_{nn} \end{vmatrix} \tag{16}$$

(16) において $a_{ij} = a_{ik} = a_i$ $(1 \leqq i \leqq n)$ とおけば，両辺の行列式は共に

$$\Delta = \begin{vmatrix} a_{11} & \overset{j}{a_1} & \overset{k}{a_1} & a_{1n} \\ \vdots \cdots & \vdots \cdots & \vdots \cdots & \vdots \\ a_{n1} & a_n & a_n & a_{nn} \end{vmatrix}$$

になる．従って $\varDelta = -\varDelta$，$\varDelta = 0$．すなわち，行列式の二つの列が一致すればその行列式は 0 になる：

$$(17)\qquad \begin{vmatrix} a_{11} & a_1 & a_1 & a_{1n} \\ \vdots\ \cdots & \vdots\ \cdots & \vdots\ \cdots & \vdots \\ a_{n1} & a_n & a_n & a_{nn} \end{vmatrix} = 0.$$

注意 上の説明では (16) から (17) を導いたが，逆に (17) から (16) を導くこともできる．すなわち，(17)（および (11)）を仮定すれば

$$0 = \begin{vmatrix} \cdots & \overbrace{a_{1j}}^{j} + a_{1k} & \cdots & \overbrace{a_{1j}}^{k} + a_{1k} & \cdots \\ & \vdots & & \vdots & \\ \cdots & a_{nj} + a_{nk} & \cdots & a_{nj} + a_{nk} & \cdots \end{vmatrix}$$

$$= \begin{vmatrix} \cdots \overset{j}{a_{1j}} \cdots \overset{k}{a_{1j}} \cdots \\ \vdots \quad \vdots \\ \cdots a_{nj} \cdots a_{nj} \cdots \end{vmatrix} + \begin{vmatrix} \cdots \overset{j}{a_{1j}} \cdots \overset{k}{a_{1k}} \cdots \\ \vdots \quad \vdots \\ \cdots a_{nj} \cdots a_{nk} \cdots \end{vmatrix} + \begin{vmatrix} \cdots \overset{j}{a_{1k}} \cdots \overset{k}{a_{1j}} \cdots \\ \vdots \quad \vdots \\ \cdots a_{nk} \cdots a_{nj} \cdots \end{vmatrix} + \begin{vmatrix} \cdots \overset{j}{a_{1k}} \cdots \overset{k}{a_{1k}} \cdots \\ \vdots \quad \vdots \\ \cdots a_{nk} \cdots a_{nk} \cdots \end{vmatrix}$$

$$= 0 + \begin{vmatrix} \cdots \overset{j}{a_{1j}} \cdots \overset{k}{a_{1k}} \cdots \\ \vdots \quad \vdots \\ \cdots a_{nj} \cdots a_{nk} \cdots \end{vmatrix} + \begin{vmatrix} \cdots \overset{j}{a_{1k}} \cdots \overset{k}{a_{1j}} \cdots \\ \vdots \quad \vdots \\ \cdots a_{nk} \cdots a_{nj} \cdots \end{vmatrix} + 0,$$

よって (16) を得る．すなわち，線型性 (11) を仮定しておけば，(15)，(16)，(17) は条件として皆同値である．(一般の体 K の上で行列式を考えるとき，もし $1+1=0$ ならば，上の証明 (16) $\Longrightarrow$ (17) は通用しない．しかし (17) 自身は常に成立する．)

(13)，(17) により，行列式の一つの列（行）に<u>他の</u>列（行）の一次結合を加えても行列の値は変わらない．すなわち

$$(18)\qquad \begin{vmatrix} a_{11} & a_{1j} + \sum\limits_{\nu \neq j} c_\nu a_{1\nu} & a_{1n} \\ \vdots\ \cdots & \vdots & \cdots\ \vdots \\ a_{n1} & a_{nj} + \sum\limits_{\nu \neq j} c_\nu a_{n\nu} & a_{nn} \end{vmatrix} = \begin{vmatrix} a_{11} & a_{1j} & a_{1n} \\ \vdots\ \cdots & \vdots\ \cdots & \vdots \\ a_{n1} & a_{nj} & a_{nn} \end{vmatrix}.$$

実際，

$$\text{左辺} = \begin{vmatrix} a_{11} & a_{1j} & a_{1n} \\ \vdots\ \cdots & \vdots\ \cdots & \vdots \\ a_{n1} & a_{nj} & a_{nn} \end{vmatrix} + \sum c_\nu \begin{vmatrix} a_{11} & a_{1\nu} & a_{1n} \\ \vdots\ \cdots & \vdots\ \cdots & \vdots \\ a_{n1} & a_{n\nu} & a_{nn} \end{vmatrix} \qquad \text{((13) による)}$$

$$= \begin{vmatrix} a_{11} & a_{1j} & a_{1n} \\ \vdots \cdots & \vdots & \cdots \vdots \\ a_{n1} & a_{nj} & a_{nn} \end{vmatrix} + \sum c_\nu \cdot 0 \qquad \text{((17) による)}$$

$=$ 右辺.

例

$$\begin{vmatrix} \alpha x_2 + x_3 & \beta x_3 + x_1 & \gamma x_1 + x_2 \\ \alpha y_2 + y_3 & \beta y_3 + y_1 & \gamma y_1 + y_2 \\ \alpha z_2 + z_3 & \beta z_3 + z_1 & \gamma z_1 + z_2 \end{vmatrix}$$

$\begin{vmatrix} x_i & x_j & x_k \\ y_i & y_j & y_k \\ z_i & z_j & z_k \end{vmatrix} = |i\ j\ k|$ と略記すれば，上の行列式は (11)，(12) により

$$= \alpha\beta\gamma\,|2\ 3\ 1| + \alpha\beta\,|2\ 3\ 2| + \alpha\gamma\,|2\ 1\ 1| + \beta\gamma\,|3\ 3\ 1|$$
$$+ \alpha\,|2\ 1\ 2| + \beta\,|3\ 3\ 2| + \gamma\,|3\ 1\ 1| + |3\ 1\ 2|.$$

(17) により　$|2\ 3\ 2| = |2\ 1\ 1| = |3\ 3\ 1| = |2\ 1\ 2| = |3\ 3\ 2| = |3\ 1\ 1| = 0$. また

(15) により　$|2\ 3\ 1| = |3\ 1\ 2| = |1\ 2\ 3|$. よって上の式は

$$= (\alpha\beta\gamma + 1)|1\ 2\ 3|$$
$$= (\alpha\beta\gamma + 1)(x_1y_2z_3 + x_2y_3z_1 + x_3y_1z_2 - x_1y_3z_2 - x_2y_1z_3 - x_3y_2z_1).$$

注意　上の結果，偶然にも

$$\begin{vmatrix} \alpha x_2 + x_3 & \beta x_3 + x_1 & \gamma x_1 + x_2 \\ \alpha y_2 + y_3 & \beta y_3 + y_1 & \gamma y_1 + y_2 \\ \alpha z_2 + z_3 & \beta z_3 + z_1 & \gamma z_1 + z_2 \end{vmatrix} = \begin{vmatrix} \alpha x_2 & \beta x_3 & \gamma x_1 \\ \alpha y_2 & \beta y_3 & \gamma y_1 \\ \alpha z_2 & \beta z_3 & \gamma z_1 \end{vmatrix} + \begin{vmatrix} x_3 & x_1 & x_2 \\ y_3 & y_1 & y_2 \\ z_3 & z_1 & z_2 \end{vmatrix}$$

となった．しかし $|A + B| = |A| + |B|$ は一般には成立しない．

例 3　(Vandermonde の行列式)

$$\text{(19)} \qquad \begin{vmatrix} 1 & 1 & \cdots & 1 \\ x_1 & x_2 & \cdots & x_n \\ {x_1}^2 & {x_2}^2 & \cdots & {x_n}^2 \\ & \cdots\cdots & & \\ {x_1}^{n-1} & {x_2}^{n-1} & \cdots & {x_n}^{n-1} \end{vmatrix} = (-1)^{\frac{n(n-1)}{2}} \varDelta(x_1, x_2, \cdots, x_n)$$

実際，左辺の行列式を $P(x_1, x_2, \cdots, x_n)$ とおけば，定理 4 により P は $x_1, x_2, \cdots, x_n$ の交代式である．よって§1 の例により差積 $\varDelta(x_1, x_2, \cdots, x_n) = \prod_{i<j}(x_i - x_j)$ で割り切れる．P および $\varDelta$ の次数は共に $1 + 2 + \cdots + (n-1) = \dfrac{n(n-1)}{2}$ であるから，商は定数でなければならない．すなわち

$$P(x_1, x_2, \cdots, x_n) = c\,\varDelta(x_1, x_2, \cdots, x_n).$$

両辺における $x_2{x_3}^2 \cdots {x_n}^{n-1}$ の係数を比較して

$$1 = c \cdot (-1)^{\frac{n(n-1)}{2}}.$$

よって，$P(x_1, x_2, \cdots, x_n) = (-1)^{\frac{n(n-1)}{2}} \Delta(x_1, x_2, \cdots, x_n)$ を得る．

さて，行列式は定理 3，4 の性質，すなわち

(i) 各列（行）に関して線型である．((11) と (12)，または (13))

(ii) 列（行）に関して交代的である．((15) または (16) または ((11) の仮定の下に) (17))

という性質によって定数因子を除いて特徴づけられる．すなわち，n^2 個の変数 x_{ij} $(1 \leqq i, j \leqq n)$ の多項式 $F(\cdots, x_{ij}, \cdots)$ があって性質，(i), (ii) をもつならば，ある定数 c があって，$F(\cdots, x_{ij}, \cdots) = c \det(x_{ij})$．(Weierstrass-Kronecker.)

$F(\cdots, x_{ij}, \cdots)$ を n 個の n 次元ベクトル $\boldsymbol{x}_j = \begin{pmatrix} x_{1j} \\ \vdots \\ x_{nj} \end{pmatrix}$ $(1 \leqq j \leqq n)$ の函数とみなせば

$$F(\cdots, x_{ij}, \cdots) = F(\boldsymbol{x}_1, \boldsymbol{x}_2, \cdots, \boldsymbol{x}_n)$$

とかくことができる．そのとき，(i), (ii) の性質はそれぞれ次のように表わされる．

(i) $F(\boldsymbol{a}_1, \cdots, \sum_{\nu} c_\nu \boldsymbol{a}_j{}^{(\nu)}, \cdots, \boldsymbol{a}_n) = \sum_{\nu} c_\nu F(\boldsymbol{a}_1, \cdots, \boldsymbol{a}_j{}^{(\nu)}, \cdots, \boldsymbol{a}_n)$,

(ii) $F(\boldsymbol{a}_{\sigma(1)}, \boldsymbol{a}_{\sigma(2)}, \cdots, \boldsymbol{a}_{\sigma(n)}) = \varepsilon(\sigma) F(\boldsymbol{a}_1, \boldsymbol{a}_2, \cdots, \boldsymbol{a}_n)$

(従って $F(\boldsymbol{a}_1, \cdots, \boldsymbol{a}, \cdots, \boldsymbol{a}, \cdots, \boldsymbol{a}_n) = 0$.)

さて，実際このような F があったとすれば，まず (i) から

$$\begin{aligned} F(\boldsymbol{x}_1, \boldsymbol{x}_2, \cdots, \boldsymbol{x}_n) &= F\left(\sum_{i_1=1}^{n} x_{i_1 1} \boldsymbol{e}_{i_1}, \sum_{i_2=1}^{n} x_{i_2 2} \boldsymbol{e}_{i_2}, \cdots, \sum_{i_n=1}^{n} x_{i_n n} \boldsymbol{e}_{i_n}\right) \\ &= \sum_{i_1, \cdots, i_n=1}^{n} x_{i_1 1} x_{i_2 2} \cdots x_{i_n n} F(\boldsymbol{e}_{i_1}, \boldsymbol{e}_{i_2}, \cdots, \boldsymbol{e}_{i_n}), \end{aligned}$$

ただし，$\boldsymbol{e}_1, \boldsymbol{e}_2, \cdots, \boldsymbol{e}_n$ は n 次元の単位ベクトルを表わし，$i_1, i_2, \cdots, i_n$ はそれぞれ独立に 1 から n まで動くものとする．$i_1, i_2, \cdots, i_n$ の中に相等しいものがあれば，(17) の性質より

$$F(\boldsymbol{e}_{i_1}, \boldsymbol{e}_{i_2}, \cdots, \boldsymbol{e}_{i_n}) = 0.$$

従って上式における和は $i_1, i_2, \cdots, i_n$ がすべて相異なるような組，すなわち $1, 2, \cdots, n$ の順列にわたるものとしてよい．$i_1, i_2, \cdots, i_n$ が $1, 2, \cdots, n$ の順列ならば，$\sigma = \begin{pmatrix} 1 & 2 & \cdots & n \\ i_1 & i_2 & \cdots & i_n \end{pmatrix}$ とするとき (ii) から

$$F(\boldsymbol{e}_{i_1}, \boldsymbol{e}_{i_2}, \cdots, \boldsymbol{e}_{i_n}) = \varepsilon(\sigma) F(\boldsymbol{e}_1, \boldsymbol{e}_2, \cdots, \boldsymbol{e}_n).$$

よって $F(\boldsymbol{e}_1, \boldsymbol{e}_2, \cdots, \boldsymbol{e}_n) = c$ とおけば

$$F(\boldsymbol{x}_1, \boldsymbol{x}_2, \cdots, \boldsymbol{x}_n) = c \sum_{\sigma=\begin{pmatrix} 1 & 2 & \cdots & n \\ i_1 & i_2 & \cdots & i_n \end{pmatrix}} \varepsilon(\sigma) x_{i_1 1} x_{i_2 2} \cdots x_{i_n n}$$

$$= c \det(x_{ij})$$

を得る．ここに，c は x_{ij} に δ_{ij} を代入したときの F の値に等しい．

例 4 $n = n_1 + n_2$，A_{ij} $(i, j = 1, 2)$ をそれぞれ (n_i, n_j) 型の行列，$A_{21} = 0$ とするとき

(20)
$$\begin{vmatrix} A_{11} & A_{12} \\ 0 & A_{22} \end{vmatrix} = |A_{11}||A_{22}|.$$

($A_{12} = 0$ の場合も同様である：$\begin{vmatrix} A_{11} & 0 \\ A_{21} & A_{22} \end{vmatrix} = |A_{11}||A_{22}|$．またこの結果をくり返し適用すれば

(21)
$$\begin{vmatrix} A_{11} & A_{12} & \cdots & A_{1r} \\ 0 & A_{22} & \cdots & A_{2r} \\ & \cdots\cdots & & \\ 0 & 0 & \cdots & A_{rr} \end{vmatrix} = |A_{11}||A_{22}| \cdots |A_{rr}|$$

を得る．)

p. 50 の例 1 と同様に直接証明することもできるが，ここでは上に述べた行列式の特徴づけを応用して証明してみよう．A_{11}, A_{12} を固定し，(20) の左辺の行列式を A_{22} だけの函数と考えれば，これは明らかに A_{22} の行に関して性質 (i), (ii) をもっている．従って，上記により

$$\begin{vmatrix} A_{11} & A_{12} \\ 0 & A_{22} \end{vmatrix} = c\,|A_{22}|.$$

ここに c は A_{22} に n_2 次の単位行列 $E^{(n_2)}$ を代入したときの値である．よって

$$c = \begin{vmatrix} A_{11} & A_{12} \\ 0 & E^{(n_2)} \end{vmatrix} = \sum_{\sigma=\begin{pmatrix} 1 & 2 & \cdots & n \\ i_1 & i_2 & \cdots & i_n \end{pmatrix}} \varepsilon(\sigma) a_{1i_1} a_{2i_2} \cdots a_{n_1 i_{n_1}} \delta_{n_1+1,\, i_{n_1+1}} \cdots \delta_{n i_n}$$

$$= \sum_{\sigma_1=\begin{pmatrix} 1 & 2 & \cdots & n_1 \\ i_1 & i_2 & \cdots & i_{n_1} \end{pmatrix}} \varepsilon(\sigma_1) a_{1i_1} a_{2i_2} \cdots a_{n_1 i_{n_1}}$$

$$= |A_{11}|.$$

ゆえに (20) を得る．

問 2 A, B を n 次正方行列とするとき

$$\begin{vmatrix} A & B \\ B & A \end{vmatrix} = |A + B||A - B|$$

を証明せよ．

注意 $\begin{vmatrix} A_{11} & A_{12} \\ A_{21} & A_{22} \end{vmatrix} = |A_{11}A_{22} - A_{12}A_{21}|$, $\begin{vmatrix} A_{11} & A_{12} \\ A_{21} & A_{22} \end{vmatrix} = |A_{11}||A_{22}| - |A_{12}||A_{21}|$ 等はいずれも一般には成立しない．誤って記憶されないようにして欲しい．

§3 行列式の展開

前節（定理3）で述べたように，行列式 $\det(x_{ij})$ はその任意の列（行）の変数に関して斉一次式になっている．例えば，第1行の変数 $x_{11}, x_{12}, \cdots, x_{1n}$ に関して

$$(\S) \qquad \det(x_{ij}) = c_1x_{11} + c_2x_{12} + \cdots + c_nx_{1n}$$

のように斉一次式として表わされる．ここに係数 $c_1, c_2, \cdots, c_n$ は第二行目以下の変数 x_{ij} $(2 \leqq i \leqq n,\ 1 \leqq j \leqq n)$ に関する多項式である．この $c_1, c_2, \cdots, c_n$ を具体的に求めてみよう．

c_kx_{1k} $(1 \leqq k \leqq n)$ は行列式の定義式（7）において x_{1k} を含む項全体をまとめたものに他ならない．（§）からわかるように c_k はまた $\det(x_{ij})$ において $x_{1k} = 1$, $x_{1j} = 0$ $(j \neq k)$，すなわち $x_{1j} = \delta_{jk}$ を代入したときの値として求められる．まず

$$c_1 = \begin{vmatrix} 1 & 0 & \cdots & 0 \\ x_{21} & x_{22} & \cdots & x_{2n} \\ & & \cdots\cdots & \\ x_{n1} & x_{n2} & \cdots & x_{nn} \end{vmatrix} = \sum_{\sigma = \begin{pmatrix} 1 & 2 & \cdots & n \\ 1 & i_2 & \cdots & i_n \end{pmatrix}} \varepsilon(\sigma)\, x_{2i_2} \cdots x_{ni_n}.$$

ここに σ は1を不変にするような置換，すなわち $(n-1)$ 文字 $2, \cdots, n$ に関する置換全体を動く．よって行列式の定義により

$$c_1 = \begin{vmatrix} x_{22} & \cdots & x_{2n} \\ & \cdots\cdots & \\ x_{n2} & \cdots & x_{nn} \end{vmatrix}.$$

$k > 1$ のときも同様に

$$c_k = \begin{vmatrix} 0 & \cdots & 1 & \cdots & 0 \\ x_{21} & \cdots & x_{2k} & \cdots & x_{2n} \\ & & \cdots\cdots & & \\ x_{n1} & \cdots & x_{nk} & \cdots & x_{nn} \end{vmatrix} = \sum_{\sigma = \begin{pmatrix} 1 & 2 & \cdots & n \\ k & i_2 & \cdots & i_n \end{pmatrix}} \varepsilon(\sigma)\, x_{2i_2} \cdots x_{ni_n}$$

であるが，この行列式の列に対して巡回置換 $(k, k-1, \cdots, 1)$ をほどこし，第 k 列を第1列目に持ってくれば

$$\begin{vmatrix} 1 & 0 & & \cdots & & 0 \\ x_{2k} & x_{21} & \cdots & \hat{x}_{2k} & \cdots & x_{2n} \\ & & \cdots\cdots & & & \\ x_{nk} & x_{n1} & \cdots & \hat{x}_{nk} & \cdots & x_{nn} \end{vmatrix} = \begin{vmatrix} x_{21} & \cdots & \hat{x}_{2k} & \cdots & x_{2n} \\ & & \cdots\cdots & & \\ x_{n1} & \cdots & \hat{x}_{nk} & \cdots & x_{nn} \end{vmatrix}^{*)}.$$

よって定理4により，$\varepsilon((k, k-1, \cdots, 1)) = (-1)^{k-1}$ に注意して，

$$c_k = (-1)^{k-1} \begin{vmatrix} x_{21} & \cdots & \overset{\wedge}{\underset{\vdots}{k}} & \cdots & x_{2n} \\ & \cdots & \vdots & \cdots & \\ x_{n1} & \cdots & \vdots & \cdots & x_{nn} \end{vmatrix}^{**)},$$

すなわち，c_k は $\det(x_{ij})$ において第1行，第 k 列を取りさって得られる $(n-1)$ 次の行列式に符号 $(-1)^{k-1}$ をつけたものに等しい．

行列式の定義式 (7) において x_{1k} を含む項は $k = 1, 2, \cdots, n$ に対してそれぞれ $(n-1)!$ 個ずつある．このことは次のような群論的な事実にもとづいている．すなわち，$(n-1)$ 文字 $2, \cdots, n$ に関する対称群 $\mathfrak{S}_{n-1}$ は n 文字の対称群 $\mathfrak{S}_n$ の部分群と考えることができ，$\mathfrak{S}_n$ は $\mathfrak{S}_{n-1}$ に関して

$$\mathfrak{S}_n = \mathfrak{S}_{n-1} \cup (1, 2)\mathfrak{S}_{n-1} \cup \cdots \cup (1, n)\mathfrak{S}_{n-1}$$

のように傍系分解される．各傍系は $(n-1)!$ 個の元からなり，(7) において $\sigma \in (1, k)\mathfrak{S}_{n-1}$ に対応する項がすなわち x_{1k} を含む項なのである．

さて（§）は $\det(x_{ij})$ の第1行に関する展開であったが，一般に第 i 行に関する展開も同様にして求めることができる．すなわち

$$\det(x_{ij}) = c_1' x_{i1} + c_2' x_{i2} + \cdots + c_n' x_{in}$$

とすれば，

$$c_j' = \begin{vmatrix} x_{11} & & \overset{j}{\smile}\,x_{1j} & & x_{1n} \\ & \cdots & \vdots & \cdots & \\ 0 & \cdots & 1 & \cdots & 0 \\ & \cdots & \vdots & \cdots & \\ x_{n1} & & x_{nj} & & x_{nn} \end{vmatrix} (i = (-1)^{j-1} \begin{vmatrix} x_{1j} & x_{11} & \cdots & \overset{\hat{j}}{\smile}\,\vdots & \cdots & x_{1n} \\ & & \cdots & \vdots & \cdots & \\ 1 & 0 & \cdots & \vdots & \cdots & 0 \\ & & \cdots & \vdots & \cdots & \\ x_{nj} & x_{n1} & \cdots & \vdots & \cdots & x_{nn} \end{vmatrix}$$

---

*), **)　∧ は除外記号である．すなわち

$$\begin{vmatrix} x_{21} & \cdots & \hat{x}_{2k} & \cdots & x_{2n} \\ & & \cdots\cdots & & \\ x_{n1} & \cdots & \hat{x}_{nk} & \cdots & x_{nn} \end{vmatrix} = \begin{vmatrix} x_{21} & \cdots & \overset{\wedge}{\underset{\vdots}{k}} & \cdots & x_{2n} \\ & \cdots & \vdots & \cdots & \\ x_{n1} & \cdots & \vdots & \cdots & x_{nn} \end{vmatrix} = \begin{vmatrix} x_{21} & \cdots & x_{2,k-1} & x_{2,k+1} & \cdots & x_{2n} \\ & & \cdots\cdots & & & \\ x_{n1} & \cdots & x_{n,k-1} & x_{n,k+1} & \cdots & x_{nn} \end{vmatrix}.$$

$$
= (-1)^{j-1}(-1)^{i-1}\begin{vmatrix} 1 & 0 & \cdots & \overset{\hat{j}}{\vdots} & \cdots & 0 \\ x_{1j} & x_{11} & \cdots & \vdots & \cdots & x_{1n} \\ & \cdots & & \vdots & \cdots & \\ \cdots\cdots & \cdots\cdots & & \vdots & \cdots\cdots & \cdots \\ & \cdots & & \vdots & \cdots & \\ x_{nj} & x_{n1} & \cdots & \vdots & \cdots & x_{nn} \end{vmatrix} (\hat{i}
$$

$$
= (-1)^{i+j}\begin{vmatrix} x_{11} & \cdots & \overset{\hat{j}}{\vdots} & \cdots & x_{1n} \\ & \cdots & \vdots & \cdots & \\ \cdots\cdots & \cdots & \vdots & \cdots\cdots & \cdots \\ & \cdots & \vdots & \cdots & \\ x_{n1} & \cdots & \vdots & \cdots & x_{nn} \end{vmatrix} (\hat{i}.
$$

あるいは $\det(x_{ij})$ の行に置換 $(i, i-1, \cdots, 1)$ をほどこし，第 i 行を第 1 行目にとってきてからすでに得られた第 1 行目に関する展開式を適用してもよい．

全く同様のことが列に関しても成立する．

n 次正方行列 $A=(a_{ij})$ において第 i 行，第 j 列をとりさって得られる $(n-1)$ 次行列の行列式を $|A|$ の $(n-1)$ 次**小行列式**という．またこれに符号 $(-1)^{i+j}$ をつけたものを行列 A における第 (i, j) **余因子**，または a_{ij} の余因子という．上の結果をまとめれば，次の定理が得られる．

定理 5 $A=(a_{ij})$ の行列式について，次のような展開式が成立する．

(22) $$|A| = a_{1j}\Delta_{1j} + a_{2j}\Delta_{2j} + \cdots + a_{nj}\Delta_{nj}, \quad \text{（第 } j \text{ 列に関する展開）}$$

(22′) $$|A| = a_{i1}\Delta_{i1} + a_{i2}\Delta_{i2} + \cdots + a_{in}\Delta_{in}. \quad \text{（第 } i \text{ 行に関する展開）}$$

ここに Δ_{ij} は A における第 (i, j) 余因子を表わす．すなわち

(23) $$\Delta_{ij} = (-1)^{i+j}\begin{vmatrix} a_{11} & \cdots & \overset{\hat{j}}{\vdots} & \cdots & a_{1n} \\ & \cdots & \vdots & \cdots & \\ \cdots\cdots & \cdots\cdots & \cdots & \cdots\cdots & \cdots\cdots \\ & \cdots & \vdots & \cdots & \\ a_{n1} & \cdots & \vdots & \cdots & a_{nn} \end{vmatrix} (\hat{i}.$$

行列式をその一つの列（行）に関して展開することにより，行列式の計算を次々に次数の低い行列式のそれに帰着させることができる．その際，展開する列（行）にはなるべく多くの 0 があった方が展開式が簡単になる．特にその列（行）の成分がその中の一つを除いてすべて 0 になる場合が最も簡単である．例えば

$$\begin{vmatrix} a_{11} & * & \cdots & * \\ 0 & a_{22} & \cdots & a_{2n} \\ \vdots & & \cdots\cdots & \\ 0 & a_{n2} & \cdots & a_{nn} \end{vmatrix} = \begin{vmatrix} a_{11} & 0 & \cdots & 0 \\ * & a_{22} & \cdots & a_{2n} \\ \vdots & & \cdots\cdots & \\ * & a_{n2} & \cdots & a_{nn} \end{vmatrix} = a_{11} \begin{vmatrix} a_{22} & \cdots & a_{2n} \\ & \cdots\cdots & \\ a_{n2} & \cdots & a_{nn} \end{vmatrix}^{*)}.$$

（これは前節の例 4,（20）の特別な場合でもある.）そこで展開に先だって,（18）により，展開しようと思う列（行）に他の列の適当な一次結合を加えてその列の成分をできるだけ多く 0 にしておき，それからその列（行）に関して展開するのが常法である.

例 1
$$\begin{vmatrix} 1 & 2 & 3 & 4 \\ 12 & 13 & 14 & 5 \\ 11 & 16 & 15 & 6 \\ 10 & 9 & 8 & 7 \end{vmatrix} = \begin{vmatrix} 1 & 2 & 3 & 4 \\ 0 & -5 & -4 & -5 \\ 0 & 5 & 4 & -5 \\ 10 & 9 & 8 & 7 \end{vmatrix} \qquad \begin{pmatrix} (\text{第 2 行})-((\text{第 1 行})+(\text{第 3 行})) \\ (\text{第 3 行})-((\text{第 1 行})+(\text{第 4 行})) \end{pmatrix}$$

これは第 1 列について展開するための準備であったが，この結果をみれば次のように計算した方が早いことに気がつく.

$$= \begin{vmatrix} 1 & 2 & 3 & 4 \\ 0 & 0 & 0 & -10 \\ 0 & 5 & 4 & -5 \\ 10 & 9 & 8 & 7 \end{vmatrix} \qquad ((\text{第 2 行})+(\text{第 3 行}))$$

$$= -10 \begin{vmatrix} 1 & 2 & 3 \\ 0 & 5 & 4 \\ 10 & 9 & 8 \end{vmatrix} \qquad (\text{第 2 行に関して展開})$$

$$= -10\left(\begin{vmatrix} 5 & 4 \\ 9 & 8 \end{vmatrix} + 10 \begin{vmatrix} 2 & 3 \\ 5 & 4 \end{vmatrix} \right) \qquad (\text{第 1 列に関して展開})$$

$$= -10(40 - 36 + 10(8 - 15)) = 660.$$

例 2　前節，例 3 の公式（19）を次のように n に関する帰納法によって証明することもできる．まず，$n = 1, 2$ の場合は明らか，$n - 1$ の場合成立するとすれば

$$\begin{vmatrix} 1 & 1 & \cdots & 1 \\ x_1 & x_2 & \cdots & x_n \\ {x_1}^2 & {x_2}^2 & \cdots & {x_n}^2 \\ & \cdots\cdots & & \\ {x_1}^{n-1} & {x_2}^{n-1} & \cdots & {x_n}^{n-1} \end{vmatrix} = \begin{vmatrix} 1 & 0 & \cdots & 0 \\ x_1 & x_2 - x_1 & \cdots & x_n - x_1 \\ {x_1}^2 & {x_2}^2 - {x_1}^2 & \cdots & {x_n}^2 - {x_1}^2 \\ & \cdots\cdots & & \\ {x_1}^{n-1} & {x_2}^{n-1} - {x_1}^{n-1} & \cdots & {x_n}^{n-1} - {x_1}^{n-1} \end{vmatrix}$$

（第 2 ないし第 n 列から第 1 列を引く）

$$= \begin{vmatrix} x_2 - x_1 & x_3 - x_1 & \cdots & x_n - x_1 \\ {x_2}^2 - {x_1}^2 & {x_3}^2 - {x_1}^2 & \cdots & {x_n}^2 - {x_1}^2 \\ & \cdots\cdots & & \\ {x_2}^{n-1} - {x_1}^{n-1} & {x_3}^{n-1} - {x_1}^{n-1} & \cdots & {x_n}^{n-1} - {x_1}^{n-1} \end{vmatrix}$$

（第 1 行に関して展開）

---

*)　行列のある部分の成分を明示する必要のないとき，その部分に＊印を記入することがある.

$$= \begin{vmatrix} x_2 - x_1 & x_3 - x_1 & \cdots & x_n - x_1 \\ {x_2}^2 - x_1x_2 & {x_3}^2 - x_1x_3 & \cdots & {x_n}^2 - x_1x_n \\ & \cdots\cdots & & \\ {x_2}^{n-1} - x_1{x_2}^{n-2} & {x_3}^{n-1} - x_1{x_3}^{n-2} & \cdots & {x_n}^{n-1} - x_1{x_n}^{n-2} \end{vmatrix}$$

（各行からその一つ上の行の x_1 倍を引く）

$$= (x_2 - x_1)(x_3 - x_1)\cdots(x_n - x_1)\begin{vmatrix} 1 & 1 & \cdots & 1 \\ x_2 & x_3 & \cdots & x_n \\ {x_2}^2 & {x_3}^2 & \cdots & {x_n}^2 \\ & \cdots\cdots & & \\ {x_2}^{n-2} & {x_3}^{n-2} & \cdots & {x_n}^{n-2} \end{vmatrix}$$

（各列から共通因子 $(x_j - x_1)$ をくくり出す）

$$= (-1)^{n-1}\prod_{j=2}^{n}(x_1 - x_j)\cdot(-1)^{\frac{(n-1)(n-2)}{2}}\prod_{2\leqq i<j\leqq n}(x_i - x_j) \qquad \text{（帰納法の仮定）}$$

$$= (-1)^{\frac{n(n-1)}{2}}\prod_{1\leqq i<j\leqq n}(x_i - x_j).$$

問 1 次の行列式を計算せよ．

(i) $\begin{vmatrix} 1 & 1 & 1 & 1 \\ -1 & 1 & 1 & -1 \\ -1 & -1 & 1 & 1 \\ -1 & 1 & -1 & 1 \end{vmatrix}$, (ii) $\begin{vmatrix} 0 & 1 & 0 & 0 & 0 & 0 \\ -1 & 0 & 1 & 0 & 0 & 0 \\ 0 & -1 & 0 & 1 & 0 & 0 \\ 0 & 0 & -1 & 0 & 1 & 0 \\ 0 & 0 & 0 & -1 & 0 & 1 \\ 0 & 0 & 0 & 0 & -1 & 0 \end{vmatrix}$,

(iii) $\begin{vmatrix} x & -1 & 0 & \cdots & 0 & 0 \\ 0 & x & -1 & \cdots & 0 & 0 \\ & & \cdots\cdots & & & \\ 0 & 0 & 0 & \cdots & x & -1 \\ a_n & a_{n-1} & a_{n-2} & \cdots & a_1 & a_0 \end{vmatrix}$

例 3 $A = (a_{ij})$ における第 (i, j) 余因子を Δ_{ij} とおけば

$$\begin{vmatrix} a_{11} & a_{12} & \cdots & a_{1n} & x_1 \\ a_{21} & a_{22} & \cdots & a_{2n} & x_2 \\ & \cdots\cdots & & & \vdots \\ a_{n1} & a_{n2} & \cdots & a_{nn} & x_n \\ y_1 & y_2 & \cdots & y_n & z \end{vmatrix} = |A|z - \sum_{i,j=1}^{n}\Delta_{ij}x_iy_j$$

が成立する．実際，左辺の行列式を第 $(n+1)$ 列に関して展開すれば

$$= |A|z + \sum_{i=1}^{n}(-1)^{n+i+1} \begin{vmatrix} a_{11} & \cdots & a_{1n} \\ \cdots\cdots \\ \cdots\cdots\cdots\cdots \\ \cdots\cdots \\ a_{n1} & \cdots & a_{nn} \\ y_1 & \cdots & y_n \end{vmatrix} (\hat{i}\ \ x_i.$$

この行列式をさらに第 n 行に関して展開すれば

$$\begin{vmatrix} a_{11} & \cdots & a_{1n} \\ \cdots\cdots \\ \cdots\cdots\cdots\cdots \\ \cdots\cdots \\ a_{n1} & \cdots & a_{nn} \\ y_1 & \cdots & y_n \end{vmatrix} (\hat{i} = \sum_{j=1}^{n}(-1)^{n+j} \begin{vmatrix} a_{11} & \cdots & \overset{\hat{j}}{\vdots} & \cdots & a_{1n} \\ \cdots & & \vdots & & \cdots \\ \cdots\cdots\cdots\cdots\cdots\cdots\cdots\cdots \\ \cdots & & \vdots & & \cdots \\ a_{n1} & \cdots & \vdots & \cdots & a_{nn} \end{vmatrix} (\hat{i}\ \ y_j.$$

これを上の式に代入すれば，$x_i y_j$ の係数は $-\varDelta_{ij}$ となる．

さて (22), (22′) の系として次の式が得られる．

(24) $$\sum_{i=1}^{n} a_{ij}\varDelta_{ik} = \delta_{jk}|A|,$$

(24′) $$\sum_{j=1}^{n} a_{ij}\varDelta_{kj} = \delta_{ik}|A|.$$

実際，(24) において $j = k$ の場合は (22) に他ならない．$j \neq k$ の場合，(24) の左辺は，A における第 k 列を第 j 列でおきかえて得られる行列の行列式，すなわち

$$\begin{vmatrix} a_{11} & \overset{j}{a_{1j}} & \overset{k}{a_{1j}} & a_{1n} \\ \vdots & \cdots & \vdots & \cdots & \vdots & \cdots & \vdots \\ a_{n1} & a_{nj} & a_{nj} & a_{nn} \end{vmatrix}$$

をその第 k 列に関して展開したものとみなすことができる．よって (17) によりそれは $= 0$．(24′) も同様にして証明される．

$$\boldsymbol{A} = \begin{pmatrix} \varDelta_{11} & \varDelta_{12} & \cdots & \varDelta_{1n} \\ \varDelta_{21} & \varDelta_{22} & \cdots & \varDelta_{2n} \\ & \cdots\cdots \\ \varDelta_{n1} & \varDelta_{n2} & \cdots & \varDelta_{nn} \end{pmatrix}$$

とおけば，(24), (24′) を行列の記号によって

(24″) $$\qquad {}^t\boldsymbol{A}A = A\,{}^t\boldsymbol{A} = |A|E$$

と表わすことができる.

$|A| \neq 0$ ならば, (24″) から

$$\left(\frac{1}{|A|}\,{}^t\boldsymbol{A}\right)A = A\left(\frac{1}{|A|}\,{}^t\boldsymbol{A}\right) = E.$$

従って, A は正則であって $A^{-1} = \dfrac{1}{|A|}\,{}^t\boldsymbol{A} = \left(\dfrac{\Delta_{ji}}{|A|}\right)$ となる. よって次の定理の後半が証明された.(前半の証明は§5で与えられる.)

定理 6 n 次正方行列 A が正則ならば $|A| \neq 0$ である. 逆に $|A| \neq 0$ ならば, A は正則であって, 逆行列 A^{-1} の (i, j) 成分は $\Delta_{ji}/|A|$ で与えられる:

$$A^{-1} = \begin{pmatrix} \dfrac{\Delta_{11}}{|A|} & \dfrac{\Delta_{21}}{|A|} & \cdots & \dfrac{\Delta_{n1}}{|A|} \\ \dfrac{\Delta_{12}}{|A|} & \dfrac{\Delta_{22}}{|A|} & \cdots & \dfrac{\Delta_{n2}}{|A|} \\ & \cdots\cdots & & \\ \dfrac{\Delta_{1n}}{|A|} & \dfrac{\Delta_{2n}}{|A|} & \cdots & \dfrac{\Delta_{nn}}{|A|} \end{pmatrix}, \tag{25}$$

ただし, Δ_{ij} は A における (i, j) 余因子である.

問 2 次の行列の逆行列を求めよ.

(i) $\begin{pmatrix} 2 & 1 & 1 \\ 1 & 2 & 1 \\ 1 & 1 & 2 \end{pmatrix}$, (ii) $\begin{pmatrix} 0 & 1 & 0 & 0 \\ -1 & 0 & 1 & 0 \\ 0 & -1 & 0 & 1 \\ 0 & 0 & -1 & 0 \end{pmatrix}$

問 3 $n = n_1 + n_2$, $A_{ij}\,(i, j = 1, 2)$ をそれぞれ (n_i, n_j) 行列, $A_{21} = 0$ とするとき, $\begin{pmatrix} A_{11} & A_{12} \\ 0 & A_{22} \end{pmatrix}$ が正則なるためには, A_{11}, A_{22} が正則なることが必要十分である. また, それが正則であるとき

$$\begin{pmatrix} A_{11} & A_{12} \\ 0 & A_{22} \end{pmatrix}^{-1} = \begin{pmatrix} A_{11}{}^{-1} & -A_{11}{}^{-1}A_{12}A_{22}{}^{-1} \\ 0 & A_{22}{}^{-1} \end{pmatrix}$$

であることを示せ.

§4 連立一次方程式 (Cramer の解法)

n 個の変数 (文字) $x_1, x_2, \cdots, x_n$ に関する連立一次方程式

$$\begin{cases} a_{11}x_1 + a_{12}x_2 + \cdots + a_{1n}x_n = b_1 \\ a_{21}x_1 + a_{22}x_2 + \cdots + a_{2n}x_n = b_2 \\ \qquad \cdots\cdots \\ a_{n1}x_1 + a_{n2}x_2 + \cdots + a_{nn}x_n = b_n \end{cases} \tag{26}$$

について考えよう．

$$A = (a_{ij}), \quad \boldsymbol{x} = (x_i), \quad \boldsymbol{b} = (b_i)$$

とおけば，$A, \boldsymbol{b}$ はそれぞれ与えられた n 次正方行列，n 次元ベクトルであって，(26) を解くことは n 次元ベクトル $\boldsymbol{x}$ に関する方程式

$$A\boldsymbol{x} = \boldsymbol{b} \tag{27}$$

を解くことに他ならない．

われわれは (26) がどのような条件の下に解をもつか，また解がある場合その多様さはどうか等について考えるのであるが，その精しい理論は次の章にゆずり，ここでは最も簡単な場合として A が正則である場合，すなわち $|A| \neq 0$ である場合について考えることにしよう．

$|A| \neq 0$ ならば，前節定理 6 により逆行列 A^{-1} が存在し，(25) で与えられる．(27) の両辺に左から A^{-1} を掛ければ

$$\boldsymbol{x} = E\boldsymbol{x} = (A^{-1}A)\boldsymbol{x} = A^{-1}(A\boldsymbol{x}) = A^{-1}\boldsymbol{b}.$$

よって (27) に解があるとすれば，それは $A^{-1}\boldsymbol{b}$ でなければならない．逆に $\boldsymbol{x} = A^{-1}\boldsymbol{b}$ を (27) の左辺に代入すれば

$$A(A^{-1}\boldsymbol{b}) = (AA^{-1})\boldsymbol{b} = E\boldsymbol{b} = \boldsymbol{b}.$$

よって $\boldsymbol{x} = A^{-1}\boldsymbol{b}$ は実際に (27) の解である．よって (27) が一意的に解けて，解は $\boldsymbol{x} = A^{-1}\boldsymbol{b}$ で与えられることがわかった．

さて (25) により

$$A^{-1}\boldsymbol{b} = \frac{1}{|A|}\begin{pmatrix} \Delta_{11} & \Delta_{21} & \cdots & \Delta_{n1} \\ \Delta_{12} & \Delta_{22} & \cdots & \Delta_{n2} \\ & \cdots\cdots & & \\ \Delta_{1n} & \Delta_{2n} & \cdots & \Delta_{nn} \end{pmatrix}\begin{pmatrix} b_1 \\ b_2 \\ \vdots \\ b_n \end{pmatrix} = \frac{1}{|A|}\begin{pmatrix} \sum_{i=1}^{n} b_i \Delta_{i1} \\ \sum_{i=1}^{n} b_i \Delta_{i2} \\ \vdots \\ \sum_{i=1}^{n} b_i \Delta_{in} \end{pmatrix}.$$

ここで $\sum_{i=1}^{n} b_i \Delta_{ij}$ $(j = 1, 2, \cdots, n)$ は行列式

$$\begin{vmatrix} a_{11} & & \overset{j}{\smile} \\ a_{11} & & b_1 & & a_{1n} \\ \vdots & \cdots & \vdots & \cdots & \vdots \\ a_{n1} & & b_n & & a_{nn} \end{vmatrix}$$

を第 j 列に関して展開したものに他ならない．よって

$$x_j = \frac{1}{|A|}\sum_{i=1}^{n} b_i \Delta_{ij} = \frac{1}{|A|}\begin{vmatrix} a_{11} & & \overbrace{b_1}^{j} & & a_{1n} \\ \vdots & \cdots & \vdots & \cdots & \vdots \\ a_{n1} & & b_n & & a_{nn} \end{vmatrix}$$

以上により次の定理が得られた．

定理 7　連立一次方程式 (26) は，$|A| \neq 0$ であるとき，一意的に解くことができる．その解は次の式によって与えられる．

$$x_j = \begin{vmatrix} a_{11} & & \overbrace{b_1}^{j} & & a_{1n} \\ \vdots & \cdots & \vdots & \cdots & \vdots \\ a_{n1} & & b_n & & a_{nn} \end{vmatrix} \Bigg/ \begin{vmatrix} a_{11} & \cdots & a_{1n} \\ \vdots & \cdots & \vdots \\ a_{n1} & \cdots & a_{nn} \end{vmatrix} \qquad (1 \leqq j \leqq n) \tag{28}$$

(28) を Cramer **の公式**という[*]．

例

$$\begin{cases} -x_1 + x_2 + x_3 + x_4 = 1 \\ x_1 - x_2 + x_3 + x_4 = 0 \\ x_1 + x_2 - x_3 + x_4 = 0 \\ x_1 + x_2 + x_3 - x_4 = 0 \end{cases}$$

まず

$$\begin{vmatrix} -1 & 1 & 1 & 1 \\ 1 & -1 & 1 & 1 \\ 1 & 1 & -1 & 1 \\ 1 & 1 & 1 & -1 \end{vmatrix} = \begin{vmatrix} -1 & 1 & 1 & 1 \\ 0 & 0 & 2 & 2 \\ 0 & 2 & 0 & 2 \\ 0 & 2 & 2 & 0 \end{vmatrix} \quad \text{（第 1 行を 2 行目以下に加える）}$$

$$= -\begin{vmatrix} 0 & 2 & 2 \\ 2 & 0 & 2 \\ 2 & 2 & 0 \end{vmatrix} \quad \text{（第 1 列に関して展開）}$$

$$= -(2^3 + 2^3) = -16$$

同様に

$$\begin{vmatrix} 1 & 1 & 1 & 1 \\ 0 & -1 & 1 & 1 \\ 0 & 1 & -1 & 1 \\ 0 & 1 & 1 & -1 \end{vmatrix} = \begin{vmatrix} -1 & 1 & 1 \\ 1 & -1 & 1 \\ 1 & 1 & -1 \end{vmatrix} = \begin{vmatrix} -1 & 1 & 1 \\ 0 & 0 & 2 \\ 0 & 2 & 0 \end{vmatrix}$$

---

[*] 与えられた連立一次方程式の解をこの公式によって直接計算することは一般に簡単ではない．またこの公式は $|A| \neq 0$ のときしか適用できない．より簡便な数値計算法については，古屋茂，行列と行列式，培風館，1957，附録を参照されたい．同書にはこの他にも種々興味ある数値計算法が載っている．

$$= -\begin{vmatrix} 0 & 2 \\ 2 & 0 \end{vmatrix} = -(-2^2) = 4,$$

$$\begin{vmatrix} -1 & 1 & 1 & 1 \\ 1 & 0 & 1 & 1 \\ 1 & 0 & -1 & 1 \\ 1 & 0 & 1 & -1 \end{vmatrix} = -\begin{vmatrix} 1 & 1 & 1 \\ 1 & -1 & 1 \\ 1 & 1 & -1 \end{vmatrix} = -\begin{vmatrix} 1 & 1 & 1 \\ 0 & -2 & 0 \\ 0 & 0 & -2 \end{vmatrix} = -4.$$

ゆえに $x_1 = \dfrac{4}{-16} = -\dfrac{1}{4}$，$x_2 = \dfrac{-4}{-16} = \dfrac{1}{4}$. 与えられた方程式の形から明らかに $x_2 = x_3 = x_4$ であるから，$x_3 = x_4 = \dfrac{1}{4}$.

さて (26) において特に定数項 b_i $(1 \leqq i \leqq n)$ がすべて $= 0$ である場合（すなわち (27) において $\boldsymbol{b} = \mathbf{0}$ の場合），連立斉一次方程式

$$(29) \qquad \begin{cases} a_{11}x_1 + a_{12}x_2 + \cdots + a_{1n}x_n = 0 \\ a_{21}x_1 + a_{22}x_2 + \cdots + a_{2n}x_n = 0 \\ \qquad \cdots\cdots \\ a_{n1}x_1 + a_{n2}x_2 + \cdots + a_{nn}x_n = 0 \end{cases}$$

が得られる．この方程式はつねに $\boldsymbol{x} = \mathbf{0}$，すなわち

$$(x_1, x_2, \cdots, x_n) = (0, 0, \cdots, 0)$$

を一つの解としてもつ．これを (29) の**自明な解**という．定理 7 によれば，$|A| \neq 0$ のとき解は一意的なのであるから，(29) は自明な解しかもたない．従って対偶をとって次の系が得られる．

系　連立斉一次方程式 (29) が自明でない解，すなわち少くとも一つの x_i が 0 でないような解をもつならば，係数の行列式 $|A|$ は零に等しい．

これを“消去法の原理”という．後に述べるように，この系の逆も成立する*)．すなわち，(29) が自明でない解をもつためには $|A| = 0$ なることが必要十分なのである．(従って $|A| = 0$ のとき，非斉次な連立一次方程式 (26) は解をもたないか，あるいは二つ以上の解をもつ．)

§5　行列式の積

二つの行列式の積に関して次の定理が成立する．

定理 8　二つの n 次正方行列の積の行列式は，それぞれの行列式の積に等しい．すなわち，$A = (a_{ij})$, $B = (b_{ij})$ を二つの n 次正方行列とすれば，$|AB| = |A||B|$,

---

*)　III, §1 参照.

あるいは

$$
(30)\qquad \begin{vmatrix} \sum_{j=1}^{n} a_{1j}b_{j1} & \sum_{j=1}^{n} a_{1j}b_{j2} & \cdots & \sum_{j=1}^{n} a_{1j}b_{jn} \\ \sum_{j=1}^{n} a_{2j}b_{j1} & \sum_{j=1}^{n} a_{2j}b_{j2} & \cdots & \sum_{j=1}^{n} a_{2j}b_{jn} \\ & \cdots\cdots & & \\ \sum_{j=1}^{n} a_{nj}b_{j1} & \sum_{j=1}^{n} a_{nj}b_{j2} & \cdots & \sum_{j=1}^{n} a_{nj}b_{jn} \end{vmatrix}
$$

$$
= \begin{vmatrix} a_{11} & a_{12} & \cdots & a_{1n} \\ a_{21} & a_{22} & \cdots & a_{2n} \\ & \cdots\cdots & & \\ a_{n1} & a_{n2} & \cdots & a_{nn} \end{vmatrix} \cdot \begin{vmatrix} b_{11} & b_{12} & \cdots & b_{1n} \\ b_{21} & b_{22} & \cdots & b_{2n} \\ & \cdots\cdots & & \\ b_{n1} & b_{n2} & \cdots & b_{nn} \end{vmatrix}
$$

証 (13) をくり返し適用すれば

$$
\text{左辺} = \sum_{j_1,\cdots,j_n=1}^{n} \begin{vmatrix} a_{1j_1} & a_{1j_2} & \cdots & a_{1j_n} \\ a_{2j_1} & a_{2j_2} & \cdots & a_{2j_n} \\ & \cdots\cdots & & \\ a_{nj_1} & a_{nj_2} & \cdots & a_{nj_n} \end{vmatrix} b_{j_11}b_{j_22}\cdots b_{j_nn}.
$$

$j_1, j_2, \cdots, j_n$ の中に相等しいものがあれば，(17) によりこの行列式は $=0$. よって $j_1, j_2, \cdots, j_n$ は $1, 2, \cdots, n$ の順列にわたって動くものとしてよい. よって (15) により，上の式は

$$
= \sum_{(j_1, j_2, \cdots, j_n)} \varepsilon\begin{pmatrix} 1 & 2 & \cdots & n \\ j_1 & j_2 & \cdots & j_n \end{pmatrix} \begin{vmatrix} a_{11} & a_{12} & \cdots & a_{1n} \\ a_{21} & a_{22} & \cdots & a_{2n} \\ & \cdots\cdots & & \\ a_{n1} & a_{n2} & \cdots & a_{nn} \end{vmatrix} b_{j_11}b_{j_22}\cdots b_{j_nn}
$$

$$
= \begin{vmatrix} a_{11} & a_{12} & \cdots & a_{1n} \\ a_{21} & a_{22} & \cdots & a_{2n} \\ & \cdots\cdots & & \\ a_{n1} & a_{n2} & \cdots & a_{nn} \end{vmatrix} \left(\sum_{(j_1, j_2, \cdots, j_n)} \varepsilon\begin{pmatrix} 1 & 2 & \cdots & n \\ j_1 & j_2 & \cdots & j_n \end{pmatrix} b_{j_11}b_{j_22}\cdots b_{j_nn} \right).
$$

行列式の定義式 (9) により，これは $|A|\cdot|B|$ に等しい.

注意 上の証明は p. 56 で述べた行列式の特徴づけの証明と本質的に同じである. すなわち，そこの証明において F を det で，$\boldsymbol{e}_j$ を $\boldsymbol{a}_j = \begin{pmatrix} a_{1j} \\ \vdots \\ a_{nj} \end{pmatrix}$ で，x_{ij} を b_{ij} で，$\boldsymbol{x}_j = \sum_i x_{ij}\boldsymbol{e}_i$ を $\sum_i b_{ij}\boldsymbol{a}_i$ でおきかえたものである.

定理 8 により定理 6 の前半が容易に証明される. すなわち，$AX=E$ が解をも

てば，$|A||X|=|E|=1$，よって$|A|\neq 0$．同様に，$XA=E$が解をもてば，$|A|\neq 0$．よって定理6の前半が証明され，同時に，$AX=E$ **または** $XA=E$が解をもてば，Aが正則であることがわかった．(I, §3, 定理1に対する注意参照．)

例1 §2の（12），（16），（18）の左辺の行列式は行列Aにそれぞれ行列

$$\begin{pmatrix} 1 & & & & & & 0 \\ & \ddots & & & & & \\ & & 1 & & & & \\ & & & c & & & \\ & & & & 1 & & \\ & & & & & \ddots & \\ 0 & & & & & & 1 \end{pmatrix}\ (c \text{ は第 } j \text{ 列}), \quad \begin{pmatrix} 1 & & & & & 0 \\ & \ddots & & & & \\ & & 0 & \cdots & 1 & \\ & & \vdots & \ddots & \vdots & \\ & & 1 & \cdots & 0 & \\ & & & & \ddots & \\ 0 & & & & & 1 \end{pmatrix}\ (\text{第 } j, k \text{ 列}), \quad \begin{pmatrix} 1 & & c_1 & & 0 \\ & \ddots & \vdots & & \\ & & c_{j-1} & & \\ & & 1 & & \\ & & c_{j+1} & & \\ & & \vdots & \ddots & \\ 0 & & c_n & & 1 \end{pmatrix}\ (\text{第 } j \text{ 列})$$

を右乗して得られる行列の行列式に等しい．上の三つの行列の行列式は容易にわかるようにそれぞれc，-1，1に等しい．また（15）の左辺の行列式は行列Aに§2, 例2の行列A_τ（$|A_\tau|=\varepsilon(\tau)$）を右乗したものの行列式に等しい．よって（12），（15），（16），（18）は（30）の特別な場合であると考えることができる．

また行列$A=\begin{pmatrix} A_{11} & A_{12} \\ A_{21} & A_{22} \end{pmatrix}$において，$A_{11}$が正則であるとき

$$\begin{pmatrix} A_{11} & A_{12} \\ A_{21} & A_{22} \end{pmatrix}\begin{pmatrix} E & -A_{11}{}^{-1}A_{12} \\ 0 & E \end{pmatrix} = \begin{pmatrix} A_{11} & 0 \\ A_{21} & A_{22}-A_{21}A_{11}{}^{-1}A_{12} \end{pmatrix}.$$

よって

$$|A| = |A_{11}||A_{22}-A_{21}A_{11}{}^{-1}A_{12}|$$

なる関係が得られる．特にA_{11}とA_{12}（またはA_{21}）とが交換可能ならば，$|A|=|A_{22}A_{11}-A_{21}A_{12}|$（または$=|A_{11}A_{22}-A_{21}A_{12}|$）となる．

例2 $A=(a_{ij})$の第(i,j)余因子をΔ_{ij}とする．$\boldsymbol{A}=(\Delta_{ij})$とおけば，(24″)により

$$\begin{pmatrix} a_{11} & a_{12} & \cdots & a_{1n} \\ a_{21} & a_{22} & \cdots & a_{2n} \\ & \cdots\cdots & & \\ a_{n1} & a_{n2} & \cdots & a_{nn} \end{pmatrix}\begin{pmatrix} \Delta_{11} & \Delta_{21} & \cdots & \Delta_{n1} \\ \Delta_{12} & \Delta_{22} & \cdots & \Delta_{n2} \\ & \cdots\cdots & & \\ \Delta_{1n} & \Delta_{2n} & \cdots & \Delta_{nn} \end{pmatrix} = \begin{pmatrix} |A| & & & 0 \\ & |A| & & \\ & & \ddots & \\ 0 & & & |A| \end{pmatrix}$$

よって両辺の行列式をとって

$$|A||{}^t\boldsymbol{A}| = |A|^n.$$

$$\therefore\ |\boldsymbol{A}| = |{}^t\boldsymbol{A}| = |A|^{n-1}\ {}^{*)}$$

同様に（24′）により

---

*) a_{ij}を変数x_{ij}でおきかえたときこの式の両辺は多項式として相等しいのであるから，$|A|=0$のときにも成立する．以下の式についても同様である．

$$\begin{pmatrix} a_{11} & \cdots & a_{1r} & \cdots & a_{1n} \\ \vdots & \cdots & \vdots & \cdots & \vdots \\ a_{r1} & \cdots & a_{rr} & \cdots & a_{rn} \\ \vdots & \cdots & \vdots & \cdots & \vdots \\ a_{n1} & \cdots & a_{nr} & \cdots & a_{nn} \end{pmatrix} \begin{pmatrix} 1 & \cdots & 0 & \Delta_{r+1\,1} & \cdots & \Delta_{n1} \\ \vdots & \ddots & \vdots & \vdots & \cdots & \vdots \\ 0 & \cdots & 1 & \Delta_{r+1\,r} & \cdots & \Delta_{nr} \\ 0 & \cdots & 0 & \Delta_{r+1\,r+1} & \cdots & \Delta_{n\,r+1} \\ \vdots & \cdots & \vdots & \vdots & \cdots & \vdots \\ 0 & \cdots & 0 & \Delta_{r+1\,n} & \cdots & \Delta_{nn} \end{pmatrix}$$

$$= \begin{pmatrix} a_{11} & \cdots & a_{1r} & 0 & \cdots & 0 \\ \vdots & \cdots & \vdots & \vdots & \cdots & \vdots \\ a_{r1} & \cdots & a_{rr} & 0 & \cdots & 0 \\ a_{r+1\,1} & \cdots & a_{r+1\,r} & |A| & \cdots & 0 \\ \vdots & \cdots & \vdots & \vdots & \ddots & \vdots \\ a_{n1} & \cdots & a_{nr} & 0 & \cdots & |A| \end{pmatrix}$$

から

$$|A| \begin{vmatrix} \Delta_{r+1\,r+1} & \cdots & \Delta_{n\,r+1} \\ & \cdots\cdots & \\ \Delta_{r+1\,n} & \cdots & \Delta_{nn} \end{vmatrix} = \begin{vmatrix} a_{11} & \cdots & a_{1r} \\ & \cdots\cdots & \\ a_{r1} & \cdots & a_{rr} \end{vmatrix} |A|^{n-r}$$

$$\therefore \quad \begin{vmatrix} \Delta_{r+1\,r+1} & \cdots & \Delta_{n\,r+1} \\ & \cdots\cdots & \\ \Delta_{r+1\,n} & \cdots & \Delta_{nn} \end{vmatrix} = \begin{vmatrix} a_{11} & \cdots & a_{1r} \\ & \cdots\cdots & \\ a_{r1} & \cdots & a_{rr} \end{vmatrix} |A|^{n-r-1}$$

特に $r = n-2$ の場合

$$\Delta_{n-1,\,n-1}\Delta_{nn} - \Delta_{n-1,\,n}\Delta_{n,\,n-1} = \begin{vmatrix} a_{11} & \cdots & a_{1,\,n-2} \\ & \cdots\cdots & \\ a_{n-2,\,1} & \cdots & a_{n-2,\,n-2} \end{vmatrix} |A|.$$

これらを **Jacobi の公式**という．

さて定理 8 は n 次正方行列同志の積の場合であったが，A, B をそれぞれ (m, n) 行列，(n, m) 行列とすれば，積 AB は m 次正方行列になる．その行列式に関して次の定理が成立する．

定理 9 $A = (a_{ij})$，$B = (b_{ij})$ をそれぞれ (m, n) 型，(n, m) 型の行列とし，$C = (c_{ij}) = AB$ とおく．$\left(c_{ij} = \sum_{k=1}^{n} a_{ik}b_{kj}.\right)$ そのとき

1) $m = n$ ならば，$|C| = |A|\cdot|B|$.

2) $m < n$ ならば，

$$
(31)\qquad |C| = \sum_{1\leqq\alpha_1<\alpha_2<\cdots<\alpha_m\leqq n} \begin{vmatrix} a_{1\alpha_1} & a_{2\alpha_1} & \cdots & a_{m\alpha_1} \\ a_{1\alpha_2} & a_{2\alpha_2} & \cdots & a_{m\alpha_2} \\ & \cdots\cdots & & \\ a_{1\alpha_m} & a_{2\alpha_m} & \cdots & a_{m\alpha_m} \end{vmatrix} \begin{vmatrix} b_{\alpha_1 1} & b_{\alpha_1 2} & \cdots & b_{\alpha_1 m} \\ b_{\alpha_2 1} & b_{\alpha_2 2} & \cdots & b_{\alpha_2 m} \\ & \cdots\cdots & & \\ b_{\alpha_m 1} & b_{\alpha_m 2} & \cdots & b_{\alpha_m m} \end{vmatrix}
$$

ただし，右辺の和は $1, 2, \cdots, n$ から m 個とりだす組合せ $\{\alpha_1, \alpha_2, \cdots, \alpha_m\}$（それらは全部で $N = \binom{n}{m}$ 個ある）に関する和である．

3) $m > n$ ならば，$|C| = 0$.

注意 2) において $\binom{n}{m}$ 個の組合せに順序をつける必要がある場合には次のような‘辞書式’順序を用いるのが便利であろう．すなわち，組合せ $\{\alpha_1, \alpha_2, \cdots, \alpha_m\}$ に対し，$\alpha_1 < \alpha_2 < \cdots < \alpha_m$ となるように α_i をとり，二つの組合せ $\{\alpha_1, \alpha_2, \cdots, \alpha_m\}$，$\{\beta_1, \beta_2, \cdots, \beta_m\}$ を比較したとき，$\alpha_1 = \beta_1$，$\cdots$，$\alpha_{r-1} = \beta_{r-1}$，$\alpha_r < \beta_r$ ならば（すなわち α_1, β_1；α_2, β_2；$\cdots$ のうち最初に相等しくないものを α_r, β_r としたとき，$\alpha_r < \beta_r$ であるならば)，組合せ $\{\alpha_1, \alpha_2, \cdots, \alpha_m\}$ の方を $\{\beta_1, \beta_2, \cdots, \beta_m\}$ よりも前におくのである．例えば，$n = 5$，$m = 3$ のとき，$\binom{5}{3} = 10$ 個の組合せを辞書式順序に並べれば

$$
\{1,2,3\},\ \{1,2,4\},\ \{1,2,5\},\ \{1,3,4\},\ \{1,3,5\},
$$
$$
\{1,4,5\},\ \{2,3,4\},\ \{2,3,5\},\ \{2,4,5\},\ \{3,4,5\}.
$$

証 定理 8 の証と全く同様である．すなわち

$$
|C| = \sum_{k_1, \cdots, k_m = 1}^{n} \begin{vmatrix} a_{1k_1} & a_{1k_2} & \cdots & a_{1k_m} \\ a_{2k_1} & a_{2k_2} & \cdots & a_{2k_m} \\ & \cdots\cdots & & \\ a_{mk_1} & a_{mk_2} & \cdots & a_{mk_m} \end{vmatrix} b_{k_1 1} b_{k_2 2} \cdots b_{k_m m}.
$$

$k_1, k_2, \cdots, k_m$ はすべて相異なるようなものだけに関して加えればよい．$m > n$ ならば，そのような $k_1, k_2, \cdots, k_m$ は存在しないから $|C| = 0$．$m \leqq n$ ならば，そのような $k_1, k_2, \cdots, k_m$ は $1, 2, \cdots, n$ から m 個とりだす一つの組合せ $\{\alpha_1, \alpha_2, \cdots, \alpha_m\}$ に属する一つの順列になる．よって，一つの組合せ $\{\alpha_1, \alpha_2, \cdots, \alpha_m\}$ に属する順列に対応する項だけを集めれば

$$
\sum \begin{vmatrix} a_{1k_1} & a_{1k_2} & \cdots & a_{1k_m} \\ a_{2k_1} & a_{2k_2} & \cdots & a_{2k_m} \\ & \cdots\cdots & & \\ a_{mk_1} & a_{mk_2} & \cdots & a_{mk_m} \end{vmatrix} b_{k_1 1} b_{k_2 2} \cdots b_{k_m m}
$$

$$= \begin{vmatrix} a_{1\alpha_1} & a_{1\alpha_2} & \cdots & a_{1\alpha_m} \\ a_{2\alpha_1} & a_{2\alpha_2} & \cdots & a_{2\alpha_m} \\ & \cdots\cdots & & \\ a_{m\alpha_1} & a_{m\alpha_2} & \cdots & a_{m\alpha_m} \end{vmatrix} \sum_{\sigma=\begin{pmatrix} \alpha_1 & \alpha_2 & \cdots & \alpha_m \\ k_1 & k_2 & \cdots & k_m \end{pmatrix}} \varepsilon(\sigma) b_{k_1 1} b_{k_2 2} \cdots b_{k_m m}$$

$$= \begin{vmatrix} a_{1\alpha_1} & a_{1\alpha_2} & \cdots & a_{1\alpha_m} \\ a_{2\alpha_1} & a_{2\alpha_2} & \cdots & a_{2\alpha_m} \\ & \cdots\cdots & & \\ a_{m\alpha_1} & a_{m\alpha_2} & \cdots & a_{m\alpha_m} \end{vmatrix} \begin{vmatrix} b_{\alpha_1 1} & b_{\alpha_1 2} & \cdots & b_{\alpha_1 m} \\ b_{\alpha_2 1} & b_{\alpha_2 2} & \cdots & b_{\alpha_2 m} \\ & \cdots\cdots & & \\ b_{\alpha_m 1} & b_{\alpha_m 2} & \cdots & b_{\alpha_m m} \end{vmatrix}.$$

よって (31) を得る．特に $m = n$ の場合には $|C| = |A||B|$ を得る．

例 3 $A = (a_{ij})$ を (n, m) 行列，その列ベクトルを $\boldsymbol{a}_1, \boldsymbol{a}_2, \cdots, \boldsymbol{a}_m$ とおけば，${}^tAA$ の (i, j) 成分は ${}^t\boldsymbol{a}_i\boldsymbol{a}_j = (\boldsymbol{a}_i, \boldsymbol{a}_j)$（内積）で与えられる．よって $m \leqq n$ ならば (31) から

$$(32) \quad \begin{vmatrix} (\boldsymbol{a}_1, \boldsymbol{a}_1) & (\boldsymbol{a}_1, \boldsymbol{a}_2) & \cdots & (\boldsymbol{a}_1, \boldsymbol{a}_m) \\ (\boldsymbol{a}_2, \boldsymbol{a}_1) & (\boldsymbol{a}_2, \boldsymbol{a}_2) & \cdots & (\boldsymbol{a}_2, \boldsymbol{a}_m) \\ & \cdots\cdots & & \\ (\boldsymbol{a}_m, \boldsymbol{a}_1) & (\boldsymbol{a}_m, \boldsymbol{a}_2) & \cdots & (\boldsymbol{a}_m, \boldsymbol{a}_m) \end{vmatrix}$$

$$= \sum_{1 \leqq \alpha_1 < \alpha_2 < \cdots < \alpha_m \leqq n} \begin{vmatrix} a_{\alpha_1 1} & a_{\alpha_1 2} & \cdots & a_{\alpha_1 m} \\ a_{\alpha_2 1} & a_{\alpha_2 2} & \cdots & a_{\alpha_2 m} \\ & \cdots\cdots & & \\ a_{\alpha_m 1} & a_{\alpha_m 2} & \cdots & a_{\alpha_m m} \end{vmatrix}^2$$

を得る．($m > n$ ならば，左辺の行列式 $= 0$.) 特に $m = 2$ の場合，$\boldsymbol{a}_1 = \boldsymbol{a}$，$\boldsymbol{a}_2 = \boldsymbol{b}$ とおけば

$$\begin{vmatrix} (\boldsymbol{a}, \boldsymbol{a}) & (\boldsymbol{a}, \boldsymbol{b}) \\ (\boldsymbol{b}, \boldsymbol{a}) & (\boldsymbol{b}, \boldsymbol{b}) \end{vmatrix} = \sum_{1 \leqq \alpha_1 < \alpha_2 \leqq n} \begin{vmatrix} a_{\alpha_1 1} & a_{\alpha_1 2} \\ a_{\alpha_2 1} & a_{\alpha_2 2} \end{vmatrix}^2.$$

これを Cauchy-Lagrange の等式という．成分が実数である場合には右辺は $\geqq 0$ であるから

$$\begin{vmatrix} (\boldsymbol{a}, \boldsymbol{a}) & (\boldsymbol{a}, \boldsymbol{b}) \\ (\boldsymbol{b}, \boldsymbol{a}) & (\boldsymbol{b}, \boldsymbol{b}) \end{vmatrix} = \|\boldsymbol{a}\|^2 \|\boldsymbol{b}\|^2 - (\boldsymbol{a}, \boldsymbol{b})^2 \geqq 0.$$

これから Schwarz の不等式（I, §6, (32)）が得られる．

一般に $m \leqq n$ のとき，$1, 2, \cdots, n$ から m 個とりだす組合せに適当に（例えば辞書式に）番号をつけ，$\{\alpha_1{}^{(\nu)}, \alpha_2{}^{(\nu)}, \cdots, \alpha_m{}^{(\nu)}\}$ $\left(1 \leqq \nu \leqq N = \binom{n}{m}\right)$ とする．m 個の n 次元ベクトル $\boldsymbol{a}_j$

$= (a_{ij})$ $(1 \leqq j \leqq m)$ に対し，$\begin{vmatrix} a_{\alpha_1{}^{(\nu)}1} & \cdots & a_{\alpha_1{}^{(\nu)}m} \\ & \cdots\cdots & \\ a_{\alpha_m{}^{(\nu)}1} & \cdots & a_{\alpha_m{}^{(\nu)}m} \end{vmatrix}$ を第 ν 成分とする N 次元ベクトルを作ることができる．これを（純）**m-ベクトル**といい，$|\boldsymbol{a}_1, \boldsymbol{a}_2, \cdots, \boldsymbol{a}_m|$ とかくことがある．これについても行列式の性質 (i), (ii)（p. 56）が成立する．この記号を使えば (31) は

$$\det((\boldsymbol{a}_i, \boldsymbol{b}_j)) = (|\boldsymbol{a}_1, \cdots, \boldsymbol{a}_m|, |\boldsymbol{b}_1, \cdots, \boldsymbol{b}_m|)$$

とかくことができる．(V, §4 参照.)

特に $n = 3$, $m = 2$ の場合，$\binom{3}{2} = 3$ であるから，二つの 3 次元ベクトル $\boldsymbol{a} = (a_i)$, $\boldsymbol{b} = (b_i)$ に対して

$$\left(\begin{vmatrix} a_2 & b_2 \\ a_3 & b_3 \end{vmatrix}, \begin{vmatrix} a_3 & b_3 \\ a_1 & b_1 \end{vmatrix}, \begin{vmatrix} a_1 & b_1 \\ a_2 & b_2 \end{vmatrix}\right)$$

がまた一つの 3 次元ベクトルを与える．これを $\boldsymbol{a}, \boldsymbol{b}$ の**ベクトル積**（または外積）といい，$\boldsymbol{a} \times \boldsymbol{b}$ で表わす．$\boldsymbol{a} \times \boldsymbol{b}$ は $\boldsymbol{a}$ についても，$\boldsymbol{b}$ についても線型であり，$\boldsymbol{a}, \boldsymbol{b}$ について交代的である：$\boldsymbol{b} \times \boldsymbol{a} = -\boldsymbol{a} \times \boldsymbol{b}$.（従って $\boldsymbol{a} \times \boldsymbol{a} = \mathbf{0}$.）上に述べたことから

$$\|\boldsymbol{a} \times \boldsymbol{b}\| = \sqrt{\begin{vmatrix} (\boldsymbol{a}, \boldsymbol{a}) & (\boldsymbol{a}, \boldsymbol{b}) \\ (\boldsymbol{b}, \boldsymbol{a}) & (\boldsymbol{b}, \boldsymbol{b}) \end{vmatrix}}$$

を得る．

ベクトル積は幾何学的には次のような意味をもつ．(附録, §3 参照.) $\boldsymbol{a}, \boldsymbol{b}$ が一次従属ならば，$\boldsymbol{a} \times \boldsymbol{b} = \mathbf{0}$. $\boldsymbol{a}, \boldsymbol{b}$ が一次独立なるとき，$\boldsymbol{c} = \boldsymbol{a} \times \boldsymbol{b}$ は次の三つの条件によって特徴づけられるベクトルである：

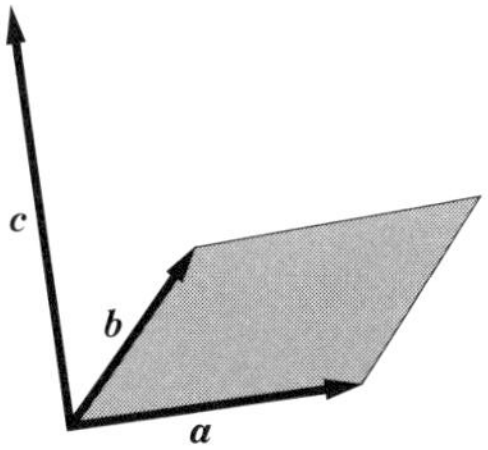

i) $\boldsymbol{c}$ は，$\boldsymbol{a}, \boldsymbol{b}$ を含む平面に垂直である．

ii) $\boldsymbol{a}, \boldsymbol{b}, \boldsymbol{c}$ は正系（右手系）をなす．

iii) $\boldsymbol{c}$ の長さは，$\boldsymbol{a}, \boldsymbol{b}$ を二辺とする平行四辺形の面積に等しい．(ただし，$\boldsymbol{a}, \boldsymbol{b}, \boldsymbol{c}$ は始点を共有するベクトルと考える.)

§6　二，三の応用

行列式は数学の全分野にわたって広く応用されている．すでに述べた Cramer の解法，消去法の原理等からだけでも明らかなように，それは一次方程式論において欠くことのできない道具である．(歴史的にも行列式は最初 Leibniz (1693) や Cramer (1750) によって連立一次方程式を解くために考えられた.) また幾何学的

には，行列式は‘平行体’体積を表わすものである.（附録，§3, 4.）これらのことは本書の後半において順を追って説明するから，ここでは行列式の応用の一端を示すために（論理的にはやや先まわりすることになるが）終結式，判別式，および函数行列式について簡単に述べることにしよう.

1　消去法（終結式と判別式）

二つの多項式

$$f(x) = a_0x^n + a_1x^{n-1} + \cdots + a_n,$$
$$g(x) = b_0x^m + b_1x^{m-1} + \cdots + b_m, \qquad (a_0, b_0 \neq 0)$$

が与えられたとき，それらが共通根（共通零点）をもつための条件を，係数に関する条件として，求めてみよう.

まず，$f(x) = 0$，$g(x) = 0$ が（少くとも一つ）共通根 α をもつとする．そのとき（$m + n$）個の文字 x_i（$0 \leqq i \leqq m + n - 1$）に関する連立斉一次方程式

$$\begin{cases} a_0x_0 + a_1x_1 + \cdots + a_nx_n = 0 \\ \quad a_0x_1 + a_1x_2 + \cdots + a_nx_{n+1} = 0 \\ \qquad \cdots\cdots \\ \qquad a_0x_{m-1} + a_1x_m + \cdots + a_nx_{m+n-1} = 0 \\ b_0x_0 + b_1x_1 + \cdots + b_mx_m = 0 \\ \quad b_0x_1 + b_1x_2 + \cdots + b_mx_{m+1} = 0 \\ \qquad \cdots\cdots \\ \qquad b_0x_{n-1} + b_1x_n + \cdots + b_mx_{m+n-1} = 0 \end{cases}$$

は自明でない解

$$x_0 = \alpha^{m+n-1}, \quad x_1 = \alpha^{m+n-2}, \quad \cdots, \quad x_{m+n-2} = \alpha, \quad x_{m+n-1} = 1$$

をもつ．よって，係数の行列式

$$(33) \qquad R(f, g) = \begin{vmatrix} a_0 & a_1 & \cdots & a_n & & 0 \\ & a_0 & a_1 & \cdots & a_n & \\ 0 & & \ddots & \ddots & & \ddots \\ & & a_0 & a_1 & \cdots & a_n \\ b_0 & b_1 & \cdots & b_m & & 0 \\ & b_0 & b_1 & \cdots & b_m & \\ & & \ddots & \ddots & & \ddots \\ 0 & & b_0 & b_1 & \cdots & b_m \end{vmatrix}$$

は $= 0$ でなければならない．この行列式を Sylvester の**行列式**という.

逆に (33) の行列式が $=0$ ならば，$f(x)=0$，$g(x)=0$ は共通根をもつこと*) を証明しよう．そのために

$$f(x)=a_0\prod_{i=1}^{n}(x-\alpha_i),\qquad g(x)=b_0\prod_{j=1}^{m}(x-\beta_j)$$

とおく．$f(x)=0$，$g(x)=0$ が共通根をもつためには，$\prod_{i,j}(\alpha_i-\beta_j)=0$ が必要十分である．一方，$R(f,g)$ は $\dfrac{a_i}{a_0}$ $(1\leqq i\leqq n)$，$\dfrac{b_j}{b_0}$ $(1\leqq j\leqq m)$ を，根と係数との関係により，それぞれ α_i $(1\leqq i\leqq n)$，β_j $(1\leqq j\leqq m)$ の基本対称式として表わすことにより $a_0, b_0, \alpha_i, \beta_j$ の多項式と考えられる．よって $R(f,g)$ は $a_0, b_0, \alpha_i, \beta_j$ の多項式として，a_0, b_0 の冪を除いて $\prod_{i,j}(\alpha_i-\beta_j)$ と一致すること，正確にいえば $a_0, b_0, \alpha_i, \beta_j$ に関する恒等式として

$$(34)\qquad R(f,g)=a_0{}^m\,b_0{}^n\prod_{i,j=1}^{n,m}(\alpha_i-\beta_j)$$

が成立することを示せば十分である．

(33) から明らかに，任意の定数に対して

$$R(cf,g)=c^mR(f,g),\qquad R(f,cg)=c^nR(f,g)$$

が成立する．よって

$$R(f,g)=a_0{}^m\,b_0{}^n\,R\left(\frac{1}{a_0}f,\ \frac{1}{b_0}g\right).$$

ゆえに f, g のかわりに $\dfrac{1}{a_0}f$，$\dfrac{1}{b_0}g$ について（すなわち $a_0=b_0=1$ の場合に）(34) を証明すれば十分である．

よって，$a_0=b_0=1$ とし，α_i $(1\leqq i\leqq n)$，β_j $(1\leqq j\leqq m)$ をそれぞれ変数 x_i $(1\leqq i\leqq n)$，y_j $(1\leqq j\leqq m)$ でおきかえ，従って $(-1)^i a_i$，$(-1)^j b_j$ をそれぞれ x_i, y_j の基本対称式 $\sum_{k_1<k_2<\cdots<k_i}x_{k_1}x_{k_2}\cdots x_{k_i}$，$\sum_{k_1<k_2<\cdots<k_j}y_{k_1}y_{k_2}\cdots y_{k_j}$ でおきかえ，$R(f,g)$ を x_i, y_j の多項式として考察しよう．

まず，最初に証明したように $f(x)=0$，$g(x)=0$ が共通根をもてば，$R(f,g)=0$ であるから，$R(f,g)$ は $\prod_{i,j}(x_i-y_j)$ で割り切れる．一方，$R(f,g)$ は行列式の定義により

$$\pm\, a_{i_1-1}a_{i_2-2}\cdots a_{i_m-m}b_{i_{m+1}-1}b_{i_{m+2}-2}\cdots b_{i_{m+n}-n}$$

---

*) これは定理 7 の系の逆の特別な場合と考えられる．

なる形の項の和である．ここに $(i_1, i_2, \cdots, i_{m+n})$ は $(1, 2, \cdots, m+n)$ の任意の順列，a_i ($i \leqq -1$，または $i \geqq n+1$)，b_j ($j \leqq -1$，または $j \geqq m+1$) は0を表わすものとする．従って，0ならざる項の x_i, y_j に関する次数は

$$\sum_{k=1}^{m+n} i_k - \sum_{k=1}^{m} k - \sum_{k=1}^{n} k = \frac{(m+n)(m+n+1)}{2} - \frac{m(m+1)}{2} - \frac{n(n+1)}{2}$$
$$= mn.$$

よって，$R(f, g)$ は x_i, y_j に関して mn 次の斉次多項式である．$\prod_{i,j}(x_i - y_j)$ も mn 次斉次多項式であるから，$R(f, g) = c\prod_{i,j}(x_i - y_j)$ (c：定数)．両辺における $b_m{}^n = (-1)^{mn} y_1{}^n y_2{}^n \cdots y_m{}^n$ の係数を比較して $c = 1$ を得る．よって

$$R(f, g) = \prod_{i,j}(x_i - y_j).$$

以上によって次の定理が証明された．

定理 10　二つの多項式

$$f(x) = a_0x^n + a_1x^{n-1} + \cdots + a_n = a_0 \prod_{i=1}^{n}(x - \alpha_i),$$

$$g(x) = b_0x^m + b_1x^{m-1} + \cdots + b_m = b_0 \prod_{j=1}^{m}(x - \beta_j)$$

に対し，つねに

$$R(f, g) = \begin{vmatrix} a_0 & a_1 & \cdots & a_n & & & 0 \\ & a_0 & a_1 & \cdots & a_n & & \\ 0 & & \ddots & \ddots & & \ddots & \\ & & & a_0 & a_1 & \cdots & a_n \\ b_0 & b_1 & \cdots & b_m & & & 0 \\ & b_0 & b_1 & \cdots & b_m & & \\ & & \ddots & \ddots & & \ddots & \\ 0 & & & b_0 & b_1 & \cdots & b_m \end{vmatrix} = a_0{}^m b_0{}^n \prod_{i,j=1}^{n,m}(\alpha_i - \beta_j)$$

が成立する．$f = 0$，$g = 0$ が共通根をもつためには $R(f, g) = 0$ が必要十分である．

$R(f, g)$ を f, g の**終結式**という．それは次のようにも表わされる．

(35)　$$R(f, g) = a_0{}^m \prod_{i=1}^{n} g(\alpha_i) = (-1)^{mn} b_0{}^n \prod_{j=1}^{m} f(\beta_j).$$

例　二つの2次式

$$f(x) = a_0x^2 + a_1x + a_2, \qquad g(x) = b_0x^2 + b_1x + b_2$$

の終結式を求めよう．

$$R(f,g)=\begin{vmatrix} a_0 & a_1 & a_2 & 0 \\ 0 & a_0 & a_1 & a_2 \\ b_0 & b_1 & b_2 & 0 \\ 0 & b_0 & b_1 & b_2 \end{vmatrix}=\begin{vmatrix} a_0 & a_1 & a_2 & 0 \\ 0 & a_0 & a_1 & a_2 \\ 0 & b_1-a_1\dfrac{b_0}{a_0} & b_2-a_2\dfrac{b_0}{a_0} & 0 \\ 0 & 0 & b_1-a_1\dfrac{b_0}{a_0} & b_2-a_2\dfrac{b_0}{a_0} \end{vmatrix}$$

$$=a_0\left\{a_0\left(b_2-a_2\frac{b_0}{a_0}\right)^2+a_2\left(b_1-a_1\frac{b_0}{a_0}\right)^2-a_1\left(b_1-a_1\frac{b_0}{a_0}\right)\left(b_2-a_2\frac{b_0}{a_0}\right)\right\}$$

$$=(a_0b_2-a_2b_0)^2-(a_0b_1-a_1b_0)(a_1b_2-a_2b_1).$$

次に $f(x)=0$ が重根をもつための条件を考えよう．よく知られているように，$f(x)$ が重根をもつためには，$f(x)=0$，$f'(x)=0$ が共通根をもつことが必要十分である．($f'(x)$ は $f(x)$ の導函数を表わす．) よって，上の定理により $R(f,f')=0$ が必要十分である．この場合，(33) の行列式の形からわかるように $R(f,f')$ は $a_0,a_1,\cdots,a_n$ の多項式として a_0 で割り切れる．(第 1 列から a_0 をくくり出すことができる．) よって $\dfrac{1}{a_0}R(f,f')$ について考えよう．

(35) により

$$\frac{1}{a_0}R(f,f')={a_0}^{n-2}\prod_{i=1}^{n}f'(\alpha_i).$$

$f(x)=a_0\prod_{k=1}^{n}(x-\alpha_k)$ であるから

$$f'(x)=a_0\sum_{k=1}^{n}(x-\alpha_1)\cdots(x-\alpha_{k-1})(x-\alpha_{k+1})\cdots(x-\alpha_n).$$

$$\therefore\ f'(\alpha_i)=a_0(\alpha_i-\alpha_1)\cdots(\alpha_i-\alpha_{i-1})(\alpha_i-\alpha_{i+1})\cdots(\alpha_i-\alpha_n)$$

よって

$$\begin{aligned}\frac{1}{a_0}R(f,f')&={a_0}^{2n-2}\prod_{i=1}^{n}\prod_{\substack{j=1\\ j\neq i}}^{n}(\alpha_i-\alpha_j)\\ &=(-1)^{\frac{n(n-1)}{2}}{a_0}^{2n-2}\{\prod_{i<j}(\alpha_i-\alpha_j)\}^2\\ &=(-1)^{\frac{n(n-1)}{2}}{a_0}^{2n-2}\Delta(\alpha_1,\cdots,\alpha_n)^2\end{aligned}$$

ここに，$\Delta(\alpha_1,\cdots,\alpha_n)=\prod_{i<j}(\alpha_i-\alpha_j)$ は $\alpha_1,\cdots,\alpha_n$ の差積である．

(36) $$D(f)={a_0}^{2n-2}\Delta(\alpha_1,\cdots,\alpha_n)^2$$

とおき，これを $f(x)$ の**判別式**という．上記により次の系が得られた．

系 多項式

$$f(x) = a_0x^n + a_1x^{n-1} + \cdots + a_n = a_0\prod_{i=1}^{n}(x - \alpha_i)$$

に対し，つねに

$$D(f) = (-1)^{\frac{n(n-1)}{2}}\frac{1}{a_0}R(f, f') \tag{37}$$

なる関係が成立する．$f(x) = 0$ が重根をもつためには $D(f) = 0$ が必要十分である．

注意 $\Delta(\alpha_1, \cdots, \alpha_n)$ は α_i $(1 \leqq i \leqq n)$ に関する交代式，従って $\Delta(\alpha_1, \cdots, \alpha_n)^2$ は α_i に関する対称式になる．従って対称式に関する基本定理（p. 49 参照）により $\Delta(\alpha_1, \cdots, \alpha_n)^2$ は $\dfrac{a_i}{a_0}$ $(1 \leqq i \leqq n)$ の多項式として表わされるはずである．上の系の前半は，実際 $D(f) = {a_0}^{2n-2}\Delta(\alpha_1, \cdots, \alpha_n)^2$ が $a_0, a_1, \cdots, a_n$ の多項式として表わされることを示している．

問 1 $x^3 + px + q$ の判別式を計算せよ．一般に $x^n + px + q$ の判別式を求めよ．

2 函数行列式

n 次元（Euclid）空間のある領域から m 次元空間の中への写像 $Q = f(P)$（あるいは位置ベクトルで表わし $\boldsymbol{y} = f(\boldsymbol{x})$）が与えられたとする．$P, Q$ の座標（すなわち，$\boldsymbol{x}, \boldsymbol{y}$ の成分）を x_i $(1 \leqq i \leqq n)$，y_j $(1 \leqq j \leqq m)$ とすれば

$$\begin{cases} y_1 = f_1(x_1, x_2, \cdots, x_n) \\ y_2 = f_2(x_1, x_2, \cdots, x_n) \\ \quad\cdots\cdots \\ y_m = f_m(x_1, x_2, \cdots, x_n) \end{cases}$$

と表わされる．f が‘連続的微分可能’であるとき，すなわち各 f_j $(1 \leqq j \leqq m)$ が偏微分可能で，偏導函数 $f_{jx_i} = \dfrac{\partial y_j}{\partial x_i}$ $(1 \leqq i \leqq n,\ 1 \leqq j \leqq m)$ が連続であるとき，これらの偏導函数を並べてできる (m, n) 行列

$$J_f = \frac{\partial(y_1, y_2, \cdots, y_m)}{\partial(x_1, x_2, \cdots, x_n)} = \begin{pmatrix} \dfrac{\partial y_1}{\partial x_1} & \dfrac{\partial y_1}{\partial x_2} & \cdots & \dfrac{\partial y_1}{\partial x_n} \\ \dfrac{\partial y_2}{\partial x_1} & \dfrac{\partial y_2}{\partial x_2} & \cdots & \dfrac{\partial y_2}{\partial x_n} \\ & \cdots\cdots & & \\ \dfrac{\partial y_m}{\partial x_1} & \dfrac{\partial y_m}{\partial x_2} & \cdots & \dfrac{\partial y_m}{\partial x_n} \end{pmatrix}$$

をこの写像の**函数行列**（Jacobi の行列）という．特に $m = n$ のとき，その行列式

$$|J_f| = \left|\frac{\partial(y_1, y_2, \cdots, y_m)}{\partial(x_1, x_2, \cdots, x_n)}\right| = \begin{vmatrix} \dfrac{\partial y_1}{\partial x_1} & \dfrac{\partial y_1}{\partial x_2} & \cdots & \dfrac{\partial y_1}{\partial x_n} \\ \dfrac{\partial y_2}{\partial x_1} & \dfrac{\partial y_2}{\partial x_2} & \cdots & \dfrac{\partial y_2}{\partial x_n} \\ & \cdots\cdots & & \\ \dfrac{\partial y_n}{\partial x_1} & \dfrac{\partial y_n}{\partial x_2} & \cdots & \dfrac{\partial y_n}{\partial x_n} \end{vmatrix}$$

を f の**函数行列式**（Jacobiの行列式，Jacobian）という．

例 1　f が一次写像：

$$\begin{cases} y_1 = a_{11}x_1 + a_{12}x_2 + \cdots + a_{1n}x_n \\ y_2 = a_{21}x_1 + a_{22}x_2 + \cdots + a_{2n}x_n \\ \cdots\cdots \\ y_m = a_{m1}x_1 + a_{m2}x_2 + \cdots + a_{mn}x_n \end{cases}$$

である場合には，J_f は係数の行列

$$A = \begin{pmatrix} a_{11} & a_{12} & \cdots & a_{1n} \\ a_{21} & a_{22} & \cdots & a_{2n} \\ & \cdots\cdots & & \\ a_{m1} & a_{m2} & \cdots & a_{mn} \end{pmatrix}$$

に他ならない．

一般の写像 f に対して J_f は f の‘第1次近似’である一次写像の行列を表わすと考えられる．特に $m=n$ の場合，$|J_f|$（の絶対値）は f により対応する微小体積の比を表わすと考えられる*）．

函数行列，函数行列式に関し次の定理が基本的である．

定理 A　f を n 次元（Euclid）空間（のある領域）から m 次元空間の中への連続的微分可能な写像，g を m 次元空間（のある領域）から l 次元空間の中への連続的微分可能な写像とすれば，f, g の合成写像 $g\circ f$ は n 次元空間（のある領域）から l 次元空間の中への連続的微分可能な写像となり，

(38)
$$J_{g\circ f} = J_g \cdot J_f$$

が成立する．従って特に $l=m=n$ のときには

(39)
$$|J_{g\circ f}| = |J_g|\,|J_f|$$

が成立する．

g を座標で表わし

$$z_k = g_k(y_1, y_2, \cdots, y_m) \qquad (1 \leqq k \leqq l)$$

*）　高木貞治，解析概論，岩波書店，（改訂第三版）1961，第8章，§96参照．

とすれば，$J_g = \left(\dfrac{\partial z_k}{\partial y_j}\right)$，$J_{g\circ f} = \left(\dfrac{\partial z_k}{\partial x_i}\right)$．従って（38）は合成函数の偏微分の公式

$$\frac{\partial z_k}{\partial x_i} = \sum_{j=1}^{m} \frac{\partial z_k}{\partial y_j}\frac{\partial y_j}{\partial x_i} \qquad (1 \leqq i \leqq n,\ 1 \leqq k \leqq l)$$

をまとめてかいたものに他ならない．

$m=n$ で f が連続的微分可能な逆写像 f^{-1} をもつ場合*)，恒等写像1の函数行列は明らかに単位行列 E であるから

$$|J_{f^{-1}}|\,|J_f| = |J_{f^{-1}\circ f}| = |J_1| = |E| = 1.$$

よって $|J_f| \neq 0$ である．この逆は一般には成立しない．すなわち，ある領域 D において $|J_f| \neq 0$ であっても f は必ずしも D から $f(D)$ への一対一の写像にはならない．しかし‘局所的’（local）には一対一の写像になる．すなわち次の定理が成立する．

定理 B**) f を n 次元領域 D から n 次元空間の中への連続的微分可能な写像とする．D の一点 P において $|J_f| \neq 0$ ならば，P の十分小さい近傍***) U に対し，$f(U)$ は $f(P)$ の近傍となり，f は U から $f(U)$ への一対一写像になる．またそのとき，$f(U)$ から U への写像（‘局所的’逆写像）も連続的微分可能になる．

例 2 平面における直交座標 (x, y) と極座標 (r, θ) との関係は

$$\begin{cases} x = r\cos\theta \\ y = r\sin\theta \end{cases}$$

によって与えられる．この‘変換’の函数行列式は

$$\left|\frac{\partial(x, y)}{\partial(r, \theta)}\right| = \begin{vmatrix} \cos\theta & -r\sin\theta \\ \sin\theta & r\cos\theta \end{vmatrix} = r$$

よって $r=0$ なる点（すなわち原点）以外では対応は‘局所的’に一対一である．実際，例えば

$$(x, y) \neq (0, 0)\,; \quad r > 0, \quad 0 \leqq \theta < 2\pi$$

なる範囲における対応は一対一である．（しかし，もちろんこのような制限なしでは一対一にならない．）

同様に3次元空間における極座標 (r, θ, φ) への変換

$$\begin{cases} x = r\sin\theta\cos\varphi \\ y = r\sin\theta\sin\varphi \\ z = r\cos\theta \end{cases}$$

---

*) f が連続な逆写像をもてば，$m=n$ となることが証明される．

**) 高木貞治，解析概論，岩波書店，（改訂第三版）1961，第7章，§83, 84 参照．これは一次変換 $f: \boldsymbol{x} \longrightarrow A\boldsymbol{x}$ に対して，（fが一対一）$\Longleftrightarrow$ $|A| \neq 0$ であること（本書，p. 110 ～ 111）の拡張と考えられる．

***) 点 P を含む任意の開集合を P の‘（開）近傍’という．

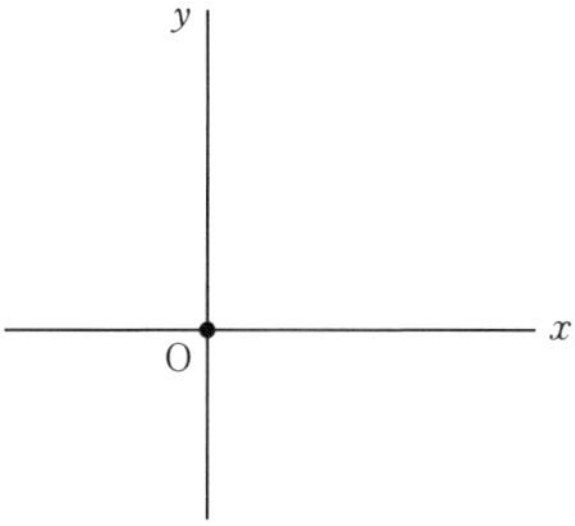

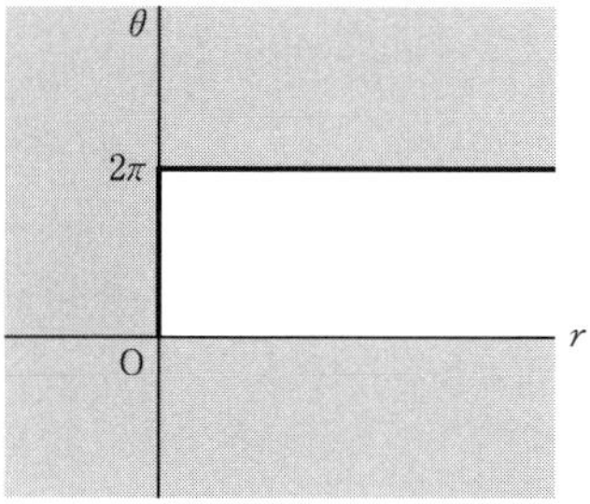

の函数行列式は

$$\left|\frac{\partial(x, y, z)}{\partial(r, \theta, \varphi)}\right| = \begin{vmatrix} \sin\theta\cos\varphi & r\cos\theta\cos\varphi & -r\sin\theta\sin\varphi \\ \sin\theta\sin\varphi & r\cos\theta\sin\varphi & r\sin\theta\cos\varphi \\ \cos\theta & -r\sin\theta & 0 \end{vmatrix} = r^2\sin\theta.$$

よって z 軸上の点以外では対応は‘局所的’に一対一である．

例　定理 A，B は複素変数の微分可能函数 —— すなわち解析函数 —— についてもそのまま成立する．今，n 次元の複素 Euclid 空間（その点の座標は n 個の複素数によって与えられる）のある領域からその空間の中への解析的な写像

$$\begin{cases} \eta_1 = \varphi_1(\xi_1, \cdots, \xi_n) \\ \quad\cdots\cdots \\ \eta_n = \varphi_n(\xi_1, \cdots, \xi_n) \end{cases}$$

が与えられたとする．

$$\xi_k = x_k + ix_{n+k}, \qquad \eta_k = y_k + iy_{n+k} \qquad (1 \leqq k \leqq n)$$

とおけば，$2n$ 次元実 Euclid 空間のある領域からその空間の中への連続微分可能な写像

$$\begin{cases} y_1 = f_1(x_1, \cdots, x_{2n}) \\ \quad\cdots\cdots \\ y_{2n} = f_{2n}(x_1, \cdots, x_{2n}) \end{cases}$$

が得られる．これら二つの写像の函数行列式の $|J_\varphi|$, $|J_f|$ の関係を求めてみよう．定理 A により

$$\frac{\partial(\eta_1, \cdots, \eta_n)}{\partial(x_1, \cdots, x_{2n})} = \frac{\partial(\eta_1, \cdots, \eta_n)}{\partial(\xi_1, \cdots, \xi_n)} \cdot \frac{\partial(\xi_1, \cdots, \xi_n)}{\partial(x_1, \cdots, x_{2n})}$$

$$= \frac{\partial(\eta_1, \cdots, \eta_n)}{\partial(y_1, \cdots, y_{2n})} \cdot \frac{\partial(y_1, \cdots, y_{2n})}{\partial(x_1, \cdots, x_{2n})}.$$

ここで

$$\frac{\partial(\xi_1, \cdots, \xi_n)}{\partial(x_1, \cdots, x_{2n})} = \frac{\partial(\eta_1, \cdots, \eta_n)}{\partial(y_1, \cdots, y_{2n})} = (E, iE)$$

であるから

$$J_\varphi(E, iE) = (E, iE) J_f,$$

ここに J_φ は n 次の複素行列，J_f は $2n$ 次の実行列，E は n 次の単位行列である．両辺の共役複素数をとれば

$$\bar{J}_\varphi(E, -iE) = (E, -iE) J_f,$$

よって

$$\begin{pmatrix} J_\varphi & 0 \\ 0 & \bar{J}_\varphi \end{pmatrix} \begin{pmatrix} E & iE \\ E & -iE \end{pmatrix} = \begin{pmatrix} E & iE \\ E & -iE \end{pmatrix} J_f.$$

$\begin{vmatrix} E & iE \\ E & -iE \end{vmatrix} = \begin{vmatrix} E & iE \\ 0 & -2iE \end{vmatrix} = (-2i)^n \neq 0$ であるから，両辺の行列式をとることにより

$$(*) \qquad |J_\varphi| \cdot |\bar{J}_\varphi| = \text{abs}\,|J_\varphi|^2 = |J_f|$$

なる関係が得られる．

問 2 $\begin{pmatrix} \eta_1 \\ \vdots \\ \eta_n \end{pmatrix} = (A + Bi) \begin{pmatrix} \xi_1 \\ \vdots \\ \xi_n \end{pmatrix}$ なる一次変換の場合を考えることにより

$$\begin{vmatrix} A & -B \\ B & A \end{vmatrix} = \text{abs}\,|A + iB|^2$$

を証明せよ．ただし，A, B は n 次の実行列を表わす．

問 3 s_k $(1 \leqq k \leqq n)$ を $x_1, \cdots, x_n$ の k 次の基本対称式 $\sum_{i_1 < \cdots < i_k} x_{i_1} \cdots x_{i_k}$ とするとき，函数行列式 $\dfrac{\partial(s_1, \cdots, s_n)}{\partial(x_1, \cdots, x_n)}$ を計算せよ．

* * *

研究課題 1　特殊な形の行列式

1)　巡回行列式

$$\begin{vmatrix} x_0 & x_1 & x_2 & \cdots & x_{n-1} \\ x_{n-1} & x_0 & x_1 & \cdots & x_{n-2} \\ & & \cdots\cdots & & \\ x_1 & x_2 & x_3 & \cdots & x_0 \end{vmatrix} = \prod_{i=0}^{n-1} (x_0 + \zeta^i x_1 + \zeta^{2i} x_2 + \cdots + \zeta^{(n-1)i} x_{n-1})$$

ここに ζ は 1 の原始 n 乗根（すなわち n 乗してはじめて 1 になる複素数）を表わ

す．

この行列の第 j 列に $\zeta^{i(j-1)}$ を掛けて加えれば

$$\begin{pmatrix} x_0+\zeta^i x_1+\zeta^{2i}x_2+\cdots+\zeta^{(n-1)i}x_{n-1} \\ x_{n-1}+\zeta^i x_0+\zeta^{2i}x_1+\cdots+\zeta^{(n-1)i}x_{n-2} \\ \cdots\cdots \\ x_1+\zeta^i x_2+\zeta^{2i}x_3+\cdots+\zeta^{(n-1)i}x_0 \end{pmatrix} = (x_0+\zeta^i x_1+\zeta^{2i}x_2+\cdots+\zeta^{(n-1)i}x_{n-1})\begin{pmatrix} 1 \\ \zeta^i \\ \vdots \\ \zeta^{(n-1)i} \end{pmatrix}$$

よって

$$\begin{pmatrix} x_0 & x_1 & x_2 & \cdots & x_{n-1} \\ x_{n-1} & x_0 & x_1 & \cdots & x_{n-2} \\ & & \cdots\cdots & & \\ x_1 & x_2 & x_3 & \cdots & x_0 \end{pmatrix}\begin{pmatrix} 1 & 1 & 1 & \cdots & 1 \\ 1 & \zeta & \zeta^2 & \cdots & \zeta^{n-1} \\ & & \cdots\cdots & & \\ 1 & \zeta^{n-1} & \zeta^{2(n-1)} & \cdots & \zeta^{(n-1)^2} \end{pmatrix}$$

$$= \begin{pmatrix} 1 & 1 & 1 & \cdots & 1 \\ 1 & \zeta & \zeta^2 & \cdots & \zeta^{n-1} \\ & & \cdots\cdots & & \\ 1 & \zeta^{n-1} & \zeta^{2(n-1)} & \cdots & \zeta^{(n-1)^2} \end{pmatrix}\begin{pmatrix} \sum_{i=0}^{n-1} x_i & & & 0 \\ & \sum_{i=0}^{n-1}\zeta^i x_i & & \\ & & \ddots & \\ 0 & & & \sum_{i=0}^{n-1}\zeta^{i(n-1)}x_i \end{pmatrix}$$

なる関係が得られる．ここで§2, 例 3 により

$$\begin{vmatrix} 1 & 1 & 1 & \cdots & 1 \\ 1 & \zeta & \zeta^2 & \cdots & \zeta^{n-1} \\ & & \cdots\cdots & & \\ 1 & \zeta^{n-1} & \zeta^{2(n-1)} & \cdots & \zeta^{(n-1)^2} \end{vmatrix} = \prod_{i<j}(\zeta^j-\zeta^i) \neq 0.$$

よって上式の行列式をとることにより表記の式を得る．

注意　$G=\{\sigma_1=1, \sigma_2, \cdots, \sigma_n\}$ を n 位の有限群とするとき，n 個の変数 x_{σ_i} $(1 \leqq i \leqq n)$ に関して行列式 $\det(x_{\sigma_i\sigma_j^{-1}})$ を作り，これを G の‘群行列式’という．G の元 σ_k に対し，$A_{\sigma_k}=(\delta_{\sigma_i,\,\sigma_k\sigma_j})$（すなわち，置換 $\begin{pmatrix} \sigma_1 & \sigma_2 & \cdots & \sigma_n \\ \sigma_k\sigma_1 & \sigma_k\sigma_2 & \cdots & \sigma_k\sigma_n \end{pmatrix}$ の行列）とおけば，$(x_{\sigma_i\sigma_j^{-1}}) = \sum_{k=1}^{n} x_{\sigma_k}A_{\sigma_k}$ である．群行列式は群の表現論に利用される．上記の例は n 位巡回群 $G=\{1, \sigma, \sigma^2, \cdots, \sigma^{n-1}\}$ に対する群行列式である．

問 1　$\begin{vmatrix} x_1 & x_2 & x_3 & x_4 \\ x_2 & x_1 & x_4 & x_3 \\ x_3 & x_4 & x_1 & x_2 \\ x_4 & x_3 & x_2 & x_1 \end{vmatrix}$ を計算せよ．

問 2　$z_\rho = \sum_{\sigma\tau=\rho} x_\sigma y_\tau$ とおけば，$(x_{\sigma_i\sigma_j^{-1}})(y_{\sigma_i\sigma_j^{-1}}) = (z_{\sigma_i\sigma_j^{-1}})$ が成立する．

2)

(i) $$\begin{vmatrix} x_1 & a & a & \cdots & a & 1 \\ b & x_2 & a & \cdots & a & 1 \\ b & b & x_3 & \cdots & a & 1 \\ & & \cdots\cdots & & & \\ b & b & b & \cdots & x_n & 1 \\ 1 & 1 & 1 & \cdots & 1 & 0 \end{vmatrix} = -\sum_{i=1}^{n}\left(\prod_{\nu=1}^{i-1}(x_\nu - a)\prod_{\nu=i+1}^{n}(x_\nu - b)\right).$$

(ii) $$\begin{vmatrix} x_1 & a & a & \cdots & a \\ b & x_2 & a & \cdots & a \\ b & b & x_3 & \cdots & a \\ & & \cdots\cdots & & \\ b & b & b & \cdots & x_n \end{vmatrix} = \prod_{\nu=1}^{n}(x_\nu - a) + a\sum_{i=1}^{n}\left(\prod_{\nu=1}^{i-1}(x_\nu - a)\prod_{\nu=i+1}^{n}(x_\nu - b)\right).$$

注意 $f(x) = \prod_{i=1}^{n}(x - x_i)$ とおけば，(i)，(ii) の右辺はそれぞれ $(-1)^n \dfrac{f(b) - f(a)}{b - a}$，$(-1)^n \dfrac{bf(a) - af(b)}{b - a}$ と表わされる．($b = a$ ならば，$(-1)^n f'(a)$，$(-1)^n (f(a) - af'(a))$.)

まず (i) を証明しよう．この行列式の最後の行の a 倍を各行から引き，次に第 i 列から第 $(i+1)$ 列を順次 $(1 \leqq i \leqq n-1)$ 引けば

$$\varDelta = \begin{vmatrix} x_1 & a & \cdots & a & 1 \\ b & x_2 & \cdots & a & 1 \\ & & \cdots\cdots & & \\ b & b & \cdots & x_n & 1 \\ 1 & 1 & \cdots & 1 & 0 \end{vmatrix} = \begin{vmatrix} x_1 - a & 0 & \cdots & 0 & 1 \\ b - a & x_2 - a & \cdots & 0 & 1 \\ & & \cdots\cdots & & \\ b - a & b - a & \cdots & x_n - a & 1 \\ 1 & 1 & \cdots & 1 & 0 \end{vmatrix}$$

$$= \begin{vmatrix} x_1 - a & 0 & 0 & \cdots & 0 & 1 \\ b - x_2 & x_2 - a & 0 & \cdots & 0 & 1 \\ 0 & b - x_3 & x_3 - a & \cdots & 0 & 1 \\ & & \cdots\cdots & & & \\ 0 & 0 & 0 & \cdots & x_n - a & 1 \\ 0 & 0 & 0 & \cdots & 1 & 0 \end{vmatrix}$$

ここで縁をとり去ってできる行列の第 (i, n) 余因子は $(-1)^{i+n}\prod_{\nu=1}^{i-1}(x_\nu - a)\prod_{\nu=i+1}^{n}(b - x_\nu)$ $= \prod_{\nu=1}^{i-1}(x_\nu - a)\prod_{\nu=i+1}^{n}(x_\nu - b)$ である．よって §3, 例 3 の結果により

$$\varDelta = -\sum_{i=1}^{n}\left(\prod_{\nu=1}^{i-1}(x_\nu - a)\prod_{\nu=i+1}^{n}(x_\nu - b)\right)$$

(ii) も

$$\Delta=\begin{vmatrix} x_1 & a & \cdots & a \\ b & x_2 & \cdots & a \\ & \cdots\cdots & & \\ b & b & \cdots & x_n \end{vmatrix}=\begin{vmatrix} x_1 & a & \cdots & a & 0 \\ b & x_2 & \cdots & a & 0 \\ & & \cdots\cdots & & \\ b & b & \cdots & x_n & 0 \\ 1 & 1 & \cdots & 1 & 1 \end{vmatrix}$$

から同様にして証明できる．

問 3 $\begin{vmatrix} x_1 & a_1+a_2 & \cdots & a_1+a_n & 1 \\ a_2+a_1 & x_2 & \cdots & a_2+a_n & 1 \\ & & \cdots\cdots & & \\ a_n+a_1 & a_n+a_2 & \cdots & x_n & 1 \\ 1 & 1 & \cdots & 1 & 0 \end{vmatrix}$ を計算せよ．

3) 交代行列の行列式　n 次正方行列 $X=(x_{ij})$ が ${}^tX=-X$ であるとき，すなわち $x_{ii}=0$, $x_{ij}=-x_{ji}$ であるとき交代行列という．その行列式は n が奇数ならば $=0$, n が偶数ならば x_{ij} のある多項式の完全平方式になる．すなわち，

$$\begin{vmatrix} 0 & x_{12} & x_{13} & \cdots & x_{1n} \\ -x_{12} & 0 & x_{23} & \cdots & x_{2n} \\ -x_{13} & -x_{23} & 0 & \cdots & x_{3n} \\ & & \cdots\cdots & & \\ -x_{1n} & -x_{2n} & -x_{3n} & \cdots & 0 \end{vmatrix}=\begin{cases} P_n(\cdots, x_{ij}, \cdots)^2 & (n：偶数) \\ 0 & (n：奇数) \end{cases}$$

$P_n(\cdots, x_{ij}, \cdots)$ を **Pfaffian** という．(P_n の符号は適当に定める．p. 194 参照．)

まず，n が奇数のときは，$|X|=|-{}^tX|=(-1)^n|{}^tX|=-|X|$ から，直ちに $|X|=0$ を得る．n が偶数 $=2p$ のときは，p に関する帰納法で証明する．$p=1$ のときは，$\det(x_{ij})=x_{12}{}^2$ で成立する．$p-1$ のとき成立するとすれば，$\det(x_{ij})$ の第 1 列の $-\dfrac{x_{2j}}{x_{12}}$ 倍および第 2 列の $\dfrac{x_{1j}}{x_{12}}$ 倍を第 j 列から引くことにより

$\det(x_{ij})$

$$=\begin{vmatrix} 0 & x_{12} & 0 & 0 & \cdots & 0 \\ -x_{12} & 0 & 0 & 0 & \cdots & 0 \\ -x_{13} & -x_{23} & 0 & x_{34}-\dfrac{x_{13}x_{24}-x_{23}x_{14}}{x_{12}} & \cdots & x_{3n}-\dfrac{x_{13}x_{2n}-x_{23}x_{1n}}{x_{12}} \\ -x_{14} & -x_{24} & -x_{34}-\dfrac{x_{14}x_{23}-x_{24}x_{13}}{x_{12}} & 0 & \cdots & x_{4n}-\dfrac{x_{14}x_{2n}-x_{24}x_{1n}}{x_{12}} \\ & & \cdots\cdots & \cdots\cdots & & \\ -x_{1n} & -x_{2n} & -x_{3n}-\dfrac{x_{1n}x_{23}-x_{2n}x_{13}}{x_{12}} & -x_{4n}-\dfrac{x_{1n}x_{24}-x_{2n}x_{14}}{x_{12}} & \cdots & 0 \end{vmatrix}$$

$=x_{12}{}^{4-n}\det(x_{12}x_{ij}-x_{1i}x_{2j}+x_{2i}x_{1j})_{3\leqq i,\, j\leqq n}$.

$(x_{12}x_{ij}-x_{1i}x_{2j}+x_{2i}x_{1j})$ は $n-2=2(p-1)$ 次の交代行列であるから，帰納法の仮定に

よりその行列式は完全平方式になる.(それは ${x_{12}}^{4-n}$ で割り切れるはずである.)よって,p の場合にも成立する.

上の証明からわかるように,

$$P_2 = x_{12}, \qquad P_4 = x_{12}x_{34} - x_{13}x_{24} + x_{14}x_{23}, \qquad \cdots$$

$$P_n(\cdots, x_{ij}, \cdots) = {x_{12}}^{2-p}P_{n-2}(\cdots, x_{12}x_{i+2,j+2} - x_{1,i+2}x_{2,j+2} + x_{1,j+2}x_{2,i+2}, \cdots)$$

であるが,P_n は一般に次のように与えられることが証明される.

$$P_n(\cdots, x_{ij}, \cdots) = \sum_{\substack{i_1<i_2, \cdots, i_{n-1}<i_n \\ i_1<i_3<\cdots<i_{n-1}}} \varepsilon\begin{pmatrix} 1 & 2 & \cdots & n \\ i_1 & i_2 & \cdots & i_n \end{pmatrix} x_{i_1i_2}x_{i_3i_4}\cdots x_{i_{n-1}i_n}$$

$$= \frac{1}{2^p\, p!}\sum_{(i_1, i_2, \cdots, i_n)} \varepsilon\begin{pmatrix} 1 & 2 & \cdots & n \\ i_1 & i_2 & \cdots & i_n \end{pmatrix} x_{i_1i_2}x_{i_3i_4}\cdots x_{i_{n-1}i_n}.$$

第二の表現において,$(i_1, i_2, \cdots, i_n)$ は $(1, 2, \cdots, n)$ のすべての順列にわたるのである.$p=1$ のときは明らか.$p-1$ のとき成立するとすれば,上記により

$$P_n = \frac{1}{2^{p-1}(p-1)!}{x_{12}}^{2-p}\sum_{(i_3, i_4, \cdots, i_n)} \varepsilon\begin{pmatrix} 3 & 4 & \cdots & n \\ i_3 & i_4 & \cdots & i_n \end{pmatrix}(x_{12}x_{i_3i_4} - x_{1i_3}x_{2i_4} + x_{1i_4}x_{2i_3})$$
$$\times(x_{12}x_{i_5i_6} - x_{1i_5}x_{2i_6} + x_{1i_6}x_{2i_5})\cdots(x_{12}x_{i_{n-1}i_n} - x_{1i_{n-1}}x_{2i_n} + x_{1i_n}x_{2i_{n-1}})$$

ここで $\sum\varepsilon\begin{pmatrix} 3 & 4 & \cdots & n \\ i_3 & i_4 & \cdots & i_n \end{pmatrix}x_{1i_3}x_{2i_4}x_{1i_5}x_{2i_6}*\cdots*$ のように,括弧の中の第2,または第3項を二個所からとって乗じて加えたものは $=0$ であるから

$$= \frac{1}{2^{p-1}(p-1)!}\sum_{(i_3, i_4, \cdots, i_n)} \varepsilon\begin{pmatrix} 3 & 4 & \cdots & n \\ i_3 & i_4 & \cdots & i_n \end{pmatrix} x_{12}x_{i_3i_4}x_{i_5i_6}\cdots x_{i_{n-1}i_n}$$
$$- (p-1)x_{1i_3}x_{2i_4}x_{i_5i_6}\cdots x_{i_{n-1}i_n} + (p-1)x_{1i_4}x_{2i_3}x_{i_5i_6}\cdots x_{i_{n-1}i_n}$$
$$= \frac{1}{2^{p-1}(p-1)!}\sum_{(i_3, i_4, \cdots, i_n)} \varepsilon\begin{pmatrix} 3 & 4 & \cdots & n \\ i_3 & i_4 & \cdots & i_n \end{pmatrix} x_{12}x_{i_3i_4}\cdots x_{i_{n-1}i_n}$$
$$- \frac{1}{2^{p-2}(p-2)!}\sum_{(i_3, i_4, \cdots, i_n)} \varepsilon\begin{pmatrix} 3 & 4 & \cdots & n \\ i_3 & i_4 & \cdots & i_n \end{pmatrix} x_{1i_3}x_{2i_4}x_{i_5i_6}\cdots x_{i_{n-1}i_n}$$
$$= \frac{1}{2^p\, p!}\sum_{(i_1, i_2, \cdots, i_n)} \varepsilon\begin{pmatrix} 1 & 2 & \cdots & n \\ i_1 & i_2 & \cdots & i_n \end{pmatrix} x_{i_1i_2}x_{i_3i_4}\cdots x_{i_{n-1}i_n}.$$

よって p の場合にも成立する.

問4 行列 (x_{ij}) が中心に関して対称,すなわち $x_{ij} = x_{n-i+1,\, n-j+1}$ であるとき,$\det(x_{ij})$ は,n が偶数 $(=2p)$ ならば二つの p 次の行列式の積に,n が奇数 $(=2p+1)$ ならば p 次および $(p+1)$ 次の行列式の積に分解することを示せ.

注意 n^2 個の成分 x_{ij} の間に何も関係がないとき,すなわち x_{ij} $(1 \leqq i, j \leqq n)$ が独立変数であるとき,$|X| = \det(x_{ij})$ はそれらの多項式として既約である.実際,$\det(x_{ij}) = f_1(\cdots, x_{ij}, \cdots)f_2(\cdots, x_{ij}, \cdots)$ と二つの多項式の積に分解されたとすれば,f_1, f_2 のいずれか一方が定数であることが次のように証明される.$\det(x_{ij})$ は一つの列の変数 x_{ij} $(1 \leqq i \leqq n)$ に関して斉一次式であるから,今,j を一つ定め,f_1, f_2 を x_{ij} $(1 \leqq i \leqq n)$ の多項式とみたとき,いずれか一方が x_{ij} $(1 \leqq i \leqq n)$ の斉一次式になり,他方は x_{ij} $(1 \leqq i \leqq n)$ を全然含まない.同様のことが行に関して成立するから,今,例えば f_1 が x_{11} を含むとすれば,f_2 は x_{1j} $(1 \leqq j \leqq n)$ を含まず,従って x_{ij} $(1 \leqq i, j \leqq n)$ を含まない.よって f_2

は定数でなければならない．

研究課題２　乗法公式による行列式の特徴づけ

n^2 個の変数 x_{ij}（$1 \leqq i, j \leqq n$）の（恒等的には零でない）多項式 $f(X) = f(\cdots, x_{ij}, \cdots)$ が n 次行列 $X = (x_{ij})$ の函数として，行列式と同様な乗法公式

$$(*) \qquad f(XY) = f(X)\cdot f(Y)$$

を満たすとする．そのとき，適当な負でない整数 k に対して

$$f(X) = |X|^k$$

となることを証明しよう．

まず，$n=1$ の場合を考える．$f(x) = \sum_{\nu=0}^{k} a_\nu x^\nu$，$a_k \neq 0$ とおけば，仮定により

$$\begin{aligned} f(xy) &= \sum_{\nu=0}^{k} a_\nu x^\nu y^\nu \\ &= f(x)\cdot f(y) \\ &= f(x)\left(\sum_{\nu=0}^{k} a_\nu y^\nu\right). \end{aligned}$$

これが x, y に関する多項式として成立するのであるから，y^k の係数を比較して，$a_k x^k = f(x)\cdot a_k$，よって $f(x) = x^k$ を得る．

次に n が一般の場合，$\varphi(x) = f(xE)$ とおけば，$\varphi(xy) = \varphi(x)\cdot\varphi(y)$ が成立する．よって，$n=1$ の場合の結果により，$\varphi(x) = x^{k_1}$．$X = (x_{ij})$ の第 (i, j) 余因子を Δ_{ij}，$\boldsymbol{X} = (\Delta_{ij})$ とおけば，(24″) により $X\,{}^t\boldsymbol{X} = |X|E$．よって

$$f(X) f({}^t\boldsymbol{X}) = f(|X|E) = \varphi(|X|) = |X|^{k_1}$$

$f(X), f({}^t\boldsymbol{X}), |X|$ はすべて x_{ij}（$1 \leqq i, j \leqq n$）の多項式で，特に $|X|$ は前頁で注意したように既約である．よって多変数の多項式の既約因子への分解の一意性により

$$f(X) = c|X|^k. \qquad (c：定数)$$

$(*)$ から $c^2 = c$．$c \neq 0$ ゆえ $c = 1$ である．

例１　$A = (a_{ij})$ を n 次の正方行列とする．$r < n$ とし，$1, 2, \cdots, n$ から r 個とりだす組合せ（それらは全部で $N = \binom{n}{r}$ 個ある）に適当に番号をつけ $\{\alpha_1{}^{(\nu)}, \cdots, \alpha_r{}^{(\nu)}\}$（$1 \leqq \nu \leqq N$）とする．$A$ から第 $\alpha_1{}^{(\mu)}, \cdots, \alpha_r{}^{(\mu)}$ 行，第 $\alpha_1{}^{(\nu)}, \cdots, \alpha_r{}^{(\nu)}$ 列をとりだして作った r 次の小行列式を $|A_{\mu\nu}{}^{(r)}|$ とかき，それらを (μ, ν) 成分とする N 次正方行列を $C_r(A) = (|A_{\mu\nu}{}^{(r)}|)$ とおく．そのとき

$$|C_r(A)| = |A|^{\binom{n-1}{r-1}}.$$

実際, $B=(b_{ij})$, $C=AB=(c_{ij})$ に対し同様に $C_r(B)=(|B_{\mu\nu}{}^{(r)}|)$, $C_r(C)=(|C_{\mu\nu}{}^{(r)}|)$ を作れば, 定理9の2) により

$$
\begin{aligned}
|C_{\mu\nu}{}^{(r)}| &= \begin{vmatrix} c_{\alpha_1{}^{(\mu)}\alpha_1{}^{(\nu)}} & \cdots & c_{\alpha_1{}^{(\mu)}\alpha_r{}^{(\nu)}} \\ & \cdots\cdots & \\ c_{\alpha_r{}^{(\mu)}\alpha_1{}^{(\nu)}} & \cdots & c_{\alpha_r{}^{(\mu)}\alpha_r{}^{(\nu)}} \end{vmatrix} \\
&= \sum_{\lambda=1}^{N} \begin{vmatrix} a_{\alpha_1{}^{(\mu)}\alpha_1{}^{(\lambda)}} & \cdots & a_{\alpha_1{}^{(\mu)}\alpha_r{}^{(\lambda)}} \\ & \cdots\cdots & \\ a_{\alpha_r{}^{(\mu)}\alpha_1{}^{(\lambda)}} & \cdots & a_{\alpha_r{}^{(\mu)}\alpha_r{}^{(\lambda)}} \end{vmatrix} \begin{vmatrix} b_{\alpha_1{}^{(\lambda)}\alpha_1{}^{(\nu)}} & \cdots & b_{\alpha_1{}^{(\lambda)}\alpha_r{}^{(\nu)}} \\ & \cdots\cdots & \\ b_{\alpha_r{}^{(\lambda)}\alpha_1{}^{(\nu)}} & \cdots & b_{\alpha_r{}^{(\lambda)}\alpha_r{}^{(\nu)}} \end{vmatrix} \\
&= \sum_{\lambda=1}^{N} |A_{\mu\lambda}{}^{(r)}|\,|B_{\lambda\nu}{}^{(r)}|.
\end{aligned}
$$

よって, $C_r(C)=C_r(A)C_r(B)$. ゆえに, $|C_r(C)|=|C_r(A)||C_r(B)|$. すなわち $f(X)=|C_r(X)|$ に関して (*) が成立する. よって上の結果により $f(X)=|X|^k$. $f(X)$ の次数は $r\cdot\binom{n}{r}$ であるから

$$
k=\frac{r}{n}\binom{n}{r}=\frac{r}{n}\frac{n!}{r!(n-r)!}=\frac{(n-1)!}{(r-1)!(n-r)!}=\binom{n-1}{r-1}.
$$

よって上記の式を得る.

p. 73 に述べた r-ベクトルの記号を使えば

$$
|A\boldsymbol{x}_1, \cdots, A\boldsymbol{x}_r| = C_r(A)|\boldsymbol{x}_1, \cdots, \boldsymbol{x}_r|
$$

が成立する. すなわち, $C_r(A)$ は r-ベクトルによる A の'表現'である. (r 階反変交代テンソル表現.)

例2 n 個の変数 $x_1, \cdots, x_n$ に一次変換 : $x_i=\sum_{j=1}^{n} a_{ij}x_j{}'$ $(1\leqq i\leqq n)$ をほどこすとき, x_i $(1\leqq i\leqq n)$ から作られる r 次の単項式 (それらは全部で $\binom{n+r-1}{r}$ 個ある) の上にも一つの一次変換が引き起こされる. (r 階反変対称テンソル表現.) その行列を $P_r(A)$ とおけば, やはり, $C=AB$ のとき, $P_r(C)=P_r(A)P_r(B)$ が成立する. このことから上と同様にして

$$
|P_r(A)|=|A|^{\binom{n+r-1}{r-1}}
$$

が証明される. (テンソル表現については, V, 研究課題参照.)

研究課題3 行列式の微分

n 次行列 $A(x)=(a_{ij}(x))$ の各成分が x の微分可能な函数であるとき, その行列式 $|A(x)|$ も x の微分可能な函数であって

$$
(1)\qquad \frac{d}{dx}|A(x)|=\sum_{i=1}^{n}\begin{vmatrix} a_{11}(x) & a_{12}(x) & \cdots & a_{1n}(x) \\ & \cdots\cdots & & \\ a_{i1}{}'(x) & a_{i2}{}'(x) & \cdots & a_{in}{}'(x) \\ & \cdots\cdots & & \\ a_{n1}(x) & a_{n2}(x) & \cdots & a_{nn}(x) \end{vmatrix}
$$

となる．実際

$$|A(x)| = \sum_{(i_1, i_2, \cdots, i_n)} \varepsilon\begin{pmatrix} 1 & 2 & \cdots & n \\ i_1 & i_2 & \cdots & i_n \end{pmatrix} a_{1i_1}(x) a_{2i_2}(x) \cdots a_{ni_n}(x)$$

であるから，$|A(x)|$ も微分可能で

$$\begin{aligned} \frac{d}{dx}|A(x)| &= \sum_{(i_1, i_2, \cdots, i_n)} \varepsilon\begin{pmatrix} 1 & 2 & \cdots & n \\ i_1 & i_2 & \cdots & i_n \end{pmatrix} (a_{1i_1}{}'(x) a_{2i_2}(x) \cdots a_{ni_n}(x) \\ &\qquad + a_{1i_1}(x) a_{2i_2}{}'(x) a_{3i_3}(x) \cdots a_{ni_n}(x) \\ &\qquad + \cdots + a_{1i_1}(x) \cdots a_{n-1\,i_{n-1}}(x) a_{ni_n}{}'(x)) \\ &= \sum_{k=1}^{n} \left(\sum_{(i_1, i_2, \cdots, i_n)} \varepsilon\begin{pmatrix} 1 & 2 & \cdots & n \\ i_1 & i_2 & \cdots & i_n \end{pmatrix} a_{1i_1}(x) \cdots a_{ki_k}{}'(x) \cdots a_{ni_n}(x) \right). \end{aligned}$$

これをまた行列式の形にまとめれば，上記の式を得る．

さて $A(x)$ の (i, j) 余因子を Δ_{ij} とおけば

$$(1)\ \text{の右辺} = \sum_{i, j=1}^{n} \Delta_{ij} a_{ij}{}'(x).$$

$|A(x)| \neq 0$ なるとき，$A(x)^{-1} = \dfrac{1}{|A(x)|}(\Delta_{ji})$ であるから，(1) は次のように変形される．

$$\frac{1}{|A(x)|} \frac{d|A(x)|}{dx} = \operatorname{tr}\left(A(x)^{-1} \frac{d}{dx} A(x)\right),$$

あるいは記号的に

$$(1') \qquad \frac{d|A(x)|}{|A(x)|} = \operatorname{tr}(A(x)^{-1} dA(x)).$$

ここで特に $A(x) = \exp xA$ を I, 研究課題において定義した行列の指数函数とすれば，そこで述べたように

$$\frac{d}{dx} A(x) = A(x) A$$

よって (1′) から

$$\frac{d|\exp xA|}{|\exp xA|} = (\operatorname{tr} A)\, dx$$

を得る．ゆえに

$$|\exp xA| = Ce^{(\operatorname{tr} A)x} \qquad (C：\text{定数}).$$

$x = 0$ を代入すれば，$C = 1$ であることがわかる．よって $x = 1$ として

$$(2) \qquad |\exp A| = e^{\operatorname{tr} A}$$

なる関係式を得る．これから特に

$$|\exp A| = 1 \iff \operatorname{tr} A = 0.$$

III

ベクトル空間

§1　ベクトルの一次独立性

$\boldsymbol{a}_1, \boldsymbol{a}_2, \cdots, \boldsymbol{a}_m$ を n 次元ベクトルとする．これらのベクトルのある一次結合が零ベクトルになったとすれば

$$(*)\qquad c_1\boldsymbol{a}_1 + c_2\boldsymbol{a}_2 + \cdots + c_m\boldsymbol{a}_m = \mathbf{0}$$

なる形の式が得られる．このような式をベクトルの一次関係式という．最も簡単な一次関係式はすべての c_i を $=0$ として得られるもので，任意の m 個のベクトルはつねにこのような一次関係式を満足する．これを自明な一次関係式という．

$\boldsymbol{a}_1, \boldsymbol{a}_2, \cdots, \boldsymbol{a}_m$ が自明ならざる一次関係式（$*$）を満足するとき，“$\boldsymbol{a}_1, \boldsymbol{a}_2, \cdots, \boldsymbol{a}_m$ は**一次従属**である”という．そのとき（$*$）においてある c_i は $\neq 0$．今，例えば $c_m \neq 0$ とすれば，（$*$）から

$$(**)\qquad \boldsymbol{a}_m = -\frac{c_1}{c_m}\boldsymbol{a}_1 - \frac{c_2}{c_m}\boldsymbol{a}_2 - \cdots - \frac{c_{m-1}}{c_m}\boldsymbol{a}_{m-1}.$$

(ただし $m=1$ のときは右辺 $=0$ とする．）このように $\boldsymbol{a}_m$ が $\boldsymbol{a}_i (1 \leqq i \leqq m-1)$ の一次結合として表わされるとき，“$\boldsymbol{a}_m$ は $\{\boldsymbol{a}_1, \boldsymbol{a}_2, \cdots, \boldsymbol{a}_{m-1}\}$ に一次従属である”という．(逆に $\boldsymbol{a}_m$ が $\{\boldsymbol{a}_1, \cdots, \boldsymbol{a}_{m-1}\}$ に一次従属ならば，$\boldsymbol{a}_1, \cdots, \boldsymbol{a}_m$ は明らかに全体として一次従属である．)

$\boldsymbol{a}_1, \boldsymbol{a}_2, \cdots, \boldsymbol{a}_m$ が一次従属でないとき，すなわち（$*$）から $c_i = 0\ (1 \leqq i \leqq m)$ が結論されるとき，これらのベクトルは**一次独立**であるという．例えば，n 個の単位ベクトル $\boldsymbol{e}_1, \boldsymbol{e}_2, \cdots, \boldsymbol{e}_n$ は一次独立である．

一般に正規直交系，すなわち $(\boldsymbol{f}_i, \boldsymbol{f}_j) = \delta_{ij}\ (1 \leqq i, j \leqq m)$ を満足するベクトルの集合 $\boldsymbol{f}_1, \boldsymbol{f}_2, \cdots, \boldsymbol{f}_m$ は一次独立である．実際，$(\boldsymbol{f}_i, \boldsymbol{f}_j) = \delta_{ij}$ から，$(\sum_{i=1}^{m} c_i\boldsymbol{f}_i, \boldsymbol{f}_j) = c_j$．よって

$\sum_{i=1}^{m} c_i \boldsymbol{f}_i = \mathbf{0}$ とすれば，$c_i = (\mathbf{0}, \boldsymbol{f}_i) = 0\ (1 \leqq i \leqq m)$.

$\boldsymbol{a}_1, \boldsymbol{a}_2, \cdots, \boldsymbol{a}_m$ が一次独立ならば，それらの一部分 $\boldsymbol{a}_{i_1}, \boldsymbol{a}_{i_2}, \cdots, \boldsymbol{a}_{i_{m'}}\ (i_1 < i_2 < \cdots < i_{m'})$ もまた一次独立である．1 個のベクトルはそれが零ベクトルに等しくないとき，またそのときに限り，一次独立である．従って，$\boldsymbol{a}_1, \boldsymbol{a}_2, \cdots, \boldsymbol{a}_m$ が一次独立ならば，各 $\boldsymbol{a}_i$ は $\neq \mathbf{0}$ である．またそのとき $\boldsymbol{a}_i\ (1 \leqq i \leqq m)$ はすべて相異なる．なおベクトルの一次独立性に関して次の性質が基本的である．

補題 1 $\boldsymbol{a}_1, \cdots, \boldsymbol{a}_r$ が一次独立，$\boldsymbol{a}_1, \cdots, \boldsymbol{a}_r, \boldsymbol{a}_{r+1}$ が一次従属であるとすれば，$\boldsymbol{a}_{r+1}$ は $\boldsymbol{a}_1, \cdots, \boldsymbol{a}_r$ の一次結合として（一意的に）表わされる．(対偶をとっていえば：$\boldsymbol{a}_1, \cdots, \boldsymbol{a}_r$ が一次独立，$\boldsymbol{a}_{r+1}$ が $\boldsymbol{a}_1, \cdots, \boldsymbol{a}_r$ の一次結合として表わされないとすれば，$\boldsymbol{a}_1, \cdots, \boldsymbol{a}_r, \boldsymbol{a}_{r+1}$ も一次独立である．)

証 $\boldsymbol{a}_1, \cdots, \boldsymbol{a}_r, \boldsymbol{a}_{r+1}$ が一次従属であるから，自明でない一次関係式

$$c_1\boldsymbol{a}_1 + \cdots + c_r\boldsymbol{a}_r + c_{r+1}\boldsymbol{a}_{r+1} = \mathbf{0}$$

が成立する．ここでもし $c_{r+1} = 0$ ならば，$\boldsymbol{a}_1, \cdots, \boldsymbol{a}_r$ に関して自明でない一次関係式が成立することとなって矛盾である．よって $c_{r+1} \neq 0$．従って

$$\boldsymbol{a}_{r+1} = -\frac{c_1}{c_{r+1}}\boldsymbol{a}_1 - \cdots - \frac{c_r}{c_{r+1}}\boldsymbol{a}_r$$

となり，$\boldsymbol{a}_{r+1}$ は $\boldsymbol{a}_1, \cdots, \boldsymbol{a}_r$ の一次結合として表わされる．

(次にこの表現の一意性を示そう．今，二通りの表現

$$\boldsymbol{a}_{r+1} = \sum_{i=1}^{r} c_i{}'\boldsymbol{a}_i = \sum_{i=1}^{r} c_i{}''\boldsymbol{a}_i$$

があったとすれば，$\sum_{i=1}^{r}(c_i{}' - c_i{}'')\boldsymbol{a}_i = \mathbf{0}$．$\boldsymbol{a}_1, \cdots, \boldsymbol{a}_r$ は一次独立であるから，$c_i{}' - c_i{}'' = 0$，すなわち $c_i{}' = c_i{}''\ (1 \leqq i \leqq r)$．よって $\boldsymbol{a}_{r+1}$ を $\boldsymbol{a}_1, \cdots, \boldsymbol{a}_r$ の一次結合として表わす表わし方は一意的である．)

注意 上に述べた表現の一意性は実は $\boldsymbol{a}_1, \cdots, \boldsymbol{a}_r$ が一次独立であることと同値である．すなわち，逆に表現が一意的であるとすれば，$\sum_i c_i\boldsymbol{a}_i = \mathbf{0}$ のとき，$\sum_i c_i\boldsymbol{a}_i = \sum_i 0\boldsymbol{a}_i$．よって $c_i = 0\ (1 \leqq i \leqq r)$．従って $\boldsymbol{a}_1, \cdots, \boldsymbol{a}_r$ は一次独立である．

さて，$\{\boldsymbol{a}_1, \boldsymbol{a}_2, \cdots, \boldsymbol{a}_m\}$ を任意に与えられたベクトルの（番号のついた）集合とする．そのとき $\{\boldsymbol{a}_1, \boldsymbol{a}_2, \cdots, \boldsymbol{a}_m\}$ の中から一次独立なベクトルの極大集合*) $\{\boldsymbol{a}_{i_1}, \cdots, \boldsymbol{a}_{i_r}\}$

*) $\{\boldsymbol{a}_{i_1}, \cdots, \boldsymbol{a}_{i_r}\}$ が $\{\boldsymbol{a}_1, \cdots, \boldsymbol{a}_m\}$ に含まれる一次独立なベクトルの‘極大’集合（maximal set）であるというのは，$\{\boldsymbol{a}_{i_1}, \cdots, \boldsymbol{a}_{i_r}\}$ 自身は一次独立であるが，それを（見かけ上）真に含む（$\{\boldsymbol{a}_1, \cdots, \boldsymbol{a}_m\}$ の）部分集合，例えば $\{\boldsymbol{a}_{i_1}, \cdots, \boldsymbol{a}_{i_r}, \boldsymbol{a}_i\}\ (i \neq i_1, \cdots, i_r)$ は一次従属になることをいう．

を次のようにしてえらびだすことができる．$\boldsymbol{a}_i$ $(1 \leqq i \leqq m)$ のうち $\neq \boldsymbol{0}$ なるものがあれば，その最初のものを $\boldsymbol{a}_{i_1}$ とする．(もしすべての $\boldsymbol{a}_i = \boldsymbol{0}$ ならば，$\{\boldsymbol{a}_{i_k}\}$ は空集合，$r=0$ であると考える．) 次に $\boldsymbol{a}_i$ $(i_1+1 \leqq i \leqq m)$ のうち $\boldsymbol{a}_{i_1}$ のスカラー倍に等しくないものがあれば，その最初のものを $\boldsymbol{a}_{i_2}$ とする．(もしそのような $\boldsymbol{a}_i$ が存在しなければ，$\{\boldsymbol{a}_{i_k}\} = \{\boldsymbol{a}_{i_1}\}$，$r=1$ とする．) 次に $\boldsymbol{a}_i$ $(i_2+1 \leqq i \leqq m)$ のうち $\boldsymbol{a}_{i_1}$，$\boldsymbol{a}_{i_2}$ の一次結合にならないものがあれば，その最初のものを $\boldsymbol{a}_{i_3}$ とする．(もしそのような $\boldsymbol{a}_i$ が存在しなければ，$\{\boldsymbol{a}_{i_k}\} = \{\boldsymbol{a}_{i_1}, \boldsymbol{a}_{i_2}\}$，$r=2$ とする．) 以下同様にして一般に $\boldsymbol{a}_{i_k}$ までえらべたとき，$\boldsymbol{a}_i$ $(i_k+1 \leqq i \leqq m)$ のうち，$\boldsymbol{a}_{i_1}, \cdots, \boldsymbol{a}_{i_k}$ の一次結合にはならないものがあれば，その最初のものを $\boldsymbol{a}_{i_{k+1}}$ とする．このようにして $\boldsymbol{a}_{i_k}$ $(k = 1, 2, \cdots)$ を次々に定めてゆけば，$\{\boldsymbol{a}_{i_1}, \cdots, \boldsymbol{a}_{i_k}\}$ はつねに一次独立であり（補題1の対偶)，$\boldsymbol{a}_i$ $(1 \leqq i \leqq i_{k+1}-1)$ はそれに一次従属になる．従って上の操作が r 回で終ったとすれば，得られた集合 $\{\boldsymbol{a}_{i_1}, \cdots, \boldsymbol{a}_{i_r}\}$ は $\{\boldsymbol{a}_1, \cdots, \boldsymbol{a}_m\}$ に含まれる一次独立なベクトルの極大集合になる．

問 1　次のベクトルの中から一次独立なベクトルの極大集合をえらびだせ．

$$\begin{pmatrix} 1 \\ 1 \\ -1 \\ -1 \end{pmatrix}, \quad \begin{pmatrix} 3 \\ 2 \\ 1 \\ -2 \end{pmatrix}, \quad \begin{pmatrix} 0 \\ 1 \\ -4 \\ -1 \end{pmatrix}, \quad \begin{pmatrix} 1 \\ 2 \\ 3 \\ -2 \end{pmatrix}, \quad \begin{pmatrix} 3 \\ 0 \\ 1 \\ 0 \end{pmatrix}$$

与えられたベクトルの（有限）集合から一次独立なベクトルの極大集合をとりだす方法は一般にただ一通りとは限らない．しかし，そのような極大集合に含まれるベクトルの個数は一定になる．それを示すには次の補題を証明すればよい．

補題 2　$\{\boldsymbol{a}_1, \cdots, \boldsymbol{a}_r\}$，$\{\boldsymbol{b}_1, \cdots, \boldsymbol{b}_s\}$ を共に一次独立なベクトルの集合とする．各 $\boldsymbol{b}_j$ $(1 \leqq j \leqq s)$ が $\{\boldsymbol{a}_1, \cdots, \boldsymbol{a}_r\}$ の一次結合として表わされ，また各 $\boldsymbol{a}_i$ $(1 \leqq i \leqq r)$ が $\{\boldsymbol{b}_1, \cdots, \boldsymbol{b}_s\}$ の一次結合として表わされるとすれば，$r = s$ である．

証　ベクトルの集合 $\{\boldsymbol{a}_1, \cdots, \boldsymbol{a}_r\}$，$\{\boldsymbol{b}_1, \cdots, \boldsymbol{b}_s\}$ に対し，補題の中に述べられているような関係が成立するとき，すなわち各 $\boldsymbol{b}_j$ $(1 \leqq j \leqq s)$ が $\{\boldsymbol{a}_1, \cdots, \boldsymbol{a}_r\}$ に一次従属であり，また各 $\boldsymbol{a}_i$ $(1 \leqq i \leqq r)$ が $\{\boldsymbol{b}_1, \cdots, \boldsymbol{b}_s\}$ に一次従属であるとき，$\{\boldsymbol{a}_1, \cdots, \boldsymbol{a}_r\} \sim \{\boldsymbol{b}_1, \cdots, \boldsymbol{b}_s\}$ とかくことにしよう．容易にわかるように，$\{\boldsymbol{a}_1, \cdots, \boldsymbol{a}_r\} \sim \{\boldsymbol{b}_1, \cdots, \boldsymbol{b}_s\}$，$\{\boldsymbol{b}_1, \cdots, \boldsymbol{b}_s\} \sim \{\boldsymbol{c}_1, \cdots, \boldsymbol{c}_t\} \Longrightarrow \{\boldsymbol{a}_1, \cdots, \boldsymbol{a}_r\} \sim \{\boldsymbol{c}_1, \cdots, \boldsymbol{c}_t\}$ である．さて，一次独立なベクトルの集合 $\{\boldsymbol{a}_1, \cdots, \boldsymbol{a}_r\}$，$\{\boldsymbol{b}_1, \cdots, \boldsymbol{b}_s\}$ に対して，$\{\boldsymbol{a}_1, \cdots, \boldsymbol{a}_r\} \sim \{\boldsymbol{b}_1, \cdots, \boldsymbol{b}_s\}$ ならば，$\boldsymbol{a}_1, \cdots, \boldsymbol{a}_r$ の中の任意の一つ，例えば $\boldsymbol{a}_r$ を適当な $\boldsymbol{b}_j$（それを $\boldsymbol{b}_{j_r}$ とおく）でおきかえて，$\{\boldsymbol{a}_1, \cdots, \boldsymbol{a}_{r-1}, \boldsymbol{b}_{j_r}\}$ がまた一次独立なベクトルの集合になり，かつ $\{\boldsymbol{a}_1, \cdots, \boldsymbol{a}_{r-1},$

$\boldsymbol{b}_{j_r}\}\sim\{\boldsymbol{b}_1, \cdots, \boldsymbol{b}_s\}$ となるようにすることができることを示そう．仮定により，$\{\boldsymbol{a}_1, \cdots, \boldsymbol{a}_r\}\sim\{\boldsymbol{b}_1, \cdots, \boldsymbol{b}_s\}$ であるが，$\{\boldsymbol{a}_1, \cdots, \boldsymbol{a}_{r-1}\}\sim\{\boldsymbol{b}_1, \cdots, \boldsymbol{b}_s\}$ ではない．（もしそうならば，$\{\boldsymbol{a}_1, \cdots, \boldsymbol{a}_r\}\sim\{\boldsymbol{a}_1, \cdots, \boldsymbol{a}_{r-1}\}$，従って $\boldsymbol{a}_r$ が $\{\boldsymbol{a}_1, \cdots, \boldsymbol{a}_{r-1}\}$ に一次従属になり矛盾．）従って $\boldsymbol{a}_1, \cdots, \boldsymbol{a}_{r-1}$ に一次従属でないような $\boldsymbol{b}_j$ が存在する．そのような $\boldsymbol{b}_j$ の一つを $\boldsymbol{b}_{j_r}$ とする．そのとき $\{\boldsymbol{a}_1, \cdots, \boldsymbol{a}_{r-1}, \boldsymbol{b}_{j_r}\}$ は一次独立なベクトルの集合になる．（補題 1 の対偶．）また $\boldsymbol{b}_{j_r}$ は $\{\boldsymbol{a}_1, \cdots, \boldsymbol{a}_r\}$ に一次従属，$\{\boldsymbol{a}_1, \cdots, \boldsymbol{a}_{r-1}\}$ には一次従属でないから

$$\boldsymbol{b}_{j_r} = c_1\boldsymbol{a}_1 + \cdots + c_{r-1}\boldsymbol{a}_{r-1} + c_r\boldsymbol{a}_r$$

とかいたとき，$c_r \neq 0$．よって

$$\boldsymbol{a}_r = -\frac{c_1}{c_r}\boldsymbol{a}_1 - \cdots - \frac{c_{r-1}}{c_r}\boldsymbol{a}_{r-1} + \frac{1}{c_r}\boldsymbol{b}_{j_r}$$

となり，$\boldsymbol{a}_r$ は $\{\boldsymbol{a}_1, \cdots, \boldsymbol{a}_{r-1}, \boldsymbol{b}_{j_r}\}$ に一次従属になる．よって，$\{\boldsymbol{a}_1, \cdots, \boldsymbol{a}_r\}\sim\{\boldsymbol{a}_1, \cdots, \boldsymbol{a}_{r-1}, \boldsymbol{b}_{j_r}\}$．従ってまた $\{\boldsymbol{a}_1, \cdots, \boldsymbol{a}_{r-1}, \boldsymbol{b}_{j_r}\}\sim\{\boldsymbol{b}_1, \cdots, \boldsymbol{b}_s\}$ となる．これで上記のことは証明された．

さて，上の操作をくり返して $\boldsymbol{a}_i$ $(1 \leqq i \leqq r)$ を次々に適当な $\boldsymbol{b}_j$ $(1 \leqq j \leqq s)$ でおきかえてゆけば，最後には $\{\boldsymbol{a}_1, \cdots, \boldsymbol{a}_r\}$ が $\{\boldsymbol{b}_{j_1}, \cdots, \boldsymbol{b}_{j_r}\}$ でおきかえられる．$\boldsymbol{b}_{j_1}, \cdots, \boldsymbol{b}_{j_r}$ は一次独立であるからすべて相異なるベクトルであり，$\{\boldsymbol{b}_{j_1}, \cdots, \boldsymbol{b}_{j_r}\}\sim\{\boldsymbol{b}_1, \cdots, \boldsymbol{b}_s\}$ であるから，集合として $\{\boldsymbol{b}_{j_1}, \cdots, \boldsymbol{b}_{j_r}\} = \{\boldsymbol{b}_1, \cdots, \boldsymbol{b}_s\}$ でなければならない．従って $r = s$ である．（証終）

この補題は行列式を使って次のように簡単に証明することもできる．

別証　仮定により

$$\boldsymbol{b}_j = \sum_{i=1}^{r} q_{ij}\boldsymbol{a}_i, \qquad (1 \leqq j \leqq s)$$

$$\boldsymbol{a}_i = \sum_{j=1}^{s} p_{ji}\boldsymbol{b}_j \qquad (1 \leqq i \leqq r)$$

と表わされる．これから

$$\boldsymbol{b}_j = \sum_{i,k} q_{ij}p_{ki}\boldsymbol{b}_k, \qquad \boldsymbol{a}_i = \sum_{j,k} p_{ji}q_{kj}\boldsymbol{a}_k.$$

よって表現の一意性により

$$\sum_{i=1}^{r} p_{ki}q_{ij} = \delta_{kj}, \qquad \sum_{j=1}^{s} q_{kj}p_{ji} = \delta_{ki}.$$

今，p_{ji}，q_{ij} を (j, i) 成分，(i, j) 成分にもつ (s, r) 行列，(r, s) 行列をそれぞれ $P = (p_{ji})$，$Q = (q_{ij})$ とし，r 次，s 次の単位行列をそれぞれ $E^{(r)}$，$E^{(s)}$ で表わせば，

上式を

$$PQ = E^{(s)}, \qquad QP = E^{(r)}$$

とかくことができる．さて，$s > r$ とすれば，II, 定理 9 より $|PQ| = 0$．しかるに $|E^{(s)}| = 1$ であるからこれは矛盾である．よって $s \leqq r$．同様にして $r \leqq s$．よって $r = s$.（しかも，(r, r) 行列 P, Q は共に正則になり，$Q = P^{-1}$.）

以上述べたことにより次の定理が得られた．

定理 1　ベクトルの集合 $\{\boldsymbol{a}_1, \cdots, \boldsymbol{a}_m\}$ が任意に与えられたとき，その中から一次独立なベクトルの集合 $\{\boldsymbol{a}_{i_1}, \cdots, \boldsymbol{a}_{i_r}\}$ をえらびだし，すべての $\boldsymbol{a}_i$ $(1 \leqq i \leqq m)$ が $\{\boldsymbol{a}_{i_1}, \cdots, \boldsymbol{a}_{i_r}\}$ に一次従属になるようにすることができる．このような部分集合 $\{\boldsymbol{a}_{i_k}\}$ のえらび方は一般にただ一通りとは限らないが，そのベクトルの個数 r は集合 $\{\boldsymbol{a}_1, \cdots, \boldsymbol{a}_m\}$ によって一意的に定まる[*)]．

系 1　$\boldsymbol{a}_1, \cdots, \boldsymbol{a}_p$ が一次独立，かつ各 $\boldsymbol{a}_i$ $(1 \leqq i \leqq p)$ が $\{\boldsymbol{b}_1, \cdots, \boldsymbol{b}_s\}$ に一次従属であるとすれば，$p \leqq s$．しかも $p = s$ とすれば，$\boldsymbol{b}_1, \cdots, \boldsymbol{b}_s$ も一次独立，かつ各 $\boldsymbol{b}_j$ $(1 \leqq j \leqq s)$ は $\{\boldsymbol{a}_1, \cdots, \boldsymbol{a}_p\}$ に一次従属である．

証　ベクトルの集合 $\{\boldsymbol{a}_1, \cdots, \boldsymbol{a}_p, \boldsymbol{b}_1, \cdots, \boldsymbol{b}_s\}$ から上に述べた方法により一次独立なベクトルの極大集合をえらびだせば，$\boldsymbol{a}_i$ $(1 \leqq i \leqq p)$ は全部残るから，$\{\boldsymbol{a}_1, \cdots, \boldsymbol{a}_p, \boldsymbol{b}_{j_1}, \cdots, \boldsymbol{b}_{j_t}\}$ なる集合が得られる．一方，$\{\boldsymbol{b}_1, \cdots, \boldsymbol{b}_s, \boldsymbol{a}_1, \cdots, \boldsymbol{a}_p\}$ から同様にして一次独立なベクトルの極大集合をえらびだせば，$\boldsymbol{a}_i$ $(1 \leqq i \leqq p)$ は全部捨てられるから，$\{\boldsymbol{b}_{k_1}, \cdots, \boldsymbol{b}_{k_r}\}$ なる集合が得られる．ゆえに上の定理により $p + t = r$．よって $p \leqq r \leqq s$ である．特に $p = s$ の場合には $t = 0$，$r = s$ となって系の後半が得られる．

系 2　n 次元ベクトルのうち一次独立なものの個数は $\leqq n$ である．

実際，$\boldsymbol{a}_1, \cdots, \boldsymbol{a}_m$ を一次独立な n 次元ベクトルとすれば，それらは n 個の単位ベクトル $\boldsymbol{e}_1, \cdots, \boldsymbol{e}_n$ の一次結合として表わされる．よって上の系 1 により $m \leqq n$ である．

特に，$\boldsymbol{a}_1, \cdots, \boldsymbol{a}_n$ を n 個の一次独立な n 次元ベクトルとすれば，系 1 により $\{\boldsymbol{a}_1, \cdots, \boldsymbol{a}_n\} \sim \{\boldsymbol{e}_1, \cdots, \boldsymbol{e}_n\}$．ゆえに補題 2 の別証からわかるように，$\boldsymbol{a}_i$ $(1 \leqq i \leqq n)$ を $\{\boldsymbol{e}_1, \cdots, \boldsymbol{e}_n\}$ の一次結合として表わしたとき，その係数がつくる (n, n) 行列は正則である．すなわち，$\boldsymbol{a}_j = (a_{ij})$ $(1 \leqq j \leqq n)$ を列ベクトルとする n 次正方行列を A とおけば

---

*)　系 2 からわかるように，n 次元ベクトルの無限集合が与えられたときにも，同様な定理が成立する．

$$|A| \neq 0.$$

対偶をとっていえば，$|A| = 0$ のとき，$\boldsymbol{a}_1, \cdots, \boldsymbol{a}_n$ は一次従属である．いいかえれば，II, §4 の連立斉一次方程式 (29) が自明でない解をもつ．これは II, 定理 7 の系の逆である

これらのことを精密化したものが次の定理である．

定理 2 m 個の n 次元ベクトル $\boldsymbol{a}_j = (a_{ij})\,(1 \leqq j \leqq m)$ が一次独立であるための必要十分な条件は，$m \leqq n$ でかつ (n, m) 行列 $A = (a_{ij})$ の n 個の行から m 個の行をえらびだして作った m 次の行列式の中に $\neq 0$ なるものが存在することである．

m-ベクトルの記号 (p. 73) を使えば，この条件は $|\boldsymbol{a}_1, \cdots, \boldsymbol{a}_m| \neq \boldsymbol{0}$ と表わされる．

証 この条件が十分であることは II, 定理 7 の系から直ちにわかる．よって必要であることを証明しよう．

$\boldsymbol{a}_j = (a_{ij})\,(1 \leqq j \leqq m)$ が一次独立であるとき，$m \leqq n$ なることは既知である．ベクトルの集合 $\{\boldsymbol{a}_1, \cdots, \boldsymbol{a}_m, \boldsymbol{e}_1, \cdots, \boldsymbol{e}_n\}$ からさきに述べた方法により一次独立なベクトルの極大集合 $\{\boldsymbol{a}_1, \cdots, \boldsymbol{a}_m, \boldsymbol{e}_{j_1}, \cdots, \boldsymbol{e}_{j_t}\}$ をえらびだせば，上の定理により $m + t = n$，また補題 2 の別証からわかるように，$\boldsymbol{a}_1, \cdots, \boldsymbol{a}_m, \boldsymbol{e}_{j_1}, \cdots, \boldsymbol{e}_{j_t}$ を $\boldsymbol{e}_1, \cdots, \boldsymbol{e}_n$ の一次結合として表わしたとき，その係数が作る (n, n) 行列は正則である．よって $j_1 = m + 1, \cdots, j_t = n$ の場合には

$$\begin{vmatrix} a_{11} & \cdots & a_{1m} & 0 & \cdots & 0 \\ \vdots & & \vdots & \vdots & & \vdots \\ a_{m1} & \cdots & a_{mm} & 0 & \cdots & 0 \\ a_{m+1,1} & \cdots & a_{m+1,m} & 1 & \cdots & 0 \\ \vdots & & \vdots & \vdots & \ddots & \vdots \\ a_{n1} & \cdots & a_{nm} & 0 & \cdots & 1 \end{vmatrix} = \begin{vmatrix} a_{11} & \cdots & a_{1m} \\ \vdots & & \vdots \\ a_{m1} & \cdots & a_{mm} \end{vmatrix} \neq 0.$$

一般の場合には，$\{1, \cdots, n\}$ から $\{j_1, \cdots, j_t\}$ をとりさった残りを $\{i_1, \cdots, i_m\}$ とし，上記の係数が作る行列式に行の置換 $\begin{pmatrix} 1 & \cdots & m & m+1 & \cdots & n \\ i_1 & \cdots & i_m & j_1 & \cdots & j_t \end{pmatrix}$ を行って考えれば

$$\begin{vmatrix} a_{i_1 1} & \cdots & a_{i_1 m} & 0 & \cdots & 0 \\ \vdots & & \vdots & \vdots & & \vdots \\ a_{i_m 1} & \cdots & a_{i_m m} & 0 & \cdots & 0 \\ a_{j_1 1} & \cdots & a_{j_1 m} & 1 & \cdots & 0 \\ \vdots & & \vdots & \vdots & \ddots & \vdots \\ a_{j_t 1} & \cdots & a_{j_t m} & 0 & \cdots & 1 \end{vmatrix} = \begin{vmatrix} a_{i_1 1} & \cdots & a_{i_1 m} \\ \vdots & & \vdots \\ a_{i_m 1} & \cdots & a_{i_m m} \end{vmatrix} \neq 0.$$

よって $A = (a_{ij})$ から適当な m 個の行をとりだして作った m 次の行列式は $\neq 0$ と

なる.（証終）

問2　定理 2 を応用して p. 93 の問題を解いてみよ.

問3　$|x_{ij}| < \dfrac{1}{n-1}$ $(1 \leqq i, j \leqq n,\ i \neq j)$ ならば

$$\begin{vmatrix} 1 & x_{12} & \cdots & x_{1n} \\ x_{21} & 1 & \cdots & x_{2n} \\ & \cdots\cdots & & \\ x_{n1} & x_{n2} & \cdots & 1 \end{vmatrix} \neq 0$$

なることを証明せよ.

系　m 個の（実数を成分とする）ベクトル $\boldsymbol{a}_1, \cdots, \boldsymbol{a}_m$ が一次独立であるためには

$$(\dagger)\qquad \begin{vmatrix} (\boldsymbol{a}_1, \boldsymbol{a}_1) & (\boldsymbol{a}_1, \boldsymbol{a}_2) & \cdots & (\boldsymbol{a}_1, \boldsymbol{a}_m) \\ (\boldsymbol{a}_2, \boldsymbol{a}_1) & (\boldsymbol{a}_2, \boldsymbol{a}_2) & \cdots & (\boldsymbol{a}_2, \boldsymbol{a}_m) \\ & \cdots\cdots & & \\ (\boldsymbol{a}_m, \boldsymbol{a}_1) & (\boldsymbol{a}_m, \boldsymbol{a}_2) & \cdots & (\boldsymbol{a}_m, \boldsymbol{a}_m) \end{vmatrix} \neq 0$$

なることが必要十分である. これを **Gram の行列式**という.

証　p. 72 の公式 (32) により, $\det((\boldsymbol{a}_i, \boldsymbol{a}_j))$ は $m \leqq n$ であってかつ (n, m) 行列 (a_{ij}) から m 個の行をとりだして作った m 次の行列式の中に $\neq 0$ なるものが存在するとき, またそのときに限り $\neq 0$ である. よってこの系は定理 2 と同値である.

注意 1　上の系は定理 2 における $m = n$ の場合だけを使って導くことができる. まず $\boldsymbol{a}_1, \cdots, \boldsymbol{a}_m$ が一次従属であるとすれば, $(c_1, \cdots, c_m) \neq (0, \cdots, 0)$ があって $\sum_{i=1}^{m} c_i \boldsymbol{a}_i = \boldsymbol{0}$. よって $\sum_{j=1}^{m} c_j (\boldsymbol{a}_i, \boldsymbol{a}_j) = (\boldsymbol{a}_i, \sum_{j=1}^{m} c_j \boldsymbol{a}_j) = 0$. すなわち, (m, m) 行列 $((\boldsymbol{a}_i, \boldsymbol{a}_j))$ の列ベクトルは一次従属になる. 従って $\det((\boldsymbol{a}_i, \boldsymbol{a}_j)) = 0$. 逆に $\det((\boldsymbol{a}_i, \boldsymbol{a}_j)) = 0$ とすれば, 定理 2 の $m = n$ の場合により, $(c_1, \cdots, c_m) \neq (0, \cdots, 0)$ があって

$$\sum_{j=1}^{m} c_j (\boldsymbol{a}_i, \boldsymbol{a}_j) = 0 \qquad (1 \leqq i \leqq m)$$

よって

$$\left(\sum_{i=1}^{m} c_i \boldsymbol{a}_i, \sum_{i=1}^{m} c_i \boldsymbol{a}_i \right) = \sum_{i, j=1}^{m} c_i c_j (\boldsymbol{a}_i, \boldsymbol{a}_j) = 0.$$

よって, 内積の性質により $\sum_{i=1}^{m} c_i \boldsymbol{a}_i = \boldsymbol{0}$. すなわち, $\boldsymbol{a}_1, \cdots, \boldsymbol{a}_m$ は一次従属である.（このようにして逆に II, (32) を使って定理 2 の $m \neq n$ の場合を導くことができる.）

注意 2　定理 2 の系はベクトルの成分が実数でないときには一般に成立しない. ベクトルの成分が複素数であるときには $(\boldsymbol{a}_i, \boldsymbol{a}_j)$ のかわりに $(\boldsymbol{a}_i, \overline{\boldsymbol{a}}_j)$ を考えると同様の結果を得ることができる.

附記 定理2は方法論上重要であるから次にその一つの直接証明を挙げておく．

定理2の別証 m 個の n 次元ベクトル $\boldsymbol{a}_j=(a_{ij})\,(1\leqq j\leqq m)$ に対してこの定理の結論に述べられている条件が成立するとき，すなわち（$m\leqq n$ で）$|\boldsymbol{a}_1,\cdots,\boldsymbol{a}_m|\neq\mathbf{0}$ であるとき，$\boldsymbol{a}_1,\cdots,\boldsymbol{a}_m$ は‘強い意味で一次独立である’ということにしよう．$\boldsymbol{a}_1,\cdots,\boldsymbol{a}_m$ が（普通の意味で）一次独立ならば，それらは強い意味でも一次独立であることを証明すればよい．そのためにまず

I）$\boldsymbol{a}_1,\cdots,\boldsymbol{a}_r$ が強い意味で一次独立ならば，その一部分をとっても強い意味で一次独立である．

II）$\boldsymbol{a}_1,\cdots,\boldsymbol{a}_r$ が強い意味で一次独立，$\boldsymbol{a}_1,\cdots,\boldsymbol{a}_r$，$\boldsymbol{a}_{r+1}$ が‘強い意味で一次独立’ではないとすれば，$\boldsymbol{a}_{r+1}$ は $\boldsymbol{a}_1,\cdots,\boldsymbol{a}_r$ の一次結合として一意的に表わされる．

が成立することを示そう．I）は行列式の展開定理（II, 定理5）から容易に導かれる．II）は次のように証明される．$\boldsymbol{a}_1,\cdots,\boldsymbol{a}_r$ を強い意味で一次独立とすれば，(n,r) 行列 (a_{ij}) から適当な r 個の行をとりだして作った r 次の行列式が $\neq 0$ である．今，必要があれば行の置換を行って考えることとし，$\varDelta_r=\begin{vmatrix} a_{11} & \cdots & a_{1r} \\ \vdots & \cdots & \vdots \\ a_{r1} & \cdots & a_{rr}\end{vmatrix}\neq 0$ と仮定する．そのとき，連立一次方程式

$$
(*)\qquad \begin{cases} a_{11}x_1+a_{12}x_2+\cdots+a_{1r}x_r=a_{1,r+1} \\ a_{21}x_1+a_{22}x_2+\cdots+a_{2r}x_r=a_{2,r+1} \\ \qquad\cdots\cdots \\ a_{r1}x_1+a_{r2}x_2+\cdots+a_{rr}x_r=a_{r,r+1} \end{cases}
$$

は Cramer の定理により一意的に解かれる．その解を $x_i=c_i$ とおけば

$$
c_i=\frac{\varDelta_{i,r+1}}{\varDelta_r},\qquad \varDelta_{i,r+1}=\begin{vmatrix} a_{11} & & \overset{j}{\smile}\,a_{1,r+1} & & a_{1r} \\ \vdots & \cdots & \vdots & \cdots & \vdots \\ a_{r1} & & a_{r,r+1} & & a_{rr}\end{vmatrix}.\qquad (1\leqq i\leqq r)
$$

$\boldsymbol{a}_1,\cdots,\boldsymbol{a}_r,\boldsymbol{a}_{r+1}$ は‘強い意味で一次独立’ではないから

$$
\begin{vmatrix} a_{11} & \cdots & a_{1r} & a_{1,r+1} \\ \vdots & & \vdots & \vdots \\ a_{r1} & \cdots & a_{rr} & a_{r,r+1} \\ a_{r+i,1} & \cdots & a_{r+i,r} & a_{r+i,r+1}\end{vmatrix}=0\qquad (1\leqq i\leqq m-r)
$$

が成立する．この行列式を最後の行に関して展開すれば

$$
-(\varDelta_{1,r+1}a_{r+i,1}+\varDelta_{2,r+1}a_{r+i,2}+\cdots+\varDelta_{r,r+1}a_{r+i,r})+\varDelta_r a_{r+i,r+1}=0.
$$

よって $r+1\leqq i\leqq n$ に対しても

$$
(**)\qquad c_1a_{i1}+c_2a_{i2}+\cdots+c_ra_{ir}=a_{i,r+1}.
$$

$(*)$ と $(**)$ から

$$
c_1\boldsymbol{a}_1+c_2\boldsymbol{a}_2+\cdots+c_r\boldsymbol{a}_r=\boldsymbol{a}_{r+1}.
$$

すなわち，$\boldsymbol{a}_{r+1}$ は $\boldsymbol{a}_1,\cdots,\boldsymbol{a}_r$ の一次結合として表わされる．この表現は Cramer の定理により一意的である．(II)の証終）

I), II) により，$\{\boldsymbol{a}_1, \cdots, \boldsymbol{a}_m\}$ が任意に与えられた n 次元ベクトルの集合であるとき，その中から強い意味で一次独立なベクトルの極大集合 $\{\boldsymbol{a}_{i_1}, \cdots, \boldsymbol{a}_{i_r}\}$ をえらびだせば，任意の $\boldsymbol{a}_i\ (1 \leqq i \leqq m)$ は $\{\boldsymbol{a}_{i_k}\}(1 \leqq k \leqq r)$ に一次従属になる．よって特に $\boldsymbol{a}_1, \cdots, \boldsymbol{a}_m$ が一次独立であるとすれば，$r = m$ でなければならない．すなわち $\boldsymbol{a}_1, \cdots, \boldsymbol{a}_m$ は強い意味でも一次独立になる．(証終)

§2 部分空間

n 次元ベクトル全体の集合を **n 次元(数)ベクトル空間**といい，V^n で表わす．V^n の部分集合 W が

(i) $\boldsymbol{a}, \boldsymbol{b} \in W$ ならば，$\boldsymbol{a} + \boldsymbol{b} \in W$,

(ii) $\boldsymbol{a} \in W$ ならば，$c\boldsymbol{a} \in W$ (c：スカラー)

なる二条件を満足するとき，W を**線型部分空間**（ベクトル部分空間），または略して単に**部分空間**という．(i)，(ii) はベクトルの演算が，ベクトルを W の中だけに限定しても可能であることを示している．(i)，(ii) から，一般に $\boldsymbol{a}_\nu \in W$，c_ν：スカラー ($\nu = 1, 2, \cdots$) ならば，$\sum_\nu c_\nu \boldsymbol{a}_\nu \in W$，また $\mathbf{0} \in W$ であることがわかる．われわれは部分空間を表わすのに $U, V, W, \cdots$ 等の文字を用いる．

例えば，有限個のベクトル $\boldsymbol{a}_i\ (1 \leqq i \leqq m)$ が与えられたとき，それらの一次結合全体は一つの部分空間を作る．これを $\boldsymbol{a}_1, \cdots, \boldsymbol{a}_m$ によって**生成される**（または張られる）部分空間といい，$\{\{\boldsymbol{a}_1, \cdots, \boldsymbol{a}_m\}\}$ で表わすことにする．すなわち

$$\{\{\boldsymbol{a}_1, \cdots, \boldsymbol{a}_m\}\} = \{\boldsymbol{x} = \sum_{i=1}^{m} c_i \boldsymbol{a}_i \ (c_i：\text{スカラー})\}.$$

また $\boldsymbol{a}_i\ (1 \leqq i \leqq m)$ と直交するベクトル，すなわち $(\boldsymbol{a}_i, \boldsymbol{x}) = 0\ (1 \leqq i \leqq m)$ を満足するベクトル $\boldsymbol{x}$ の全体も一つの部分空間を作る．($\{\{\boldsymbol{a}_1, \cdots, \boldsymbol{a}_m\}\}$ の‘直交補空間’，後出．) V^n 全体，および零ベクトル 1 個の集合 $\{\mathbf{0}\}$ も部分空間の特別なものとみなすことができる．これらはそれぞれ最大，および最小の部分空間である．

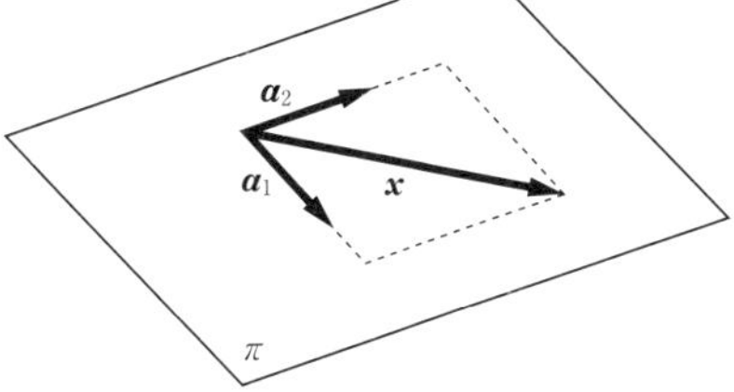

3 次元ユークリッド空間 E^3 の中に平面 π が与えられれば，π の上にあるベクトル全体の集合（それを $V(\pi)$ とかく）は 3 次元ベクトル空間 V^3 の一つの部分空間になる．そのとき，$V(\pi)$ の中に一次独立な二つのベクトル $\boldsymbol{a}_1, \boldsymbol{a}_2$ をとることができ，$V(\pi)$ の任意のベクトル $\boldsymbol{x}$ は $\boldsymbol{x} = c_1\boldsymbol{a}_1 + c_2\boldsymbol{a}_2$ の形に一意的に表わされる．(附録, §2 参照．) この意味において $V(\pi)$

は‘2次元’である．同様に E^3 の中に直線 l をとれば，l の上にあるベクトル全体の集合 $V(l)$ は‘1次元’である．このような次元の概念を拡張して，一般に V^n の部分空間 W に対しその次元を次のように定義する．

部分空間 W の中に r 個の一次独立なベクトルが存在し，しかも $(r+1)$ 個以上の一次独立なベクトルは存在しないとき，W は **r 次元**であるといい $\dim W = r$ と表わす．また簡単に W^r のように W の肩に r をつけることによって表わすこともある．定理1の系2により部分空間 W の次元 r は一般に $0 \leqq r \leqq n$ である．特に V^n の中には一次独立な n 個のベクトル（例えば，$\boldsymbol{e}_1, \cdots, \boldsymbol{e}_n$）が存在するから，$V^n$ の次元は n である．また $\{\mathbf{0}\}$ は0次元であると考えられる．

$\dim W = r$ であるとき，W の中から r 個の一次独立なベクトル $\{\boldsymbol{a}_1, \cdots, \boldsymbol{a}_r\}$ をえらびだせば，次の条件が満足される．

i) $\boldsymbol{a}_i \in W\ (1 \leqq i \leqq r)$，かつ W の任意のベクトル $\boldsymbol{x}$ は $\{\boldsymbol{a}_1, \cdots, \boldsymbol{a}_r\}$ の一次結合として表わされる：

$$\boldsymbol{x} = c_1\boldsymbol{a}_1 + c_2\boldsymbol{a}_2 + \cdots + c_r\boldsymbol{a}_r.$$

ii) 上の表現は一意的である．すなわち，係数 $c_i\ (1 \leqq i \leqq r)$ は $\boldsymbol{x}$ によって一意的に決定される．

実際，上の条件の下に $\{\boldsymbol{a}_1, \cdots, \boldsymbol{a}_r, \boldsymbol{x}\}$ は一次従属になるから，前節補題1により i)，ii) が得られる．i) は W が $\{\boldsymbol{a}_1, \cdots, \boldsymbol{a}_r\}$ によって生成されることを示し，ii) はその $\{\boldsymbol{a}_1, \cdots, \boldsymbol{a}_r\}$ が一次独立であることを示している．逆に，部分空間 W に対し条件 i)，ii) を満足する r 個のベクトル $\{\boldsymbol{a}_1, \cdots, \boldsymbol{a}_r\}$ が存在すれば，定理1の系1により，$\dim W = r$ である．i)，ii) を満足するベクトルの集合 $\{\boldsymbol{a}_1, \cdots, \boldsymbol{a}_r\}$ を部分空間 W の**基底**または**底**という．例えば，単位ベクトル $\{\boldsymbol{e}_1, \cdots, \boldsymbol{e}_n\}$ は V^n の基底である．

基底に関して次の定理が基本的である．

定理3 W を r 次元の部分空間とする．$\{\boldsymbol{a}_1, \cdots, \boldsymbol{a}_p\}$ を W に含まれる一次独立なベクトルの集合とすれば，$p \leqq r$ であり，適当に $(r-p)$ 個の W のベクトル $\boldsymbol{a}_i\ (p+1 \leqq i \leqq r)$ をつけ加えて，$\{\boldsymbol{a}_1, \cdots, \boldsymbol{a}_p, \boldsymbol{a}_{p+1}, \cdots, \boldsymbol{a}_r\}$ が W の基底になるようにすることができる．

証 上の条件の下に $p \leqq r$ なることは次元の定義から明らかである．$p = r$ ならば，$\{\boldsymbol{a}_1, \cdots, \boldsymbol{a}_p\}$ 自身が一つの底になる．$p < r$ ならば，$\{\boldsymbol{a}_1, \cdots, \boldsymbol{a}_p\}$ は W の底でないから，$\{\boldsymbol{a}_1, \cdots, \boldsymbol{a}_p\}$ に一次従属でないような W の元が必ず存在する．(もし W のすべての元が $\{\boldsymbol{a}_1, \cdots, \boldsymbol{a}_p\}$ に一次従属になるならば，$\{\boldsymbol{a}_1, \cdots, \boldsymbol{a}_p\}$ は底の条件 i)，ii) を満足することとなり矛盾である．) そのような W の元のうち任意の一つを $\boldsymbol{a}_{p+1}$ と

すれば，前節補題1の対偶により，$\{\boldsymbol{a}_1, \cdots, \boldsymbol{a}_p, \boldsymbol{a}_{p+1}\}$ はまた一次独立なベクトルの集合になる．$p+1=r$ ならば，$\{\boldsymbol{a}_1, \cdots, \boldsymbol{a}_{p+1}\}$ が W の底になる．$p+1<r$ ならば，これに関して上と同様な操作をくり返して，一次独立なベクトルの集合 $\{\boldsymbol{a}_1, \cdots, \boldsymbol{a}_p, \boldsymbol{a}_{p+1}, \boldsymbol{a}_{p+2}\}$ が得られる．以下同様にして進めば，最後に一次独立なベクトルの集合 $\{\boldsymbol{a}_1, \cdots, \boldsymbol{a}_p, \boldsymbol{a}_{p+1}, \boldsymbol{a}_r\}$ を得る．それは W の一つの底である．(証終)

一方，W の生成元*) $\{\boldsymbol{b}_1, \cdots, \boldsymbol{b}_s\}$ が与えられているとき，$\{\boldsymbol{b}_1, \cdots, \boldsymbol{b}_s\}$ の中から一次独立なベクトルの極大集合 $\{\boldsymbol{b}_{k_1}, \cdots, \boldsymbol{b}_{k_r}\}$ をえらびだせば，$\{\boldsymbol{b}_{k_1}, \cdots, \boldsymbol{b}_{k_r}\}$ は明らかに条件 i)，ii) を満足し，従って W の底になる．よって $s \geqq r = \dim W$ である．特に $s = r$ の場合には $\{\boldsymbol{b}_1, \cdots, \boldsymbol{b}_s\}$ 自身が W の底になる．また一次独立なベクトル $\boldsymbol{a}_1, \cdots, \boldsymbol{a}_p$ が与えられたとき，ベクトルの集合 $\{\boldsymbol{a}_1, \cdots, \boldsymbol{a}_p, \boldsymbol{b}_1, \cdots, \boldsymbol{b}_s\}$ に対して前節で述べた方法を適用して一次独立なベクトルの極大集合をえらびだせば，$\{\boldsymbol{a}_1, \cdots, \boldsymbol{a}_p\}$ を含む基底 $\{\boldsymbol{a}_1, \cdots, \boldsymbol{a}_p, \boldsymbol{b}_{j_1}, \cdots, \boldsymbol{b}_{j_t}\}$ $(p+t=r)$ が得られる．従って定理3において $\boldsymbol{a}_i$ $(p+1 \leqq i \leqq r)$ はあらかじめ与えられた W の生成元 $\boldsymbol{b}_j$ $(1 \leqq j \leqq s)$ の中からえらぶことができるのである．

問1　p. 93の問に記したベクトルが生成する部分空間の次元は何か．またこの部分空間の一つの底に適当に単位ベクトル $\boldsymbol{e}_i$ $(1 \leqq i \leqq 4)$ をつけ加えて V^4 の一つの底を作れ．

さて，W_1，W_2 をそれぞれ r_1 次元，r_2 次元の部分空間とする．次元の定義から

$$W_1 \subset W_2 \Longrightarrow r_1 \leqq r_2$$

は明らかであるが，さらに

$$(1) \qquad W_1 \subsetneqq W_2 \Longrightarrow r_1 < r_2$$

が成立する．実際，$W_1 \subset W_2$，$r_1 = r_2$ のとき，W_1 の一つの底を $\{\boldsymbol{a}_1, \cdots, \boldsymbol{a}_{r_1}\}$ とすれば，それは同時に W_2 の底にもなっている．従って，$W_1 = \{\{\boldsymbol{a}_1, \cdots, \boldsymbol{a}_{r_1}\}\} = W_2$. よって $W_1 \subsetneqq W_2$ ならば，$r_1 < r_2$ でなければならない．

次に $W_1, W_2, \cdots$ に集合論的演算をほどこしたものについて考えてみよう．部分空間 W_1, W_2 の共通部分 $W_1 \cap W_2$ はまた明らかに一つの部分空間になる．これに反して，部分空間の和集合 $W_1 \cup W_2$ は必ずしも部分空間にならない．(例えば，$W_1 = \{\{\boldsymbol{e}_1\}\}$，$W_2 = \{\{\boldsymbol{e}_2\}\}$ のとき，$W_1 \cup W_2 = \{\{\boldsymbol{e}_1\}\} \cup \{\{\boldsymbol{e}_2\}\}$ は $\boldsymbol{e}_1 + \boldsymbol{e}_2$ を含まない．W_1, W_2 を共通に含む最小の部分空間を作ろうと思えば，$\{\{\boldsymbol{e}_1, \boldsymbol{e}_2\}\}$ をとらなければならない．) 一般に，W_1, W_2 を共通に含む最小の部分空間は，容易にわかるように

$$\{\boldsymbol{x} = \boldsymbol{x}_1 + \boldsymbol{x}_2 \,;\, \boldsymbol{x}_1 \in W_1,\ \boldsymbol{x}_2 \in W_2\}$$

---

*)　$W = \{\{\boldsymbol{b}_1, \cdots, \boldsymbol{b}_s\}\}$ であるとき，$\{\boldsymbol{b}_1, \cdots, \boldsymbol{b}_s\}$ を W の‘生成元’という．

である．これを部分空間 W_1, W_2 の**和**といい，$W_1 + W_2$ で表わす．

問２ 上に定義した $W_1 + W_2$ が実際 W_1, W_2 を含む最小の部分空間になることを確かめよ．

さてこれら部分空間の次元に関して次の定理が成立する．

定理４ W_1, W_2 を二つの部分空間とすれば

(2) $$\dim(W_1 + W_2) = \dim W_1 + \dim W_2 - \dim(W_1 \cap W_2).$$

この関係は図形の面積や体積の関係によく似ている．すなわち，平面図形 A の面積を $m(A)$ で表わせば，（面積確定な）二つの平面図形 A, B に対して

$$m(A \cup B) = m(A) + m(B) - m(A \cap B)$$

が成立する．

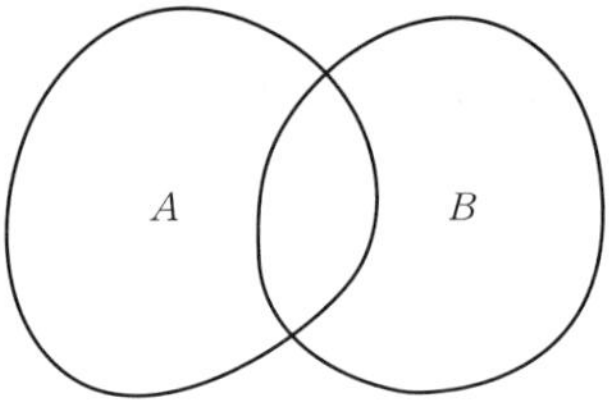

証 $\dim W_1 = r_1$, $\dim W_2 = r_2$, $\dim(W_1 \cap W_2) = r_0$ とおく．$W_1 \cap W_2 \subset W_1, W_2$ であるから，$r_0 \leqq r_1, r_2$．今，$W_1 \cap W_2$ の一つの底を $\{\boldsymbol{a}_1, \cdots, \boldsymbol{a}_{r_0}\}$ とし，それにそれぞれ $(r_1 - r_0)$，$(r_2 - r_0)$ 個のベクトル $\boldsymbol{a}_{r_0+1}', \cdots, \boldsymbol{a}_{r_1}'$; $\boldsymbol{a}_{r_0+1}'', \cdots, \boldsymbol{a}_{r_2}''$ をつけ加えて，W_1, W_2 の底 $\{\boldsymbol{a}_1, \cdots, \boldsymbol{a}_{r_0}, \boldsymbol{a}_{r_0+1}', \cdots, \boldsymbol{a}_{r_1}'\}$，$\{\boldsymbol{a}_1, \cdots, \boldsymbol{a}_{r_0}, \boldsymbol{a}_{r_0+1}'', \cdots, \boldsymbol{a}_{r_2}''\}$ を作ることができる．（定理 3.）

$$\boldsymbol{a}_1, \cdots, \boldsymbol{a}_{r_0} ; \boldsymbol{a}_{r_0+1}', \cdots, \boldsymbol{a}_{r_1}' ; \boldsymbol{a}_{r_0+1}'', \cdots, \boldsymbol{a}_{r_2}''$$

はすべて $W_1 + W_2$ に属し，かつ $W_1 + W_2$ の任意のベクトル $\boldsymbol{x}$ はこれらのベクトルの一次結合として表わされる．（$\boldsymbol{x} = \boldsymbol{x}_1 + \boldsymbol{x}_2$，$\boldsymbol{x}_1 \in W_1$，$\boldsymbol{x}_2 \in W_2$ であるから，$\boldsymbol{x}_1, \boldsymbol{x}_2$ をそれぞれ $\boldsymbol{a}_i, \boldsymbol{a}_j'$; $\boldsymbol{a}_i, \boldsymbol{a}_k''$ $(1 \leqq i \leqq r_0,\ r_0 + 1 \leqq j \leqq r_1,\ r_0 + 1 \leqq k \leqq r_2)$ の一次結合として表わし，それを $\boldsymbol{x} = \boldsymbol{x}_1 + \boldsymbol{x}_2$ に代入すればよい．）よって，これらのベクトルが一次独立であることを示せば，それらは $W_1 + W_2$ の一つの底になり，従って求める関係式

$$\dim(W_1 + W_2) = r_0 + (r_1 - r_0) + (r_2 - r_0) = r_1 + r_2 - r_0$$

が得られる．

さて

(＊) $$\sum_{i=1}^{r_0} x_i \boldsymbol{a}_i + \sum_{j=r_0+1}^{r_1} x_j' \boldsymbol{a}_j' + \sum_{k=r_0+1}^{r_2} x_k'' \boldsymbol{a}_k'' = \mathbf{0}$$

とすれば

$$\sum_i x_i \boldsymbol{a}_i + \sum_j x_j' \boldsymbol{a}_j' = -\sum_k x_k'' \boldsymbol{a}_k''.$$

ここで，左辺は W_1 に属し，右辺は W_2 に属する．よって両辺とも $W_1 \cap W_2$ に属

し，従って $\boldsymbol{a}_i\ (1 \leqq i \leqq r_0)$ の一次結合として表わされる．よって $-\sum_k x_k''\boldsymbol{a}_k'' = \sum_i x_i^*\boldsymbol{a}_i$.

r_2 個のベクトル $\boldsymbol{a}_1, \cdots, \boldsymbol{a}_{r_0}, \boldsymbol{a}_{r_0+1}'', \cdots, \boldsymbol{a}_{r_2}''$ は全体として一次独立であるから，

$$\sum_i x_i^*\boldsymbol{a}_i + \sum_k x_k''\boldsymbol{a}_k'' = \mathbf{0}$$

から $x_i^* = 0\ (1 \leqq i \leqq r_0)$，$x_k'' = 0\ (r_0 + 1 \leqq k \leqq r_2)$ を得る．よって（$*$）から

$$\sum_i x_i\boldsymbol{a}_i + \sum_j x_j'\boldsymbol{a}_j' = \mathbf{0}.$$

r_1 個のベクトル $\boldsymbol{a}_1, \cdots, \boldsymbol{a}_{r_0}, \boldsymbol{a}_{r_0+1}', \cdots, \boldsymbol{a}_{r_1}'$ も全体として一次独立であるから，$x_i = 0\ (1 \leqq i \leqq r_0)$，$x_j' = 0\ (r_0 + 1 \leqq j \leqq r_1)$ でなければならない．よって（$*$）の係数はすべて $=0$ となり，$(r_1 + r_2 - r_0)$ 個のベクトル $\boldsymbol{a}_i\ (1 \leqq i \leqq r_0)$，$\boldsymbol{a}_j'\ (r_0 + 1 \leqq j \leqq r_1)$，$\boldsymbol{a}_k''\ (r_0 + 1 \leqq k \leqq r_2)$ は全体として一次独立である．

系　$\dim(W_1 + W_2) \leqq \dim W_1 + \dim W_2$，特に $W_1 \cap W_2 = \{\mathbf{0}\}$ の場合，またその場合に限って，等式：$\dim(W_1 + W_2) = \dim W_1 + \dim W_2$ が成立する．

$W_1 \cap W_2 = \{\mathbf{0}\}$ の場合，またその場合に限って，$W = W_1 + W_2$ に属するベクトル $\boldsymbol{x}$ は

（†）　$\boldsymbol{x} = \boldsymbol{x}_1 + \boldsymbol{x}_2, \quad \boldsymbol{x}_1 \in W_1,\ \boldsymbol{x}_2 \in W_2$

の形に一意的に表わされる．実際，$W_1 \cap W_2 = \{\mathbf{0}\}$ のとき，$\boldsymbol{x} = \boldsymbol{x}_1 + \boldsymbol{x}_2 = \boldsymbol{x}_1' + \boldsymbol{x}_2'$，$\boldsymbol{x}_1, \boldsymbol{x}_1' \in W_1$，$\boldsymbol{x}_2, \boldsymbol{x}_2' \in W_2$ とすれば，$\boldsymbol{x}_1 - \boldsymbol{x}_1' = \boldsymbol{x}_2' - \boldsymbol{x}_2$．左辺は W_1 に属し，右辺は W_2 に属する．よって，両辺ともに $W_1 \cap W_2 = \{\mathbf{0}\}$ に属し，従って $=\mathbf{0}$．よって $x_1 = x_1'$，$x_2 = x_2'$ を得る．逆に（†）の形の表現が一意的であるとすれば，$\boldsymbol{x} \in W_1 \cap W_2$ のとき，$\boldsymbol{x} = \boldsymbol{x} + \mathbf{0} = \mathbf{0} + \boldsymbol{x}$，$\boldsymbol{x}, \mathbf{0} \in W_1$，$\mathbf{0}, \boldsymbol{x} \in W_2$．よって表現の一意性から $\boldsymbol{x} = \mathbf{0}$ を得る．従って $W_1 \cap W_2 = \{\mathbf{0}\}$ である．

$W_1 \cap W_2 = \{\mathbf{0}\}$ の場合，$W = W_1 + W_2$ は W_1, W_2 の**直和**である，または W は W_1, W_2 の**直和に分解される**という．

一般に m 個の部分空間 $W_1, W_2, \cdots, W_m$ が与えられたとき，それらによって生成される部分空間

$$W = \{\boldsymbol{x} = \boldsymbol{x}_1 + \boldsymbol{x}_2 + \cdots + \boldsymbol{x}_m\ ;\ \boldsymbol{x}_i \in W_i\ (1 \leqq i \leqq m)\}$$

を $W_i\ (1 \leqq i \leqq m)$ の**和**といい，$W_1 + W_2 + \cdots + W_m$ で表わす．特に W の任意の元 $\boldsymbol{x}$ が

$$\boldsymbol{x} = \boldsymbol{x}_1 + \boldsymbol{x}_2 + \cdots + \boldsymbol{x}_m, \quad \boldsymbol{x}_i \in W_i \qquad (1 \leqq i \leqq m)$$

の形に一意的に表わされるとき，W は $W_i\ (1 \leqq i \leqq m)$ の**直和**であるという．W

$= W_1 + W_2 + \cdots + W_m$ ならば，一般に

(3) $$\dim W \leqq \dim W_1 + \dim W_2 + \cdots + \dim W_m$$

であって，W が $W_i\ (1 \leqq i \leqq m)$ の直和になる場合，またその場合に限って，等式

(4) $$\dim W = \dim W_1 + \dim W_2 + \cdots + \dim W_m$$

が成立する．

問３　上記のことを証明せよ．

問４　$W = W_1 + W_2 + \cdots + W_m$ が直和になるためには

$$(W_1 + \cdots + W_{k-1}) \cap W_k = \{\mathbf{0}\} \qquad (2 \leqq k \leqq m)$$

が必要かつ十分であることを示せ．

注意　部分空間の和に関して，$W_1 + W_2 = W_2 + W_1$，$(W_1 + W_2) + W_3 = W_1 + (W_2 + W_3) = W_1 + W_2 + W_3$ 等は明らかに成立するが，'分配の法則' $(W_1 + W_2) \cap W_3 = (W_1 \cap W_3) + (W_2 \cap W_3)$ および $(W_1 \cap W_2) + W_3 = (W_1 + W_3) \cap (W_2 + W_3)$ 等は一般に必ずしも成立しない．その反例を挙げてみよ．

($(W_1 + W_2) \cap W_3 \supset (W_1 \cap W_3) + (W_2 \cap W_3)$，$(W_1 \cap W_2) + W_3 \subset (W_1 + W_3) \cap (W_2 + W_3)$ はつねに成立するが，逆の包含関係が必ずしも成立しないのである．)

§3　正規直交系と直交補空間

$\{\boldsymbol{f}_1, \boldsymbol{f}_2, \cdots, \boldsymbol{f}_m\}$ を正規直交系，すなわち，$(\boldsymbol{f}_i, \boldsymbol{f}_j) = \delta_{ij}\ (1 \leqq i, j \leqq m)$ なるベクトルの集合とすれば，次のようなことが成立する：

$$\boldsymbol{x} = c_1\boldsymbol{f}_1 + c_2\boldsymbol{f}_2 + \cdots + c_m\boldsymbol{f}_m. \qquad \boldsymbol{y} = d_1\boldsymbol{f}_1 + d_2\boldsymbol{f}_2 + \cdots + d_m\boldsymbol{f}_m$$

に対して，$(\boldsymbol{x}, \boldsymbol{y}) = (\sum_i c_i\boldsymbol{f}_i, \sum_j d_j\boldsymbol{f}_j) = \sum_{i,j} c_i d_j (\boldsymbol{f}_i, \boldsymbol{f}_j) = \sum_i c_i d_i$. すなわち

(5) $$(\boldsymbol{x}, \boldsymbol{y}) = c_1 d_1 + c_2 d_2 + \cdots + c_m d_m.$$

特に

$$(\boldsymbol{x}, \boldsymbol{f}_i) = c_i. \qquad (1 \leqq i \leqq m)$$

逆にこのような性質をもつベクトルの集合 $\{\boldsymbol{f}_1, \cdots, \boldsymbol{f}_m\}$ は正規直交系である．

V^n の基底として正規直交系 $\boldsymbol{e}_1, \cdots, \boldsymbol{e}_n$ をとり得ることはすでに述べた．(正規直交系である底を**正規直交底**という．) 一般に V^n の任意の部分空間 W が与えられたとき，W の基底として正規直交系がえらべるであろうか？　それはつねに可能である．実際，次の定理が成立する．

定理５　W を r 次元の部分空間とする．$\{\boldsymbol{f}_1, \cdots, \boldsymbol{f}_p\}$ を W に含まれる正規直交系とすれば，$p \leqq r$ であり，適当に $(r-p)$ 個の W のベクトル $\boldsymbol{f}_i\ (p+1 \leqq i \leqq r)$ をつけ加えて $\{\boldsymbol{f}_1, \cdots, \boldsymbol{f}_p, \boldsymbol{f}_{p+1}, \cdots, \boldsymbol{f}_r\}$ がまた正規直交系になる（従って W の底になる）ようにすることができる．

証　正規直交系は一次独立であるから，上の条件の下に $p \leqq r$ なることは明らかである．従って，$p < r$ であるとき，適当に $\boldsymbol{f}_{p+1} \in W$ をつけ加えて $\{\boldsymbol{f}_1, \cdots, \boldsymbol{f}_p, \boldsymbol{f}_{p+1}\}$ がまた正規直交系になるようにできることを示せば，$r - p$ に関する帰納法によって定理が証明される．

さて，$p < r$ とすれば，$\dim W = r$ であるから，$\{\boldsymbol{f}_1, \cdots, \boldsymbol{f}_p\}$ に一次従属でない W のベクトルが必ず存在する．その任意の一つを $\boldsymbol{a}$ とする．今，

$$c_i = (\boldsymbol{a}, \boldsymbol{f}_i), \qquad (1 \leqq i \leqq p)$$

$$\boldsymbol{a}' = \sum_{i=1}^{p} c_i \boldsymbol{f}_i, \qquad \boldsymbol{a}'' = \boldsymbol{a} - \boldsymbol{a}'$$

とおけば，$\boldsymbol{a}$ のとり方から $\boldsymbol{a}'' \neq \boldsymbol{0}$．また，$(\boldsymbol{a}'', \boldsymbol{f}_i) = (\boldsymbol{a}, \boldsymbol{f}_i) - (\boldsymbol{a}', \boldsymbol{f}_i) = c_i - c_i = 0$．よって $\boldsymbol{a}''$ はすべての $\boldsymbol{f}_i$ $(1 \leqq i \leqq p)$ と直交する．さらに

$$\boldsymbol{f}_{p+1} = \frac{1}{\|\boldsymbol{a}''\|} \boldsymbol{a}''$$

とおけば，$(\boldsymbol{f}_{p+1}, \boldsymbol{f}_i) = \|\boldsymbol{a}''\|^{-1}(\boldsymbol{a}'', \boldsymbol{f}_i) = 0$ $(1 \leqq i \leqq p)$，$(\boldsymbol{f}_{p+1}, \boldsymbol{f}_{p+1}) = \|\boldsymbol{a}''\|^{-2}(\boldsymbol{a}'', \boldsymbol{a}'') = 1$．すなわち $(\boldsymbol{f}_{p+1}, \boldsymbol{f}_i) = \delta_{p+1, i}$ $(1 \leqq i \leqq p + 1)$．よって $\{\boldsymbol{f}_1, \cdots, \boldsymbol{f}_p, \boldsymbol{f}_{p+1}\}$ はまた W に含まれる正規直交系になる．（証終）

特に $p = 0$ の場合として次の系が得られる．

系　任意の部分空間 W の底としてつねに正規直交系 $\{\boldsymbol{f}_1, \cdots, \boldsymbol{f}_r\}$ をとることができる．

さて始めに W の生成元 $\{\boldsymbol{b}_1, \cdots, \boldsymbol{b}_s\}$ が与えられているとすれば，上の証明における $\boldsymbol{a}$ を $\boldsymbol{b}_j$ $(1 \leqq j \leqq s)$ の中からえらぶことができる．特に W の一つの底 $\{\boldsymbol{a}_1, \cdots, \boldsymbol{a}_r\}$ が与えられているならば，上に述べた方法 $(p = 0)$ により正規直交系 $\{\boldsymbol{f}_1, \cdots, \boldsymbol{f}_r\}$ を構成するとき，帰納法の第 i 段階における $\boldsymbol{a}$ として $\boldsymbol{a}_i$ をとることができる．そのとき $\boldsymbol{f}_i$ $(1 \leqq i \leqq r)$ は

$$(6) \qquad \begin{aligned} \boldsymbol{f}_1 &= c_{11}\boldsymbol{a}_1, \\ \boldsymbol{f}_2 &= c_{12}\boldsymbol{a}_1 + c_{22}\boldsymbol{a}_2, \\ &\cdots\cdots \\ \boldsymbol{f}_r &= c_{1r}\boldsymbol{a}_1 + c_{2r}\boldsymbol{a}_2 + \cdots + c_{rr}\boldsymbol{a}_r \end{aligned}$$

なる形に表わされる．上の証明からわかるように，$\boldsymbol{f}_1, \cdots, \boldsymbol{f}_p$ がすでに得られているとき，$\boldsymbol{f}_{p+1}$ は

$$(7) \qquad \boldsymbol{f}_{p+1} = \frac{\boldsymbol{a}_{p+1}'}{\|\boldsymbol{a}_{p+1}'\|}, \qquad \boldsymbol{a}_{p+1}' = \boldsymbol{a}_{p+1} - \sum_{i=1}^{p} (\boldsymbol{a}_{p+1}, \boldsymbol{f}_i)\boldsymbol{f}_i$$

によって与えられる．このようにして与えられたベクトルの集合から正規直交系を構成する方法を **Schmidt の直交化法**という．

問 1 p. 93 の問に記したベクトルから上記の方法で正規直交系を作れ．

(6) において明らかに $c_{ii} \neq 0$ $(1 \leqq i \leqq r)$ である．(実際，$c_{ii} = \|a_i'\|^{-1}$．) (6) を逆に $\boldsymbol{a}_i$ $(1 \leqq i \leqq r)$ に関して解けば

$$\begin{aligned} \boldsymbol{a}_1 &= c_{11}'\boldsymbol{f}_1, \\ \boldsymbol{a}_2 &= c_{12}'\boldsymbol{f}_1 + c_{22}'\boldsymbol{f}_2, \\ &\cdots\cdots \\ \boldsymbol{a}_r &= c_{1r}'\boldsymbol{f}_1 + c_{2r}'\boldsymbol{f}_2 + \cdots + c_{rr}'\boldsymbol{f}_r. \end{aligned}$$

ここに $c_{ii}' = c_{ii}^{-1} \neq 0$ $(1 \leqq i \leqq r)$．今，$\boldsymbol{a}_j, \boldsymbol{f}_j$ $(1 \leqq j \leqq r)$ を第 j 列ベクトルとする (n, r) 行列を A, F とすれば

$$(*) \qquad A = F\begin{pmatrix} c_{11}' & c_{12}' & \cdots & c_{1r}' \\ & c_{22}' & \cdots & c_{2r}' \\ & & \ddots & \vdots \\ 0 & & & c_{rr}' \end{pmatrix}.$$

${}^tFF = ((\boldsymbol{f}_i, \boldsymbol{f}_j)) = (\delta_{ij}) = E^{(r)}$ であるから

$$\begin{aligned} {}^tAA &= \begin{pmatrix} (\boldsymbol{a}_1, \boldsymbol{a}_1) & (\boldsymbol{a}_1, \boldsymbol{a}_2) & \cdots & (\boldsymbol{a}_1, \boldsymbol{a}_r) \\ (\boldsymbol{a}_2, \boldsymbol{a}_1) & (\boldsymbol{a}_2, \boldsymbol{a}_2) & \cdots & (\boldsymbol{a}_2, \boldsymbol{a}_r) \\ & \cdots\cdots & & \\ (\boldsymbol{a}_r, \boldsymbol{a}_1) & (\boldsymbol{a}_r, \boldsymbol{a}_2) & \cdots & (\boldsymbol{a}_r, \boldsymbol{a}_r) \end{pmatrix} \\ &= \begin{pmatrix} c_{11}' & & & 0 \\ c_{12}' & c_{22}' & & \\ \vdots & \vdots & \ddots & \\ c_{1r}' & c_{2r}' & \cdots & c_{rr}' \end{pmatrix} \begin{pmatrix} c_{11}' & c_{12}' & \cdots & c_{1r}' \\ & c_{22}' & \cdots & c_{2r}' \\ & & \ddots & \vdots \\ 0 & & & c_{rr}' \end{pmatrix}. \end{aligned}$$

よって

$$\det({}^tAA) = \det((\boldsymbol{a}_i, \boldsymbol{a}_j)) = \left(\prod_{i=1}^{r} c_{ii}'\right)^2 \neq 0.$$

このようにして定理 2 の系の別証が得られる．

$r = n$ の場合には ${}^tFF = F{}^tF = E^{(n)}$，すなわち $F^{-1} = {}^tF$ である．このような正方行列を‘直交行列’という．(∗) は任意の正則行列が直交行列と（正則な）三角行列の積として表わされることを示している．

さて，部分空間 W が与えられたとき，W のすべてのベクトル $\boldsymbol{y}$ と直交するようなベクトル $\boldsymbol{x}$ 全体の集合，すなわち

$$\{\boldsymbol{x} \,;\, (\boldsymbol{x}, \boldsymbol{y}) = 0 \quad \text{for all } \boldsymbol{y} \in W\}$$

は明らかに一つの部分空間になる．これを W の**直交補空間**といい，$W^{\perp}$ で表わす．これに関して次の定理が成立する．

定理６　任意の部分空間 W に対し，その直交補空間を $W^\perp$ とすれば，V^n は W と $W^\perp$ の直和に分解される．すなわち

(8) $$V^n = W + W^\perp, \qquad W \cap W^\perp = \{\mathbf{0}\}.$$

特に

(9) $$\dim W^\perp = n - \dim W.$$

証　$W \cap W^\perp = \{\mathbf{0}\}$ であることは明らかである．実際，$\boldsymbol{x} \in W \cap W^\perp$ とすれば，$(\boldsymbol{x}, \boldsymbol{x}) = 0$，従って $\boldsymbol{x} = \mathbf{0}$ でなければならない．よって，$V^n = W + W^\perp$ であること，すなわち任意の $\boldsymbol{x} \in V^n$ が $\boldsymbol{x} = \boldsymbol{x}' + \boldsymbol{x}''$，$\boldsymbol{x}' \in W$，$\boldsymbol{x}'' \in W^\perp$ の形に表わされることを示せばよい．今，$\dim W = r$ とし，W の正規直交底 $\{\boldsymbol{f}_1, \cdots, \boldsymbol{f}_r\}$ をとる．（定理５の系．）

$$(\boldsymbol{x}, \boldsymbol{f}_i) = c_i \qquad (1 \leqq i \leqq r),$$

$$\boldsymbol{x}' = \sum_{i=1}^{r} c_i \boldsymbol{f}_i, \qquad \boldsymbol{x}'' = \boldsymbol{x} - \boldsymbol{x}'$$

とおけば，明らかに $\boldsymbol{x}' \in W$，また任意の $\boldsymbol{f}_i$ $(1 \leqq i \leqq r)$ に対して

$$(\boldsymbol{x}'', \boldsymbol{f}_i) = (\boldsymbol{x}, \boldsymbol{f}_i) - (\boldsymbol{x}', \boldsymbol{f}_i) = c_i - c_i = 0.$$

$W = \{\{\boldsymbol{f}_1, \cdots, \boldsymbol{f}_r\}\}$ であるから，任意の $\boldsymbol{y} \in W$ に対して $(\boldsymbol{x}'', \boldsymbol{y}) = 0$．よって $\boldsymbol{x}'' \in W^\perp$ である．

V^n が W と $W^\perp$ の直和であるから，定理４の系によって (9) を得る．（証終）

問２　W^r の正規直交底 $\{\boldsymbol{f}_1, \cdots, \boldsymbol{f}_r\}$ を延長して V^n の正規直交底 $\{\boldsymbol{f}_1, \cdots, \boldsymbol{f}_r, \cdots, \boldsymbol{f}_n\}$ を作ることができる．（定理５．）そのとき $\{\boldsymbol{f}_{r+1}, \cdots, \boldsymbol{f}_n\}$ は $W^\perp$ の底になることを証明せよ．

問３　$V^n = W_1 + W_2$，$W_1 \perp W_2$ *) とすれば，$W_2 = W_1{}^\perp$ であることを証明せよ．

上の定理により，$\boldsymbol{x} \in V^n$ は

$$\boldsymbol{x} = \boldsymbol{x}' + \boldsymbol{x}'', \qquad \boldsymbol{x}' \in W,\ \boldsymbol{x}'' \in W^\perp$$

の形に一意的に表わされる．今，$\boldsymbol{y} = \boldsymbol{y}' + \boldsymbol{y}''$，$\boldsymbol{y}' \in W$，$\boldsymbol{y}'' \in W^\perp$ とすれば

$$c\boldsymbol{x} = c\boldsymbol{x}' + c\boldsymbol{x}'',$$

$$\boldsymbol{x} + \boldsymbol{y} = (\boldsymbol{x}' + \boldsymbol{y}') + (\boldsymbol{x}'' + \boldsymbol{y}'')$$

がそれぞれ $c\boldsymbol{x}$，$\boldsymbol{x} + \boldsymbol{y}$ の同様な表現を与える．また

$$(\boldsymbol{x}, \boldsymbol{y}) = (\boldsymbol{x}', \boldsymbol{y}') + (\boldsymbol{x}'', \boldsymbol{y}'')$$

が成立する．すなわち V^n におけるベクトルの演算（加法，スカラー倍，内積）は完全に W，$W^\perp$ における演算に分解されるのである．

例　W，W_1，W_2 を部分空間とするとき，次の関係が成立する．

---

*)　$W_1 \perp W_2$ はすべての $\boldsymbol{x}_1 \in W_1$，$\boldsymbol{x}_2 \in W_2$ に対し $(\boldsymbol{x}_1, \boldsymbol{x}_2) = 0$ が成立することを表わす．

(10) $$(W^{\perp})^{\perp} = W,$$

(11) $$(W_1 + W_2)^{\perp} = W_1^{\perp} \cap W_2^{\perp},$$

(12) $$(W_1 \cap W_2)^{\perp} = W_1^{\perp} + W_2^{\perp}.$$

証　まず，$(W^{\perp})^{\perp} \supset W$ なることは定義から明らかである．(9) により

$$\dim(W^{\perp})^{\perp} = n - \dim W^{\perp} = n - (n - \dim W) = \dim W.$$

よって (2) により $(W^{\perp})^{\perp} = W$ でなければならない．

次に $W_1 + W_2 \supset W_1$ であるから，$(W_1 + W_2)^{\perp} \subset W_1^{\perp}$．同様に，$(W_1 + W_2)^{\perp} \subset W_2^{\perp}$．よって，$(W_1 + W_2)^{\perp} \subset W_1^{\perp} \cap W_2^{\perp}$．逆に $\boldsymbol{y} \in W_1^{\perp} \cap W_2^{\perp}$ とすれば，任意の $\boldsymbol{x} = \boldsymbol{x}_1 + \boldsymbol{x}_2$, $\boldsymbol{x}_1 \in W_1$, $\boldsymbol{x}_2 \in W_2$ に対し，$(\boldsymbol{x}, \boldsymbol{y}) = (\boldsymbol{x}_1, \boldsymbol{y}) + (\boldsymbol{x}_2, \boldsymbol{y}) = 0$．よって，$\boldsymbol{y} \in (W_1 + W_2)^{\perp}$．すなわち，$W_1^{\perp} \cap W_2^{\perp} \subset (W_1 + W_2)^{\perp}$．ゆえに $(W_1 + W_2)^{\perp} = W_1^{\perp} \cap W_2^{\perp}$．

(12) は (10) と (11) とから次のように証明される．

$$(W_1^{\perp} + W_2^{\perp})^{\perp} = (W_1^{\perp})^{\perp} \cap (W_2^{\perp})^{\perp} \qquad \text{((11) による)}$$
$$= W_1 \cap W_2, \qquad \text{((10) による)}$$
$$\therefore \quad (W_1 \cap W_2)^{\perp} = ((W_1^{\perp} + W_2^{\perp})^{\perp})^{\perp}$$
$$= W_1^{\perp} + W_2^{\perp}. \qquad \text{((10) による)}$$

§4　一次写像（行列）の階数

m 次元ベクトル空間 V^m から n 次元ベクトル空間 V^n への一次写像 $f : \boldsymbol{x} \longrightarrow A\boldsymbol{x}$ が与えられたとする．(A は (n, m) 行列．) そのとき，V^m のベクトルの（f による）像になっているような V^n のベクトル全体の集合，すなわち

$$\{\boldsymbol{y}\,;\,\boldsymbol{y} \in V^n,\ \boldsymbol{y} = A\boldsymbol{x}\ \ (\boldsymbol{x} \in V^m)\}$$

は容易にわかるように V^n の部分空間になる．これを f（または A）の**像**といい，$f(V^m)$（または AV^m）で表わす．また f によって V^n の零ベクトルに写されるような V^m のベクトル全体の集合，すなわち

$$\{\boldsymbol{x}\,;\,\boldsymbol{x} \in V^m,\ A\boldsymbol{x} = \mathbf{0}\}$$

は V^m の部分空間になる．これを f（または A）の**核**といい，$f^{-1}(\mathbf{0})$（または $A^{-1}\{\mathbf{0}\}$）で表わす．

一般に V^m の部分空間 W が与えられたとき

$$f(W) = \{\boldsymbol{y}\,;\,\boldsymbol{y} \in V^n,\ \boldsymbol{y} = A\boldsymbol{x}\ \ (\boldsymbol{x} \in W)\}$$

は V^n の部分空間になる．これを‘f による W の像’という．また V^n の部分空間 W' が与えられたとき

$$f^{-1}(W') = \{\boldsymbol{x}\,;\,\boldsymbol{x}\in V^m,\ A\boldsymbol{x}\in W'\}$$

は V^m の部分空間になる．これを‘f による W' の完全逆像’という．f の核は f による $\{\mathbf{0}\}$ の完全逆像である．

さて一次写像 f の像および核の次元に関して次の定理が成立する．

定理 7　f を V^m から V^n への一次写像とすれば

(13)　$$\dim f(V^m) = m - \dim f^{-1}(\mathbf{0}).$$

証　$\dim f^{-1}(\mathbf{0}) = m - r$ とし，$f^{-1}(\mathbf{0})$ の底を $\{\boldsymbol{u}_{r+1}, \cdots, \boldsymbol{u}_m\}$ とする．さらに適当に $\boldsymbol{u}_i$ $(1 \leqq i \leqq r)$ をとり，$\{\boldsymbol{u}_1, \cdots, \boldsymbol{u}_r, \cdots, \boldsymbol{u}_m\}$ が V^m の底になるようにする．(定理 3.) そのとき，$f(\boldsymbol{u}_1), \cdots, f(\boldsymbol{u}_r)$ が $f(V^m)$ の底になることを示せば，$\dim f(V^m) = r$ となり，(13) が得られる．

$V^m = \{\{\boldsymbol{u}_1, \cdots, \boldsymbol{u}_r, \cdots, \boldsymbol{u}_m\}\}$ であるから，$f(V^m) = \{\{f(\boldsymbol{u}_1), \cdots, f(\boldsymbol{u}_r), \cdots, f(\boldsymbol{u}_m)\}\}$．$f(\boldsymbol{u}_{r+1}) = \cdots = f(\boldsymbol{u}_m) = \mathbf{0}$ なるゆえ，$f(V^m) = \{\{f(\boldsymbol{u}_1), \cdots, f(\boldsymbol{u}_r)\}\}$．よって $f(\boldsymbol{u}_1), \cdots, f(\boldsymbol{u}_r)$ が一次独立であることを示せばよい．今

$$\sum_{i=1}^{r} x_i f(\boldsymbol{u}_i) = \mathbf{0}$$

とすれば，$f(\sum_i x_i \boldsymbol{u}_i) = \sum_i x_i f(\boldsymbol{u}_i) = \mathbf{0}$．よって $\sum_{i=1}^{r} x_i \boldsymbol{u}_i \in f^{-1}(\mathbf{0})$．従ってある x_i $(r+1 \leqq i \leqq m)$ があって

$$\sum_{i=1}^{r} x_i \boldsymbol{u}_i = \sum_{i=r+1}^{m} x_i \boldsymbol{u}_i.$$

$\boldsymbol{u}_i$ $(1 \leqq i \leqq m)$ は一次独立であるから，この関係から $x_i = 0$ $(1 \leqq i \leqq m)$ を得る．よって $f(\boldsymbol{u}_i)$ $(1 \leqq i \leqq r)$ は一次独立である．

系 1　f を V^n の一次変換とすれば，f が一対一であることと，f が上への写像であることは同値である．

一次写像 f が一対一であるためには $f^{-1}(\mathbf{0}) = \{\mathbf{0}\}$ が必要かつ十分である．実際，$f^{-1}(\mathbf{0}) = \{\mathbf{0}\}$ とすれば，$\boldsymbol{x}_1, \boldsymbol{x}_2 \in V^m$ に対して

$$\begin{aligned} f(\boldsymbol{x}_1) = f(\boldsymbol{x}_2) &\iff f(\boldsymbol{x}_1 - \boldsymbol{x}_2) = \mathbf{0} \iff \boldsymbol{x}_1 - \boldsymbol{x}_2 = \mathbf{0} \\ &\iff \boldsymbol{x}_1 = \boldsymbol{x}_2. \end{aligned}$$

よって f は一対一である．逆に f が一対一ならば $f^{-1}(\mathbf{0}) = \{\mathbf{0}\}$ なることは明らかである．

証
$$\begin{aligned} f^{-1}(\mathbf{0}) = \{\mathbf{0}\} &\iff \dim f^{-1}(\mathbf{0}) = 0, \\ &\iff \dim f(V^n) = n, \qquad ((13)\ による) \\ &\iff f(V^n) = V^n. \end{aligned}$$

系2 W を V^m の部分空間とすれば

(14) $$\dim f(W) = \dim W - \dim(f^{-1}(\mathbf{0}) \cap W).$$

特に $\dim f(W) \leqq \dim W$ である.

これは定理の証明において, V^m, $f^{-1}(\mathbf{0})$ をそれぞれ W, $f^{-1}(\mathbf{0}) \cap W$ でおきかえることにより全く同様にして証明される.

問1 f を V^m から V^n への一次写像, W' を V^n の部分空間とし, $W = f^{-1}(W')$ とおく. そのとき, $f(W) = f(V^m) \cap W'$ であることを示せ. また (14) を用いて

$$\dim f^{-1}(W') = \dim(f(V^m) \cap W') + \dim f^{-1}(\mathbf{0})$$

を導け.

さて, (13) により $\dim f(V^m)$ と $\dim f^{-1}(\mathbf{0})$ はその一方を知れば, 他方も直ちに知ることができる. よって特に $\dim f(V^m)$ を一次写像 f (または行列 A) の**階数**といい, $\operatorname{rank} f$ (または $\operatorname{rank} A$) で表わす*). すなわち, $\operatorname{rank} f$ は f の像の次元である.

(n, m) 行列 $A = (a_{ij})$ の列ベクトルを $\boldsymbol{a}_1, \cdots, \boldsymbol{a}_m$ とすれば, $\boldsymbol{x} = \begin{pmatrix} x_1 \\ \vdots \\ x_m \end{pmatrix} \in V_m$ に対し

$$f(\boldsymbol{x}) = A\boldsymbol{x} = x_1\boldsymbol{a}_1 + \cdots + x_m\boldsymbol{a}_m.$$

よって, $f(V^m) = \{\{\boldsymbol{a}_1, \cdots, \boldsymbol{a}_m\}\}$. 従って $\operatorname{rank} A$ は A の列ベクトル $\boldsymbol{a}_1, \cdots, \boldsymbol{a}_m$ のうち一次独立なものの最大個数であるということができる.

これらの定義から明らかなように, 一般に $0 \leqq \operatorname{rank} A \leqq m, n$ であって, $\operatorname{rank} A = 0 \Longleftrightarrow A = 0$. また,

$$\begin{aligned}\operatorname{rank} A = m &\Longleftrightarrow [\boldsymbol{a}_1, \cdots, \boldsymbol{a}_m \text{ が一次独立}] \\ &\Longleftrightarrow [f : \boldsymbol{x} \longrightarrow A\boldsymbol{x} \text{ が一対一の写像}] \\ &\quad (\text{このとき } m \leqq n) \\ \operatorname{rank} A = n &\Longleftrightarrow [\boldsymbol{a}_1, \cdots, \boldsymbol{a}_m \text{ が } V^n \text{ を生成する}] \\ &\Longleftrightarrow [f : \boldsymbol{x} \longrightarrow A\boldsymbol{x} \text{ が上への写像}] \\ &\quad (\text{このとき } m \geqq n)\end{aligned}$$

である. 特に $m = n$ のとき, これらの条件はすべて同値となり

$$\operatorname{rank} A = n \Longleftrightarrow |A| \neq 0$$

---

*) これに対して $\dim f^{-1}(\mathbf{0})$ を一次写像 f (または行列 A) の**退化次数** (nullity) ということがある.

$$\iff [f : \boldsymbol{x} \longrightarrow A\boldsymbol{x}\ \text{が一対一の写像}]$$
$$\iff [f : \boldsymbol{x} \longrightarrow A\boldsymbol{x}\ \text{が上への写像}]$$

である.(これが系1に他ならない.)

さて，A を (n, m) 行列，B を (m, l) 行列とすれば

(15) $$\operatorname{rank} AB \leqq \operatorname{rank} A, \operatorname{rank} B$$

である．実際，

$$\operatorname{rank} AB = \dim ABV^l \begin{cases} \leqq \dim AV^m = \operatorname{rank} A, \\ \leqq \dim BV^l = \operatorname{rank} B. \end{cases} \qquad \text{(定理7の系2)}$$

このことから行列の階数に関して次の不変性が得られる．

定理8　A を (n, m) 行列，P，Q をそれぞれ n 次，m 次の正則行列とすれば

(16) $$\operatorname{rank} PAQ = \operatorname{rank} PA = \operatorname{rank} AQ = \operatorname{rank} A.$$

証　(15) から $\operatorname{rank} PA \leqq \operatorname{rank} A$．$P$ は正則であるから

$$\operatorname{rank} A = \operatorname{rank} P^{-1}(PA) \leqq \operatorname{rank} PA.$$

ゆえに $\operatorname{rank} PA = \operatorname{rank} A$ である．同様にして $\operatorname{rank} AQ = \operatorname{rank} A$ を得る．従ってまた，$\operatorname{rank} PAQ = \operatorname{rank} P(AQ) = \operatorname{rank} AQ = \operatorname{rank} A$.(証終)

行列 A に対して

1) 一つの列（行）にそれ以外の列（行）の一次結合を加えること，

2) 一つの列（行）を $\neq 0$ なるスカラー倍すること，

3) 列（行）の置換を行うこと

等の変換を行っても，A の階数は明らかに不変である．II, §5, 例1で述べたように，これらのことは定理8の特別な場合と考えられる．

さて A の階数はまた A の‘小行列式’を使って次のように定義することができる，$r \leqq n, m$ とし，A から任意に r 個の行および列をえらんで作られる r 次の行列式を A の **r 次の小行列式**という．それらは全体で $\binom{m}{r}\binom{n}{r}$ 個ある．定理2によれば，A の列ベクトルの中に r 個の一次独立なベクトルが存在し，しかも $(r+1)$ 個以上一次独立なベクトルが存在しないためには，A の r 次の小行列式の中に $\neq 0$ なるものが存在し，しかも $(r+1)$ 次以上の小行列式はすべて $= 0$ であることが必要かつ十分である．よって $\operatorname{rank} A$ を <u>A に含まれる $\neq 0$ なる小行列式の最大次数</u>として定義することができる．

問2　次の行列の階数を求めよ．

$$\begin{pmatrix}1&1&1\\1&1&1\\1&1&1\end{pmatrix},\quad\begin{pmatrix}0&1&1\\1&0&1\\1&1&0\end{pmatrix},\quad\begin{pmatrix}-2&1&1\\1&-2&1\\1&1&-2\end{pmatrix}$$

問3 小行列式による階数の定義にもとづいて (15) を証明せよ．

注意 定理2の別証からわかるように，いま例えば $\varDelta_r = \begin{vmatrix} a_{11} & \cdots & a_{1r} \\ & \cdots\cdots & \\ a_{r1} & \cdots & a_{rr} \end{vmatrix} \neq 0$ で，かつ $\varDelta_r$ を含む $(r+1)$ 次の小行列式がすべて $=0$ であるとすれば，A の列ベクトル $\boldsymbol{a}_1, \cdots, \boldsymbol{a}_m$ のうち $\boldsymbol{a}_1, \cdots, \boldsymbol{a}_r$ は一次独立，かつその他の $\boldsymbol{a}_i$ $(r+1 \leqq i \leqq m)$ は $\{\boldsymbol{a}_1, \cdots, \boldsymbol{a}_r\}$ に一次従属になる．従って，A の階数が r であるためには，A の r 次の小行列式の中に $\neq 0$ なるものが存在し，かつそれを含む $(r+1)$ 次の小行列式がすべて $=0$ になることが必要十分である．

小行列式による階数の定義から直ちに次の定理が得られる．

定理9 転置行列の階数はもとの行列の階数に等しい．すなわち

$$\text{(17)} \qquad \operatorname{rank} {}^t\!A = \operatorname{rank} A.$$

この定理は次のように証明することもできる．${}^t\!A$ の列ベクトル，すなわち A の行ベクトルを $\boldsymbol{a}^{(1)}, \cdots, \boldsymbol{a}^{(n)}$ とおけば，$\boldsymbol{x} = \begin{pmatrix} x_1 \\ \vdots \\ x_m \end{pmatrix} \in V^m$ に対し

$$x_1\boldsymbol{a}_1 + \cdots + x_m\boldsymbol{a}_m = \mathbf{0} \iff (\boldsymbol{x}, \boldsymbol{a}^{(i)}) = 0 \qquad (1 \leqq i \leqq n).$$

よって $f: \boldsymbol{x} \longrightarrow A\boldsymbol{x}$, ${}^t\!f: \boldsymbol{y} \longrightarrow {}^t\!A\boldsymbol{y}$ とおけば，

$$\boldsymbol{x} \in f^{-1}(\mathbf{0}) \iff \boldsymbol{x} \in \{\{\boldsymbol{a}^{(1)}, \cdots, \boldsymbol{a}^{(n)}\}\}^{\perp} = ({}^t\!f(V^n))^{\perp}.$$

すなわち，$f^{-1}(\mathbf{0}) = ({}^t\!f(V^n))^{\perp}$ である．さて (13) により

$$\dim f^{-1}(\mathbf{0}) = m - \operatorname{rank} f.$$

一方 (9) により

$$\begin{aligned}\dim({}^t\!f(V^n))^{\perp} &= m - \dim {}^t\!f(V^n) \\ &= m - \operatorname{rank} {}^t\!f\end{aligned}$$

よって $f^{-1}(\mathbf{0}) = ({}^t\!f(V^n))^{\perp}$ から $\operatorname{rank} f = \operatorname{rank} {}^t\!f$，すなわち (17) が得られる．—— 逆に，(9)，(17) または (13)，(17) からそれぞれ (13)，(9) を導くこともできる．すなわち，(9)，(13)，(17) の中の任意の二つから他の一つが導かれるのである．

定理9により $\operatorname{rank} A$ は A の行ベクトル $\boldsymbol{a}^{(1)}, \cdots, \boldsymbol{a}^{(n)}$ のうち一次独立なものの最大個数であるということができる．

例1 A, B を (n, m) 行列とすれば

$$\operatorname{rank}(A+B) \leqq \operatorname{rank} A + \operatorname{rank} B.$$

実際，$(A+B)V^m \subset AV^m + BV^m$ であるから

$$\operatorname{rank}(A+B) = \dim(A+B)V^m \overset{*}{\leqq} \dim(AV^m + BV^m)$$

$$\overset{*}{\leqq} \dim AV^m + \dim BV^m = \operatorname{rank} A + \operatorname{rank} B.$$

特に，$\operatorname{rank}(A+B) = \operatorname{rank} A + \operatorname{rank} B$ となるためには，＊印の個所において共に等号が成立することが必要十分である．よって

$$\operatorname{rank}(A+B) = \operatorname{rank} A + \operatorname{rank} B \iff (A+B)V^m = AV^m + BV^m \quad (\text{直和}).$$

例 2 A を (n, m) 行列，B を (m, l) 行列とすれば

$$\operatorname{rank} A + \operatorname{rank} B - m \leqq \operatorname{rank}(AB) \leqq \operatorname{Min}\{\operatorname{rank} A, \operatorname{rank} B\}.$$

右側の不等式は既知（(15)）であるから左側の不等式を証明しよう．$W = BV^l$, $f: \boldsymbol{x} \longrightarrow A\boldsymbol{x}$ $(\boldsymbol{x} \in V^m)$ に対して (14) を適用すれば

$$\begin{aligned} \operatorname{rank} AB &= \dim ABV^l = \dim AW \\ &= \dim W - \dim(A^{-1}\{\mathbf{0}\} \cap W) \\ &\overset{*}{\geqq} \dim W - \dim A^{-1}\{\mathbf{0}\}. \\ &= \dim BV^l - (m - \dim AV^m) \qquad ((13)\ \text{による}) \\ &= \operatorname{rank} A + \operatorname{rank} B - m. \end{aligned}$$

特に，$\operatorname{rank} AB = \operatorname{rank} A + \operatorname{rank} B - m$ となるためには，＊印の個所において等号が成立すること，すなわち $A^{-1}\{\mathbf{0}\} \subset BV^l$ が必要十分である．

問 4 A, B, C を n 次正方行列とする．$ABC = 0$ ならば

$$\operatorname{rank} A + \operatorname{rank} B + \operatorname{rank} C \leqq 2n$$

であることを証明せよ．

問 5 例 2 と同じ記号の下に

$$\operatorname{rank} AB = \operatorname{rank} A \iff A^{-1}\{\mathbf{0}\} + BV^l = V^m,$$
$$\operatorname{rank} AB = \operatorname{rank} B \iff A^{-1}\{\mathbf{0}\} \cap BV^l = \{\mathbf{0}\}$$

であることを証明せよ．

例 3 $\boldsymbol{a} = (a_i)$，$\boldsymbol{b} = (b_j)$ をそれぞれ $\neq \mathbf{0}$ なる n 次元ベクトル，m 次元ベクトルとすれば

$$A = \boldsymbol{a}\,{}^t\boldsymbol{b} = \begin{pmatrix} a_1b_1 & a_1b_2 & \cdots & a_1b_m \\ a_2b_1 & a_2b_2 & \cdots & a_2b_m \\ & \cdots\cdots & & \\ a_nb_1 & a_nb_2 & \cdots & a_nb_m \end{pmatrix}$$

の階数は 1 である．実際，A の列ベクトルは $b_1\boldsymbol{a}, \cdots, b_m\boldsymbol{a}$ であって，ある $b_j \neq 0$，また $\boldsymbol{a} \neq \mathbf{0}$．よって $\{\{b_1\boldsymbol{a}, \cdots, b_m\boldsymbol{a}\}\} = \{\{\boldsymbol{a}\}\}$ は 1 次元である．逆に，$\operatorname{rank} A = 1$ なる任意の (n, m) 行列 A は必ずある $\boldsymbol{a} \neq \mathbf{0}$，$\boldsymbol{b} \neq \mathbf{0}$ に対して上の形にかき表わされる．実際，A の列ベクトルを $\boldsymbol{a}_1, \cdots, \boldsymbol{a}_m$ とすれば，$\dim\{\{\boldsymbol{a}_1, \cdots, \boldsymbol{a}_m\}\} = \operatorname{rank} A$

$=1$. よってある n 次元ベクトル $\boldsymbol{a} \neq \mathbf{0}$ があって $\{\{\boldsymbol{a}_1, \cdots, \boldsymbol{a}_m\}\} = \{\{\boldsymbol{a}\}\}$. 従って, $\boldsymbol{a}_j = b_j\boldsymbol{a}$ と表わされる. しかも, $\boldsymbol{b} = (b_j) \neq \mathbf{0}$ である. よって, $A = \boldsymbol{a}{}^t\boldsymbol{b}$, $\boldsymbol{a}, \boldsymbol{b} \neq \mathbf{0}$.

§5　連立一次方程式（一般の場合）

この節では最も一般な連立一次方程式についてその解法を説明する. すなわち m 個の変数 $x_1, x_2, \cdots, x_m$ に関する n 個の一次方程式の系

$$\text{(18)}\qquad \begin{cases} a_{11}x_1 + a_{12}x_2 + \cdots + a_{1m}x_m = b_1 \\ a_{21}x_1 + a_{22}x_2 + \cdots + a_{2m}x_m = b_2 \\ \qquad\qquad\cdots\cdots \\ a_{n1}x_1 + a_{n2}x_2 + \cdots + a_{nm}x_m = b_n \end{cases}$$

が与えられたとする. この連立一次方程式が解をもつための条件, 解ける場合の解の状態, またその解すべてを得るための具体的な方法等を求めることがわれわれの問題である.

$$A = (a_{ij}), \quad \boldsymbol{x} = (x_j), \quad \boldsymbol{b} = (b_i) \quad (1 \leqq i \leqq n,\ 1 \leqq j \leqq m)$$

とおけば, (18) を

$$\text{(19)}\qquad A\boldsymbol{x} = \boldsymbol{b}$$

と書くことができる. さらに A の列ベクトルを $\boldsymbol{a}_j$ $(1 \leqq j \leqq m)$, 行ベクトルを $\boldsymbol{a}^{(i)}$ $(1 \leqq i \leqq n)$ で表わすことにする. われわれはまず斉次の場合, すなわち $\boldsymbol{b} = \mathbf{0}$ の場合を考察し, 次に一般の場合（$\boldsymbol{b} = \mathbf{0}$ と仮定しない場合）の考察に移ることにしよう.

(19) からわかるように, (18) を解くことは, V^m から V^n への一次写像 $f: \boldsymbol{x} \longrightarrow A\boldsymbol{x}$ と $\boldsymbol{b} \in V^n$ とが与えられたとき, f によって $\boldsymbol{b}$ に写されるような $\boldsymbol{x} \in V^m$ の全体（f による $\{\boldsymbol{b}\}$ の完全逆像）を求めることに他ならない. 特に $\boldsymbol{b} = \mathbf{0}$ の場合にはそれは f の核である. このようにベクトル空間や一次写像の概念を使うと連立一次方程式解法の意義が鮮明になる.

斉次の場合　(18)（または (19)）において $b_i = 0$ $(1 \leqq i \leqq n)$（または $\boldsymbol{b} = \mathbf{0}$）の場合を (18*)（または (19*)）で表わそう. すなわち

$$\text{(18*)}\qquad \sum_{j=1}^{m} a_{ij}x_j = 0 \qquad (1 \leqq i \leqq n)$$

$$\text{(19*)}\qquad A\boldsymbol{x} = \mathbf{0}$$

(19*) を満足する $\boldsymbol{x} \in V^m$ の全体は V^m の一つの部分空間を作る．これを (18*) の**解ベクトル空間**（または単に**解空間**）という．それは一次写像 $f: \boldsymbol{x} \longrightarrow A\boldsymbol{x}$ の核であるが，さらに次のように考えることもできる．すなわち，A の行ベクトル $\boldsymbol{a}^{(1)}, \cdots, \boldsymbol{a}^{(n)}$ を使って (18*) を

(20)
$$(\boldsymbol{a}^{(i)}, \boldsymbol{x}) = 0 \qquad (1 \leqq i \leqq n)$$

とかくことができる．従って解ベクトル空間は $\{\{\boldsymbol{a}^{(1)}, \cdots, \boldsymbol{a}^{(n)}\}\}^{\perp}$ に他ならない．

さて，$\operatorname{rank} A = r$ とし簡単のため $\begin{vmatrix} a_{11} & \cdots & a_{1r} \\ & \cdots\cdots & \\ a_{r1} & \cdots & a_{rr} \end{vmatrix} \neq 0$ と仮定する.（そうでないときには適当に行，列の置換を行えばよい.）そのとき $\boldsymbol{a}^{(1)}, \cdots, \boldsymbol{a}^{(r)}$ は一次独立，他の $\boldsymbol{a}^{(i)}$ はそれらの一次結合として表わされる.（定理 2.）（すなわち $\boldsymbol{a}^{(1)}, \cdots, \boldsymbol{a}^{(r)}$ が $\{\{\boldsymbol{a}^{(1)}, \cdots, \boldsymbol{a}^{(n)}\}\}$ の底になる.）従って (20) は

(20′)
$$(\boldsymbol{a}^{(i)}, \boldsymbol{x}) = 0 \qquad (1 \leqq i \leqq r)$$

と同値である．このように (18*) を解く際に後の $(n-r)$ 個の方程式は不要になる．(20′) を変形すれば

$$\begin{cases} a_{11}x_1 + \cdots + a_{1r}x_r = -a_{1,r+1}x_{r+1} - \cdots - a_{1m}x_m \\ a_{21}x_1 + \cdots + a_{2r}x_r = -a_{2,r+1}x_{r+1} - \cdots - a_{2m}x_m \\ \cdots\cdots \\ a_{r1}x_1 + \cdots + a_{rr}x_r = -a_{r,r+1}x_{r+1} - \cdots - a_{rm}x_m \end{cases}$$

ここで $x_{r+1}, \cdots, x_m$ に任意の実数値を代入し，Cramer の公式 (II, (28)) により，この連立一次方程式を $x_1, \cdots, x_r$ に関して解けば，(20′) のすべての解が得られる．特に

$$\begin{pmatrix} x_{r+1} \\ x_{r+2} \\ \vdots \\ x_m \end{pmatrix} = \begin{pmatrix} 1 \\ 0 \\ \vdots \\ 0 \end{pmatrix}, \quad \begin{pmatrix} 0 \\ 1 \\ \vdots \\ 0 \end{pmatrix}, \quad \cdots, \quad \begin{pmatrix} 0 \\ 0 \\ \vdots \\ 1 \end{pmatrix}$$

とおいて上式を解けば

$$(21)\quad \begin{pmatrix} x_1 \\ x_2 \\ \vdots \\ x_r \\ x_{r+1} \\ x_{r+2} \\ \vdots \\ x_m \end{pmatrix} = \begin{pmatrix} -\dfrac{\Delta_{1,r+1}}{\Delta_r} \\ -\dfrac{\Delta_{2,r+1}}{\Delta_r} \\ \vdots \\ -\dfrac{\Delta_{r,r+1}}{\Delta_r} \\ 1 \\ 0 \\ \vdots \\ 0 \end{pmatrix}, \quad \begin{pmatrix} -\dfrac{\Delta_{1,r+2}}{\Delta_r} \\ -\dfrac{\Delta_{2,r+2}}{\Delta_r} \\ \vdots \\ -\dfrac{\Delta_{r,r+2}}{\Delta_r} \\ 0 \\ 1 \\ \vdots \\ 0 \end{pmatrix}, \quad \cdots, \quad \begin{pmatrix} -\dfrac{\Delta_{1m}}{\Delta_r} \\ -\dfrac{\Delta_{2m}}{\Delta_r} \\ \vdots \\ -\dfrac{\Delta_{rm}}{\Delta_r} \\ 0 \\ 0 \\ \vdots \\ 1 \end{pmatrix}$$

ただし

$$\Delta_r = \begin{vmatrix} a_{11} & a_{12} & \cdots & a_{1r} \\ a_{21} & a_{22} & \cdots & a_{2r} \\ & \cdots\cdots & & \\ a_{r1} & a_{r2} & \cdots & a_{rr} \end{vmatrix}, \qquad \Delta_{i,r+j} = \begin{vmatrix} a_{11} & & \overset{i}{\smile} a_{1,r+j} & & a_{1r} \\ a_{21} & \cdots & a_{2,r+j} & \cdots & a_{2r} \\ \vdots & & \vdots & & \vdots \\ a_{r1} & & a_{r,r+j} & & a_{rr} \end{vmatrix}$$

$$(1 \leqq i \leqq r,\ 1 \leqq j \leqq m - r)$$

容易にわかるようにこれらのベクトルは解ベクトル空間の一つの底になる．実際，(21) のベクトルを $\boldsymbol{x}_1, \boldsymbol{x}_2, \cdots, \boldsymbol{x}_{m-r}$ とおけば，一般に $\begin{pmatrix} x_{r+1} \\ x_{r+2} \\ \vdots \\ x_m \end{pmatrix} = \begin{pmatrix} c_1 \\ c_2 \\ \vdots \\ c_{m-r} \end{pmatrix}$ に対応する (20′) の解ベクトルは $c_1\boldsymbol{x}_1 + c_2\boldsymbol{x}_2 + \cdots + c_{m-r}\boldsymbol{x}_{m-r}$ で与えられる.（あるいは，$x_{r+1}, \cdots, x_m$ を変数のままにしておいて上記の連立一次方程式を解けば直ちに‘一般解ベクトル’ $x_{r+1}\boldsymbol{x}_1 + \cdots + x_m\boldsymbol{x}_{m-r}$ が得られる.）以上により次の定理が得られた.

定理 10 m 個の変数に関する連立斉一次方程式 (18*) の解ベクトル全体の集合は V^m の一つの部分空間になる.（それを解ベクトル空間という.）係数の行列 A の階数を r とすれば，解ベクトル空間の次元は $m - r$ である[*]．その $(m - r)$ 個の‘基本解’（解空間の底）は，例えば (21) で考えられる.

系 連立斉一次方程式 (18*) が自明でない解をもつためには $r < m$ なることが

---

*) （解空間の次元）$= m - \mathrm{rank}\,A$ なる関係は，（解空間）$= f^{-1}(\mathbf{0}) = \{\{\boldsymbol{a}^{(1)}, \cdots, \boldsymbol{a}^{(n)}\}\}^{\perp}$ に注意すれば，(13) または (9) の関係に他ならない.

必要十分である．例えば方程式の個数 n が $< m$ ならば，確かに自明でない解が存在する．

問 1　次の（連立）斉一次方程式を解け．(基本解を求めよ．)

(i)　$x_1 + x_2 + x_3 + x_4 = 0$,　　(ii)　$\begin{cases} 2x_1 - x_2 - x_3 + 2x_4 = 0 \\ -x_1 + 2x_2 - x_3 - x_4 = 0 \\ -x_1 - x_2 + 2x_3 - x_4 = 0 \end{cases}$

一般の場合　(19) を

$$x_1\boldsymbol{a}_1 + x_2\boldsymbol{a}_2 + \cdots + x_m\boldsymbol{a}_m = \boldsymbol{b}$$

とかくことができる．よって (18) が解をもつための必要十分条件は $\boldsymbol{b} \in \{\{\boldsymbol{a}_1, \cdots, \boldsymbol{a}_m\}\}$ なることである．容易にわかるように

$$\boldsymbol{b} \in \{\{\boldsymbol{a}_1, \cdots, \boldsymbol{a}_m\}\} \iff \{\{\boldsymbol{a}_1, \cdots, \boldsymbol{a}_m\}\} = \{\{\boldsymbol{a}_1, \cdots, \boldsymbol{a}_m, \boldsymbol{b}\}\}$$
$$\iff \dim\{\{\boldsymbol{a}_1, \cdots, \boldsymbol{a}_m\}\} = \dim\{\{\boldsymbol{a}_1, \cdots, \boldsymbol{a}_m, \boldsymbol{b}\}\}.\ \ ((1)\text{ による})$$

よって

$$B = \begin{pmatrix} a_{11} & a_{12} & \cdots & a_{1m} & b_1 \\ a_{21} & a_{22} & \cdots & a_{2m} & b_2 \\ & & \cdots\cdots & & \\ a_{n1} & a_{n2} & \cdots & a_{nm} & b_n \end{pmatrix}$$

とおくならば，この条件を次のようにいい表わすことができる．

定理 11　連立一次方程式 (18) が解をもつためには，$\mathrm{rank}\,A = \mathrm{rank}\,B$ なることが必要かつ十分である．

この条件が満足されるとき，すなわち $\mathrm{rank}\,A = \mathrm{rank}\,B = r$ であるとき，$\begin{vmatrix} a_{11} & \cdots & a_{1r} \\ & \cdots\cdots & \\ a_{r1} & \cdots & a_{rr} \end{vmatrix} \neq 0$ とすれば，斉次の場合と同様，$x_{r+1}, \cdots, x_m$ に任意の実数値を入れ，それに対して (18) の最初の r 個の方程式を $x_1, \cdots, x_r$ に関して解くことにより (18) のすべての解が求められる．

このように (18) の‘一般解’は $(m-r)$ 個の任意定数（パラメーターともいう）を含み，しかも容易にわかるようにこれらの任意定数に関する一次式（一般には定数項を含む）で表わされる．このような解の状態はしかし次のような考察をすることによって明らかになるであろう．

連立一次方程式 (18) に対し，$b_i = 0\ (1 \leqq i \leqq n)$ とおいて得られる連立斉一次方程式 (18*) を (18) に対応する連立斉一次方程式という．$\boldsymbol{x}, \boldsymbol{x}'$ を (18) の任意

の二つの解ベクトルとすれば，明らかに $\boldsymbol{x}'' = \boldsymbol{x} - \boldsymbol{x}'$ は（18*）の解ベクトルになり，逆に $\boldsymbol{x}', \boldsymbol{x}''$ をそれぞれ（18），（18*）の任意の解ベクトルとすれば $\boldsymbol{x} = \boldsymbol{x}' + \boldsymbol{x}''$ は（18）の解ベクトルになる．よって（18）の任意の一つの解（‘特殊解’）を $\boldsymbol{x}_0$ とし，$\boldsymbol{x}$ を（18*）の解ベクトル全体にわたって動かせば，$\boldsymbol{x}_0 + \boldsymbol{x}$ は（18）の解ベクトル全体を動く．従って

定理 12　連立一次方程式（18）が解をもつならば，その一般解は，対応する連立斉一次方程式（18*）の一般解と，（18）の特殊解との和によって与えられる．

（18）の一つの解は例えば $\begin{pmatrix} x_{r+1} \\ \vdots \\ x_m \end{pmatrix} = \begin{pmatrix} 0 \\ \vdots \\ 0 \end{pmatrix}$ とおくことにより次のもので与えられる．

$$(22)\qquad \begin{pmatrix} x_1 \\ x_2 \\ \vdots \\ x_r \\ x_{r+1} \\ x_{r+2} \\ \vdots \\ x_m \end{pmatrix} = \begin{pmatrix} \dfrac{\varDelta_{10}}{\varDelta_r} \\ \dfrac{\varDelta_{20}}{\varDelta_r} \\ \vdots \\ \dfrac{\varDelta_{r0}}{\varDelta_r} \\ 0 \\ 0 \\ \vdots \\ 0 \end{pmatrix}, \qquad \text{ただし}\quad \varDelta_r = \begin{vmatrix} a_{11} & a_{12} & \cdots & a_{1r} \\ a_{21} & a_{22} & \cdots & a_{2r} \\ & \cdots\cdots & & \\ a_{r1} & a_{r2} & \cdots & a_{rr} \end{vmatrix}, \quad \varDelta_{i0} = \begin{vmatrix} a_{11} & & b_1 & & a_{1r} \\ a_{21} & \cdots & b_2 & \cdots & a_{2r} \\ \vdots & & \vdots & & \vdots \\ a_{r1} & & b_r & & a_{rr} \end{vmatrix}.$$

このベクトルを $\boldsymbol{x}_0$ とおけば，（18）の一般解は（18*）の基本解 $\boldsymbol{x}_1, \boldsymbol{x}_2, \cdots, \boldsymbol{x}_{m-r}$ により

$$(23)\qquad \boldsymbol{x} = \boldsymbol{x}_0 + c_1\boldsymbol{x}_1 + c_2\boldsymbol{x}_2 + \cdots + c_{m-r}\boldsymbol{x}_{m-r} \qquad (c_i：\text{任意定数})$$

と表わされる．

問 2　次の連立一次方程式を解け．

$$\text{(i)}\quad \begin{cases} 2x_1 - x_2 - x_3 = 1 \\ -x_1 + 2x_2 - x_3 = 1 \\ -x_1 - x_2 + 2x_3 = 1 \end{cases} \qquad \text{(ii)}\quad \begin{cases} 2x_1 - x_2 - x_3 = 1 \\ -x_1 + 2x_2 - x_3 = 0 \\ -x_1 - x_2 + 2x_3 = -1 \end{cases}$$

注意 1　定理 10 ～ 12 からわかるように連立一次方程式の解の状態は係数を含む‘体’のとり方に関係しない．例えば，実係数の連立一次方程式（18）が実数の範囲で解けないならば，それは複素数の範囲でも解けない．また解をもつとき，その解の自由度（任意定数の数）は実数の範囲で考えても，複素数の範囲で考えても同じである．すなわち，その場合（23）における $\boldsymbol{x}_0, \boldsymbol{x}_1, \cdots, \boldsymbol{x}_{m-r}$ としてすべて実ベクトルをとることができ，任意定数

$c_1, \cdots, c_{m-r}$ を実数の範囲で動かせば，実数の範囲での一般解が，複素数の範囲で動かせば，複素数の範囲での一般解が得られるのである．このように連立一次方程式に対して，それが‘解をもつ’，その‘解の自由度’などという言葉はその係数を含む体のとり方に関係なく使うことができる．このことは次数の高い方程式の場合の事情，例えば二次方程式 $x^2 + y^2 + 1 = 0$ が実数の範囲では解をもたず，複素数の範囲で無数の解をもつことなどと著しい対照をなす．

注意 2　3 次元 Euclid 空間の中に一つの平面 π が与えられたとし，π に含まれる任意の一点 P_0（任意ではあるが以後固定する）の位置ベクトルを $\boldsymbol{x}_0$，π の上にあるベクトル全体の集合 $V(\pi)$ の任意の底を $\boldsymbol{x}_1, \boldsymbol{x}_2$ とすれば，π に含まれる任意の点 P の位置ベクトルは一般に

$$\boldsymbol{x} = \boldsymbol{x}_0 + c_1\boldsymbol{x}_1 + c_2\boldsymbol{x}_2$$

と表わされる．従って $m - r = 2$ の場合，(18) が解をもつならば，その解全体は一つの‘平面’を作ると考えられる．一般に m 次元 Euclid 空間において位置ベクトルが (23) で表わされるような点全体の集合を $(m - r)$ 次元‘線型部分空間’という．1 個の一次方程式

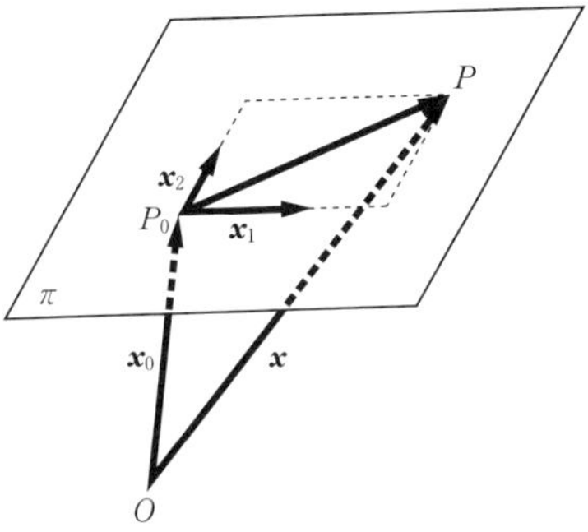

$$a_1x_1 + \cdots + a_mx_m = b \qquad ((a_1, \cdots, a_m) \neq (0, \cdots, 0))$$

の解は一つの $(m - 1)$ 次元線型部分空間（それを超平面ともいう）になる．一般に連立一次方程式 (18) の解は，もし解があるならば，一次方程式 $(\boldsymbol{a}^{(i)}, \boldsymbol{x}) = b_i$ $(\boldsymbol{a}^{(i)} \neq \boldsymbol{0})$ によって定義されるいくつかの超平面（実はそのうち‘一次独立な’もの r 個）の共通部分になる．（附録，§4 参照．）

§6　ベクトル空間の公理化

この節では今まで述べてきたベクトル空間の概念をもう一度反省し整理してみることにしよう．われわれはまず I 章において‘n 次元数ベクトル空間’V^n を考え，V^m から V^n への一次写像には (n, m) 行列が対応することなどを見た．特に $m = n$ の場合，II 章における行列式の概念を使えば，V^n の正則な一次変換（すなわち V^n から自分自身の上への一対一写像であるような一次写像）には，$|A| \neq 0$ であるような n 次行列 A が対応する．（II，定理 6.）このことから係数行列式 $|A| \neq 0$ なる連立一次方程式に対して Cramer の公式を導くことができた．しかし一次写像や連立一次方程式に関してより精密な議論（例えば，$|A| = 0$ の場合の議論）をするためには，V^n 全体でなく，一般にその部分空間 W を考えることが必要になってくる．われわれはこの章の前半においてそのための一般概念を説明した．すなわ

ち V^n の‘部分空間’ W とは V^n の部分集合で

i) $\boldsymbol{a}, \boldsymbol{b} \in W \Longrightarrow \boldsymbol{a} + \boldsymbol{b} \in W$,

ii) $\boldsymbol{a} \in W$, c：スカラー $\Longrightarrow c\boldsymbol{a} \in W$

なるもの，すなわちその中だけでまたベクトルの演算が定義されるものである．§2で述べたように $\dim W = r$ を W に含まれる一次独立なベクトルの最大個数とすれば，W の中に r 個のベクトルからなる底 $\boldsymbol{a}_1, \cdots, \boldsymbol{a}_r$ が存在する．(さらに正規直交系であるような底をとることもできる．(§3.)) しかしここで注意しなければならないのは，n 次元数ベクトル空間 V^n においては特別な底 $\boldsymbol{e}_1, \cdots, \boldsymbol{e}_n$ がはじめから存在していたのに対し，一般の部分空間 W に対してはそのような特別な底は存在しないことである．この点において V^n と W とは概念上大いに異なるわけである．

さて部分空間 W からそれが数ベクトル空間 V^n の部分集合であるという‘相対的’な性質を除去して考えてみれば，容易にそれが次のような性質をもっていることに気がつく*)．すなわち，$\boldsymbol{a}, \boldsymbol{b} \in W$ に対し $\boldsymbol{a} + \boldsymbol{b}$，およびスカラー倍 $c\boldsymbol{a}$ が定義され，これらに関して I, §1 で述べた諸法則 (1)～(9) が成立する．(さらに内積 $(\boldsymbol{a}, \boldsymbol{b})$ が定義され I, §6 の (26)，(27)，(28)，(31)，(32) 等が成立する．) これが W の‘内在的’な性質である．われわれはこのような性質をもつ集合のことを一般に‘ベクトル空間’と名づけることにしよう．

数ベクトルは非常に具体的で考えやすく，そのためにわれわれは最初から数ベクトルを使って説明してきたのであるが，数学の対象をあまりに具体的なものに限ることは応用の上からもまた理論を作る上からも不便なことが多い．実際，応用上しばしば出会う函数の空間（後出の例 1，5 参照）等はすべて上記の抽象化された意味におけるベクトル空間なのである．そこで次にこのような‘抽象的’なベクトル空間の定義（公理）をあげることにしよう．

ベクトル空間に関する基礎概念（§1～3）を最初に確立したのは Grassmann の Ausdehnungslehre (1844) であるといわれている．その後 Peano (1888) がそれを公理論的に整理し，一次写像に関する現代的理論を与えた．一方，行列の階数の概念（および行列そのもの）は Sylvester (1850) によって定義された．

集合 V が次の二つの条件を満たすとき，V は**ベクトル空間**であるという．(V の元を $\boldsymbol{a}, \boldsymbol{b}, \cdots, \boldsymbol{x}, \boldsymbol{y}, \cdots$ 等で表わし，それらを一般に‘ベクトル’と呼ぶ．)

(I) $\boldsymbol{a}, \boldsymbol{b} \in V$ に対し $\boldsymbol{a} + \boldsymbol{b} \in V$ が定義され，これに関し次の法則が成立する．

---

*) V^n からそれが数ベクトルの集合であるという‘具象的’な性質を除去して考えても同様の結果が得られる．

($\boldsymbol{a}+\boldsymbol{b}$ を $\boldsymbol{a}, \boldsymbol{b}$ の**和**という.)

(1.1)　$(\boldsymbol{a}+\boldsymbol{b})+\boldsymbol{c}=\boldsymbol{a}+(\boldsymbol{b}+\boldsymbol{c})$,　(結合の法則)

(1.2)　$\boldsymbol{a}+\boldsymbol{b}=\boldsymbol{b}+\boldsymbol{a}$,　(交換の法則)

(1.3)　特別なベクトル $\mathbf{0}$ (**零ベクトル**という) が存在し, 任意の $\boldsymbol{a} \in V$ に対し

$$\boldsymbol{a}+\mathbf{0}=\boldsymbol{a},$$

(1.4)　任意の $\boldsymbol{a} \in V$ に対し $-\boldsymbol{a}$ (**逆ベクトル**という) が存在し

$$\boldsymbol{a}+(-\boldsymbol{a})=\mathbf{0}.$$

(II) $\boldsymbol{a} \in V$, c：スカラーに対しスカラー倍 $c\boldsymbol{a} \in V$ が定義され, これと (I) の加法とに関して次の法則が成立する. ($c\boldsymbol{a}$ を $\boldsymbol{a}$ の**スカラー倍**という.)

(2.1)　$(cd)\boldsymbol{a}=c(d\boldsymbol{a})$,　(結合の法則)

(2.2)　$1\boldsymbol{a}=\boldsymbol{a}$,

(2.3)　$c(\boldsymbol{a}+\boldsymbol{b})=c\boldsymbol{a}+c\boldsymbol{b}$,　(ベクトルに関する分配の法則)

(2.4)　$(c+d)\boldsymbol{a}=c\boldsymbol{a}+d\boldsymbol{a}$.　(スカラーに関する分配の法則)

注意　(I) は V が‘加法’に関して可換群 (p. 43 参照) を作るということに他ならない. (II) において‘スカラー’とはある体 K (p. 24 参照) の元のことであるが, 以後特に断らない限りその体は実数体, 従ってスカラーとは実数のことであるとする. (特に K を明示する必要のあるときには, K を‘V の係数体’また V を‘K 上のベクトル空間’などという.)

問 1　(1.1)～(1.4), (2.1)～(2.4) は I の (1)～(8) に相当する. I の (9) に相当する式を上記の条件だけを使って証明せよ.

$\boldsymbol{a}_1, \cdots, \boldsymbol{a}_r \in V$ は

$$\sum_{i=1}^{r} c_i \boldsymbol{a}_i=\mathbf{0} \Longleftrightarrow c_i=0 \qquad (1 \leqq i \leqq r)$$

のとき, **一次独立**であるという. V に n 個の一次独立なベクトルが存在し, $(n+1)$ 個以上の一次独立なベクトルは存在しないとき, V は **n 次元**であるという. これに反して任意の (どんな大きい) n に対しても n 個の一次独立なベクトルが V の中に存在するとき, V は**無限次元**であるという. ベクトルの一次独立性に関してこの章の §1 で述べたこと (ただし定理 2 のように‘成分’に関係するものは除く) は今考えている‘抽象的な’場合にもそのまま成立する. 例えば, V が n 次元であるとき, V に属する n 個の一次独立なベクトル $\boldsymbol{a}_1, \cdots, \boldsymbol{a}_n$ をとれば, V の任意のベクトル $\boldsymbol{x}$ は

$$\boldsymbol{x}=c_1\boldsymbol{a}_1+\cdots+c_n\boldsymbol{a}_n$$

の形に一意的に表わされる. このような $\{\boldsymbol{a}_1, \cdots, \boldsymbol{a}_n\}$ を V の**底**という.

さらに**部分空間**，**一次写像**等の概念も全く同様に定義され，有限次元のベクトル空間に対しては，§2，4で述べたことがそのまま成立する.（定理8，9等は一応除く.）実際，今までの説明を読み返してみればわかるように，それらは上記の（I），（II）だけを基礎にして導かれているのである.（部分空間はそれ自身一つのベクトル空間になる.）

I,§1で述べたようにn次元数ベクトル空間V^nは条件（I），（II）を満足している．すなわちそれは今定義した意味におけるベクトル空間の最も簡単な‘一例’なのである．この他にベクトル空間の例を二，三あげてみよう.（なお附録,§1参照.）

例 1　実数のある区間，例えば閉区間$[a, b]$，で定義された連続（実）函数全体の集合Vは，$f, g \in V$に対し$f+g$，cfをそれぞれ‘函数’として和，定数倍として，すなわち

$$(f+g)(x) = f(x) + g(x), \quad (cf)(x) = c\cdot f(x) \qquad (a \leqq x \leqq b)$$

と定義することにより一つのベクトル空間になる．これを$[a, b]$における連続函数の空間という．同様にこの区間で定義された微分可能な函数全体の集合Wもベクトル空間になる．後者は前者の部分空間である．写像$f \in V \longrightarrow \int_a^b f(x)dx$，$f \in W \longrightarrow \dfrac{df}{dx}$等はいずれも線型である.（前者は$V$から（実）数の作るベクトル空間への，後者は$W$から$[a, b]$で定義された（実）函数全体の作るベクトル空間の中への一次写像である.）また多変数で同様の函数空間を考えることもできる．これらはすべて無限次元ベクトル空間の例である.

例 2　変数xの，または多変数$x_1, x_2, \cdots, x_m$の，多項式全体の集合は‘多項式’としての和や定数倍（それらは‘函数’としての和や定数倍と一致する）に関してベクトル空間になる．そのとき（0も含めて）‘たかだかn次の多項式全体の集合’，‘n次の斉次多項式全体の集合’等はその有限次元の部分空間になる.

問 2　$f(1) = 0$となる4次以下の多項式$f(x)$全体の空間は何次元か．またその底を求めよ.

問 3　m個の変数に関するn次斉次多項式の空間は何次元か.

例 3　無限次元の数ベクトル（または‘数列’）

$$\boldsymbol{a} = (a_1, a_2, \cdots)$$

全体の集合はI,§1で述べたと同様な成分ごとの演算に関してベクトル空間になる．ここでさらに$\{a_i\}$に，‘有限個のa_iを除いて$a_i = 0$’，‘$\{a_i\}$は有界，すなわち

ある $M>0$ があって $|a_i|<M$[*] $(i=1,2,\cdots)$'，'$\lim_{i\to\infty} a_i$ が存在する'，'$\sum_{i=1}^{\infty} a_i$（または $\sum_{i=1}^{\infty} a_i^2$）が絶対収斂する' 等の条件をつけたものはその部分空間になる．この第 3，第 4 の空間から（実）数の空間への写像 $(a_i) \longrightarrow \lim_{i\to\infty} a_i$，$(a_i) \longrightarrow \sum_{i=1}^{\infty} a_i$ 等はいずれも線型である．これらの空間もすべて無限次元である．

問４ 上記のことを確かめよ．また上に列記した部分空間の包含関係を考えよ．

例４ 一つのベクトル空間 V から他のベクトル空間 V' への一次写像全体の集合は I, §4 で述べた '写像' としての加法，およびスカラー乗法に関して一つのベクトル空間になる．次の節で示すように，V が m 次元，V' が n 次元ならば，V から V' への一次写像全体の空間は mn 次元である．（V，V' の底を決めれば，V から V' への一次写像は (n, m) 行列で表現され，両者は一対一に対応する．）特に V から係数体 K への一次写像全体は V と同じ次元のベクトル空間を作る．これを V の '双対空間' という．（精しくは V, §1 参照．）

さて数ベクトルの空間 V^n には加法，スカラー乗法の他に，内積も定義されていた．このように '内積' の定義されたベクトル空間のことを一般に "計量ベクトル空間" という．すなわち（実係数の）ベクトル空間が上記（I），（II）の他にさらに次の（III）をも満たすとき，それを**計量ベクトル空間**というのである[**]．

(III) $\boldsymbol{a}, \boldsymbol{b} \in V$ に対して実数 $(\boldsymbol{a}, \boldsymbol{b})$ が定義され，これに関して次の法則が成立する．（$(\boldsymbol{a}, \boldsymbol{b})$ を $\boldsymbol{a}, \boldsymbol{b}$ の**内積**という．）

$$(\boldsymbol{a}_1+\boldsymbol{a}_2, \boldsymbol{b}) = (\boldsymbol{a}_1, \boldsymbol{b}) + (\boldsymbol{a}_2, \boldsymbol{b}), \tag{3.1}$$

$$(c\boldsymbol{a}, \boldsymbol{b}) = c(\boldsymbol{a}, \boldsymbol{b}), \tag{3.2}$$

$$(\boldsymbol{a}, \boldsymbol{b}) = (\boldsymbol{b}, \boldsymbol{a}), \tag{3.3}$$

$$(\boldsymbol{a}, \boldsymbol{a}) \geqq 0, \quad \text{かつ} \quad (\boldsymbol{a}, \boldsymbol{a}) = 0 \Longleftrightarrow \boldsymbol{a} = \boldsymbol{0}. \tag{3.4}$$

(3.1)，(3.2) は内積 $(\boldsymbol{a}, \boldsymbol{b})$ が $\boldsymbol{a}$ に関して線型であることを意味する．(3.3) により内積 $(\boldsymbol{a}, \boldsymbol{b})$ は $\boldsymbol{a}$ と $\boldsymbol{b}$ とに関して '対称' であるから，(3.1)～(3.3) により $(\boldsymbol{a}, \boldsymbol{b})$ は $\boldsymbol{b}$ に関しても線型である．内積の性質 (3.4) はしばしば '正値定符号' という言葉で表現される．（IV, §4 参照．）

---

[*] この M はもちろん $\boldsymbol{a}$ には関係する．

[**] 計量ベクトル空間のことを "Euclid 空間" という人もあるが，"ベクトル空間" と幾何学的な（点の）空間とは一応区別した方がよいと思う．

I, §6 で述べたように，上記 (3.1)～(3.4) からまず Schwarz の不等式 (I, (32)) が証明され，それを使ってベクトルの**長さ**，**角**等の計量が導入される．また**正規直交系**，**直交補空間**等の概念も数ベクトルの場合と全く同様に定義され，有限次元ベクトル空間に対しては，この章の §3 で述べたことがそのまま成立する．

注意 複素係数のベクトル空間の場合，上記 (3.3) のかわりに

$$(\boldsymbol{a}, \boldsymbol{b}) = \overline{(\boldsymbol{b}, \boldsymbol{a})} \tag{3.3'}$$

を仮定すれば，長さ，正規直交系，直交補空間等に関して実係数の場合と同様の結果を得る．この $(\boldsymbol{a}, \boldsymbol{b})$ は I, §6 において複素数ベクトルに対して考えた $(\boldsymbol{a}, \overline{\boldsymbol{b}})$ に相当する．これを‘ユニタリー計量’といい，特に区別する必要があるときには $(\boldsymbol{a}, \boldsymbol{b})_u$ とかく．

例 5 $[a, b]$ における連続函数の空間（例 1）では

$$(f, g) = \int_a^b f(x)g(x)dx \quad (\text{あるいは} = \int_a^b f(x)\overline{g(x)}dx)$$

によって内積が定義される．また例 3 の‘数列’の空間のうち，$\boldsymbol{a} = (a_i)$，$\sum a_i^2 < \infty$ の空間では

$$(\boldsymbol{a}, \boldsymbol{b}) = \sum_{i=1}^{\infty} a_i b_i \quad (\text{あるいは} = \sum_{i=1}^{\infty} a_i \overline{b}_i)$$

によって内積が定義される．($\sum a_i^2$，$\sum b_i^2$ が収斂すれば，$\sum a_i b_i$ も収斂する．)

例えば，区間 $[0, 2\pi]$ において函数

$$1,\ \cos nx,\ \sin nx \qquad (n = 1, 2, \cdots)$$

はこの内積に関して互に‘直交’する．(これがある意味で $[0, 2\pi]$ における連続函数の空間の中で‘完全系’になることが Fourier 級数論における一つの基本定理である．)

問 5 上の (f, g)，$(\boldsymbol{a}, \boldsymbol{b})$ 等が実際，内積の条件を満たすことを証明せよ．

注意 上記の内積に関して，p. 97，注意 1 に述べた方法を適用すれば，$[a, b]$ における連続函数 $f_i(x)\,(1 \leqq i \leqq n)$ が一次独立であるための必要十分条件が

$$\det\left(\int_a^b f_i(x) f_j(x) dx\right) \neq 0$$

によって与えられることが証明される．この行列式が（本来の）Gram の行列式である．Gram の行列式は次のように変形される．(公式 (II, (32)) の拡張！)

$$\det\left(\int_a^b f_i(x) f_j(x) dx\right) = \frac{1}{n!}\int_a^b \cdots \int_a^b (\det(f_i(x_j)))^2 dx_1 \cdots dx_n.$$

§7 底の変換，直交変換

V を任意の n 次元ベクトル空間，$\boldsymbol{a}_1, \cdots, \boldsymbol{a}_n$ をその一つの底とする．そのとき任意の $\boldsymbol{x} \in V$ は

$$\boldsymbol{x} = x_1\boldsymbol{a}_1 + \cdots + x_n\boldsymbol{a}_n, \quad \text{または記号的に} \quad \boldsymbol{x} = (\boldsymbol{a}_1, \cdots, \boldsymbol{a}_n)\begin{pmatrix} x_1 \\ \vdots \\ x_n \end{pmatrix}$$

と一意的に表わされる．よって $\boldsymbol{x} \in V$ に一つの n 次元数ベクトル (x_i) を対応させることができる．これを底 $\boldsymbol{a}_1, \cdots, \boldsymbol{a}_n$ に関して $\boldsymbol{x}$ に対応する数ベクトルといい，

$$\boldsymbol{x} \xrightarrow[(\boldsymbol{a}_i)]{} \begin{pmatrix} x_1 \\ \vdots \\ x_n \end{pmatrix} \quad \text{または単に} \quad \boldsymbol{x} \longrightarrow \begin{pmatrix} x_1 \\ \vdots \\ x_n \end{pmatrix}$$

と表わすことにしよう．x_i を底 $\boldsymbol{a}_1, \cdots, \boldsymbol{a}_n$ に関する $\boldsymbol{x}$ の第 i 成分という．

さて

$$\boldsymbol{x} \longrightarrow \begin{pmatrix} x_1 \\ \vdots \\ x_n \end{pmatrix}, \qquad \boldsymbol{y} \longrightarrow \begin{pmatrix} y_1 \\ \vdots \\ y_n \end{pmatrix}$$

とすれば，明らかに

$$\boldsymbol{x} + \boldsymbol{y} \longrightarrow \begin{pmatrix} x_1 + y_1 \\ \vdots \\ x_n + y_n \end{pmatrix}, \qquad c\boldsymbol{x} \longrightarrow \begin{pmatrix} cx_1 \\ \vdots \\ cx_n \end{pmatrix}.$$

（さらに V が‘計量ベクトル空間’である場合，$\boldsymbol{a}_1, \cdots, \boldsymbol{a}_n$ として正規直交系をとるならば，$(\boldsymbol{x}, \boldsymbol{y}) = \sum_{i=1}^{n} x_i y_i$.）逆に，任意の n 次元数ベクトル (x_i) に対し，$\boldsymbol{x} \longrightarrow (x_i)$ となるような $\boldsymbol{x} \in V$ は一意的に定まり，$\boldsymbol{x} = \sum x_i \boldsymbol{a}_i$ によって与えられる．よって上の対応は V から n 次元数ベクトル空間の上への一対一線型写像である．この対応により，底を一つ定めた n 次元ベクトル空間 V を，n 次元数ベクトル空間と同一視することができる．—— このことを標語的にいえば

「n 次元ベクトル空間」＋「一つの底」＝「n 次元数ベクトル空間」．

（‘計量ベクトル空間’に対しては「n 次元計量ベクトル空間」＋「一つの正規直交底」＝「（計量ベクトル空間としての）n 次元数ベクトル空間」．）このとき，その底のベクトル $\boldsymbol{a}_1, \cdots, \boldsymbol{a}_n$ には n 次元単位ベクトルが対応する．

このように二つのベクトル空間の間に一対一上への線型写像が存在するとき，両者はベクトル空間として全く同じ構造をもつと考えられる．このとき，これらのベクトル空間は‘同型’（isomorphic）であるという．上記により任意の n 次元ベクトル空間は n 次元数ベクトル空間に同型であることが示された．従ってまた二つの有限次元ベクトル空間はその次元数が一致するとき，またそのときに限って，互に同型になるわけである．

さて V のベクトルに n 次元数ベクトルを対応させれば，V の一次変換 f には n 次の行列が対応する．すなわち

$$f(\boldsymbol{a}_j) = \sum_{i=1}^{n} a_{ij} \boldsymbol{a}_i \qquad (1 \leqq j \leqq n).$$

あるいは記号的に

(24)
$$f(\boldsymbol{a}_1, \cdots, \boldsymbol{a}_n) = (\boldsymbol{a}_1, \cdots, \boldsymbol{a}_n)\begin{pmatrix} a_{11} & \cdots & a_{1n} \\ & \cdots\cdots & \\ a_{n1} & \cdots & a_{nn} \end{pmatrix}$$

とおけば，$f(\boldsymbol{x}) = \boldsymbol{y}$ のとき

$$\boldsymbol{y} = (\boldsymbol{a}_1, \cdots, \boldsymbol{a}_n)\begin{pmatrix} y_1 \\ \vdots \\ y_n \end{pmatrix} = f\left((\boldsymbol{a}_1, \cdots, \boldsymbol{a}_n)\begin{pmatrix} x_1 \\ \vdots \\ x_n \end{pmatrix}\right) = (f(\boldsymbol{a}_1, \cdots, \boldsymbol{a}_n))\begin{pmatrix} x_1 \\ \vdots \\ x_n \end{pmatrix}$$
$$= (\boldsymbol{a}_1, \cdots, \boldsymbol{a}_n)\begin{pmatrix} a_{11} & \cdots & a_{1n} \\ & \cdots\cdots & \\ a_{n1} & \cdots & a_{nn} \end{pmatrix}\begin{pmatrix} x_1 \\ \vdots \\ x_n \end{pmatrix}.$$

よって

(25)
$$\begin{pmatrix} y_1 \\ \vdots \\ y_n \end{pmatrix} = \begin{pmatrix} a_{11} & \cdots & a_{1n} \\ & \cdots\cdots & \\ a_{n1} & \cdots & a_{nn} \end{pmatrix}\begin{pmatrix} x_1 \\ \vdots \\ x_n \end{pmatrix}.$$

このとき，f に n 次行列 $A = (a_{ij})$ を対応させるのである.（記号：$f \underset{(\boldsymbol{a}_i)}{\longrightarrow} A = (a_{ij})$.）

同様に m 次元ベクトル空間 V から n 次元ベクトル空間 V' への一次写像には，両者の底を定めるとき，一つの (n, m) 行列が対応する.

このように考えるベクトル空間の底を定めておけば，それらを数ベクトル空間と考え，またそれらの間の一次写像を行列によって表わすことができる．従って今まで数ベクトルや行列に関して述べてきたことはすべて一般のベクトル空間に適用できるわけである.（例えば，定理 2，8，9 等もこの意味で一般に適用できる.）

さて次に V の別の底 $\boldsymbol{a}_1', \cdots, \boldsymbol{a}_n'$ をとったとき，V のベクトルや一次変換に対応する数ベクトルや行列がどのように変るかをしらべてみよう.

$$\boldsymbol{a}_j' = \sum_{i=1}^{n} p_{ij}\boldsymbol{a}_i \qquad (1 \leqq j \leqq n).$$

あるいは記号的に

(26)
$$(\boldsymbol{a}_1', \cdots, \boldsymbol{a}_n') = (\boldsymbol{a}_1, \cdots, \boldsymbol{a}_n)\begin{pmatrix} p_{11} & \cdots & p_{1n} \\ & \cdots\cdots & \\ p_{n1} & \cdots & p_{nn} \end{pmatrix}$$

とすれば

$$\boldsymbol{x} \underset{(\boldsymbol{a}_i')}{\longrightarrow} \begin{pmatrix} x_1' \\ \vdots \\ x_n' \end{pmatrix}$$

とするとき，

$$\boldsymbol{x} = (\boldsymbol{a}_1, \cdots, \boldsymbol{a}_n)\begin{pmatrix} x_1 \\ \vdots \\ x_n \end{pmatrix} = (\boldsymbol{a}_1', \cdots, \boldsymbol{a}_n')\begin{pmatrix} x_1' \\ \vdots \\ x_n' \end{pmatrix}$$

$$= (\boldsymbol{a}_1, \cdots, \boldsymbol{a}_n)\begin{pmatrix} p_{11} & \cdots & p_{1n} \\ & \cdots\cdots & \\ p_{n1} & \cdots & p_{nn} \end{pmatrix}\begin{pmatrix} x_1' \\ \vdots \\ x_n' \end{pmatrix}.$$

よって

$$\begin{pmatrix} x_1 \\ \vdots \\ x_n \end{pmatrix} = \begin{pmatrix} p_{11} & \cdots & p_{1n} \\ & \cdots\cdots & \\ p_{n1} & \cdots & p_{nn} \end{pmatrix}\begin{pmatrix} x_1' \\ \vdots \\ x_n' \end{pmatrix}. \tag{27}$$

$P = (p_{ij})$ を**底の変換**：$(\boldsymbol{a}_i) \longrightarrow (\boldsymbol{a}_i')$ **の行列**という．

さらに変換：$(\boldsymbol{a}_i') \longrightarrow (\boldsymbol{a}_i'')$ の行列を Q とすれば，

$$(\boldsymbol{a}_1'', \cdots, \boldsymbol{a}_n'') = (\boldsymbol{a}_1', \cdots, \boldsymbol{a}_n')Q = (\boldsymbol{a}_1, \cdots, \boldsymbol{a}_n)PQ.$$

よって変換：$(\boldsymbol{a}_i) \longrightarrow (\boldsymbol{a}_i'')$ の行列は PQ である．特に $\boldsymbol{a}_i'' = \boldsymbol{a}_i$ とすれば，変換：$(\boldsymbol{a}_i) \longrightarrow (\boldsymbol{a}_i)$ の行列は明らかに E（単位行列）であるから，$PQ = E$．よって P は正則であって $Q = P^{-1}$．よって（27）を

$$\begin{pmatrix} x_1' \\ \vdots \\ x_n' \end{pmatrix} = P^{-1}\begin{pmatrix} x_1 \\ \vdots \\ x_n \end{pmatrix} \tag{27'}$$

とかくこともできる．

また V の一次変換 f に対し

$$f \underset{(\boldsymbol{a}_i')}{\longrightarrow} A' = (a_{ij}')$$

とすれば

$$f(\boldsymbol{a}_1', \cdots, \boldsymbol{a}_n') = (\boldsymbol{a}_1', \cdots, \boldsymbol{a}_n')A' = f((\boldsymbol{a}_1, \cdots, \boldsymbol{a}_n)P) = (f(\boldsymbol{a}_1, \cdots, \boldsymbol{a}_n))P$$
$$= (\boldsymbol{a}_1, \cdots, \boldsymbol{a}_n)AP = (\boldsymbol{a}_1', \cdots, \boldsymbol{a}_n')P^{-1}AP.$$

よって

$$A' = P^{-1}AP. \tag{28}$$

問 1　$P^{-1}AP = A'$，$P^{-1}BP = B'$ のとき

$$P^{-1}(A + B)P = A' + B', \qquad P^{-1}(AB)P = A'B'.$$

また特に A が正則ならば，$P^{-1}A^{-1}P = A'^{-1}$ であることを確かめよ．

問 2　m 次元ベクトル空間 V から n 次元ベクトル空間 V' への一次写像 f が与えられたとする．V，V' の底 $(\boldsymbol{a}_i)$，$(\boldsymbol{b}_i)$ に関して，$f \longrightarrow A$，また V，V' の底をそれぞれ $(\boldsymbol{a}_i')$

$= (\boldsymbol{a}_i)P$, $(\boldsymbol{b}_i') = (\boldsymbol{b}_i)Q$ に変換したとき，$f \longrightarrow A'$ であるとすれば，$A' = Q^{-1}AP$ となることを証明せよ．また $\operatorname{rank} A = r$ のとき，P，Q を適当にとれば

$$Q^{-1}AP = \begin{pmatrix} 1 & & & & \\ & \ddots & & 0 & \\ & & 1 & & \\ & & & 0 & \\ 0 & & & & \end{pmatrix} \quad (r)$$

となることを示せ.（定理 7 の証明参照.）

一般に (28) の如き関係にある二つの行列 A，A' は相似 (similar)*) であるという．そのとき，$A \sim A'$ と書くことにすれば，この関係はいわゆる‘同値律’：

i) $A \sim A$

ii) $A \sim A' \Longrightarrow A' \sim A$

iii) $A \sim A'$, $A' \sim A'' \Longrightarrow A \sim A''$

を満足する．一つの行列と相似な行列全体の集合をその行列の‘(同値) 類’という．i) ～ iii) により，二つの行列の類は互に共通元をもたないか，または完全に一致する．従って n 次行列全体の集合は互に共通部分をもたない（無限個の）類の和集合になる．上の結果により一つの一次変換に対応する行列は底の変換により互に相似な行列にうつる．従って底を定めないとき一つの一次変換には行列の一つの類が対応するということができる．

問 3 上記 i), ii), iii) を証明せよ．

最後に n 次元計量ベクトル空間 V において計量（内積）を変えない一次変換 f について考えよう.（f が内積を変えないとは，任意の $\boldsymbol{x}, \boldsymbol{y} \in V$ とに対して $(f(\boldsymbol{x}), f(\boldsymbol{y})) = (\boldsymbol{x}, \boldsymbol{y})$ となることである.）$\boldsymbol{e}_1, \cdots, \boldsymbol{e}_n$ を V の一つの正規直交底とし

$$f(\boldsymbol{e}_1, \cdots, \boldsymbol{e}_n) = (\boldsymbol{e}_1, \cdots, \boldsymbol{e}_n)\begin{pmatrix} a_{11} & \cdots & a_{1n} \\ & \cdots\cdots & \\ a_{n1} & \cdots & a_{nn} \end{pmatrix}$$

とおけば，

$$(f(\boldsymbol{e}_i), f(\boldsymbol{e}_j)) = (\boldsymbol{e}_i, \boldsymbol{e}_j) = \delta_{ij}.$$

よって，$f(\boldsymbol{e}_i), \cdots, f(\boldsymbol{e}_n)$ も正規直交系である．従って

$$(f(\boldsymbol{e}_i), f(\boldsymbol{e}_j)) = (\sum_k a_{ki}\boldsymbol{e}_k, \sum_l a_{lj}\boldsymbol{e}_l)$$
$$= \sum_k a_{ki}a_{kj} = \delta_{ij}.$$

*) 同値 (equivalent)，共役 (conjugate) 等の言葉が使われることもある．

すなわち，$A=(a_{ij})$ の列ベクトルは（数ベクトルとして）正規直交系をなす．このことを行列の結合を使って表わせば

$$(29)\qquad {}^tAA=E.$$

よって，$A^{-1}={}^tA$．従って $A\,{}^tA=E$ も成立する：

$${}^tAA=A\,{}^tA=E.$$

このような n 次（実）正方行列 A を**直交行列**という．

問 4　A_1, A_2 が直交行列ならば，$A_1A_2,\ A_1{}^{-1}(={}^tA_1)$ も直交行列であることを証明せよ．

逆に V の一次変換 $f: \boldsymbol{x}\longrightarrow A\boldsymbol{x}$ *) に関し (29) が成立すれば，任意の $\boldsymbol{x},\boldsymbol{y}\in V$ に対し I, (29) により

$$(f(\boldsymbol{x}), f(\boldsymbol{y}))=(A\boldsymbol{x}, A\boldsymbol{y})=(\boldsymbol{x}, {}^tAA\boldsymbol{y})=(\boldsymbol{x},\boldsymbol{y}).$$

よって，f は内積を変えない．

(29) から行列式をとって

$$|{}^tA||A|=|A|^2=|E|=1.$$

よって，$|A|=\pm1$．すなわち，直交行列の行列式は ±1 である．

注意　f が内積を変えないとすれば，特にベクトルの長さも変えない．(すなわち，任意の $\boldsymbol{x}\in V$ に対し $\|f(\boldsymbol{x})\|=\|\boldsymbol{x}\|$ である．) 逆に f がベクトルの長さを変えないとすれば，$(f(\boldsymbol{x}), f(\boldsymbol{y}))=\dfrac{1}{2}(\|f(\boldsymbol{x})+f(\boldsymbol{y})\|^2-\|f(\boldsymbol{x})\|^2-\|f(\boldsymbol{y})\|^2)=\dfrac{1}{2}(\|f(\boldsymbol{x}+\boldsymbol{y})\|^2-\|f(\boldsymbol{x})\|^2-\|f(\boldsymbol{y})\|^2)=\dfrac{1}{2}(\|\boldsymbol{x}+\boldsymbol{y}\|^2-\|\boldsymbol{x}\|^2-\|\boldsymbol{y}\|^2)=(\boldsymbol{x},\boldsymbol{y})$．よって，$f$ は内積も変えない．

以上によって次の定理が得られた．

定理 13　n 次元計量ベクトル空間 V の一次変換 f に対し次の三つの条件は同値である．

1) f は内積を変えない：$(f(\boldsymbol{x}), f(\boldsymbol{y}))=(\boldsymbol{x},\boldsymbol{y})$．$(\boldsymbol{x},\boldsymbol{y}\in V)$
（または，f はベクトルの長さを変えない：$\|f(\boldsymbol{x})\|=\|\boldsymbol{x}\|$．$(\boldsymbol{x}\in V)$）
2) 一つの正規直交底 $\boldsymbol{e}_1,\cdots,\boldsymbol{e}_n$ に対し，$f(\boldsymbol{e}_1),\cdots,f(\boldsymbol{e}_n)$ も正規直交底になる．
3) 正規直交底 $(\boldsymbol{e}_i)$ に関し，f を行列で表わし，$f\longrightarrow A$ とすれば，A は直交行列である：${}^tAA=A\,{}^tA=E$．

これらの条件（のいずれか一つ）を満足する一次変換を**直交変換**という．

この定理により，V の一つの正規直交底 $(\boldsymbol{e}_i)$ を他の正規直交底 $(\boldsymbol{e}_i')$ にうつす底の変換の行列 P は直交行列である．逆に，$(\boldsymbol{e}_i)$ を正規直交底，P を直交行列とす

---

*) 簡単のため V のベクトルを底 $(\boldsymbol{e}_i)$ に関する成分で表わし，数ベクトルと考える．

れば，$(\boldsymbol{e}_i')=(\boldsymbol{e}_i)P$ も正規直交底になる．

例 1

$$\begin{pmatrix}\cos\theta & -\sin\theta\\ \sin\theta & \cos\theta\end{pmatrix},\qquad \begin{pmatrix}\sin\theta\cos\varphi & \cos\theta\cos\varphi & -\sin\varphi\\ \sin\theta\sin\varphi & \cos\theta\sin\varphi & \cos\varphi\\ \cos\theta & -\sin\theta & 0\end{pmatrix}$$

は共に直交行列である．(II, §6, 例 2 参照．逆に，2 次の行列式 1 の直交行列はすべて $\begin{pmatrix}\cos\theta & -\sin\theta\\ \sin\theta & \cos\theta\end{pmatrix}$ の形にかけることが容易に証明される．)

例 2 σ を任意の置換とするとき，正規直交底 $(\boldsymbol{e}_i)$ に対し $(\boldsymbol{e}_{\sigma(i)})$，および $(\pm\boldsymbol{e}_i)$ は明らかにまた正規直交底になる．よって置換の行列 $A_\sigma=(\delta_{i,\sigma(j)})$，(II, §2, 例 2 参照) および対角行列 $\begin{pmatrix}\pm1 & & 0\\ & \ddots & \\ 0 & & \pm1\end{pmatrix}$ はいずれも直交行列である．

問 5 直交行列 $A=(a_{ij})$ の (i,j) 余因子を Δ_{ij} とすれば，$|A|=\pm1$ に従って $\Delta_{ij}=\pm a_{ij}$ なることを証明せよ．(このことから特に，$\boldsymbol{f}_1,\boldsymbol{f}_2,\boldsymbol{f}_3$ を 3 次元数ベクトル空間における正規直交系で $|\boldsymbol{f}_1,\boldsymbol{f}_2,\boldsymbol{f}_3|=1$（すなわち右手系）なるものとすれば，$\boldsymbol{f}_1\times\boldsymbol{f}_2=\boldsymbol{f}_3$，$\boldsymbol{f}_2\times\boldsymbol{f}_3=\boldsymbol{f}_1$，$\boldsymbol{f}_3\times\boldsymbol{f}_1=\boldsymbol{f}_2$ となることがわかる．)

複素数を係数とする計量ベクトル空間（ただし内積は (3.3′) を満たすものとする）においても全く同様の考察をすることができる．この場合，内積を変えない一次変換 f の（正規直交系に関する）行列表示 A が満足すべき条件は

$$(29')\qquad {}^t\!A\bar{A}=E \qquad (\text{あるいは，}\ A^{-1}={}^t\!\bar{A})$$

となる．このような複素正方行列を**ユニタリー行列** (unitary matrix)，また内積を変えない一次変換を**ユニタリー変換**という．ユニタリー行列の行列式は絶対値 1 の複素数である．

問 6 A,B を n 次の実行列とするとき，

$$A+Bi：\text{ユニタリー行列} \iff \begin{pmatrix}A & -B\\ B & A\end{pmatrix}：\text{直交行列}$$

であることを証明せよ．

複素数体 C の上の n 次元ベクトル空間 V は実数体 R の上の $2n$ 次元ベクトル空間と考えることができる．$\boldsymbol{a}_1,\cdots,\boldsymbol{a}_n$ を C 上の底とすれば，明らかに $\boldsymbol{a}_1,\cdots,\boldsymbol{a}_n, i\boldsymbol{a}_1,\cdots,i\boldsymbol{a}_n$，は R 上の底になる．(その逆も成立する．) また V にユニタリー計量 $(\boldsymbol{x},\boldsymbol{y})_u$ が与えられているとき，$(\boldsymbol{x},\boldsymbol{y})=\mathcal{R}(\boldsymbol{x},\boldsymbol{y})_u$ を新しく V の内積と定義すれば V は R 上の計量ベクトル空間になる．$\boldsymbol{a}_1,\cdots,\boldsymbol{a}_n$ を $(\ \ )_u$ に関する C 上の正規直交底とすれば，$\boldsymbol{a}_1,\cdots,\boldsymbol{a}_n, i\boldsymbol{a}_1,\cdots,i\boldsymbol{a}_n$ は $(\ \ )$ に関する R 上の正規直交底になる．(その逆も成立する．) これが問 6 の意味である．

問 7 n 次元複素数ベクトル空間における $2n$ 個のベクトル $\boldsymbol{a}_1,\cdots,\boldsymbol{a}_{2n}$ が実係数で一次独立になるためには，$\begin{vmatrix}\boldsymbol{a}_1 & \cdots & \boldsymbol{a}_{2n}\\ \bar{\boldsymbol{a}}_1 & \cdots & \bar{\boldsymbol{a}}_{2n}\end{vmatrix}\neq0$ が必要十分であることを示せ．

＊　　　＊　　　＊

研究課題１　冪等行列，射影子

§2，3で述べた部分空間に関して少し別の角度から眺めてみよう．——

n 次元ベクトル空間 V が二つの部分空間 W_1, W_2 の直和であるとする．$\boldsymbol{x}\in V$ が

$$\boldsymbol{x}=\boldsymbol{x}_1+\boldsymbol{x}_2,\qquad \boldsymbol{x}_1\in W_1,\ \boldsymbol{x}_2\in W_2$$

と分解されるとき，$\boldsymbol{x}$ にその‘W_1-成分’$\boldsymbol{x}_1$ を対応させる写像 $\boldsymbol{x}\longrightarrow\boldsymbol{x}_1$ は明らかに V の一つの一次変換である．その（ある底に関する）行列を A とすれば

$$A^2=A. \tag{1}$$

実際，$\boldsymbol{x}_1\in W_1$ を上記のように分解すれば，$\boldsymbol{x}_1=\boldsymbol{x}_1+\mathbf{0}$，$\boldsymbol{x}_1\in W_1$，$\mathbf{0}\in W_2$．よって $A\boldsymbol{x}_1=\boldsymbol{x}_1$．従って，任意の $\boldsymbol{x}\in V$ に対し，$A^2\boldsymbol{x}=A\boldsymbol{x}_1=\boldsymbol{x}_1=A\boldsymbol{x}$．ゆえに $A^2=A$ を得る．(1) を満たす行列 A を**冪等行列**という．

この場合，写像 $\boldsymbol{x}\longrightarrow\boldsymbol{x}_2$ も V の一次変換で，その行列は明らかに $E-A$ である．(1) から簡単な計算により（あるいは，A，$E-A$ の定義から直接に）

$$(E-A)^2=E-A,\qquad A(E-A)=(E-A)A=0.$$

を得る．定義から直ちに

$$\boldsymbol{x}\in W_1 \iff A\boldsymbol{x}=\boldsymbol{x},$$
$$\boldsymbol{x}\in W_2 \iff A\boldsymbol{x}=\mathbf{0}.$$

逆に任意の n 次冪等行列 A が与えられたとき

$$W_1=\{\boldsymbol{x}\,;\,\boldsymbol{x}\in V,\ A\boldsymbol{x}=\boldsymbol{x}\},$$
$$W_2=\{\boldsymbol{x}\,;\,\boldsymbol{x}\in V,\ A\boldsymbol{x}=\mathbf{0}\}$$

とおけば，明らかに $W_1=AV$，$W_2=(E-A)V$ で，$V=W_1+W_2$（直和）となる．また A はこの直和分解に対しはじめに述べた方法によって定義される行列と一致する．

問１　以上のことを確かめよ．

問２　n 次冪等行列 A に対し，適当な n 次正則行列 P をとれば

$$P^{-1}AP=\begin{pmatrix}1 & & & & & 0\\ & \ddots & & & & \\ & & 1 & & & \\ & & & 0 & & \\ & & & & \ddots & \\ 0 & & & & & 0\end{pmatrix}$$

となることを示せ．(これから特に $\operatorname{tr}A=\operatorname{rank}A$ を得る．)

問３　n 次行列 A に対し

$$A^2 = A \iff \operatorname{rank} A + \operatorname{rank}(E - A) = n$$

を証明せよ．

以上のことは次のように一般化される：V が m 個の部分空間 $W_1, W_2, \cdots, W_m$ の直和に分解されたとする．任意の $\boldsymbol{x} \in V$ は

$$\boldsymbol{x} = \boldsymbol{x}_1 + \boldsymbol{x}_2 + \cdots + \boldsymbol{x}_m, \qquad \boldsymbol{x}_i \in W_i$$

と一意的に表わされるが，このとき $\boldsymbol{x}$ に $\boldsymbol{x}_i$ を対応させる写像は V の一次変換になる．その行列を $A_i\ (1 \leqq i \leqq m)$ とすれば

(2)
$$A_1 + A_2 + \cdots + A_m = E.$$
$$A_i A_j = \delta_{ij} A_i \qquad (1 \leqq i, j \leqq m)$$

が成立する．また

(3)
$$W_i = A_i V = \{\boldsymbol{x}\ ;\ \boldsymbol{x} \in V,\ A_i \boldsymbol{x} = \boldsymbol{x}\}.$$

(従って特に $\operatorname{rank} A_i = \dim W_i$) である．逆に (2) を満たす m 個の行列 $A_i\ (1 \leqq i \leqq m)$ が与えられたとき，(3) によって $W_i\ (1 \leqq i \leqq m)$ を定義すれば，V は $W_1, \cdots, W_m$ の直和に分解される．また，$A_i\ (1 \leqq i \leqq m)$ はこの直和分解に対し上記の方法で定義される m 個の行列と一致する．

問４　以上のことを証明せよ．

問５　$(m-1)$ 個の n 次行列 $A_1, \cdots, A_{m-1}$ が

$$A_i A_j = \delta_{ij} A_i \qquad (1 \leqq i, j \leqq m-1)$$

なる関係を満足するとする．(このような行列の系を‘直交冪等行列系’という．) そのとき，$A = A_1 + A_2 + \cdots + A_{m-1}$ とおけば

$$A^2 = A, \qquad AA_i = A_i A = A_i \qquad (1 \leqq i \leqq m-1)$$

が成立する．また $A_m = E - A$ とおけば，$A_1, \cdots, A_{m-1}, A_m$ に対して (2) が成立する．これらのことを証明せよ．

応用　上の考察の一つの応用として次の事実を証明しよう：n 次正方行列を n 次正方行列にうつす（恒等的には 0 でない）写像 f が

(i) 線型，すなわち $f(X+Y) = f(X) + f(Y),\ f(cX) = cf(X)$

(ii) $f(XY) = f(X)f(Y)$

なる性質をもつとする．そのとき，適当な n 次正則行列 P があって

$$f(X) = P^{-1}XP.$$

証　n 次行列の行列単位を $E_{ij}\ (1 \leqq i, j \leqq n)$ とし，$f(E_{ii}) = A_i\ (1 \leqq i \leqq n)$ とおく．

$$A_i A_j = f(E_{ii}) f(E_{jj}) = f(E_{ii}E_{jj}) = f(\delta_{ij} E_{ii}) = \delta_{ij} A_i$$

よって，$A_1, \cdots, A_n$ は‘直交冪等行列系’である．$f(E) = \sum_{i=1}^{n} f(E_{ii}) = \sum_{i=1}^{n} A_i$ であるから，上に述べたことにより

$$f(E)V = A_1 V + \cdots + A_n V \quad (\text{直和})$$

よって

$$\operatorname{rank} f(E) = \operatorname{rank} A_1 + \cdots + \operatorname{rank} A_n$$

ここで $\operatorname{rank} A_i = 1\ (1 \leqq i \leqq n)$ となることを証明しよう．今，ある i に対し $A_i = 0$ とすれば，任意の j に対し $E_{jj} = E_{ji}E_{ii}E_{ij}$ から，$A_j = f(E_{ji})A_i f(E_{ij}) = 0$．よって，すべての $A_i = 0$，従って $f(E) = 0$ となり，任意の n 次行列 X に対し $f(X) = f(XE) = f(X)f(E) = 0$．これは仮定に反する．よって，すべての i に対し，$\operatorname{rank} A_i \geqq 1$．一方，$\sum_{i=1}^{n} \operatorname{rank} A_i = \operatorname{rank} f(E) \leqq n$ であるから $\operatorname{rank} A_i = 1\ (1 \leqq i \leqq n)$ でなければならない．従ってまた $\operatorname{rank} f(E) = n$．$f(E)$ は冪等であるから，$f(E) = E$.

さて，$\dim A_1 V = 1$ であるから，$A_1 V = \{\{\boldsymbol{q}_1\}\}$ とし，$\boldsymbol{q}_i = f(E_{i1})\boldsymbol{q}_1\ (2 \leqq i \leqq n)$ とおく．$E_{ij}E_{kl} = \delta_{jk}E_{il}$ であるから

$$\begin{aligned} f(E_{ij})\boldsymbol{q}_k &= f(E_{ij})f(E_{k1})\boldsymbol{q}_1 = f(E_{ij}E_{k1})\boldsymbol{q}_1 \\ &= f(\delta_{jk}E_{i1})\boldsymbol{q}_1 = \delta_{jk}\boldsymbol{q}_i. \end{aligned}$$

特に $f(E_{1i})\boldsymbol{q}_i = \boldsymbol{q}_1$，$A_i\boldsymbol{q}_i = \boldsymbol{q}_i$．よって，$\boldsymbol{q}_i \neq \boldsymbol{0}$，$\boldsymbol{q}_i \in A_i V$．従って $A_i V = \{\{\boldsymbol{q}_i\}\}$ である．ゆえに $\{\boldsymbol{q}_1, \cdots, \boldsymbol{q}_n\}$ は V の一つの底をなす．この底に関し

$$\begin{aligned} f(E_{ij})(\boldsymbol{q}_1, \cdots, \boldsymbol{q}_n) &= (\boldsymbol{0}, \cdots, \overset{j}{\boldsymbol{q}_i}, \cdots, \boldsymbol{0}) \\ &= (\boldsymbol{q}_1, \cdots, \boldsymbol{q}_n)E_{ij}. \end{aligned}$$

よって，$\boldsymbol{q}_i\ (1 \leqq i \leqq n)$ を列ベクトルとする n 次行列を Q とおけば

$$f(E_{ij}) = QE_{ij}Q^{-1}$$

を得る．任意の n 次行列は E_{ij} の一次結合として表わされるから，一般に $f(X) = QXQ^{-1}$．よって，$P = Q^{-1}$ とおけばよい．

次に射影子について説明しよう．W を任意の部分空間とし，$W^{\perp}$ をその直交補空間とすれば，$V = W + W^{\perp}$ と直和に分解される．(定理6.) そこで，$\boldsymbol{x} \in V$, $\boldsymbol{x} = \boldsymbol{x}_1 + \boldsymbol{x}_2$, $\boldsymbol{x}_1 \in W$, $\boldsymbol{x}_2 \in W^{\perp}$ のとき，$\boldsymbol{x}$ にその W 成分 $\boldsymbol{x}_1$ を対応させる一次写像 A を考え，それを部分空間 W への**射影子**という*)．射影子は次の条件を満足す

*)　一般に p. 131 に述べた写像 $\boldsymbol{x} \longrightarrow \boldsymbol{x}_1$ を（直和分解 $V = W_1 + W_2$ に関する）‘射影子’とよび，特に $W_2 = {W_1}^{\perp}$ の場合に‘直交射影子’または‘正射影子’ということもある．

る：

(4)
$$A^2 = A, \quad {}^tA = A.$$

$A^2 = A$ はすでに述べた．${}^tA = A$ は次のように証明される．任意の $\boldsymbol{x}, \boldsymbol{y} \in V$ に対し，$\boldsymbol{x} = \boldsymbol{x}_1 + \boldsymbol{x}_2$，$\boldsymbol{y} = \boldsymbol{y}_1 + \boldsymbol{y}_2$，$\boldsymbol{x}_1, \boldsymbol{y}_1 \in W$，$\boldsymbol{x}_2, \boldsymbol{y}_2 \in W^\perp$ とすれば

$$\begin{aligned}(A\boldsymbol{x}, \boldsymbol{y}) &= (\boldsymbol{x}_1, \boldsymbol{y}_1 + \boldsymbol{y}_2) = (\boldsymbol{x}_1, \boldsymbol{y}_1) \\ &= (\boldsymbol{x}_1 + \boldsymbol{x}_2, \boldsymbol{y}_1) = (\boldsymbol{x}, A\boldsymbol{y}).\end{aligned}$$

一方，$(A\boldsymbol{x}, \boldsymbol{y}) = (\boldsymbol{x}, {}^tA\boldsymbol{y})$（I, (29)）であるから，$(\boldsymbol{x}, A\boldsymbol{y}) = (\boldsymbol{x}, {}^tA\boldsymbol{y})$．これがすべての $\boldsymbol{x}, \boldsymbol{y} \in V$ に対して成立するから，$A = {}^tA$ でなければならない．

逆に (4) を満たす n 次行列 A はある部分空間 W への射影子になる．実際，そのような A に対し

$$\begin{aligned}W &= \{\boldsymbol{x}\,;\,\boldsymbol{x} \in V,\ A\boldsymbol{x} = \boldsymbol{x}\}, \\ W' &= \{\boldsymbol{x}\,;\,\boldsymbol{x} \in V,\ A\boldsymbol{x} = \boldsymbol{0}\}\end{aligned}$$

とおけば，前に述べたように，$V = W + W'$（直和）．${}^tA = A$ であるから $\boldsymbol{x} \in W$, $\boldsymbol{y} \in W'$ に対し

$$(\boldsymbol{x}, \boldsymbol{y}) = (A\boldsymbol{x}, \boldsymbol{y}) = (\boldsymbol{x}, A\boldsymbol{y}) = (\boldsymbol{x}, \boldsymbol{0}) = 0.$$

よって，$W \perp W'$．従って $W' = W^\perp$ である．よって A は W への射影子になる．

例えば，$W = \{\{\boldsymbol{a}\}\}$ のとき，W への射影子を $\boldsymbol{x} \longrightarrow \lambda\boldsymbol{a}$ とすれば，$(\boldsymbol{x} - \lambda\boldsymbol{a}, \boldsymbol{a}) = 0$ から，$\lambda = \dfrac{(\boldsymbol{a}, \boldsymbol{x})}{(\boldsymbol{a}, \boldsymbol{a})}$．よって，$\{\{\boldsymbol{a}\}\}$ への射影子は

(5)
$$\boldsymbol{x} \longrightarrow \frac{(\boldsymbol{a}, \boldsymbol{x})}{(\boldsymbol{a}, \boldsymbol{a})}\boldsymbol{a}$$

で与えられる．その行列は $\dfrac{1}{(\boldsymbol{a}, \boldsymbol{a})}\boldsymbol{a}\,{}^t\boldsymbol{a}$ である．一般に部分空間 W への射影子は，定理 6 の証（p. 107）からわかるように，W の一つの正規直交底を $\boldsymbol{t}_1, \cdots, \boldsymbol{t}_r$ とするとき，$\boldsymbol{x} \longrightarrow \sum_{i=1}^{r} (\boldsymbol{t}_i, \boldsymbol{x})\,\boldsymbol{t}_i$（その行列は $\sum_{i=1}^{r} \boldsymbol{t}_i\,{}^t\boldsymbol{t}_i$）で与えられる．

問 6　射影子 A に対し，適当な n 次直交行列 T をとれば

$$T^{-1}AT = {}^tTAT = \begin{pmatrix} 1 & & & & & 0 \\ & \ddots & & & & \\ & & 1 & & & \\ & & & 0 & & \\ & & & & \ddots & \\ 0 & & & & & 0 \end{pmatrix}$$

となることを示せ．

問 7　部分空間 W_1, W_2 への射影子をそれぞれ A_1, A_2 とすれば

$$W_1 \perp W_2 \iff A_1A_2 = 0 \iff A_2A_1 = 0,$$
$$W_1 \subset W_2 \iff A_1A_2 = A_1 \iff A_2A_1 = A_1$$

であることを証明せよ．

問 8　部分空間 W_1, W_2 への射影子をそれぞれ A_1, A_2 とすれば

$$\begin{aligned} A_1A_2 = A_2A_1 &\iff W_1 = W_1 \cap W_2 + W_1 \cap W_2{}^{\perp}, \\ &\iff W_2 = W_1 \cap W_2 + W_1{}^{\perp} \cap W_2. \end{aligned}$$

かつ，この条件が成立するとき，$A_1A_2 = A_2A_1$ は $W_1 \cap W_2$ への射影子になることを証明せよ．（一般には $A_1A_2 = A_2A_1$ ではない．その実例を作れ．）

このようにして部分空間に関する‘集合論’が，射影子に関する‘作用素論’でおきかえられるのである．

研究課題 2　連立線型微分方程式

われわれは I, 研究課題（p. 36）において，行列の指数函数の応用として，特別な線型微分方程式の解法に触れた．ここでは函数空間の例題として一般の連立線型微分方程式の解の状態について説明しよう*)．それは §5 で述べた連立一次方程式のそれと非常に類似している．

連立線型微分方程式

$$(1) \qquad \begin{cases} \dfrac{dy_1}{dx} = a_{11}(x)\,y_1 + a_{12}(x)\,y_2 + \cdots + a_{1n}(x)\,y_n + b_1(x) \\ \dfrac{dy_2}{dx} = a_{21}(x)\,y_1 + a_{22}(x)\,y_2 + \cdots + a_{2n}(x)\,y_n + b_2(x) \\ \qquad\qquad \cdots\cdots \\ \dfrac{dy_n}{dx} = a_{n1}(x)\,y_1 + a_{n2}(x)\,y_2 + \cdots + a_{nn}(x)\,y_n + b_n(x) \end{cases}$$

を考えよう．（$a_{ij}(x)$，$b_i(x)$ はある区間において定義された x の連続函数とする．）

$$A(x) = (a_{ij}(x)), \qquad \boldsymbol{y} = \begin{pmatrix} y_1 \\ \vdots \\ y_n \end{pmatrix}, \qquad \boldsymbol{b}(x) = \begin{pmatrix} b_1(x) \\ \vdots \\ b_n(x) \end{pmatrix}$$

とおけば，(1) を

$$(2) \qquad \frac{d\boldsymbol{y}}{dx} = A(x)\boldsymbol{y} + \boldsymbol{b}(x)$$

*) 具体的な解法については，例えば三村征雄編，大学演習　微分積分学，裳華房，1955，p. 342 ～ 350 参照．

とかくことができる．ここで $\boldsymbol{b}(x)=\mathbf{0}$ とおいて得られる方程式

$$(2^*)\qquad \frac{d\boldsymbol{y}}{dx}=A(x)\boldsymbol{y}$$

を (2) に属する斉次方程式という．はじめから $\boldsymbol{b}(x)=\mathbf{0}$ の場合，(2) は斉次であるという．(I, 研究課題において触れた場合は斉次しかも定数係数の場合である．)

さて，(2)（または (2*)）を満足する函数ベクトル $\boldsymbol{y}=\boldsymbol{y}(x)$ を考察するのであるが，その際次のことが基本的である．すなわち 'Cauchy の存在定理'*) によれば，方程式 (2)（または (2*)）は任意の初期条件：$x=x_0$, $\boldsymbol{y}=\boldsymbol{y}_0$ に対し，つねにただ一つの解をもつ，すなわち $\boldsymbol{y}(x_0)=\boldsymbol{y}_0$ となるような解が一意的に存在するのである．

まず斉次の場合（すなわち方程式 (2*)）について考えよう．この場合，$\boldsymbol{y}_1(x)$, $\boldsymbol{y}_2(x)$ が解ならば，$\boldsymbol{y}_1(x)+\boldsymbol{y}_2(x)$, $c\boldsymbol{y}_1(x)$（c：定数）も明らかに解になる．(微分演算が線型だから！）よって (2*) の解全体は（函数ベクトルとしての和やスカラー倍に関して）一つのベクトル空間になる．これを (2*) の解ベクトル空間という．上記の基本定理により，解 $\boldsymbol{y}=\boldsymbol{y}(x)$ はその $x=x_0$ における値によって一意的に決定され，しかもその $\boldsymbol{y}(x_0)$ を任意に与えることができる．よって解ベクトル空間の次元は n である．従って n 個の一次独立な解 $\boldsymbol{y}_1(x),\cdots,\boldsymbol{y}_n(x)$ が存在し，任意の解はその一次結合として表わされる．このような n 個の解 $\boldsymbol{y}_1,\cdots,\boldsymbol{y}_n$ を (2*) の**基本解**という．

さて，対応 $\boldsymbol{y}\longleftrightarrow\boldsymbol{y}(x_0)$ は (2*) の解ベクトル空間から n 次元数ベクトル空間の（上への）一対一線型写像を与えるから，n 個の解 $\boldsymbol{y}_1,\cdots,\boldsymbol{y}_n$ が基本解になる（すなわち一次独立である）ためには，$\boldsymbol{y}_1(x_0),\cdots,\boldsymbol{y}_n(x_0)$ が一次独立なることが必要十分である．よって定理 2 により，$\boldsymbol{y}_j(x)=\begin{pmatrix}y_{1j}(x)\\ \vdots\\ y_{nj}(x)\end{pmatrix}$ とおけば

$$W(x)=\begin{vmatrix}y_{11}(x) & y_{12}(x) & \cdots & y_{1n}(x)\\ y_{21}(x) & y_{22}(x) & \cdots & y_{2n}(x)\\ & \cdots\cdots & & \\ y_{n1}(x) & y_{n2}(x) & \cdots & y_{nn}(x)\end{vmatrix}$$

が $x=x_0$ において $\neq 0$ となることが必要十分である．x_0 は任意でよいのであるか

*) 例えば，吉田耕作，微分方程式の解法，岩波書店，1954 参照．

ら，$W(x)$ は一点 $x = x_0$ において $\neq 0$ ならば，実は任意の点において $\neq 0$ になる．

一般の場合，斉次でない方程式 (2) の解とそれに属する斉次方程式 (2*) の解との関係は定理 10 におけると全く同様である．すなわち，$\boldsymbol{y}_1(x)$，$\boldsymbol{y}_2(x)$ をそれぞれ (2)，(2*) の解とすれば，$\boldsymbol{y}_1(x) + \boldsymbol{y}_2(x)$ は (2) の解になる．よって (2) の一般解は (2) の一つの解（特殊解）と (2*) の一般解との和として求められる．今，(2) の一つの解を $\boldsymbol{y}_0(x)$，(2*) の一組の基本解を $\boldsymbol{y}_1(x), \cdots, \boldsymbol{y}_n(x)$ とすれば，(2) の一般解は

$$(3) \qquad \boldsymbol{y} = \boldsymbol{y}_0(x) + c_1\boldsymbol{y}_1(x) + \cdots + c_n\boldsymbol{y}_n(x), \qquad c_1, \cdots, c_n：\text{任意定数}$$

と表わされる．

以上述べたと同様の考察は n 階線型微分方程式

$$(4) \qquad \frac{d^n y}{dx^n} + a_1(x)\frac{d^{n-1}y}{dx^{n-1}} + \cdots + a_n(x)y = b(x)$$

についても適用される．(4) はまた変換

$$\begin{cases} y_1 = y \\ y_2 = y' \\ \quad \cdots\cdots \\ y_n = y^{(n-1)} \end{cases}$$

により連立微分方程式

$$\begin{cases} y_1' = y_2 \\ y_2' = y_3 \\ \quad \cdots\cdots \\ y_{n-1}' = y_n \\ y_n' = -a_1(x)y_n - a_2(x)y_{n-1} - \cdots - a_n(x)y_1 + b(x) \end{cases}$$

に帰着される．これは (1) において

$$A(x) = \begin{pmatrix} 0 & 1 & & & 0 \\ & 0 & 1 & & \\ & & \ddots & \ddots & \\ 0 & & & 0 & 1 \\ -a_n(x) & -a_{n-1}(x) & & \cdots & -a_1(x) \end{pmatrix}, \quad \boldsymbol{b}(x) = \begin{pmatrix} 0 \\ \vdots \\ 0 \\ b(x) \end{pmatrix}$$

とおいた特別の場合である．いずれにせよ (4) の解について次のようなことが成立する．

1）斉次（$b(x)=0$）の場合，（4）の解は（函数としての和およびスカラー倍に関して）n 次元のベクトル空間を作る．n 個の解 $y_1, \cdots, y_n$ *) が基本解（すなわち解ベクトル空間の底）を与えるための必要十分条件は任意の一点 $x=x_0$ において

$$W(x_0)=\begin{vmatrix} y_1 & y_2 & \cdots & y_n \\ y_1' & y_2' & \cdots & y_n' \\ \vdots & \vdots & & \vdots \\ y_1^{(n-1)} & y_2^{(n-1)} & \cdots & y_n^{(n-1)} \end{vmatrix} \neq 0$$

なることである．(この行列式を **Wronski の行列式**という．)

2）一般の場合，（4）の一般解はその一つの解と（4）に属する斉次方程式の一般解との和として表わされる．

問 1　$y^{(n)}=ay$ の一般解を求めよ．

問 2　$y_1, \cdots, y_n$ を（4）（ただし $b(x)=0$ とする）の n 個の解，$W(x)$ をその Wronski の行列式とすれば $W'(x)+a_1(x)W(x)=0$ となることを証明せよ．(これによって $W(x)=W(x_0)e^{-\int_{x_0}^{x}a_1(x)dx}$ であることがわかる．)

注意　一般に n 個の函数 $f_1, \cdots, f_n$ の Wronski の行列式を $W(f_1, \cdots, f_n)$ で表わせば，$f_1, \cdots, f_n$ が（ある区間で）一次従属なるとき，$W(f_1, \cdots, f_n)=0$ である．しかしこの逆は必ずしも成立しない．これに関して次のようなことは証明される：ある区間において $W(f_1, \cdots, f_{n-1})\neq 0$ かつ $W(f_1, \cdots, f_n)$ がつねに $=0$ ならば，f_n は（その区間で）$f_1, \cdots, f_{n-1}$ に一次従属である．

*)　この y_i は前頁中段にある y_i とは別のものである．

IV

行列の標準化

§1　固有値と固有ベクトル

V^n を n 次元ベクトル空間とし，その底 $\boldsymbol{e}_1, \cdots, \boldsymbol{e}_n$ を一つ定め，V^n のベクトルや一次変換はすべて数ベクトルや行列で表現されているものとする．この章では特に断らない限り，ベクトルや行列の成分は一般に複素数であると仮定する．

今，一つの一次変換（行列）A が与えられたとする．V^n の底を適当に変換して A をなるべく簡単な（‘標準的’な）形に直すことを問題にしよう．この節ではその準備としてまず固有値や固有方程式に関する予備的な考察をすることにする．

一次変換 A によってベクトル $\boldsymbol{x} \neq \boldsymbol{0}$ の‘方向’が変らないとき，すなわちある複素数 α に対して

(1)
$$A\boldsymbol{x} = \alpha\boldsymbol{x}$$

が成立するとき，α を A の**固有値**（eigen-value），$\boldsymbol{x}$ を固有値 α に対する A の**固有ベクトル**という*)．$\boldsymbol{x}_1$，$\boldsymbol{x}_2$ が固有値 α に対する固有ベクトルならば，明らかに $\boldsymbol{x}_1 + \boldsymbol{x}_2$，$c\boldsymbol{x}_1$ 等も同じ固有値に対する固有ベクトル（または $\boldsymbol{0}$）になる．すなわち，固有値 α に対する固有ベクトル全体（と $\boldsymbol{0}$）は一つの部分空間を作る．これを固有値 α に対する（せまい意味の）**固有空間**という．

任意の複素数は必ずしも A の固有値にならない．実際（1）は $\boldsymbol{x}$ に関する斉一次方程式

$$(A - \alpha E)\boldsymbol{x} = \boldsymbol{0}$$

の形にかくことができる．従ってそれが $\neq \boldsymbol{0}$ なる解をもつためには II, 定理 7 の系

*) 零ベクトルは普通，固有ベクトルとみなさない．しかし場合によってはすべての固有値に対する固有ベクトルと考えることもある．

(およびその逆) により

$$|A - \alpha E| = 0$$

が必要十分である．すなわち x に関する多項式

$$(2)\qquad f_A(x) = |xE - A| = \begin{vmatrix} x - a_{11} & -a_{12} & \cdots & -a_{1n} \\ -a_{21} & x - a_{22} & \cdots & -a_{2n} \\ & \cdots\cdots & & \\ -a_{n1} & -a_{n2} & \cdots & x - a_{nn} \end{vmatrix}$$

を考えれば，α が固有値になるためには α が方程式 $f_A(x) = 0$ の根になることが必要十分である．$f_A(x)$ を行列 A の**固有多項式** (または**特性多項式**) といい，方程式 $f_A(x) = 0$ を A の**固有方程式** (または**特性方程式**) という．固有値 = (特性方程式の根) であるから，固有値のことを**特性根** (characteristic root) ともいう．

容易にわかるように固有多項式は n 次の (最高次の係数 1 の) 多項式であって

$$f_A(x) = x^n + a_1 x^{n-1} + \cdots + a_n$$

とおけば

$$(3)\qquad a_1 = -(a_{11} + a_{22} + \cdots + a_{nn}) = -\operatorname{tr} A, \qquad a_n = (-1)^n |A|$$

が成立する．代数学の基本定理 (I, §5) によれば方程式 $f_A(x) = 0$ は重複度までいれて n 個の (複素数の) 根をもつ．従って n 次の行列 A は重複度までいれて n 個の固有値をもつ．(固有値の重複度とは固有方程式の根としての重複度のことである．) それらを $\alpha_1, \cdots, \alpha_n$ とすれば，$f_A(x) = \prod_{i=1}^{n} (x - \alpha_i)$．従って '根と係数との関係' により

$$(4)\quad \alpha_1 + \alpha_2 + \cdots + \alpha_n = -a_1 = \operatorname{tr} A, \qquad \alpha_1 \alpha_2 \cdots \alpha_n = (-1)^n a_n = |A|$$

が成立する．

問 1　上記 (3) を証明せよ．一般に

$$a_k = (-1)^k \sum_{i_1 < i_2 < \cdots < i_k} \begin{vmatrix} a_{i_1 i_1} & a_{i_1 i_2} & \cdots & a_{i_1 i_k} \\ a_{i_2 i_1} & a_{i_2 i_2} & \cdots & a_{i_2 i_k} \\ & \cdots\cdots & & \\ a_{i_k i_1} & a_{i_k i_2} & \cdots & a_{i_k i_k} \end{vmatrix}$$

が成立する．

問 2　次の行列の固有値および固有ベクトルを求めよ．

$$\text{(i)}\quad \begin{pmatrix} 0 & 1 & & & \text{\Large 0} \\ & 0 & 1 & & \\ & & \ddots & \ddots & \\ & & & 0 & 1 \\ \text{\Large 0} & & & & 0 \end{pmatrix}, \qquad \text{(ii)}\quad \begin{pmatrix} 0 & 1 & 0 & \cdots & 0 \\ \vdots & 0 & 1 & 0 & \vdots \\ \vdots & \vdots & \ddots & \ddots & \vdots \\ 0 & \cdots & \cdots & 0 & 1 \\ 1 & 0 & \cdots & \cdots & 0 \end{pmatrix},$$

$$\text{(iii)}\quad \begin{pmatrix} 0 & & & & 1 \\ & & & 1 & \\ & & 1 & & \\ & 1 & & & \\ 1 & & & & 0 \end{pmatrix}.$$

さて固有多項式は‘底の変換’に対して不変である．すなわち (2) において A を $P^{-1}AP$ でおきかえれば

$$\begin{aligned} f_{P^{-1}AP}(x) &= |xE - P^{-1}AP| = |P^{-1}(xE - A)P| = |P|^{-1}|xE-A||P| \\ &= |xE - A| = f_A(x). \end{aligned}$$

よって

$$(5)\qquad f_{P^{-1}AP}(x) = f_A(x).$$

(これから特に (3) によりトレイスの不変性：$\mathrm{tr}(P^{-1}AP) = \mathrm{tr}A$ が導かれる．p. 34, (30) 参照.) しかし $f_{A'}(x) = f_A(x) \Longrightarrow A \sim A'$ は必ずしも成立しない．

また行列 A が

$$A = \begin{pmatrix} A_1 & A_{12} \\ 0 & A_2 \end{pmatrix}$$

の形に分解されれば，明らかに A の固有多項式は A_1，A_2 の固有多項式の積に分解される：

$$(6)\qquad f_A(x) = f_{A_1}(x) f_{A_2}(x).$$

特に A が三角行列

$$A = \begin{pmatrix} a_{11} & a_{12} & \cdots & a_{1n} \\ & a_{22} & \cdots & a_{2n} \\ & & \ddots & \vdots \\ 0 & & & a_{nn} \end{pmatrix}$$

ならば，

$$f_A(x) = \prod_{i=1}^{n}(x - a_{ii})$$

となる．よって，三角行列の固有値はその対角成分によって与えられる．―― われわれは次の節でこの逆の操作，すなわち固有多項式を分解することによって A の分解を求めること，について述べる．

例 1 A の相異なる固有値に対する固有ベクトルは一次独立である[*]．実際，$\boldsymbol{a}_1, \cdots, \boldsymbol{a}_m$ を A の相異なる固有値 $\alpha_1, \cdots, \alpha_m$ に対応する固有ベクトル ($\neq \mathbf{0}$) とす

*) このことからも A の相異なる固有値の数が $\leqq n$ であることがわかる．

る．今それらが一次従属であったとし，これらのベクトルの間に成立する‘最初’の一次関係式に着目しよう．すなわち，$\boldsymbol{a}_1, \cdots, \boldsymbol{a}_i$ は一次独立，$\boldsymbol{a}_1, \cdots, \boldsymbol{a}_i, \boldsymbol{a}_{i+1}$ は一次従属とすれば

$$(*) \qquad \boldsymbol{a}_{i+1} = c_1\boldsymbol{a}_1 + \cdots + c_i\boldsymbol{a}_i$$

なる一次関係式が得られる.（これを $\boldsymbol{a}_1, \cdots, \boldsymbol{a}_m$ の間に成立する‘最初’の一次関係式という.）この式の両辺に A をほどこせば，$A\boldsymbol{a}_j = \alpha_j\boldsymbol{a}_j$ であるから

$$\alpha_{i+1}\boldsymbol{a}_{i+1} = c_1\alpha_1\boldsymbol{a}_1 + \cdots + c_i\alpha_i\boldsymbol{a}_i.$$

これと（$*$）とから

$$\begin{aligned}\alpha_{i+1}\boldsymbol{a}_{i+1} &= \alpha_{i+1}(c_1\boldsymbol{a}_1 + \cdots + c_i\boldsymbol{a}_i)\\ &= c_1\alpha_1\boldsymbol{a}_1 + \cdots + c_i\alpha_i\boldsymbol{a}_i.\end{aligned}$$

よって表現の一意性により $c_j\alpha_{i+1} = c_j\alpha_j\ (1 \leqq j \leqq i)$．ある j に対して $c_j \neq 0$ であるから，$\alpha_{i+1} = \alpha_j$．これは矛盾である．

例 2　任意の n 次行列 A，B に対し，AB と BA の固有方程式（従って固有値）は一致する：$f_{AB}(x) = f_{BA}(x)$．これは B が正則なるときは (5) から明らかである.（$AB = B^{-1}(BA)B$.）B が正則でない場合にもこの結果を拡張するために次のような考察をする．任意の n 次行列 B に対し，$\lim_{\nu\to\infty} B_\nu = B$ となるような n 次正則行列の‘列’が存在する.（n 次正方行列全体の集合を n^2 次元 Euclid 空間と考えたとき，行列式が 0 になる行列全体はその (n^2-1) 次元の‘超曲面’を作る．よってそれが B の近傍をうめつくすことはない．従って上記のような $\{B_\nu\}$ をとることができる．——$\{B_\nu\}$ を具体的に作るには例えば次のようにすればよい．B の固有値を $\beta_i\ (1 \leqq i \leqq n)$ とすれば，$B + \lambda E$ の固有値は $\beta_i + \lambda\ (1 \leqq i \leqq n)$ である．よって 0 でない β_i のうち絶対値が最小のものを β_{i_0} とすれば，$0 < |\lambda| < |\beta_{i_0}|$ のとき $\beta_i + \lambda \neq 0$，よって $|B + \lambda E| \neq 0$．よって $B_\nu = B + \lambda_\nu E$ $(0 < |\lambda_\nu| < |\beta_{i_0}|,\ \lim_{\nu\to\infty}\lambda_\nu = 0)$ とおけばよい.）また，$f_A(x)$ の係数は明らかに A の連続函数である．よって上記のような $\{B_\nu\}$ をとれば，$\lim AB_\nu = AB$，従って f_{AB_ν} の係数は f_{AB} の係数に収斂する：$\lim f_{AB_\nu} = f_{AB}$．同様にして $\lim B_\nu A = BA$ から，$\lim f_{B_\nu A} = f_{BA}$．$B$ が正則の場合の結果から，$f_{AB_\nu} = f_{B_\nu A}$．従って $f_{AB} = f_{BA}$．

このことはまた次のように‘代数的’に証明することもできる．$X = (x_{ij})$ を n^2 個の変数を成分とする n 次行列とし，(n^2+1) 個の変数 x，$x_{ij}\ (1 \leqq i, j \leqq n)$ に関する多項式

$$F(x, x_{ij}) = |xE - AX| - |xE - XA|$$

を考える．B が正則の場合の結果により，X に $|B| \neq 0$ なる B を代入したときには，F は 0 になる．よって，$F(x, x_{ij})|X|$ は恒等的に（すなわち，多項式として）0 になる．$|X|$ は多項式として 0 でないから，$F(x, x_{ij})$ が多項式として 0 になる．よって任意の B に対し，$|xE - AB| = |xE - BA|$.

A が (m, n) 行列，B が (n, m) 行列の場合にも，AB と BA の0でない固有値は（重複度まで入れて）一致することが証明される．（適当に 0 ばかりからなる行または列を補って正方行列の場合に帰着させればよい*)．）

さて固有多項式に関して次の **Hamilton-Cayley の定理**が基本的である．

定理 1 n 次行列 A の固有多項式を $f_A(x) = \sum_{i=0}^{n} a_i x^{n-i}$ とすれば，

$$f_A(A) = \sum_{i=0}^{n} a_i A^{n-i} = 0 \ ^{**)}.$$

例 2次の行列 $A = \begin{pmatrix} a & b \\ c & d \end{pmatrix}$ に対して

$$f_A(x) = \begin{vmatrix} x-a & -b \\ -c & x-d \end{vmatrix} = x^2 - (a+d)x + (ad-bc)$$

$$\begin{aligned} f_A(A) &= \begin{pmatrix} a & b \\ c & d \end{pmatrix}^2 - (a+d)\begin{pmatrix} a & b \\ c & d \end{pmatrix} + (ad-bc)E \\ &= \begin{pmatrix} a^2+bc & ab+bd \\ ca+dc & cb+d^2 \end{pmatrix} - \begin{pmatrix} (a+d)a & (a+d)b \\ (a+d)c & (a+d)d \end{pmatrix} + \begin{pmatrix} ad-bc & 0 \\ 0 & ad-bc \end{pmatrix} \\ &= 0. \end{aligned}$$

証 $xE - A$ の (i, j) 余因子を Δ_{ij} とすれば，容易にわかるように Δ_{ij} は x に関するたかだか $(n-1)$ 次の多項式である．よって，$\Delta_{ij} = b_{ij,0}x^{n-1} + b_{ij,1}x^{n-2} + \cdots + b_{ij,n-1}$，$B_k = {}^t(b_{ij,k})$ とおけばII, (24″) により

$$\begin{aligned} (7) \qquad |xE - A|\cdot E &= (xE - A)(x^{n-1}B_0 + x^{n-2}B_1 + \cdots + B_{n-1}) \\ &= (x^{n-1}B_0 + x^{n-2}B_1 + \cdots + B_{n-1})(xE - A). \end{aligned}$$

よって $B_0, B_1, \cdots, B_{n-1}$ は A と交換可能である．ここで変数 x に行列 A を代入すれば

$$f_A(A) = (A - A)(B_0A^{n-1} + B_1A^{n-2} + \cdots + B_{n-1}) = 0$$

を得る．（証終）

注意 (7) の右辺にある多項式 $xE - A$，$x^{n-1}B_0 + x^{n-2}B_1 + \cdots + B_{n-1}$ は行列を係数

*) もちろん，問1の結果により固有多項式の係数を直接計算して証明することもできる．

**) 定数項は $a_nA^0 = a_nE$ とする．なお $f_A(A) = |AE - A| = 0$ で証明終！と早合点してはいけない．

とする多項式である．行列係数の多項式に関して乗法の交換の法則は一般に成立しないが，それ以外（加減乗の演算に関する限り）通常の多項式と全く同様に取り扱うことができる．また行列係数の多項式の間の等式には，それら係数行列のすべてと交換可能な行列を代入することができる．（係数行列と非可換な行列は代入することができない．）行列係数の多項式に関して整除の問題は複雑である．

問 3　$f(x)$，$g(x)$，$h(x)$ 等を行列係数の多項式とする．$f(x)=g(x)h(x)$ であるとき，$f(x)$ は $g(x)$ により‘左側から割り切れる’または $g(x)$ は $f(x)$ の‘左側因子’であるという．同様に $f(x)$ は $h(x)$ により‘右側から割り切れる’または $h(x)$ は $f(x)$ の‘右側因子’であるという．$f(x)=x^nA_0+x^{n-1}A_1+\cdots+A_n$ が $xE-C$ により左側から割り切れるならば，$C^nA_0+C^{n-1}A_1+\cdots+A_n=0$ であることを証明せよ．（左側剰余定理．）同様に $f(x)$ が $xE-C$ により右側から割り切れるならば，$A_0C^n+A_1C^{n-1}+\cdots+A_n=0$ である．（右側剰余定理．）（$f(x)$ が $xE-C$ によって左側から割り切れても右側から割り切れるとは限らない．また両側から割り切れる場合にもその商は必ずしも一致しない．しかし $f(x)$ の係数がスカラーならば，両者は一致する．これが定理 1 の証明において用いた場合である．）

例 3　ある ν に対して $A^\nu=0$ となる n 次正方行列を**冪零行列**（nilpotent matrix）という．冪零行列 A の固有値は明らかに 0 だけである．従って $f_A(x)=x^n$．よって定理 1 により，$A^n=0$ である．——しかしこのことは次のように直接証明することもできる．すなわち，$A^{\nu-1}\neq 0$，$A^\nu=0$ とすれば，$A^{\nu-1}\boldsymbol{x}\neq\boldsymbol{0}$ となる $\boldsymbol{x}\in V$ が存在する．そのとき ν 個のベクトル

$$(*)\qquad \boldsymbol{x},\ A\boldsymbol{x},\ A^2\boldsymbol{x},\ \cdots,\ A^{\nu-1}\boldsymbol{x}$$

は一次独立になる．実際，もしこれらのベクトルが一次従属であるとすれば，自明でない一次関係式

$$c_0\boldsymbol{x}+c_1A\boldsymbol{x}+c_2A^2\boldsymbol{x}+\cdots+c_{\nu-1}A^{\nu-1}\boldsymbol{x}=\boldsymbol{0}$$

が成立する．$c_0,c_1,\cdots,c_{\nu-1}$ のうち $\neq 0$ なる最初のものを c_{i_0} とし，上式に $A^{\nu-1-i_0}$ をかければ，$c_{i_0}A^{\nu-1}\boldsymbol{x}=\boldsymbol{0}$ を得る．$c_{i_0}\neq 0$ ゆえ，$A^{\nu-1}\boldsymbol{x}=\boldsymbol{0}$．これは矛盾である．（$*$）の ν 個のベクトルが一次独立であることから，$\nu\leqq n$ を得る．（それは $A^n=0$ を意味する．）また A が $(\nu-1)$ 次以下の（スカラー係数の）方程式を満足しないこともわかる．

附記　最小多項式

n 次行列 A に対して，$f(A)=0$ となるようなスカラー係数の多項式 $f(x)$ のうち，次数が最小（かつ最高次の係数が 1）なるものを行列 A の**最小多項式**という*)．（例えば上の例 3 においては A の最小多項式は x^ν である．）A の最小多項式

を $\varphi_A(x)$ とすれば，$f(A)=0$ となるようなスカラー係数の多項式 $f(x)$ はすべて $\varphi_A(x)$ で割り切れる．(これから特に $\varphi_A(x)$ の一意性がでる．) 実際，$f(x)$ を $\varphi_A(x)$ で割って，$f(x)=g(x)\varphi_A(x)+h(x)$，($h(x)$ の次数) $<$ ($\varphi_A(x)$ の次数)，とする．x に行列 A を代入すれば*)，$f(A)=g(A)\varphi_A(A)+h(A)=h(A)=0$．よって φ_A の定義により $h(x)=0$ でなければならない．($h(x)\neq 0$ ならば，$\varphi_A(x)$ より次数の低い多項式 $h(x)\,(\neq 0)$ に対し $h(A)=0$ となって矛盾．)

定理 1 により $f_A(A)=0$ であるから，固有多項式 $f_A(x)$ は $\varphi_A(x)$ で割り切れる．従って特に $\varphi_A(x)$ の次数は $\leqq n$ である．一方，α を A の任意の固有値とすれば，$\varphi_A(x)$ は $x-\alpha$ で割り切れる．実際，α に対する一つの固有ベクトルを $\boldsymbol{x}\ (\neq \mathbf{0})$ とすれば，$A\boldsymbol{x}=\alpha\boldsymbol{x}$ から直ちに $\varphi_A(A)\boldsymbol{x}=\varphi_A(\alpha)\boldsymbol{x}=\mathbf{0}$．よって $\varphi_A(\alpha)=0$ でなければならない．よって A の最小多項式 $\varphi_A(x)$ の根は（重複度を無視すれば）固有値と一致する．(別証．$\varphi_A(A)=0$ であるから $\varphi_A(x)$ は行列係数の多項式として $xE-A$ で割り切れる：$\varphi_A(x)E=(xE-A)B^*(x)$．両辺の行列式をとれば，$\varphi_A(x)^n=|xE-A||B^*(x)|=f_A(x)|B^*(x)|$．ゆえに $\varphi_A(x)^n$ は $f_A(x)$ で割り切れる．)

注意　定理 1 の証明の記号で，$B(x)=\sum_{i=0}^{n-1}x^{n-i-1}B_i$，$B(x)$ の n^2 個の成分の（x の多項式としての）最大公約数を $\psi(x)$ とおけば，$B^*(x)=B(x)/\psi(x)$，すなわち

$$\varphi_A(x)=f_A(x)/\psi(x)$$

となることが証明される．

問 4　$\varphi_{P^{-1}AP}(x)=\varphi_A(x)$ を証明せよ．また $A=\begin{pmatrix}A_1 & 0\\ 0 & A_2\end{pmatrix}$ ならば $\varphi_A(x)$ は $\varphi_{A_1}(x)$ と $\varphi_{A_2}(x)$ の最小公倍数であることを証明せよ．

問 5　次の行列の最小多項式を求めよ．

$$\begin{pmatrix}1&1&2\\0&1&1\\0&0&2\end{pmatrix},\quad \begin{pmatrix}1&0&0\\0&1&0\\0&0&2\end{pmatrix},\quad \begin{pmatrix}1&1&0\\0&1&0\\0&0&2\end{pmatrix},\quad \begin{pmatrix}1&0&2\\0&1&1\\0&0&2\end{pmatrix}$$

前頁の*)　n 次行列 A に対して，$f(A)=0$ となるようなスカラー係数の多項式 $f(x)\neq 0$ が（少くとも一つ）存在することは定理 1 によって保証されている．しかしこの定理を使わずに直接それを証明することもできる．すなわち n 次行列全体の作るベクトル空間の中で十分多くの A の冪，E, $A, A^2, \cdots, A^m$ を考えれば，それらは必ず自明でない一次関係式を満足する．(例えば $m=n^2$ で十分．) その（'最初' の）一次関係式を $\sum_{i=0}^{m}a_iA^i=0$ とすれば，$f(x)=\sum_{i=0}^{m}a_ix^i$ が求める（最小）多項式を与える．

*)　スカラー係数の多項式には任意の行列を代入することができる．

$$\begin{pmatrix}1&1&2\\0&1&1\\0&0&1\end{pmatrix},\quad \begin{pmatrix}1&0&0\\0&1&0\\0&0&1\end{pmatrix},\quad \begin{pmatrix}1&1&0\\0&1&0\\0&0&1\end{pmatrix},\quad \begin{pmatrix}1&1&2\\0&2&1\\0&0&3\end{pmatrix}$$

さて最小多項式の応用として次のような問題を考えよう．A の相異なるすべての固有値を $\alpha_1, \cdots, \alpha_s$ *)，α_i に対応する固有空間を W_{α_i} とすれば例 1 により，$W_{\alpha_1} + W_{\alpha_2} + \cdots + W_{\alpha_s}$ は直和である．(p. 103 参照．) ここで一般には $W_{\alpha_1} + W_{\alpha_2} + \cdots + W_{\alpha_s} \subset V$ であるが，等号が成立するのはどのような場合であろうか？ これに関して次のことが成立する．

例 4 n 次行列 A に関する次の三つの条件は互に同値である．

1) A は対角行列に相似である．すなわち，ある正則行列 P があって

$$P^{-1}AP = \begin{pmatrix}\alpha_1 &&&&&&&& 0\\ &\ddots\\ &&\alpha_1\\ &&&\alpha_2\\ &&&&\ddots\\ &&&&&\alpha_2\\ &&&&&&\ddots\\ &&&&&&&\alpha_s\\ &&&&&&&&\ddots\\ 0 &&&&&&&&& \alpha_s\end{pmatrix}$$

2) A の最小多項式 $\varphi_A(x)$ は重根を持たない：$\varphi_A(x) = \prod_{i=1}^{s}(x - \alpha_i)$．

3) V は固有空間の直和に分解される：$V = W_{\alpha_1} + W_{\alpha_2} + \cdots + W_{\alpha_s}$（直和)．

証 1) $\Longrightarrow$ 2) $\varphi_{P^{-1}AP}(x) = \varphi_A(x)$ であるから，最初から A が対角行列であると仮定してよい．A の対角成分のうち相異なるものを $\alpha_1, \cdots, \alpha_s$ とすれば，明らかに $(A - \alpha_1 E)(A - \alpha_2 E)\cdots(A - \alpha_s E) = 0$．(各因子とも対角行列であり，すべての i に対しある因子の第 i 対角成分が $= 0$ となる．) よって $\varphi(x) = \prod_{i=1}^{s}(x - \alpha_i)$ とおけば，$\varphi(A) = 0$，従って $\varphi_A(x)$ は $\varphi(x)$ の約数である．よって $\varphi_A(x)$ は重根を持たない．(実は $\varphi_A(x) = \varphi(x)$ である．)

2) $\Longrightarrow$ 3) $\varphi_A(x)$ が重根を持たなければ，$\alpha_1, \cdots, \alpha_s$ を相異なる固有値とするとき

$$\varphi_A(x) = \prod_{i=1}^{s}(x - \alpha_i)$$

---

*) このような場合，本来ならば $\alpha_{i_1}, \cdots, \alpha_{i_s}$ とでも書くべきであろう．しかしそれはかえってわずらわしい．われわれは必要に応じて固有値の番号は自由につけかえるものとする．

である．よって

$$(A - \alpha_1 E)(A - \alpha_2 E)\cdots(A - \alpha_s E) = 0.$$

ゆえに III, §4, 例 2（p. 113）により

$$\sum_{i=1}^{s}(n - \operatorname{rank}(A - \alpha_i E)) \geqq n.$$

$W_{\alpha_i} = \{\boldsymbol{x}\,;\,(A - \alpha_i E)\boldsymbol{x} = \boldsymbol{0}\}$ であるから，III, 定理 7 により $\dim W_{\alpha_i} = n - \operatorname{rank}(A - \alpha_i E)$．よって

$$\dim W_{\alpha_1} + \cdots + \dim W_{\alpha_s} \geqq n.$$

一方，$W_{\alpha_1} + \cdots + W_{\alpha_s}$(直和) $\subset V$ であるから

$$\dim W_{\alpha_1} + \cdots + \dim W_{\alpha_s} = \dim(W_{\alpha_1} + \cdots + W_{\alpha_s}) \leqq n.$$

よってすべて等号が成立し，$V = W_{\alpha_1} + W_{\alpha_2} + \cdots + W_{\alpha_s}$（直和）となる．

3) $\Longrightarrow$ 1)　V が固有空間 W_{α_i} の直和になれば，V の底として固有ベクトルばかりからなるものをとることができる．今，$\dim W_{\alpha_i} = n_i$ とし，底 $\boldsymbol{a}_1, \cdots, \boldsymbol{a}_n$ を，$\boldsymbol{a}_k$ $\left(\sum_{j=1}^{i-1} n_j + 1 \leqq k \leqq \sum_{j=1}^{i} n_j\right)$ が W_{α_i} の底になるようにとる．そのとき

$$A\boldsymbol{a}_k = \alpha_i \boldsymbol{a}_k \qquad \left(\sum_{j=1}^{i-1} n_j + 1 \leqq k \leqq \sum_{j=1}^{i} n_j\right)$$

よって，底 $\boldsymbol{a}_1, \cdots, \boldsymbol{a}_n$ に関しては A は対角行列で表現される．従って底の変換：$(\boldsymbol{e}_i) \longrightarrow (\boldsymbol{a}_i)$ の行列（すなわち $\boldsymbol{a}_1, \cdots, \boldsymbol{a}_n$ を列ベクトルとする行列）を P とすれば

$$P^{-1}AP = \begin{pmatrix} \alpha_1 & & & & & & & & 0 \\ & \ddots & & & & & & & \\ & & \alpha_1 & & & & & & \\ & & & \alpha_2 & & & & & \\ & & & & \ddots & & & & \\ & & & & & \alpha_2 & & & \\ & & & & & & \ddots & & \\ & & & & & & & \alpha_s & \\ & & & & & & & & \ddots \\ 0 & & & & & & & & & \alpha_s \end{pmatrix}$$

となる．(証終)

A が対角行列に相似であるとき，A を**対角化可能**または**準単純**（semi-simple）であるという．準単純行列 A，A' に対しては明らかに $A \sim A' \Longleftrightarrow f_A = f_{A'}$ である．

上記により特に n 個の相異なる固有値をもつ n 次行列は対角化可能である．また例えば $A^2 = A$ なる行列，あるいは $A^\nu = E$ なる行列も対角化可能である．(その最小多項式はそ

れぞれ $x^2-x=x(x-1)$，$x^\nu-1=\prod_{i=0}^{\nu-1}(x-\zeta_\nu{}^i)$ (ζ_ν：1 の原始 ν 乗根) の約数になる.）われわれは §3, 5 において'エルミット行列'や'ユニタリー行列'が対角化可能であることを証明する.

問 6　問 2，問 5 の行列のうち対角化可能なものを求めよ.

§2　固有空間への分解

A を与えられた n 次行列とする．V^n の部分空間 W が

$$\boldsymbol{x}\in W \Longrightarrow A\boldsymbol{x}\in W$$

なる性質をもつとき，W は A に関して**不変**である，または単に A-**不変**であるという.（$\boldsymbol{x}$ が A の固有ベクトルであることは，部分空間 $\{\{\boldsymbol{x}\}\}$ が A-不変であることに他ならない.）W が A-不変ならば，A は W において一つの一次変換をひきおこす．今，V^n の底 $\boldsymbol{a}_1,\cdots,\boldsymbol{a}_n$ を，$\boldsymbol{a}_1,\cdots,\boldsymbol{a}_m$ $(m=\dim W)$ が W の底になるようにとり，この底に関して A を表わせば

$$A(\boldsymbol{a}_1,\cdots,\boldsymbol{a}_m,\boldsymbol{a}_{m+1},\cdots,\boldsymbol{a}_n)=(\boldsymbol{a}_1,\cdots,\boldsymbol{a}_m,\boldsymbol{a}_{m+1},\cdots,\boldsymbol{a}_n)\begin{pmatrix}A^{(1)} & A^{(12)}\\ 0 & A^{(2)}\end{pmatrix}.$$

よって底の変換 $(\boldsymbol{e}_i)\longrightarrow(\boldsymbol{a}_i)$ により

$$A\sim\begin{pmatrix}A^{(1)} & A^{(12)}\\ 0 & A^{(2)}\end{pmatrix}$$

となる．ここに，$A^{(1)}$ は A が W にひきおこす一次変換を（底 $\boldsymbol{a}_1,\cdots,\boldsymbol{a}_m$ に関して）表わす行列である.

さらに V^n が A-不変な二つの部分空間 W_1，W_2 の直和に分解されれば，V^n の底 $\boldsymbol{a}_1,\cdots,\boldsymbol{a}_n$ を，$\boldsymbol{a}_1,\cdots,\boldsymbol{a}_m$ は W_1 の底，$\boldsymbol{a}_{m+1},\cdots,\boldsymbol{a}_n$ は W_2 の底になるようにとることができる．A が W_1，W_2 にひきおこす一次変換をこれらの底に関して表現したものをそれぞれ $A^{(1)}$，$A^{(2)}$ とすれば，底の変換 $(\boldsymbol{e}_i)\longrightarrow(\boldsymbol{a}_i)$ により

$$A\sim\begin{pmatrix}A^{(1)} & 0\\ 0 & A^{(2)}\end{pmatrix}$$

となる．このように V^n を A-不変な部分空間に分解することにより，行列 A の分解が得られる.

さて，A の任意の固有値 α に対し（せまい意味の）固有空間 W_α は明らかに A-不変である．一般にある（十分大きい）l に対して

(8)　$$(A-\alpha E)^l\boldsymbol{x}=\boldsymbol{0}$$

となるような $\boldsymbol{x}\in V^n$ 全体の集合は一つの A-不変な部分空間を作る．これを固有

値 α に対する'広い意味の固有空間'といい，$\widetilde{W}_\alpha$ で表わす.($\widetilde{W}_\alpha$ は W_α を含む.) A の相異なる固有値を $\alpha_1, \cdots, \alpha_s$ とするとき，V^n が $\widetilde{W}_{\alpha_1}, \cdots, \widetilde{W}_{\alpha_s}$ の直和に分解されることを以下において示そう.

そのために多項式に関する次の補題が必要である.

補題 1 $f_1(x), \cdots, f_s(x)$ を（全体として）共通因子をもたない多項式とすれば，

$$M_1(x)f_1(x) + \cdots + M_s(x)f_s(x) = 1$$

となるような s 個の多項式 $M_1(x), \cdots, M_s(x)$ が存在する.

証 $M_i(x)\,(1 \leqq i \leqq s)$ を任意の多項式とし

$$g(x) = M_1(x)f_1(x) + \cdots + M_s(x)f_s(x)$$

なる形に表わされる多項式 $g(x)$ 全体の集合を考えよう．この集合を $\mathfrak{A}$ とすれば，$\mathfrak{A}$ は明らかに次の二つの性質をもつ：

i) $g_1(x), g_2(x) \in \mathfrak{A} \Longrightarrow g_1(x) + g_2(x) \in \mathfrak{A}$,

ii) $g(x) \in \mathfrak{A}$, $M(x)$：任意 $\Longrightarrow M(x)g(x) \in \mathfrak{A}$.

今，$\mathfrak{A}$ に属する多項式 $(\neq 0)$ のうち次数が最低のものを $g_0(x)$ とする．任意の $g(x) \in \mathfrak{A}$ が $g_0(x)$ の倍数になることを証明しよう．実際，$g(x)$ を $g_0(x)$ で割り

$$g(x) = M(x)g_0(x) + h(x)$$

とすれば，$g(x), g_0(x) \in \mathfrak{A}$ であるから，i)，ii) により $h(x) \in \mathfrak{A}$. しかも ($h(x)$ の次数) $<$ ($g_0(x)$ の次数) であるから，$g_0(x)$ の定義により $h(x) = 0$ でなければならない．よって $g(x) = M(x)g_0(x)$．従って $\mathfrak{A}$ は $g_0(x)$ の倍数全体の集合と一致する.

特に $f_i(x) \in \mathfrak{A}\ (1 \leqq i \leqq s)$ であるから，$g_0(x)$ は $f_1(x), \cdots, f_s(x)$ の公約数である．一方，$g_0(x) \in \mathfrak{A}$ であるから

(＊) $$g_0(x) = M_1(x)f_1(x) + \cdots + M_s(x)f_s(x)$$

と表わされる．よって $g_1(x)$ を $f_1(x), \cdots, f_s(x)$ の任意の公約数とすれば，$g_1(x)$ は $g_0(x)$ の約数である．よって $g_0(x)$ は $f_1(x), \cdots, f_s(x)$ の最大公約数である.

さて仮定により，$f_1(x), \cdots, f_s(x)$ の最大公約数は 1 であるから，$g_0(x) = 1$ としてよい. そのとき（＊）における $M_i(x)\,(1 \leqq i \leqq s)$ が求める多項式を与える.（証終）

さて A の固有多項式 $f_A(x)$ を相異なる一次因数の冪の積に分解し

(9) $$f_A(x) = \prod_{i=1}^{s}(x - \alpha_i)^{n_i}$$

とする.

(10) $$f_i(x) = \frac{f(x)}{(x - \alpha_i)^{n_i}} = \prod_{j \neq i}(x - \alpha_j)^{n_j}$$

とおけば，$f_1(x), \cdots, f_s(x)$ は共通因子をもたない.（共通因子があるとすれば，それは $x - \alpha_i$ の積であるが，$f_i(x)$ は $x - \alpha_i$ で割り切れない.）よって上の補題により，ある $M_1(x), \cdots, M_s(x)$ があって

(11)　$$M_1(x)f_1(x)+\cdots+M_s(x)f_s(x)=1$$

となる．変数 x に行列 A を代入すれば

$$M_1(A)f_1(A)+\cdots+M_s(A)f_s(A)=E,$$

あるいは $M_i(A)f_i(A)=A_i$ とおき

(12)　$$A_1+A_2+\cdots+A_s=E.$$

を得る．ここでさらに

(13)　$$A_iA_j=0 \qquad (i \neq j)$$

が成立する．実際，$i \neq j$ ならば，$f_i(x)f_j(x)$ は $f_A(x)$ で割り切れる．従って定理1により，$f_i(A)f_j(A)=0$．よって（13）を得る．（12）と（13）から

$$A_i=A_iE=A_i(A_1+\cdots+A_i+\cdots+A_s)=A_i^2.$$

すなわち，A_i は冪等行列である：

(14)　$$A_i^2=A_i.$$

これらのことから（III，研究課題に述べたように）V^n は部分空間

$$A_iV^n=\{\boldsymbol{x}\,;\,\boldsymbol{x}\in V^n,\ A_i\boldsymbol{x}=\boldsymbol{x}\}$$

の直和に分解される．

さて，A_iV^n は $\widetilde{W}_{\alpha_i}$ と一致する．実際，$(x-\alpha_i)^{n_i}f_i(x)=f_A(x)$ であるから，$(A-\alpha_iE)^{n_i}f_i(A)=0$．よって $(A-\alpha_iE)^{n_i}A_i=0$．ゆえに $A_iV^n\subset\widetilde{W}_{\alpha_i}$ である．逆に $\boldsymbol{x}\in\widetilde{W}_{\alpha_i}$ とすれば，ある l に対して $(A-\alpha_iE)^l\boldsymbol{x}=\boldsymbol{0}$．（11）により $(x-\alpha_i)^l$ と $M_i(x)f_i(x)$ とは共通因子をもたない（もし $M_i(x)f_i(x)$ が $x-\alpha_i$ で割り切れれば（11）の左辺が $x-\alpha_i$ で割り切れることになって矛盾である）から，補題1によりある多項式 $M(x)$，$N(x)$ があって，$M(x)(x-\alpha_i)^l+N(x)M_i(x)f_i(x)=1$．よって $M(A)(A-\alpha_iE)^l+N(A)A_i=E$．これを $\boldsymbol{x}$ にほどこせば，$N(A)A_i\boldsymbol{x}=\boldsymbol{x}$．よって $\boldsymbol{x}=A_i(N(A)\boldsymbol{x})\in A_iV^n$．ゆえに $\widetilde{W}_{\alpha_i}\subset A_iV^n$．

以上により次の定理の前半が得られた．

定理2　n 次行列 A の相異なる固有値を $\alpha_1,\cdots,\alpha_s$ とし

(15)　$$\widetilde{W}_{\alpha_i}=\{\boldsymbol{x}\,;\,\boldsymbol{x}\in V^n,\ (A-\alpha_iE)^l\boldsymbol{x}=\boldsymbol{0}\ \ (l：十分大)\}$$ *)

とおけば，V^n はそれらの直和に分解される：

(16)　$$V^n=\widetilde{W}_{\alpha_1}+\cdots+\widetilde{W}_{\alpha_s}\quad(直和).$$

α_i の重複度を n_i とすれば，

(17)　$$\dim\widetilde{W}_{\alpha_i}=n_i$$

---

*)　上の証明からわかるように $l=n_i$ とすれば十分である．

である．

定理の後半は次のように証明される．$\dim \widetilde{W}_{\alpha_i} = n'_i$ とする．$\widetilde{W}_{\alpha_i}$ は A-不変であるから，直和分解（16）に即して V^n の底をとれば

$$(18)\qquad A \sim \begin{pmatrix} A^{(1)} & & & 0 \\ & A^{(2)} & & \\ & & \ddots & \\ 0 & & & A^{(s)} \end{pmatrix}$$

となる．ここに $A^{(i)}$ は A が $\widetilde{W}_{\alpha_i}$ にひきおこす一次変換を（ある底に関して）表わす n'_i 次の行列である．今，n'_i 次の単位行列を $E_{n'_i}$ とすれば，（15）により $N_i = A^{(i)} - \alpha_i E_{n'_i}$ は冪零である．よって

$$f_{N_i}(x) = |xE_{n'_i} - A^{(i)} + \alpha_i E_{n'_i}| = x^{n'_i}.$$

ゆえに

$$f_{A^{(i)}}(x) = |xE_{n'_i} - A^{(i)}| = (x - \alpha_i)^{n'_i}.$$

よって（18）から

$$f_A(x) = \prod_{i=1}^{s} f_{A^{(i)}}(x) = \prod_{i=1}^{s} (x - \alpha_i)^{n'_i}.$$

ゆえに $n'_i = n_i$ でなければならない．（証終）

上の結果により，A をさらに分解するには各 $A^{(i)}$ について考えればよい．今，$k = 1, 2, \cdots$ に対し

$$(19)\qquad \begin{aligned} W_{\alpha_i}{}^{(k)} &= \{\boldsymbol{x}\,;\,\boldsymbol{x} \in V,\ (A - \alpha_i E)^k \boldsymbol{x} = \boldsymbol{0}\} \\ &= \{\boldsymbol{x}\,;\,\boldsymbol{x} \in \widetilde{W}_{\alpha_i},\ N_i^k \boldsymbol{x} = \boldsymbol{0}\} \end{aligned}$$

とおく．これらはすべて A-不変な部分空間であって，定義から明らかに

$$(20)\qquad W_{\alpha_i} = W_{\alpha_i}{}^{(1)} \subset W_{\alpha_i}{}^{(2)} \subset \cdots.$$

また十分大きい l に対し $W_{\alpha_i}{}^{(l)} = \widetilde{W}_{\alpha_i}$ となる．$\dim W_{\alpha_i}{}^{(k)} = n_i{}^{(k)}$ とし，$\widetilde{W}_{\alpha_i}$ の底 $\boldsymbol{a}_1, \cdots, \boldsymbol{a}_{n_i}$ を，$\boldsymbol{a}_1, \cdots, \boldsymbol{a}_{n_i{}^{(k)}}$ が $W_{\alpha_i}{}^{(k)}$ の底になるようにとる．この底に関して N_i を表現すれば，$N_i W_{\alpha_i}{}^{(k)} \subset W_{\alpha_i}{}^{(k-1)}$ であるから，

$$\begin{aligned} &N_i(\boldsymbol{a}_1, \cdots, \boldsymbol{a}_{n_i{}^{(1)}}, \boldsymbol{a}_{n_i{}^{(1)}+1}, \cdots, \boldsymbol{a}_{n_i{}^{(2)}}, \cdots, \boldsymbol{a}_{n_i}) \\ &= (\boldsymbol{a}_1, \cdots, \boldsymbol{a}_{n_i{}^{(1)}}, \boldsymbol{a}_{n_i{}^{(1)}+1}, \cdots, \boldsymbol{a}_{n_i{}^{(2)}}, \cdots, \boldsymbol{a}_{n_i}) \left(\begin{array}{c:c:c:c} 0 & * & \cdots & * \\ \hdashline 0 & 0 & \cdots & * \\ \hdashline \vdots & \vdots & \ddots & \vdots \\ \hdashline 0 & 0 & \cdots & 0 \end{array}\right). \end{aligned}$$

すなわち，対角線までこめて左下半分が 0 であるような三角行列で表現される．よ

って

$$A^{(i)} = \alpha_i E_{n_i} + N_i \sim \begin{pmatrix} \alpha_i & & * \\ & \ddots & \\ 0 & & \alpha_i \end{pmatrix}.$$

はじめから $\widetilde{W}_{\alpha_i}$ の底としてこのようなものをとっておけば，ここで等号が成立するものとしてよい．よって

定理 3 任意の n 次正方行列 A に対し適当な n 次正則行列 P をとれば

$$(21)\qquad P^{-1}AP = \begin{pmatrix} A^{(1)} & & & 0 \\ & A^{(2)} & & \\ & & \ddots & \\ 0 & & & A^{(s)} \end{pmatrix}, \quad A^{(i)} = \begin{pmatrix} \alpha_i & & * \\ & \ddots & \\ 0 & & \alpha_i \end{pmatrix}.$$

注意 1 定理 2 前半の証明は固有多項式の性質 $f_A(A) = 0$（定理 1）だけを基礎にしている．従って $f_A(x)$ のかわりに最小多項式 $\varphi_A(x)$ を使っても同様の結果が得られる．今

$$\varphi_A(x) = \prod_{i=1}^{s} (x - \alpha_i)^{\nu_i}.$$

とおけば，定理 2 前半の証明からわかるように（15）において $l = \nu_i$ としてよい．よって，$(A^{(i)} - \alpha_i E_{n_i})^{\nu_i} = 0$，しかも明らかに $(A^{(i)} - \alpha_i E_{n_i})^{\nu_i - 1} \neq 0$ である．このことから，前節例 3 で述べたように，$\nu_i \leqq n_i$，従って $f_A(x)$ は $\varphi_A(x)$ で割り切れる．このようにして逆に定理 1 の別証が得られる．また，特に $\nu_i = 1$ $(1 \leqq i \leqq s)$ すなわち $\varphi_A(x)$ が単根のみをもつ場合を考えれば，$\widetilde{W}_{\alpha_i} = W_{\alpha_i}{}^{(1)} = W_{\alpha_i}$ となる．従って定理 2 およびそれ以後に述べたことは，前節例 4 で述べたことの拡張になっているわけである．

注意 2 A が実行列（実数を成分とする行列）で，かつ A の固有値がすべて実数ならば，上記の操作をすべて実数の範囲で行うことができる．従って定理 3 における行列 P，$A^{(i)}$ 等はすべて実行列にとることができる．

例 1 任意の n 次行列 A は

(22) $A = S + N$,　S：準単純，N：冪零，$SN = NS$

の形に一意的に表わされる．しかも，S，N は A の（スカラー係数の）多項式になる．

実際，

$$S = \alpha_1 A_1 + \cdots + \alpha_s A_s = \sum_{i=1}^{s} \alpha_i M_i(A) f_i(A)$$

とおけば，これは A の多項式であって（18）におけると同じ底の変換により

$$S \sim \begin{pmatrix} \alpha_1 E_{n_1} & & 0 \\ & \ddots & \\ 0 & & \alpha_s E_{n_s} \end{pmatrix}.$$

よって S は準単純である．また $N=A-S$ とおけば，上記の変換により

$$N \sim \begin{pmatrix} N_1 & & & 0 \\ & N_2 & & \\ & & \ddots & \\ 0 & & & N_s \end{pmatrix}, \qquad N_i = A^{(i)} - \alpha_i E_{n_i}.$$

各 N_i は冪零であるから N も冪零である．

次に（22）の分解の一意性をいうために，まず次のことを証明しよう．

1）S，S' を交換可能な二つの準単純行列とすれば，それらは同時に対角化される．（すなわち，ある正則行列 P があり，$P^{-1}SP$，$P^{-1}S'P$ が同時に対角行列になる．）従って $S \pm S'$ も準単純である．

2）N，N' を交換可能な二つの冪零行列とすれば，$N \pm N'$ も冪零である．

3）準単純かつ冪零な行列は 0 だけである．

証　1）S の相異なる固有値を $\alpha_1, \cdots, \alpha_s$ とすれば，S は準単純であるから，V^n は S の固有空間 W_{α_i} の直和に分解される：$V^n = W_{\alpha_1} + \cdots + W_{\alpha_s}$．$S$ と S' とは交換可能であるから，$\boldsymbol{x} \in W_{\alpha_i}$ とすれば，$SS'\boldsymbol{x} = S'S\boldsymbol{x} = S'(\alpha_i \boldsymbol{x}) = \alpha_i S'\boldsymbol{x}$．よって $S'\boldsymbol{x} \in W_{\alpha_i}$，すなわち各 W_{α_i} は S'-不変である．よってこの直和分解に即して底をとれば，

$$S \sim \begin{pmatrix} \alpha_1 E_{n_1} & & 0 \\ & \ddots & \\ 0 & & \alpha_s E_{n_s} \end{pmatrix}, \qquad S' \sim \begin{pmatrix} S_1' & & 0 \\ & \ddots & \\ 0 & & S_s' \end{pmatrix}.$$

ここに S_i' は S' が W_{α_i} にひきおこす一次変換の（ある底に関する）行列である．S' は準単純であるから，各 S_i' も準単純でなければならない．（S_i' の最小多項式は S' のそれの約数になる．従って重根をもたない．）よって W_{α_i} の底を適当にとることにより，S_i' は対角化される．このような W_{α_i} の底を並べて V^n の底 $(\boldsymbol{a}_i)$ を作り，変換 $(\boldsymbol{e}_i) \longrightarrow (\boldsymbol{a}_i)$ の行列を P とすれば，$P^{-1}SP$，$P^{-1}S'P$ は共に対角形になる．従ってまた $P^{-1}(S \pm S')P = P^{-1}SP \pm P^{-1}S'P$ も対角形になる．よって $S \pm S'$ も準単純である．

2）$N^{\nu} = 0$，$N'^{\nu'} = 0$ とする．N と N' とは交換可能であるから，'二項定理' により

$$(N+N')^m = N^m + mN^{m-1}N' + \cdots + \binom{m}{i} N^{m-i}N'^i + \cdots + N'^m.$$

よって $m = \nu + \nu' - 1$ とおけば，各項において $m - i \geqq \nu$ または $i \geqq \nu'$ となり，

$N^{m-i}N'^i=0$. よって, $(N+N')^m=0$. すなわち$N+N'$, 従って$N-N'$も冪零である.

3) 準単純な行列Sが同時に冪零であるとする.

$$S \sim \begin{pmatrix} \alpha_1 & & 0 \\ & \ddots & \\ 0 & & \alpha_n \end{pmatrix}$$

とすれば, Sの固有値$\alpha_1, \cdots, \alpha_n$はすべて$=0$であるから, $S\sim 0$. 従って$S=0$. (証終)

さて, 行列Aが (22) の形に別の仕方で分解されたとする：$A=S+N=S'+N'$. そのとき, $S-S'=N'-N$. 仮定によりS', N'は互に交換可能であるから, Aとも可換, 従ってAの多項式であるS, Nとも可換である. 従って上記 1), 2) により, $S-S'$, $N'-N$はそれぞれ準単純, 冪零である. よって 3) により$S-S'=N'-N=0$. ゆえに$S=S'$, $N=N'$である.

注意 Aが実行列ならば, (Aの固有値は複素数であっても) 上記の分解におけるS, Nは実行列になる. 実際, $A=(a_{ij})$に対しその複素共役行列を$\bar{A}=(\bar{a}_{ij})$によって表わせば, A：実行列 $\Longleftrightarrow A=\bar{A}$. 一方, $A=S+N$から$\bar{A}=\bar{S}+\bar{N}$となりこれが$\bar{A}$に対する上記の分解を与える. よって$A=\bar{A}\Longrightarrow S+N=\bar{S}+\bar{N}$. 上記の一意性により, $\Longrightarrow S=\bar{S}$, $N=\bar{N}$, 従ってS, Nも実行列である.

問 1 p. 145 ～ 146 の行列について (22) の分解をおこなえ.

例 2 $A=S+N$を (22) の分解とする. $f(x)$を任意の多項式とすれば, S, Nが交換可能であることから

$$(*) \qquad f(A)=f(S+N) = f(S)+f'(S)N+\frac{1}{2!}f''(S)N^2+\cdots + \frac{1}{(\nu-1)!}f^{(\nu-1)}(S)N^{\nu-1}$$

(ただし$N^\nu=0$とする)

となる. 容易にわかるように, $f(S)$は準単純, $f'(S)N+\cdots+\dfrac{1}{(\nu-1)!}f^{(\nu-1)}(S)N^{\nu-1}$は冪零で, これらがそれぞれ$f(A)$の‘準単純部分’, ‘冪零部分’を与える. 今

$$S \sim \begin{pmatrix} \alpha_1 & & 0 \\ & \ddots & \\ 0 & & \alpha_n \end{pmatrix}$$

とすれば

$$f(S) \sim \begin{pmatrix} f(\alpha_1) & & 0 \\ & \ddots & \\ 0 & & f(\alpha_n) \end{pmatrix}$$

よって，$f(A)$ の固有値は（重複度までいれて）$f(\alpha_1), \cdots, f(\alpha_n)$ で与えられる.（**Frobenius の定理.**）

注意 この結果は $f(x)$ が冪級数の場合にも拡張される．すなわち，$f(x) = \sum_{i=0}^{\infty} a_i x^i$ が $|x| < r$ で（絶対）収斂する冪級数で，かつ $|\alpha_i| < r\ (1 \leqq i \leqq n)$ ならば，$f(A)$，$f(S)$ 等も（絶対）収斂し，やはり（$*$）が成立する．従って $f(A)$ の固有値は $f(\alpha_1), \cdots, f(\alpha_n)$ で与えられる．

問 2 $A = \begin{pmatrix} 0 & 1 & 0 \\ 0 & 0 & 1 \\ 1 & 0 & 0 \end{pmatrix}$ とおけば $\begin{pmatrix} a_0 & a_1 & a_2 \\ a_2 & a_0 & a_1 \\ a_1 & a_2 & a_0 \end{pmatrix} = a_0 + a_1 A + a_2 A^2$ とかける．このことを利用して‘巡回行列’$\begin{pmatrix} a_0 & a_1 & a_2 \\ a_2 & a_0 & a_1 \\ a_1 & a_2 & a_0 \end{pmatrix}$ の固有値を求めよ．

問 3 $A = S + N$，$X = S_1 + N_1$ を共に（22）の分解とする．$A = \exp X$ のとき，S，N と S_1，N_1 との関係をしらべよ．またこれを使って $|A| \neq 0$ のとき，$A = \exp X$ とかけることを証明せよ．

例 3 冪零行列の標準形：N を冪零行列，$N^{\nu-1} \neq 0$，$N^{\nu} = 0$ とする．

$$W^{(i)} = \{\boldsymbol{x}\,;\, \boldsymbol{x} \in V^n,\ N^i \boldsymbol{x} = \boldsymbol{0}\}$$

とおけば，

$$V = W^{(\nu)} \supset W^{(\nu-1)} \supset \cdots \supset W^{(1)}.$$

今，$\dim W^{(i)} = m_i$，$m_i - m_{i-1} = r_i\ (1 \leqq i \leqq \nu)$，ただし $m_0 = 0$，とおく．$W^{(\nu-1)}$ の任意の底に r_ν 個のベクトル $\boldsymbol{a}_1, \cdots, \boldsymbol{a}_{r_\nu}$ をつけ加えて $W^{(\nu)}$ の底になるようにすれば

$$(*_\nu) \qquad W^{(\nu)} = \{\{\boldsymbol{a}_1, \cdots, \boldsymbol{a}_{r_\nu}\}\} + W^{(\nu-1)}. \text{（直和）}$$

そのとき，$N\boldsymbol{a}_1, \cdots, N\boldsymbol{a}_{r_\nu} \in W^{(\nu-1)}$ であるが，これらのベクトルは一次独立で，かつ

$$\{\{N\boldsymbol{a}_1, \cdots, N\boldsymbol{a}_{r_\nu}\}\} \cap W^{(\nu-2)} = \{\boldsymbol{0}\}$$

となる．実際，$c_1 N\boldsymbol{a}_1 + \cdots + c_{r_\nu} N\boldsymbol{a}_{r_\nu} \in W^{(\nu-2)}$ とすれば，

$$N^{\nu-2}(c_1 N\boldsymbol{a}_1 + \cdots + c_{r_\nu} N\boldsymbol{a}_{r_\nu}) = N^{\nu-1}(c_1 \boldsymbol{a}_1 + \cdots + c_{r_\nu} \boldsymbol{a}_{r_\nu}) = \boldsymbol{0}.$$

よって，$c_1 \boldsymbol{a}_1 + \cdots + c_{r_\nu} \boldsymbol{a}_{r_\nu} \in W^{(\nu-1)}$．しかるに $(*_\nu)$ から $\{\{\boldsymbol{a}_1, \cdots, \boldsymbol{a}_{r_\nu}\}\} \cap W^{(\nu-1)} = \{\boldsymbol{0}\}$．よって，$c_1 = \cdots = c_{r_\nu} = 0$.

上記により $r_\nu \leqq r_{\nu-1}$ である．従って $(r_{\nu-1}-r_\nu)$ 個のベクトル $\boldsymbol{a}_{r_\nu+1}, \cdots, \boldsymbol{a}_{r_{\nu-1}}$ を適当にとれば，$W^{(\nu-2)}$ の底に $N\boldsymbol{a}_1, \cdots, N\boldsymbol{a}_{r_\nu}, \boldsymbol{a}_{r_\nu+1}, \cdots, \boldsymbol{a}_{r_{\nu-1}}$ をつけ加えて $W^{(\nu-1)}$ の底になるようにすることができる．そのとき

$$(*_{\nu-1}) \qquad W^{(\nu-1)} = \{\{N\boldsymbol{a}_1, \cdots, N\boldsymbol{a}_{r_\nu}, \boldsymbol{a}_{r_\nu+1}, \cdots, \boldsymbol{a}_{r_{\nu-1}}\}\} + W^{(\nu-2)}. \quad (\text{直和})$$

従って上と同様にして

$$N^2\boldsymbol{a}_1, \cdots, N^2\boldsymbol{a}_{r_\nu}, N\boldsymbol{a}_{r_\nu+1}, \cdots, N\boldsymbol{a}_{r_{\nu-1}} \in W^{(\nu-2)}$$

は一次独立，かつ

$$\{\{N^2\boldsymbol{a}_1, \cdots, N^2\boldsymbol{a}_{r_\nu}, N\boldsymbol{a}_{r_\nu+1}, \cdots, N\boldsymbol{a}_{r_{\nu-1}}\}\} \cap W^{(\nu-3)} = \{\mathbf{0}\}$$

であることがわかる．よって $r_{\nu-1} \leqq r_{\nu-2}$．以下同様にして

$$r_\nu \leqq r_{\nu-1} \leqq \cdots \leqq r_1$$

で，ベクトル $\boldsymbol{a}_1, \cdots, \boldsymbol{a}_{r_1}$ を適当にえらべば

$$(*_i) \quad W^{(i)} = \{\{N^{\nu-i}\boldsymbol{a}_1, \cdots, N^{\nu-i}\boldsymbol{a}_{r_\nu}, \cdots, \boldsymbol{a}_{r_{i+1}+1}, \cdots, \boldsymbol{a}_{r_i}\}\} + W^{(i-1)} \quad (\text{直和})$$

となることが証明される．そのとき，

$$N^k\boldsymbol{a}_{r_{i+1}+1}, \cdots, N^k\boldsymbol{a}_{r_i} \qquad (1 \leqq i \leqq \nu,\ 0 \leqq k \leqq i-1)$$

は全体として V の底を与える．これらの関係を表示すれば，下のようになる．

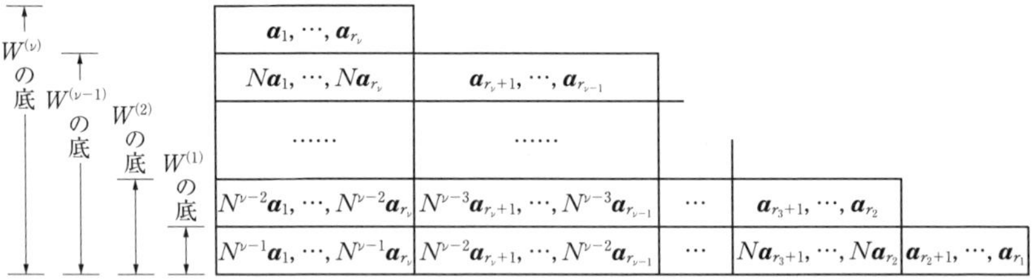
$W^{(\nu)}$ の底
$W^{(\nu-1)}$ の底
$W^{(2)}$ の底
$W^{(1)}$ の底
$\boldsymbol{a}_1, \cdots, \boldsymbol{a}_{r_\nu}$
$N\boldsymbol{a}_1, \cdots, N\boldsymbol{a}_{r_\nu}$
$\boldsymbol{a}_{r_\nu+1}, \cdots, \boldsymbol{a}_{r_{\nu-1}}$
……
……
$N^{\nu-2}\boldsymbol{a}_1, \cdots, N^{\nu-2}\boldsymbol{a}_{r_\nu}$
$N^{\nu-3}\boldsymbol{a}_{r_\nu+1}, \cdots, N^{\nu-3}\boldsymbol{a}_{r_{\nu-1}}$
…
$\boldsymbol{a}_{r_3+1}, \cdots, \boldsymbol{a}_{r_2}$
$N^{\nu-1}\boldsymbol{a}_1, \cdots, N^{\nu-1}\boldsymbol{a}_{r_\nu}$
$N^{\nu-2}\boldsymbol{a}_{r_\nu+1}, \cdots, N^{\nu-2}\boldsymbol{a}_{r_{\nu-1}}$
…
$N\boldsymbol{a}_{r_3+1}, \cdots, N\boldsymbol{a}_{r_2}$
$\boldsymbol{a}_{r_2+1}, \cdots, \boldsymbol{a}_{r_1}$

さて，$r_{i+1}+1 \leqq j \leqq r_i$ に対し

$$(\S) \qquad \{\{\boldsymbol{a}_j, N\boldsymbol{a}_j, \cdots, N^{i-1}\boldsymbol{a}_j\}\}$$

は明らかに N-不変な部分空間である．この底（の順序を逆にしたもの）に関して N を表わせば

$$N(N^{i-1}\boldsymbol{a}_j, N^{i-2}\boldsymbol{a}_j, \cdots, \boldsymbol{a}_j) = (N^{i-1}\boldsymbol{a}_j, N^{i-2}\boldsymbol{a}_j, \cdots, \boldsymbol{a}_j)\begin{pmatrix} 0 & 1 & & & \text{\Large 0} \\ & 0 & 1 & & \\ & & \ddots & \ddots & \\ & & & 0 & 1 \\ \text{\Large 0} & & & & 0 \end{pmatrix}.$$

上記により V^n は (§) のいくつかの直和に分解される．よって，N は

$$(\S\S)\qquad \begin{pmatrix} 0 & 1 & & & 0 \\ & 0 & 1 & & \\ & & \ddots & \ddots & \\ & & & 0 & 1 \\ 0 & & & & 0 \end{pmatrix}$$

なる形の行列をいくつか並べてできる行列に相似である.

一般に (§§) の形の行列をいくつか並べてできる行列を冪零行列の‘標準形’という. N に相似な標準形があれば, その中に現れる (§§) の形の i 次行列の個数は明らかに

$$r_i - r_{i+1} = 2m_i - m_{i-1} - m_{i+1} = \operatorname{rank} N^{i-1} + \operatorname{rank} N^{i+1} - 2\operatorname{rank} N^i$$

である. 従ってそれは N によって一意的に定まる.

問4 $n = 2,\ 3,\ 4$ の場合, 冪零行列の標準形を列記せよ.

問5 冪零行列 N に対し $N = N_1^2$ となる N_1 (N の‘平方根’) は一般に存在しない. それが存在するための条件を上記の r_i を使って表わせ.

上の結果を定理3における $N^{(i)}$ に適用すれば, A は

$$(23)\qquad \begin{pmatrix} \alpha_i & 1 & & & 0 \\ & \alpha_i & 1 & & \\ & & \ddots & \ddots & \\ & & & \alpha_i & 1 \\ 0 & & & & \alpha_i \end{pmatrix}$$

なる形の行列をいくつか並べてできる行列に相似であることがわかる. このような形の行列を **Jordan の標準形**という. 上に述べたことにより与えられた行列 A と相似な Jordan の標準形は (上記の形の行列を並べる順序を除いて) 一意的に定まる. 従ってそれを‘A の Jordan 標準形’という. 二つの n 次行列 A, B が相似であるためにはそれらの Jordan 標準形が一致することが必要かつ十分である.

注意 $N^{(i)} = A^{(i)} - \alpha_i E_{n_i}$ に対応する上記の数 r_k は

$$r_k = \dim W_{\alpha_i}{}^{(k)} - \dim W_{\alpha_i}{}^{(k-1)} = \operatorname{rank}(A - \alpha_i E)^{k-1} - \operatorname{rank}(A - \alpha_i E)^k$$

である. 従って特に ν_i (A の最小多項式 $\varphi_A(x)$ における根 α_i の重複度) は $\operatorname{rank}(A - \alpha_i E)^k = \operatorname{rank}(A - \alpha_i E)^{k+1}$ となる最小の k に等しい.

問6 p. 145 ～146 の行列の Jordan 標準形を求めよ.

問7 $A = \begin{pmatrix} \alpha & 1 & & & 0 \\ & \alpha & 1 & & \\ & & \ddots & \ddots & \\ & & & \alpha & 1 \\ 0 & & & & \alpha \end{pmatrix}$ なるとき, $\exp tA$ を計算せよ.

以上§1, 2においては普通の四則演算の他に，与えられた行列の固有値を求めること，すなわち固有方程式を解くことを必要とした．そのために数の範囲を複素数として説明してきたのである．しかし，例えば実行列 A を考える場合，その固有値がすべて実数ならば，以上の議論をすべて実数の範囲ですることができる．例えばその場合，適当な実正則行列 P をとり，$P^{-1}AP$ が Jordan 標準形になるようにすることができる．

§3 対称行列の標準化

前節では行列の標準化についてその一般論を述べた．以下やや特殊な行列についてその標準化を説明しよう．この節ではまず対称行列について考えることにする．(前節の結果は使わない．)

以下の考察においては‘内積’を考えることが重要である．以後，§3, 4においては特に断らない限り，内積は $(\boldsymbol{x}, \boldsymbol{y}) = \sum_{i=1}^{n} x_i y_i$ で与えられるものとする．

n 次正方行列 $A = (a_{ij})$ は

$$ {}^tA = A, \quad \text{すなわち} \quad a_{ji} = a_{ij} $$

なるとき，**対称行列**という．また

$$ {}^tA = -A, \quad \text{すなわち} \quad a_{ji} = -a_{ij} $$

なるとき，**交代行列**または歪対称行列（skew-symmetric matrix）という．内積を使って表わせば，これらの条件は（‘成分’を使わずに）それぞれ $(A\boldsymbol{x}, \boldsymbol{y}) = (\boldsymbol{x}, A\boldsymbol{y})$，$(A\boldsymbol{x}, \boldsymbol{y}) = -(\boldsymbol{x}, A\boldsymbol{y})$ と表わされる．(p. 33, (29) 参照．)

今，任意の n 次正方行列 A に対し

$$ (*) \qquad B = \frac{1}{2}(A + {}^tA), \qquad C = \frac{1}{2}(A - {}^tA) $$

とおけば，B は対称，C は交代であって

$$ A = B + C. $$

逆に，$A = B + C$, B：対称，C：交代とすれば，${}^tA = {}^tB + {}^tC = B - C$. よって，$B, C$ は（$*$）で与えられる．すなわち，上記のような分解は一意的である．

例

$$ \begin{pmatrix} 1 & 2 \\ 3 & 4 \end{pmatrix} = \begin{pmatrix} 1 & \frac{5}{2} \\ \frac{5}{2} & 4 \end{pmatrix} + \begin{pmatrix} 0 & -\frac{1}{2} \\ \frac{1}{2} & 0 \end{pmatrix}, $$

$$ \begin{pmatrix} a_1 & -a_2 & -a_3 & -a_4 \\ a_2 & a_1 & -a_4 & a_3 \\ a_3 & a_4 & a_1 & -a_2 \\ a_4 & -a_3 & a_2 & a_1 \end{pmatrix} = \begin{pmatrix} a_1 & 0 & 0 & 0 \\ 0 & a_1 & 0 & 0 \\ 0 & 0 & a_1 & 0 \\ 0 & 0 & 0 & a_1 \end{pmatrix} + \begin{pmatrix} 0 & -a_2 & -a_3 & -a_4 \\ a_2 & 0 & -a_4 & a_3 \\ a_3 & a_4 & 0 & -a_2 \\ a_4 & -a_3 & a_2 & 0 \end{pmatrix}. $$

問 1　n 次実対称行列全体，および n 次実交代行列全体は共にベクトル空間を作る．それらはそれぞれ何次元か．

問 2　A_1，A_2 を対称行列とするとき，

$$A_1A_2 : \text{対称行列} \iff A_1, A_2 : \text{交換可能}.$$

さて，A を n 次実対称行列とし，その標準化を考えよう．

まず，A の固有値はすべて実数である．実際，

$$A\boldsymbol{x} = \alpha\boldsymbol{x}, \qquad \boldsymbol{x} \neq \mathbf{0}$$

とすれば，両辺のバーをとって（$\overline{A} = A$ に注意）

$$A\overline{\boldsymbol{x}} = \overline{\alpha}\overline{\boldsymbol{x}}.$$

よって（${}^tA = A$ に注意）

$$\begin{aligned}(A\boldsymbol{x}, \overline{\boldsymbol{x}}) &= (\alpha\boldsymbol{x}, \overline{\boldsymbol{x}}) = \alpha(\boldsymbol{x}, \overline{\boldsymbol{x}})\\ &= (\boldsymbol{x}, A\overline{\boldsymbol{x}}) = (\boldsymbol{x}, \overline{\alpha}\overline{\boldsymbol{x}}) = \overline{\alpha}(\boldsymbol{x}, \overline{\boldsymbol{x}})\end{aligned}$$

$(\boldsymbol{x}, \overline{\boldsymbol{x}}) = \sum x_i\overline{x}_i > 0$ であるから，$\alpha = \overline{\alpha}$ でなければならない．すなわち，A の固有値 α は実数である．

α を A の固有値とすれば，$A - \alpha E$ は実行列で，$|A - \alpha E| = 0$．よって

$$(A - \alpha E)\boldsymbol{x} = \mathbf{0}$$

となるような，$\mathbf{0}$ でない実ベクトル $\boldsymbol{x}$ が存在する．すなわち，A の α に対する固有ベクトルとして実ベクトルをとることができる．よって（前節末の注意に従って）以下この節においては実ベクトルおよび実行列だけについて考えることにする．

次に A が対角化可能であることを証明しよう．$n = 1$ のときは自明であるから，n に関する帰納法を使う．α_1 を A の一つの固有値とし，$\boldsymbol{x}_1$ をそれに対する（実の）固有ベクトルとする．$\{\{\boldsymbol{x}_1\}\}$ の直交補空間を W_1 とすれば，$\boldsymbol{x} \in W_1$ に対し

$$(\boldsymbol{x}_1, A\boldsymbol{x}) = (A\boldsymbol{x}_1, \boldsymbol{x}) = (\alpha_1\boldsymbol{x}_1, \boldsymbol{x}) = \alpha_1(\boldsymbol{x}_1, \boldsymbol{x}) = 0.$$

よって，$A\boldsymbol{x} \in W_1$．すなわち W_1 は A-不変である．

今，正規直交底 $\boldsymbol{e}_1', \boldsymbol{e}_2', \cdots, \boldsymbol{e}_n'$ を $\{\{\boldsymbol{e}_1'\}\} = \{\{\boldsymbol{x}_1\}\}$，$\{\{\boldsymbol{e}_2', \cdots, \boldsymbol{e}_n'\}\} = W_1$ となるようにとり，この底に関して A を表現する行列を A' とすれば

$$A' = \begin{pmatrix} \alpha_1 & 0 \\ 0 & A_1' \end{pmatrix}$$

となる．底の変換 $(\boldsymbol{e}_i) \longrightarrow (\boldsymbol{e}_i')$ の行列（すなわち，$\boldsymbol{e}_1', \cdots, \boldsymbol{e}_n'$ を列ベクトルとする行列）を T_1 とおけば，T_1 は直交行列であるから，

$$A' = T_1^{-1}AT_1 = {}^tT_1AT_1.$$

よって ${}^tA' = {}^t({}^tT_1AT_1) = {}^tT_1{}^tA{}^{tt}T_1 = {}^tT_1AT_1 = A'$ となり，A'，従って A_1' も

(実) 対称行列である. よって帰納法の仮定により A_1' は対角化可能である. すなわち, ある $(n-1)$ 次 (実) 正則行列 T_2' があり, $T_2'^{-1}A_1'T_2'$ が対角行列になる. ゆえに $T = T_1\begin{pmatrix}1 & 0\\ 0 & T_2'\end{pmatrix}$ とおけば,

$$T^{-1}AT = \begin{pmatrix}1 & 0\\ 0 & T_2'\end{pmatrix}^{-1}\begin{pmatrix}\alpha_1 & 0\\ 0 & A_1'\end{pmatrix}\begin{pmatrix}1 & 0\\ 0 & T_2'\end{pmatrix} = \begin{pmatrix}\alpha_1 & 0\\ 0 & T_2'^{-1}A_1'T_2'\end{pmatrix}$$

は対角行列になる.

上の証明からわかるように, A は直交行列によって対角化される. (T_2' を直交行列とすれば, T も直交行列になる.) よって次の定理が得られた.

定理 4 n 次実対称行列 A の固有値 $\alpha_1, \cdots, \alpha_n$ はすべて実数である. A に対し適当な n 次 (実) 直交行列 T をとれば

$$T^{-1}AT = {}^tTAT = \begin{pmatrix}\alpha_1 & & & 0\\ & \alpha_2 & & \\ & & \ddots & \\ 0 & & & \alpha_n\end{pmatrix} \tag{24}$$

となる.

注意 複素対称行列 A に対してはこの定理は必ずしも成立しない. A の固有値が必ずしも実数でないのは当然であるが, 定理の後半も一般には成立しない. 上記の証明において $W_1 = \{\{\boldsymbol{x}_1\}\}^\perp$ はやはり A-不変になる. しかし, 複素ベクトル $\boldsymbol{x}_1$ に対しては, $(\boldsymbol{x}_1, \boldsymbol{x}_1) = 0$, 従って $\{\{\boldsymbol{x}_1\}\} \subset W_1$ なることが起る. 従って上記のような正規直交底 $\boldsymbol{e}_1', \cdots, \boldsymbol{e}_n'$ をとることは一般にできない.

上の定理はまた次のように述べることもできる.

定理 4′ A を n 次実対称行列, $\alpha_1, \cdots, \alpha_s$ をその相異なる固有値 (の全体) とすれば, α_i はすべて実数である. α_i に対する A の (せまい意味の) 固有空間を W_{α_i} とすれば, W_{α_i} $(1 \leqq i \leqq s)$ は互に直交し, かつ V はそれらの直和になる:

$$V = W_{\alpha_1} + \cdots + W_{\alpha_s} \ (\text{直和}), \qquad W_{\alpha_i} \perp W_{\alpha_j} \ (1 \leqq i \leqq s,\ i \neq j)^{*)}.$$

実際, (24) における T の列ベクトルを $\boldsymbol{t}_1, \cdots, \boldsymbol{t}_n$ とすれば, それらは (実) 正規直交系をなし, $\boldsymbol{t}_i \in W_{\alpha_i}$. 明らかに $\{\boldsymbol{t}_k ; \alpha_k = \alpha_i\}$ が W_{α_i} の一つの底になる. よって上に述べた通りである. —— 底の変換 $(\boldsymbol{e}_i) \longrightarrow (\boldsymbol{t}_i)$ を '主軸変換' という.

---

*) p. 159 の約束により, V, W_{α_i} 等はすべて実ベクトル空間を表わすものとする. すなわち, V は n 次元実ベクトル空間, W_{α_i} はその中における α_i の固有空間とする. しかし, それらをそれぞれ対応する複素ベクトル空間を表わすものと考えても定理 4′ はそのまま成立する. (その際, 内積は $(\boldsymbol{x}, \boldsymbol{y})$ でも $(\boldsymbol{x}, \overline{\boldsymbol{y}})$ でもどちらでもよい.)

問 3　次の行列を対角化せよ.（固有値および T を求めよ.）

$$\text{(i)}\quad \begin{pmatrix} 2 & 1 & 1 \\ 1 & 2 & 1 \\ 1 & 1 & 2 \end{pmatrix}, \qquad \text{(ii)}\quad \begin{pmatrix} 0 & & & & 1 \\ & & & 1 & \\ & & 1 & & \\ & 1 & & & \\ 1 & & & & 0 \end{pmatrix}$$

定理 4 は次のように一般化される：

例 1　A を固有値がすべて実数であるような n 次（実）行列とする. A に対し, 適当な n 次直交行列 T をとれば

$$T^{-1}AT = \begin{pmatrix} \alpha_1 & & & * \\ & \alpha_2 & & \\ & & \ddots & \\ 0 & & & \alpha_n \end{pmatrix}. \tag{25}$$

のように三角行列に変換される.

証明は定理 4 と同様 n に関する帰納法による. α_1 を A の一つの固有値（それは仮定により実数), $\boldsymbol{x}_1$ を α_1 に対する（実の）固有ベクトルとする. $\boldsymbol{e}_1' = \dfrac{\boldsymbol{x}_1}{\|\boldsymbol{x}_1\|}$ とおき, それを延長して正規直交底 $\{\boldsymbol{e}_1', \boldsymbol{e}_2', \cdots, \boldsymbol{e}_n'\}$ を作る. $T_1 = (\boldsymbol{e}_1', \cdots, \boldsymbol{e}_n')$ とすれば

$$T_1^{-1}AT_1 = \begin{pmatrix} \alpha_1 & * & \cdots & * \\ 0 & & & \\ \vdots & & A_1' & \\ 0 & & & \end{pmatrix}$$

となる. A の固有値を $\alpha_1, \alpha_2, \cdots, \alpha_n$ とすれば, A_1' のそれは $\alpha_2, \cdots, \alpha_n$ となる. よって帰納法の仮定により, 適当な $(n-1)$ 次直交行列 T_2' があって

$$ {}^t T_2' A_1' T_2' = \begin{pmatrix} \alpha_2 & & * \\ & \ddots & \\ 0 & & \alpha_n \end{pmatrix}.$$

よって, $T = T_1 \begin{pmatrix} 1 & 0 \\ 0 & T_2' \end{pmatrix}$ とおけば, T は n 次直交行列で, (25) が成立する.

注意　上記において特に A を対称行列とすれば, $T^{-1}AT = {}^tTAT$ も対称行列. よって (25) において $*$ の部分も 0 になる. これが定理 4 の後半である. また, 例 1 の結果は定理 3 から導くこともできる. (21) における P として実の正則行列をとり, $P =$（直交行列）$\times$（三角行列）と分解し, その直交行列を T とおけばよい.（p. 106 参照.）逆に, (25)

から行列の形式的な計算によって (21) を導くこともできる.

例2 A を任意の n 次（実）行列とすれば，適当な n 次直交行列 T_1, T_2 に対し

$$T_1AT_2 = \begin{pmatrix} \gamma_1 & & 0 \\ & \ddots & \\ 0 & & \gamma_n \end{pmatrix}. \tag{26}$$

となる．ここに $\gamma_1{}^2, \cdots, \gamma_n{}^2$ は ${}^tAA$ の固有値である.

証 ${}^tAA$ は対称行列であるから，定理4により，ある直交行列 T_2 があって

$$ {}^tT_2{}^tAAT_2 = \begin{pmatrix} \beta_1 & & 0 \\ & \ddots & \\ 0 & & \beta_n \end{pmatrix}.$$

ここに $\beta_1, \cdots, \beta_n$ は ${}^tAA$ の固有値である．β_i に対する任意の（実）固有ベクトルを $\boldsymbol{x}$ とすれば，$0 \leqq (A\boldsymbol{x}, A\boldsymbol{x}) = (\boldsymbol{x}, {}^tAA\boldsymbol{x}) = (\boldsymbol{x}, \beta_i\boldsymbol{x}) = \beta_i(\boldsymbol{x}, \boldsymbol{x})$．よって $\beta_i \geqq 0$．ゆえに $\beta_i = \gamma_i{}^2$ とおく．今，簡単のため $\gamma_i \neq 0\ (1 \leqq i \leqq r)$，$\gamma_i = 0\ (r+1 \leqq i \leqq n)$ とする*)．AT_2 の列ベクトルを $\boldsymbol{t}_1, \cdots, \boldsymbol{t}_n$ とおけば，上式により $(\boldsymbol{t}_i, \boldsymbol{t}_j) = \beta_i\delta_{ij}$．よって，$\dfrac{\boldsymbol{t}_1}{\gamma_1}, \cdots, \dfrac{\boldsymbol{t}_r}{\gamma_r}$ は正規直交系をなし，$\boldsymbol{t}_i = \boldsymbol{0}\ (r+1 \leqq i \leqq n)$ となる．よって $\dfrac{\boldsymbol{t}_1}{\gamma_1}, \cdots, \dfrac{\boldsymbol{t}_r}{\gamma_r}$ を第1～第 r 行ベクトルとするような n 次直交行列を T_1 とすれば，(26) が成立する.（証終）

注意 例2の結果は長方行列の場合にも拡張される．すなわち，A を任意の (m, n) 型（実）行列とすれば，ある m 次直交行列 T_1，n 次直交行列 T_2 があって

$$T_1AT_2 = \begin{pmatrix} \gamma_1 & & & & & 0 \\ & \ddots & & & & \\ & & \gamma_r & & & \\ & & & 0 & & \\ & & & & \ddots & \\ 0 & & & & & 0 \end{pmatrix}.$$

ただし，${}^tAA$ の階数を r とし，その0でない固有値を $\gamma_1{}^2, \cdots, \gamma_r{}^2$ とする.

例3 $A_1, \cdots, A_m$ を互に交換可能な（実）対称行列とすれば，ある直交行列 T があって，$T^{-1}A_iT\ (1 \leqq i \leqq m)$ は同時に対角行列になる.

証 $n = 1$ のときは明らか．また $m = 1$ のときは定理4に他ならない．よって，n, m に関する二重帰納法**) によって証明する．$m, n > 1$ とする．A_1 の一つの固有値を α_1 とし，α_1 に対する A_1 の固有空間を W_{α_1} とする．$W_{\alpha_1} = V$ ならば，$A_1 =$

---

*) $A_\sigma = (\delta_{i,\sigma(j)})$ とすれば，$A_\sigma{}^{-1}(\beta_i\delta_{ij})A_\sigma = (\beta_{\sigma(i)}\delta_{ij})$ であるから，底の置換（それは直交変換）により β_i に任意の置換を行うことができる.

$\alpha_1 E$ となり，A_1 は除外して考えることができる．よって，$m-1$ の場合に帰着される．帰納法の仮定によりこの場合には上の結果は成立する．よって $W_{\alpha_1} \subsetneqq V$ とする．$\boldsymbol{x} \in W_{\alpha_1}$ ならば，

$$A_1 A_i \boldsymbol{x} = A_i A_1 \boldsymbol{x} = A_i(\alpha_1 \boldsymbol{x}) = \alpha_1 A_i \boldsymbol{x}, \qquad (1 \leqq i \leqq m)$$

よって $A_i \boldsymbol{x} \in W_{\alpha_1}$ となる．すなわち W_{α_1} はすべての A_i $(1 \leqq i \leqq m)$ に関して不変である．そのとき $W_{\alpha_1}{}^{\perp}$ も A_i-不変になる．実際，$\boldsymbol{x}' \in W_{\alpha_1}{}^{\perp}$ とすれば，任意の $\boldsymbol{x} \in W_{\alpha_1}$ に対し，$A_i \boldsymbol{x} \in W_{\alpha_1}$ であるから，$(\boldsymbol{x}, A_i \boldsymbol{x}') = (A_i \boldsymbol{x}, \boldsymbol{x}') = 0$．よって $A_i \boldsymbol{x}' \in W_{\alpha_1}{}^{\perp}$ となる．今，$\dim W_{\alpha_1} = n_1$ とし，V の正規直交底 $\boldsymbol{e}_1', \cdots, \boldsymbol{e}_n'$ を，$\boldsymbol{e}_1', \cdots, \boldsymbol{e}_{n_1}'$ が W_{α_1} の底になる（従って $\boldsymbol{e}_{n_1}', \cdots, \boldsymbol{e}_n'$ が $W_{\alpha_1}{}^{\perp}$ の底になる）ようにとり，$T_1 = (\boldsymbol{e}_1', \cdots, \boldsymbol{e}_n')$ とおけば

$$T_1{}^{-1} A_i T_1 = \begin{pmatrix} A_i{}^{(1)} & 0 \\ 0 & A_i{}^{(2)} \end{pmatrix} \begin{matrix} \}\, n_1 \\ \}\, n - n_1 \end{matrix}$$

となる．$0 < n_1 < n$ であるから帰納法の仮定によりある n_1 次の直交行列 $T_2{}^{(1)}$，$(n - n_1)$ 次の直交行列 $T_2{}^{(2)}$ があって，$T_2{}^{(1)-1} A_i{}^{(1)} T_2{}^{(1)}$，$T_2{}^{(2)-1} A_i{}^{(2)} T_2{}^{(2)}$ $(1 \leqq i \leqq m)$ は同時に対角行列になる．よって，$T = T_1 \begin{pmatrix} T_2{}^{(1)} & 0 \\ 0 & T_2{}^{(2)} \end{pmatrix}$ とおけば，$T^{-1} A_i T$ $(1 \leqq i \leqq m)$ は同時に対角行列になる．(証終)

注意　この逆も成立する．実際，ある T に対し $T^{-1} A_i T$ $(1 \leqq i \leqq m)$ が同時に対角行列になるとすれば，$T^{-1} A_i T$ は対角行列であるから互に交換可能である．よって，A_i $(1 \leqq i \leqq m)$ も互に交換可能になる．従って，A_i $(1 \leqq i \leqq m)$ が同時に対角化できるためにはそれらが互に交換可能であることが必要十分である．この結果は一般に準単純行列の集団の場合に拡張される．

以上，主として実対称行列について考えたが，複素行列の場合には対称行列でなく‘エルミット行列’を考えることによりほぼ同様の結果が得られる．次にその要点をかかげよう．証明は上と全く同様にしてできるから読者に委ねることにする．

1) n 次（複素）正方行列 $A = (a_{ij})$ は

$${}^t A = \bar{A}, \quad \text{すなわち} \quad a_{ji} = \bar{a}_{ij}$$

なるとき，**エルミット行列**（hermitian matrix）という．また

前頁の**)　二つの自然数 m，n に関する命題 $P(m, n)$ があって，i) $P(1, n)$，$P(m, 1)$ は任意の m，n に対して成立する，ii) $P(m-1, n)$，$P(m, n-1)$ が成立すれば，$P(m, n)$ も成立する．(または ii′) $P(m', n')$ $(m' \leqq m,\ n' \leqq n,\ m' + n' < m + n)$ が成立すれば，$P(m, n)$ も成立する．)，なる二つのことが証明されれば，すべての m，n に対して $P(m, n)$ が成立する．この証明法を二重帰納法という．

$$ {}^tA = -\bar{A}, \text{ すなわち } a_{ji} = -\bar{a}_{ij} $$

なるとき，歪エルミット行列という．(A：歪エルミット $\Longleftrightarrow$ iA：エルミット．)

問4 n 次エルミット行列全体は実数を係数としてベクトル空間を作る．その次元は何か．

2) 任意の n 次正方行列 A は

$$ A = B + iC, \quad B, C：\text{エルミット行列} $$

なる形に一意的に表わされる．

3) エルミット行列 A の固有値 $\alpha_1, \cdots, \alpha_n$ はすべて実数である．A に対し，適当なユニタリー行列 U をとれば

$$ U^{-1}AU = {}^t\bar{U}AU = \begin{pmatrix} \alpha_1 & & & 0 \\ & \alpha_2 & & \\ & & \ddots & \\ 0 & & & \alpha_n \end{pmatrix}. $$

4) エルミット行列 A の相異なる固有値に対する固有空間は内積 $(\boldsymbol{x}, \boldsymbol{y})_u = \sum x_i \bar{y}_i$ に関して直交する．A の相異なる固有値（の全体）を $\alpha_1, \cdots, \alpha_s$ とすれば，V は α_i $(1 \leqq i \leqq s)$ に対する A の（せまい意味の）固有空間 W_{α_i} の直和に分解される：

$$ V = W_{\alpha_1} + W_{\alpha_2} + \cdots + W_{\alpha_s}. \text{（直和）} $$

5) 任意の n 次正方行列 A に対し，適当なユニタリー行列 U をとれば

$$ U^{-1}AU = \begin{pmatrix} \alpha_1 & & & * \\ & \alpha_2 & & \\ & & \ddots & \\ 0 & & & \alpha_n \end{pmatrix}. $$

6) 任意の (m, n) 行列 A に対し，${}^t\bar{A}A$ の階数を r，${}^t\bar{A}A$ の 0 でない固有値を $\gamma_1{}^2, \cdots, \gamma_r{}^2$ $(\gamma_i > 0)$ とおけば，適当なユニタリー行列 U_1，U_2 に対し

$$ U_1AU_2 = \begin{pmatrix} \gamma_1 & & & & & 0 \\ & \ddots & & & & \\ & & \gamma_r & & & \\ & & & 0 & & \\ & & & & \ddots & \\ 0 & & & & & 0 \end{pmatrix}. $$

§4 二次形式

対称行列は二次形式と密接な関係がある．よってこの節では二次形式について述

べよう．

n 個の文字 $x_1, \cdots, x_n$ に関する斉次 2 次式を**二次形式**という．$x_i\ (1 \leqq i \leqq n)$ に関する 2 次単項式は $x_i^2\ (1 \leqq i \leqq n)$，$x_i x_j = x_j x_i\ (1 \leqq i < j \leqq n)$ であるから，それらの係数を a_{ii}，$2a_{ij}$ とおけば，任意の二次形式は

$$\sum_i a_{ii} x_i^2 + 2 \sum_{i<j} a_{ij} x_i x_j$$

とかき表わされる．さらに，$i > j$ のとき $a_{ij} = a_{ji}$ とおき，$A = (a_{ij})$，$\boldsymbol{x} = \begin{pmatrix} x_1 \\ \vdots \\ x_n \end{pmatrix}$ とおけば，それを

$$(27) \qquad \sum_{i,j=1}^{n} a_{ij} x_i x_j = {}^t\boldsymbol{x} A \boldsymbol{x} = (\boldsymbol{x}, A\boldsymbol{x}) = (A\boldsymbol{x}, \boldsymbol{x})$$

とかくことができる．これをさらに $A[\boldsymbol{x}]$ で表わす．(Siegel の記号．)

上の行列 A をこの二次形式の‘係数行列’という．それは定義により対称行列である．逆に任意の対称行列 $A = (a_{ij})$ に対し，$A[\boldsymbol{x}] = {}^t\boldsymbol{x} A \boldsymbol{x}$ は二次形式になり，その x_i^2，$x_i x_j\ (i < j)$ の係数はそれぞれ a_{ii}，$a_{ij} + a_{ji} = 2a_{ij}$ になる．よって上の対応により n 変数の二次形式と n 次対称行列とは一対一に対応する．

注意 A を任意の n 次行列とし，双一次形式 ${}^t\boldsymbol{x} A \boldsymbol{y} = \sum_{i,j} a_{ij} x_i y_j$ において，$\boldsymbol{x} = \boldsymbol{y}$ とおけば，一つの二次形式が得られる．その係数行列は§3 で述べた A の‘対称部分’$\frac{1}{2}(A + {}^tA)$ である．特に ${}^t\boldsymbol{x} A \boldsymbol{y}$ が‘対称’（すなわち ${}^t\boldsymbol{x} A \boldsymbol{y} = {}^t\boldsymbol{y} A \boldsymbol{x}$）ならば，$A$ も対称，従って対応する二次形式の係数行列は A 自身である．逆に二次形式 $A[\boldsymbol{x}] = \sum a_{ij} x_i x_j$（$A$：対称）から $\frac{1}{2}(A[\boldsymbol{x} + \boldsymbol{y}] - A[\boldsymbol{x}] - A[\boldsymbol{y}]) = {}^t\boldsymbol{x} A \boldsymbol{y}$ として対称な双一次形式が得られる．これを $A[\boldsymbol{x}]$ の極化形式（polarization）という．

問 1 $A = (a_{ij})$ とすれば，$\dfrac{\partial^2}{\partial x_i \partial y_j} {}^t\boldsymbol{x} A \boldsymbol{y} = a_{ij}$．特に A が対称のとき，$\dfrac{\partial^2}{\partial x_i \partial x_j} A[\boldsymbol{x}] = 2a_{ij}$ であることを示せ．

さて二次形式 $A[\boldsymbol{x}] = {}^t\boldsymbol{x} A \boldsymbol{x}$ において，変数の正則一次変換 $\boldsymbol{x} = P\boldsymbol{x}'$ を行えば，$\boldsymbol{x}'$ に関する二次形式が得られる．その係数の行列を A' とすれば

$${}^t\boldsymbol{x}' A' \boldsymbol{x}' = {}^t\boldsymbol{x} A \boldsymbol{x} = {}^t(P\boldsymbol{x}') A (P\boldsymbol{x}') = {}^t\boldsymbol{x}' \, {}^tPAP \boldsymbol{x}'$$

${}^tPAP$ も対称であるから

$$(28) \qquad A' = {}^tPAP.$$

(28) の関係にある二つの対称行列 A，A' は**同値**であるといい，$A \simeq A'$ とか

く．この関係は明らかに同値律を満たす．

i) $A \simeq A$，$(\because\ A = {}^tEAE)$

ii) $A \simeq A' \Longrightarrow A' \simeq A$，$(\because\ A' = {}^tPAP \Longrightarrow A = {}^tP^{-1}A'P^{-1})$

iii) $A \simeq A',\ A' \simeq A'' \Longrightarrow A \simeq A''$．$(\because\ A' = {}^tPAP,\ A'' = {}^tQA'Q \Longrightarrow A'' = {}^t(PQ)A(PQ))$

今，実係数の二次形式 $A[\boldsymbol{x}]$ が与えられたとき，変数の実正則一次変換 $\boldsymbol{x} = P\boldsymbol{x}'$ により，それをなるべく簡単な形に直すことを問題にしよう．従って以下この節で考えるベクトルや行列の成分はすべて実数であるとする．

まず，定理 4 から直ちに次の定理が得られる．

定理 4″ 実係数の二次形式 $A[\boldsymbol{x}]$ に対し，適当に変数の直交変換 $\boldsymbol{x} = T\boldsymbol{x}'$ を行えば

$$A[\boldsymbol{x}] = {}^tTAT[\boldsymbol{x}'] = \alpha_1 x_1'^2 + \alpha_2 x_2'^2 + \cdots + \alpha_n x_n'^2 \tag{29}$$

となる．ここに $\alpha_1, \alpha_2, \cdots, \alpha_n$ は A の固有値である．

今，A の固有値 $\alpha_1, \alpha_2, \cdots, \alpha_n$ のうち，p 個は >0，q 個は <0，残りは $=0$ であるとし，簡単のため

$$\alpha_1, \cdots, \alpha_p > 0, \qquad \alpha_{p+1}, \cdots, \alpha_{p+q} < 0, \qquad \alpha_{p+q+1}, \cdots, \alpha_n = 0$$

とする．(底の置換を行えばよい．)

$$P = T\begin{pmatrix} \frac{1}{\sqrt{\alpha_1}} & & & & & & & & 0 \\ & \ddots & & & & & & & \\ & & \frac{1}{\sqrt{\alpha_p}} & & & & & & \\ & & & \frac{1}{\sqrt{-\alpha_{p+1}}} & & & & & \\ & & & & \ddots & & & & \\ & & & & & \frac{1}{\sqrt{-\alpha_{p+q}}} & & & \\ & & & & & & 1 & & \\ & & & & & & & \ddots & \\ 0 & & & & & & & & 1 \end{pmatrix}$$

とおけば

$$
{}^tPAP = \left(\begin{array}{cccc}
\overbrace{\begin{matrix}1 & & \\ & \ddots & \\ & & 1\end{matrix}}^{p} & & & 0 \\
& \overbrace{\begin{matrix}-1 & & \\ & \ddots & \\ & & -1\end{matrix}}^{q} & & \\
& & \begin{matrix}0 & & \\ & \ddots & \\ & & 0\end{matrix} & \\
0 & & &
\end{array}\right)
$$

となる．よって次の定理の前半を得る．

定理５ 実係数の二次形式 $A[\boldsymbol{x}]$ に対し，適当に変数の実正則一次変換 $\boldsymbol{x} = P\boldsymbol{x}'$ を行えば

(30) $$A[\boldsymbol{x}] = {}^tPAP[\boldsymbol{x}'] = x_1'^2 + \cdots + x_p'^2 - x_{p+1}'^2 - \cdots - x_{p+q}'^2$$

となる．ここに p，q は A によって一意的に定まる．

p，q の一意性（それを Sylvester **の慣性法則**という）は次のように証明される．今，別の実正則一次変換 $\boldsymbol{x} = P'\boldsymbol{x}''$ に対して

$$ {}^tP'AP'[\boldsymbol{x}''] = x_1''^2 + \cdots + x_{p'}''^2 - x_{p'+1}''^2 - \cdots - x_{p'+q'}''^2 $$

となったとし，$p = p'$，$q = q'$ をいえばよい．まず，$p + q = \mathrm{rank}\,A$ であるから $p + q = p' + q'$ は明らか．$p > p'$ として矛盾を出そう．

（＊） $$\sum_{i=1}^{p} x_i'^2 - \sum_{i=p+1}^{p+q} x_i'^2 = \sum_{i=1}^{p'} x_i''^2 - \sum_{i=p'+1}^{p'+q'} x_i''^2,$$

$$\boldsymbol{x}' = P^{-1}\boldsymbol{x}, \quad \boldsymbol{x}'' = P'^{-1}\boldsymbol{x}$$

であるが，$p > p'$ ならば $\boldsymbol{x}$ に関する連立斉一次方程式

$$\begin{cases} x_i' = 0 & (p + 1 \leqq i \leqq n) \\ x_i'' = 0 & (1 \leqq i \leqq p') \end{cases}$$

が自明でない解 $\boldsymbol{x} = \boldsymbol{x}_0$ をもつ．($\because$（方程式の個数）$= p' + (n - p) < n =$（変数の個数）．）この $\boldsymbol{x}$ の値に対して

$$\boldsymbol{x}' = P^{-1}\boldsymbol{x}_0 = \begin{pmatrix} x_{10}' \\ \vdots \\ x_{p0}' \\ 0 \\ \vdots \\ 0 \end{pmatrix}, \quad \boldsymbol{x}'' = P'^{-1}\boldsymbol{x}_0 = \begin{pmatrix} 0 \\ \vdots \\ 0 \\ x_{p'+1,0}'' \\ \vdots \\ x_{n0}'' \end{pmatrix}$$

とおけば，（＊）から

$$\sum_{i=1}^{p} x_{i0}'^2 + \sum_{i=p'+1}^{p'+q'} x_{i0}''^2 = 0.$$

$\begin{pmatrix} x_{10}' \\ \vdots \\ x_{p0}' \end{pmatrix} \neq \mathbf{0}$ であるからこれは矛盾である．よって $p \leqq p'$．同様にして $p' \leqq p$．ゆえに $p = p'$ を得る．従ってまた $q = q'$．

(29) または (30) の右辺を二次形式 $A[\boldsymbol{x}]$ の‘標準形’という．また定理5における (p, q) を二次形式 $A[\boldsymbol{x}]$，または対称行列 A の**符号数** (signature) という*)．二つの実対称行列 A，A' が同値であるためにはそれらの符号数が一致することが必要十分である．

問2 二次形式 $(x_1 + x_2)^2 + x_3x_4$ の符号数を求めよ．

二次形式 $A[\boldsymbol{x}]$ または対称行列 A は，任意の実ベクトル $\boldsymbol{x}$ に対して $A[\boldsymbol{x}] \geqq 0$ なるとき**非負値**（または半正値），さらに任意の実ベクトル $\boldsymbol{x} \neq \mathbf{0}$ に対して $A[\boldsymbol{x}] > 0$ なるとき**正値**（または正値定符号）といい，それぞれ $A \geqq 0$，$A > 0$ で表わす．明らかに（実）対称行列に関するこれらの性質は同値な行列にうつっても変らない．(すなわち，$A \gtreqqless 0$，$A \simeq A'$ ならば，$A' \gtreqqless 0$ である**)．) 一方，標準形の二次形式 $x_1^2 + \cdots + x_p^2 - x_{p+1}^2 - \cdots - x_{p+q}^2$ は $q = 0$ のとき，またそのときに限り非負値であり，$q = 0$，$p = n$ のとき，またそのときに限り正値である．よって，実対称行列 A の符号数を (p, q)，固有値を $\alpha_1, \cdots, \alpha_n$ とすれば

$$A \geqq 0 \iff q = 0 \iff \alpha_1 \geqq 0, \cdots, \alpha_n \geqq 0,$$
$$A > 0 \iff p = n,\ q = 0 \iff \alpha_1 > 0, \cdots, \alpha_n > 0.$$

従って，特に $A \gtreqqless 0 \Longrightarrow |A| = \prod_{i=1}^{n} \alpha_i \gtreqqless 0$．また容易にわかるように

$$A \gtreqqless 0,\ B \geqq 0 \Longrightarrow A + B \gtreqqless 0,$$
$$A \gtreqqless 0,\ c \gtreqqless 0 (\text{スカラー}) \Longrightarrow cA \gtreqqless 0\ ^{***)}.$$

二つの対称行列 A，B に対し $A - B \gtreqqless 0$ のとき，$A \gtreqqless B$ とかくことがある．

注意 $A \geqq 0$ は‘$A > 0$ または $A = 0$’の意味ではない．従って $A \geqq 0$ かつ $A \not> 0$，$A \neq 0$ なることが起る．($q = 0$，$0 < p < n$ の場合．) また $A \ngeqq 0$，$A \nleqq 0$ なる場合も起る．($p > 0$，$q > 0$ の場合．) この場合 A は‘不定符号’であるという．

例 任意の n 次実行列 P に対して，${}^tPP \geqq 0$．特に，P：正則 $\iff {}^tPP > 0$ である．実際，任意の実ベクトル $\boldsymbol{x}$ に対して ${}^tPP[\boldsymbol{x}] = (P\boldsymbol{x}, P\boldsymbol{x}) \geqq 0$．特に，$P$ が

---

*) $p - q$ を signature ということもある．

),*) 仮定において = を入れれば，終結においても = を入れる．

正則ならば，$\boldsymbol{x} \neq \boldsymbol{0}$ に対し，$P\boldsymbol{x} \neq \boldsymbol{0}$．従って，$(P\boldsymbol{x}, P\boldsymbol{x}) > 0$ である．逆に ${}^tPP > 0$ とすれば，明らかに ${}^tPP$ は正則，従って P も正則である．—— 逆に，任意の n 次非負値対称行列 A は $A = {}^tPP$ と表わされる．実際，$A \geqq 0$ ならば，定理5により，ある n 次正則行列 Q があって

$$ {}^tQAQ = \begin{pmatrix} E_r & 0 \\ 0 & 0 \end{pmatrix} $$

とかける．よって，$P = \begin{pmatrix} E_r & 0 \\ 0 & 0 \end{pmatrix} Q^{-1}$ とおけば，$A = {}^tPP$ *)．

P の列ベクトルを $\boldsymbol{p}_i$ $(1 \leqq i \leqq n)$ とすれば，$A = {}^tPP$ から $a_{ij} = (\boldsymbol{p}_i, \boldsymbol{p}_j)$，特に

$$ a_{ii} = (\boldsymbol{p}_i, \boldsymbol{p}_i) \geqq 0. $$

また，$a_{ii} = 0$ ならば，$\boldsymbol{p}_i = 0$，従って $a_{ij} = (\boldsymbol{p}_i, \boldsymbol{p}_j) = 0$ $(1 \leqq j \leqq n)$ となる．上記によりこれらのことは任意の非負値対称行列に対して成立する．

また上記の表現 $A = {}^tPP$ において，$P = TP_1$，T：直交行列，P_1：三角行列，と分解すれば，$A = {}^tP_1{}^tTTP_1 = {}^tP_1P_1$．よって，はじめから P として三角行列をとることができる．そのとき

$$ (31) \qquad A = {}^tPP, \qquad P = \begin{pmatrix} p_{11} & p_{12} & \cdots & p_{1n} \\ & p_{22} & \cdots & p_{2n} \\ & & \ddots & \vdots \\ 0 & & & p_{nn} \end{pmatrix}. $$

これから特に，$a_{ii} = \sum_{j=1}^{i} p_{ji}^2 \geqq p_{ii}^2$．よって

$$ (32) \qquad \prod_{i=1}^{n} a_{ii} \geqq \prod_{i=1}^{n} p_{ii}^2 = |A| $$

なる関係が得られる．

注意 $A > 0$ のとき (31) のような表現 (ただし $p_{ii} > 0$) は一意的である．実際，$a_{ij} = \sum_{k \leqq i, j} p_{ki}p_{kj}$ なる関係から，$p_{11}, p_{12}, \cdots, p_{1n}, p_{22}, \cdots, p_{2n}, \cdots, p_{nn}$ を次々に定めることができる．このことから，正値二次形式 $A[\boldsymbol{x}]$ は変数変換 $x_i' = x_i + \sum_{j=i+1}^{n} q_{ij}x_j$ $(1 \leqq i \leqq n)$ により，$A[\boldsymbol{x}] = \sum_{i=1}^{n} d_i x_i'^2$ なる形に (一意的に) 変換されることがわかる．($d_i = p_{ii}^2$，$q_{ij} = \dfrac{p_{ij}}{p_{ii}}$ とおけばよい．) これを 'Jacobi の変形' という．また $A > 0$ の場合，(32) において等号が

---

*) 別証：$A > 0$ なるとき，$\langle \boldsymbol{x}, \boldsymbol{y} \rangle = (\boldsymbol{x}, A\boldsymbol{y})$ は p. 123 に述べた内積の条件 (III) を満足する．従って $\langle\ \ \rangle$ に関する正規直交底 $\boldsymbol{q}_1, \cdots, \boldsymbol{q}_n$ が存在する．(III, 定理5の系．) そのとき $(\boldsymbol{q}_i, A\boldsymbol{q}_j) = \delta_{ij}$，従って $Q = (\boldsymbol{q}_1, \cdots, \boldsymbol{q}_n)$ とおけば ${}^tQAQ = E$ となる．

成立するためには $p_{ji}=0\ (j<i)$，すなわち A が対角行列であることが必要十分である．

問３　$\begin{pmatrix} 2 & 1 & 1 \\ 1 & 2 & 1 \\ 1 & 1 & 2 \end{pmatrix}$ を（31）の形に表わせ．

さて与えられた実対称行列 $A=(a_{ij})$ が正値であるかどうか（一般にはその符号数）をしらべる方法について述べよう．そのためには A の（主）対角線上にある小行列式

$$\begin{vmatrix} a_{i_1i_1} & a_{i_1i_2} & \cdots & a_{i_1i_k} \\ a_{i_2i_1} & a_{i_2i_2} & \cdots & a_{i_2i_k} \\ & \cdots\cdots & & \\ a_{i_ki_1} & a_{i_ki_2} & \cdots & a_{i_ki_k} \end{vmatrix} \qquad (1 \leqq i_1 < i_2 < \cdots < i_k \leqq n)$$

の符号をみることが重要である．このような小行列式を（k 次の）**主小行列式**という．

まず，$A \geqq 0$ とする．二次形式 $A[\boldsymbol{x}]=\sum_{i,j=1}^{n} a_{ij}x_ix_j$ において，$x_{i_1},\cdots,x_{i_k}$ 以外の $(n-k)$ 個の変数を $=0$ とおけば，$x_{i_1},\cdots,x_{i_k}$ に関する二次形式 $\sum_{\mu,\nu=1}^{k} a_{i_\mu i_\nu}x_{i_\mu}x_{i_\nu}$ が得られる．この二次形式も明らかに $\geqq 0$ である．その係数行列は $\begin{pmatrix} a_{i_1i_1} & \cdots & a_{i_1i_k} \\ & \cdots\cdots & \\ a_{i_ki_1} & \cdots & a_{i_ki_k} \end{pmatrix}$ であるから，$\begin{pmatrix} a_{i_1i_1} & \cdots & a_{i_1i_k} \\ & \cdots\cdots & \\ a_{i_ki_1} & \cdots & a_{i_ki_k} \end{pmatrix} \geqq 0$．従って

$$(33) \qquad \begin{vmatrix} a_{i_1i_1} & \cdots & a_{i_1i_k} \\ & \cdots\cdots & \\ a_{i_ki_1} & \cdots & a_{i_ki_k} \end{vmatrix} \geqq 0 \qquad (1 \leqq i_1 < \cdots < i_k \leqq n).$$

（これから特に $a_{ii} \geqq 0$．また，$a_{ii}=0$ のとき，$\begin{vmatrix} 0 & a_{ij} \\ a_{ji} & a_{jj} \end{vmatrix} = -a_{ij}{}^2 \geqq 0$，から，$a_{ij}=0\ (1 \leqq j \leqq n)$ を得る．）

この逆も成立する．われわれはそれを次の形で証明しよう．

定理６　n 次実対称行列 $A=(a_{ij})$ に対し，$A^{(k)}=\begin{pmatrix} a_{11} & \cdots & a_{1k} \\ & \cdots\cdots & \\ a_{k1} & \cdots & a_{kn} \end{pmatrix}$ とおけば

$$A>0 \Longleftrightarrow |A^{(k)}|>0 \qquad (1 \leqq k \leqq n)^{*)}.$$

証　$\Longrightarrow$ は上に述べた通りである．逆は n に関する帰納法によって証明される．$n=1$ のときは明白．$n-1$ のとき成立するものとすれば，$A^{(n-1)}>0$ が得られる．よって

$$A^{(n-1)}>0,\ |A|>0 \Longrightarrow A>0$$

をいえばよい．そのために次の公式を使う：n 次対称行列 $A=\begin{pmatrix} A^{(n-1)} & \boldsymbol{a} \\ {}^t\boldsymbol{a} & a_n \end{pmatrix}$ において，$|A^{(n-1)}| \neq 0$ ならば

$$(*)\quad A=\begin{pmatrix} E & 0 \\ {}^t\boldsymbol{a}A^{(n-1)^{-1}} & 1 \end{pmatrix}\begin{pmatrix} A^{(n-1)} & 0 \\ 0 & a_n - A^{(n-1)^{-1}}[\boldsymbol{a}] \end{pmatrix}\begin{pmatrix} E & A^{(n-1)^{-1}}\boldsymbol{a} \\ 0 & 1 \end{pmatrix}.$$

実際，この右辺を計算すればそれが A に等しいことが容易に確かめられる．さてこの式から，$|A|=|A^{(n-1)}|(a_n-A^{(n-1)^{-1}}[\boldsymbol{a}])$．仮定により，$|A^{(n-1)}|>0$，$|A|>0$ であるから，$a_n-A^{(n-1)^{-1}}[\boldsymbol{a}]>0$．今，$a_n'=a_n-A^{(n-1)^{-1}}[\boldsymbol{a}]$，$\boldsymbol{x}=\begin{pmatrix} \boldsymbol{x}^{(n-1)} \\ x_n \end{pmatrix}$ とおけば

$$\begin{pmatrix} A^{(n-1)} & 0 \\ 0 & a_n' \end{pmatrix}\begin{bmatrix} \boldsymbol{x}^{(n-1)} \\ x_n \end{bmatrix} = A^{(n-1)}[\boldsymbol{x}^{(n-1)}] + a_n' x_n^2.$$

$A^{(n-1)}>0$，$a_n'>0$ であるから，これは正値である．よって $\begin{pmatrix} A^{(n-1)} & 0 \\ 0 & a_n' \end{pmatrix}>0$．従って $A>0$．（証終）

問 4　$|A| \neq 0$，A の符号数を (p,q) とするとき，二次形式 $\begin{vmatrix} A & \boldsymbol{x} \\ {}^t\boldsymbol{x} & 0 \end{vmatrix}$ の符号数を求めよ．

注意　上の定理は次のように一般化される*)："階数 r の実対称行列 A に対し，適当に行および列の置換を行えば，$|A^{(r)}| \neq 0$，かつ $|A^{(k)}|$ $(1 \leqq k \leqq r)$ のうち相隣る二つのものが共に 0 になることはないようにすることができる．そのとき，列

$$1,\ |A^{(1)}|,\ |A^{(2)}|,\ \cdots,\ |A^{(r)}|$$

における符号変化の個数が定理 5 における q に等しい．"（$|A^{(k)}|=0$ ならば，$|A^{(k-1)}|\,|A^{(k+1)}|<0$ であることが証明される．この場合，$|A^{(k-1)}|$，$|A^{(k)}|$，$|A^{(k+1)}|$ の間に一つの符号変化があるものと考える．）特に

$$A<0 \Longleftrightarrow |A^{(k)}|>0\ (k：偶数),\ |A^{(k)}|<0\ (k：奇数)$$

前頁の*)　$A \geqq 0 \Longrightarrow |A^{(k)}| \geqq 0$ $(1 \leqq k \leqq n)$ は成立するが，逆は必ずしも成立しない．例：$\begin{pmatrix} 1 & 1 & 1 \\ 1 & 1 & 1 \\ 1 & 1 & 0 \end{pmatrix}$．しかし A の主小行列式がすべて $\geqq 0$ ならば $A \geqq 0$ である．

*)　例えば高木貞治，代数学講義，共立出版，（改訂新版）1965，p. 365, 378．浅野啓三，線型代数学提要，共立出版，1948，p. 92.

である．これは $-A$ に定理6を適用しても得られる．

以上，主として実係数の二次形式について述べたが，複素係数の場合には二次形式のかわりに次に定義するような‘エルミット形式’を考えることが多い．それについても実二次形式の場合と類似の結果が得られる．次にその概要をかかげよう．以後，複素行列 P に対し $P^* = {}^t\overline{P}$ と略記する．また内積は $(\boldsymbol{x}, \boldsymbol{y})_u = \sum x_i \overline{y}_i$ によって与えられるものとする．(次節参照．)

1) エルミット行列 $A = (a_{ij})\,(a_{ij} = \overline{a}_{ji})$ に対し

$$A\{\boldsymbol{x}\} = \sum a_{ij}\overline{x}_i x_j = {}^t\overline{\boldsymbol{x}}A\boldsymbol{x} = (\boldsymbol{x}, A\boldsymbol{x})_u = (A\boldsymbol{x}, \boldsymbol{x})_u$$

をエルミット形式という．x_i に任意の複素数値を代入したとき，$A\{\boldsymbol{x}\}$ は実数値をとる．エルミット行列 A とエルミット形式 $A\{\boldsymbol{x}\}$ とは一対一に対応する．

2) $A\{\boldsymbol{x}\}$ において変数の正則一次変換 $\boldsymbol{x} = P\boldsymbol{x}'$ を行えば，係数行列は P^*AP になる．

3) エルミット形式 $A\{\boldsymbol{x}\}$ に対し，変数のユニタリー変換 $\boldsymbol{x} = U\boldsymbol{x}'$ を行えば，‘標準形’

$$U^*AU\{\boldsymbol{x}'\} = \alpha_1\overline{x}_1' x_1' + \alpha_2\overline{x}_2' x_2' + \cdots + \alpha_n\overline{x}_n' x_n'$$

になる．一般に $P^*AP\{\boldsymbol{x}'\}$ がこのような標準形になったとき，係数のうち，正なるものの個数 p と負なるものの個数 q とは一定である．(p, q) を A の‘符号数’という．

4) 任意の $\boldsymbol{x}$ に対し $A\{\boldsymbol{x}\} \geqq 0$ のとき，$A \geqq 0$，さらに $\boldsymbol{x} \neq \boldsymbol{0}$ に対し $A\{\boldsymbol{x}\} > 0$ のとき，$A > 0$ とかく．名称も前と同様．例えば $A > 0$ のとき，$A\{\boldsymbol{x}\}$ を‘正値エルミット形式’という．任意の n 次複素行列 P に対し $P^*P \geqq 0$．特に P：正則 $\Longleftrightarrow$ $P^*P > 0$．逆に任意の $\geqq 0$ なるエルミット行列 A は，$A = P^*P$ の形に表わされる．

5) $A = (a_{ij}) \gtreqqless 0$ とすれば

$$\begin{vmatrix} a_{i_1i_1} & \cdots & a_{i_1i_k} \\ & \cdots\cdots & \\ a_{i_ki_1} & \cdots & a_{i_ki_k} \end{vmatrix} \gtreqqless 0 \qquad (i_1 < i_2 < \cdots < i_k).$$

特に

$$a_{11} \gtreqqless 0,\ \cdots,\ a_{nn} \gtreqqless 0\ ;\ \ |A| \gtreqqless 0.$$

また

$$\prod_{i=1}^{n} a_{ii} \geqq |A|.$$

注意 $A=P^*P$, $P=(\boldsymbol{p}_1,\cdots,\boldsymbol{p}_n)$ とおけば, $a_{ii}=(\boldsymbol{p}_i,\boldsymbol{p}_i)_u=\|\boldsymbol{p}_i\|^2$, $|A|=|\overline{P}\|P|=\mathrm{abs}|P|^2$ であるから，最後の式から

$$\mathrm{abs}\,|P|\leqq\prod_{i=1}^{n}\|\boldsymbol{p}_i\|\leqq n^{\frac{n}{2}}\left(\underset{1\leqq i,\,j\leqq n}{\mathrm{Max}}|p_{ij}|\right)^n$$

が得られる．これを‘Hadamard の不等式’という．

6) n 次エルミット行列 $A=(a_{ij})$ に対し, $A^{(k)}=\begin{pmatrix}a_{11} & \cdots & a_{1k}\\ & \cdots\cdots & \\ a_{k1} & \cdots & a_{kk}\end{pmatrix}$ とおけば

$$A>0\iff|A^{(k)}|>0\qquad(1\leqq k\leqq n).$$

問5 A, B を二つのエルミット行列とし，特に $A>0$ とする．そのとき，適当な正則行列 P をとれば

$$P^*AP=E,\qquad P^*BP=\begin{pmatrix}\beta_1 & & 0\\ & \ddots & \\ 0 & & \beta_n\end{pmatrix}$$

となることを証明せよ．

問6 $A\geqq B\geqq 0$ のとき, $\mathrm{rank}\,A\geqq\mathrm{rank}\,B$. 特に $A\geqq B\geqq 0$, $A>0$, $A\neq B$ ならば, $|A|>|B|$ なることを証明せよ．

§5 正規行列

n 次の複素正方行列 $A=(a_{ij})$ に対して, $A^*={}^t\overline{A}=(\overline{a}_{ji})$ とおく．明らかに

$$(34)\qquad \begin{gathered}(A+B)^*=A^*+B^*,\quad(cA)^*=\bar{c}A^*\quad(c：複素数)\\(AB)^*=B^*A^*,\quad(A^*)^*=A\end{gathered}$$

が成立する．またこの記号によれば

$$A：エルミット行列\iff A=A^*,$$
$$A：ユニタリー行列\iff A^{-1}=A^*$$

である．特に A が実行列ならば, $A^*={}^tA$ であって, A がエルミット行列，あるいはユニタリー行列であることはそれぞれ A が対称行列，あるいは直交行列であることに他ならない．

以後，§5において V の内積は $(\boldsymbol{x},\boldsymbol{y})=\sum x_i\overline{y}_i$ で与えられるものとする．この内積に対しては $(A\boldsymbol{x},\boldsymbol{y})=(\boldsymbol{x},A^*\boldsymbol{y})$ が成立する．従って, A：エルミット行列 $\iff(A\boldsymbol{x},\boldsymbol{y})=(\boldsymbol{x},A\boldsymbol{y})$；$A$：ユニタリー行列 $\iff(A\boldsymbol{x},A\boldsymbol{y})=(\boldsymbol{x},\boldsymbol{y})\,(\boldsymbol{x},\boldsymbol{y}\in V)$.

さて§3, 3) で述べたように，任意のエルミット行列 A に対し，適当なユニタリー行列 U をとれば, $U^{-1}AU=U^*AU$ が対角行列になる．このように行列 A がユニタリー行列によって対角化できるための条件を一般に求めてみよう．

まず A がユニタリー行列によって対角化できるとすれば，

(35)
$$A = UDU^*,$$
$$U：ユニタリー行列,\quad D：対角行列$$

とかける．よって，(34) により

$$A^* = U\bar{D}U^*.$$

従って

$$AA^* = UDU^*U\bar{D}U^* = UD\bar{D}U^* = U\bar{D}DU^* = A^*A,$$

すなわち

(36)
$$AA^* = A^*A.$$

この条件を満たす n 次正方行列を**正規行列**という．

逆に正規行列 A はユニタリー行列によって対角化できることを証明しよう．そのためにまず次のことに注意する．一般に部分空間 W が A-不変ならば，$W^\perp$ は A^*-不変である．実際，$\boldsymbol{x} \in W$，$\boldsymbol{x}' \in W^\perp$ とすれば，$A\boldsymbol{x} \in W$ であるから

$$(\boldsymbol{x}, A^*\boldsymbol{x}') = (A\boldsymbol{x}, \boldsymbol{x}') = 0.$$

よって，$A^*\boldsymbol{x}' \in W^\perp$，すなわち，$W^\perp$ は A^*-不変である．さて，$AA^* = A^*A$ なる A がユニタリー行列によって対角化可能なることを n に関する帰納法で証明しよう．α_1 を A の一つの固有値とし，W_{α_1} を α_1 に対する A の（せまい意味の）固有空間とする．W_{α_1} は明らかに A-不変であるが，それはまた A^*-不変でもある．実際，$\boldsymbol{x} \in W_{\alpha_1}$ とすれば，A と A^* との可換性から

$$AA^*\boldsymbol{x} = A^*A\boldsymbol{x} = A^*(\alpha_1\boldsymbol{x}) = \alpha_1A^*\boldsymbol{x}.$$

よって，$A^*\boldsymbol{x} \in W_{\alpha_1}$，すなわち，$W_{\alpha_1}$ は A^*-不変である．従って上記の注意により ${W_{\alpha_1}}^\perp$ は $(A^*)^* = A$ に関して不変である．よって，$\dim W_{\alpha_1} = n_1$ とし，V の正規直交系 $\boldsymbol{e}_1', \cdots, \boldsymbol{e}_n'$ を，$\boldsymbol{e}_1', \cdots, \boldsymbol{e}_{n_1}'$ が W_{α_1} の底に，$\boldsymbol{e}_{n_1+1}', \cdots, \boldsymbol{e}_n'$ が ${W_{\alpha_1}}^\perp$ の底になるようにとり，底の変換 $(\boldsymbol{e}_i) \longrightarrow (\boldsymbol{e}_i')$ の行列（それはユニタリー）を U_1 とすれば

$$U_1{}^{-1}AU_1 = \begin{pmatrix} \alpha_1E_{n_1} & 0 \\ 0 & A_1' \end{pmatrix}$$

となる．$n_1 = n$ ならば，これで証明は終る．$n_1 < n$ ならば，A_1' も正規であるから，帰納法の仮定により，$(n - n_1)$ 次のユニタリー行列 U_2' があって，$U_2'^{-1}A_1'U_2'$ が対角行列になる．よって，$U = U_1\begin{pmatrix} E_{n_1} & 0 \\ 0 & U_2' \end{pmatrix}$ とおけば，$U^{-1}AU$ は対角行列になる．

以上により，次の定理が得られた．(**Toeplitz の定理.**)

定理 7　複素正方行列 A がユニタリー行列によって対角化できるためには，A が正規行列であることが必要十分である．

A がユニタリー行列によって対角化されるためには，明らかに，A の相異なる固有値に対する固有空間が互に直交し，かつ V がそれらの直和になることが必要十分である．よってこの定理を次のように述べることもできる．

定理 7′　A の固有値のうち相異なるものを $\alpha_1, \cdots, \alpha_s$ とし，α_i に対する A の（せまい意味の）固有空間を W_{α_i} とする．W_{α_i} $(1 \leqq i \leqq s)$ が（内積 $(\boldsymbol{x}, \boldsymbol{y}) = \sum x_i \overline{y}_i$ に関して）互に直交し，かつ V がそれらの直和になるためには，A が正規行列なることが必要十分である．

注意 1　上記の考察を一般化して次のことが証明される："n 次複素行列 $A_1, \cdots, A_m$ が一つのユニタリー行列によって同時に対角化できる（すなわち，あるユニタリー行列 U があって，$U^{-1}A_iU$ $(1 \leqq i \leqq m)$ が同時に対角行列になる）ためには，$2m$ 個の行列 $A_1, \cdots, A_m, A_1{}^*, \cdots, A_m{}^*$ が互に交換可能なることが必要十分である．"（§3, 例 3 参照.）

注意 2　定理 7 の‘十分’の部分は §3, 5) から次のようにして導くこともできる．すなわち任意の複素行列 A に対し，適当なユニタリー行列 U をとれば

$$A = UCU^*,$$

$$C = \begin{pmatrix} c_{11} & c_{12} & \cdots & c_{1n} \\ 0 & c_{22} & \cdots & c_{2n} \\ \vdots & \vdots & \ddots & \vdots \\ 0 & 0 & \cdots & c_{nn} \end{pmatrix} \qquad \text{（三角行列）}$$

と表わされる．よって，$AA^* = A^*A$ ならば，$CC^* = C^*C$．この両辺の (i, i) 成分を比較すれば

$$\sum_{j \geqq i} c_{ij}\overline{c}_{ij} = \sum_{j \leqq i} \overline{c}_{ji}c_{ji}. \qquad (1 \leqq i \leqq n)$$

よって

$$\sum_{j > i} |c_{ij}|^2 = \sum_{j < i} |c_{ji}|^2. \qquad (1 \leqq i \leqq n)$$

$i = 1$ の場合，右辺 $= 0$，従って左辺も $= 0$．このことから $c_{1j} = 0$ $(2 \leqq j \leqq n)$ を得る．特に $c_{12} = 0$ であるから $i = 2$ の場合にも，右辺 $= 0$，従ってまた左辺 $= 0$ なることから $c_{2j} = 0$ $(3 \leqq j \leqq n)$．以下同様にして $c_{ij} = 0$ $(1 \leqq i < j \leqq n)$ を得る．よって C は対角行列である．

問 1　A が正規行列であるためには，任意のベクトル $\boldsymbol{x}$ に対し，$\|A\boldsymbol{x}\| = \|A^*\boldsymbol{x}\|$ なることが必要十分である．

問 2　A が正規行列なるとき，$\boldsymbol{x}$ を A の固有値 α に対する固有ベクトルとすれば，$\boldsymbol{x}$ は A^* の固有値 $\overline{\alpha}$ に対する固有ベクトルである．

例 1　エルミット行列，ユニタリー行列は確かに条件 (36) を満足する．よっ

てそれを $A = UDU^*$ とかけば

$$A：エルミット行列 \iff A = A^* \iff D = \bar{D}$$
$$\iff \alpha_i：実数\ (1 \leqq i \leqq n),$$

ここに $\alpha_i\ (1 \leqq i \leqq n)$ は D の対角成分，すなわち A の固有値を表わす．同様に

$$A：ユニタリー行列 \iff AA^* = E \iff D\bar{D} = E$$
$$\iff |\alpha_i| = 1\ (1 \leqq i \leqq n).$$

このように，エルミット行列，ユニタリー行列はそれぞれ正規行列の中で，固有値がすべて実数なるもの，および固有値がすべて絶対値1の複素数なるものとして特徴づけられる．

次のような類似が成り立つ．

複素正方行列（実正方行列） $\longleftrightarrow$ 複素数
エルミット行列（実対称行列） $\longleftrightarrow$ 実数
正値エルミット行列（正値対称行列） $\longleftrightarrow$ 正数
歪エルミット行列（実交代行列） $\longleftrightarrow$ 純虚数
ユニタリー行列（(実) 直交行列） $\longleftrightarrow$ 絶対値1の複素数

問3 $A = B + iC$, B, C：エルミット行列，とすれば，A：正規行列 $\iff$ B, C：交換可能．

問4 任意の正則行列 A は，$A = HU$, H：正値エルミット行列，U：ユニタリー行列，という形に一意的に表わされる．また，A：正規行列 $\iff$ H, U：交換可能．

問5 $A_1, \cdots, A_m$ をエルミット行列とすれば，$\sum_{i=1}^{m} A_i^2 = 0 \Longrightarrow A_i = 0\ (1 \leqq i \leqq m)$.

例2 射影子については，実ベクトル空間の場合，すでにIII, 研究課題1において述べた．複素ベクトル空間（内積は $(\boldsymbol{x}, \boldsymbol{y}) = \sum x_i \bar{y}_i$）の場合にも，全く同様にして次のような結果が得られる．すなわち，任意の部分空間 W に対し（この内積に関する）W の直交補空間を $W^\perp$ とすれば，$V = W + W^\perp$（直和）となる.（このことはすでにしばしば使った.）$\boldsymbol{x} \in V$ は $\boldsymbol{x} = \boldsymbol{x}_1 + \boldsymbol{x}_2$, $\boldsymbol{x}_1 \in W$, $\boldsymbol{x}_2 \in W^\perp$ と一意的に表わされるが，このとき対応 $A：\boldsymbol{x} \longrightarrow \boldsymbol{x}_1$ は V の一つの一次変換になる．これを W への**射影子**という．A は次のような性質をもつ：

$$A^2 = A, \quad A^* = A,$$

すなわち，A は冪等エルミット行列である．逆にこのような性質をもつ任意の一次変換 A はある部分空間への射影子になる．

部分空間 W, W' への射影子をそれぞれ A, A' とすれば，$W \perp W'$ なるためには，$AA' = 0$ が必要十分である．またエルミット行列 B によって定義される一次

変換に対し，W が B-不変なるためには $AB = BA$ が必要十分である．

さて，定理 7′ によれば，正規行列 A に対し，その相異なる固有値を $\alpha_1, \cdots, \alpha_s$ とするとき

$$(*) \quad \begin{aligned} V &= W_{\alpha_1} + \cdots + W_{\alpha_s}, \quad (\text{直和}) \\ W_{\alpha_i} &\perp W_{\alpha_j} \qquad (i \neq j,\ 1 \leqq i \leqq s) \end{aligned}$$

が成立する．よって，W_{α_i} への射影子を A_i とすれば，(*) から直ちに

$$(**) \quad \begin{aligned} A &= \alpha_1 A_1 + \cdots + \alpha_s A_s, \\ E &= A_1 + \cdots + A_s, \quad A_i A_j = 0 \qquad (i \neq j) \end{aligned}$$

が得られる．逆に (**) を満すような射影子 $A_1, \cdots, A_s$ が存在すれば，(*) が成立し，従って A は正規行列になる．また，正規行列 A に対し，(**) を満たすような射影子 $A_1, \cdots, A_s$ は明らかに一意的である．(**) を A の‘スペクトル分解’という．

ある行列 B が A と交換可能ならば，各 W_{α_i} は B-不変，従って B は A_i $(1 \leqq i \leqq s)$ とも交換可能である．この逆は (**) から明白である．従って，B が A と交換可能であるためには，B が各 A_i $(1 \leqq i \leqq s)$ と交換可能なることが必要十分である*)．

無限次元空間における一次変換（線型作用素）を論ずるとき，上記のようなスペクトル分解が基礎になる．無限次元の場合には一般に固有値が連続的に現れ，いわゆる‘連続スペクトル’が生じる．従ってスペクトル分解は‘積分’の形に表わされる．([7]，[20]．)

問6 正規行列 A のスペクトル分解を $A = \sum_{i=1}^{s} \alpha_i A_i$ とすれば，A^* のスペクトル分解は $A^* = \sum_{i=1}^{s} \bar{\alpha}_i A_i$ である．また任意の（スカラー係数の）多項式 $f(x)$ に対し，$f(A)$ のスペクトル分解は $f(A) = \sum_{i=1}^{s} f(\alpha_i) A_i$ である．(このことから例えば正値エルミット行列 A に対して $A = X^m$ となる正値エルミット行列 X が一意的に存在することがわかる．)

問7 $A = \begin{pmatrix} 2 & 1 & 1 \\ 1 & 2 & 1 \\ 1 & 1 & 2 \end{pmatrix}$ のスペクトル分解を求めよ．

次に，特に実正規行列 A について考えよう．この場合，A の固有多項式 $f_A(x) = |xE - A|$ は実係数の多項式である．よって，I, §5, 定理 B により

$$f_A(x) = \prod_{i=1}^{r_1} (x - a_i) \prod_{i=r_1+1}^{r_1+r_2} \{(x - \alpha_i)(x - \bar{\alpha}_i)\},$$

---

*) A_i は §2，p. 150 における A_i に他ならない．従って A_i は A の多項式として表わされる．このことからも，A, B : 交換可能 $\Longrightarrow$ A_i, B : 交換可能，がわかる．

$$a_i：実数,\ (1 \leqq i \leqq r_1)$$
$$\alpha_i, \bar{\alpha}_i：共役複素数\ (r_1+1 \leqq i \leqq r_1+r_2)$$

となる．ゆえに (35) において

$$D = \begin{pmatrix} a_1 & & & & & & & & 0 \\ & \ddots & & & & & & & \\ & & a_{r_1} & & & & & & \\ & & & \alpha_{r_1+1} & & & & & \\ & & & & \bar{\alpha}_{r_1+1} & & & & \\ & & & & & \ddots & & & \\ & & & & & & \alpha_{r_1+r_2} & & \\ 0 & & & & & & & & \bar{\alpha}_{r_1+r_2} \end{pmatrix}$$

としてよい．そのとき，U の列ベクトル $\boldsymbol{u}_i$ についても

$$\boldsymbol{u}_i：実ベクトル,\ (1 \leqq i \leqq r_1)$$
$$\boldsymbol{u}_{r_1+2j-1},\ \boldsymbol{u}_{r_1+2j}：共役複素ベクトル\ (1 \leqq j \leqq r_2)$$

とすることができる．実際，a_i が実数ならば，W_{a_i} の底として実ベクトルを，従って実正規直交底をとることができる．また，α_i が実数でなければ，まず W_{α_i} の正規直交底をとり，その共役複素ベクトルをとれば，それらが $W_{\bar{\alpha}_i}$ の正規直交底を与える．このようにして $V = \sum W_{\alpha_i}$（直和）の正規直交底を作り，それを $\{\boldsymbol{u}_i\}$ $(1 \leqq i \leqq n)$ とおけばよい．さて，α_{r_1+j}，$\boldsymbol{u}_{r_1+2j-1}$ を実数部と虚数部に分けて

$$\alpha_{r_1+j} = a_{r_1+j} + ib_{r_1+j},$$
$$\boldsymbol{u}_{r_1+2j-1} = \frac{1}{\sqrt{2}}(\boldsymbol{t}_{r_1+2j-1} + i\boldsymbol{t}_{r_1+2j}), \qquad (1 \leqq j \leqq r_2)$$

とおけば

$$\boldsymbol{t}_{r_1+2j-1} = \frac{1}{\sqrt{2}}(\boldsymbol{u}_{r_1+2j-1} + \boldsymbol{u}_{r_1+2j}),$$
$$\boldsymbol{t}_{r_1+2j} = \frac{1}{\sqrt{2}\,i}(\boldsymbol{u}_{r_1+2j-1} - \boldsymbol{u}_{r_1+2j})$$

となる．さらに $\boldsymbol{t}_i = \boldsymbol{u}_i$ $(1 \leqq i \leqq r_1)$ とおけば，容易にわかるように $\{\boldsymbol{t}_i\}(1 \leqq i \leqq n)$ は V の実正規直交底になる．また

$$A(\boldsymbol{t}_{r_1+2j-1}, \boldsymbol{t}_{r_1+2j}) = (\boldsymbol{t}_{r_1+2j-1}, \boldsymbol{t}_{r_1+2j})\begin{pmatrix} a_{r_1+j} & b_{r_1+j} \\ -b_{r_1+j} & a_{r_1+j} \end{pmatrix}$$

が成立する．

問 8 これらのことを証明せよ．

従って，$T = (\boldsymbol{t}_1, \cdots, \boldsymbol{t}_n)$ とおけば，T は直交行列であって

(37)

$$T^{-1}AT = {}^tTAT = \begin{pmatrix} a_1 & & & & & & & 0 \\ & \ddots & & & & & & \\ & & a_{r_1} & & & & & \\ & & & a_{r_1+1} & b_{r_1+1} & & & \\ & & & -b_{r_1+1} & a_{r_1+1} & & & \\ & & & & & \ddots & & \\ & & & & & & a_{r_1+r_2} & b_{r_1+r_2} \\ 0 & & & & & & -b_{r_1+r_2} & a_{r_1+r_2} \end{pmatrix}$$

となる．また $T' = (\boldsymbol{t}_1, \cdots, \boldsymbol{t}_{r_1}, \boldsymbol{t}_{r_1+1}, \boldsymbol{t}_{r_1+3}, \cdots, \boldsymbol{t}_{r_1+2r_2-1}, \boldsymbol{t}_{r_1+2}, \boldsymbol{t}_{r_1+4}, \cdots, \boldsymbol{t}_{r_1+2r_2})$ とおけば

(37′)

$$T'^{-1}AT' = \left(\begin{array}{ccc|ccc|ccc} a_1 & & & & & & & & \\ & \ddots & & & 0 & & & 0 & \\ & & a_{r_1} & & & & & & \\ \hline & & & a_{r_1+1} & & & b_{r_1+1} & & \\ & 0 & & & \ddots & & & \ddots & \\ & & & & & a_{r_1+r_2} & & & b_{r_1+r_2} \\ \hline & & & -b_{r_1+1} & & & a_{r_1+1} & & \\ & 0 & & & \ddots & & & \ddots & \\ & & & & & -b_{r_1+r_2} & & & a_{r_1+r_2} \end{array}\right)$$

となる．

例 3 i) 実正規行列 A に対し，A：対称行列 $\Longleftrightarrow$ A の固有値：実数．(すなわち $r_1 = n$.) そのとき

$$T^{-1}AT = \begin{pmatrix} a_1 & & 0 \\ & \ddots & \\ 0 & & a_n \end{pmatrix}.$$

これは既知である．(定理 4.) ii) A：交代行列 $\Longleftrightarrow$ A の固有値：純虚数．(すなわち $a_i = 0\ (1 \leqq i \leqq r_1 + r_2)$.) そのとき

$$T^{-1}AT = \begin{pmatrix} 0 & & & & & & & 0 \\ & \ddots & & & & & & \\ & & 0 & & & & & \\ & & & 0 & b_{r_1+1} & & & \\ & & & -b_{r_1+1} & 0 & & & \\ & & & & & \ddots & & \\ & & & & & & 0 & b_{r_1+r_2} \\ 0 & & & & & & -b_{r_1+r_2} & 0 \end{pmatrix}$$

となる．iii) A：直交行列 $\Longleftrightarrow$ A の固有値：絶対値 1 の複素数．そのとき，a_{r_1+j}

$= \cos\theta_j + i\sin\theta_j$ とおけば

$$T^{-1}AT = \left(\begin{array}{ccccccccc} 1 & & & & & & & & 0 \\ & \ddots & & & & & & & \\ & & 1 & & & & & & \\ & & & -1 & & & & & \\ & & & & \ddots & & & & \\ & & & & & -1 & & & \\ & & & & & & \begin{array}{|cc|} \cos\theta_1 & \sin\theta_1 \\ -\sin\theta_1 & \cos\theta_1 \end{array} & & \\ & & & & & & & \ddots & \\ 0 & & & & & & & & \begin{array}{|cc|} \cos\theta_{r_2} & \sin\theta_{r_2} \\ -\sin\theta_{r_2} & \cos\theta_{r_2} \end{array} \end{array}\right) \tag{38}$$

となる．

問 9 実交代行列 A の階数は偶数である．それを $2p$ とすれば，適当な実正則行列 P があって

$$ {}^tPAP = \left(\begin{array}{c|c|c} 0 & E & 0 \\ \hline -E & 0 & 0 \\ \hline 0 & 0 & 0 \end{array}\right) \begin{array}{l} \}p \\ \}p \\ \end{array}$$

となることを証明せよ．

問 10 n 次直交行列 A について，$|A| = -1$ ならば -1 は A の固有値であり，$|A| = 1$ かつ n が奇数ならば 1 が A の固有値であることを証明せよ．

§6 直交行列の群

T_1，T_2 を n 次直交行列とすれば，T_1T_2，T_1^{-1} $(= {}^tT_1)$ も直交行列である．よって n 次直交行列全体は一つの群を作る*⁾．これを n 次の**直交群**といい，$O(n)$ で表わす．この節では $O(n)$ の構造について説明しよう．以下考えるベクトルや行列の成分はすべて実数であるとする．

直交変換 $\boldsymbol{x} \longrightarrow T\boldsymbol{x}$ はベクトルの長さや角を変えない．よって n 次元 Euclid 空間において対応する点の変換，すなわち位置ベクトル $\boldsymbol{x}$ の点に位置ベクトル $T\boldsymbol{x}$ の点を対応させる変換はいわゆる‘Euclid 運動’になる．それはまた $(n-1)$ 次元球面：$\|\boldsymbol{x}\| = 1$ を自分自身にうつすから $(n-1)$ 次元球面の変換と考えることもできる．以後，直交変換（行列）

*⁾ 群の概念については II, §1 参照．

に対して，'回転' '裏返し' 等幾何学的用語を使うのは，このような幾何学的イメージによるのである．

さて，$T \in O(n)$ ならば III, §7 で述べたように

$$|T| = \pm 1.$$

従って，直交行列はその行列式が 1 であるか，-1 であるかに従って二種類に分かれる．$|T| = 1$ なるものを**正格直交行列** (proper orthogonal matrix) または**回転**といい，$|T| = -1$ なるものを**変格直交行列**という．$|T_1| = |T_2| = 1$ ならば $|T_1T_2| = |T_1^{-1}| = 1$ であるから，正格直交行列全体は $O(n)$ の '部分群' を作る．また $|T_1| = -1$，$|T_2| = 1$ ならば，$|T_1T_2| = |T_2T_1| = |T_1^{-1}| = -1$ であるから，T_1 を一つの変格直交行列とすれば，変格直交行列全体は $T_1 \cdot SO(n) = SO(n) \cdot T_1$ と表わされる．

注意　$O(n)$ の $SO(n)$ に関する '傍系分解' は，$O(n) = SO(n) \cup T_1 \cdot SO(n)$．

特に一つの $(n-1)$ 次元部分空間 W の各ベクトルを不変にする直交変換 T_1 (ただし $T_1 \neq E$ とする) を W に関する**鏡映**，**裏返し**などという．W の直交補空間は 1 次元であるから，$W^{\perp} = \{\{\boldsymbol{a}\}\}$ とおけば，仮定により $T_1\boldsymbol{a} = -\boldsymbol{a}$ である．($W^{\perp}$ も (全体として) T_1-不変．従って，$T_1\boldsymbol{a} = \pm\boldsymbol{a}$．もし $T_1\boldsymbol{a} = \boldsymbol{a}$ ならば $T_1 = E$ となる．) よって直和分解 $V = W + \{\{\boldsymbol{a}\}\}$ に即して $\boldsymbol{x} = \boldsymbol{x}_1 + \boldsymbol{x}_2$ とすれば，p. 134 により，$\boldsymbol{x}_2 = \dfrac{(\boldsymbol{a}, \boldsymbol{x})}{(\boldsymbol{a}, \boldsymbol{a})}\boldsymbol{a}$．従って

$$T_1\boldsymbol{x} = \boldsymbol{x}_1 - \boldsymbol{x}_2 = \boldsymbol{x} - \frac{2(\boldsymbol{a}, \boldsymbol{x})}{(\boldsymbol{a}, \boldsymbol{a})}\boldsymbol{a}. \tag{39}$$

(逆に任意の (実) ベクトル $\boldsymbol{a} \neq \boldsymbol{0}$ に対し，T_1 をこの式で定義すれば $\{\{\boldsymbol{a}\}\}^{\perp}$ に関する鏡映が得られる．) また鏡映 T_1 に対し直交行列 $T = (\boldsymbol{t}_1, \cdots, \boldsymbol{t}_n)$ を $W = \{\{\boldsymbol{t}_1, \cdots, \boldsymbol{t}_{n-1}\}\}$，$\{\{\boldsymbol{a}\}\} = \{\{\boldsymbol{t}_n\}\}$ となるようにとれば，

$$T^{-1}T_1T = \begin{pmatrix} 1 & & & 0 \\ & \ddots & & \\ & & 1 & \\ 0 & & & -1 \end{pmatrix}$$

となる．従って T_1 は変格直交行列である．(逆にこのような '標準形' をもつ直交行列は鏡映である．)

例　§5, 例 3 によれば，$n = 2, 3$ のとき，直交行列の標準形は

$$n = 2 : \quad \begin{pmatrix} \cos\theta & -\sin\theta \\ \sin\theta & \cos\theta \end{pmatrix}, \quad \begin{pmatrix} 1 & 0 \\ 0 & -1 \end{pmatrix}$$

$$n=3: \begin{pmatrix} 1 & 0 & 0 \\ 0 & \cos\theta & -\sin\theta \\ 0 & \sin\theta & \cos\theta \end{pmatrix}, \quad \begin{pmatrix} -1 & 0 & 0 \\ 0 & \cos\theta & -\sin\theta \\ 0 & \sin\theta & \cos\theta \end{pmatrix}$$

である.（ただし，$\begin{pmatrix} 1 & 0 \\ 0 & 1 \end{pmatrix}$, $\begin{pmatrix} -1 & 0 \\ 0 & -1 \end{pmatrix}$ は $\begin{pmatrix} \cos\theta & -\sin\theta \\ \sin\theta & \cos\theta \end{pmatrix}$ の $\theta=0$, $\dfrac{\pi}{2}$ の場合と考える.）よって，これらの場合，正格直交変換（回転）は本来の意味での‘回転’である.（θ がその‘回転角’を表わす.）また，$n=2$ の場合，変格直交変換はすべて鏡映になる.

問 1　鏡映 $\begin{pmatrix} \cos\theta & \sin\theta \\ \sin\theta & -\cos\theta \end{pmatrix}$ を標準形に変換せよ.

注意　上にあげた四つの標準形の直交行列は，それぞれ，2，1，2，3 個の鏡映の積として表わされる．一般に n 次直交行列 T は，$|T|=(-1)^n$ ならば n 個の鏡映の積として，$|T|=(-1)^{n-1}$ ならば $(n-1)$ 個の鏡映の積として表わされることが証明される．このように $O(n)$ は鏡映によって生成される.（II, 定理 1 の類似！）

さて $O(n)$ は n 次正方行列 $A=(a_{ij})$ 全体の集合（それは n^2 次元 Euclid 空間と考えられる）の中で $\dfrac{n(n+1)}{2}$ 個の方程式：

$$\sum_{k=1}^{n} a_{ki}a_{kj}=\delta_{ij} \qquad (1 \leqq i \leqq j \leqq n)$$

によって定義される集合である．従って $O(n)$ は $n^2-\dfrac{n(n+1)}{2}=\dfrac{n(n-1)}{2}$ 次元の‘曲面’と考えられる．次に実際 $O(n)$ が $\dfrac{n(n-1)}{2}$ 個のパラメーターによって表わされることを示そう.

直交行列 T が -1 を固有値としなければ，$E+T$ は正則である．そのとき

(40)　$$X=(E-T)(E+T)^{-1}$$

とおけば，X は交代行列になる．実際，$E+T$ と $E-T$ は交換可能であるから，$(E+T)^{-1}$ と $E-T$ も交換可能である．よって

$$\begin{aligned} {}^tX &= {}^t(E+T)^{-1}\,{}^t(E-T)=(E+{}^tT)^{-1}(E-{}^tT) \\ &= (E+T^{-1})^{-1}(E-T^{-1})=(E+T^{-1})^{-1}T^{-1}T(E-T^{-1}) \\ &= (T+E)^{-1}(T-E)=-(E-T)(E+T)^{-1} \\ &= -X. \end{aligned}$$

さて (40) から $X(E+T)=X+XT=E-T$．よって $(E+X)T=E-X$．X は（実）交代行列であるから，-1 を固有値としない．よって $E+X$ は正則であって

$$T = (E+X)^{-1}(E-X) = (E-X)(E+X)^{-1}.$$

逆に任意の交代行列 X に対して

(41) $$T = (E-X)(E+X)^{-1}$$

とおけば，上と同様の計算により，T は -1 を固有値としない直交行列になり，(40) が成立する．T が -1 を固有値にしないことから，$|T|=1$ を得る．(p. 180, 問 10．あるいは (41) から，$|T| = |E-X||E+X|^{-1} = |E+{}^tX||E+X|^{-1} = 1$.) よって $SO(n)$ が，$|E+T|=0$ なる‘超曲面’を除いて，(実) 交代行列全体の集合と，(40)，(41) により一対一に対応することがわかった．これらの対応は成分の間の有理式によって与えられるからもちろん連続 (さらに微分可能) である．このように $SO(n)$ は次元の低い部分集合を除いて交代行列 $X=(x_{ij})$ により一対一連続的にパラメーター表示される．交代行列 X はちょうど $\dfrac{n(n-1)}{2}$ 個の変数 x_{ij} $(1 \leqq i < j \leqq n)$ を含んでいるから，$SO(n)$ の次元も $\dfrac{n(n-1)}{2}$ である．

(40)，(41) を **Cayley 変換**という．

例　$n=2$ の場合：$X = \begin{pmatrix} 0 & x \\ -x & 0 \end{pmatrix}$ に対して

$$E - X = \begin{pmatrix} 1 & -x \\ x & 1 \end{pmatrix}, \quad E + X = \begin{pmatrix} 1 & x \\ -x & 1 \end{pmatrix}, \quad (E+X)^{-1} = \frac{1}{1+x^2}\begin{pmatrix} 1 & -x \\ x & 1 \end{pmatrix}$$

よって

$$T = (E-X)(E+X)^{-1} = \begin{pmatrix} \dfrac{1-x^2}{1+x^2} & \dfrac{-2x}{1+x^2} \\ \dfrac{2x}{1+x^2} & \dfrac{1-x^2}{1+x^2} \end{pmatrix}.$$

$T = \begin{pmatrix} \cos\theta & -\sin\theta \\ \sin\theta & \cos\theta \end{pmatrix}$ $(-\pi < \theta < \pi)$ とおけば，$x = \tan\dfrac{\theta}{2}$ となる．

$n=3$ の場合：$X = \begin{pmatrix} 0 & x & y \\ -x & 0 & z \\ -y & -z & 0 \end{pmatrix}$ に対して

$$E - X = \begin{pmatrix} 1 & -x & -y \\ x & 1 & -z \\ y & z & 1 \end{pmatrix}, \quad E + X = \begin{pmatrix} 1 & x & y \\ -x & 1 & z \\ -y & -z & 1 \end{pmatrix}.$$

$$(E+X)^{-1} = \frac{1}{1+x^2+y^2+z^2}\begin{pmatrix} 1+z^2 & -x-yz & -y+zx \\ x-yz & 1+y^2 & -z-xy \\ y+zx & z-xy & 1+x^2 \end{pmatrix}.$$

よって

$T = (E-X)(E+X)^{-1}$

$$= \frac{1}{1+x^2+y^2+z^2}\begin{pmatrix} 1-x^2-y^2+z^2 & -2(x+yz) & -2(y-zx) \\ 2(x-yz) & 1-x^2+y^2-z^2 & -2(z+xy) \\ 2(y+zx) & 2(z-xy) & 1+x^2-y^2-z^2 \end{pmatrix}.$$

この場合，$P^{-1}TP = \begin{pmatrix} \cos\theta & -\sin\theta & 0 \\ \sin\theta & \cos\theta & 0 \\ 0 & 0 & 1 \end{pmatrix}$ $(0 \leqq \theta < \pi)$，$|P| = 1$ とすれば，$\tan\dfrac{\theta}{2} = \sqrt{x^2+y^2+z^2}$，また，$\theta \neq 0$ のとき P の第3列（すなわち‘回転軸’の正の方向の単位ベクトル）は $\dfrac{1}{\sqrt{x^2+y^2+z^2}}\begin{pmatrix} z \\ -y \\ x \end{pmatrix}$ で与えられる．

これらの場合，$\theta = \pi$ が -1 を固有値とする T に対応している．

問2　上記のこと（$n = 3$ の場合の回転角および回転軸に関すること）を証明せよ．

問3　A を任意の n 次複素行列とする．$T^*AT = A$ で固有値 -1 をもたない n 次複素行列 T と，$X^*A + AX = 0$ で固有値 -1 をもたない n 次複素行列 X とは Cayley 変換 (40)，(41) により一対一に対応することを示せ．

上記のパラメーター表示の‘除外点’，すなわち $|T+E| = 0$ なる点，T_1 においても $O(n)$ が $\dfrac{n(n-1)}{2}$ 次元であることは次のようにしてわかる．今，写像 $T \longrightarrow T_1T$ を考えれば，これは $O(n)$ から自分自身（の上）への一対一両連続な（すなわち，連続かつその逆写像も連続な）写像であって，単位元 E を T_1 にうつす．よって T_1 の近傍は E の近傍と‘同相’である*)．上に示したことにより E の近傍は $\dfrac{n(n-1)}{2}$ 次元 Euclid 空間と同相である．よって T_1 の近傍もそうである．——このように各点の近傍が一定次元の Euclid 空間と同相であるような集合を一般に**多様体**（manifold）という．例えば特異点のない曲線や曲面はそれぞれ1次元，2次元の多様体である．また群 G が同時に多様体であって，群の演算がそのパラメーターに関して微分可能であるとき，G を **Lie 群**という**)．以上述べたことから容易に，$O(n)$，$SO(n)$ が $\dfrac{n(n-1)}{2}$ 次元の Lie 群であることが証明される．

Cayley 変換 $X \longrightarrow T = (E-X)(E+X)^{-1}$ の像が $SO(n)$ に入ることは次のような位相的考察によってもわかる．Euclid 空間の部分集合 M は，M に属する任意の二点が連続曲線で結べるとき，すなわち M の任意の二点 P_0，P_1 に対して閉区間 $[0,1]$ から M の中へ

---

*)　二つの集合 M_1，M_2 が位相的に同じ構造をもつとき，すなわち M_1 から M_2 の上へ一対一両連続写像が存在するとき，M_1，M_2 は‘同相’であるという．

**)　多様体，および Lie 群の正確な定義については，例えば，[5]，[10]，[11] 参照．

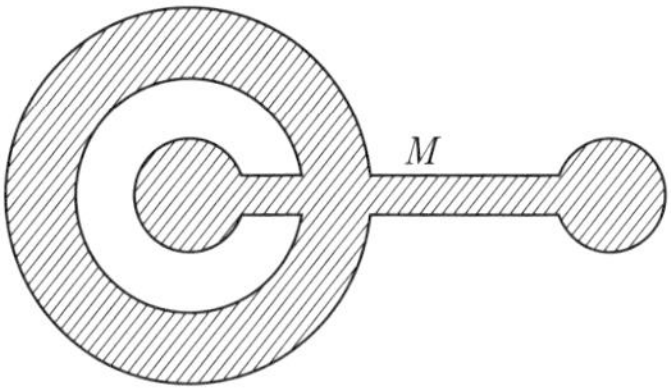

（イ）

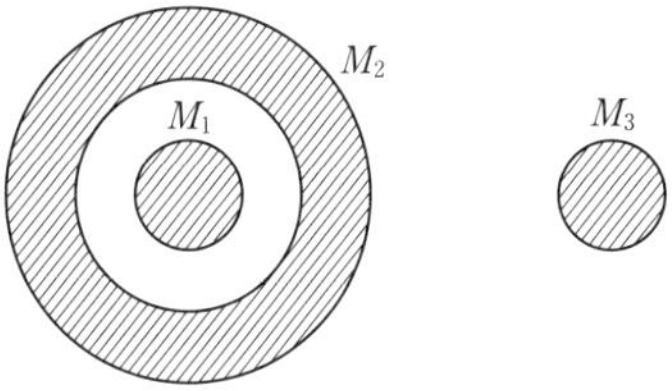

（ロ）

のある連続写像 $t \longrightarrow P(t)$ があって，$P(0) = P_0$，$P(1) = P_1$ となるとき，**連結**[*)] であるという．例えば右図（イ）の集合（斜線の部分）は連結であるが，（ロ）の集合は連結でない．連結でない集合 M はいくつかの互に共通部分をもたない連結集合 M_i の和に（一意的に）分解される；その各連結集合 M_i を M の '連結成分' という.（$P_i \in M_i$ とすれば，M_i は P_i と（M の中の）連続曲線で結べるような M の点全体の集合である.）例えば（ロ）の集合は 3 個の連結成分をもつ．さて定義から明らかに "連結集合の連続像は連結である."（すなわち，M が連結，f が連続写像ならば，$f(M)$ も連結である.）さて交代行列 X の全体は $\dfrac{n(n-1)}{2}$ 次元 Euclid 空間と考えられるから，もちろん連結である．従ってその Cayley 変換による像である T の集合も連結である．一方，写像 $T \longrightarrow |T|$ も連続であるから，対応する $|T|$ の集合（それは二点 $\{\pm 1\}$ の部分集合）も連結である.（従って一点である！）$X = 0 \longrightarrow T = E \longrightarrow |T| = 1$ であるから，(41) で表わされる T に対してはつねに $|T| = 1$ でなければならない．

実際には，$SO(n)$ は連結，従って $O(n)$ は 2 個の連結成分に分れることが証明される．そのためにまず任意の $T \in SO(n)$ が単位行列 E と連続曲線で結べることをいう．$|T| = 1$ であるから，T は固有値 -1 を偶数個もつ．

$$\begin{pmatrix} -1 & 0 \\ 0 & -1 \end{pmatrix} = \begin{pmatrix} \cos\pi & -\sin\pi \\ \sin\pi & \cos\pi \end{pmatrix}$$

とかけるから，(38) により，適当な直交行列 P によって

$$T = P \begin{pmatrix} 1 & & & & & & 0 \\ & \ddots & & & & & \\ & & 1 & & & & \\ & & & \begin{array}{|cc|} \cos\theta_1 & -\sin\theta_1 \\ \sin\theta_1 & \cos\theta_1 \end{array} & & & \\ & & & & \ddots & & \\ & & & & & \begin{array}{|cc|} \cos\theta_r & -\sin\theta_r \\ \sin\theta_r & \cos\theta_r \end{array} \\ 0 & & & & & & \end{pmatrix} P^{-1}$$

とかける．よって

*) 正確にいえば，'弧状連結' である．

$$T(t)=P\begin{pmatrix} 1 & & & & & & 0 \\ & \ddots & & & & & \\ & & 1 & & & & \\ & & & \begin{array}{|cc|}\hline \cos t\theta_1 & -\sin t\theta_1 \\ \sin t\theta_1 & \cos t\theta_1 \\ \hline\end{array} & & & \\ & & & & \ddots & & \\ & & & & & \begin{array}{|cc|}\hline \cos t\theta_r & -\sin t\theta_r \\ \sin t\theta_r & \cos t\theta_r \\ \hline\end{array} & \\ 0 & & & & & & \end{pmatrix}P^{-1}$$

とおけば，$T(t)$ $(0 \leqq t \leqq 1)$ は $SO(n)$ の中の連続曲線で，$T(0)=E$，$T(1)=T$ となる．

以上により $SO(n)$ は連結である．従って T_1 を任意の変格直交行列とするとき‘傍系’ $T_1 \cdot SO(n)$ も連結である．一方，$O(n)$ が連結でないことは，それが連続写像 $T \longrightarrow |T|$ により $\{\pm 1\}$ にうつされることから明らかである．よって $O(n)$ は二つの連結成分 $SO(n)$，$T_1 \cdot SO(n)$ に分れる．

また上記のパラメーター表示においては $|T+E|=0$ なる点が除外されていた．このような‘除外点’のない $SO(n)$ の一対一両連続なパラメーター表示はできないであろうか？ それはしかし不可能であることが証明される．実際，$T=(t_{ij}) \in SO(n)$ ならば，$|t_{ij}| \leqq 1$ であるから，$SO(n)$ は有界閉集合である．(閉集合であることは，$SO(n)$ がいくつかの代数方程式で定義されることからわかる．) 有界閉集合のことを**コンパクト**集合*) ともいう．さて解析学でよく知られた定理により“コンパクト集合の連続像はコンパクトである．”従って上記のようなパラメーター表示ができたとすれば，パラメーターの領域は $\dfrac{n(n-1)}{2}$ 次元 Euclid 空間の中のコンパクト集合でなければならぬ．それは必ず境界点をもち，その点の近傍において一対一両連続性が成り立たない．

$SO(n)$ のコンパクト性は特にその表現論において重要である．

さて n 次の（実）正則行列全体の集合も明らかに一つの群を作る．それを $GL(n, \boldsymbol{R})$ で表わす．($GL(n, \boldsymbol{R})$ は n^2 次元 Euclid 空間から‘超曲面’ $|A|=0$ を除いたものと考えられるから，n^2 次元 Lie 群になる．) $GL(n, \boldsymbol{R})$ の $O(n)$ に関する（左側）傍系分解を考えてみよう．$P, Q \in GL(n, \boldsymbol{R})$ に対し

$$\begin{aligned} O(n)\cdot P = O(n)\cdot Q &\Longleftrightarrow PQ^{-1} \in O(n) \\ &\Longleftrightarrow (PQ^{-1})^{-1} = QP^{-1} = {}^t(PQ^{-1}) = {}^tQ^{-1}\,{}^tP \\ &\Longleftrightarrow {}^tPP = {}^tQQ. \end{aligned}$$

§4 の例で述べたように ${}^tPP$ は正値対称行列であり，逆に任意の正値対称行列 A

*) 一般に Heine–Borel の被覆定理の成立する集合を‘コンパクト’という．

はこの形にかかれる．よって対応：$O(n)\cdot P \longrightarrow A = {}^tPP$ により，$GL(n, \boldsymbol{R})$ の $O(n)$ による傍系の空間は n 次の正値対称行列の空間と一対一に対応することがわかる．またその際，$O(n)\cdot P\cdot T \longrightarrow {}^tT\,{}^tPPT = {}^tTAT$ であるから，傍系 $O(n)\cdot P$ に T を'右乗'する変換には正値対称行列の空間における変換 $A \longrightarrow {}^tTAT$ が対応する．

n 次正値対称行列の空間は位相的には $\dfrac{n(n+1)}{2}$ 次元 Euclid 空間と同相になる．(例えば，Jacobi の変形を使えばよい．) さらに，p. 106 の結果，あるいは p. 176，問 4 の結果により，$GL(n, \boldsymbol{R})$ は $O(n)$ と $\dfrac{n(n+1)}{2}$ 次元 Euclid 空間との（位相的な）'直積'になることが証明される．

さて T が $O(n)$ に属するための条件は ${}^tTE_nT = E_n$ (E_n：n 次単位行列) であるから，$O(n)$ は'単位形式' $E_n[x] = x_1{}^2 + \cdots + x_n{}^2$ を不変にする一次変換全体の作る群ということができる．これを一般化して，任意の対称行列 $A = (a_{ij})$ に対し，二次形式 $A[\boldsymbol{x}] = \sum a_{ij}x_ix_j$ を不変にする（正則）一次変換，すなわち

$$ {}^tTAT = A $$

なる正則行列 T 全体の集合（それも明らかに一つの群を作る）を考えてみよう．(A が正則ならば T も必然的に正則になる．) これを'二次形式 $A[\boldsymbol{x}]$ の直交群'といい，仮に $O(A)$ で表わす．$O(n) = O(E_n)$ である．

$A > 0$ ならば，$A = {}^tPP$ (P：正則) とかける．そのとき

$$ {}^tTAT = A \iff {}^tT\,{}^tPPT = {}^tPP \iff {}^tP^{-1}\,{}^tT\,{}^tPPTP^{-1} = E $$

よって，$T \in O(A) \iff PTP^{-1} \in O(n)$．よって $O(A) = P^{-1}O(n)P$．すなわち，$O(A)$ と $O(n)$ とは $GL(n, \boldsymbol{R})$ の中で'共役'である*)．従って $O(A)$ と $O(n)$ とは群として全く同じ構造をもつ．(例えば，$O(A)$ も二つの連結成分をもつコンパクト Lie 群である．)

一般に実対称行列 A は $A = {}^tPE_{p,q}P$ と表わされる．ここに

$$ E_{p,q}{}^{(n)} = \begin{pmatrix} E_p & & 0 \\ & -E_q & \\ 0 & & 0 \end{pmatrix}. $$

よって上と同様にして $O(A)$ は $O(E_{p,q}{}^{(n)})$ と共役になる．また $p + q < n$ なるとき容易にわかるように

*) 群 G の二つの部分群 H_1，H_2 は，ある $\sigma \in G$ に対して $H_2 = \sigma^{-1}H_1\sigma$ となるとき'共役'であるという．

$$T \in O(E_{p,q}{}^{(n)}) \iff T = \begin{pmatrix} T_1 & 0 \\ T_{21} & T_2 \end{pmatrix}\}p+q, \qquad \begin{array}{l} T_1 \in O(E_{p,q}{}^{(p+q)}), \\ T_{21}, T_2 : \text{任意} \end{array}$$

となるから，問題は結局 $O(E_{p,q}{}^{(p+q)})$（それを $O(p,q)$ とかく）の構造をしらべることになる，さらに $O(p,q)=O(q,p)$ であるから，$p \geqq q$ としてよい．$O(n-1, 1)$ を特に ‘Lorentz 群’ という．

$T \in O(p,q)$ を

$$T = \begin{pmatrix} T_1 & T_{12} \\ T_{21} & T_2 \end{pmatrix}\begin{matrix} \}p \\ \}q \end{matrix}$$

とおけば ${}^tTE_{p,q}T = E_{p,q}$ から

$(*)$　　${}^tT_1T_1 - {}^tT_{21}T_{21} = E_p,\quad {}^tT_1T_{12} = {}^tT_{21}T_2,\quad {}^tT_{12}T_{12} - {}^tT_2T_2 = -E_q$

を得る．逆に T_1，T_{12}，T_{21}，T_2 が（$*$）を満たせば，$T \in O(p,q)$ となるが，その際 T_{21} は自由にとり得ることを示そう．実際，T_{21} を任意にとれば，$E_p + {}^tT_{21}T_{21} > 0$．よって正則な T_1 をとり，${}^tT_1T_1 = E_p + {}^tT_{21}T_{21}$ となるようにすることができる．次に $T_{12} = {}^tT_1{}^{-1}\,{}^tT_{12}T_2$ とおき，T_2 を（$*$）の第 3 式を満たすようにとり得ることを示せばよい．

$${}^tT_2T_{21}T_1{}^{-1}\,{}^tT_1{}^{-1}\,{}^tT_{21}T_2 - {}^tT_2T_2 = -E_q$$

を変形すれば

$${}^tT_2{}^{-1}T_2{}^{-1} = E_q - T_{21}T_1{}^{-1}\,{}^tT_1{}^{-1}\,{}^tT_{21}$$

であるから，この右辺が >0 ならばよい．（$*$）の第 1 式により $E_p - {}^tT_1{}^{-1}\,{}^tT_{21}T_{21}T_1{}^{-1} > 0$ よって ${}^t(T_{21}T_1{}^{-1})(T_{21}T_1{}^{-1})$ の固有値はすべて <1．従って同様のことが $(T_{21}T_1{}^{-1}){}^t(T_{21}T_1{}^{-1})$ についても成立し，$E_q - (T_{21}T_1{}^{-1}){}^t(T_{21}T_1{}^{-1}) > 0$ となる.（§1, 例 2 参照.）よって任意の T_{21} に対し，T_1，T_{12}，T_2 を（$*$）が成立するように決めることができた．T_1，T_2 のとり方にそれぞれ $O(p)$，$O(q)$ だけの自由度がある（すなわち，T_1，T_2 をそれぞれ P_1T_1 $(P_1 \in O(p))$，T_2P_2 $(P_2 \in O(q))$ でおきかえてよい）から，$O(p,q)$ の次元は

$$\frac{p(p-1)}{2} + \frac{q(q-1)}{2} + pq = \frac{(p+q)^2}{2} - \frac{p+q}{2} = \frac{n(n-1)}{2}$$

となり，n だけに関係して定まることがわかる*⁾.

上のことから $O(p,q)$ $(p,q>0)$ はコンパクトでないことがわかる．また，$O(p,q)$ は，$|T_1|$，$|T_2|$ の符号により 4 個の連結成分に分れることも証明される．

以上，実の直交群について述べたが，複素行列の範囲においては，ユニタリー行列全体の作る群 $U(n)$（それを**ユニタリー群**という）を考えることができる．それはエルミット形式 $E_n\{\boldsymbol{x}\} = \sum_{i=1}^{n} x_i\bar{x}_i$ を不変にする一次変換の作る群である．この場合にも Cayley 変換（40），（41）により（-1 を固有値としない）ユニタリー行列と歪エルミット行列とが一対一両連続に対応する．$U(n)$ は n^2 次元の連結，コンパクトな Lie 群になる．

---

*⁾　このことは $O(n)$ の場合と同様な Cayley 変換によっても得られる．

＊　＊　＊

研究課題 1　一般の二次形式

§4 では実係数の二次形式について述べた．その際，われわれは係数が実数であること（特にその大小関係）を使ったから，そこで得られた結果（例えば，定理 4″，5，6）をそのまま一般の複素係数の二次形式に適用することはできない．それゆえここでは係数が実数であるという性質を使わないで，すなわちそれがある一つの‘体’（I, §5 参照）の元であるという性質だけを使って，どの程度のことが導かれるかについて述べよう．よって以下考えるベクトルや行列の成分はすべてある体 K に属するものとする．K は任意の体でよいが，二次形式論においては 2 による除法がしばしば現れるから，K において $2 = 1 + 1 \neq 0$ とする[*]．

§4 のはじめに述べたように，二次形式 $A[\boldsymbol{x}]$ において，変数の正則一次変換 $\boldsymbol{x} = P\boldsymbol{x}'$ を行えば，係数の行列は $A' = {}^tPAP$ になる．このとき，$A \simeq A'$ とかく．明らかに $A \simeq A'$ ならば，$\mathrm{rank}\,A = \mathrm{rank}\,A'$ である．(III, 定理 8.)

$A = \begin{pmatrix} A_1 & A_{12} \\ {}^tA_{12} & A_2 \end{pmatrix}$ において，A_1 が正則ならば

$$\begin{pmatrix} A_1 & A_{12} \\ {}^tA_{12} & A_2 \end{pmatrix} = \begin{pmatrix} E & 0 \\ {}^tA_{12}A_1^{-1} & E \end{pmatrix}\begin{pmatrix} A_1 & 0 \\ 0 & A_2 - {}^tA_{12}A_1^{-1}A_{12} \end{pmatrix}\begin{pmatrix} E & A_1^{-1}A_{12} \\ 0 & E \end{pmatrix}$$

が成立する．(p. 171,（＊）の拡張．) これは直接計算して確かめられる．よって

$$(1)\qquad \begin{pmatrix} A_1 & A_{12} \\ {}^tA_{12} & A_2 \end{pmatrix} \simeq \begin{pmatrix} A_1 & 0 \\ 0 & A_2' \end{pmatrix},$$
$$A_2' = A_2 - {}^tA_{12}A_1^{-1}A_{12}$$

である．この式は以後しばしば使う．

上の式は，A_1 が正則でなくても，$A_1C = A_{12}$ となるような（A_{12} と同じ型の）行列 C が存在すれば成立する．ただしその場合には $A_2' = A_2 - {}^tA_{12}C = A_2 - {}^tCA_1C$．このことからまず，rank $A = r$ ならば，A の r 次の主小行列式の中に $\neq 0$ なるものがあることがわかる．実際，$\mathrm{rank}\,A = r$ ならば，A の列ベクトルの中に r 個一次独立なものが存在し，他はそれらの一次結合になる．今，簡単のため（必要があれば，行と列とに同時に適当な置換を行い）第 1 ～ 第 r 列 $\boldsymbol{a}_1, \cdots, \boldsymbol{a}_r$ が一次独立であるとする．そのとき

[*] $1 + 1 = 0$ となるような体も実際存在する．p. 24 参照．

$$\boldsymbol{a}_k = \sum_{i=1}^{r} c_{ik}\boldsymbol{a}_i \ (r+1 \leqq k \leqq n), \qquad C = (c_{ik})$$

とおけば

$$\begin{pmatrix} A_{12} \\ A_2 \end{pmatrix} = \begin{pmatrix} A_1 \\ {}^tA_{12} \end{pmatrix} C.$$

従って (1) により

$$A \simeq \begin{pmatrix} A_1 & 0 \\ 0 & 0 \end{pmatrix}.$$

$\mathrm{rank}\, A = r$ であるから，階数の不変性により，$\mathrm{rank}\, A_1 = r$，すなわち $|A_1| \neq 0$ でなければならない．係数の行列式が $\neq 0$ であるような二次形式を‘正則’[*] な二次形式ということにすれば，上記により任意の二次形式 $A[\boldsymbol{x}]$ は，$\mathrm{rank}\, A = r$ なるとき，r 個の文字に関する正則な二次形式に同値である．

次に $A[\boldsymbol{x}]$ を標準形に直すことを考えよう．これに関して次の定理が成立する．(定理 4″ の一般化．)

定理 A 任意の対称行列は対角行列に同値である：

$$A \simeq \begin{pmatrix} \alpha_1 & & 0 \\ & \ddots & \\ 0 & & \alpha_n \end{pmatrix}. \tag{2}$$

二次形式に関していえば，$A[\boldsymbol{x}]$ は変数の適当な正則一次変換により，$\sum_{i=1}^{n} \alpha_i x_i'^2$ なる形に変換される．

証 n に関する帰納法で証明する．$n=1$ のときは明らかゆえ，$n>1$ とする．また $A=0$ なら明らかだから，$A \neq 0$ とする．$a_{11} \neq 0$ ならば，(1) により

$$A \simeq \begin{pmatrix} a_{11} & 0 \\ 0 & A' \end{pmatrix}.$$

帰納法の仮定により，A' は対角行列に同値である．よって A もそうなる．$a_{11}=0$ のとき，$A \neq 0$ であるから，$A[\boldsymbol{x}_0] \neq 0$ なる $\boldsymbol{x}_0$ がある．(p. 165，問 1 参照．) よって $\boldsymbol{x}_0$ を第 1 列とする n 次正則行列 P をとれば，${}^tPAP$ の $(1,1)$ 成分は $A[\boldsymbol{x}_0] \neq 0$ になる．よって上記により ${}^tPAP$，従って A は対角行列に同値である．(証終)

複素数の範囲では任意の数の平方根が存在するから，さらに

---

[*] non-degenerate．‘非退化’ などと訳すより ‘正則’ の方が簡明であろう．

$$A \simeq \begin{pmatrix} E_r & 0 \\ 0 & 0 \end{pmatrix}$$

となる．しかし一般の体では平方根は存在しないからこのような標準化はできない．しかし次のような考察によって，より精密な結果を得ることができる．

正則な二次形式 $A_1[\boldsymbol{x}]$ は $\boldsymbol{x}_1 \neq 0$，$A_1[\boldsymbol{x}_1] = 0$ なる（K の）ベクトル $\boldsymbol{x}_1$ が存在するとき，‘零を表わす’あるいは‘零形式’という．任意の二次形式 $A[\boldsymbol{x}]$ はそれと同値な（変数の数の少い）正則二次形式 $A_1[\boldsymbol{x}']$ が零形式であるとき零形式という．この条件は，容易にわかるように，$A\boldsymbol{x}_1 \neq \mathbf{0}$，$A[\boldsymbol{x}_1] = 0$ なるベクトル $\boldsymbol{x}_1$ が存在することと同値である．

例えば，実係数の二次形式はそれが不定符号（$p > 0$，$q > 0$）のとき，またそのときに限り零形式になる．また複素係数の二次形式は $\mathrm{rank} A > 1$ なるときつねに零形式になる．

さて，$A[\boldsymbol{x}]$ が零を表わすとし，$A\boldsymbol{x}_1 \neq \mathbf{0}$，$A[\boldsymbol{x}_1] = 0$ なる $\boldsymbol{x}_1$ を一つとる．これに対し，$(A\boldsymbol{x}_1, \boldsymbol{x}_2) \neq 0$ なる $\boldsymbol{x}_2$ が存在する．必要があれば $\boldsymbol{x}_2$ を $\dfrac{1}{(A\boldsymbol{x}_1, \boldsymbol{x}_2)}\boldsymbol{x}_2$ でおきかえることにより，$(A\boldsymbol{x}_1, \boldsymbol{x}_2) = 1$ としてよい．そのとき，任意の λ に対し，$(A\boldsymbol{x}_1, \boldsymbol{x}_2 + \lambda\boldsymbol{x}_1) = 1$，$A[\boldsymbol{x}_2 + \lambda\boldsymbol{x}_1] = A[\boldsymbol{x}_2] + 2\lambda$．よって，$\boldsymbol{x}_2$ を $\boldsymbol{x}_2 - \dfrac{A[\boldsymbol{x}_2]}{2}\boldsymbol{x}_1$ でおきかえれば，$(A\boldsymbol{x}_1, \boldsymbol{x}_2) = 1$，$A[\boldsymbol{x}_2] = 0$ となる．$\boldsymbol{x}_1$，$\boldsymbol{x}_2$ は明らかに一次独立であるから $\boldsymbol{x}_1$，$\boldsymbol{x}_2$ を第1，第2列とする n 次正則行列 P をとれば

$${}^tPAP = \left(\begin{array}{cc:c} 0 & 1 & \multirow{2}{*}{$*$} \\ 1 & 0 & \\ \hdashline \multicolumn{2}{c:}{*} & * \end{array}\right)$$

となる．よって (1) により

$$A \simeq {}^tPAP \simeq \left(\begin{array}{cc:c} 0 & 1 & \multirow{2}{*}{0} \\ 1 & 0 & \\ \hdashline \multicolumn{2}{c:}{0} & A' \end{array}\right).$$

A' が零を表わせばこの操作をさらにつづけることができる．最後に零を表わさない二次形式が得られるが，それに対し定理 A の変形を行えば，結局

(3) $$A \simeq \begin{pmatrix} \begin{array}{|cc|} \hline 0 & 1 \\ 1 & 0 \\ \hline \end{array} & & t & & & & 0 \\ & \ddots & & & & & \\ & & \begin{array}{|cc|} \hline 0 & 1 \\ 1 & 0 \\ \hline \end{array} & & & & \\ & & & \alpha_1 & & & \\ & & & & \ddots & & \\ & & & & & \alpha_s & \\ & & & & & & 0 \\ & & & & & & & \ddots \\ 0 & & & & & & & & 0 \end{pmatrix}$$

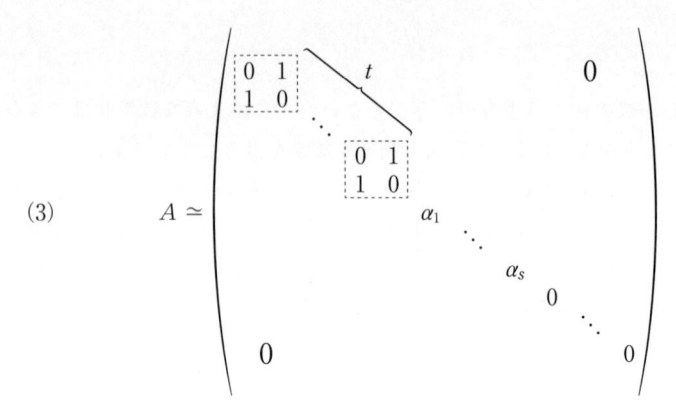

となる．ここに $\sum_{i=1}^{s} \alpha_i x_i^2$ は零を表わさない二次形式である．すなわち

$$\sum_{i=1}^{s} \alpha_i x_i^2 = 0 \ (x_i \in K) \iff x_i = 0 \ (1 \leq i \leq s)$$

上の結果を二次形式に関していえば，$A[\boldsymbol{x}]$ は変数の適当な正則一次変換により

$$\alpha_1 x_1'^2 + \cdots + \alpha_s x_s'^2 + x_{s+1}' x_{s+2}' + \cdots + x_{s+2t-1}' x_{s+2t}'$$

なる形に変形される．

実係数の場合には，$s = |p - q|$, $t = \text{Min}\{p, q\}$, 複素係数の場合には $\text{rank}\, A = r$ が偶数ならば，$s = 0$, $t = \dfrac{r}{2}$, r が奇数ならば，$s = 1$, $t = \dfrac{r-1}{2}$ である．一般に s, t は A によって一意的に定まることが証明される．(Witt の定理，[1], [4], [9] 参照．)

上の議論の一つの応用として二次形式 $A[\boldsymbol{x}]$ $(A \neq 0)$ がどのような場合に一次式の積に分解されるかをしらべてみよう．斉一次式は $(\boldsymbol{a}, \boldsymbol{x}) = {}^t\boldsymbol{a}\boldsymbol{x}$ と表わされるから，その場合には

$$A[\boldsymbol{x}] = (\boldsymbol{a}, \boldsymbol{x})(\boldsymbol{b}, \boldsymbol{x}) = {}^t\boldsymbol{x}\boldsymbol{a}{}^t\boldsymbol{b}\boldsymbol{x}$$

となる．よって

(∗) $$A = \frac{1}{2}(\boldsymbol{a}{}^t\boldsymbol{b} + \boldsymbol{b}{}^t\boldsymbol{a}).$$

従って $\text{rank}\, A \leq 2$ である．また $\text{rank}\, A = 2$, すなわち $\boldsymbol{a}$, $\boldsymbol{b}$ が一次独立の場合には，$A[\boldsymbol{x}]$ は零形式になる．(例えば，$(\boldsymbol{a}, \boldsymbol{x}) = 0$, $(\boldsymbol{b}, \boldsymbol{x}) \neq 0$ なる $\boldsymbol{x}$ をとれば，$A\boldsymbol{x} \neq \boldsymbol{0}$, $A[\boldsymbol{x}] = 0$.)

次に逆にこれらの条件が十分であること，すなわち $\text{rank}\, A = 1$, または $\text{rank}\, A = 2$ かつ $A[\boldsymbol{x}]$ が零形式ならば，$A[\boldsymbol{x}]$ は二つの一次式の積に分解されることを示

そう．まず rank$A=1$ ならば，定理 A により

$$A={}^tQ\begin{pmatrix}\alpha_1 & & & \\ & 0 & & \\ & & \ddots & \\ & & & 0\end{pmatrix}Q$$

よって Q の第1行を $\boldsymbol{a}$ とおけば，$A=\alpha_1\boldsymbol{a}{}^t\boldsymbol{a}$ となる.（この結果はまた III, §4, 例3からも導かれる.）次に rank$A=2$ かつ $A[\boldsymbol{x}]$ が零形式ならば，上記により

$$A={}^tQ\begin{pmatrix}\begin{matrix}0 & 1\\ 1 & 0\end{matrix} & & & \\ & 0 & & \\ & & \ddots & \\ & & & 0\end{pmatrix}Q$$

となる．Q の第1，第2行を ${}^t\boldsymbol{a}$，${}^t\boldsymbol{b}$ とすれば，$A=\boldsymbol{a}{}^t\boldsymbol{b}+\boldsymbol{b}{}^t\boldsymbol{a}$ となる．よっていずれにしても A を（$*$）の形にかくことができる．

交代行列の標準化：以上一般の体における対称行列の標準化について述べたが，同様の考察を交代行列に適用することもできる．すなわち交代行列 A に対して，双一次形式 $(\boldsymbol{x},A\boldsymbol{y})={}^t\boldsymbol{x}A\boldsymbol{y}$ を考えれば，$(\boldsymbol{y},A\boldsymbol{x})=-(\boldsymbol{x},A\boldsymbol{y})$；逆にこのような双一次形式の係数行列は交代行列である．ここで変数に正則一次変換 $\boldsymbol{x}=P\boldsymbol{x}'$，$\boldsymbol{y}=P\boldsymbol{y}'$ を行えば，$(\boldsymbol{x},A\boldsymbol{y})=(\boldsymbol{x}',{}^tPAP\boldsymbol{y})$．すなわち，係数行列は ${}^tPAP$ に変換される．$A'={}^tPAP$（P：正則）のとき，やはり $A\simeq A'$ とかくことにする．そのとき

1）rank$A=r$ ならば，A の r 次の主小行列式の中に $\neq 0$ なるものがある．それを A_1 とすれば

$$A\simeq\begin{pmatrix}A_1 & 0\\ 0 & 0\end{pmatrix}.$$

2）交代行列 A の階数は偶数である．rank$A=2p$ とすれば

$$A\simeq\begin{pmatrix}\begin{matrix}0 & 1\\ -1 & 0\end{matrix} & & & & & \\ & \ddots & & & & \\ & & \begin{matrix}0 & 1\\ -1 & 0\end{matrix} & & & \\ & & & 0 & & \\ & & & & \ddots & \\ & & & & & 0\end{pmatrix}\ (p\text{ 個}),$$

あるいは

$$A \simeq \begin{pmatrix} 0 & E_p & 0 \\ -E_p & 0 & 0 \\ 0 & 0 & 0 \end{pmatrix}.$$

これを双一次形式に関していえば，$(\boldsymbol{x}, A\boldsymbol{y})$ は変数の適当な正則一次変換により

$$x_1y_2 - x_2y_1 + x_3y_4 - x_4y_3 + \cdots + x_{2p-1}y_{2p} - x_{2p}y_{2p-1}$$

なる形に変形される．

この結果により，A を任意の $2p$ 次交代行列とすれば（体 K の中で）

$$A = {}^tPJP, \quad J = \begin{pmatrix} 0 & E_p \\ -E_p & 0 \end{pmatrix}$$

と表わされる．このとき，$|P|$ は A によって一意的に定まる．(それを示すには，${}^tTJT = J$ のとき $|T| = 1$ なることをいえばよい．$T = \begin{pmatrix} T_1 & T_{12} \\ T_{21} & T_2 \end{pmatrix}$ とおけば，仮定により ${}^tT_1T_2 - {}^tT_{21}T_{12} = E_p$，${}^tT_1T_{21} = {}^tT_{21}T_1$，${}^tT_2T_{12} = {}^tT_{12}T_2$．よって $|T_1| \neq 0$ のとき，p. 69 の公式により，$|T| = |T_1||T_2 - T_{21}T_1^{-1}T_{12}| = |{}^tT_1T_2 - {}^tT_1T_{21}T_1^{-1}T_{12}| = |{}^tT_1T_2 - {}^tT_{21}T_{12}| = |E_p| = 1$．よって一般に $|T| = 1$．）$(-1)^{\frac{p(p-1)}{2}}|P|$ を A の ‘Pfaffian’ といい，$\mathrm{Pf}\,A$ で表わす：$\mathrm{Pf}\,A = (-1)^{\frac{p(p-1)}{2}}|P|$．定義から明らかに

$$(*) \qquad \mathrm{Pf}\,({}^tQAQ) = |Q|\,\mathrm{Pf}\,A, \quad \mathrm{Pf}\,J = (-1)^{\frac{p(p-1)}{2}}.$$

逆に Pfaffian はこの性質によって特徴づけられる．特に A の成分が変数である場合に（K をこれらの変数によって生成される有理函数体として）適用すれば，$\mathrm{Pf}\,A$ が A の成分の多項式（p 次斉次式）であることがわかる．またその具体的な形も（$*$）から求められる．このようにして II, 研究課題 1, 3）の結果がふたたび得られる．

研究課題 2　直交群の Lie 環

§6 で述べたように，直交群 $O(n)$ は $\dfrac{n(n-1)}{2}$ 次元の多様体を作っている．多様体とは，大ざっぱにいって，空間の中における曲面の概念を一般の次元に拡張したものであった．ところで，曲面にはその各点において ‘接平面’ が引ける．しからば $O(n)$ の一点（例えば単位元 E）における接平面はどのようなものであろうか？　それについて以下説明しよう．

まず，接平面の定義を復習しておく．3 次元空間の中に一つの微分可能な曲面 α が与えられたとする．$P_0 \in \alpha$ の近傍におけるそのパラメーター表示を

$$\alpha: \quad \begin{cases} x_1 = x_1(u_1, u_2) \\ x_2 = x_2(u_1, u_2) \\ x_3 = x_3(u_1, u_2) \end{cases}$$

とし，P_0 はパラメーターの値 $(u_1{}^0, u_2{}^0)$ に対応するものとする．そのとき，P_0 における α の接平面 π は次の式で定義される平面である．

$$\pi: \begin{cases} x_1 = \dfrac{\partial x_1}{\partial u_1}(u_1 - u_1{}^0) + \dfrac{\partial x_1}{\partial u_2}(u_2 - u_2{}^0) \\ x_2 = \dfrac{\partial x_2}{\partial u_1}(u_1 - u_1{}^0) + \dfrac{\partial x_2}{\partial u_2}(u_2 - u_2{}^0) \\ x_3 = \dfrac{\partial x_3}{\partial u_1}(u_1 - u_1{}^0) + \dfrac{\partial x_3}{\partial u_2}(u_2 - u_2{}^0) \end{cases}$$

(ただし上記の偏導函数はすべて P_0 における値をとるものとする.) このことはまた次のようにいうことができる：π は P_0 を通り

$$\boldsymbol{a}_1 = \begin{pmatrix} \dfrac{\partial x_1}{\partial u_1} \\ \dfrac{\partial x_2}{\partial u_1} \\ \dfrac{\partial x_3}{\partial u_1} \end{pmatrix}, \quad \boldsymbol{a}_2 = \begin{pmatrix} \dfrac{\partial x_1}{\partial u_2} \\ \dfrac{\partial x_2}{\partial u_2} \\ \dfrac{\partial x_3}{\partial u_2} \end{pmatrix}$$

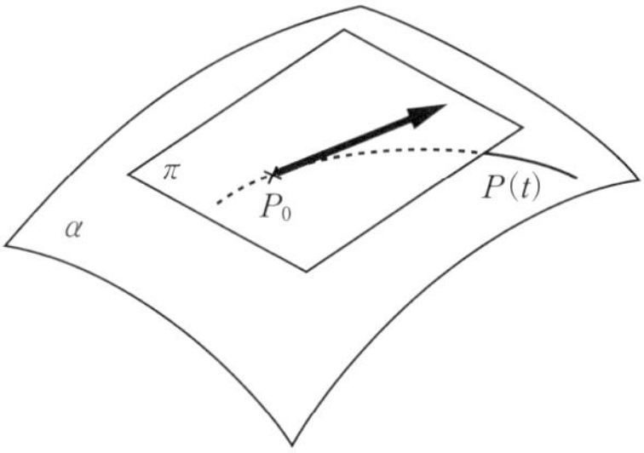

なるベクトル（それらは一次独立）を含む平面である．

さて，α の上に P_0 を通る任意の微分可能な曲線 $P = P(t)$ を引き，その P_0 における接ベクトルを求めれば，その成分は

$$\frac{dx_1}{dt} = \frac{\partial x_1}{\partial u_1}\frac{du_1}{dt} + \frac{\partial x_1}{\partial u_2}\frac{du_2}{dt}$$
$$\frac{dx_2}{dt} = \frac{\partial x_2}{\partial u_1}\frac{du_1}{dt} + \frac{\partial x_2}{\partial u_2}\frac{du_2}{dt}$$
$$\frac{dx_3}{dt} = \frac{\partial x_3}{\partial u_1}\frac{du_1}{dt} + \frac{\partial x_3}{\partial u_2}\frac{du_2}{dt}$$

(ただし，$x_i = x_i(u_1(t), u_2(t))$ とし，偏導函数はすべて P_0 において考える) で与えられる．よって，それは上記 $\boldsymbol{a}_1$，$\boldsymbol{a}_2$ の一次結合になる．P_0 を通り，このような接ベクトル全体によって張られる平面が，P_0 における α の接平面 π に他ならない．このように考えればパラメーター表示に関係なく接平面を定義することができる．すなわち，それは P_0 を通る任意の（微分可能な）曲線の P_0 における接ベクトル全体によって張られる平面である．接平面上にあるベクトル全体の作るベクトル空間を‘接ベクトル空間’という．(上の例では接ベクトル空間は $\{\{\boldsymbol{a}_1, \boldsymbol{a}_2\}\}$.)

さて $O(n)$ の E における接ベクトル空間を求めてみよう．$T(t)$ $(T(0) = E)$ を

$O(n)$ 上の任意の曲線とする．

$$ {}^tT(t)\,T(t) = E $$

の両辺を t で微分すれば

$$ \frac{d\,{}^tT(t)}{dt}\,T(t) + {}^tT(t)\,\frac{dT(t)}{dt} = 0. $$

よって E における接ベクトル（それもまた n 次行列で表わされる）を $X = \left[\dfrac{dT}{dt}\right]_{t=0}$ とおけば，$T(0) = E$ ゆえ

$$ {}^tX + X = 0, $$

すなわち，X は交代行列である．

逆に任意の交代行列 X が $O(n)$ の E における接ベクトルになることは，例えば Cayley 変換によって定義される曲線

$$ T(t) = \left(E + \frac{t}{2}X\right)\left(E - \frac{t}{2}X\right)^{-1}. $$

（それは $O(n)$ 上の曲線になる）の E における接ベクトルがちょうど X になることからわかる．あるいは，指数函数を使って

(4) $$ T(t) = \exp tX $$

なる曲線を考えれば

$$ {}^tT(t) = \exp t\,{}^tX = \exp(-tX) = T(t)^{-1} $$

となるから，$T(t)$ は $O(n)$ 上の曲線であって，その E における接ベクトルは X になる．よって $O(n)$ の E における接ベクトル空間は交代行列全体の作るベクトル空間である．

(4) で定義される曲線は単に $O(n)$ 上の曲線であるばかりでなく，$O(n)$ の部分群にもなっている．このような部分群を‘1パラメーター部分群’という．

上記の考察は $O(n)$ に限らず，任意の（行列の）‘Lie 群’に適用される．すなわち，行列の Lie 群 G に対して，その単位元 E における接ベクトル空間 L を上と同様にして作ることができる．またそのとき逆に G の単位元 E を含む連結成分は $\exp X$ $(X \in L)$ によって生成されるのである．その二，三の例をあげてみよう．

$G = GL(n, \boldsymbol{R})$（$n$ 次実正則行列全体）………… $L =$（n 次実行列全体）
$G = SL(n, \boldsymbol{R})$（行列式 1 の n 次実行列全体）‥ $L =$（トレイス 0 の n 次実行列全体）
$G = O(A)$（${}^tTAT = A$ なる n 次実行列全体） $L =$（${}^tXA + A\,{}^tX = 0$ なる n 次実行列全体）
$G = U(n)$（n 次ユニタリー行列全体）………… $L =$（n 次歪エルミット行列全体）

いずれの場合でも L の次元は容易に計算できるから，それによって G の次元がわかる．

問1　この方法によって $O(p,q)=O(E_{p,q})$ の次元を求めよ.

さてこれらの例に現れる L は単にベクトル空間であるばかりでなく次のような性質をもっている. すなわち, "$X, Y\in L$ ならば, $[X, Y]=XY-YX\in L$." 上記の個々の場合それを確かめるのは容易であるが, それはまた次のような一般的考察によっても証明される. $X\in L$ ならば, $\exp(tX)\in G$ であるから, $X, Y\in L$ ならば, $C(t)=\exp(tX)\cdot\exp(tY)\cdot\exp(-tX)\cdot\exp(-tY)\in G$ である. これを t の冪級数に展開すれば

$$\begin{aligned} C(t) &= \left(E+tX+\frac{t^2}{2}X^2+\cdots\right)\left(E+tY+\frac{t^2}{2}Y^2+\cdots\right) \\ &\quad\times\left(E-tX+\frac{t^2}{2}X^2-\cdots\right)\left(E-tY+\frac{t^2}{2}Y^2-\cdots\right) \\ &= E+t^2(XY-YX)+\cdots. \end{aligned}$$

よって $C(\sqrt{t})$ なる曲線を考えれば, その E における接ベクトルは $[X, Y]$ になる.

$[X, Y]$ は X についても, Y についても線型な一種の‘積’であるが, 普通の積と異なり次のような法則を満足する.

(5)　$$[X, X]=0.$$

(6)　$$[X,[Y,Z]]+[Y,[Z,X]]+[Z,[X,Y]]=0.\qquad \text{(Jacobi の等式)}$$

このような乗法の定義されたベクトル空間を一般に **Lie 環**という.

問2　行列の Lie 環に対し (5), (6) を証明せよ.

問3　任意の n 次正方行列 X, Y に対し

$$\left[\frac{d}{dt}(\exp tX)\,Y\,(\exp tX)^{-1}\right]_{t=0}=[X, Y].$$

以上, 行列の Lie 群および Lie 環について述べたが, 一般に次のようなことが成立する. 任意の Lie 群 G に対し (その単位元における接ベクトル空間として) 一つの Lie 環 L が対応し, 逆に任意の Lie 環 L に対し (行列の指数函数と類似の写像により) Lie 群 G を構成することができる. Lie 群 G の‘局所的’な性質は対応する Lie 環 L によって完全に決定され, Lie 群 G に関する解析的な議論が, Lie 環 L に関する代数的な議論によっておきかえられるのである. (p. 184 の引用文献および [12], [13] 参照.)

最後に $O(3)$ の Lie 環について, その幾何学的意味を明らかにしておこう. $O(3)$ の 1 パラメーター部分群は, 一つの軸のまわりの等速回転

$$T(t)=P\begin{pmatrix}\cos\omega t & -\sin\omega t & 0\\ \sin\omega t & \cos\omega t & 0\\ 0 & 0 & 1\end{pmatrix}P^{-1}$$

によって与えられる. $|P|=1$ となるように P をとれば, この回転軸の正の方向の

単位ベクトルは P の第 3 列ベクトル $\begin{pmatrix} p_{13} \\ p_{23} \\ p_{33} \end{pmatrix}$ で与えられる．さて，$T(t)$ の $t=0$ における接ベクトルは，上式を微分すればわかるように

$$X = P\begin{pmatrix} 0 & -\omega & 0 \\ \omega & 0 & 0 \\ 0 & 0 & 0 \end{pmatrix}P^{-1}$$

である．$P=(p_{ij})$，$X=\begin{pmatrix} 0 & x & y \\ -x & 0 & z \\ -y & -z & 0 \end{pmatrix}$ とおけば，簡単な計算により

$$x = -\omega\begin{vmatrix} p_{11} & p_{12} \\ p_{21} & p_{22} \end{vmatrix} = -\omega p_{33},$$

$$y = -\omega\begin{vmatrix} p_{11} & p_{12} \\ p_{31} & p_{32} \end{vmatrix} = \omega p_{23},$$

$$z = -\omega\begin{vmatrix} p_{21} & p_{22} \\ p_{31} & p_{32} \end{vmatrix} = -\omega p_{13}.$$

すなわち，3 次元ベクトル $\begin{pmatrix} -z \\ y \\ -x \end{pmatrix}$ は，回転軸の正の方向を向き，長さが ω であるようなベクトルになる．このベクトルをあらためて $\boldsymbol{p}=\begin{pmatrix} p_1 \\ p_2 \\ p_3 \end{pmatrix}$ とおけば，$X=\begin{pmatrix} 0 & -p_3 & p_2 \\ p_3 & 0 & -p_1 \\ -p_2 & p_1 & 0 \end{pmatrix}$ であって，任意のベクトル $\boldsymbol{x}=\begin{pmatrix} x_1 \\ x_2 \\ x_3 \end{pmatrix}$ に対し

$$\left[\frac{d}{dt}T(t)\boldsymbol{x}\right]_{t=0} = X\boldsymbol{x} = \begin{pmatrix} 0 & -p_3 & p_2 \\ p_3 & 0 & -p_1 \\ -p_2 & p_1 & 0 \end{pmatrix}\begin{pmatrix} x_1 \\ x_2 \\ x_3 \end{pmatrix}$$

$$= \begin{pmatrix} \begin{vmatrix} p_2 & x_2 \\ p_3 & x_3 \end{vmatrix} \\ \begin{vmatrix} p_3 & x_3 \\ p_1 & x_1 \end{vmatrix} \\ \begin{vmatrix} p_1 & x_1 \\ p_2 & x_2 \end{vmatrix} \end{pmatrix} = \boldsymbol{p}\times\boldsymbol{x}.$$

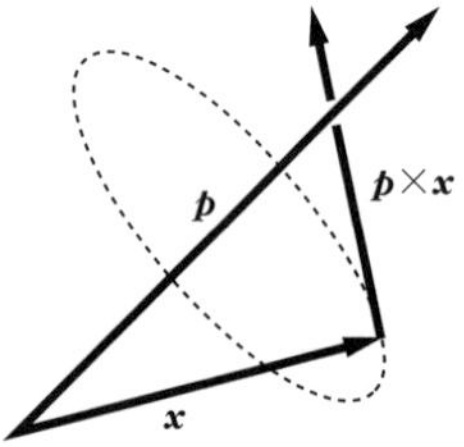

ここに $\boldsymbol{p}\times\boldsymbol{x}$ は II, §5 で述べた‘ベクトル積’を表わす．従って等速回転運動

$\boldsymbol{x}(t) = T(t)\boldsymbol{x}$ の $t=0$ における速度ベクトルは $\boldsymbol{p}\times\boldsymbol{x}$ で与えられる．空間の点 $\boldsymbol{x}$ にベクトル $\boldsymbol{p}\times\boldsymbol{x}$ を対応させる対応を（$\boldsymbol{p}$ を回転軸とする）‘瞬間回転’（あるいは‘無限小回転’）という．

対応 $X \longleftrightarrow \boldsymbol{p}$ により，3 次の交代行列と 3 次元ベクトルとは一対一に対応するが，その際容易にわかるように

$$X_1 \longleftrightarrow \boldsymbol{p}_1, \quad X_2 \longleftrightarrow \boldsymbol{p}_2 \Longrightarrow [X_1, X_2] \longleftrightarrow \boldsymbol{p}_1 \times \boldsymbol{p}_2$$

である．よって $O(3)$ の Lie 環は，3 次元（実）ベクトル全体がベクトル積に関して作る Lie 環と同型である．

問４　上記の関係を確かめよ．

V

テンソル代数

この章においては双対空間，テンソル積等，与えられたベクトル空間から新しいベクトル空間を作りだす操作（演算）について説明する．§5 以外では考えるベクトル空間はすべて共通の係数体 K をもつものとし，便宜上記号をあらため，一般にベクトルを普通のローマ文字 $a, b, \cdots, x, y, \cdots$ 等で表わし，スカラー（すなわち K の元）をギリシャ文字 $\alpha, \beta, \cdots \xi, \eta, \cdots$ 等で表わす．また K に成分をもつ n 次元数ベクトル空間を K^n で表わす．K は任意の（可換）体でよいが，§3 の後半以後では標数 0 と仮定する．(p. 221 参照．）抽象体に不馴れな読者は，今までのように $K = \boldsymbol{R}$（実数体），または $K = \boldsymbol{C}$（複素数体）の場合を念頭において読まれるとよい．

§1 双対空間

1.1 双対空間の定義

双対空間についてはすでに述べたが（III, §6, 例 4)，もう一度要点を復習しよう．V を体 K 上の n 次元ベクトル空間とする．V 上の（斉）一次函数，すなわち V から K への一次写像全体の集合を V^* で表わす．$f, g \in V^*$，$\alpha \in K$ に対し，和 $f+g$ およびスカラー倍 αf を

$$(1) \qquad \begin{aligned} (f+g)(x) &= f(x) + g(x), \\ (\alpha f)(x) &= \alpha \cdot f(x) \qquad (x \in V) \end{aligned}$$

により定義する．そのとき

定理 1 V^* は上記の演算に関して K 上の n 次元ベクトル空間になる．

証 まず上の演算に対して III, §6 に述べたベクトル空間の公理 (I), (II) が成立することは直ちに検証される. 特に零ベクトルに当るものは恒等的に 0 の函数 (それをやはり 0 で表わす: $0(x)=0$ ($x \in V$)) で与えられる. V^* が n 次元であることを証明するために, V の K 上の底 $(e_1, \cdots, e_n)$ をとる.

$$x \in V, \quad x = \sum \xi_i e_i, \quad \xi_i \in K$$

とすれば, $f \in V^*$ に対し

$$f(x) = \sum \xi_i f(e_i)$$

従って f は n 次元数ベクトル $(f(e_1), \cdots, f(e_n))$ によって一意的に定まる. (これがこの場合, 一次写像 f に対応する行列である.) 逆に任意の $(\lambda_1, \cdots, \lambda_n) \in K^n$ に対し, $f(e_i) = \lambda_i$ となるような $f \in V^*$ が存在する. ($x = \sum \xi_i e_i$ に対し, $f(x) = \sum \lambda_i \xi_i$ とおけばよい.) 対応 $f \longleftrightarrow (\lambda_i)$ により V^* と K^n とは一対一に対応するが, $f \longleftrightarrow (\lambda_i)$, $g \longleftrightarrow (\mu_i)$ とすれば, 明らかに

$$f + g \longleftrightarrow (\lambda_i + \mu_i), \quad \alpha f \longleftrightarrow (\alpha \lambda_i)$$

である. よって K 上のベクトル空間として, $V^* \cong K^n$ *). 従って特に $\dim V^* = n$ である. (証終)

V^* を V の**双対空間**という.

上の証明からわかるように, V の底 $(e_1, \cdots, e_n)$ をとれば

$$(f_i(e_1), \cdots, f_i(e_n)) = (0, \cdots, \overset{i}{\overbrace{1}}, \cdots, 0),$$

あるいは

(2) $$f_i(e_j) = \delta_{ij} \qquad \text{(Kronecker のデルタ)}$$

となるような $f_i \in V^*$ が一意的に定まり, $(f_1, \cdots, f_n)$ は V^* の一つの底になる. これを与えられた V の底 (e_i) と双対的な V^* の底, または単に (e_i) の**双対底**という.

$V \longrightarrow V^*$ は与えられたベクトル空間 V から新しいベクトル空間 V^* を作りだす一つの操作であるが, それを繰返して $V^{**} = (V^*)^*$ を作ると一体何が得られるか? 定義により V^{**} は V^* から K への一次写像全体の作るベクトル空間である. さて $a \in V$ とするとき, 対応

(3) $$V^* \ni f \longrightarrow f(a) \in K$$

は明らかに V^* から K への一つの一次写像になる. 実際 (3) で定義される写像を ϕ_a とおけば, 定義から

*) 二つのベクトル空間 V, V' が '同型' であるとき, $V \cong V'$ とかく. (p. 125 参照.)

$$\phi_a(f+g) = (f+g)(a) = f(a) + g(a) \qquad ((1)\ \text{による})$$
$$= \phi_a(f) + \phi_a(g),$$
$$\phi_a(\alpha f) = (\alpha f)(a) = \alpha\cdot f(a) \qquad ((1)\ \text{による})$$
$$= \alpha\cdot\phi_a(f).$$

よって $\phi_a \in V^{**}$．このようにして V から V^{**} の中への写像

(4) $$V \ni x \longrightarrow \phi_x \in V^{**}$$

が得られる．定義から，$x, y \in V$，$\alpha \in K$ に対し

$$\phi_{x+y}(f) = f(x+y) = f(x) + f(y)$$
$$= \phi_x(f) + \phi_y(f) = (\phi_x + \phi_y)(f),$$
$$\phi_{\alpha x}(f) = f(\alpha x) = \alpha\cdot f(x)$$
$$= \alpha\cdot\phi_x(f) = (\alpha\phi_x)(f).$$

よって

$$\phi_{x+y} = \phi_x + \phi_y, \qquad \phi_{\alpha x} = \alpha\phi_x.$$

すなわち写像（4）は線型である．それが実際 V から V^{**} の上への同型になることは次のようにしてわかる．まず定理 1 により $\dim V^{**} = \dim V^* = \dim V = n$ であることに注意しよう．V の任意の底（$e_1, \cdots, e_n$）をとり，その双対底を（$f_1, \cdots, f_n$）とすれば

$$\phi_{e_i}(f_j) = f_j(e_i) = \delta_{ij}.$$

よって（$\phi_{e_1}, \cdots, \phi_{e_n}$）は（$f_1, \cdots, f_n$）の双対底になる．写像（4）は V の一つの底（e_i）を V^{**} の一つの底（ϕ_{e_i}）にうつすから，それは同型でなければならない．以上により次の定理が得られた．

定理 2　写像（4）により V は V^{**} に同型である．

同型対応（4）は底のとり方等に関係なく，自然に，内在的（intrinsic）に定義されるから‘標準的’（canonical）な同型という．以下この同型対応により V と V^{**} とを一致させて考える：

(5) $$V = V^{**}.$$

(すなわち，$x \in V$ と $\phi_x \in V^{**}$ とを同一視するのである．)

（5）によって逐次双対空間を作っても

$$V^{***} = (V^*)^{**} = V^*,$$
$$V^{****} = (V^{**})^{**} = V^{**} = V, \cdots$$

となり，もはや新しい空間は得られない．この意味で操作 $V \longrightarrow V^*$ は‘回帰的’

(reflexive) である．

注意 1 読者の中には，V と V^* も同じ n 次元ベクトル空間であるから，例えば底の対応 $(e_i) \longrightarrow (f_i)$ によって定義される同型対応によって一致させることができると考える人もあるであろう．しかしこの対応は（例 1 に示すように）本質的に底のとり方に関係するから標準的ではない．V と V^* とは確かに同型ではあるが，その同型対応はたくさんあり，その中から（V と V^{**} との場合の写像 (4) のような）標準的なものを一つ指定することが一般にはできないのである．(もちろん，より特殊な状況の下ではそれが可能になることもある．後述の例 4 参照．)

注意 2 双対空間の回帰性 (5) は一般に $\dim V = \infty$ のときには成立しない．その場合には位相的条件を加味して考えることが必要になる．([20] 参照．)

さて $V = V^{**} = (V^*)^*$ とみることは V 自身を V^* の双対空間とみなすことを意味する．このように考えるとき，V と V^* の役割は完全に相互的なものになる．従って，$x \in V$，$f \in V^*$ に対し，$f(x)$ とかくよりも

$$\langle f, x\rangle = \langle x, f\rangle = f(x) = \phi_x(f) \tag{6}$$

のように内積の記号 $\langle\ \ \rangle$ を使って表わす方が便利である．$\langle f, x\rangle$ は f を固定したときには x について一次函数であり，x を固定したときには f について一次函数である．すなわち，$f \in V^*$，$x \in V$ に関する双一次型式である．この $\langle\ \ \rangle$ を V と V^* の**双対性を表わす内積**という．この記号を使えば (2) は

$$\langle f_i, e_j\rangle = \langle e_j, f_i\rangle = \delta_{ij}$$

となる．このように (e_i) と (f_i) の関係も全く相互的であるから，(e_i)，(f_i) を‘互に双対的な’V，V^* の底ともいう．

例 1 $(e_i), (f_i)$；$(e_i'), (f_i')$ を二組の互に双対的な V，V^* の底とする．すなわち

$$\langle e_i, f_j\rangle = \langle e_i', f_j'\rangle = \delta_{ij}.$$

底の変換 $(e_i) \longrightarrow (e_i')$，$(f_i) \longrightarrow (f_i')$ の行列をそれぞれ $P = (\lambda_{ij})$，$Q = (\mu_{ij})$ とすれば

$$e_j' = \sum_i \lambda_{ij} e_i, \qquad f_l' = \sum_k \mu_{kl} f_k.$$

よって

$$\begin{aligned}\delta_{jl} = \langle e_j', f_l'\rangle &= \langle \sum_i \lambda_{ij} e_i, \sum_k \mu_{kl} f_k\rangle \\ &= \sum_{i,k} \lambda_{ij}\mu_{kl}\langle e_i, f_k\rangle \\ &= \sum_i \lambda_{ij}\mu_{il}.\end{aligned}$$

よって ${}^tPQ = E$，すなわち

(7) $$Q = {}^tP^{-1}.$$

この関係を双対底の変換は互に‘反傾的’(contragradient)であるといい表わす.

今,$x \in V$ の底 (e_i),(e_i') に関する成分を (ξ_i),(ξ_i'),また $f = V^*$ の底 (f_i),(f_i') に関する成分を (α_i),(α_i') とすれば

$$\begin{pmatrix} \xi_1' \\ \vdots \\ \xi_n' \end{pmatrix} = P^{-1} \begin{pmatrix} \xi_1 \\ \vdots \\ \xi_n \end{pmatrix},$$

$$\begin{pmatrix} \alpha_1' \\ \vdots \\ \alpha_n' \end{pmatrix} = Q^{-1} \begin{pmatrix} \alpha_1 \\ \vdots \\ \alpha_n \end{pmatrix} = {}^tP \begin{pmatrix} \alpha_1 \\ \vdots \\ \alpha_n \end{pmatrix}.$$

このように V の元の成分の変換則と V^* の元のそれとも互に反傾的である.

問 1 底の対応 $(e_i) \longrightarrow (f_i)$,$(e_i') \longrightarrow (f_i')$ によって定義される二つの同型対応 $V \cong V^*$ が一致するためには,上記の P が直交行列であることが必要十分であることを示せ.

1.2 部分空間の双対性

V を K 上の n 次元ベクトル空間,V^* をその双対空間とする.V の部分空間 W に対し

(8) $$W^\perp = \{f \in V^* ; \langle f, x\rangle = 0 \quad \text{for all } x \in W\}$$

とおけば,$W^\perp$ は明らかに V^* の部分空間になる.これを W の(V^* における)**直交空間**という.これに関して

(9) $$\dim W^\perp = n - \dim W$$

が成立する.(III, §3, 定理 6 参照.)実際,$\dim W = r$ ならば,V の底 (e_i) を $(e_1, \cdots, e_r)$ が W の底になるようにとることができる.(f_i) を (e_i) の双対底とし,$f \in V^*$,$f = \sum \alpha_i f_i$,$\alpha_i \in K$ と表わせば

$$f \in W^\perp \iff \langle f, e_i\rangle = \alpha_i = 0 \quad \text{for } 1 \leqq i \leqq r$$
$$\iff f \in \{f_{r+1}, \cdots, f_n\}_K.$$

ここに $\{\cdots\}_K$ は $\cdots$ によって K 上生成される部分空間を表わす*).よって $W^\perp = \{f_{r+1}, \cdots, f_n\}_K$.特に $\dim W^\perp = n - r$.

V を V^* の双対空間と考えれば,$W^\perp \subset V^*$ の V における直交空間 $W^{\perp\perp} = (W^\perp)^\perp$ が定義される.明らかに $W \subset W^{\perp\perp}$ であるが,次元の関係式 (9) から

---

*) p. 99 において記号 $\{\{\cdots\}\}$ を導入したが,以後(K を明示するために)新しい記号 $\{\ \}_K$ を用いる.

(10) $$W = W^{\perp\perp}$$

を得る．さらに W_1, W_2 を V の部分空間とするとき，III, §3, 例と同様にして

$$(W_1 + W_2)^\perp = W_1^\perp \cap W_2^\perp,$$
$$(W_1 \cap W_2)^\perp = W_1^\perp + W_2^\perp$$

が証明される．このように V の部分空間全体の集合と V^* のそれとの間には，包含関係を逆にするような，標準的な一対一対応が存在する．

附記 本書では今までベクトル空間の商空間について触れなかったが，この機会に簡単に説明しておこう．W を V の部分空間とするとき，$x, y \in V$ に対し $x \equiv y \pmod W$ なる関係を

$$x \equiv y \pmod W \iff y - x \in W$$

によって定義する．これは明らかに同値関係（p. 128 参照）になる．今，$x \in V$ の同値類（'傍系'，'剰余類' 等ともいう）を $[x]$ で表わし，同値類全体の集合を V/W とかく．$[x], [y] \in V/W$ に対し，和およびスカラー倍を

$$[x] + [y] = [x + y], \quad \alpha[x] = [\alpha x]$$

によって定義すれば（それが可能であることを確認せよ），この演算に関して V/W は K 上のベクトル空間になる．これを V の W に関する**剰余類空間**，または**商空間**という．V の底 (e_i) を上記のようにとれば，容易にわかるように $[e_{r+1}], \cdots, [e_n]$ が V/W の底になる．従って

(11) $$\dim(V/W) = n - \dim W.$$

さて一般に一次写像 $\varphi: V \longrightarrow V'$ が与えられ $W \subset \varphi^{-1}(0)$ であるとすれば，明らかに

$$x \equiv y \pmod W \implies \varphi(x) = \varphi(y),$$

よって $\varphi(x)$ は $[x]$ のみによって定まる．これを $\bar{\varphi}([x])$ とおけば，$\bar{\varphi}$ は V/W から V' の中への一次写像になる．特に $W = \varphi^{-1}(0)$ のとき，$\bar{\varphi}$ は明らかに一対一になるから標準的同型

(12) $$V/\varphi^{-1}(0) \cong \varphi(V)$$

を得る．((12) により，III, §4, 定理 7 が (11) と同値であることがわかる．)

次に $f \in W^\perp \subset V^*$ とすれば，$W \subset f^{-1}(0)$ であることから上記により $\bar{f}$ は V/W 上の一次函数になる．すなわち $\bar{f} \in (V/W)^*$．対応 $f \longrightarrow \bar{f}$ は明らかに $W^\perp$ から $(V/W)^*$ の中への一次写像であるが，$W^\perp$ の底 $(f_{r+1}, \cdots, f_n)$ の像 $(\bar{f}_{r+1}, \cdots, \bar{f}_n)$ は V/W の底 $([e_{r+1}], \cdots, [e_n])$ の双対底になっている．よってこの対応は同型である：

(13) $$W^\perp \cong (V/W)^*.$$

これも標準的同型であるから，$W^\perp = (V/W)^*$ と一致させることができる．V, W をそれぞれ $V^*, W^\perp$ でおきかえ (5) および (10) を使えば (13) と双対的な関係

(13′) $$V^*/W^\perp \cong W^*$$

が得られる．

問 2 (13′) の証明を記述せよ．またこの同型の直接の意味を考えよ．

1.3 双対写像

(I, §6 参照.) V, V' をそれぞれ n 次元, m 次元のベクトル空間, φ を V から V' の中への一次写像とする. V^*, V'^* をそれぞれ V, V' の双対空間とすれば, 次のようにして V'^* から V^* の中への一次写像 ${}^t\varphi$ が定義される. それを φ の**双対写像**という. すなわち, $f \in V'^*$ に対して ${}^t\varphi(f) = f\circ\varphi$ (ただし $\circ$ は二つの写像の合成を表わす : $(f\circ\varphi)(x) = f(\varphi(x))$) とおけば, それは V 上の一次函数になるから $\in V^*$. また定義から明らかに

$$\begin{aligned} {}^t\varphi(f+g) &= (f+g)\circ\varphi = f\circ\varphi + g\circ\varphi \\ &= {}^t\varphi(f) + {}^t\varphi(g), \\ {}^t\varphi(\alpha f) &= (\alpha f)\circ\varphi = \alpha\cdot f\circ\varphi \\ &= \alpha\cdot{}^t\varphi(f). \end{aligned}$$

よって ${}^t\varphi$ は V'^* から V^* の中への一次写像になる. ${}^t\varphi$ の定義を, V と V^*, V' と V'^* の双対性を表わす内積を使って表わせば

$$\langle f, \varphi(x)\rangle = \langle {}^t\varphi(f), x\rangle \qquad (x \in V,\ f \in V'^*) \tag{14}$$

となる. (すなわち, ${}^t\varphi$ は φ の '共役' である.) V, V^* および V', V'^* の互に双対的な底 (e_i), (f_i) ; (e_i'), (f_i') をとり, φ の (e_i), (e_i') に関する行列を A とすれば, ${}^t\varphi$ の (f_i'), (f_i) に関するそれは転置行列 ${}^tA$ で与えられる.

さて ${}^{tt}\varphi = {}^t({}^t\varphi)$ は $V = V^{**}$ から $V' = V'^{**}$ の中への一次写像であるが, 上の定義式 (14) から明らかなように ${}^{tt}\varphi = \varphi$ である. また

$$ {}^t\varphi(V'^*) = (\varphi^{-1}(0))^{\perp}, \tag{15}$$

$$ ({}^t\varphi)^{-1}(0) = (\varphi(V))^{\perp} \tag{15'}$$

が成立する.

問3 (15), (15′) を証明せよ.

(9), (15) および III, §4, 定理 7 によって

$$\begin{aligned} \mathrm{rank}\,{}^t\varphi &= \dim {}^t\varphi(V'^*) = n - \dim \varphi^{-1}(0) \\ &= \dim \varphi(V) = \mathrm{rank}\,\varphi. \end{aligned}$$

すなわち, III, §4, 定理 9 を得る. 特に

$$\begin{aligned} [\varphi \text{ が } V' \text{ の上への写像}] &\iff \mathrm{rank}\,\varphi = \mathrm{rank}\,{}^t\varphi = m \\ &\iff [{}^t\varphi \text{ が一対一の写像}], \\ [\varphi \text{ が一対一の写像}] &\iff \mathrm{rank}\,\varphi = \mathrm{rank}\,{}^t\varphi = n \\ &\iff [{}^t\varphi \text{ が } V^* \text{ の上への写像}]. \end{aligned}$$

問4 上と同じ記号の下に, W を V の部分空間とすれば

$$\varphi(W)^{\perp} = ({}^t\varphi)^{-1}(W^{\perp}) \ (= \{f' \in V'^* \, ; \, {}^t\varphi(f') \in W^{\perp}\})$$

となることを証明せよ．またこの式から，V' の部分空間 W' に対し

$$(\varphi^{-1}(W'))^{\perp} = {}^t\varphi(W'^{\perp})$$

となることを導け．

1.4 双一次形式

（I, §6 参照．）V, V' をそれぞれ n, m 次元ベクトル空間とし，B を V, V' 上の双一次形式，すなわち‘直積空間’ $V \times V'$ から K への写像で次の条件を満たすものとする*)．

$$(16) \quad \begin{cases} B(x+y, x') = B(x, x') + B(y, x'), \\ B(x, x'+y') = B(x, x') + B(x, y'), \\ B(\alpha x, x') = B(x, \alpha x') = \alpha \cdot B(x, x') \qquad (x, y \in V, \ \ x', y' \in V'). \end{cases}$$

$(e_1, \cdots, e_n)$，$(e_1', \cdots, e_m')$ をそれぞれ V, V' の底とし

$$x \in V, \qquad x = \sum_{i=1}^{n} \xi_i e_i, \qquad \xi_i \in K,$$

$$x' \in V', \qquad x' = \sum_{j=1}^{m} \xi_j' e_j', \qquad \xi_j' \in K$$

とすれば

$$B(x, x') = \sum_{i,j} \xi_i \xi_j' B(e_i, e_j').$$

よって B は (n, m) 行列 $(B(e_i, e_j'))$ によって一意的に定まる．これを底 (e_i)，(e_j') に関する B の行列という．

V, V' 上の双一次形式 B が与えられたとき

$$B_{x'}(x) = B(x, x') \qquad (x \in V, \ \ x' \in V')$$

とおけば，任意の $x' \in V'$ に対し，$B_{x'}$ は V 上の一つの一次函数になる．さらに写像

$$(17) \qquad V' \ni x' \longrightarrow B_{x'} \in V^*$$

は V' から V^* の中への一次写像になる．実際，(16) から

$$\begin{aligned} B_{x'+y'}(x) &= B(x, x'+y') = B(x, x') + B(x, y') \\ &= B_{x'}(x) + B_{y'}(x) = (B_{x'} + B_{y'})(x), \\ B_{\alpha x'}(x) &= B(x, \alpha x') = \alpha \cdot B(x, x') \\ &= \alpha \cdot B_{x'}(x) = (\alpha B_{x'})(x). \end{aligned}$$

---

*) 一般に二つの集合 M，N に対し，その‘直積’を $M \times N = \{(x, y) \, ; \, x \in M, \ \ y \in N\}$ によって定義する．

簡単のため (17) によって定義される写像を同じ文字 B で表わせば

$$(18)\qquad B(x, x') = \langle x, Bx' \rangle = \langle {}^tBx, x' \rangle \qquad (x \in V,\ x' \in V')$$

とかくことができる．(e_i) の双対底を (f_i) とすれば，底 (e_j')，(f_i) に関する一次写像 B の行列は双一次形式 B の行列 $(B(e_i, e_j'))$ に他ならない．

例 2　特に $V = V'$ のとき，(18) から明らかなように次の三つの条件は互に同値である．

1) 双一次形式 B が‘対称’，すなわち $B(x, y) = B(y, x)$ $(x, y \in V)$．

2) 一次写像 B が‘自己共役’，すなわち $B = {}^tB$．

3) 行列 $(B(e_i, e_j))$ が‘対称’，すなわち $B(e_i, e_j) = B(e_j, e_i)$ $(1 \leqq i, j \leqq n)$．

さて，V, V' 上の双一次形式 B は次の二つの条件を満たすとき，**非退化** (non-degenerate) という．

(B1)　すべての $x' \in V'$ に対し $B(x, x') = 0$ ならば，$x = 0$．

(B1′)　すべての $x \in V$ に対し $B(x, x') = 0$ ならば，$x' = 0$．

定理 3　V, V' をそれぞれ n, m 次元のベクトル空間とする．V, V' 上の双一次形式 B が非退化であるためには，対応する一次写像 $B: V' \longrightarrow V^*$ が同型であることが必要十分である．特に，V, V' 上に非退化双一次形式が存在すれば $n = m$ である．

証　まず条件 (B1′) を仮定すれば，対応する一次写像 B に関して

$$\begin{aligned} Bx' = 0 &\Longrightarrow B(x, x') = \langle x, Bx' \rangle = 0 \quad \text{for all } x \in V \\ &\Longrightarrow x' = 0. \end{aligned}$$

従って写像 B は一対一である．この逆も明らかに成立するから

$$\text{(B1′)} \Longleftrightarrow [\text{写像 } B \text{ が一対一}].$$

同様にして

$$\begin{aligned} \text{(B1)} &\Longleftrightarrow [\text{写像 } {}^tB \text{ が一対一}]. \\ &\Longleftrightarrow [\text{写像 } B \text{ が } V^* \text{ の上への写像}]. \end{aligned}$$

よって条件 (B1)，(B1′) は写像 B が同型であることと同値である．(証終)

注意　はじめから $n = m$ と仮定した場合には，III, §4 に述べたことにより

$$\text{(B1)} \Longleftrightarrow \text{(B1′)} \Longleftrightarrow \det(B(e_i, e_j')) \neq 0.$$

従って B が非退化であるためには条件 (B1)，(B1′) の中の一つが成立すれば十分である．

$V \times V'$ 上に非退化双一次形式 B が存在するとき，同型 $B: V' \longrightarrow V^*$ により V' を V の双対空間 V^* と一致させることができる．そのとき，V, V' は内積 B に

関して互に双対的であるという．特に $V = V'$，${}^tB = B$ のとき，V は内積 B に関して‘自己双対的’であるという．

例 3　§1.1 に述べた V と V^* の双対性を定義する内積 $\langle\ \ \rangle$ は非退化である．この場合対応する一次写像は V^* の恒等写像に他ならない．

例 4　$K = \boldsymbol{R}$ のとき，III, §6 に述べた条件（III）を満たす内積（　）は非退化であり，従って V はこの内積に関して自己双対的になる．

問 5　$V \times V$ 上に非退化対称双一次形式 B が与えられているとする．V の部分空間 W は条件 $W \subset W^\perp$ を満たすとき‘totally isotropic’であるという．totally isotropic な部分空間 W に対し，totally isotropic な部分空間 W' で，かつ B の $W \times W'$ への制限が非退化になるようなものが必ず存在することを示せ．ただし K において $1 + 1 \neq 0$ と仮定する．（このとき，$\dim W = \dim W'$，$W \cap W' = \{0\}$.）（IV, 研究課題 1 参照.）

注意　一般に $V \times V'$ 上の双一次形式 B が非退化でないとき

$$V_0 = \{x \in V\ ;\ B(x, x') = 0 \quad \text{for all } x' \in V'\},$$

$$V_0' = \{x' \in V'\ ;\ B(x, x') = 0 \quad \text{for all } x \in V\}$$

とおけば，(17) の写像 B に対し

$$B^{-1}(0) = V_0', \qquad B(V')^\perp = V_0.$$

よって B は同型 $V'/V_0' \cong V_0{}^\perp$ をひき起す．$V_0{}^\perp = (V/V_0)^*$ であるから，V/V_0 と V'/V_0' とが互に双対的になる．

§2　テンソル積

2.1　テンソル積の定義 *)

V, W, T を K 上のベクトル空間，$\dim V = n$，$\dim W = m$ とする．双一次写像（すなわち条件 (16) と同じ条件を満たす写像）$\Phi: V \times W \longrightarrow T$ に関して次の条件を考えよう．

(T1)　$x_1, \cdots, x_r \in V$ が一次独立ならば，$y_1, \cdots, y_r \in W$ に対して

$$\sum_{i=1}^{r} \Phi(x_i, y_i) = 0 \Longrightarrow y_i = 0 \qquad (1 \leqq i \leqq r).$$

(T1′)　$y_1, \cdots, y_r \in W$ が一次独立ならば，$x_1, \cdots, x_r \in V$ に対して

$$\sum_{i=1}^{r} \Phi(x_i, y_i) = 0 \Longrightarrow x_i = 0 \qquad (1 \leqq i \leqq r).$$

(T2)　T は $\Phi(x, y)$ $(x \in V,\ y \in W)$ によって生成される．

補題　双一次写像 $\Phi: V \times W \longrightarrow T$ に対し条件 (T1), (T2)（または (T1′), (T2)）が成立するためには，(e_i) $(1 \leqq i \leqq n)$，(f_j) $(1 \leqq j \leqq m)$ をそれぞれ V,

---

*) テンソル積のより一般的な定義については [3], [9] 等を参照.

Wの底とするとき，$(\Phi(e_i, f_j))$（$1 \leqq i \leqq n$, $1 \leqq j \leqq m$）がTの底になることが必要十分である．

証　1° 十分．$(\Phi(e_i, f_j))$がTの底になれば（T2）は明白．今

$$x_k \in V, \quad x_k = \sum_{i=1}^{n} \xi_{ik} e_i,$$

$$y_k \in W, \quad y_k = \sum_{j=1}^{m} \eta_{jk} f_j \quad (1 \leqq k \leqq r)$$

とおく．$x_1, \cdots, x_r$とが一次独立ならば，対応する数ベクトル$(\xi_{1k}, \cdots, \xi_{nk})$（$1 \leqq k \leqq r$）も一次独立である．よって

$$\begin{aligned}
\sum_k \Phi(x_k, y_k) = 0 &\Longrightarrow \sum_{i,j,k} \xi_{ik}\eta_{jk}\Phi(e_i, f_j) = 0 \\
&\Longrightarrow \sum_k \xi_{ik}\eta_{jk} = 0 \quad \text{for all } i, j \\
&\Longrightarrow \eta_{jk} = 0 \quad \text{for all } j, k \\
&\Longrightarrow y_k = 0 \quad \text{for all } k.
\end{aligned}$$

よって（T1）が成立する．同様に（T1′）も成立する．

2° 必要．逆に（T1），（T2）が成立すれば，Tが$\Phi(e_i, f_j)$（$1 \leqq i \leqq n$, $1 \leqq j \leqq m$）によってK上で生成されることは明らか．よってそれらが一次独立であることをいえばよい．

$$\sum_{i,j} \xi_{ij}\Phi(e_i, f_j) = 0, \quad \xi_{ij} \in K$$

のとき，$y_i = \sum_j \xi_{ij} f_j$とおけば

$$\sum_{i=1}^{n} \Phi(e_i, y_i) = 0.$$

(e_i)は一次独立であるから（T1）により$y_i = 0$，よって$\xi_{ij} = 0$（$1 \leqq i \leqq n$, $1 \leqq j \leqq m$）．（T1′），（T2）を仮定した場合も同様である．（証終）

定理４　与えられたV, Wに対し，条件（T1），（T1′），（T2）を満たすベクトル空間Tと双一次写像$\Phi : V \times W \longrightarrow T$は必ず存在する．しかもそのような$(T, \Phi)$は次の意味で‘普遍的’（universal）である．すなわち任意のベクトル空間T'と双一次写像$\Phi' : V \times W \longrightarrow T'$に対し，条件

(19)　　$$\Phi'(x, y) = \rho(\Phi(x, y)) \quad (x \in V,\ y \in W)$$

を満たすような一次写像$\rho : T \longrightarrow T'$が一意的に定まる．

証　1° 存在．Tを任意のnm次元ベクトル空間，(e_{ij})（$1 \leqq i \leqq n$, $1 \leqq j \leqq m$）をその一つの底とする．(e_i)（$1 \leqq i \leqq n$），(f_j)（$1 \leqq j \leqq m$）をV, Wの底とし

$$x \in V, \quad x = \sum_i \xi_i e_i, \quad \xi_i \in K,$$

$$y \in W, \quad y = \sum_j \eta_j f_j, \quad \eta_j \in K$$

に対し

$$(*) \qquad \Phi(x, y) = \sum_{i,j} \xi_i \eta_j e_{ij}$$

とおけば，双一次写像 $\Phi: V \times W \longrightarrow T$ が定義される．上の補題によりこの (T, Φ) は条件（T1），（T1′），（T2）を満たす．逆にこれらの条件を満たす (T, Φ) はすべてこのようにして得られる．

2° 普遍性．任意の双一次写像 $\Phi': V \times W \longrightarrow T'$ が与えられたとき，一次写像 $\rho: T \longrightarrow T'$ を

$$(**) \qquad \rho(\sum_{i,j} \xi_{ij} e_{ij}) = \sum \xi_{ij} \Phi'(e_i, f_j)$$

によって定義すれば，（＊），（＊＊）から明らかに

$$\begin{aligned}\rho(\Phi(x, y)) &= \rho(\sum \xi_i \eta_j e_{ij}) \\ &= \sum \xi_i \eta_j \Phi'(e_i, f_j) \\ &= \Phi'(x, y).\end{aligned}$$

よって（19）が成立する．逆に（19）を満たす一次写像 ρ があれば

$$\rho(e_{ij}) = \rho(\Phi(e_i, f_j)) = \Phi'(e_i, f_j)$$

であるから（＊＊）が成立する．よって ρ は一意的に定まる．（証終）

定理 4 の普遍性から (T, Φ) の一意性がでる．すなわち（T1），（T2）（または（T1′），（T2））を満たす二つの双一次写像

$$\Phi: V \times W \longrightarrow T,$$

$$\Phi': V \times W \longrightarrow T'$$

があれば，上の定理により（19）を満たす一次写像

$$\rho: T \longrightarrow T'$$

が一意的に存在する．同様に

$$(19') \qquad \Phi(x, y) = \rho'(\Phi'(x, y)) \qquad (x \in V,\ y \in W)$$

を満たす一次写像

$$\rho': T' \longrightarrow T$$

も一意的に存在する．（19），（19′）から

$$\rho'(\rho(\Phi(x, y))) = \rho'(\Phi'(x, y)) = \Phi(x, y).$$

$T = \{\Phi(x, y)(x \in V,\ y \in W)\}_K$ であるから

$$\rho'\circ\rho = 1_T.$$

ここに 1_T は T の恒等写像を表わす．同様にして

$$\rho\circ\rho' = 1_{T'}.$$

よって ρ は T から T' の上への一対一写像となり，$\rho' = \rho^{-1}$．従って $T \cong T'$．ここで T と T' とが単にベクトル空間として同型になるばかりではなく，(19) を満たす同型 ρ が一意的に存在することが重要である．この意味で T と Φ の組 (T, Φ) が同型を除いて一意的に定まるのである．よって今与えられた V, W に対し (T1), (T2) を満たす組 (T, Φ) を一つ対応させ，それを V, W の**テンソル積**（または Kronecker 積）といい，記号

$$T = V \otimes W, \qquad \Phi(x, y) = x \otimes y \qquad (x \in V,\ y \in W)$$

で表わす.（特に K を明記する必要があれば，$V \otimes_K W$ とかく.）上の補題から明らかに

$$\dim V \otimes W = n \cdot m$$

であるが，$T = V \otimes W$ とかいたとき，T は単に nm 次元ベクトル空間ではなく，(T1)，(T2) を満たす双一次写像

$$V \times W \ni (x, y) \longrightarrow x \otimes y \in T$$

が与えられているベクトル空間と考えるのである．

注意 補題の証明からわかるように

$$\text{(T1)} \Longleftrightarrow \text{(T1}'\text{)} \Longleftrightarrow [\Phi(e_i, f_j)\ (1 \leqq i \leqq n,\ 1 \leqq j \leqq m) \text{ が一次独立}],$$

$$\text{(T2)} \Longleftrightarrow [T = \{\Phi(e_i, f_j)\ (1 \leqq i \leqq n,\ 1 \leqq j \leqq m)\}_K].$$

よって，はじめから $\dim T = nm$ である場合には，(T, Φ) が V, W のテンソル積になるために (T1), (T1′), (T2) のいずれか一つが成立することが必要十分である．

2.2 一次写像の空間

V, V' をそれぞれ n, n' 次元のベクトル空間とし，V から V' の中への一次写像全体の作るベクトル空間を $\mathscr{L}(V, V')$ で表わす.（写像の空間における和，スカラー倍は §1, (1) と同様に定義する.）$f \in V^*$，$x' \in V'$ に対し，V から V' への一次写像

(20) $$\phi_{x', f} : V \ni x \longrightarrow \langle f, x\rangle x' \in V'$$

が定義される．対応

$$V' \times V^* \ni (x', f) \longrightarrow \phi_{x', f} \in \mathscr{L}(V, V')$$

は明らかに双一次的であるが，条件 (T1)，(T2) を満たす．実際，$(e_i), (e_j')$ を V, V' の底，(f_i) を (e_i) の双対底とすれば

$$\phi_{e_j', f_i}(e_k) = \langle f_i, e_k \rangle e_j' = \delta_{ik} e_j'.$$

よって底 (e_k), (e_l') に関する ϕ_{e_j', f_i} の行列の (l, k) 成分は $\delta_{ik}\delta_{jl}$ である．すなわちそれは行列単位 E_{ji} (I, §2) であって，(n', n) 行列全体の作るベクトル空間の底になる．よって (ϕ_{e_j', f_i}) $(1 \leqq i \leqq n,\ 1 \leqq j \leqq n')$ は $\mathscr{L}(V, V')$ の底になる．よって (T1), (T2) が成立する．ゆえに標準的な同型

(21) $$\mathscr{L}(V, V') \cong V' \otimes V^*$$

が得られた．(対応は $\phi_{x', f} \longleftrightarrow x' \otimes f$ によって与えられる．)

問 1 上記の対応 $(x', f) \longrightarrow \phi_{x', f}$ に対して条件 (T1) が成立することを直接に証明せよ．

問 2 次の関係式を証明せよ．

1) ${}^t\phi_{x', f} = \phi_{f, x'}$,

2) $\phi_{x'', f'} \circ \phi_{x', f} = \langle f', x' \rangle \phi_{x'', f}$,

3) $\mathrm{tr}(\phi_{x, f}) = \langle f, x \rangle$.

ただし $x \in V$, $f \in V^*$, $x' \in V'$, $f' \in V'^*$, $x'' \in V''$. V'' も任意の有限次元ベクトル空間である．

例 1 V, V', W, W' をそれぞれ n, n', m, m' 次元のベクトル空間とし

$$T = V \otimes W, \qquad T' = V' \otimes W'$$

とおく．一次写像

$$\varphi : V \longrightarrow V', \qquad \psi : W \longrightarrow W'$$

が与えられたとき

$$\Phi'(x, y) = \varphi(x) \otimes \psi(y)$$

とおけば，Φ' は明らかに $V \times W$ から T' の中への双一次写像になる．よって定理 4 により

(22) $$\rho(x \otimes y) = \Phi'(x, y) = \varphi(x) \otimes \psi(y)$$

となるような一次写像 $\rho : T \longrightarrow T'$ が一意的に定まる．これを $\rho = \rho_{\varphi, \psi}$ とかく．対応

$$\mathscr{L}(V, V') \times \mathscr{L}(W, W') \ni (\varphi, \psi) \longrightarrow \rho_{\varphi, \psi} \in \mathscr{L}(V \otimes W, V' \otimes W')$$

は双一次写像であるが，条件 (T1), (T2) を満たす．実際，(e_i), (e_j'), (f_k), (f_l') をそれぞれ V, V', W, W' の底とすれば，$(e_i \otimes f_k)$, $(e_j' \otimes f_l')$ は T, T' の底になる．上に述べたように

$$\varphi_{ji}(e_g) = \delta_{ig} e_j', \qquad \psi_{lk}(f_h) = \delta_{kh} f_l'$$

によって定義される (φ_{ji}) $(1 \leqq i \leqq n,\ 1 \leqq j \leqq n')$, (ψ_{lk}) $(1 \leqq k \leqq m,\ 1 \leqq l \leqq m')$ がそれぞれ $\mathscr{L}(V, V')$, $\mathscr{L}(W, W')$ の底になる．定義により

$$\rho_{\varphi_{ji},\psi_{lk}}(e_g \otimes f_h) = \delta_{ig}\delta_{kh}e_j' \otimes f_l' = \delta_{(i,k),(g,h)}e_j' \otimes f_l'.$$

よって $(\rho_{\varphi_{ji},\psi_{lk}})$ が $\mathcal{L}(T, T')$ の底になる．——よって $\rho_{\varphi,\psi} = \varphi \otimes \psi$ とおくことにより

(23)　$$\mathcal{L}(V, V') \otimes \mathcal{L}(W, W') = \mathcal{L}(V \otimes W, V' \otimes W')$$

とみなすことができる．この記法によれば (22) は

(24)　$$(\varphi \otimes \psi)(x \otimes y) = \varphi(x) \otimes \psi(y)$$

となる．

φ, ψ の底 (e_i)，(e_j')，(f_k)，(f_l') に関する行列をそれぞれ $A = (\alpha_{ji})$，$B = (\beta_{lk})$ とすれば，底 $(e_i \otimes f_k)$，$(e_j' \otimes f_l')$ に関する $\varphi \otimes \psi$ の行列は $(j, l\,;\, i, k)$ 成分が $\alpha_{ji}\beta_{lk}$ であるような $(n'm', nm)$ 行列である．これを (n', n) 行列 A と (m', m) 行列 B の**テンソル積**（または Kronecker 積）といい，$A \otimes B$ で表わす．

例 2　例 1 において特に $V' = W' = K$ とおけば，$K \otimes K = K$ $(\xi \otimes \eta = \xi\eta)$ とすることができるから，(23)，(24) の特別な場合として

(25)　$$(V \otimes W)^* = V^* \otimes W^*,$$

(26)　$$\langle f \otimes g, x \otimes y \rangle = \langle f, x \rangle \cdot \langle g, y \rangle$$

$$(x \in V,\ f \in V^*,\ y \in W,\ g \in W^*)$$

を得る．

問 3　$n' = n$，$m' = m$ のとき，$\det(A \otimes B)$ を $\det(A)$，$\det(B)$ で表わせ．

問 4　次の関係式を証明せよ．

$$\phi_{x',f} \otimes \phi_{y',g} = \phi_{x' \otimes y', f \otimes g} \qquad (f \in V^*,\ x' \in V',\ g \in W^*,\ y' \in W').$$

問 5　$\mathcal{L}(V, V')$ と $\mathcal{L}(V^*, V'^*)$ とは内積

$$\langle \varphi, \psi \rangle = \mathrm{tr}({}^t\psi \circ \varphi) = \mathrm{tr}({}^t\varphi \circ \psi) \qquad (\varphi \in \mathcal{L}(V, V'),\ \psi \in \mathcal{L}(V^*, V'^*))$$

に関して互に双対的である（すなわち互に他の双対空間とみなすことができる）ことを証明せよ．

注意　(21) の特別な場合として二つの標準的同型

$$V \cong \mathcal{L}(K, V), \qquad V \cong \mathcal{L}(V^*, K)$$

を得る．第二の同型によって $x \in V$ に対応する一次写像は

$$\phi_x : V^* \ni f \longrightarrow \langle f, x \rangle \in K$$

であり，第一の同型によって $x \in V$ に対応するのはその双対写像

$${}^t\phi_x : K \ni \xi \longrightarrow \xi x \in V$$

である．§1 においては x と ϕ_x とを同一視して考えたが，本書の記法ではむしろ x を ${}^t\phi_x$ と同一視した方が自然である．(これは $x \in V$ を成分で表わすとき縦ベクトルとしてかくことに対応する．) x を ${}^t\phi_x$ と同一視するときには，$\phi_x = {}^tx$ とかく．(従って $f \in V^*$ もそれを $\mathcal{L}(V, K)$ の元と考えるときには ${}^tf$ とかく．) このような記法によれば

$$\phi_{x',f} = x' \circ {}^tf \qquad (x' \in V',\ f \in V^*),$$

また $x \in V$, $f \in V^*$ に対して $\langle f, x\rangle = {}^t f \circ x$ である．これらによって問 2 の関係式はいずれも合成写像，双対写像，トレイスに関する周知の関係式に帰着される．

2.3　三個以上の空間のテンソル積と重一次写像

テンソル積はベクトル空間の間の一種の乗法であるが，これに関して次のような法則が成立する．

(27)
$$V \otimes W \cong W \otimes V \quad (x \otimes y \longleftrightarrow y \otimes x),$$
（交換の法則）

(28)
$$(V \otimes W) \otimes U \cong V \otimes (W \otimes U) \quad ((x \otimes y) \otimes z \longleftrightarrow x \otimes (y \otimes z)),$$
（結合の法則）

(29)
$$V \otimes K \cong K \otimes V \cong V \quad (x \otimes \xi \longleftrightarrow \xi \otimes x \longleftrightarrow \xi x).$$

これらの同型はいずれも標準的であり，定理 4 を適当に使うことによって証明される．詳細は読者の練習に委ねる．

われわれは以後（28）の同型を一致させ

$$V \otimes W \otimes U = (V \otimes W) \otimes U = V \otimes (W \otimes U)$$

によって三個のベクトル空間のテンソル積を定義する．一般に s 個のベクトル空間 $V_1, \cdots, V_s$ が与えられたとき，そのテンソル積は括弧のつけ方に関係なく定まることが（(28) から出発して帰納的に）証明される．よってその結果を単に

$$\bigotimes_{i=1}^{s} V_i = V_1 \otimes \cdots \otimes V_s$$

によって表わす．定義により $V_1 \times \cdots \times V_s$ から $\bigotimes_{i=1}^{s} V_i$ の中への写像 $(x_1, \cdots, x_s) \longrightarrow x_1 \otimes \cdots \otimes x_s$ が存在し，それに関して次の帰納式が成立する．

(30)
$$V_1 \otimes \cdots \otimes V_s = (V_1 \otimes \cdots \otimes V_{s-1}) \otimes V_s,$$
$$x_1 \otimes \cdots \otimes x_s = (x_1 \otimes \cdots \otimes x_{s-1}) \otimes x_s \qquad (x_i \in V_i)$$

注意　上に列記した同型のうち（27）の同型は一致させないでおく．もしそれを一致させてしまうと $V = W$ のとき混乱が生じるであろう．

さて一般にベクトル空間 $V_1, \cdots, V_s, W$ が与えられたとき，直積空間 $V_1 \times \cdots \times V_s$ から W の中への写像 Φ で，$\Phi(x_1, \cdots, x_s)$ $(x_i \in V_i)$ がどの変数 x_i についても線型であるようなものを**重一次写像**（multilinear mapping）という．($s = 2$ の場合が双一次写像である．) 上記テンソル積 $x_1 \otimes \cdots \otimes x_s$ は一つの重一次写像であるが，$s \geqq 3$ の場合にも，それは定理 4 と同様の意味で普遍的である．すなわち

定理 5 任意の重一次写像

$$\Phi: V_1 \times \cdots \times V_s \longrightarrow W$$

に対し，一次写像

$$\rho: V_1 \otimes \cdots \otimes V_s \longrightarrow W$$

で条件

$$\rho(x_1 \otimes \cdots \otimes x_s) = \Phi(x_1, \cdots, x_s) \quad (x_i \in V_i) \tag{31}$$

を満たすようなものが一意的に存在する．

証 $V_1 \otimes \cdots \otimes V_s$ は $\{x_1 \otimes \cdots \otimes x_s\ (x_i \in V_i)\}$ によって生成されるから，ρ の一意性は明らかである．ρ の存在を s に関する帰納法で証明する．$s=1$ のときは自明，$s=2$ のときは既知であるから，$s \geqq 3$ とし $s-1$ の場合の存在を仮定する．今

$$\Phi_{x_s}(x_1, \cdots, x_{s-1}) = \Phi(x_1, \cdots, x_s) \quad (x_i \in V_i)$$

とおけば，任意の $x_s \in V_s$ に対して重一次写像

$$\Phi_{x_s}: V_1 \times \cdots \times V_{s-1} \longrightarrow W$$

が得られる．帰納法の仮定により，一次写像

$$\rho_{x_s}: V_1 \otimes \cdots \otimes V_{s-1} \longrightarrow W$$

で条件

$$\rho_{x_s}(x_1 \otimes \cdots \otimes x_{s-1}) = \Phi_{x_s}(x_1, \cdots, x_{s-1})$$

を満たすものが存在する．今，$U = V_1 \otimes \cdots \otimes V_{s-1}$ とし

$$\Psi(u, x_s) = \rho_{x_s}(u) \quad (u \in U,\ x_s \in V_s)$$

とおけば，Ψ は容易にわかるように $U \times V_s$ から W の中への双一次写像である．（x_s に関して線型であることは ρ_{x_s} の一意性から出る．）よって定理 4（$s=2$ の場合）により，一次写像

$$\rho: U \otimes V_s \longrightarrow W$$

で条件

$$\rho(u \otimes x_s) = \Psi(u, x_s)$$

を満たすものが存在する．(30) により

$$V_1 \otimes \cdots \otimes V_s = (V_1 \otimes \cdots \otimes V_{s-1}) \otimes V_s = U \otimes V_s$$

であって

$$\begin{aligned} \rho(x_1 \otimes \cdots \otimes x_{s-1} \otimes x_s) &= \rho((x_1 \otimes \cdots \otimes x_{s-1}) \otimes x_s) \\ &= \rho_{x_s}(x_1 \otimes \cdots \otimes x_{s-1}) \\ &= \Phi_{x_s}(x_1, \cdots, x_{s-1}) \end{aligned}$$

$$= \Phi(x_1, \cdots, x_{s-1}, x_s).$$

よって（31）を満足する ρ の存在が証明された.（証終）

$V_1 \times \cdots \times V_s$ から W の中への重一次写像全体の集合は自然な演算（写像としての和，スカラー倍）に関してベクトル空間になる．それを $\mathscr{L}(V_1, \cdots, V_s; W)$ で表わす．$\rho \in \mathscr{L}(V_1 \otimes \cdots \otimes V_s, W)$ に対して（31）によって定義される $\Phi \in \mathscr{L}(V_1, \cdots, V_s; W)$ を対応させれば，写像 $\rho \longrightarrow \Phi$ は明らかに線型であるが，定理5によりそれは $\mathscr{L}(V_1 \otimes \cdots \otimes V_s, W)$ から $\mathscr{L}(V_1, \cdots, V_s; W)$ の上への一対一写像になる．よって標準的同型

(32)
$$\mathscr{L}(V_1, \cdots, V_s; W) \cong \mathscr{L}(V_1 \otimes \cdots \otimes V_s, W)$$

が得られる．(21)，(25) によりこの右辺はさらに

$$\cong W \otimes (V_1 \otimes \cdots \otimes V_s)^*$$
$$= W \otimes V_1^* \otimes \cdots \otimes V_s^*$$

であるから，標準的同型

(33)
$$\mathscr{L}(V_1, \cdots, V_s; W) \cong W \otimes V_1^* \otimes \cdots \otimes V_s^*$$

が得られた．定義から明らかなようにこの同型対応は

$$\Phi \longleftrightarrow y \otimes f_1 \otimes \cdots \otimes f_s \iff \Phi(x_1, \cdots, x_s) = \Big(\prod_{i=1}^{s} \langle f_i, x_i \rangle\Big) y$$
$$(x_i \in V_i,\ \ f_i \in V_i^*,\ \ y \in W)$$

によって与えられる．特に $W = K$ のとき

(34)
$$\mathscr{L}(V_1, \cdots, V_s; K) \cong V_1^* \otimes \cdots \otimes V_s^*.$$

よってテンソル積 $V_1^* \otimes \cdots \otimes V_s^*$ を $V_1 \times \cdots \times V_s$ 上の重一次函数全体の空間として定義することも可能である．また

$$\mathscr{L}(V, V'; K) \cong V^* \otimes V'^* \cong \mathscr{L}(V', V^*).$$

これが§1.4で説明した双一次形式と一次写像の対応である．

2.4　直和の構成

この機会にベクトル空間の間の‘加法’に相当する直和について説明しよう．与えられたベクトル空間を二つ（またはそれ以上）の部分空間の直和に分解することについてはIII, §2に述べた．ここでは逆に与えられた二つ（またはそれ以上）のベクトル空間からその直和を構成することを考える．

まず二つのベクトル空間 V, W が与えられたとき，その直積空間

$$V \times W = \{(x, y) ; x \in V,\ \ y \in W\}$$

を作り，和およびスカラー倍を

$$(35)\quad \begin{gathered}(x, y)+(x', y')=(x+x', y+y'),\\ \alpha(x, y)=(\alpha x, \alpha y) \qquad (x, x' \in V,\ \ y, y' \in W,\ \ \alpha \in K)\end{gathered}$$

によって定義すれば一つのベクトル空間が得られる．それを V, W の**直和**といい，$V \oplus W$ で表わす．($V \oplus W$ の元に対して (x, y) のかわりに $x \oplus y$ とかくことがある．)

今

$$V_0=\{(x, 0)\ ;\ x \in V\},$$
$$W_0=\{(0, y)\ ;\ y \in W\}$$

とおけば，明らかに V_0, W_0 は $V \oplus W$ の部分空間で，

$$\begin{gathered}V \cong V_0, \qquad W \cong W_0.\\ (x \longleftrightarrow (x, 0)) \quad (y \longleftrightarrow (0, y))\end{gathered}$$

また

$$V \oplus W=V_0+W_0, \qquad V_0 \cap W_0=\{0\}.$$

よって $V \oplus W$ は III, §2 の意味で部分空間 V_0, W_0 の直和に分解される．従って特に

$$\dim(V \oplus W)=\dim V+\dim W$$

である．多くの場合，V と V_0，W と W_0 をその自然な対応によって一致させ $V, W \subset V \oplus W$ と考える．従って記号 $\oplus$ を直和分解の場合にも流用することがある．

直和およびテンソル積について次の諸法則はいずれも容易に証明される．

(36) $$V \oplus W \cong W \oplus V,$$ （交換の法則）

(37) $$(V \oplus W) \oplus U \cong V \oplus(W \oplus U),$$ （結合の法則）

(38) $$V \oplus\{0\} \cong\{0\} \oplus V \cong V,$$

(39) $$(V \oplus W)^* \cong V^* \oplus W^*,$$

(40) $$V \otimes(W_1 \oplus W_2) \cong(V \otimes W_1) \oplus(V \otimes W_2),$$ （左側分配の法則）

(41) $$(V_1 \oplus V_2) \otimes W \cong(V_1 \otimes W) \oplus(V_2 \otimes W).$$ （右側分配の法則）

問6 (40) を証明せよ．

問7 次の同型を証明せよ．

$$\mathscr{L}(V_1 \oplus V_2, W) \cong \mathscr{L}(V_1, W) \oplus \mathscr{L}(V_2, W),$$
$$\mathscr{L}(V, W_1 \oplus W_2) \cong \mathscr{L}(V, W_1) \oplus \mathscr{L}(V, W_2).$$

一般に s 個のベクトル空間 $V_1, \cdots, V_s$ が与えられたとき，その直積空間

$$V_1 \times \cdots \times V_s=\{(x_1, \cdots, x_s)\ ;\ x_i \in V_i\}$$

において，和およびスカラー倍を（35）と同様に成分毎の演算によって定義して得られるベクトル空間を $V_1, \cdots, V_s$ の**直和**といい

$$\bigoplus_{i=1}^{s} V_i = V_1 \oplus \cdots \oplus V_s$$

で表わす．この場合も自然な対応により $V_i \subset \bigoplus_{i=1}^{s} V_i$ と考えれば，$\bigoplus_{i=1}^{s} V_i$ は III, §2 の意味で部分空間 $V_i\ (1 \leqq i \leqq s)$ の直和に分解される．また上記の諸法則（特に結合の法則）は一般に直和の場合に拡張される．

§3 対称テンソルと交代テンソル

3.1 r 階テンソル空間

V を K 上の n 次元ベクトル空間とする．V から出発して二つの操作，双対空間を作ること，テンソル積を作ること，を（有限回）繰返して得られるベクトル空間 T を一般に**テンソル空間**という．法則（5），（25），（28）等により，一般に

(42) $$T = V_1 \otimes \cdots \otimes V_r, \qquad V_1 = V \text{ または } V^*$$

の形に表わすことができる．$V_i = V$ となる因子が p 個，$V_i = V^*$ となる因子が q 個あるとき，T を **p 階反変，q 階共変テンソル空間**といい，$p+q=r$ をその**階数**（または次数）という．また T の元を **r 階のテンソル**という．特に，すべての V_i が $= V$ のとき，T を r 階の**反変テンソル空間**，すべての V_i が $= V^*$ のとき，T を r 階の**共変テンソル空間**という．

r 階のテンソル空間は n^r 次元である．T が（42）の形で与えられているとき，その底を次のように構成することができる．(e_i) を V の任意の底，(f_i) をその双対底とする．V_k の底 $(e_i{}^{(k)})$ を

$$(e_i{}^{(k)}) = \begin{cases} (e_i) & (V_k = V \text{ のとき}) \\ (f_i) & (V_k = V^* \text{ のとき}) \end{cases}$$

によって定義すれば，n^r 個の元

(43) $$\tilde{e}_{i_1 \cdots i_r} = e_{i_1}{}^{(1)} \otimes \cdots \otimes e_{i_r}{}^{(r)} \qquad (i_1, \cdots, i_r = 1, \cdots, n)$$

が T の底になる．これを V の底 (e_i) に対応する T の‘標準底’とよぶことにしよう．(e_i') を V の他の底，$(\tilde{e}'_{i_1 \cdots i_r})$ をそれに対応する T の標準底とする．V の底の変換 $(e_i) \longrightarrow (e_i')$ の行列を $P = (\lambda_{ij})$ とするとき，T の底の変換 $(\tilde{e}_{i_1 \cdots i_r}) \longrightarrow (\tilde{e}'_{i_1 \cdots i_r})$ の行列は次のようになる．(e_i') の双対底を (f_i') とし，上と同様に $(e_i'{}^{(k)}) = (e_i')$ または (f_i') とおけば

$$e_j'^{(k)} = \sum_{i=1}^{n} \lambda_{ij}{}^{(k)} e_i{}^{(k)}.$$

ここに

$$(\lambda_{ij}{}^{(k)}) = P^{(k)} = \begin{cases} P & (V_k = V \text{ のとき}) \\ {}^tP^{-1} & (V_k = V^* \text{ のとき}) \end{cases}$$

である．よって

$$(44) \qquad \tilde{e}'_{j_1\cdots j_r} = \sum_{i_1, \cdots, i_r=1}^{n} \lambda_{i_1 j_1}{}^{(1)} \cdots \lambda_{i_r j_r}{}^{(r)} \, \tilde{e}_{i_1\cdots i_r},$$

ここに $i_1, \cdots, i_r$ は独立に 1 から n まで動く．よって底の変換 $(\tilde{e}_{i_1\cdots i_r}) \longrightarrow (\tilde{e}'_{i_1\cdots i_r})$ の行列は $P^{(1)} \otimes \cdots \otimes P^{(r)}$ で与えられる．従ってまた r 階のテンソル $t \in T$ の底 $(\tilde{e}_{i_1\cdots i_r}), (\tilde{e}'_{i_1\cdots i_r})$ に関する成分を $(\xi_{i_1\cdots i_r}), (\xi'_{i_1\cdots i_r})$ とすれば，その変換則は

$$(45) \qquad \xi_{i_1\cdots i_r} = \sum_{j_1, \cdots, j_r=1}^{n} \lambda_{i_1 j_1}{}^{(1)} \cdots \lambda_{i_r j_r}{}^{(r)} \, \xi'_{j_1\cdots j_r}$$

によって与えられる．

3.2 対称化（交代化）作用素

r 階の反変テンソル空間

$$T^r = T^r(V) = \overbrace{V \otimes \cdots \otimes V}^{r}$$

を考える．r 文字 $\{1, \cdots, r\}$ の置換群 $\mathfrak{S}_r$ を次のようにして T^r に作用させることができる．V の底 (e_i) に対応する T^r の標準底

$$\tilde{e}_{i_1\cdots i_r} = e_{i_1} \otimes \cdots \otimes e_{i_r} \qquad (i_1, \cdots, i_r = 1, \cdots, n)$$

をとり，$\sigma \in \mathfrak{S}_r$ に対し T^r の一次変換 P_σ を

$$P_\sigma(\tilde{e}_{i_1\cdots i_r}) = \tilde{e}_{i_{\sigma(1)}\cdots i_{\sigma(r)}}$$

によって定義する．定義から明らかに，V の任意の元 $x_1, \cdots, x_r$ に対し

$$(46) \qquad P_\sigma(x_1 \otimes \cdots \otimes x_r) = x_{\sigma(1)} \otimes \cdots \otimes x_{\sigma(r)}$$

が成立する．従って実際 P_σ の定義は底 (e_i) のとり方に関係しないことがわかる．

$\sigma, \tau \in \mathfrak{S}_r$ とするとき

$$(47) \qquad P_\sigma P_\tau = P_{\tau\sigma}$$

が成立する．(積の順序に注意！) 実際

$$\begin{aligned}(P_\sigma P_\tau)(x_1 \otimes \cdots \otimes x_r) &= P_\sigma(P_\tau(x_1 \otimes \cdots \otimes x_r)) \\ &= P_\sigma(x_{\tau(1)} \otimes \cdots \otimes x_{\tau(r)}) \\ &= x_{\tau(\sigma(1))} \otimes \cdots \otimes x_{\tau(\sigma(r))}\end{aligned}$$

$$= x_{(\tau\sigma)(1)} \otimes \cdots \otimes x_{(\tau\sigma)(r)}$$
$$= P_{\tau\sigma}(x_1 \otimes \cdots \otimes x_r).$$

よって（47）を得る．また明らかに $P_1 = 1_{T^r}$（T^r の恒等写像）．よって

$$P_\sigma \cdot P_{\sigma^{-1}} = P_{\sigma^{-1}} \cdot P_\sigma = 1_{T^r}.$$

従って P_σ は正則で，$P_\sigma{}^{-1} = P_{\sigma^{-1}}$ である．

r 階反変テンソル $t \in T^r$ は，すべての $\sigma \in \mathfrak{S}_r$ に対して $P_\sigma(t) = t$ であるとき**対称テンソル**という．またすべての $\sigma \in \mathfrak{S}_r$ に対して

$$P_\sigma(t) = \varepsilon(\sigma)t = \begin{cases} t & (\sigma：偶置換のとき) \\ -t & (\sigma：奇置換のとき) \end{cases}$$

であるとき，**歪対称テンソル**または**交代テンソル**という．($\varepsilon(\sigma)$ は置換 σ の符号を表わす．II, §1 参照．）r 階の反変対称テンソル全体の集合は明らかに T^r の部分空間を作る．それを $S^r = S^r(V)$ で表わすことにする．同時に交代テンソル全体の作る T^r の部分空間を $A^r = A^r(V)$ で表わそう．$r = 1$ ならば明らかに $S^1 = A^1 = T^1$．しかし $r \geqq 2$ で K の標数が $\neq 2$（すなわち K において $1 + 1 \neq 0$）ならば，$S^r \cap A^r = \{0\}$ である．(K の標数が $= 2$ ならば，$S^r = A^r$ となってしまう．この場合，交代テンソルの定義は後に述べるように修正を要する．）

体 K の単位元を 1 で表わし，一般に自然数 m に対し $m1 = \overbrace{1 + \cdots + 1}^{m}$ とおく．$m1 = 0$ となるような自然数 m 全体の集合を考えると，それは空集合であるかまたはある素数 p の倍数全体になることが証明される．([9]，[16]．）第 1 の場合，K の**標数**は $= 0$，第 2 の場合，K の標数は $= p$ であるという．実数体 $\boldsymbol{R}$，複素数体 $\boldsymbol{C}$ 等は標数 0 であるが，I, §5 に例として挙げた二元体 $\{0, 1\}$ は標数 2 である．一般に標数 0 の体 K に対しては，対応 $m \longrightarrow m1$ が一対一であるから，多くの場合この対応を一致させ，自然数の集合が（従って有理数体も）K に含まれていると考える．この節では以後簡単のため K の標数は 0 であるとすると仮定する．

さて T^r における一次変換 $\mathscr{S}$，$\mathscr{A}$ を

$$(48) \qquad \begin{cases} \mathscr{S} = \sum_{\sigma \in \mathfrak{S}_r} P_\sigma, \\ \mathscr{A} = \sum_{\sigma \in \mathfrak{S}_r} \varepsilon(\sigma) P_\sigma \end{cases}$$

によって定義する．これに関して次の補題が得られる．

補題 1　任意の $\sigma \in \mathfrak{S}_r$ に対し

$$(49) \qquad \begin{cases} P_\sigma \mathscr{S} = \mathscr{S} P_\sigma = \mathscr{S}, \\ P_\sigma \mathscr{A} = \mathscr{A} P_\sigma = \varepsilon(\sigma)\mathscr{A}. \end{cases}$$

実際

$$P_\sigma \mathscr{A} = P_\sigma \cdot \sum_{\tau \in \mathfrak{S}_r} \varepsilon(\tau) P_\tau$$
$$= \sum_{\tau \in \mathfrak{S}_r} \varepsilon(\tau) P_\sigma P_\tau$$
$$= \sum_{\tau \in \mathfrak{S}_r} \varepsilon(\tau) P_{\tau\sigma}.$$

τ が $\mathfrak{S}_r$ 全体を動くとき，$\tau\sigma$ もまた $\mathfrak{S}_r$ 全体を動く．一方 $\varepsilon(\tau\sigma) = \varepsilon(\tau)\varepsilon(\sigma)$ であるから，上式は

$$= \varepsilon(\sigma) \sum_{\tau \in \mathfrak{S}_r} \varepsilon(\tau\sigma) P_{\tau\sigma} = \varepsilon(\sigma)\mathscr{A}.$$

よって，$P_\sigma \mathscr{A} = \varepsilon(\sigma)\mathscr{A}$．他も同様にして証明される．

補題 2 次の関係式が成立する．

(50)
$$\begin{cases} \mathscr{S}^2 = r!\,\mathscr{S}, & \mathscr{A}^2 = r!\,\mathscr{A}, \\ \mathscr{S}\mathscr{A} = \mathscr{A}\mathscr{S} = 0 & (r \geqq 2). \end{cases}$$

実際，(48)，(49) により

$$\mathscr{S}\mathscr{A} = \sum_{\sigma \in \mathfrak{S}_r} P_\sigma \mathscr{A} = \sum_{\sigma \in \mathfrak{S}_r} \varepsilon(\sigma)\mathscr{A}.$$

$r \geqq 2$ ならば，$r!/2$ 個の偶置換に対しては $\varepsilon(\sigma) = 1$，同数個の奇置換に対しては $\varepsilon(\sigma) = -1$ であるから，$\sum_{\sigma} \varepsilon(\sigma) = 0$．従って $\mathscr{S}\mathscr{A} = 0$ である．他も同様にして証明される．

今

$$\mathscr{S}' = \frac{1}{r!}\mathscr{S}, \qquad \mathscr{A}' = \frac{1}{r!}\mathscr{A}$$

とおけば，(50) から

(50′)
$$\begin{cases} \mathscr{S}'^2 = \mathscr{S}', & \mathscr{A}'^2 = \mathscr{A}', \\ \mathscr{S}'\mathscr{A}' = \mathscr{A}'\mathscr{S}' = 0 & (r \geqq 2) \end{cases}$$

が成立することがわかる．

補題 3 $t \in T^r$ に対し

$$t \in S^r \iff \mathscr{S}'\,t = t,$$
$$t \in A^r \iff \mathscr{A}'\,t = t.$$

実際，(48)，(49) により

$$t \in A^r \Longrightarrow P_\sigma t = \varepsilon(\sigma) t \quad \text{for all } \sigma \in \mathfrak{S}_r$$
$$\Longrightarrow \mathscr{A}' t = \frac{1}{r!} \sum_{\sigma \in \mathfrak{S}_r} \varepsilon(\sigma) P_\sigma t = t.$$

逆に

$$\mathscr{A}'t = t \Longrightarrow P_\sigma t = P_\sigma \mathscr{A}'t = \varepsilon(\sigma)\mathscr{A}'t = \varepsilon(\sigma)t \quad \text{for all } \sigma \in \mathfrak{S}_r$$
$$\Longrightarrow t \in A^r.$$

よって，$t \in A^r \Longleftrightarrow \mathscr{A}'t = t$ である．他も同様に証明される．

(50′) および補題 3 によって $\mathscr{S}'$, $\mathscr{A}'$ がそれぞれ部分空間 S^r, A^r への射影子 (III, 研究課題 1) になっていることがわかる．$\mathscr{S}'$, $\mathscr{A}'$ (または $\mathscr{S}$, $\mathscr{A}$) を T^r における**対称化作用素**，**交代化作用素**という．

3.3　対称（交代）テンソル空間

以上述べたことにより $S^r(V)$, $A^r(V)$ はそれぞれ $\{\mathscr{S}'(\tilde{e}_{i_1\cdots i_r})\}$, $\{\mathscr{A}'(\tilde{e}_{i_1\cdots i_r})\}$ によって K 上生成されることがわかる．$\mathscr{S}'(\tilde{e}_{i_1\cdots i_r})$ のうち相異なるものは明らかに

(51) $$\mathscr{S}'(\tilde{e}_{i_1\cdots i_r}) \qquad (i_1 \leqq i_2 \leqq \cdots \leqq i_r)$$

によって与えられる.(実際，任意の $\sigma \in \mathfrak{S}_r$ に対し $\mathscr{S}'(\tilde{e}_{i_{\sigma(1)}\cdots i_{\sigma(r)}}) = \mathscr{S}'(\tilde{e}_{i_1\cdots i_r})$ であるから，$(i_1, \cdots, i_r)$ を辞書式順序 (p. 71) で考え，同じ $\mathscr{S}'(\tilde{e}_{i_1\cdots i_r})$ を与えるものの中から“最初”のものをえらべばよい.) また $\mathscr{S}'(\tilde{e}_{i_1\cdots i_r}) \neq \mathscr{S}'(\tilde{e}_{j_1\cdots j_r})$ ならば，それらを標準底の一次結合として表わしたとき，共通の項は存在しないから，(51) の元は全体として一次独立であり，従って S^r の底になる．これを V の底 (e_i) に対応する $S^r(V)$ の‘標準底’という．(51) の形の元は n 個のものから r 個とる重複組合せの数 $\dbinom{n+r-1}{r}$ だけある．よって

(52) $$\dim S^r(V) = \binom{n+r-1}{r}.$$

次に (49) によって，

$$\mathscr{A}(\tilde{e}_{i_{\sigma(1)}\cdots i_{\sigma(r)}}) = \varepsilon(\sigma)\mathscr{A}(\tilde{e}_{i_1\cdots i_r})$$

であるから，$(i_1, \cdots, i_r)$ の中に相等しいものがあれば $\mathscr{A}(\tilde{e}_{i_1\cdots i_r}) = 0$，また $\mathscr{A}(\tilde{e}_{i_1\cdots i_r})$ のうち零でないものは符号を除いて

(53) $$\mathscr{A}(\tilde{e}_{i_1\cdots i_r}) \qquad (i_1 < \cdots < i_r)$$

のいずれかと一致する．これら $\dbinom{n}{r}$ 個の元は明らかに一次独立であり，A^r の底になる．これを V の底 (e_i) に対応する $A^r(V)$ の‘標準底’という.($\mathscr{A}(\tilde{e}_{i_1\cdots i_r})$ のかわりに $\mathscr{A}'(\tilde{e}_{i_1\cdots i_r})$ をとることもある.) 従って

(54) $$\dim A^r(V) = \begin{cases} \dbinom{n}{r} & (0 \leqq r \leqq n) \\ 0 & (r > n). \end{cases}$$

今，$t\in A^r(V)$ とし，$T^r(V)$ の底（$\tilde{e}_{i_1\cdots i_r}$）に関する t の成分を（$\xi_{i_1\cdots i_r}$）（$i_1,\cdots,i_r=1,\cdots,n$）とすれば，

（A1）$\xi_{i_{\sigma(1)}\cdots i_{\sigma(r)}}=\varepsilon(\sigma)\,\xi_{i_1\cdots i_r}\qquad(\sigma\in\mathfrak{S}_r)$,

従ってまた

（A2）ある $k<l$ に対し $i_k=i_l$ ならば，$\xi_{i_1\cdots i_r}=0$

である．よって

$$\begin{aligned}t&=\sum_{i_1,\cdots,i_r=1}^{n}\xi_{i_1\cdots i_r}e_{i_1}\otimes\cdots\otimes e_{i_r}\\&=\sum_{i_1<\cdots<i_r}\xi_{i_1\cdots i_r}\sum_{\sigma\in\mathfrak{S}_r}\varepsilon(\sigma)e_{i_{\sigma(1)}}\otimes\cdots\otimes e_{i_{\sigma(r)}}\\&=\sum_{i_1<\cdots<i_r}\xi_{i_1\cdots i_r}\mathscr{A}(e_{i_1}\otimes\cdots\otimes e_{i_r}).\end{aligned}$$

よって $A^r(V)$ の標準底（$\mathscr{A}(e_{i_1}\otimes\cdots\otimes e_{i_r})$）に関する t の成分は（$\xi_{i_1\cdots i_r}$）（$i_1<\cdots<i_r$）である．また

$$t=\sum_{i_1,\cdots,i_r=1}^{n}\xi_{i_1\cdots i_r}\mathscr{A}'(e_{i_1}\otimes\cdots\otimes e_{i_r})$$

とかくこともできる．

問 1　$x_j\in V$，$x_j=\sum_{i=1}^{n}\xi_{ij}e_i$（$1\leqq j\leqq r$）とするとき，標準底（$\mathscr{A}(e_{i_1}\otimes\cdots\otimes e_{i_r})$）に関する $\mathscr{A}(x_1\otimes\cdots\otimes x_r)$ の成分は

$$\left(\begin{vmatrix}\xi_{i_11}&\cdots&\xi_{i_1r}\\&\cdots&\\\xi_{i_r1}&\cdots&\xi_{i_rr}\end{vmatrix}\right)\qquad(i_1<\cdots<i_r)$$

であることを証明せよ．（II, §5, 例 3 参照．）特に $r=n$ のとき

$$\mathscr{A}(x_1\otimes\cdots\otimes x_n)=\begin{vmatrix}\xi_{11}&\cdots&\xi_{1n}\\&\cdots&\\\xi_{n1}&\cdots&\xi_{nn}\end{vmatrix}\mathscr{A}(e_1\otimes\cdots\otimes e_n).$$

注意　K の標数が $\neq 0$ かつ $\leqq r$ のときには射影子 $\mathscr{S}'$，$\mathscr{A}'$ を定義することはできないが（52）は成立する．（その理由を考えよ．）交代テンソルに関してはまず，一般に（任意の標数で）$t\in T^r(V)$ に対し次の二つの条件（A），（A′）が同値であることに注意する：

（A）標準底に関する t の成分（$\xi_{i_1\cdots i_r}$）に対し（A1），（A2）が成立する，

（A′）$t\in\mathscr{A}(T^r(V))$.

K の標数が 2 でなければ，これらはいずれも $t\in A^r(V)$ と同値である．よって標数 2 のときにも条件（A）（または（A′））によって‘交代テンソル’を定義することにしよう．そうすれば常に $A^r(V)=\mathscr{A}(T^r(V))$，従って（54）が成立する．

例 1　r 階共反テンソル空間 $T^r(V^*)$ に対しても，同様にして対称（交代）テンソルの空間 $S^r(V^*)$（$A^r(V^*)$）が定義される．§2 に述べたように $T^r(V^*)=V^*$

$\otimes\cdots\otimes V^*$ は $T^r(V)=V\otimes\cdots\otimes V$ の双対空間であり，それはまた $V\times\cdots\times V$ 上の r 重一次函数の空間 $\mathscr{L}(V,\cdots,V;K)$ と同型である．今，$\sigma\in\mathfrak{S}_r$ の $T^r(V^*)$ への作用（(46) と同様に定義される）を $P_\sigma{}^*$ で表わせば，(26) から明らかなように，$\varphi\in T^r(V^*)$，$t\in T^r(V)$ に対して

$$\langle P_\sigma{}^*\varphi, P_\sigma t\rangle=\langle\varphi, t\rangle,$$

すなわち，$P_\sigma{}^*={}^tP_\sigma{}^{-1}$ である．

$$\mathscr{L}(V,\cdots,V;K)\ni\Phi\longleftrightarrow\varphi\in T^r(V^*)$$

とすれば

$$\begin{aligned}\Phi(x_{\sigma(1)},\cdots,x_{\sigma(r)})&=\langle\varphi, x_{\sigma(1)}\otimes\cdots\otimes x_{\sigma(r)}\rangle\\&=\langle\varphi, P_\sigma(x_1\otimes\cdots\otimes x_r)\rangle\\&=\langle{}^tP_\sigma\varphi, x_1\otimes\cdots\otimes x_r\rangle.\end{aligned}$$

よってこの左辺を $(\sigma\Phi)(x_1,\cdots,x_r)$ と定義すれば，

$$\sigma\Phi\longleftrightarrow{}^tP_\sigma\varphi=P_\sigma{}^{*-1}\varphi$$

である．従って特に $\varphi\in S^r(V^*)$ $(A^r(V^*))$ に対応する Φ は r 重一次函数として対称（交代）的である．

注意　標数 2 の場合を含めて議論するときには，‘交代重一次函数’ を $\Phi\in\mathscr{L}(V,\cdots,V;K)$ で次の条件を満たすものと定義し直した方が便利である：

(A″) ある $k<l$ に対し $x_k=x_l$ ならば，$\Phi(x_1,\cdots,x_r)=0$.

実際，K の標数が 2 でなければ，この定義は以前のもの (II, §1) と一致する．また一般に（標数 2 の場合も含めて）上の対応で $\Phi\longleftrightarrow\varphi$ ならば，φ が条件 (A) を満たすことと，Φ が条件 (A″) を満たすこととは同値である．

問 2　$T^r(V^*)$ における作用素 $\mathscr{S}^*$, $\mathscr{A}^*$ を (48) と同様

$$\mathscr{S}^*=\sum_{\sigma\in\mathfrak{S}_r}P_\sigma{}^*,\qquad\mathscr{A}^*=\sum_{\sigma\in\mathfrak{S}_r}\varepsilon(\sigma)P_\sigma{}^*$$

によって定義すれば，$\mathscr{S}^*={}^t\mathscr{S}$，$\mathscr{A}^*={}^t\mathscr{A}$ であることを示せ．

問 3　次の関係を証明せよ．

$$\begin{aligned}S^r(V^*)^\perp&=\{t\in T^r(V)\,;\,\mathscr{S}t=0\},\\A^r(V^*)^\perp&=\{t\in T^r(V)\,;\,\mathscr{A}t=0\}.\end{aligned}$$

特に，$r\geqq 2$ ならば，$A^r(V)\subset S^r(V^*)^\perp$，$S^r(V)\subset A^r(V^*)^\perp$ である．（上の関係および §1, (13′) により，$S^r(V)$，$A^r(V)$ の双対空間をそれぞれ $S^r(V^*)$，$A^r(V^*)$ に一致させることができる．）

§4　テンソル代数，グラスマン代数

4.1　テンソル代数

テンソル空間 $T^r(V)$ $(r=0,1,\cdots)$ の無限直和

(55) $$T(V) = \bigoplus_{r=0}^{\infty} T^r(V)$$

を考えよう．ただし $T^0(V) = K$ とおく．また上式右辺の直和は

$$t = (t_0, t_1, \cdots), \qquad t_r \in T^r(V)$$

のような無限列でその成分 t_i がほとんどすべて（すなわち有限個の例外を除いて）$= 0$ となるようなもの全体の集合を表わす．$T(V)$ は演算

$$(t_0, t_1, \cdots) + (t_0', t_1', \cdots) = (t_0 + t_0', t_1 + t_1', \cdots),$$
$$\alpha(t_0, t_1, \cdots) = (\alpha t_0, \alpha t_1, \cdots)$$

によって（無限次元）ベクトル空間になる．有限直和のときと同様 $t_r \in T^r$ を

$$t = (0, \cdots, 0, \overset{r}{\overbrace{t_r}}, 0, \cdots) \in T(V)$$

と一致させることにより $T^r(V) \subset T(V)$ とみなすことができる．上の t のように第 r 成分以外が 0 である元を**斉 r 次**の元という．一般に $t = (t_0, t_1, \cdots)$ において $t_r = 0\ (r > r_0)$ ならば，$t = \sum_{r=0}^{r_0} t_r$ と表わされる．これを形式的に

$$t = \sum_{r=0}^{\infty} t_r$$

とかくことにする．

さて $t_r \in T^r$，$t'_{r'} \in T^{r'}$ とすれば，$t_r \otimes t'_{r'} \in T^{r+r'}$ であるから，一般に $t = \sum_{r=0}^{\infty} t_r$，$t' = \sum_{r=0}^{\infty} t'_r \in T(V)$ の積を

(56) $$t \otimes t' = \sum_{s=0}^{\infty} \Bigl(\sum_{r+r'=s} t_r \otimes t'_{r'} \Bigr)$$

によって定義する．ただし $\xi \in T^0 = K$ に対し $t_r \otimes \xi = \xi \otimes t_r = \xi t_r$ とおく．§2 に述べたことから容易にわかるように，この乗法は双一次的であり，また結合の法則を満足する．従って $T(V)$ における演算に関して，I, §5 に述べた体の演算法則 (I) のうち (1.2′)（乗法の交換の法則），(1.5′)（除法の可能性）を除き他はすべて成立する．一般に（必ずしも有限次元でない）ベクトル空間 A にこのような（双一次的，かつ結合法則を満たす）乗法が定義されているとき A を K 上の（結合）**代数**（associative algebra）または**多元環**という*⁾．**テンソル代数** $T(V)$ は単位元をもつ非可換，無限次元の多元環である．

例 1 n 次元ベクトル空間 V の一次変換全体の集合 $\mathscr{L}(V, V)$ は有限次元多元環の典型

---

*⁾ 多元環については [8]，[16] の Vol. II 等を参照せよ．

的な一例である．これを通常 End(V) で表わす*⁾．また，K に成分をもつ n 次正方行列全体の作る多元環を **n 次全行列環**といい，$M_n(K)$ で表わす．I, §4 で見たように $\mathrm{End}(V) \cong M_n(K)$ で，その次元は n^2 である．単位元をもつ多元環において除法が可能のとき，すなわち 0 以外の元がすべて逆元をもつとき，それを**多元体**（または単に体）という．I, §5, 問 3 で述べた Hamilton の‘四元数’全体 $\boldsymbol{H}$ は $\boldsymbol{R}$ 上の一つの多元体を作る．これを**四元数体**という．事実，$\boldsymbol{R}$ 上の有限次元多元体は $\boldsymbol{R}$，$\boldsymbol{C}$，$\boldsymbol{H}$ の三つで尽くされることが知られている．([16]，Vol. II，§14.9 参照．）われわれは研究課題において他の重要な実例‘群多元環’に触れるであろう．

4.2 対称代数

$T(V)$ の部分空間として対称（交代）テンソル空間の直和

(57) $$S(V) = \sum_{r=0}^{\infty} S^r(V), \qquad \left(A(V) = \sum_{r=0}^{n} A^r(V)\right)$$

を考えよう．$S(V)$ はやはり無限次元であるが，$A(V)$ は有限次元で

(58) $$\dim A(V) = \sum_{r=0}^{n} \binom{n}{r} = 2^n.$$

$S(V)$，$A(V)$ は積 $\otimes$ に関して閉じていないが，次のようにして新しい積を導入することができる．

まず $t = \sum t_r$，$t' = \sum t'_r \in S(V)$ に対して

(59) $$tt' = \sum_{s=0}^{\infty}\left(\sum_{r+r'=s} \mathscr{S}'(t_r \otimes t'_{r'})\right)$$

によって積を定義しよう．これが双一次的であり，また

$$1t = t1 = t$$

を満たすことは明らかであるが，さらに

(60) $$(tt')t'' = t(t't''), \qquad \text{（結合の法則）}$$

(61) $$tt' = t't \qquad \text{（交換の法則）}$$

も成立する．積が双一次的であることから，これらの関係は t, t', t'' が斉次の場合に証明されれば十分である．その場合 (60)，(61) はそれぞれ

(60′) $$\mathscr{S}'(\mathscr{S}'(t \otimes t') \otimes t'') = \mathscr{S}'(t \otimes \mathscr{S}'(t' \otimes t'')),$$

(61′) $$\mathscr{S}'(t \otimes t') = \mathscr{S}'(t' \otimes t)$$

の形になる．まず次の補題を証明しよう．

補題 4 任意の $t \in T^r$，$t' \in T^{r'}$ に対し

(62) $$\mathscr{S}'(t \otimes t') = \mathscr{S}'(\mathscr{S}'(t) \otimes t') = \mathscr{S}'(t \otimes \mathscr{S}'(t')).$$

---

*⁾ End は Endmorphism algebra（自己準同型環）の略号である．

証 この等式の各辺はいずれも t, t' に関して線型であるから，$t = x_1 \otimes \cdots \otimes x_r$，$t' = x_{r+1} \otimes \cdots \otimes x_{r+r'}$，$x_i \in V$ $(1 \leqq i \leqq r + r')$ としてやれば十分である．定義から

$$\mathscr{S}'(\mathscr{S}'(t) \otimes t') = \mathscr{S}'\left(\frac{1}{r!}\left(\sum_{\sigma \in \mathfrak{S}_r} x_{\sigma(1)} \otimes \cdots \otimes x_{\sigma(r)}\right) \otimes x_{r+1} \otimes \cdots \otimes x_{r+r'}\right).$$

$\sigma \in \mathfrak{S}_r$ を，$\sigma(i) = i$ $(r+1 \leqq i \leqq r+r')$ とおくことにより，$(r+r')$ 文字 $\{1, \cdots, r+r'\}$ の置換を考え，$\mathfrak{S}_r \subset \mathfrak{S}_{r+r'}$ とみなすことができる．そのとき上の式は

$$= \mathscr{S}'\left(\frac{1}{r!}\sum_{\sigma \in \mathfrak{S}_r} x_{\sigma(1)} \otimes \cdots \otimes x_{\sigma(r)} \otimes x_{\sigma(r+1)} \otimes \cdots \otimes x_{\sigma(r+r')}\right)$$

$$= \frac{1}{r!(r+r')!}\sum_{\substack{\sigma \in \mathfrak{S}_r \\ \tau \in \mathfrak{S}_{r+r'}}} x_{\sigma\tau(1)} \otimes \cdots \otimes x_{\sigma\tau(r+r')}.$$

一つの σ を固定したとき，τ が $\mathfrak{S}_{r+r'}$ 全体を動けば $\sigma\tau$ もまた $\mathfrak{S}_{r+r'}$ 全体を動く．よって上式は

$$= \frac{1}{(r+r')!}\sum_{\tau \in \mathfrak{S}_{r+r'}} x_{\tau(1)} \otimes \cdots \otimes x_{\tau(r+r')}$$

$$= \mathscr{S}'(x_1 \otimes \cdots \otimes x_{r+r'}) = \mathscr{S}'(t \otimes t').$$

同様にして $\mathscr{S}'(t \otimes \mathscr{S}'(t')) = \mathscr{S}'(t \otimes t')$ も証明される．(証終)

この補題により

$$t = \mathscr{S}'(x_1 \otimes \cdots \otimes x_r), \qquad t' = \mathscr{S}'(x_{r+1} \otimes \cdots \otimes x_{r+r'}),$$
$$t'' = \mathscr{S}'(x_{r+r'+1} \otimes \cdots \otimes x_{r+r'+r''})$$

であるとき，(60′) の両辺は共に

$$\mathscr{S}'(x_1 \otimes \cdots \otimes x_r \otimes \cdots \otimes x_{r+r'} \otimes \cdots \otimes x_{r+r'+r''})$$

に等しいことがわかる．また (61′) の左右両辺はそれぞれ

$$\mathscr{S}'(x_1 \otimes \cdots \otimes x_r \otimes x_{r+1} \otimes \cdots \otimes x_{r+r'})$$
$$= \mathscr{S}'(x_{r+1} \otimes \cdots \otimes x_{r+r'} \otimes x_1 \otimes \cdots \otimes x_r)$$

に等しいことがわかる．よって (60′)，(61′) が証明された．以上により

定理 6 $S(V) = \sum_{r=0}^{\infty} S^r(V)$ は (59) で定義される乗法に関して単位元をもつ無限次元，可換多元環になる．

$S(V)$ を V の**対称代数**という．補題 4 からわかるように $T(V)$ から $S(V)$ への写像 $t = \sum t_r \longrightarrow \mathscr{S}'(t) = \sum \mathscr{S}'(t_r)$ は

(63) $$\mathscr{S}'(t \otimes t') = \mathscr{S}'(t) \cdot \mathscr{S}'(t') \qquad (t, t' \in T(V))$$

を満たし，従って多元環の‘準同型写像’になる.(p. 241 の脚註参照.)(e_i) を V の底とするとき，対応する $S(V)$ の標準底は

$$e_{i_1}\cdots e_{i_r} \qquad (1 \leqq i_1 \leqq \cdots \leqq i_r \leqq n\,;\, r = 0, 1, \cdots)$$

によって与えられるが，これをまた

$$e_1{}^{\nu_1}\cdots e_n{}^{\nu_n} \qquad (\nu_i = 0, 1, \cdots\,;\, 1 \leqq i \leqq n)$$

の形にかくこともできる．よって $S(V)$ は K 上の多元環として n 変数 $X_1, \cdots, X_n$ の‘多項式環’$K[X_1, \cdots, X_n]$ と同型である.

問 1 (63) を証明せよ.

4.3 グラスマン代数

交代テンソル空間の直和 $A(V) = \sum_{r=0}^{n} A^r(V)$ において，$t = \sum t_r$, $t' = \sum t'_r \in A(V)$ の積を

$$t \wedge t' = \sum_{s=0}^{n}\left(\sum_{r+r'=s}\binom{s}{r}\mathscr{A}'(t_r \otimes t'_{r'})\right) \tag{64}$$

によって定義する*)．これを**外積**またはグラスマン積と呼ぶ．外積もまた双一次的で

$$1 \wedge t = t \wedge 1 = t$$

を満たす．さらに補題 4 と同様にして

$$\mathscr{A}'(t \otimes t') = \mathscr{A}'(\mathscr{A}'(t) \otimes t') = \mathscr{A}'(t \otimes \mathscr{A}'(t')) \tag{65}$$

が証明される．従って同じ論法により結合の法則

$$(t \wedge t') \wedge t'' = t \wedge (t' \wedge t'')$$

が得られる．また $t \in A^r(V)$, $t' \in A^{r'}(V)$ に対して

$$t \wedge t' = (-1)^{rr'} t' \wedge t \tag{66}$$

が成立する．従って次の定理が得られる.

定理 7 $A(V) = \sum_{r=0}^{n} A^r(V)$ は外積 (64) に関して，単位元をもつ非可換な 2^n 次元多元環である.

問 2 (66) を証明せよ.

問 3 $t, t' \in T(V)$ に対し，$\mathscr{A}(t \otimes t') = \mathscr{A}(t) \wedge \mathscr{A}(t')$，すなわち写像 $t \longrightarrow \mathscr{A}(t)$ が

---

*) 著書によっては二項係数 $\binom{s}{r}$ をつけない定義を採用しているものもある．しかし種々の観点から上記の定義の方が便利かと思われる．一つの利点は (64) の右辺は任意の標数の体において意味を持ち得ることである.

$T(V)$ から $A(V)$ の上への多元環の準同型になることを示せ.(ただし $t=\sum t_r$ に対し $\mathscr{A}(t)=\sum \mathscr{A}(t_r)$ とおく.)

問3の結果から

(67) $$\mathscr{A}(x_1\otimes\cdots\otimes x_r)=x_1\wedge\cdots\wedge x_r \qquad (x_i\in V).$$

特に $A(V)$ の標準底は $\mathscr{A}(e_{i_1}\otimes\cdots\otimes e_{i_r})=e_{i_1}\wedge\cdots\wedge e_{i_r}$ $(i_1<\cdots<i_r)$ によって与えられる. 従って $A(V)$ は多元環として単位元1と $e_1,\cdots,e_n$ によって生成され, 生成元の間には

(68) $$e_i\wedge e_i=0, \qquad e_i\wedge e_j=-e_j\wedge e_i \qquad (i\neq j)$$

なる関係がある. また

$$A^r(V)=\overbrace{V\wedge\cdots\wedge V}^{r} \qquad (A^0(V)=K)$$

であるから, 通常 $A(V)$, $A^r(V)$ をそれぞれ $\wedge(V)$, $\wedge^r(V)$ とかく.

$$\wedge(V)=\sum_{r=0}^{n}\wedge^r(V)$$

を V の**外積代数** (exterior algebra) または**グラスマン代数**という. また $\wedge^r(V)$ の元, すなわち r 階反変交代テンソルを $\boldsymbol{r}$**-ベクトル**, 特に $x_1\wedge\cdots\wedge x_r$ $(x_i\in V)$ の形の元を**純** $\boldsymbol{r}$**-ベクトル**ということがある.

環論の初歩を学ばれた読者は次のような考察をしてみられると面白い. まず

$$J=\sum J_r, \qquad J_r=\{t\in T^r(V)\,;\,\mathscr{A}t=0\}$$

とおく. J は環準同型 $\mathscr{A}: T(V)\longrightarrow\wedge(V)$ の核であるから $T(V)$ の‘両側イデヤル’で, 商多元環 $T(V)/J$ は $\wedge(V)$ に同型である: $T(V)/J\cong\wedge(V)$. ここで $J_r=\wedge^r(V^*)^{\perp}$ であること (§3, 問3) および交代テンソルの性質 (A) により, J は実は $\{x\otimes x\ (x\in V)\}$ によって生成される両側イデヤル, あるいは同じことであるが, $e_i\otimes e_i$, $e_i\otimes e_j+e_j\otimes e_i$ $(i<j)$ によって生成される両側イデヤルになることがわかる. これは $\wedge(V)$ において$e_1,\cdots,e_n$ の間に成立する代数的関係式はすべて (68) から導かれること を意味する. すなわち $\wedge(V)$ は生成元 $e_1,\cdots,e_n$ とその間の‘基本関係式’(68) とによって定義される (単位元をもつ) K 上の多元環である. 以上のことは一般に (任意の標数で) 成立し, 従ってグラスマン代数を $T(V)/J$ として定義することも可能である.([3], [9] 参照.) 更にこの定義を一般の二次形式を使って拡張したものが‘Clifford 代数’である.([1], [4] 参照.)

例2 $x_1,\cdots,x_r\in V$, $f_1,\cdots,f_r\in V^*$ とすれば

$$\begin{aligned}\langle f_1\wedge\cdots\wedge f_r, x_1\otimes\cdots\otimes x_r\rangle &= \langle\mathscr{A}(f_1\otimes\cdots\otimes f_r), x_1\otimes\cdots\otimes x_r\rangle\\ &=\det(\langle f_i, x_j\rangle).\end{aligned}$$

従って

(69) $$\langle f_1\wedge\cdots\wedge f_r, x_1\wedge\cdots\wedge x_r\rangle=r!\det(\langle f_i, x_j\rangle).$$

これから内積 $\langle\ \ \rangle$ は $\wedge^r(V^*)\times\wedge^r(V)$ の上の双一次形式として非退化であることがわかる.（(69) の両辺をそれぞれ標準底に関する成分で表わせば，II, §5, 定理 9 を得る.）

例 3
$$\wedge^+(V)=\sum_{r:\text{偶数}}\wedge^r(V),$$
$$\wedge^-(V)=\sum_{r:\text{奇数}}\wedge^r(V)$$
とおけば，$\dim\wedge^+(V)=\dim\wedge^-(V)=2^{n-1}$ で，定義から明らかに
$$\wedge^+(V)\wedge\wedge^+(V)=\wedge^+(V),$$
$$\wedge^+(V)\wedge\wedge^-(V)=\wedge^-(V)\wedge\wedge^+(V)\subset\wedge^-(V),$$
$$\wedge^-(V)\wedge\wedge^-(V)\subset\wedge^+(V)$$
が成立する．特に $\wedge^+(V)$ は $\wedge(V)$ の可換な部分多元環である.

問 4 $\wedge(V)$ における一次変換 ι を
$$\iota\left(\sum_{r=0}^{n}t_r\right)=\sum_{r=0}^{n}(-1)^{\frac{r(r-1)}{2}}t_r\qquad(t_r\in\wedge^r(V))$$
によって定義する．任意の $t,t'\in\wedge(V)$ に対して
$$\iota(t\wedge t')=\iota(t')\wedge\iota(t),\qquad \iota\iota(t)=t$$
が成立することを証明せよ．ι は多元環 $\wedge(V)$ の回帰的自己逆同型（involutive antiautomorphism）である.

問 5 $t\in\wedge(V)$ の定数項（すなわち斉 0 次の項）が $=0$ ならば，$t^{n+1}=0$ であることを示せ.

問 6 (e_i) を V の底とし，$\tilde{e}=e_1\wedge e_2\wedge\cdots\wedge e_n$ とおく．$t\in\wedge^r(V)$，$t'\in\wedge^{n-r}(V)$ に対し，$B(t,t')\in K$ を
$$t\wedge t'=B(t,t')\tilde{e}$$
によって定義する．B が $\wedge^r(V)\times\wedge^{n-r}(V)$ 上の非退化双一次形式であることを証明せよ.（特に $t=x_1\wedge\cdots\wedge x_r$，$t'=x_{r+1}\wedge\cdots\wedge x_n$，$x_j=\sum\xi_{ij}e_i$ に対し，$B(t,t')=\det(\xi_{ij})$.（§3，問 1.）これを t,t' の標準底に関する成分の双一次式として表わしたものが $\det(\xi_{ij})$ の'Laplace 展開'である.）

例 4 $x_1,\cdots,x_r\in V$ とし，V の底 (e_i) に関する x_j の成分を (ξ_{ij}) とすれば，$\wedge^r(V)$ の標準底 $(e_{i_1}\wedge\cdots\wedge e_{i_r})$ に関する $x_1\wedge\cdots\wedge x_r$ の成分は $\left(\begin{vmatrix}\xi_{i_1 1}&\cdots&\xi_{i_1 r}\\&\cdots&\\\xi_{i_r 1}&\cdots&\xi_{i_r r}\end{vmatrix}\right)$ $(i_1<\cdots<i_r)$ である．よって，III, §1, 定理 2 により
$$x_1,\cdots,x_r:\text{一次独立}\iff x_1\wedge\cdots\wedge x_r\neq 0.$$
（成分を使わず直接証明することも容易である.）さて，$x_1,\cdots,x_r$ が一次独立のとき，$W=\{x_1,\cdots,x_r\}_K$ とし，$(y_1,\cdots,y_r)$ を W の他の底，$y_j=\sum\lambda_{ij}x_i$ とおけば

$$y_1 \wedge \cdots \wedge y_r = \det(\lambda_{ij})\, x_1 \wedge \cdots \wedge x_r.$$

よって

$$(*) \qquad \{y_1 \wedge \cdots \wedge y_r\}_K = \{x_1 \wedge \cdots \wedge x_r\}_K.$$

すなわち，$x_1 \wedge \cdots \wedge x_r$ によって生成される 1 次元部分空間 $\{x_1 \wedge \cdots \wedge x_r\}_K$ は $W = \{x_1, \cdots, x_r\}_K$ だけによって定まる．ゆえにそれを $p(W)$ で表わすことにしよう．

逆に (x_i)，(y_i) $(1 \leqq i \leqq r)$ を二組の r 個の一次独立なベクトルの集合とし $(*)$ が成立するとすれば，任意の i に対し

$$y_i \wedge x_1 \wedge \cdots \wedge x_r = \mu y_i \wedge y_1 \wedge \cdots \wedge y_r = 0.$$

よって $\{y_i, x_1, \cdots, x_r\}$ は一次従属，従って $y_i \in \{x_1, \cdots, x_r\}_K$．よって $\{y_1, \cdots, y_r\}_K \subset \{x_1, \cdots, x_r\}_K$．同様にして逆の包含関係も成立するから $\{y_1, \cdots, y_r\}_K = \{x_1, \cdots, x_r\}_K$．よって上記の対応 $W \longrightarrow p(W)$ は V の r 次元部分空間全体の集合から，0 でない純 r-ベクトルによって生成される $\wedge^r(V)$ の 1 次元部分空間全体の集合の上への一対一対応を与える．$K = \boldsymbol{R}$ または $\boldsymbol{C}$ のとき，後者は $\wedge^r(V)$ に対応する $\left(\binom{n}{r} - 1\right)$ 次元射影空間の中の $(n-r)r$ 次元代数的多様体になることが証明される．これを**グラスマン多様体**という．また $p(W)$ の射影座標，すなわち上記 $x_1 \wedge \cdots \wedge x_r$ の座標 $\left(\begin{vmatrix} \xi_{i_1 1} & \cdots & \xi_{i_1 r} \\ & \cdots & \\ \xi_{i_r 1} & \cdots & \xi_{i_r r} \end{vmatrix}\right)$ を W の **Plücker 座標**という[*]．

問 7 V の二つの部分空間 W, W' に対し

$$W \cap W' \neq \{0\} \iff p(W) \wedge p(W') = \{0\}$$

を証明せよ．ただし，$p(W) = \{t\}_K$，$p(W') = \{t'\}_K$ のとき，$p(W) \wedge p(W') = \{t \wedge t'\}_K$ とおく．

問 8 $n = 4$ のとき，2 次元部分空間 W の Plücker 座標を (ζ_{ij}) $(1 \leqq i < j \leqq 4)$ とすれば関係式

$$\zeta_{12}\zeta_{34} - \zeta_{13}\zeta_{24} + \zeta_{14}\zeta_{23} = 0$$

が成立することを証明せよ．(この場合，グラスマン多様体は 5 次元射影空間の中で上記斉二次方程式で定義される 4 次元超曲面になる．)

一般に Plücker 座標 $(\zeta_{i_1 \cdots i_r})$ に対しては

$$\sum_{\nu=1}^{r+1} (-1)^{\nu} \zeta_{i_1 \cdots i_{r-1} j_\nu} \zeta_{j_1 \cdots \widehat{j_\nu} \cdots j_{r+1}} = 0 \qquad (i_1 < \cdots < i_{r-1}\,;\, j_1 < \cdots < j_{r+1})$$

なる関係式が成立し，逆にこれらの関係式を満たす $(\zeta_{i_1 \cdots i_r})$ はある r 次元部分空間 W の Plücker 座標になることが証明される．従ってグラスマン多様体はこれらの斉二次方程式

---

[*] グラスマン多様体については W. V. D. Hodge and D. Pedoe, Methods of algebraic geometry II, Cambridge Univ. Press, Cambridge, 1952 に精しい．

によって定義される代数多様体である．

§5　係数体の拡大と制限

5.1　係数拡大

以上においては係数体 K を固定して考えてきたが，テンソル積と関連して係数体の拡大（および制限）について簡単に述べよう．V を K 上の n 次元ベクトル空間，K' を K の‘拡大体’とする．（すなわち K' は K を含む体で K の演算は K' のそれを制限したものに一致するとする．）K' 上のベクトル空間 $\tilde{V}$ と，V から $\tilde{V}$ の中への写像 φ で次の条件を満たすものを構成しよう．

（S0）φ は K 上の一次写像である．すなわち

$$\varphi(x+y)=\varphi(x)+\varphi(y),$$
$$\varphi(\alpha x)=\alpha\varphi(x)\qquad (x,y\in V,\ \alpha\in K).$$

（S1）$x_1,\cdots,x_r\in V$ が K 上一次独立ならば，$\varphi(x_1),\cdots,\varphi(x_r)\in\tilde{V}$ は K' 上一次独立である．

（S2）$\tilde{V}$ は $\varphi(V)=\{\varphi(x)\,;\,x\in V\}$ によって K' 上生成される．

まずこのような組（$\tilde{V},\varphi$）の存在は容易にわかる．すなわち，$\tilde{V}$ を K' 上の任意の n 次元ベクトル空間とし，(e_i)，($\tilde{e}_i$) をそれぞれ $V,\tilde{V}$ の（K,K'上の）任意の底とする．写像 φ を

$$\varphi\left(\sum_{i=1}^{n}\xi_i e_i\right)=\sum_{i=1}^{n}\xi_i\tilde{e}_i$$

によって定義すれば，(S0)，(S1)，(S2) が成立することは容易に確かめられる．次に（$\tilde{V},\varphi$）の一意性を示そう．すなわち，（$\tilde{V}',\varphi'$）を条件 (S0)，(S1)，(S2) を満たす他の組とすれば，$\tilde{V}$ から $\tilde{V}'$ の上への K' 上の線型同型 λ で

$$\lambda\circ\varphi=\varphi' \tag{70}$$

となるものが一意的に存在する．実際，仮定により（$\varphi'(e_1),\cdots,\varphi'(e_n)$）は $\tilde{V}'$ の底になる．よって $\lambda(\tilde{e}_i)=\varphi'(e_i)$ によって一次写像 λ を定義すれば，λ は明らかに $\tilde{V}$ から $\tilde{V}'$ の上への同型で (70) を満たす．逆に (70) を満たす一次写像がこの λ に限ることも明白である．

(S0)，(S1)，(S2) を満たす組（$\tilde{V},\varphi$）があれば，写像 φ は一対一であるから V をその φ による像 $\varphi(V)$ と一致させ，$V\subset\tilde{V}$ とみなすことができる．そのとき，$\tilde{V}$ を V から**係数拡大**によって得られる K'上のベクトル空間，または単に V の（K' への）**係数拡大**といい，$\tilde{V}=V_{K'}$ とかく．一方，V を $\tilde{V}$ の ***K*-型**

(K-form) といい，$V = \widetilde{V}_K$ とかく．定義から明らかに $\dim_{K'} \widetilde{V} = \dim_K V$ である[*]．K' 上のベクトル空間 $\widetilde{V}$ に一つの K-型 V が与えられているとき，'$\widetilde{V}$ は K-構造をもつ'，'$\widetilde{V}$ は K 上定義されている' 等ともいう．

注意 上に説明したように V の K' への係数拡大は一意的に定まるが，逆に K' 上のベクトル空間 $\widetilde{V}$ から出発したとき，その K-型 V はたくさんある．実際，(e_i) を $\widetilde{V}$ の K' 上の任意の底とすれば，$V = \{e_1, \cdots, e_n\}_K$ は $\widetilde{V}$ の一つの K-型である．

係数拡大について次の法則が成立する．ただし W も K 上の有限次元ベクトル空間とする．

(71) $$(V \oplus W)_{K'} \cong V_{K'} \oplus W_{K'},$$

(72) $$(V \otimes_K W)_{K'} \cong V_{K'} \otimes_{K'} W_{K'},$$

(73) $$(V^*)_{K'} \cong (V_{K'})^* \qquad (\text{よって単に } V_{K'}{}^* \text{ とかく}).$$

これらもすべて標準的同型である．例えば最後の式は次のことを意味する．今，$(\widetilde{V}, \varphi)$ を V の K' への係数拡大とする．$V^*, \widetilde{V}^*$ をそれぞれ $V, \widetilde{V}$ の双対空間とし，$f \in V^*$ に対し，$\tilde{f} \in \widetilde{V}^*$ を

$$\tilde{f}\left(\sum_{i=1}^{n} \xi_i \tilde{e}_i\right) = \sum_{i=1}^{n} \xi_i f(e_i)$$

によって定義すれば，対応

$$\varphi^* : V^* \ni f \longrightarrow \tilde{f} \in \widetilde{V}^*$$

は底のとり方に関係なく φ だけによって定まる．容易にわかるように組 $(\widetilde{V}^*, \varphi^*)$ は条件 (S0)，(S1)，(S2) を満たし，従って V^* の K' への係数拡大になる．定義から明らかに

$$\langle f, x\rangle = \langle \varphi^*(f), \varphi(x)\rangle \qquad (x \in V,\ f \in V^*)$$

が成立する．これが (73) の意味である．他の式も同様に解釈される．

問 1 標準的同型 $\mathscr{L}(V, W)_{K'} \cong \mathscr{L}(V_{K'}, W_{K'})$ を証明せよ．

さて，$\widetilde{V} = V_{K'}$，W を V の (K 上の) 部分空間とする．$\widetilde{W}$ を W によって K' 上生成される $\widetilde{V}$ の部分空間とすれば，W から $\widetilde{W}$ の中への恒等写像は明らかに条件 (S0)，(S1)，(S2) を満たす．よって $\widetilde{W} = W_{K'}$ とみなすことができる．(この場合，係数拡大を表わす記号 $W_{K'}$ は W によって K' 上生成される部分空間を表わす記号と一致する．) また明らかに $W = \widetilde{W} \cap V$ である．(まず $W \subset \widetilde{W} \cap V$ は自明．条件 (S1) から $\dim_K(\widetilde{W} \cap V) \leqq \dim_{K'} \widetilde{W} = \dim_K W$．よって等号が成立する．) 逆に $\widetilde{V}$ の任意の (K' 上の) 部分空間 $\widetilde{W}$ から出発し，$W = \widetilde{W} \cap V$ とおけば，明

---

[*] V の係数体 K を明示する必要があるとき，$\dim V$ を $\dim_K V$ とかく．

らかに W は V の（K 上の）部分空間で，$W_{K'} \subset \widetilde{W}$ である．しかしここで等号は一般には成立しない．

例 1　V を実数体 $\boldsymbol{R}$ 上の n 次元ベクトル空間，$\widetilde{V} = V_{\boldsymbol{C}}$ をその複素数体 $\boldsymbol{C}$ への係数拡大とする．（$V_{\boldsymbol{C}}$ を V の‘複素化’ともいう．）$V_{\boldsymbol{C}}$ の元は

$$z = x + iy, \qquad x, y \in V$$

の形に一意的に表わされる．

$$\bar{z} = x - iy$$

によって z の‘複素共役’を定義すれば，明らかに

$$(74) \qquad \begin{cases} \overline{z + z'} = \bar{z} + \bar{z}', \\ \overline{\alpha z} = \bar{\alpha}\bar{z}, \\ \bar{\bar{z}} = z \qquad (z, z' \in \widetilde{V},\ \alpha \in \boldsymbol{C}) \end{cases}$$

が成立する．また

$$(75) \qquad V = \{z \in \widetilde{V} \,;\, \bar{z} = z\}.$$

逆に n 次元複素ベクトル空間 $\widetilde{V}$ に条件（74）を満たす対応 $z \longrightarrow \bar{z}$（すなわち，$\widetilde{V}$ の‘回帰的半線型自己同型’）が与えられているとき，（75）によって V を定義すれば，V は明らかに実ベクトル空間になる．任意の $z \in \widetilde{V}$ に対し

$$x = \frac{1}{2}(z + \bar{z}), \qquad y = \frac{1}{2i}(z - \bar{z})$$

とおけば，（74）から $x, y \in V$，$z = x + iy$，またこの表示の一意性も容易に証明される．これから恒等写像 $V \longrightarrow \widetilde{V}$ が条件（S0），（S1），（S2）を満たすことが確められる．よって $\dim_{\boldsymbol{R}} V = n$ で，$\widetilde{V} = V_{\boldsymbol{C}}$ とみなすことができる．このように $\widetilde{V}$ の‘実構造’とその回帰的半線型自己同型とは一対一に対応する*)．

さて $\widetilde{V} = V_{\boldsymbol{C}}$ の任意の（複素）部分空間 $\widetilde{W}$ に対し

$$\overline{\widetilde{W}} = \{\bar{z} \,;\, z \in \widetilde{W}\}$$

とおけば，$\overline{\widetilde{W}}$ もまた $\widetilde{V}$ の（複素）部分空間である．$\widetilde{W}$ に関して次の四つの条件は同値である：

(i)　V のある（実）部分空間 W に対し，$\widetilde{W} = W_{\boldsymbol{C}}$.

(ii)　$(\widetilde{W} \cap V)_{\boldsymbol{C}} = \widetilde{W}$.

(iii)　$\dim_{\boldsymbol{R}}(\widetilde{W} \cap V) = \dim_{\boldsymbol{C}} \widetilde{W}$.

(iv)　$\overline{\widetilde{W}} = \widetilde{W}$.

---

*)　これは有限次 Galois 拡大体の上のベクトル空間に関する E. Noether の定理の特別な場合である．

(ii) $\Longrightarrow$ (i) $\Longrightarrow$ (iv)，および (ii) $\Longleftrightarrow$ (iii) は自明であるから，(iv) $\Longrightarrow$ (ii) を証明しよう．$\overline{\widetilde{W}} = \widetilde{W}$ のとき，対応 $z \longrightarrow \bar{z}$ を $\widetilde{W}$ に制限して考えれば，やはり (74) が成立する．よって $W = \{z \in \widetilde{W}\,;\, \bar{z} = z\}$ とおけば，上記により $W = \widetilde{W} \cap V$，$\widetilde{W} = W_{\boldsymbol{C}}$ となる．

問2　A を n 次（正方）複素行列で $A\bar{A} = E$ を満たすものとすれば，ある n 次正則複素行列 B があって，$A = B\bar{B}^{-1}$ と表わされることを証明せよ．(ヒント：$\widetilde{V} = \boldsymbol{C}^n$ において対応 $x \longrightarrow A\bar{x}$ を考えれば，条件 (74) が成立する．)

問3　$V = \boldsymbol{R}^3$，$\widetilde{V} = \boldsymbol{C}^3$ とする．下記の $\widetilde{W}$ に対し上の条件 (iv) が成立するかどうかを検べよ．また $W = \widetilde{W} \cap V$ の底を求めよ．

$$1)\ \widetilde{W} = \left\{\begin{pmatrix}1\\ i\\ 1\end{pmatrix}, \begin{pmatrix}-i\\ 1\\ 1\end{pmatrix}\right\}_{\boldsymbol{C}}, \qquad 2)\ \widetilde{W} = \left\{\begin{pmatrix}1\\ i\\ 1\end{pmatrix}, \begin{pmatrix}i\\ 1\\ i\end{pmatrix}\right\}_{\boldsymbol{C}}.$$

問4　V, W を有限次元ベクトル空間，$\varphi \in \mathscr{L}(V, W)$ とすれば，φ は自然な方法で一意的に一次写像 $V_{\boldsymbol{C}} \longrightarrow W_{\boldsymbol{C}}$ に拡張される．それを同じ記号 φ で表わすことにする．一般に $\varphi \in \mathscr{L}(V_{\boldsymbol{C}}, W_{\boldsymbol{C}})$ に対し，その‘複素共役’ $\bar{\varphi}$ を

$$\bar{\varphi}(x) = \overline{\varphi(\bar{x})} \qquad (x \in V_{\boldsymbol{C}})$$

によって定義すれば，$\bar{\varphi}$ も $\in \mathscr{L}(V_{\boldsymbol{C}}, W_{\boldsymbol{C}})$．また $\bar{\varphi} = \varphi$ となるためには，φ が上記のように $\varphi \in \mathscr{L}(V, W)$ から得られることが必要十分である．($\mathscr{L}(V_{\boldsymbol{C}}, W_{\boldsymbol{C}}) = \mathscr{L}(V, W)_{\boldsymbol{C}}$ とみなせば，$\bar{\varphi}$ は例1で述べた複素共役に他ならない．)

5.2　係数制限

K' が K の拡大体であるとき，K' は自然な方法で K 上のベクトル空間とみなすことができる．また K' 上の任意のベクトル空間 $\widetilde{V}$ をそのまま K 上のベクトル空間とみなすことができる．これを $\widetilde{V}$ から**係数制限**によって得られる K 上のベクトル空間といい，${}_K\widetilde{V}$ で表わすことにしよう*)．

K' が K 上のベクトル空間として有限次であるとき，K' を K の**有限次拡大**，またその次元を拡大 K'/K の**次数**といい $[K' : K]$ で表わす．例えば $\boldsymbol{C}$ は $\boldsymbol{R}$ の 2 次拡大である．

定理8　$\dim \widetilde{V} = n$，$[K' : K] = d$ ならば，

(76)
$$\dim({}_K\widetilde{V}) = nd.$$

証　K' の K 上の底を $(\theta_1, \cdots, \theta_d)$，$\widetilde{V}$ の K' 上の底を $(e_1, \cdots, e_n)$ とすれば，$(\theta_i e_j)$ $(1 \leqq i \leqq d,\ 1 \leqq j \leqq n)$ が ${}_K\widetilde{V}$ の K 上の底になることを示す．${}_K\widetilde{V}$ の任意の元 z は

---

*) (K'/K が有限次拡大のとき) 正式には Weil の記号 $R_{K'/K}(\widetilde{V})$ が用いられるが，本書では上のように略記する．

$$z=\sum_{j=1}^{n}\zeta_j e_j,\qquad \zeta_j\in K'$$

と表わされ，各 ζ_j は

$$\zeta_j=\sum_{i=1}^{d}\xi_{ij}\theta_i,\qquad \xi_{ij}\in K$$

と表わされる．よって

$$z=\sum_{i,j}\xi_{ij}\theta_i e_j$$

と表わされる．次にある $\xi_{ij}\in K$ に対し

$$\sum_{i,j}\xi_{ij}\theta_i e_j=0$$

と仮定すれば，(e_j) が K' 上一次独立であるから，各 j に対し $\sum\xi_{ij}\theta_i=0$．(θ_i) が K 上一次独立であるから，すべての i,j に対し $\xi_{ij}=0$．よって $(\theta_i e_j)$ は K 上一次独立である．よって $(\theta_i e_j)$ は ${}_K\widetilde{V}$ の K 上の底になる．(証終)．

特に $\widetilde{V}=V_{K'}$ であるときには，上の証において (e_i) を V の K 上の底にとることができる．従って自然な対応により ${}_K\widetilde{V}$ を K 上のベクトル空間として $V\otimes_K K'$ と同一視することができる．すなわち

(77)
$$ {}_K(V_{K'})\cong V\otimes_K K'$$
$$\zeta x\longleftrightarrow x\otimes\zeta\qquad (x\in V,\ \zeta\in K')$$

である．

5.3　複素構造

$\widetilde{V}$ を n 次元複素ベクトル空間，$U={}_{\boldsymbol{R}}\widetilde{V}$ とする．定理 8 により $\dim_{\boldsymbol{R}}U=2n$ である．$x\in U$ に対し

(78)
$$Ix=ix$$

とおけば，I は U の（実）一次変換で，

(79)
$$I^2=-1_U.$$

逆に任意の（有限次元）実ベクトル空間 U において (79) を満たす一次変換 I が与えられれば

$$(\alpha+\beta i)x=\alpha x+\beta\cdot Ix\qquad (x\in U,\ \alpha,\beta\in\boldsymbol{R})$$

と定義することにより U は複素ベクトル空間になる．(従って $\dim_{\boldsymbol{R}}U$ は偶数である．) これを $V=(U,I)$ で表わす．一般に (79) を満たす一次変換を U の**複素構造**という．

さて一つの複素構造 I が与えられたとき，U の複素化 $U_{\boldsymbol{C}}$ を考えれば，I は $U_{\boldsymbol{C}}$

の（複素）一次変換に一意的に拡張される.（問3参照.）それを同じ記号Iで表わす. $I^2 = -1$であるから, Iの固有値は$\pm i$で, 対応する固有空間を

$$U_+ = \{x \in U_{\boldsymbol{C}}\,;\, Ix = ix\},$$
$$U_- = \{x \in U_{\boldsymbol{C}}\,;\, Ix = -ix\},$$

とおけば

(80)
$$U_{\boldsymbol{C}} = U_+ \oplus U_-, \qquad \bar{U}_+ = U_-$$

が成立する.（IV, §1, 例4参照.）逆に（80）のような直和分解が与えられれば

$$I(x_+ + x_-) = ix_+ - ix_- \qquad (x_\pm \in U_\pm)$$

によって$U_{\boldsymbol{C}}$の一次変換Iを定義するとき, 明らかに

$$I^2 = -1_{U_{\boldsymbol{C}}}, \qquad \bar{I} = I$$

が成立する. よって（問4により）IはUの複素構造の拡張になっており,（80）はそれに対応する$U_{\boldsymbol{C}}$の固有空間分解に他ならない. よって実ベクトル空間Uに複素構造を与えることはその複素化$U_{\boldsymbol{C}}$に（80）のような直和分解を与えることと同値である.

さて

(81)
$$P_\pm = \frac{1}{2}(1 \mp iI) \qquad \text{(複号同順)}$$

とおけば容易にわかるように

$$P_+ + P_- = 1,$$
$$P_+P_- = P_-P_+ = 0.$$

また$x \in U_{\boldsymbol{C}}$に対し

$$x \in U_\pm \Longleftrightarrow Ix = \pm ix \Longleftrightarrow P_\pm x = x$$

であるから, $P_\pm$は上の直和分解（80）に関する$U_{\boldsymbol{C}}$の$U_\pm$への射影子になる. $\{x \in U\,;\, P_+x = 0\} = U \cap U_- = \{0\}$であるから, P_+をUに制限すれば, UからU_+の上への一対一（実）一次写像を得る. $P_+I = iP_+$であるからこの写像は複素ベクトル空間としての同型

$$\tilde{V} = (U, I) \cong U_+$$

を与える. 同様に, P_-に関して$(U, -I) \cong U_-$.

例2　U^*をUの（$\boldsymbol{R}$上の）双対空間とすれば, $\tilde{V} = (U, I)$の（$\boldsymbol{C}$上の）双対空間は明らかに$\tilde{V}^* = (U^*, {}^tI)$. U^*の複素化$U_{\boldsymbol{C}}{}^*$に（80）の分解を適用すれば

$$U_{\boldsymbol{C}}{}^* = (U^*)_+ \oplus (U^*)_-,$$
$$(U^*)_\pm = \{f \in U_{\boldsymbol{C}}{}^*\,;\, {}^tIf = \pm if\}.$$

$U_{\boldsymbol{C}}^*$ を $U_{\boldsymbol{C}}$ の（$\boldsymbol{C}$ 上の）双対空間とみなせば（(73)）

(82)　$$(U^*)_+ = (U_-)^\perp, \quad (U^*)_- = (U_+)^\perp$$

が成立する．よって $f \in (U^*)_+$ を U_+ に制限することにより標準的同型 $(U^*)_+ \cong (U_+)^*$ を得る.（§1, (13′)）．よってこれを U_+^* とかく．$(U^*)_-$ についても同様．また $f \in U_{\boldsymbol{C}}^*$ を U に制限して考えれば，$f \in U_\pm^* \Longleftrightarrow f(Ix) = \pm if(x)$（$x \in U$）．よって $U_\pm^* \cong (U, \pm I)^*$．特に U_-^* は $\tilde{V} = (U, I)$ 上の複素‘半線型’函数全体の空間とみなすことができる．

問5　(82) を証明せよ．

問6　上と同じ記号の下に，$\tilde{\varphi} \in \mathrm{End}(\tilde{V})$ をそのまま $U = {}_{\boldsymbol{R}}\tilde{V}$ の実一次変換とみなすことができる．それを ${}_{\boldsymbol{R}}\tilde{\varphi}$ で表わす．$\varphi \in \mathrm{End}(U)$ がこの方法で $\tilde{\varphi} \in \mathrm{End}(\tilde{V})$ から得られるためには $\varphi \circ I = I \circ \varphi$ が必要十分である．また $\varphi = {}_{\boldsymbol{R}}\tilde{\varphi}$ とすれば，$\det(\varphi) = |\det(\tilde{\varphi})|^2$ である.（II, §6, 問2参照.）

問7　実ベクトル空間 U に二つの複素構造 I, J で関係式 $IJ = -JI$ を満たすものが存在すれば，$\dim U$ は4の倍数であることを証明せよ.（このような I, J があるとき，$x \in U$ に対し

$$x(\alpha_0 + \alpha_1 i + \alpha_2 j + \alpha_3 k) = \alpha_0 x + \alpha_1 Ix + \alpha_2 Jx + \alpha_3 JIx$$

$(\alpha_0, \alpha_1, \alpha_2, \alpha_3 \in \boldsymbol{R})$ と定義することにより U を四元数体 $\boldsymbol{H}$ 上の右ベクトル空間とみなすことができる．よってこのような I, J の対を U の‘四元数構造’という.）

問8　本文の記号の下に，ϕ を U_+ から U_- の上への任意の線型同型とし，$x = x_+ + x_- \in U_{\boldsymbol{C}}$, $x_\pm \in U_\pm$ に対し，$Jx = -\phi^{-1}(x_-) + \phi(x_+)$ とおけば，(I, J) は ${}_{\boldsymbol{R}}(U_{\boldsymbol{C}}) = U \otimes_{\boldsymbol{R}} \boldsymbol{C}$ の四元数構造になることを示せ．

例3　F を複素ベクトル空間 $\tilde{V} = (U, I)$ 上の正値エルミット形式とする*)．すなわち，写像 $F: V \times \tilde{V} \longrightarrow \boldsymbol{C}$ で条件

(i) $F(x, y)$ $(x, y \in \tilde{V})$ は y について複素線型，

(ii) $F(x, y) = \overline{F(y, x)}$,

(iii) $x \neq 0 \Longrightarrow F(x, x) > 0$

を満たすものとする．

(83)　$$F(x, y) = S(x, y) + iA(x, y),$$
$$S(x, y) = \Re F(x, y), \quad A(x, y) = \Im F(x, y)$$

とおけば，(ii) により

$$F(x, y) = \overline{F(y, x)} = S(y, x) - iA(y, x).$$

---

*)　p. 172 においては，A をエルミット行列とするとき，$A\{x\} = {}^t\bar{x}Ax = (Ax, x)_u$（$x \in \tilde{V} = \boldsymbol{C}^n$）の形の函数をエルミット形式と定義した．ここでは便宜上，二変数の函数 $F(x, y) = {}^t\bar{x}Ay = (Ay, x)_u$ を‘エルミット形式’と呼ぶ．

よって S は $U \times U$ 上の対称（交代）双一次形式になる．$S(x,x) = F(x,x) > 0$ $(x \neq 0)$ であるから，S は‘正値’である*)．また (i) により

$$F(x, Iy) = S(x, Iy) + iA(x, Iy)$$
$$= iF(x, y) = -A(x, y) + iS(x, y).$$

よって

(84) $$S(x, y) = A(x, Iy).$$

これらの関係から容易に

$$S(Ix, Iy) = -A(Ix, y) = S(x, y),$$
$$A(Ix, Iy) = S(Ix, y) = A(x, y)$$

を得る．また逆に A を $U \times U$ 上の（実）交代双一次形式で $A(x, Iy)$ が正値対称になるようなものとすれば

(85) $$F(x, y) = A(x, Iy) + iA(x, y)$$

は (U, I) 上の正値エルミット形式になることも容易にわかる．

問 9　本文の記号の下に，上記 S, A を $U_{\boldsymbol{C}} \times U_{\boldsymbol{C}}$ 上の複素双一次形式に拡張すれば，S, A は $U_+ \times U_+$，$U_- \times U_-$ の上では恒等的に 0 であることを示せ．(すなわち，$U_\pm$ は S, A に関し totally isotropic である．）また $x, y \in U$ に対し

$$F(x, y) = 2iA(P_-x, P_+y) = 2S(P_-x, P_+y)$$

を証明せよ．

問 10　(I, J) を U の四元数構造とし，問 7 に述べたように U を $\boldsymbol{H}$ 上の右ベクトル空間と考える．実双一次写像 $F: U \times U \longrightarrow \boldsymbol{H}$ は

(i) $F(x, y\alpha) = F(x, y)\alpha \qquad (x, y \in U,\ \alpha \in \boldsymbol{H})$,

(ii) $F(x, y) = \overline{F(y, x)}$ **),

(iii) $x \neq 0 \Longrightarrow F(x, x) \in \boldsymbol{R}, \quad > 0$

を満たすとき，‘四元数値の正値エルミット形式’と呼ばれる．このとき

(86) $$F(x, y) = S(x, y) + iA_1(x, y) + jA_2(x, y) + kA_3(x, y)$$

により実数値函数 S, A_1, A_2, A_3 を定義すれば

(a) S は正値対称，A_1, A_2, A_3 は交代双一次形式，

(b) $S(x, y) = A_1(x, Iy) = A_2(x, Jy) = A_3(x, JIy)$

が成立する．逆にこれらの条件を満たす S, A_1, A_2, A_3 から (86) により F を定義すれば，F は四元数値の正値エルミット形式になることを示せ．また $F_1(x, y) = S(x, y) + iA_1(x, y)$ とおけば

(87) $$F(x, y) = F_1(x, y) - F_1(x, Jy)j.$$

---

*) 対応する二次形式 $S[x] = S(x, x)$ が正値であるとき，対称双一次形式 S は正値であるという．(IV, §4 参照.)

**) ただし $\overline{}$ は四元数の共役を表わす．すなわち $\alpha = \alpha_0 + \alpha_1 i + \alpha_2 j + \alpha_3 k$ $(\alpha_i \in \boldsymbol{R})$ に対し $\overline{\alpha} = \alpha_0 - \alpha_1 i - \alpha_2 j - \alpha_3 k$.

F_1 は (U, I) 上の（複素数値）正値エルミット形式で条件 $F_1(x, Jy) = -F_1(y, Jx)$ を満たすことを示せ．（逆に F_1 がこれらの条件を満たすとき (87) によって定義される F は $(U; I, J)$ 上の四元数値の正値エルミット形式になる．）

*　　　*　　　*

研究課題　群の表現

1　群論における線型代数の応用の一端を示すために，群の表現論，特に対称群 $\mathfrak{S}_r$ と全一次変換群 $GL(V)$ のテンソル表現に関する Schur-Weyl の理論を概説しよう．精しくは [9], [12], [16], および [18], [19] を参照せられたい．まず二，三の基礎概念の定義から始めることにする．

一つの群 G が与えられているとする．G の（K 上の）ベクトル空間 V における（線型）**表現**とは G の各元 g に V の正則一次変換 $\rho(g)$ を対応させる対応で

(1)　$$\rho(gg') = \rho(g)\rho(g') \qquad (g, g' \in G)$$

を満たすものをいう．(1) から容易に

$$\rho(1) = 1_V, \quad \rho(g^{-1}) = \rho(g)^{-1}$$

を得る．ここに 1 は G の単位元，1_V は V の恒等変換を表わす．V の全一次変換群（すなわち V の正則一次変換全体の作る群）を $GL(V)$ で表わせば，表現 ρ とは G から $GL(V)$ の中への（群）'準同型' に他ならない*)．V を表現 ρ の**表現空間**，$\dim V$ を ρ の**次元**といい，$\dim \rho$ とかく．また V, ρ の組 (V, ρ) を G の表現ということもある．

V の一つの底 $(e_1, \cdots, e_n)$ $(n = \dim V)$ を定めれば，$\rho(g)$ に n 次正則行列 $A(g)$ が対応する．記号的に

$$\rho(g)(e_1, \cdots, e_n) = (e_1, \cdots, e_n)A(g).$$

(1) から

(1′)　$$A(gg') = A(g)A(g'), \quad A(1) = E, \quad A(g^{-1}) = A(g)^{-1}.$$

すなわち，対応 $g \longrightarrow A(g)$ は G から n 次全行列群 $GL(n, K)$ の中への準同型になる．これを底 (e_i) に関して ρ に対応する G の**行列表現**という．底 (e_i) を固定すれば，表現 $\rho: G \longrightarrow GL(V)$ を与えることと，行列表現 $A: G \longrightarrow GL(n, K)$

---

*)　一般に一つの代数系（群，環，ベクトル空間のようにいくつかの代数演算が定義されている集合）A から同種類の代数系 A' への写像 φ がその演算を保存するとき，φ を '準同型' という．例えば一次写像はベクトル空間の準同型である．

を与えることは同値である．

V の部分空間 W が条件

(2)　$$g \in G,\ x \in W \Longrightarrow \rho(g)x \in W$$

を満たすとき，W を G-**不変**，または単に不変部分空間という．そのとき $\rho(g)$ の W への制限を $\rho_W(g)$ とおけば，ρ_W は G の W における表現になる．$\dim W = r$ とし，V の底 (e_i) を $(e_i, \cdots, e_r)$ が W の底になるようにえらべば，条件 (2) は対応する行列表現 A が

(2′)　$$A(g) = \begin{pmatrix} \overbrace{A_1(g)}^{r} & \overbrace{A_{12}(g)}^{n-r} \\ 0 & A_2(g) \end{pmatrix} \begin{matrix} \}r \\ \}n-r \end{matrix}$$

の形に分解されることと同値である．ここに A_1 は底 $(e_1, \cdots, e_r)$ に関して ρ_W に対応する行列表現である．

注意　(2) から直ちに $x \equiv y(\mathrm{mod}\,W) \Longrightarrow \rho(g)x \equiv \rho(g)y(\mathrm{mod}\,W)$．従って W に関する剰余類 $[\rho(g)x]$ は $[x]$ だけによって定まる.（§1.2, 附記参照.）対応 $[x] \longrightarrow [\rho(g)x]$ を $\rho_{V/W}(g)$ で表わせば, $\rho_{V/W}$ は G の商空間 V/W における表現になる．またその底 $([e_{r+1}], \cdots, [e_n])$ に関する行列表現は (2′) における A_2 である．

W_1, W_2 が V の不変部分空間ならば，$W_1 + W_2$，$W_1 \cap W_2$ も明らかにまた不変部分空間になる．不変部分空間 W に対し

(3)　$V = W \oplus W'$　（すなわち，$V = W + W'$，$W \cap W' = \{0\}$）

となるような不変部分空間 W' が存在するとき，W は V の**不変直和因子**であるという．そのとき，$x \in V$，$x = y + y'$，$y \in W$，$y' \in W'$ とすれば

$$\rho(g)(x) = \rho_W(g)(y) + \rho_{W'}(g)(y').$$

よって表現 ρ は ρ_W と $\rho_{W'}$ の**直和**に分解されるといい，記号的に

$$\rho = \rho_W \oplus \rho_{W'}$$

とかく．V の底 (e_i) を直和分解 (3) に即して（すなわち $(e_1, \cdots, e_r)$ が W の底，$(e_{r+1}, \cdots, e_n)$ が W' の底になるように）とれば，対応する行列表現は

(3′)　$$A(g) = \begin{pmatrix} A_1(g) & 0 \\ 0 & A_2(g) \end{pmatrix}$$

の形になる．

一般にはすべての不変部分空間が不変直和因子になるとは限らない．V の任意の不変部分空間が V の不変直和因子になるとき，表現 (V, ρ) は**完全可約**であるという．

例 1　$G = \boldsymbol{R}$（実数の加群），$\xi \in \boldsymbol{R}$ に対し

$$\rho(\xi) = \begin{pmatrix} 1 & \xi \\ 0 & 1 \end{pmatrix}$$

とおけば，ρ は G の $V = \boldsymbol{R}^2$ における表現であり，$W = \left\{\begin{pmatrix} \eta \\ 0 \end{pmatrix} ; \eta \in \boldsymbol{R}\right\}$ は V の不変部分空間であるが，(3) を満たすような不変部分空間 W' は存在しない．(実際，容易にわかるように W はただ一つの 1 次元不変部分空間である．）すなわち，W は不変直和因子ではない．よって ρ は完全可約ではない．

表現空間 V がそれ自身と $\{0\}$ 以外に不変部分空間を持たないとき，表現 ρ（または表現空間 V）は**既約**であるという．

補題 1　表現 (V, ρ) が完全可約になるためには，V が既約な不変部分空間の直和に分解されることが必要かつ十分である．

証　（必要）W を V の一つの不変部分空間とし，$V = \bigoplus_{k=1}^{m} W_k$ を V の既約不変部分空間への直和分解とする．そのとき $\{1, \cdots, m\}$ の部分集合 $\{k_1, \cdots, k_s\}$ があって $V = W \oplus \left(\sum_{\nu=1}^{s} W_{k\nu}\right)$ となることを $\operatorname{codim} W = \dim V - \dim W$ に関する帰納法で証明しよう．$\operatorname{codim} W = 0$，すなわち $W = V$ ならば，これは明白である．$W \subsetneqq V$ ならば，ある k_1 があって $W_{k_1} \not\subset W$．そのとき $W \cap W_{k_1} = \{0\}$，従って $W' = W \oplus W_{k_1}$ は不変で $\operatorname{codim} W' < \operatorname{codim} W$ となる．よって帰納法の仮定により $\{k_2, \cdots, k_s\}$ があって

$$V = (W \oplus W_{k_1}) \oplus \left(\sum_{\nu=2}^{s} W_{k\nu}\right) = W \oplus \left(\sum_{\nu=1}^{s} W_{k\nu}\right).$$

（十分）$\dim V$ に関する帰納法．$\dim V = 0$ のときは自明．よって $V \neq \{0\}$ とする．W_1 を一つの（$\{0\}$ でない）極小不変部分空間（例えば不変部分空間のうち次元が最小のもの）とすれば，完全可約性により $V = W_1 \oplus V'$ となるような不変部分空間 V' が存在する．$\dim V' < \dim V$ であるから，帰納法の仮定により $V' = \bigoplus_{k=2}^{s} W_k$，$W_k$：既約．よって $V = \bigoplus_{k=1}^{m} W_k$．（証終）

2　(V, ρ)，(V', ρ') を群 G の（共通の係数体 K をもつ）二つの表現とする．一次写像 $\varphi : V \longrightarrow V'$ で，G の作用と可換なもの，すなわち

(4)　$$\varphi \circ \rho(g) = \rho'(g) \circ \varphi \qquad (g \in G)$$

を満たすものを V から V' の中への $\boldsymbol{G}$**-準同型**（G-homomorphism）という．そのような φ 全体の作るベクトル空間を $\operatorname{Hom}_G(V, V')$ で表わす．それは $\mathscr{L}(V, V')$ の

部分空間である．特に同型 $V \cong V'$ を与えるような G-準同型 φ を **G-同型**という．G-同型 φ が存在するとき，二つの表現 (V,ρ)，(V',ρ') は**同値**であるといい，それを

$$(V,\rho) \cong (V',\rho') \quad \text{または} \quad \rho \sim \rho'$$

で表わす．これは明らかに一つの同値関係である．同値な表現の次数は相等しい．

V, V' の底 (e_i)，(e_i') をとり，それらに関する ρ, ρ' の行列表現を A, A' とする．G-準同型 $\varphi : V \longrightarrow V'$ があるとき，底 (e_i)，(e_i') に関する φ の行列を P とすれば，(4) は

(4′) $$P \cdot A(g) = A'(g) \cdot P \qquad (g \in G)$$

と同値である．特に φ が G-同型ならば，P は正則な正方行列で

(4″) $$A'(g) = P \cdot A(g) \cdot P^{-1} \qquad (g \in G).$$

逆にこのような P が存在すれば，明らかに $\rho \sim \rho'$．よって二つの表現 ρ, ρ' が同値になるためには，その次数が相等しく対応する行列表現 A, A' に対し (4″) を満たす正則な正方行列 P が存在することが必要十分である．

$(V,\rho) = (V',\rho')$ のとき，$\mathrm{End}_G(V) = \mathrm{Hom}_G(V, V)$ とおけば，それは $\mathrm{End}(V) = \mathscr{L}(V, V)$ の部分多元環になる．定義から

(5) $$\mathrm{End}_G(V) = \{\varphi \in \mathrm{End}(V) \,;\, \varphi \circ \rho(g) = \rho(g) \circ \varphi \quad \text{for all } g \in G\}.$$

$\mathrm{End}_G(V)$ を表現 (V,ρ) の**自己準同型環**または簡明に**交換子環**という．$\mathrm{End}_G(V)$ を考えることは，表現 ρ をしらべる上でしばしば有効である．特に次の補題は基本的である．

補題 2 (Schur) (V,ρ) が既約ならば，$\mathrm{End}_G(V)$ は多元体である．特に (V,ρ) が絶対既約ならば，$\mathrm{End}_G(V) = K$．

ここに‘絶対既約’とは次の意味である．K' を K の拡大体とすれば，V から係数拡大によって K' 上のベクトル空間 $V_{K'}$ が得られる．(§5.1.) $\rho(g)$ は $V_{K'}$ の一次変換に自然に拡張される；それを $\rho_{K'}(g)$ で表わせば $\rho_{K'}$ は G の $V_{K'}$ における表現になる．(V,ρ) が既約であっても，一般に $(V_{K'},\rho_{K'})$ は既約であるとは限らない．任意の拡大体 K' に対し $(V_{K'},\rho_{K'})$ が既約であるとき，表現 (V,ρ) は**絶対既約**であるという．

補題 2 の証 $\varphi \in \mathrm{End}_G(V)$，$\varphi \neq 0$ とすれば，$\varphi(V)$ は V の $\{0\}$ でない不変部分空間である．よって，ρ が既約ならば，$\varphi(V) = V$，従って φ は逆をもつ．明らかに φ^{-1} も $\in \mathrm{End}_G(V)$．$\mathrm{End}_G(V)$ は（有限次元）多元環で，その 0 以外の元が

すべて逆元をもつから多元体である．さて K' を K の拡大体とすれば，$\mathrm{End}_G(V_{K'}) = (\mathrm{End}_G(V))_{K'}$．(実際，$\mathrm{End}(V_{K'})$ の K' 上の底をそれが同時に $\mathrm{End}(V)$ の K 上の底になるようにとれば，部分空間 $\mathrm{End}_G(V_{K'})$ は K に係数をもつ連立一次方程式によって定義される．よって $\mathrm{End}_G(V_{K'})$ の底を $\mathrm{End}_G(V)$ の中からとることができる．) よって (V,ρ) が絶対既約ならば，任意の拡大体 K' に対し $\mathrm{End}_G(V)_{K'}$ は多元体でなければならない．よく知られているように K を含む '代数的閉体' $\widetilde{K}$ が存在し*)，$\widetilde{K}$ 上には $\widetilde{K}$ 以外の有限次元多元体は存在しない．([9]，[16] 参照．) よって $\dim_K \mathrm{End}_G(V) = \dim_{\widetilde{K}}(\mathrm{End}_G(V)_{\widetilde{K}}) = 1$，すなわち $\mathrm{End}_G(V) = \{\alpha 1_V ; \alpha \in K\}$．$\alpha 1_V$ を $\alpha \in K$ に一致させれば，$\mathrm{End}_G(V) = K$．

注意　K のある拡大体 K' に対し $\rho_{K'}$ が既約でないならば，K のある<u>有限次</u>拡大体 K' に対して $\rho_{K'}$ が既約でないことが証明される．よって ρ が絶対既約になるためには K を含む<u>一つの代数的閉体</u> $\widetilde{K}$ に対し $\rho_{\widetilde{K}}$ が既約であることが必要十分である．

例 2　(V,ρ) を可換群 G の絶対既約表現とすれば，$\rho(G) \subset \mathrm{End}_G(V) = \{\alpha 1_V ; \alpha \in K\}$．よって $\dim V = 1$ でなければならない．すなわち<u>可換群の絶対既約表現はすべて 1 次元である</u>．例えば $G = \boldsymbol{R}$ の $\boldsymbol{C}$ における連続な (絶対) 既約表現は 1 次元の表現 $\boldsymbol{R} \ni \xi \longrightarrow e^{\alpha\xi}$ $(\alpha \in \boldsymbol{C})$ によって尽くされることが証明される．

例 3　(V,ρ) を群 G の $\boldsymbol{R}$ における既約表現とすれば，一般に次の三つの場合が生じる．

1) $(V_{\boldsymbol{C}}, \rho_{\boldsymbol{C}})$ が既約，すなわち ρ が絶対既約である場合．Schur の補題により，$\mathrm{End}_G(V) = \boldsymbol{R}$．この場合，$\rho$ (または $\rho_{\boldsymbol{C}}$) は $\boldsymbol{R}$ 型であるという．

2) $(V_{\boldsymbol{C}}, \rho_{\boldsymbol{C}})$ が既約でない場合．W_1 を $V_{\boldsymbol{C}}$ に含まれる ($\{0\}$ でない) 不変部分空間のうち次元が最小のものとする．W_1 は既約であるから，$\overline{W}_1 = W_1$ または $W_1 \cap \overline{W}_1 = \{0\}$．もし $\overline{W}_1 = W_1$ ならば，$W_1 = (W_1 \cap V)_{\boldsymbol{C}}$ である (§5，例 1) が，V の既約性から，$W_1 \cap V = V$．よって $W_1 = V_{\boldsymbol{C}}$，これは矛盾である．よって $W_1 \cap \overline{W}_1 = \{0\}$．また同じ論法により，$W_1 + \overline{W}_1 = V_{\boldsymbol{C}}$．よって

$$V_{\boldsymbol{C}} = W_1 \oplus \overline{W}_1$$

となる．従って §5.3 により，V に一つの複素構造 I が存在し

$$W_1 = \{x \in V_{\boldsymbol{C}} ; Ix = ix\}.$$

$\rho_{\boldsymbol{C}}$ の W_1 への制限を ρ_1 とおけば，$\rho_{\boldsymbol{C}}$ の $\overline{W}_1$ への制限は $\bar{\rho}_1$ $(g \longrightarrow \overline{\rho_1(g)})$ であり，$(V_{\boldsymbol{C}}, \rho_{\boldsymbol{C}})$ は互に共役な二つの絶対既約表現 (W_1, ρ_1)，$(\overline{W}_1, \bar{\rho}_1)$ の直和に分解される：$\rho = \rho_1 \oplus \bar{\rho}_1$．

2.1) $\rho_1 \not\sim \bar{\rho}_1$ の場合．上記複素構造 I は符号を除き一意的に定まる．このことから $\mathrm{End}_G(V) = \{1, I\}_{\boldsymbol{R}} \cong \boldsymbol{C}$ が証明される．(実際後述 (14) により $\dim_{\boldsymbol{R}} \mathrm{End}_G(V) = \dim_{\boldsymbol{C}} \mathrm{End}_G(V_{\boldsymbol{C}}) = 2$.) この場合，$\rho$ (または $\rho_1, \bar{\rho}_1$) は $\boldsymbol{C}$ 型であるという．

---

*)　$\widetilde{K}$ において任意の (一変数) 多項式が一次式の積に分解されるとき，$\widetilde{K}$ を '代数的閉体' という．例えば複素数体 $\boldsymbol{C}$ は代数的閉体である．(I, §5.)

2.2) $\rho_1 \sim \bar{\rho}_1$ の場合．φ を W_1 から $\overline{W}_1$ の上への一つの G-同型とする．$\varphi\circ\rho_1(g) = \bar{\rho}_1(g)\circ\varphi$ から，$\bar{\varphi}\circ\bar{\rho}_1(g) = \rho_1(g)\circ\bar{\varphi}$．よって

$$\bar{\varphi}\circ\varphi\circ\rho_1(g) = \bar{\varphi}\circ\bar{\rho}_1(g)\circ\varphi = \rho_1(g)\circ\bar{\varphi}\circ\varphi \qquad (g \in G).$$

Schur の補題により $\bar{\varphi}\circ\varphi = \alpha 1_{W_1}$．ここに α は明らかに実数である．よって φ を $\sqrt{|\alpha|}^{-1}\varphi$ でおきかえ，$\bar{\varphi}\circ\varphi = \pm 1_{W_1}$ としてよい．$\bar{\varphi}\circ\varphi = 1_{W_1}$ ならば，容易にわかるように

$$W_2 = \{x + \varphi(x)\ ;\ x \in W_1\}$$

は $V_{\boldsymbol{C}}$ の不変部分空間で，$\overline{W}_2 = W_2$，$W_2 \cong W_1$，これは前述のように矛盾である．($\psi = 1_{W_1} + \varphi$ は W_1 から W_2 の上への G-同型で，$\varphi = \bar{\psi}^{-1}\circ\psi$．§5, 問 2 参照．) よって $\bar{\varphi}\circ\varphi = -1_{W_1}$ である．$x = x_1 + x_2$，$x_1 \in W_1$，$x_2 \in \overline{W}_1$ に対し

$$J(x) = -\varphi^{-1}(x_2) + \varphi(x_1)$$

とおけば，(I, J) は ${}_{\boldsymbol{R}}(V_{\boldsymbol{C}})$ の四元数構造を与える．(§5，問 8.) $\bar{I} = I$，また $\bar{\varphi}\circ\varphi = -1_{W_1}$ から，$\bar{J} = J$ であるから，(I, J) は実は V の四元数構造になることがわかる．従って，$\mathrm{End}_G(V) = \{1, I, J, IJ\}_{\boldsymbol{R}} \cong \boldsymbol{H}$ である．(実際後述 (14 a) により $\dim_{\boldsymbol{R}}\mathrm{End}_G V = \dim_{\boldsymbol{C}}\mathrm{End}_G(V_{\boldsymbol{C}}) = 4$.) この場合，$\rho$ (または ρ_1) は $\boldsymbol{H}$ 型であるという．

G の $\boldsymbol{C}$ における (絶対) 既約表現がすべて $\boldsymbol{R}$ における既約表現から上記の方法で得られること，また $\boldsymbol{R}$ において互に非同値なものからは $\boldsymbol{C}$ においても非同値なものが生じることも容易に証明される．

3　表現 (V, ρ) が互に同値な既約表現の直和に分解されるとき，(V, ρ) を**準既約** (primary) という．今 (V_1, ρ_1) を一つの既約表現とし，(V, ρ) が (V_1, ρ_1) と同値な表現 m_1 個の直和に分解されると仮定しよう．すなわち

$$V = W_1 \oplus \cdots \oplus W_{m_1}, \qquad \rho_{W_1} \sim \rho_1.$$

各 i に対し V_1 から V の中への G-準同型で G-同型 $V_1 \cong W_i$ を与えるものを一つとりそれを φ_i とおく．$x \in V$ は

$$x = \sum_{i=1}^{m_1} \varphi_i(x_i), \qquad x_i \in V_1 \tag{6}$$

の形に一意的に表わされ

$$\rho(g)(x) = \sum_{i=1}^{m_1} \varphi_i(\rho_1(g)(x_i)) \qquad (g \in G)$$

が成立する．よって $x_i = \psi_i(x)$ とおけば，$\psi_i \in \mathrm{Hom}_G(V, V_1)$ で (6) から

$$\sum_{i=1}^{m_1} \varphi_i\circ\psi_i = 1_V \tag{7}$$

を得る．

さて $\varphi_i \in \mathrm{Hom}_G(V_1, V)$ $(1 \leqq i \leqq m_1)$ は明らかに一次独立であるから，$\{\varphi_i$ (1

$\leqq i \leqq m_1)\}$ によって生成される $\mathrm{Hom}_G(V_1, V)$ の部分空間を U_1 とおけば，$\dim U_1 = m_1$．写像

$$V_1 \times U_1 \ni (x, \varphi) \longrightarrow \varphi(x) \in V$$

を考えれば，それは明らかに双一次的であるが，V の元 x が (6) の形に一意的に表わされることから，§2の条件 (T1)，(T2) が成立つことがわかる．よって

$$V \cong V_1 \otimes U_1 \tag{8}$$

$$\varphi(x) \longleftrightarrow x \otimes \varphi \qquad (x \in V_1,\ \varphi \in U_1).$$

この同型を一致させれば

$$\rho(g)(x \otimes \varphi) = (\rho_1(g)x) \otimes \varphi \tag{9}$$

が成立する．

特に (V_1, ρ_1) が絶対既約であるとき

$$U_1 = \mathrm{Hom}_G(V_1, V) \tag{10}$$

となることを証明しよう．実際，任意の $\varphi \in \mathrm{Hom}_G(V_1, V)$ に対し，(7) から

$$\varphi = \sum_{i=1}^{m_1} \varphi_i \circ \psi_i \circ \varphi.$$

$\psi_i \circ \varphi \in \mathrm{End}_G(V_1)$ であるから，Schur の補題により，$\psi_i \circ \varphi = \alpha_i 1_{V_1}$，$\alpha_i \in K$．よって $\varphi = \sum_{i=1}^{m_1} \alpha_i \varphi_i \in U_1$，従って (10) を得る．

例４　上の推論は次のように拡張される．(V', ρ') をやはり (V_1, ρ_1) と同値な表現の直和であるような準既約表現とし，$V' = V_1 \otimes U_1'$ を (9) が成立するようなテンソル積分解とする．§2，例１により

$$\mathscr{L}(V, V') \cong \mathscr{L}(V_1, V_1) \otimes \mathscr{L}(U_1, U_1')$$

であるが，条件 (9) によりこの同型は

$$\mathrm{Hom}_G(V, V') \cong \mathrm{End}_G(V_1) \otimes \mathscr{L}(U_1, U_1') \tag{11}$$

をひき起す．(V_1, ρ_1) が絶対既約ならば，$\mathrm{End}_G(V_1) = K$ であるから，標準的同型

$$\mathrm{Hom}_G(V, V') \cong \mathscr{L}(U_1, U_1') \tag{11$'$}$$

が得られる．この特別な場合として

$$\mathrm{Hom}_G(V_1, V) \cong \mathscr{L}(K, U_1) = U_1,$$

すなわち (10) を得る．またこれと双対的に

$$\mathrm{Hom}_G(V, V_1) \cong \mathscr{L}(U_1, K) = U_1^*.$$

一般の（ρ_1 が必ずしも絶対既約でない）場合，$D = \mathrm{End}_G(V_1)$，$\widetilde{U}_1 = \mathrm{Hom}_G(V_1, V)$ とおけば，$\alpha \in D$，$\varphi \in \widetilde{U}_1 \Longrightarrow \varphi \circ \alpha \in \widetilde{U}_1$ であるから，$\widetilde{U}_1$ を多元体 D 上の右ベクトル空間とみなすことができる．(10) の証におけると同様 $\varphi \in \widetilde{U}_1$ は $\varphi = \sum_{i=1}^{m_1} \varphi_i \circ \alpha_i$ $(\alpha_i \in D)$ と表わされるが，容易にわかるようにこの表示は一意的である．よって $(\varphi_1, \cdots, \varphi_{m_1})$ は $\widetilde{U}_1$ の

D上の底になる.(このことは (11) の特別な場合として, $\widetilde{U}_1 \cong D \otimes U_1$ を得ることからもわかる.) 一方, V_1 は D 上の左ベクトル空間の構造をもち, その D 上の次元は $\frac{n_1}{d}$ ($n_1 = \dim_K V_1$, $d = \dim_K D$). 写像 $\widetilde{U}_1 \times V_1 \ni (\varphi, x) \longrightarrow \varphi(x) \in V$ は K 上の双一次写像であるが, $\alpha \in D$ に対し $\varphi(\alpha x) = (\varphi \circ \alpha)(x)$ を満たす. $\dim_K V = m_1 \cdot n_1 = m_1 \cdot d \cdot \frac{n_1}{d}$ から, この写像はこの性質をもつ双一次写像の中で普遍的であることがわかる. よってそれを D 上の'テンソル積'と考えることができる: $V = \widetilde{U}_1 \otimes_D V_1$. また (11) において $V = V'$ とおくことにより

(11 a) $$\mathrm{End}_G(V) \cong D \otimes \mathrm{End}(U_1) \cong \mathrm{End}_D(\widetilde{U}_1).$$

ここに $\mathrm{End}_D(\widetilde{U}_1)$ は D 上の右ベクトル空間としての $\widetilde{U}_1$ の自己準同型環を表わす. $\mathrm{End}_D(\widetilde{U}_1)$ は $M_{m_1}(D)$ (D の元を成分とする m_1 次正方行列全体の作る多元環) と同型で, 容易にわかるように, 多元環として'単純'である.(すなわち J をその両側イデヤルとすれば, $J = \mathrm{End}_D(\widetilde{U}_1)$ または $= \{0\}$ である.)

さて与えられた群 G の (K における) 既約表現の同値類から一つずつ代表を選び, それらを (V_i, ρ_i) ($i = 1, 2, \cdots$) とする. G の一つの完全可約な表現 (V, ρ) が与えられたとき, それを既約表現の直和に分解し, 各 i に対し (V_i, ρ_i) と同値な直和因子の和を $V^{(i)}$ とおけば, $(V^{(i)}, \rho_{V^{(i)}})$ は準既約で

(12) $$\begin{cases} V = \sum V^{(i)}, & V^{(i)} \cong V_i \otimes U_i \\ \rho = \sum \rho_{V^{(i)}}, & \rho_{V^{(i)}} \sim \rho_i \otimes 1_{U_i} \end{cases}$$

と直和分解される.(実際, ほとんどすべての i に対し $V^{(i)} = \{0\}$ である.) 下に示すように, V の既約な不変部分空間 W に対し

(13) $$\rho_W \sim \rho_i \iff W \subset V^{(i)}$$

が成立する. よって分解 (12) は一意的である.(例 4 に述べた意味で $V^{(i)}$ のテンソル積分解も一意的である.) 分解 (12) を V の**準既約分解**, 各 $V^{(i)}$ を既約表現 ρ_i に対応する V の**準既約成分**という. また $m_i = \dim U_i$ を ρ に含まれる ρ_i の**重複度**といい $(\rho : \rho_i)$ とかく. 上に述べたように, 特に ρ_i が絶対既約ならば $U_i = \mathrm{Hom}_G(V_i, V)$ としてよい.

(13) の証. $V = \bigoplus_{k=1}^{m} W_k$ を既約不変部分空間への (一つの) 直和分解とし, それによって分解 (12) が定義されているものとする. この直和分解に関する V の W_k への射影子を P_k とすれば, W は既約であるから, $P_k | W$ (P_k の W への制限) は $= 0$ であるか, W から W_k の上への G-同型を与えるかいずれかである. よってもし $\rho_W \sim \rho_i$ ならば, $\rho_{W_k} \not\sim \rho_i$ であるようなすべての k に対して $P_k | W = 0$. 従って $W \subset \sum_{\rho_{W_k} \sim \rho_i} W_k = V^{(i)}$ を得る.

上述の $V^{(i)}$ の性質から任意の $\varphi \in \mathrm{End}_G(V)$ に対し, $\varphi(V^{(i)}) \subset V^{(i)}$. よって分

解（12）に対応して交換子環は

(14) $$\mathrm{End}_G(V) \cong \bigoplus_i \mathrm{End}_G(V^{(i)})$$

と直和分解される．更に（11 a）から

(14 a) $$\mathrm{End}_G(V^{(i)}) \cong \mathrm{End}_G(V_i) \otimes \mathrm{End}(U_i).$$

（これらの同型は多元環としての同型である．従って（14）は $\mathrm{End}_G(V)$ の単純両側イデヤルの直和への分解を与える．）これから（完全可約表現に対して）Schur の補題の逆が得られる．実際，$\mathrm{End}_G(V)$ が多元体ならば，V はただ一つの準既約成分 $V^{(i)}$ からなり，かつ $\dim U_i = 1$ でなければならない．すなわち (V, ρ) は既約である．特に $\mathrm{End}_G(V) = K$ ならば，これがすべての係数拡大 $(V_{K'}, \rho_{K'})$ に対して成立するから (V, ρ) は絶対既約でなければならない．

例 5　群 G の表現 (V, ρ) が与えられたとき

$$G \ni g \longrightarrow \rho^*(g) = {}^t\rho(g)^{-1}$$

は V の双対空間 V^* における表現になる．これを ρ の**双対表現**，または**反傾表現**という．W を V の不変部分空間とすれば，明らかに $W^\perp$ は V^* の不変部分空間になる．このことから ρ が既約（または準既約）ならば，ρ^* もまたそうである．一般に (V, ρ) が（12）のように分解されれば

$$\begin{cases} V^* \cong \sum V^{(i)*}, & V^{(i)*} \cong V_i^* \otimes U_i^*, \\ \rho^* \sim \sum (\rho_{V^{(i)}})^*, & (\rho_{V^{(i)}})^* \sim (\rho_i)^* \otimes 1_{U_i^*} \end{cases}$$

が (V^*, ρ^*) の準既約成分への分解を与える．ただし $V^{(i)*}$，V_i^*，U_i^* はそれぞれ $V^{(i)}$，V_i，U_i の双対空間を表わす．特に ρ_i が絶対既約ならば，ρ_i^* も絶対既約で，$U_i^* \cong \mathrm{Hom}_G(V_i^*, V^*) \cong \mathrm{Hom}_G(V, V_i)$．

例 6　(V, ρ) を群 G の $\boldsymbol{R}$ における完全可約表現，（12）をその準既約成分への分解とし，$(V_{\boldsymbol{C}}, \rho_{\boldsymbol{C}})$ の分解を考えよう．

1) ρ_i が $\boldsymbol{R}$ 型（すなわち絶対既約）ならば，$\rho_{i\boldsymbol{C}}$ も既約であるから，$V^{(i)}{}_{\boldsymbol{C}} = V_{i\boldsymbol{C}} \otimes U_{i\boldsymbol{C}}$，$\rho^{(i)}{}_{\boldsymbol{C}} = \rho_{i\boldsymbol{C}} \otimes 1_{U_{i\boldsymbol{C}}}$ も準既約で，$(V^{(i)}{}_{\boldsymbol{C}}, \rho^{(i)}{}_{\boldsymbol{C}})$ は一つの準既約成分になる．この場合，$\dim \rho_{i\boldsymbol{C}} = \dim \rho_i$，$(\rho_{\boldsymbol{C}} : \rho_{i\boldsymbol{C}}) = (\rho : \rho_i)$．

2.1) ρ_i が $\boldsymbol{C}$ 型ならば，$(V_{i\boldsymbol{C}}, \rho_{i\boldsymbol{C}})$ は互に共役な（しかし非同値な）二つの既約表現の直和に分解される：$V_{i\boldsymbol{C}} = \widetilde{V}_i \oplus \overline{\widetilde{V}_i}$，$\rho_{i\boldsymbol{C}} = \tilde{\rho}_i \oplus \overline{\tilde{\rho}_i}$．よって

$$V^{(i)}{}_{\boldsymbol{C}} = \widetilde{V}^{(i)} \oplus \overline{\widetilde{V}}^{(i)}, \quad \widetilde{V}^{(i)} = \widetilde{V}_i \otimes U_{i\boldsymbol{C}}.$$

すなわち $(V^{(i)}{}_{\boldsymbol{C}}, \rho^{(i)}{}_{\boldsymbol{C}})$ は互に共役な二つの準既約成分の直和に分解される．この場合，$\dim \tilde{\rho}_i = \dfrac{1}{2} \dim \rho_i$，$(\rho_{\boldsymbol{C}} : \tilde{\rho}_i) = (\rho : \rho_i)$．

2.2) ρ_i が $\boldsymbol{H}$ 型ならばやはり $V_{i\boldsymbol{C}} = \widetilde{V}_i \oplus \overline{\widetilde{V}_i}$，$\rho_{i\boldsymbol{C}} = \tilde{\rho}_i \oplus \overline{\tilde{\rho}_i}$ であるが，$\overline{\tilde{\rho}_i} \sim \tilde{\rho}_i$ であるから $V^{(i)}{}_{\boldsymbol{C}} = \widetilde{V}_i \otimes U_{i\boldsymbol{C}} + \overline{\widetilde{V}_i} \otimes U_{i\boldsymbol{C}}$ は準既約で，$(V_{\boldsymbol{C}}, \rho_{\boldsymbol{C}})$ の一つの準既約成分になる．この場合，$\dim \tilde{\rho}_i = \dfrac{1}{2} \dim \rho_i$，$(\rho_{\boldsymbol{C}} : \tilde{\rho}_i) = 2(\rho : \rho_i)$．

注意　2.2）の場合，$\widetilde{U}_i = \mathrm{Hom}_G(V_i, V^{(i)})$，$D_i = \mathrm{End}_G(V_i)$（$\cong \boldsymbol{H}$）とおけば，$V^{(i)} = \widetilde{U}_i \otimes_{D_i} V_i$．同様に 2.1）の場合は $D_i \cong \boldsymbol{C}$ であり，$V^{(i)} = {}_{\boldsymbol{R}}(\widetilde{U}_i \otimes_{\boldsymbol{C}} V_i)$．

4　典型的な例として G が有限群の場合を考えよう．以下再び K の標数は 0 であると仮定する．

定理　有限群 G の（標数 0 の体における）表現は完全可約である．

実際，(V, ρ) を G の表現，W を V の不変部分空間とする．V の底 (e_i) を $(e_1, \cdots, e_r)$ が W の底になるようにとり，(e_i) に関する行列表現を

$$A(g) = \begin{pmatrix} A_1(g) & A_{12}(g) \\ 0 & A_2(g) \end{pmatrix}$$

とする．$A(gg') = A(g) \cdot A(g')$ から関係式

$$(\sharp) \qquad A_{12}(gg') = A_1(g) A_{12}(g') + A_{12}(g) A_2(g') \qquad (g, g' \in G)$$

を得る．一方

$$P = \begin{pmatrix} E^{(r)} & C \\ 0 & E^{(n-r)} \end{pmatrix}, \qquad PA(g)P^{-1} = \begin{pmatrix} A_1(g) & A_{12}'(g) \\ 0 & A_2(g) \end{pmatrix}$$

とおけば

$$A_{12}'(g) = A_{12}(g) + CA_2(g) - A_1(g)C.$$

よって条件（♯）の下に，適当な $(r, n-r)$ 行列 C をとれば，$A_{12}'(g) = 0$ すなわち

$$(\sharp\sharp) \qquad A_{12}(g) = A_1(g)C - CA_2(g)$$

となることを示せば十分である．（♯）から

$$\begin{aligned} A_{12}(gg') A_2(gg')^{-1} A_2(g) &= A_{12}(gg') A_2(g')^{-1} \\ &= A_1(g) A_{12}(g') A_2(g')^{-1} + A_{12}(g). \end{aligned}$$

よって

$$C = \frac{-1}{N} \sum_{g' \in G} A_{12}(g') A_2(g')^{-1}$$

とおけばよい．ここに N は群 C の位数を表わす．

注意　上の証明において，有限群 G 上の（K に値をもつ）函数 f に対しその‘平均値’ $\frac{1}{N} \sum_{g \in G} f(g)$ をとり得ることが本質的である．コンパクトな Lie 群（または位相群）上の実または複素連続函数に対しても不変積分に関する平均値が定義されるから，同様にして連続表現の完全可約性が証明される．更にこのことから半単純 Lie 群（または代数群）の表現の完全可約性も証明される．([5]，[12]，[13]，[14] 参照.)

有限群 G の既約表現を見出すには次のようにすればよい．G の元を底とする K

上のベクトル空間 $R = K(G)$ を考え，その元を

$$a = \sum_{g \in G} \alpha_g g, \qquad \alpha_g \in K$$

のように表わす．R における積を

$$(15) \qquad (\sum \alpha_g g)(\sum \beta_g g) = \sum_{g,\, g' \in G} (\alpha_g \beta_{g'}) gg' = \sum_{g \in G} \Big(\sum_{g' \in G} \alpha_{gg'^{-1}} \beta_{g'} \Big) g$$

によって定義すれば，それは K 上 N 次元の多元環になる．(G の単位元 1 が R の単位元になる．) これを G の (K 上の) **群多元環**という．$g \in G$ の‘左乗’によって定義される R の一次変換を $\lambda(g)$ で表わす：

$$\lambda(g)(x) = gx \qquad (g \in G,\ x \in R).$$

(R, λ) は明らかに G の (K における) 表現である．これを‘(左) 正規表現’と呼ぶ．後に示すように G のすべての既約表現は (R, λ) を分解することによって得られる．(例 7 の後の注意．)

さて W を R の部分空間とすれば，明らかに

$$W : G\text{-不変} \iff W : \text{‘左イデヤル’}\ (\text{すなわち } RW \subset W).$$

よって W を R の左イデヤルとすれば，正規表現の完全可約性により

$$R = W \oplus W'$$

となるような左イデヤル W' が存在する．すなわち R は左イデヤルに関して完全可約である*)．この分解に即して 1 (G の単位元) を分解し

$$1 = e + e', \qquad e \in W, \qquad e' \in W'$$

とおけば，$W,\ W'$ が左イデヤルであることから，任意の $x \in R$ に対し

$$x = xe + xe', \qquad xe \in W, \qquad xe' \in W'.$$

よって，$x \in W \iff x = xe$．特に

$$e^2 = e \qquad (\text{従ってまた } e'^2 = e',\ ee' = e'e = 0).$$

よって W は‘冪等元’e によって生成される左イデヤルであり，対応 $R \ni x \longrightarrow xe$ は R の (上記の直和分解に関する) W への‘射影子’である．同様の考察により

$$\rho_W : \text{既約} \iff W : \text{左イデヤルとして単純}$$

---

*) 一般に単位元をもつ (有限次元) 多元環が左イデヤルに関して完全可約であるとき，あるいはそれと同値であるが単純両側イデヤルの直和に分解されるとき，‘半単純’であるという．この節で標数 0 の体の上の群多元環について述べることの大部分は一般の半単純多元環についても成立する．[9]，[16]，[19] 参照．

であり，そのためには上の e がもはや直交冪等元の和に分解されないこと，すなわち

$$e = e_1 + e_2, \quad {e_1}^2 = e_1, \quad {e_2}^2 = e_2, \quad e_1e_2 = e_2e_1 = 0 \quad \Longrightarrow e = e_1 \text{ または } e_2$$

が必要十分である．この条件を満たす冪等元 e を**原始的**という．以上により G の既約表現を求める問題は，群多元環 R の単純左イデヤルを求める問題に，それは更に R の原始冪等元を求めることに帰着されるのである．

例 7　e, e' を R の二つの任意の冪等元とし，$\mathrm{Hom}_G(Re, Re')$ を考えよう．$\varphi \in \mathrm{Hom}_G(Re, Re')$，$\varphi(e) = a \in Re'$ とおけば，すべての $g \in G$ に対し $\varphi(ge) = ga$．従ってすべての $x \in Re$ に対し

(16)　$$\varphi(x) = \varphi(xe) = xa.$$

特に $\varphi(e) = ea = a$，よって $a \in eR \cap Re' = eRe'$．逆に任意の $a \in eRe'$ に対し φ を (16) で定義すれば明らかに $\varphi \in \mathrm{Hom}_G(Re, Re')$．よって一対一対応 $\varphi \longleftrightarrow a$ により

(17)　$$\mathrm{Hom}_G(Re, Re') \cong eRe'.$$

特に $\mathrm{Hom}_G(Re, R) \cong eR$ であるから，e が原始冪等元であるとき単純左イデヤル Re を含む準既約成分は‘両側イデヤル’ ReR で与えられる.（それは単純多元環になる.）よって (R, λ) の準既約成分への分解は R の単純両側イデヤルへの分解に他ならない．また $e = e'$，$D' = eRe$ とおけば，上記により $\alpha \in \mathrm{End}_G(Re)$ が $a \in D'$ の‘右乗’によって与えられることがわかる．よって D' は $\mathrm{End}_G(Re)$ と逆同型な多元体で，Re は D' 上の右ベクトル空間になる．Schur の補題（とその逆）により，λ_{Re} が絶対既約になるためには $eRe = \{e\}_K$ となることが必要十分である.（更に自然な対応で $ReR \cong Re \otimes_{D'} eR \cong \mathrm{End}_{D'}(Re)$ となることが証明される.）

注意　上の考察は次のように拡張される．(V, ρ) を G の任意の表現とすれば，ρ は自然に多元環 $R = K(G)$ の‘表現’（すなわち R から $\mathrm{End}(V)$ の中への多元環の準同型）に拡張される；それを同じ文字 ρ で表わす．上と同様の推論により

(17′)　$$\mathrm{Hom}_G(Re, V) \cong \rho(e)V$$

が得られる．また e が原始的ならば既約表現 λ_{Re} に対応する V の準既約成分は $\rho(Re)V$ で与えられる．$V = \rho(1)V = \rho(R)V$ であるから，V はこれらの準既約成分の直和である．特に G の任意の既約表現は R の一つの単純左イデヤルによって与えられる表現 λ_{Re} と同値であることがわかる．

例 8　$a = \sum \alpha_g g \in R$ に対し

(18)　$$a^* = \sum \alpha_g g^{-1}$$

とおけば，対応 $a \longrightarrow a^*$ は明らかに R の自己逆同型を与える．e を R の（原始）冪等元とすれば，e^* も（原始）冪等元で，対応する左イデヤル Re, Re^* は内積

(19)　$$\langle a, b \rangle = (ab^* \text{ における } 1 \text{ の係数})$$

に関して互に双対的になる．定義から明らかに $\langle ga, b \rangle = \langle a, g^{-1}b \rangle$ $(g \in G)$．よって表現 λ_{Re} と λ_{Re^*} は互に反傾的である：$(\lambda_{Re})^* \sim \lambda_{Re^*}$．特に正規表現 λ は自己反傾的である．

5　最後に $\mathfrak{S}_r$ および $GL(V)$ のテンソル表現についてその要点を述べよう．まず $\mathfrak{S}_r$ の既約表現を求めるためには群多元環 $R = K(\mathfrak{S}_r)$ の原始冪等元を求めねばならない．それは次のようにして得られることが知られている．

$\Delta = \{d_1, \cdots, d_\nu\}$ を次の条件を満たす自然数の組とする．

$$\begin{cases} d_1 \geqq d_2 \geqq \cdots \geqq d_\nu > 0, \\ \sum_{i=1}^{\nu} d_i = r. \end{cases} \tag{20}$$

Δ に次のような図形を対応させる：

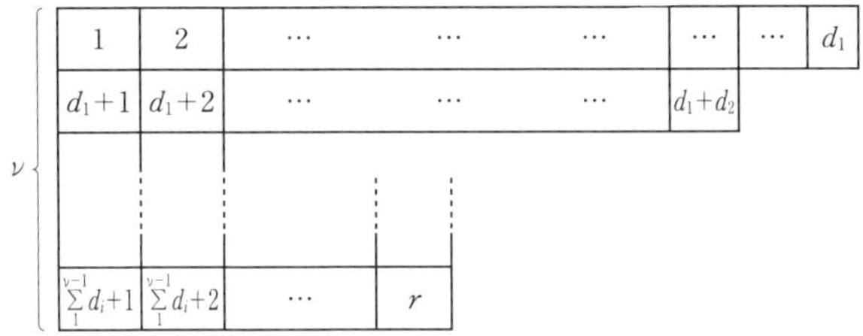

これを（'長さ' r の）**Young 図形**という．また ν をその '高さ' という：$\nu = \nu(\Delta)$．

$\sigma \in \mathfrak{S}_r$ でこの図形の各行を不変にするもの（すなわち，任意の i をそれと同じ行にある文字にうつすもの）全体の作る部分群を $\mathfrak{S}_\Delta$，同様に各列を不変にするものの全体の作る部分群を $\mathfrak{S}'_\Delta$ とし

$$a_\Delta = \sum_{\sigma \in \mathfrak{S}_\Delta} \sigma, \qquad b_\Delta = \sum_{\tau \in \mathfrak{S}'_\Delta} \varepsilon(\tau)\tau, \qquad c_\Delta = b_\Delta a_\Delta \tag{21}$$

とおく．そのときある自然数 μ があって

$$c_\Delta{}^2 = \mu c_\Delta \tag{22}$$

が成立する．

証明の概略は次の通り．（[19] の Ch. IV；[16] の Vol. II, §14.7.）まず簡単な組合せ論的考察から，$\sigma \notin \mathfrak{S}'_\Delta \cdot \mathfrak{S}_\Delta$ に対し，二つの相異なる数 i, j があって，i, j は Δ の同じ行に属し，$\sigma(i), \sigma(j)$ は Δ の同じ列に属する．よって $\sigma_1 = (i, j)$，$\tau_1 = (\sigma(i), \sigma(j))$ とおけば，$\sigma_1 \in \mathfrak{S}_\Delta$，$\tau_1 \in \mathfrak{S}'_\Delta$ で，$\tau_1\sigma = \sigma\sigma_1$．今，$x = c_\Delta{}^2 = \sum \xi_\sigma \sigma$ とおけば，$\sigma' \in \mathfrak{S}_\Delta$ に対し $x\sigma' = x$，従って $\xi_{\sigma\sigma'} = \xi_\sigma$．同様に $\tau' \in \mathfrak{S}'_\Delta$ に対し $\xi_{\tau'\sigma} = \varepsilon(\tau')\xi_\sigma$．上記により $\sigma \notin \mathfrak{S}'_\Delta \cdot \mathfrak{S}_\Delta$ ならば，$\xi_{\sigma\sigma_1} = \xi_\sigma = \xi_{\tau_1\sigma} = -\xi_\sigma$．∴ $\xi_\sigma = 0$．また $\sigma = \tau' \cdot \sigma' \in \mathfrak{S}'_\Delta \cdot \mathfrak{S}_\Delta$，$\sigma' \in \mathfrak{S}_\Delta$，$\tau' \in \mathfrak{S}'_\Delta$ ならば $\xi_\sigma = \varepsilon(\tau')\xi_1$．よって $\mu = \xi_1$ とおけば (22) を得る．R において c_Δ の左乗 $\lambda(c_\Delta)$ のトレイスを二通りに計算することにより $\mathrm{tr}(\lambda(c_\Delta)) = \mu \cdot \dim(c_\Delta R) = r!$．よって $\mu > 0$．μ が実際，自然数になることは後述の公式 (30) からわかる．

従って $e_\Delta = \mu^{-1}c_\Delta$ とおけば，e_Δ は R の冪等元であるが，上記（22）の証と同様の論法により $e_\Delta R e_\Delta = \{e_\Delta\}_K$ を得る．これは e_Δ が原始的であり，しかも左イデヤル Re_Δ によって得られる表現は絶対既約であることを意味する．(例 7.)

$$(23) \qquad V_\Delta = Re_\Delta, \qquad \rho_\Delta = \lambda_{V_\Delta}$$

とおく．(λ_{V_Δ} は表現 λ の V_Δ への制限を表わす．)

Δ' を Δ と相異なる（長さ r の）Young 図形とすれば，同じ論法により $e_\Delta R e_{\Delta'} = \{0\}$ を得る．これは $\rho_\Delta \not\sim \rho_{\Delta'}$ を意味する．(実際，例 7,（17）により $\mathrm{Hom}_G(V_\Delta, V_{\Delta'}) \cong e_\Delta R e_{\Delta'}$.）更に $\mathfrak{S}_r$ の任意の既約表現はある ρ_Δ と同値になることが証明される．従って $\{\rho_\Delta\}$ は $\mathfrak{S}_r$ の既約表現類の集合の完全代表系を与える．

この最後の主張は R が単純両側イデヤル $Re_\Delta R$ の直和に分解されること：

$$(24) \qquad R = \bigoplus_{\Delta} Re_\Delta R$$

と同値である．今，長さ r の Young 図形の個数（すなわち r の‘分割’$\{d_1, \cdots, d_\nu\}$ の個数）を h，群多元環 $R = K(\mathfrak{S}_r)$ の単純両側イデヤルの個数を h' とする．上記により単純両側イデヤル $Re_\Delta R$ は互に相異なるから，$h \leqq h'$．一方明らかに h' は R の‘中心’$Z = \{z \in R\,;\, zx = xz \quad \text{for all}\, x \in R\}$ の次元より大きくなく，後者は群 $\mathfrak{S}_r$ の‘共役類’の個数に等しい．(群 G の二つの元 g_1, g_2 はある $g \in G$ に対し $g_2 = gg_1g^{-1}$ となるとき‘共役’であるという．）よく知られているように，$\mathfrak{S}_r$ の共役類の集合の完全代表系として $(1, \cdots, d_1)(d_1+1, \cdots, d_1+d_2)\cdots\left(\sum_{i=1}^{\nu-1} d_i + 1, \cdots, r\right)$ の形の置換の集合をとることができる．(II, § 1.）よってその個数はちょうど h に等しい．従って $h \geqq h'$．両者をあわせて $h = h'$，従って（24）を得る．

さて V を n 次元ベクトル空間とし，r 階の（反変）テンソル空間 $T^r = T^r(V)$ を考える．§3.2 に述べたように $\sigma \in \mathfrak{S}_r$ を

$$P_\sigma(x_1 \otimes \cdots \otimes x_r) = x_{\sigma(1)} \otimes \cdots \otimes x_{\sigma(r)} \qquad (x_i \in V)$$

により T^r に作用させることができる．$\rho(\sigma) = P_\sigma{}^{-1}$ とおけば，(T^r, ρ) は $\mathfrak{S}_r$ の表現である．これを $\mathfrak{S}_r$ の**テンソル表現**という．ρ は群多元環 R の表現に自然に拡張されるから，それをまた ρ で表わすことにする．

（17′）により，対応 $\varphi \longrightarrow \varphi(e_\Delta)$ によって

$$(25) \qquad \mathrm{Hom}_{\mathfrak{S}_r}(V_\Delta, T^r) \cong \rho(e_\Delta)\, T^r$$

となる．よって

$$U_\Delta = \rho(e_\Delta)\, T^r$$

とおけば，3 に述べたことにより（絶対）既約表現 (V_Δ, ρ_Δ) に対応する (T^r, ρ) の準既約成分は

(26)　$$\rho(Re_\Delta)(T^r) \cong V_\Delta \otimes U_\Delta$$

によって与えられる．ここに同型対応は

$$\rho(a)x \longleftrightarrow a \otimes x \qquad (a \in V_\Delta,\ x \in U_\Delta)$$

である.（実際，(25) において $\varphi \longleftrightarrow x$ とすれば，(26) において $\varphi(a) \longleftrightarrow a \otimes x$，かつ $\varphi(a) = \varphi(ae_\Delta) = \rho(a)\varphi(e_\Delta) = \rho(a)x$.）$\nu(\Delta) > n$ ならば明らかに $\rho(b_\Delta) = 0$，従って $U_\Delta = \{0\}$ であるから，T^r の準既約分解においては $\nu(\Delta) \leqq n$ であるような Young 図形 Δ に制限してよい：

(27)　$$T^r = \sum_{\nu(\Delta) \leqq n} \rho(Re_\Delta) T^r.$$

次に $GL(V)$ の T^r における表現を考えよう．$g \in GL(V)$ に対し

$$\rho'(g) = \overbrace{g \otimes \cdots \otimes g}^{r}$$

すなわち

(28)　$$\rho'(g)(x_1 \otimes \cdots \otimes x_r) = g(x_1) \otimes \cdots \otimes g(x_r) \qquad (x_i \in V)$$

とおけば，$GL(V)$ の T^r における表現が得られる．これを $GL(V)$ の ***r* 階テンソル表現**という．定義から明らかに，すべての $\sigma \in \mathfrak{S}_r$，$g \in GL(V)$ に対し

$$\rho(\sigma)\rho'(g) = \rho'(g)\rho(\sigma).$$

従って部分空間 $U_\Delta = \rho(e_\Delta)T^r$，$\rho(Re_\Delta)T^r$ 等は表現 ρ' に対して不変である．ρ' の U_Δ への制限を ρ'_Δ で表わす．そのとき同型 (26) により

(＊)　$$\rho'(g)\rho(a)x = \rho(a)\rho'(g)x \longleftrightarrow a \otimes \rho'_\Delta(g)x$$
$$(g \in GL(V),\ a \in V_\Delta,\ x \in U_\Delta).$$

さて，ρ と ρ' の可換性から，$\rho'(g)\,(g \in GL(V))$ によって K 上生成される $\mathrm{End}(T^r)$ の部分空間（それは $\rho'(GL(V))$ の‘展開環’と称する部分多元環である）は $\mathrm{End}_{\mathfrak{S}_r}(V^r)$ に含まれる.しかし,下に示すように,実際この両者は一致する：

(29)　$$\{\rho'(GL(V))\}_K = \mathrm{End}_{\mathfrak{S}_r}(T^r).$$

(29) の両辺を分解 (26)，(27) に即して分解すれば，(＊)，(14)，(14 a) により

$$\bigoplus_\Delta (1_{V_\Delta} \otimes \{\rho'_\Delta(GL(V))\}_K) = \bigoplus_\Delta (1_{V_\Delta} \otimes \mathrm{End}(U_\Delta)).$$

よって $\nu(\Delta) \leqq n$ なるすべての Young 図形 Δ に対し

$$\{\rho'_\Delta(GL(V))\}_K = \mathrm{End}(U_\Delta).$$

これから明らかに (U_Δ, ρ'_Δ) は絶対既約である．また上の等式から $\Delta \neq \Delta'$（共に長さ r，高さ $\leqq n$ とする）ならば，$\rho'_\Delta \not\sim \rho'_{\Delta'}$ となることも明白である．よって (27) は $GL(V)$ の表現 ρ' に関する T^r の準既約分解にもなっていることがわか

る．

(29) の証．([19]，Th. (4.4.E).) Vの底 (e_i) および対応する T^r の標準底 $(\tilde{e}_{i_1\cdots i_r})$ をとり，それらに関する $g\in GL(V)$ および $\varphi\in \mathrm{End}(T^r)$ の行列表示を (α_{ij})，$(\tilde{\alpha}_{i_1\cdots i_r,\, j_1\cdots j_r})$ とする．記号を簡単にするために二重添数 (i,j) を一つの添数 k $(k=1,\cdots,n^2)$ でおきかえ，これらの行列を (α_k)，$(\tilde{\alpha}_{k_1\cdots k_r})$ とかくことにする．そのとき $\rho'(g)=g\otimes\cdots\otimes g$ に対応する行列は $(\alpha_{k_1}\cdots\cdots\alpha_{k_r})$ で与えられる．また $\varphi\in\mathrm{End}(T^r)$ に対し

$$\varphi\in\mathrm{End}_{\mathfrak{S}_r}(T^r) \Longleftrightarrow \tilde{\alpha}_{k_{\sigma(1)}\cdots k_{\sigma(r)}}=\tilde{\alpha}_{k_1\cdots k_r}\quad \text{for all } \sigma\in\mathfrak{S}_r.$$

(29) を証明するためには，その左辺の直交空間が右辺のそれに含まれることをいえば十分である．$L(\varphi)=\sum\lambda_{k_1\cdots k_r}\tilde{\alpha}_{k_1\cdots k_r}$ を (29) の左辺の直交空間に属する一次形式，すなわち

$$L(g\otimes\cdots\otimes g)=\sum_{k_1,\cdots,k_r=1}^{n^2}\lambda_{k_1\cdots k_r}\alpha_{k_1}\cdots\alpha_{k_r}=0\qquad (g\in GL(V))$$

を満たすものとする．そのときすべての n 次正方行列 (ξ_k) に対し $\sum\lambda_{k_1\cdots k_r}\xi_{k_1}\cdots\xi_{k_r}=0$ が成立する．これは $\sum_{\sigma\in\mathfrak{S}_r}\lambda_{k_{\sigma(1)}\cdots k_{\sigma(r)}}=0$ を意味する．よって§3.3，問3により L は $\mathrm{End}_{\mathfrak{S}_r}(T^r)$ の直交空間に属する．(証終)

以上を要約して次の定理を得る．

定理 (Weyl)　r 階テンソル空間 $T^r(V)$ は $\mathfrak{S}_r$ および $GL(V)$ の表現空間として次のように（共通の）準既約成分の直和に分解される：

$$T^r(V)\cong\bigoplus_{\nu(\Delta)\leqq n}V_\Delta\otimes U_\Delta,$$

$$V_\Delta=Re_\Delta,\qquad U_\Delta=\rho(e_\Delta)T^r.$$

ここに V_Δ, U_Δ はそれぞれ $\mathfrak{S}_r, GL(V)$ の絶対既約表現 $\rho_\Delta, \rho'_\Delta$ を与える．また上の同型対応 $\cong$ は $\rho(a)x\longleftrightarrow a\otimes x$ $(a\in V_\Delta,\ x\in U_\Delta)$ によって与えられ，この対応に関し，$\rho(\sigma)\cdot\rho'(g)\longleftrightarrow\rho_\Delta(\sigma)\otimes\rho'_\Delta(g)$ $(\sigma\in\mathfrak{S}_r,\ g\in GL(V))$ である．

一般に（長さの異なる Young 図形に対しても）$\Delta\neq\Delta'$ ならば $\rho'_\Delta\not\sim\rho'_{\Delta'}$ であることが上と同様の論法によって証明される．更に $GL(V)\cong GL(n,K)$ の‘多項式的表現’は完全可約であり*)，その既約なものはすべて上記の方法で得られることも知られている．([13]，[14]，[19].) また $n_\Delta=\dim V_\Delta$，$m_\Delta=\dim U_\Delta$（ただし $\nu(\Delta)\leqq n$）とおけば

(30)
$$\begin{cases} n_\Delta=\dfrac{r!\prod_{i<j}(l_i-l_j)}{l_1!\,l_2!\cdots l_n!},\\[2ex] m_\Delta=\dfrac{\prod_{i<j}(l_i-l_j)}{(n-1)!\,(n-2)!\cdots 1!},\end{cases}$$

*) 行列表現 $A(g)$ の成分が $g\in GL(n,K)$ の成分の多項式函数として表わされるような表現を多項式的表現という．

ここに

$$l_i = d_i + n - i \qquad (1 \leqq i \leqq n),$$

ただし $i > \nu(\Delta)$ に対しては $d_i = 0$ とおくものとする*). (n_Δ は n に無関係であることに注意.) 上の定理により

$$n_\Delta = \dim \rho_\Delta = (\rho' : \rho'_\Delta),$$
$$m_\Delta = \dim \rho'_\Delta = (\rho : \rho_\Delta)$$

である.

例 9　§3 に述べた $\mathscr{S}^r(V)$, $\mathscr{A}^r(V)$ はそれぞれ Young 図形

1	2	$\cdots$	r

1
2
$\vdots$
r

に対応する U_Δ であり，従って $GL(V)$ の絶対既約表現を与える. (II, 研究課題 2, 例 1, 2 参照.) 特に $n = r$ のとき，後者は $GL(V)$ の 1 次元の表現 : $g \longrightarrow \det(g)$ を与える. またこれらに対しては $n_\Delta = 1$ であり，対応する ρ_Δ はそれぞれ $\mathfrak{S}_r$ の 1 次の表現 : $\sigma \longrightarrow 1$ (恒等表現), $\sigma \longrightarrow \varepsilon(\sigma)$ を与える. (§3, 補題 1.)

例 10　$n = 2$ とすれば, $\nu(\Delta) \leqq 2$ を満たす Young 図形は

1	$\cdots$	$\cdots$	$\cdots$	d_1
d_1+1	$\cdots$	r		

$(d_1 \geqq r - d_1)$

の形であり，これに対し (30) により

$$\begin{cases} n_\Delta = \dfrac{r!\,(2d_1 - r + 1)}{(d_1 + 1)!\,(r - d_1)!}, \\ m_\Delta = 2d_1 - r + 1. \end{cases}$$

今, 対称テンソル空間 $S^{2d_1 - r}(V)$ による $GL(V)$ $(\cong GL(2, K))$ の表現を $\rho'_{2d_1 - r}$ とおけば

$$\rho'_\Delta(g) \sim \det(g)^{r - d_1} \rho'_{2d_1 - r}(g)$$

であることは容易にわかる. 一般に高さ n の Young 図形 $\Delta = \{d_1, \cdots, d_n\}$ $(d_n > 0)$

---

*) (30) は普通‘指標’の理論を使って証明される. [18], [19] 参照.

に対し高さ $\leqq n-1$ の Young 図形 $\Delta^0 = \{d_1{}^0, \cdots, d_{n-1}{}^0\}$, $d_i^0 = d_i - d_n$ を対応させれば

$$\rho'_{\Delta}(g) \sim \det(g)^{d_n} \rho'_{\Delta^0}(g) \qquad (g \in GL(V) \cong GL(n, K))$$

が成立する．従って表現 $\rho'_{\Delta}, \rho'_{\Delta^0}$ を‘特殊一次変換群’

$$SL(V) = \{g \in GL(V)\,;\, \det(g) = 1\}(\cong SL(n, K))$$

に制限して考えれば，それらは互に同値な（既約）表現になる．

附録

幾何学的説明

§1　空間におけるベクトル

本書においてはベクトルの概念を最初，数ベクトルとして導入した．次に III, §6 において n 次元数ベクトル全体の集合（n 次元数ベクトル空間）が満足する条件を反省し，それを‘公理’として抽象的に n 次元ベクトル空間を定義した．その結果，n 次元数ベクトル空間は n 次元ベクトル空間の一例に過ぎなくなるのであるが，一方，任意の n 次元ベクトル空間 V において一つの底を定めるとき，V の元と n 次元数ベクトルとは一対一に対応し，従って V を n 次元数ベクトル空間と同一視することができた．

ところでベクトルの概念は歴史的には幾何学ないし物理学を通じて導入されたものである．すなわち，‘有向線分’から（互に平行移動によって移りうるものを同一視して）得られる‘幾何学的ベクトル’や，‘速度’，‘加速度’，‘力’などいわゆる大きさと方向とをもつ物理的量がベクトルの性質をもつこと，すなわちそれらの間に自然に定義される演算に関してベクトル空間を作ること，が除々に認識されてきたのである．そこで以下このような幾何学的ベクトルについて説明する．それによって本文において述べたベクトルや行列に関する諸概念の幾何学的背景が明らかになるとともに，それらをさらに高度の幾何学的考察に応用できるようになるであろう．簡単のため最初は 3 次元 Euclid 空間において考えることにする．

E^3 を 3 次元 Euclid 空間とし，その点を $P, Q, \cdots$ で表わす．二点 P，Q を結ぶ線分を PQ で表わす．さらにその方向をも考慮したとき，それを**有向線分**といい $\overrightarrow{PQ}$ で表わす．（従って $P \neq Q$ なるとき，$PQ = QP$ であるが，$\overrightarrow{PQ} \neq \overrightarrow{QP}$.）有向線分 $\overrightarrow{PQ}$ は実質的には単に二点 P，Q の順序づけられた組によって定まる．P をこの有向線分の‘始点’，Q をその‘終点’という．

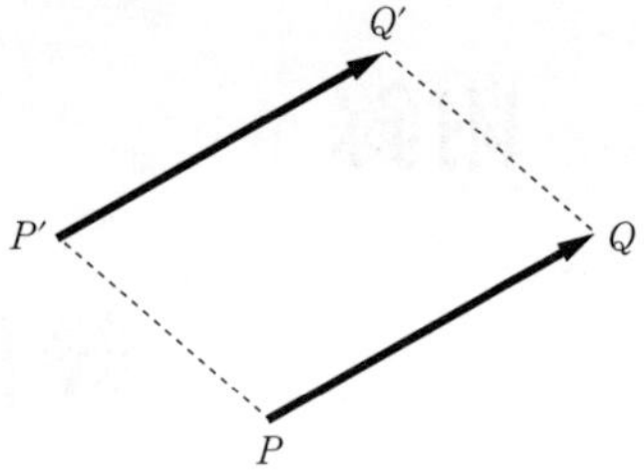

さて二つの有向線分 $\overrightarrow{PQ}$，$\overrightarrow{P'Q'}$ はそれらが‘平行移動’によって移り得るとき，いいかえれば $PQQ'P'$ が平行四辺形（ただし，‘つぶれる’場合もゆるす）をなすとき，**同値**であるといい，$\overrightarrow{PQ} \equiv \overrightarrow{P'Q'}$ で表わす．そのとき，明らかに同値律

i）$\overrightarrow{PQ} \equiv \overrightarrow{PQ}$,

ii）$\overrightarrow{PQ} \equiv \overrightarrow{P'Q'} \Longrightarrow \overrightarrow{P'Q'} \equiv \overrightarrow{PQ}$,

iii）$\overrightarrow{PQ} \equiv \overrightarrow{P'Q'}$，$\overrightarrow{P'Q'} \equiv \overrightarrow{P''Q''} \Longrightarrow \overrightarrow{PQ} \equiv \overrightarrow{P''Q''}$

が成立する．また，三点 P，Q，P' を与えたとき，$\overrightarrow{PQ} \equiv \overrightarrow{P'Q'}$ となるような点 Q' が一意的に定まる．

これらのことは E^3 の平行移動全体が一つの‘群’になること，および任意の二点 P，P' に対し，P を P' に移す平行移動が一意的に存在することと同値である．

さて**幾何学的ベクトル**とは次のようなものである：すなわち，各有向線分に一つの幾何学的ベクトルが対応し，二つの有向線分 $\overrightarrow{PQ}$，$\overrightarrow{P'Q'}$ に対応する幾何学的ベクトルは $\overrightarrow{PQ}$，$\overrightarrow{P'Q'}$ が同値なるとき，またそのときに限り，同一であると考える．簡単にいえば，互に同値な有向線分を同一視して生じる新しい数学的対象が幾何学的ベクトルなのである．二つの有向線分はその‘長さ’および‘方向’が相等しいとき，またそのときに限って，同値であるから，幾何学的ベクトルとは，有向線分からその‘位置’という属性をとりさって上の二つの属性だけに着目して得られるもの（概念）ということができる*)．

このようにある‘もの’の集りがあるとき，それらのものを決定する（いくつかの）属性のうちある一部分だけに着目し，その特別な属性において同一なるものを（他の属性においては相異なっていても）同一とみなして，より高度の対象を概念の上で作りだすことは，われわれが日常よく行っていることである．例えば，‘日本人’，‘男’，‘××大生’などという対象はすべて‘人間’の集合をもとにしてこのような方法で得られるものである．

数学的にはしかしこのような対象をより明確な形で構成しなければならない．そのためにはその属性において同一なもの全体の集合を考えればよい．例えば，日本人というものを“日本人全体の集合”によって定義するのである．このような立場からすれば幾何学的ベクトルは次のように定義される．

---

*) これに反して有向線分そのもののように，‘位置’をも考慮するとき‘束縛ベクトル’ということがある．

一つの有向線分 $\overrightarrow{PQ}$ と同値な有向線分全体の集合を $(\overrightarrow{PQ})$ で表わし，これを一つの**類**という．上に述べた同値律から容易にわかるように，二つの類は完全に一致するか，共通点をもたないかいずれかである．従って E^3 の有向線分全体の集合は互に共通部分をもたないいくつかの類に分割される*)．その一つの類を幾何学的ベクトルというのである**)．

幾何学的ベクトルを以下単に‘ベクトル’と呼び $\boldsymbol{a}, \boldsymbol{b}, \cdots, \boldsymbol{x}, \boldsymbol{y}, \cdots$ 等で表わす．$(\overrightarrow{PQ}) = \boldsymbol{a}$ であるとき，$\boldsymbol{a}$ を“$\overrightarrow{PQ}$ に対応するベクトル”，“$\overrightarrow{PQ}$ の定めるベクトル”，また $\overrightarrow{PQ}$ を“$\boldsymbol{a}$ に属する有向線分”，“$\boldsymbol{a}$ を代表する有向線分”などという．また，点 P とベクトル $\boldsymbol{a}$ とを与えれば，$(\overrightarrow{PQ}) = \boldsymbol{a}$ となるような点 Q が一意的に定まる．このような $\overrightarrow{PQ}$ を作図することを，“P を始点としてベクトル $\boldsymbol{a}$ を引く”などという．

さてこのように定義されたベクトルの間に二つの演算，加法とスカラー乗法とが定義される．

I) **加法**：二つのベクトル $\boldsymbol{a}$，$\boldsymbol{b}$ が与えられたとする．任意の点 P からベクトル $\boldsymbol{a}$ を引き，その終点を Q とし，次に Q からベクトル $\boldsymbol{b}$ を引き，その終点を R とする．そのとき有向線分 $\overrightarrow{PR}$ の定めるベクトルを $\boldsymbol{a}$，$\boldsymbol{b}$ の和といい，$\boldsymbol{a} + \boldsymbol{b}$ で表わす．—— このような定義が可能であるためには，$\overrightarrow{PR}$ の類が点 P のとり方に関係なく定まること $(\overrightarrow{PQ} \equiv \overrightarrow{P'Q'}, \overrightarrow{QR} \equiv \overrightarrow{Q'R'} \Longrightarrow \overrightarrow{PR} \equiv \overrightarrow{P'R'})$ をいわねばならない．それはしかし明らかであろう．(P を P' に移す平行移動により，Q は Q' に，従って R は R' に移される．)

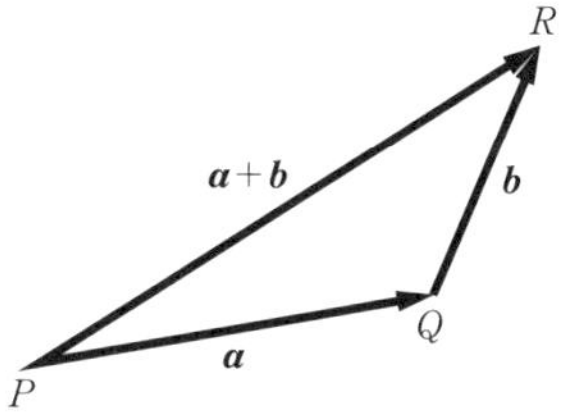

II) **スカラー乗法**：ベクトル $\boldsymbol{a}$，実数 c が与えられたとする．$\boldsymbol{a}$ に属する任意の有向線分 $\overrightarrow{PQ}$ をとる．$P = Q$ ならば，$c\boldsymbol{a} = (\overrightarrow{PP}) = \boldsymbol{a}$ と定義する．$P \neq Q$ ならば，P，Q を通る直線を引き，その上に点 R を，$\overrightarrow{PR} : \overrightarrow{PQ} = c$ となるようにとる．(ただしこの式は，PR，PQ の

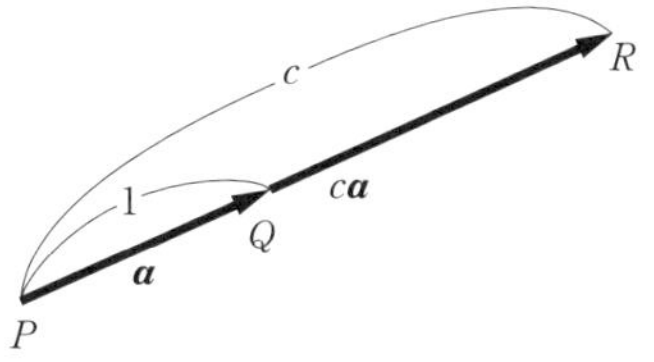

---

*) このような‘類別’は，同値律を満たす同値関係が定義されているとき，いつでも可能である．p. 48 で述べた傍系分解，p. 128，p. 166 で述べた行列の類別などその例である．

**) $(\overrightarrow{PQ}) = (\overrightarrow{P'Q'})$ なるためには P を Q に移す平行移動が P' を Q' に移すことが必要十分である．従ってベクトル $(\overrightarrow{PQ})$ を‘P を Q に移す平行移動’として定義することもできる．

長さの比が $|c|$ に等しく，$c>0$ ならば $\overrightarrow{PQ}$，$\overrightarrow{PR}$ は同じ方向，$c<0$ ならばそれらは反対方向であることを意味する.）そのとき，$\overrightarrow{PR}$ の定めるベクトルを $\boldsymbol{a}$ の c 倍といい，$c\boldsymbol{a}$ で表わす．この定義が可能なことも（平行移動によって‘線分比’が変らないことから）直ちにわかる.

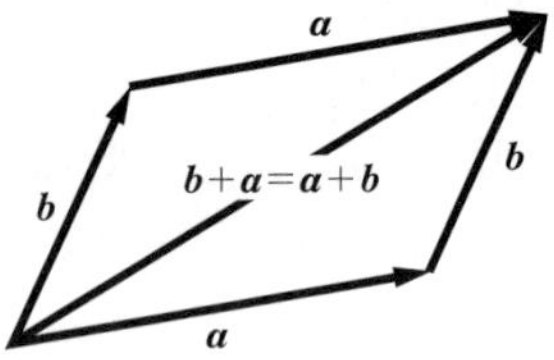

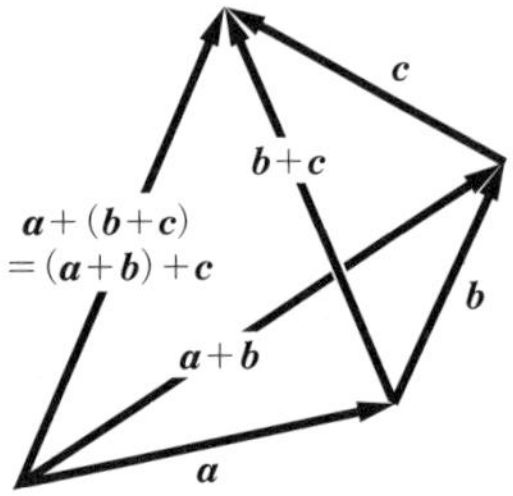

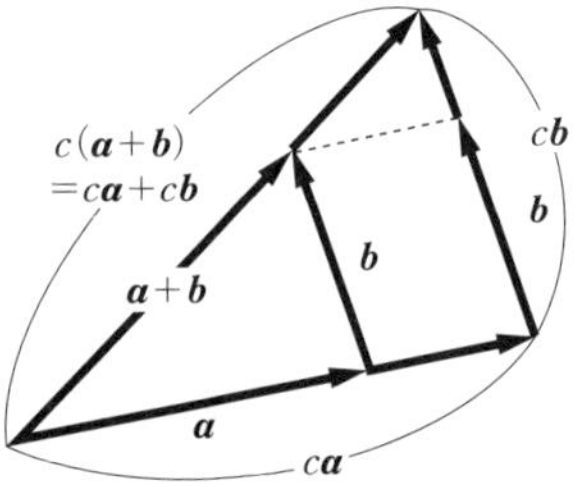

このように定義された演算に関し，III, §6 で述べたベクトル空間の‘公理’(I)，(II) が成立する．例えば加法の結合の法則 $(\boldsymbol{a}+\boldsymbol{b})+\boldsymbol{c}=\boldsymbol{a}+(\boldsymbol{b}+\boldsymbol{c})$ と交換の法則 $\boldsymbol{a}+\boldsymbol{b}=\boldsymbol{b}+\boldsymbol{a}$ は右図から明白であろう．零ベクトルは始点と終点の一致する有向線分 $\overrightarrow{PP}$ の類と定義する：$\boldsymbol{0}=(\overrightarrow{PP})$．またベクトル $\boldsymbol{a}=(\overrightarrow{PQ})$ に対しその逆ベクトルを $-\boldsymbol{a}=(\overrightarrow{QP})$ と定義する.（これらの定義が始点 P のとり方に関係しないことは明らかであろう.）そのとき，$\boldsymbol{a}+\boldsymbol{0}=\boldsymbol{a}$，$\boldsymbol{a}+(-\boldsymbol{a})=\boldsymbol{0}$ が成立する．スカラー乗法に関する諸法則も上記の定義と線分比の性質から容易に証明される*).（例えばベクトルに関する分配の法則：$c(\boldsymbol{a}+\boldsymbol{b})=c\boldsymbol{a}+c\boldsymbol{b}$ は右図からわかるように三角形の‘相似定理’と同値である.）—— このように E^3 のベクトル全体の集合は演算 I)，II) に関してベクトル空間になる．それを $V(E^3)$ で表わす.

以上，空間 E^3 におけるベクトルの概念，およびその演算を幾何学的に説明したのであるが，E^3 に座標系を定めることにより，その解析的な表示が得られる．すなわち，E^3 に一つの（直交）座標系を定めれば，E^3 の各点に‘座標’と称する3個の実数の組が対応する．今

$$P \longleftrightarrow (x_1, x_2, x_3), \qquad Q \longleftrightarrow (y_1, y_2, y_3),$$

---

*)　c が有理数 $\dfrac{m}{n}$ であるとき，$\dfrac{m}{n}\boldsymbol{a}$ は $m\boldsymbol{a}$ を n 等分したもの（すなわち $n\boldsymbol{x}=m\boldsymbol{a}$ の一意的な解）である．このことからスカラーが有理数であるとき，スカラー乗法に関する法則は加法に関する法則から証明される．スカラーが実数であるときにも演算の連続性を仮定すれば，同じことがいえる.

$$P' \longleftrightarrow (x_1', x_2', x_3'), \qquad Q' \longleftrightarrow (y_1', y_2', y_3')$$

とすれば，

$$\overrightarrow{PQ} \equiv \overrightarrow{P'Q'} \iff \begin{cases} y_1 - x_1 = y_1' - x_1' \\ y_2 - x_2 = y_2' - x_2' \\ y_3 - x_3 = y_3' - x_3' \end{cases}$$

よって $\begin{cases} a_1 = y_1 - x_1 \\ a_2 = y_2 - x_2 \\ a_3 = y_3 - x_3 \end{cases}$ はベクトル $\boldsymbol{a} = (\overrightarrow{PQ})$ に対して一意的に定まる．これをベクトル $\boldsymbol{a}$ の（この座標系に関する）**成分**といい，$\boldsymbol{a} \longleftrightarrow (a_1, a_2, a_3)$，あるいは簡単に $\boldsymbol{a} = \begin{pmatrix} a_1 \\ a_2 \\ a_3 \end{pmatrix}$ とかく．容易にわかるように，$\boldsymbol{a} \longleftrightarrow (a_1, a_2, a_3)$，$\boldsymbol{b} \longleftrightarrow (b_1, b_2, b_3)$ なるとき

(1)　$\boldsymbol{a} + \boldsymbol{b} \longleftrightarrow (a_1 + b_1, a_2 + b_2, a_3 + b_3), \qquad c\boldsymbol{a} \longleftrightarrow (ca_1, ca_2, ca_3)$

また

$$\mathbf{0} \longleftrightarrow (0, 0, 0), \qquad -\boldsymbol{a} \longleftrightarrow (-a_1, -a_2, -a_3).$$

である*)．従って，対応 $\boldsymbol{a} \longleftrightarrow (a_1, a_2, a_3)$ により $V(E^3)$ は3次元数ベクトル空間と同型になる．このことから特に $V(E^3)$ が3次元であることがわかる．

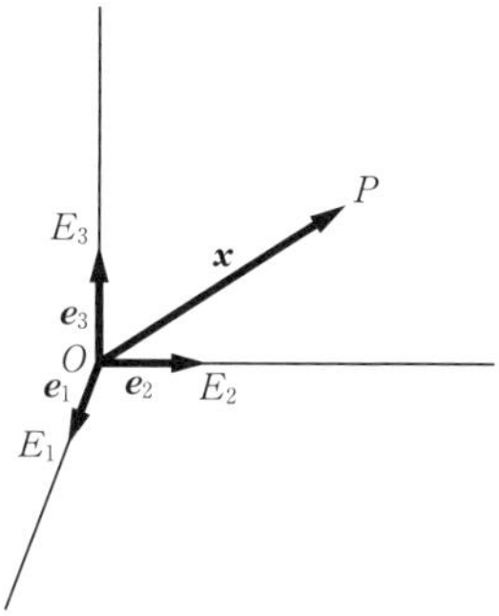

座標の原点を O とするとき，$(\overrightarrow{OP}) = \boldsymbol{x}$ を P の**位置ベクトル**という．位置ベクトル $\boldsymbol{x}$ の成分は対応する点 P の座標に他ならない．特に，原点の位置ベクトルは $\mathbf{0}$ である．また x_1，x_2，x_3 軸上正の方向に O から単位の長さにある点（すなわち‘単位点’）を E_1，E_2，E_3 とすれば，それらの位置ベクトルは（この座標系に関する）単位ベクトル $\boldsymbol{e}_1$，$\boldsymbol{e}_2$，$\boldsymbol{e}_3$ である．

§2　直線，平面のベクトル表示

次に空間のベクトルを使って幾何学的な概念がいかに記述されるかをみよう．

1）直線のパラメーター表示　直線 l 上に相異なる二点 P_0，P_1 をとり，$(\overrightarrow{P_0P_1})$

---

*)　これらの式を定義として上に述べたことを代数的に証明することもできる．(I, §1.）しかしその場合にはこれらの定義が座標系のとり方に関係しないことを確かめておかなければいけない．

$= \boldsymbol{a}$とする．そのとき（定義から明らかなように）直線lは$(\overrightarrow{P_0P}) = \lambda\boldsymbol{a}$（$\lambda$：実数）となるような点$P$の軌跡に他ならない．今，$P_0$，$P_1$，$P$の位置ベクトルをそれぞれ

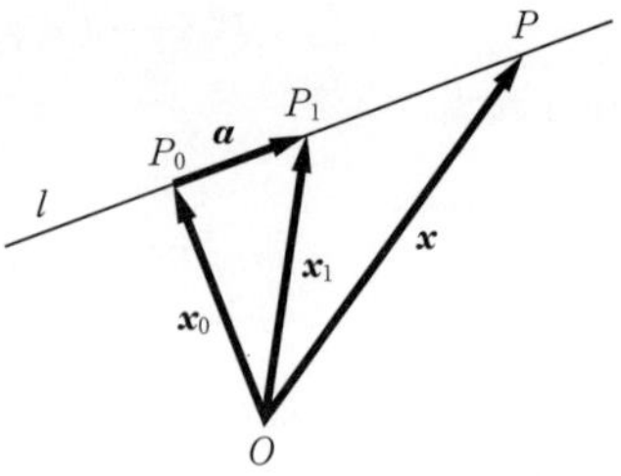

$$\boldsymbol{x}_0 = \begin{pmatrix} x_{10} \\ x_{20} \\ x_{30} \end{pmatrix}, \quad \boldsymbol{x}_1 = \begin{pmatrix} x_{11} \\ x_{21} \\ x_{31} \end{pmatrix}, \quad \boldsymbol{x} = \begin{pmatrix} x_1 \\ x_2 \\ x_3 \end{pmatrix}$$

とすれば

$$(2) \qquad \boldsymbol{x} = \boldsymbol{x}_0 + \lambda\boldsymbol{a}, \text{ すなわち } \begin{cases} x_1 = x_{10} + \lambda a_1 \\ x_2 = x_{20} + \lambda a_2 \\ x_3 = x_{30} + \lambda a_3 \end{cases}$$

である．$\boldsymbol{a} = \boldsymbol{x}_1 - \boldsymbol{x}_0$であるから，(2) を

$$(2') \qquad \boldsymbol{x} = (1-\lambda)\boldsymbol{x}_0 + \lambda\boldsymbol{x}_1 \text{ あるいは } \begin{cases} x_1 = (1-\lambda)x_{10} + \lambda x_{11} \\ x_2 = (1-\lambda)x_{20} + \lambda x_{21} \\ x_3 = (1-\lambda)x_{30} + \lambda x_{31} \end{cases}$$

とかくこともできる．これらの式が直線lのパラメーター表示を与える．

例 1　線分P_0P_1を$m:n$に内分する点をPとすれば，上記のパラメーター表示においてPに対応するパラメーターの値λは$\lambda : 1-\lambda = m:n$，よって，$\lambda = \dfrac{m}{m+n}$である．従って，$P$の位置ベクトルは

$$\boldsymbol{x} = \frac{n\boldsymbol{x}_0 + m\boldsymbol{x}_1}{m+n}.$$

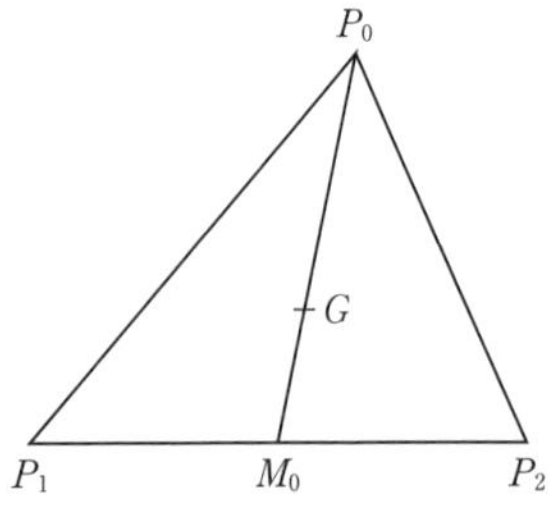

今，三角形$P_0P_1P_2$においてP_iの位置ベクトルを$\boldsymbol{x}_i$とすれば，上記によりP_1P_2の中点M_0のそれは$\dfrac{\boldsymbol{x}_1 + \boldsymbol{x}_2}{2}$，また中線$P_0M_0$を$2:1$に内分する点$G$のそれは

$$\frac{\boldsymbol{x}_0 + 2\dfrac{\boldsymbol{x}_1 + \boldsymbol{x}_2}{2}}{3} = \frac{\boldsymbol{x}_0 + \boldsymbol{x}_1 + \boldsymbol{x}_2}{3}$$

となる．この表現は$\boldsymbol{x}_0$，$\boldsymbol{x}_1$，$\boldsymbol{x}_2$に関して対称であるから，Gは同時にP_1，P_2からでる中線の上にもある．従って“三角形の三つの中線は一点（重心）に会する”ことが証明された．

2）平面のパラメーター表示　平面πの上に同一直線上にない三点P_0，P_1，P_2が与えられたとし，$(\overrightarrow{P_0P_1}) = \boldsymbol{a}_1 = \begin{pmatrix} a_{10} \\ a_{20} \\ a_{30} \end{pmatrix}$，$(\overrightarrow{P_0P_2}) = \boldsymbol{a}_2 = \begin{pmatrix} a_{20} \\ a_{21} \\ a_{22} \end{pmatrix}$とする．そのと

き，$\boldsymbol{a}_1$，$\boldsymbol{a}_2$ は一次独立*) であって，$(\overrightarrow{P_0P}) = \lambda_1\boldsymbol{a}_1 + \lambda_2\boldsymbol{a}_2$ $(\lambda_1, \lambda_2$：実数) となるような点 P は π に属し，逆に π はそのような点 P の軌跡と考えられる**)．従って，P_0，P_1，P_2，P の位置ベクトルを $\boldsymbol{x}_0$，$\boldsymbol{x}_1$，$\boldsymbol{x}_2$，$\boldsymbol{x}$ とすれば

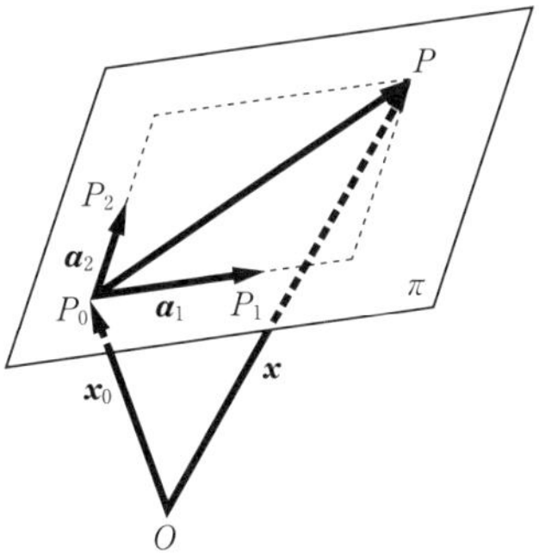

(3)　$$\boldsymbol{x} = \boldsymbol{x}_0 + \lambda_1\boldsymbol{a}_1 + \lambda_2\boldsymbol{a}_2$$

または，$\boldsymbol{a}_1 = \boldsymbol{x}_1 - \boldsymbol{x}_0$, $\boldsymbol{a}_2 = \boldsymbol{x}_2 - \boldsymbol{x}_0$ であるから

$$\boldsymbol{x} = (1 - \lambda_1 - \lambda_2)\boldsymbol{x}_0 + \lambda_1\boldsymbol{x}_1 + \lambda_2\boldsymbol{x}_2$$

と表わされる．$\lambda_0 = 1 - \lambda_1 - \lambda_2$ とおけば，対称的に

(3′)　$$\boldsymbol{x} = \lambda_0\boldsymbol{x}_0 + \lambda_1\boldsymbol{x}_1 + \lambda_2\boldsymbol{x}_2, \quad \lambda_0 + \lambda_1 + \lambda_2 = 1$$

とかくこともできる．この場合，$(\lambda_0, \lambda_1, \lambda_2)$ を点 P の点 P_0，P_1，P_2 に関する‘重心座標’という．

例 2　(3) から λ_1，λ_2 を消去すれば

(＊)　$$\begin{vmatrix} a_{11} & a_{12} & x_1 - x_{10} \\ a_{21} & a_{22} & x_2 - x_{20} \\ a_{31} & a_{32} & x_3 - x_{30} \end{vmatrix} = 0$$

を得る．この左辺を変形すれば

$$\begin{vmatrix} x_{11} - x_{10} & x_{12} - x_{10} & x_1 - x_{10} \\ x_{21} - x_{20} & x_{22} - x_{20} & x_2 - x_{20} \\ x_{31} - x_{30} & x_{32} - x_{30} & x_3 - x_{30} \end{vmatrix} = -\begin{vmatrix} x_{10} & x_{11} - x_{10} & x_{12} - x_{10} & x_1 - x_{10} \\ x_{20} & x_{21} - x_{20} & x_{22} - x_{20} & x_2 - x_{20} \\ x_{30} & x_{31} - x_{30} & x_{32} - x_{30} & x_3 - x_{30} \\ 1 & 0 & 0 & 0 \end{vmatrix}$$

$$= -\begin{vmatrix} x_{10} & x_{11} & x_{12} & x_1 \\ x_{20} & x_{21} & x_{22} & x_2 \\ x_{30} & x_{31} & x_{32} & x_3 \\ 1 & 1 & 1 & 1 \end{vmatrix} = 0$$

となる．これらの式が平面 π の方程式を与える．(実際（＊）における x_1，x_2，x_3 の係数 $\begin{vmatrix} a_{21} & a_{22} \\ a_{31} & a_{32} \end{vmatrix}$, $\begin{vmatrix} a_{31} & a_{32} \\ a_{11} & a_{12} \end{vmatrix}$, $\begin{vmatrix} a_{21} & a_{22} \\ a_{31} & a_{32} \end{vmatrix}$ はすべては 0 でない．）またこのことから容易に，四点 P_i

---

*)　一般に r 個のベクトル $\boldsymbol{a}_1, \cdots, \boldsymbol{a}_r$ は $\lambda_1\boldsymbol{a}_1 + \cdots + \lambda_r\boldsymbol{a}_r = \mathbf{0} \Longrightarrow \lambda_1 = \cdots = \lambda_r = 0$ なるとき‘一次独立’であるという．III, §1 参照．

**)　このことは，$P, Q, P' \in \pi$，$\overrightarrow{PQ} \equiv \overrightarrow{P'Q'}$ ならば，$Q' \in \pi$ なること，および $P, Q \in \pi$ $(P \neq Q)$ ならば，PQ を通る直線 l が π に含まれることから証明される．また‘平面’を一次方程式 $A_1x_1 + A_2x_2 + A_3x_3 + B = 0$ の解（を座標とする点）全体の集合と定義するならば，この結果は III, §5 で述べたことの特別な場合である．

$\longleftrightarrow \boldsymbol{x}_i = \begin{pmatrix} x_{1i} \\ x_{2i} \\ x_{3i} \end{pmatrix}$ $(0 \leqq i \leqq 3)$ が同一平面上にあるために

$$\begin{vmatrix} x_{10} & x_{11} & x_{12} & x_{13} \\ x_{20} & x_{21} & x_{22} & x_{23} \\ x_{30} & x_{31} & x_{32} & x_{33} \\ 1 & 1 & 1 & 1 \end{vmatrix} = 0$$

が必要十分であることがわかる.（三点 P_0, P_1, P_2 が同一直線上にあれば，この行列式は 0 になる.）

空間の四点 P_0, P_1, P_2, P_3 は同一平面上にないとき‘独立’であるという.（同様に三点 P_0, P_1, P_2 は同一直線上にないとき，また二点 P_0, P_1 は一致しないとき，独立であるという.）四点 P_i $(0 \leqq i \leqq 3)$ が独立であるためには，三つのベクトル $\boldsymbol{x}_i - \boldsymbol{x}_0$ $(1 \leqq i \leqq 3)$ が一次独立なることが必要十分である．従って上の結果は III, §1 の定理 2 に相当する.

また四平面 $\pi_i : A_{1i}x_1 + A_{2i}x_2 + A_{3i}x_3 + B_i = 0$ $(0 \leqq i \leqq 3)$ が同一点を通れば

$$\begin{vmatrix} A_{10} & A_{20} & A_{30} & B_0 \\ A_{11} & A_{21} & A_{31} & B_1 \\ A_{12} & A_{22} & A_{32} & B_2 \\ A_{13} & A_{23} & A_{33} & B_3 \end{vmatrix} = 0$$

となる．しかしこの逆は必ずしも成立しない.（射影空間では成立する.）

問　平面において，一つの直線が三角形 P_0, P_1, P_2 の三辺（またはその延長）とそれぞれ Q_0, Q_1, Q_2 で交わるとする.（ただし，Q_i は P_i の対辺との交点を表わす.）そのとき，$(\overrightarrow{P_1Q_0} : \overrightarrow{P_2Q_0})(\overrightarrow{P_2Q_1} : \overrightarrow{P_0Q_1})(\overrightarrow{P_0Q_2} : \overrightarrow{P_1Q_2}) = 1$ なることを証明せよ.（Menelaus の定理.）

3）平行性　平面 π が与えられたとき，π の上にある有向線分 $\overrightarrow{PQ}$ によって代表されるベクトル $\boldsymbol{a} = (\overrightarrow{PQ})$ を‘π の上にあるベクトル’あるいは単に‘π のベクトル’という．2）で述べたことにより，π の上にあるベクトル全体の集合 $V(\pi)$ は $V(E^3)$ の 2 次元部分空間になる*)．同様に一つの直線 l の上にあるベクトル全体の集合 $V(l)$ は $V(E^3)$ の 1 次元部分空間になる.

さて二つの平面 π, π' が‘平行’であるためには，$V(\pi) = V(\pi')$ なることが必要十分である．このことは‘平行移動’の定義そのものから明らかである．同様に二つの直線 l, l'，また直線 l と平面 π，が平行であるためには，それぞれ $V(l) = V(l')$，$V(l) \subset V(\pi)$ が必要十分である.

$V(\pi)$ が 2 次元であるから，$V(\pi)$ の直交補空間 $V(\pi)^{\perp}$ は 1 次元である**)．$V(\pi)^{\perp} =$

---

*)　すなわち，適当に 2 個のベクトル $\boldsymbol{a}_1, \boldsymbol{a}_2 \in V(\pi)$ をとれば，すべての $\boldsymbol{a} \in V(\pi)$ が $\boldsymbol{a} = \lambda_1\boldsymbol{a}_1 + \lambda_2\boldsymbol{a}_2$ の形に一意的に表わされる．このような $\boldsymbol{a}_1$, $\boldsymbol{a}_2$ を $V(\pi)$ の‘底’という．III, §2 参照.

**)　一般に部分空間 W に対し，W のすべてのベクトルと直交するベクトル全体の作る部分空間を W の‘直交補空間’といい，$W^{\perp}$ で表わす．III, §3 参照.

$\{\{\boldsymbol{A}\}\}$ *)，$\boldsymbol{A} = \begin{pmatrix} A_1 \\ A_2 \\ A_3 \end{pmatrix}$ とすれば，π の方程式は $A_1x_1 + A_2x_2 + A_3x_3 + B = 0$ の形にかける．また $V(l) = \{\{\boldsymbol{a}\}\}$，$\boldsymbol{a} = \begin{pmatrix} a_1 \\ a_2 \\ a_3 \end{pmatrix}$ とすれば，l の方程式は（(2) から λ を消去して）$\dfrac{x_1 - x_{10}}{a_1} = \dfrac{x_2 - x_{20}}{a_2} = \dfrac{x_3 - x_{30}}{a_3}$ とかける．このような表現を使えば，$\pi \| \pi'$, $l \| l'$, $l \| \pi$ のための条件は，π'，l' の方程式を $A_1'x_1 + A_2'x_2 + A_3'x_3 + B = 0$，$\dfrac{x_1 - x_0'}{a_1'} = \dfrac{x_2 - x_0'}{a_2'} = \dfrac{x_3 - x_0'}{a_3'}$ とするとき，それぞれ

$$A_1 : A_2 : A_3 = A_1' : A_2' : A_3', \qquad a_1 : a_2 : a_3 = a_1' : a_2' : a_3',$$
$$a_1A_1 + a_2A_2 + a_3A_3 = 0$$

で表わされる．さらに $V(\pi)^{\perp}$，$V(l)$ 等を使って平面や直線のなす角（次節参照），特にそれらの直交条件をだすこともできる．例えば，$\pi \perp \pi'$，$l \perp l'$，$l \perp \pi$ のための条件は，それぞれ

$$A_1A_1' + A_2A_2' + A_3A_3' = 0, \qquad a_1a_1' + a_2a_2' + a_3a_3' = 0,$$
$$a_1 : a_2 : a_3 = A_1 : A_2 : A_3$$

で表わされる．

§3　面積，体積

この節では空間の‘計量’（長さ，角，面積，体積，etc.）がベクトルによってどのように表わされるかについて述べる**)．まず，ベクトルの内積の定義からはじめよう．

4）長さ，角（内積）　E^3 の二つのベクトル $\boldsymbol{a} = \begin{pmatrix} a_1 \\ a_2 \\ a_3 \end{pmatrix}$，$\boldsymbol{b} = \begin{pmatrix} b_1 \\ b_2 \\ b_3 \end{pmatrix}$ に対し，その**内積**を

(4)　$$(\boldsymbol{a}, \boldsymbol{b}) = a_1b_1 + a_2b_2 + a_3b_3$$

と定義する．明らかに

$$(\boldsymbol{a}, \boldsymbol{b}) = (\boldsymbol{b}, \boldsymbol{a}),$$

---

*)　一般に $\{\{\boldsymbol{a}_1, \cdots, \boldsymbol{a}_r\}\}$ は $\boldsymbol{a}_1, \cdots, \boldsymbol{a}_r$ によって生成される部分空間，すなわち $c_1\boldsymbol{a}_1 + \cdots + c_n\boldsymbol{a}_n$（$c_i$：実数）なる形のベクトル全体の集合を表わす．

**)　前節まで述べたことはほとんど全部空間の計量とは無関係である．例えば，スカラー乗法の定義その他で線分の‘長さ’を使っているように見えるけれども，実際は‘線分比’を使っているだけである．

$$(\boldsymbol{a}_1+\boldsymbol{a}_2, \boldsymbol{b}) = (\boldsymbol{a}_1, \boldsymbol{b}) + (\boldsymbol{a}_2, \boldsymbol{b}),$$
$$(\boldsymbol{a}, \boldsymbol{b}_1+\boldsymbol{b}_2) = (\boldsymbol{a}, \boldsymbol{b}_1) + (\boldsymbol{a}, \boldsymbol{b}_2),$$
$$(c\boldsymbol{a}, \boldsymbol{b}) = (\boldsymbol{a}, c\boldsymbol{b}) = c(\boldsymbol{a}, \boldsymbol{b})$$

等が成立する．

特に $\boldsymbol{b}=\boldsymbol{a}$ とすれば，$(\boldsymbol{a}, \boldsymbol{a}) = \sum_{i=1}^{3} a_i{}^2 \geqq 0$ であるから，ベクトル $\boldsymbol{a}$ の**長さ**を

(5)　$$\|\boldsymbol{a}\| = \sqrt{(\boldsymbol{a}, \boldsymbol{a})} = \sqrt{a_1{}^2 + a_2{}^2 + a_3{}^2}$$

と定義する．

さて，線分 PQ の長さを $\overline{PQ}$ で表わせば，$\boldsymbol{a} = (\overrightarrow{PQ})$ のとき，‘Pythagoras の定理’により

(6)　$$\overline{PQ} = \sqrt{\sum_{i=1}^{3}(y_i - x_i)^2} = \|\boldsymbol{a}\|,$$

すなわち，ベクトル $\boldsymbol{a}$ の長さはそれを代表する任意の有向線分 $\overrightarrow{PQ}$ の長さに等しい．

$\boldsymbol{b} = (\overrightarrow{QR})$ とすれば，$\boldsymbol{a}+\boldsymbol{b} = (\overrightarrow{PR})$ であるから，‘三角不等式’$\overline{PR} \leqq \overline{PQ} + \overline{QR}$ からベクトルの長さに関する不等式

$$\|\boldsymbol{a}+\boldsymbol{b}\| \leqq \|\boldsymbol{a}\| + \|\boldsymbol{b}\|$$

が得られる．

次に，$\boldsymbol{a} = (\overrightarrow{PQ})$，$\boldsymbol{b} = (\overrightarrow{PR})$（ともに $\neq \boldsymbol{0}$）とし，$\angle QPR = \theta$ とする．‘余弦定理’により

$$\|\boldsymbol{b}-\boldsymbol{a}\|^2 = \|\boldsymbol{a}\|^2 + \|\boldsymbol{b}\|^2 - 2\|\boldsymbol{a}\|\|\boldsymbol{b}\|\cos\theta.$$

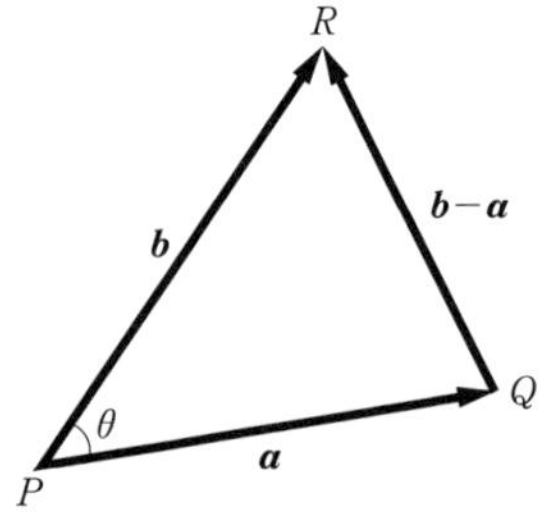

従って

$$\|\boldsymbol{a}\|\|\boldsymbol{b}\|\cos\theta = \frac{1}{2}(\|\boldsymbol{a}\|^2 + \|\boldsymbol{b}\|^2 - \|\boldsymbol{b}-\boldsymbol{a}\|^2)$$
$$= \frac{1}{2}(\sum a_i^2 + \sum b_i^2 - \sum(b_i - a_i)^2)$$
$$= \sum_{i=1}^{3} a_i b_i = (\boldsymbol{a}, \boldsymbol{b}).$$

すなわち

(7)　$$(\boldsymbol{a}, \boldsymbol{b}) = \|\boldsymbol{a}\|\cdot\|\boldsymbol{b}\|\cos\theta$$

なる関係が得られた．

上に述べたベクトルの長さ，内積の定義は座標系に関係している．しかし，(6)，(7) によりそれらが座標系のとり方に関係しないこと，すなわち‘幾何学的量’であることが

わかる．また，I, §6 で定義した‘角’が E^3 における普通の意味の角の拡張になっていることがわかる．

5）平行四辺形の面積（ベクトル積） P_0P_1，P_0P_2 を二辺とする平行四辺形を考える．$(\overrightarrow{P_0P_1}) = \boldsymbol{a}_1$，$(\overrightarrow{P_0P_2}) = \boldsymbol{a}_2$，$\angle P_1P_0P_2 = \theta$，またこの平行四辺形の面積を S とすれば

$$S = \|\boldsymbol{a}_1\|\,\|\boldsymbol{a}_2\|\sin\theta.$$

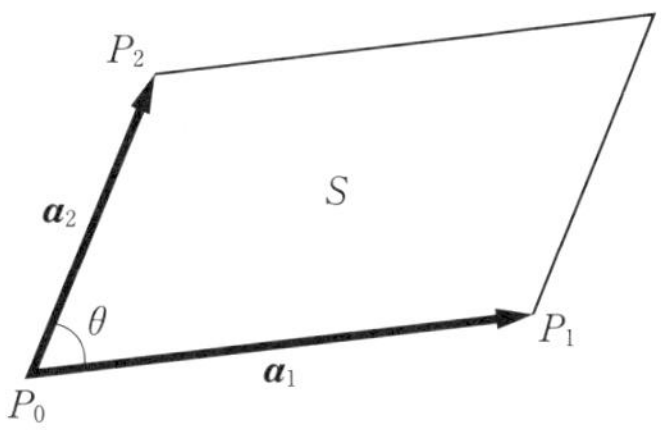

よって (7) により

$$\begin{aligned} S^2 &= \|\boldsymbol{a}_1\|^2\,\|\boldsymbol{a}_2\|^2(1-\cos^2\theta) \\ &= \|\boldsymbol{a}_1\|^2\,\|\boldsymbol{a}_2\|^2 - (\boldsymbol{a}_1, \boldsymbol{a}_2)^2 \end{aligned}$$

$$(8) \qquad = \begin{vmatrix} (\boldsymbol{a}_1, \boldsymbol{a}_1) & (\boldsymbol{a}_1, \boldsymbol{a}_2) \\ (\boldsymbol{a}_2, \boldsymbol{a}_1) & (\boldsymbol{a}_2, \boldsymbol{a}_2) \end{vmatrix}.$$

今，特に x_1x_2-平面上の平行四辺形について考えよう．$\boldsymbol{a}_1$，$\boldsymbol{a}_2$ を $\boldsymbol{e}_1$，$\boldsymbol{e}_2$ に関して成分で表わし $\boldsymbol{a}_1 = \begin{pmatrix} a_{11} \\ a_{21} \end{pmatrix}$，$\boldsymbol{a}_2 = \begin{pmatrix} a_{12} \\ a_{22} \end{pmatrix}$ とすれば

$$\begin{vmatrix} a_{11} & a_{12} \\ a_{21} & a_{22} \end{vmatrix}^2 = \begin{vmatrix} a_{11} & a_{21} \\ a_{12} & a_{22} \end{vmatrix}\begin{vmatrix} a_{11} & a_{12} \\ a_{21} & a_{22} \end{vmatrix} = \begin{vmatrix} (\boldsymbol{a}_1, \boldsymbol{a}_1) & (\boldsymbol{a}_1, \boldsymbol{a}_2) \\ (\boldsymbol{a}_2, \boldsymbol{a}_1) & (\boldsymbol{a}_2, \boldsymbol{a}_2) \end{vmatrix} = S^2.$$

よって

$$(9) \qquad S = \mathrm{abs}\begin{vmatrix} a_{11} & a_{12} \\ a_{21} & a_{22} \end{vmatrix}^{*)}.$$

一般の場合について考えるために，まずベクトル積を定義しよう．E^3 の二つのベクトル $\boldsymbol{a} = \begin{pmatrix} a_1 \\ a_2 \\ a_3 \end{pmatrix}$，$\boldsymbol{b} = \begin{pmatrix} b_1 \\ b_2 \\ b_3 \end{pmatrix}$ に対し

$$(10) \qquad \boldsymbol{a} \times \boldsymbol{b} = \begin{pmatrix} \begin{vmatrix} a_2 & b_2 \\ a_3 & b_3 \end{vmatrix} \\ \begin{vmatrix} a_3 & b_3 \\ a_1 & b_1 \end{vmatrix} \\ \begin{vmatrix} a_1 & b_1 \\ a_2 & b_2 \end{vmatrix} \end{pmatrix}$$

とおき，これを $\boldsymbol{a}$，$\boldsymbol{b}$ の**ベクトル積**という．定義から明らかに

$$\boldsymbol{a} \times \boldsymbol{a} = \mathbf{0}, \qquad \boldsymbol{a} \times \boldsymbol{b} = -\boldsymbol{b} \times \boldsymbol{a},$$

$$(\boldsymbol{a}_1 + \boldsymbol{a}_2) \times \boldsymbol{b} = \boldsymbol{a}_1 \times \boldsymbol{b} + \boldsymbol{a}_2 \times \boldsymbol{b},$$

---

*) abs は絶対値を表わす．

$$\boldsymbol{a}\times(\boldsymbol{b}_1+\boldsymbol{b}_2)=\boldsymbol{a}\times\boldsymbol{b}_1+\boldsymbol{a}\times\boldsymbol{b}_2,$$
$$(c\boldsymbol{a})\times\boldsymbol{b}=\boldsymbol{a}\times(c\boldsymbol{b})=c(\boldsymbol{a}\times\boldsymbol{b}).$$

また，II, 定理5により

$$(11)\qquad (\boldsymbol{a}\times\boldsymbol{b},\boldsymbol{c})=\begin{vmatrix}a_2 & b_2\\ a_3 & b_3\end{vmatrix}c_1+\begin{vmatrix}a_3 & b_3\\ a_1 & b_1\end{vmatrix}c_2+\begin{vmatrix}a_1 & b_1\\ a_2 & b_2\end{vmatrix}c_3=\begin{vmatrix}a_1 & b_1 & c_1\\ a_2 & b_2 & c_2\\ a_3 & b_3 & c_3\end{vmatrix}$$

が成立する．従って特に（p. 54，(17) により）

$$(\boldsymbol{a}\times\boldsymbol{b},\boldsymbol{a})=(\boldsymbol{a}\times\boldsymbol{b},\boldsymbol{b})=0,$$

すなわち，$\boldsymbol{a}\times\boldsymbol{b}$ は $\boldsymbol{a}$，$\boldsymbol{b}$ と直交する．

さて，II, 定理9により（p. 73に述べたように）

$$\|\boldsymbol{a}_1\times\boldsymbol{a}_2\|^2=\begin{vmatrix}a_{21} & a_{22}\\ a_{31} & a_{32}\end{vmatrix}^2+\begin{vmatrix}a_{31} & a_{32}\\ a_{11} & a_{12}\end{vmatrix}^2+\begin{vmatrix}a_{11} & a_{12}\\ a_{21} & a_{22}\end{vmatrix}^2=\begin{vmatrix}(\boldsymbol{a}_1,\boldsymbol{a}_1) & (\boldsymbol{a}_1,\boldsymbol{a}_2)\\ (\boldsymbol{a}_2,\boldsymbol{a}_1) & (\boldsymbol{a}_2,\boldsymbol{a}_2)\end{vmatrix}.$$

よって

$$(12)\qquad S=\|\boldsymbol{a}_1\times\boldsymbol{a}_2\|=\sqrt{\begin{vmatrix}a_{21} & a_{22}\\ a_{31} & a_{32}\end{vmatrix}^2+\begin{vmatrix}a_{31} & a_{32}\\ a_{11} & a_{12}\end{vmatrix}^2+\begin{vmatrix}a_{11} & a_{12}\\ a_{21} & a_{22}\end{vmatrix}^2}.$$

ベクトル積は座標を使って定義されたが，それは幾何学的意味をもつ（すなわち座標変換に対して不変）であろうか？　$\boldsymbol{a}$，$\boldsymbol{b}$ が一次従属ならば，$\boldsymbol{a}\times\boldsymbol{b}=\mathbf{0}$．$\boldsymbol{a}$，$\boldsymbol{b}$ が一次独立ならば，上に述べたことから $\boldsymbol{a}\times\boldsymbol{b}$ は，$\boldsymbol{a}$ および $\boldsymbol{b}$ に直交し，'$\boldsymbol{a}$，$\boldsymbol{b}$ を二辺とする平行四辺形の面積' を長さとするベクトルである．従って $\boldsymbol{a}\times\boldsymbol{b}$ はその符号を除いて（すなわち，$\boldsymbol{a}\times\boldsymbol{b}$ を $-\boldsymbol{a}\times\boldsymbol{b}$ でおきかえる自由度を除いて）幾何学的に定まる．この符号については後でまた触れることにする．

例 1　ベクトル積の応用として平行でない二直線の距離を求めてみよう．

$$l_1:\boldsymbol{x}=\boldsymbol{x}_1+\lambda\boldsymbol{a}_1$$
$$l_2:\boldsymbol{x}=\boldsymbol{x}_2+\lambda\boldsymbol{a}_2$$

を与えられた二直線とする．まず，l_1，l_2 が平行でないとき，それらに直交する直線 l_3 が一意的に存在することを証明しよう．l_1，l_2 が交わるとき，このことは明白である．(l_1，l_2 の交点を通り，それらを含む平面に

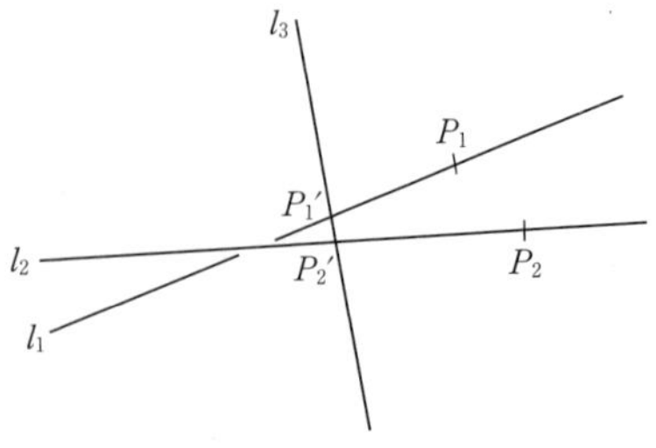

垂直な直線を l_3 とすればよい.）l_1, l_2 が交わらないとき[*] は，l_1, l_2 上にそれぞれ点 P_1', P_2' をとり，$P_1'P_2'$ が l_1, l_2 に垂直になるように（一意的に）できることをいえばよい. P_1', P_2' の位置ベクトルをそれぞれ

$$\boldsymbol{x}_1' = \boldsymbol{x}_1 + \lambda_1\boldsymbol{a}_1, \quad \boldsymbol{x}_2' = \boldsymbol{x}_2 + \lambda_2\boldsymbol{a}_2$$

とすれば，$P_1'P_2'$ が l_1, l_2 に直交するための条件は

$$(\boldsymbol{a}_1, \boldsymbol{x}_2' - \boldsymbol{x}_1') = -\lambda_1(\boldsymbol{a}_1, \boldsymbol{a}_1) + \lambda_2(\boldsymbol{a}_1, \boldsymbol{a}_2) + (\boldsymbol{a}_1, \boldsymbol{x}_2 - \boldsymbol{x}_1) = 0,$$
$$(\boldsymbol{a}_2, \boldsymbol{x}_2' - \boldsymbol{x}_1') = -\lambda_1(\boldsymbol{a}_2, \boldsymbol{a}_1) + \lambda_2(\boldsymbol{a}_2, \boldsymbol{a}_2) + (\boldsymbol{a}_2, \boldsymbol{x}_2 - \boldsymbol{x}_1) = 0.$$

これは，λ_1, λ_2 に関する連立一次方程式であって，その係数の行列式は，$\boldsymbol{a}_1$, $\boldsymbol{a}_2$ が一次独立であるから

$$\begin{vmatrix} -(\boldsymbol{a}_1, \boldsymbol{a}_1) & (\boldsymbol{a}_1, \boldsymbol{a}_2) \\ -(\boldsymbol{a}_2, \boldsymbol{a}_1) & (\boldsymbol{a}_2, \boldsymbol{a}_2) \end{vmatrix} \neq 0.$$

よって，それは一意的に解ける.（II, §4.）その解に対応する点 P_1', P_2' を通る直線を l_3 とすればよい.

さて，l_3 は l_1, l_2 に直交するから，$V(l_3) = \{\{\boldsymbol{a}_1, \boldsymbol{a}_2\}\}^{\perp}$. $\boldsymbol{a}_1 \times \boldsymbol{a}_2$ は $\boldsymbol{a}_1$, $\boldsymbol{a}_2$ に直交し，かつ $\neq \boldsymbol{0}$, よって $V(l_3)$ を生成する：$V(l_3) = \{\{\boldsymbol{a}_1 \times \boldsymbol{a}_2\}\}$. また $(\overrightarrow{P_1'P_2'}) = \boldsymbol{x}_2' - \boldsymbol{x}_1'$ は $(\overrightarrow{P_1P_2}) = \boldsymbol{x}_2 - \boldsymbol{x}_1$ の $V(l_3)$ の正射影であるから，p. 134,（5）により

$$\boldsymbol{x}_2' - \boldsymbol{x}_1' = \frac{(\boldsymbol{a}_1 \times \boldsymbol{a}_2, \boldsymbol{x}_2 - \boldsymbol{x}_1)}{\|\boldsymbol{a}_1 \times \boldsymbol{a}_2\|^2}\boldsymbol{a}_1 \times \boldsymbol{a}_2.$$

よって $d = \overline{P_1'P_2'}$ とおけば

$$d = \|\boldsymbol{x}_2' - \boldsymbol{x}_1'\| = \frac{|(\boldsymbol{a}_1 \times \boldsymbol{a}_2, \boldsymbol{x}_2 - \boldsymbol{x}_1)|}{\|\boldsymbol{a}_1 \times \boldsymbol{a}_2\|}.$$

これから d が l_1, l_2 の最短距離であることがわかる．実際，上式から $d \leqq \|\boldsymbol{x}_2 - \boldsymbol{x}_1\| = \overline{P_1P_2}$. P_1, P_2 は l_1, l_2 上の任意の点でよかったのであるから，$d = \overline{P_1'P_2'}$ は l_1, l_2 の最短距離になる．上式を成分で表わせば（11）により

$$d = \mathrm{abs}\begin{vmatrix} a_{11} & a_{12} & x_{12} - x_{11} \\ a_{21} & a_{22} & x_{22} - x_{21} \\ a_{31} & a_{32} & x_{32} - x_{31} \end{vmatrix} \Bigg/ \sqrt{\begin{vmatrix} a_{21} & a_{22} \\ a_{31} & a_{32} \end{vmatrix}^2 + \begin{vmatrix} a_{31} & a_{32} \\ a_{11} & a_{12} \end{vmatrix}^2 + \begin{vmatrix} a_{11} & a_{12} \\ a_{21} & a_{22} \end{vmatrix}^2}.$$

特に $d = 0$ すなわち二直線 l_1, l_2 が交わるためには $\boldsymbol{x}_2 - \boldsymbol{x}_1 \in \{\{\boldsymbol{a}_1, \boldsymbol{a}_2\}\} = V(l_1) + V(l_2)$ が必要十分である.

6）平行六面体の体積（行列式） P_0P_1, P_0P_2, P_0P_3 を三辺とする平行六面体について考える．$(\overrightarrow{P_0P_i}) = \boldsymbol{a}_i = \begin{pmatrix} a_{1i} \\ a_{2i} \\ a_{3i} \end{pmatrix}$ $(0 \leqq i \leqq 3)$, $\overrightarrow{P_0P_3}$ と $P_0P_1P_2$ 平面の法線とのなす角を φ, またこの平行六面体の体積を V とする．そのとき

*) 空間の二直線 l_1, l_2 が平行でなくしかも交わらないとき，l_1, l_2 は‘捩れの位置にある’という.

$$V = S\cdot\|\boldsymbol{a}_3\|\cdot|\cos\varphi|$$
$$= \|\boldsymbol{a}_1\times\boldsymbol{a}_2\|\cdot\|\boldsymbol{a}_3\|\cdot|\cos\varphi|$$
$$= |(\boldsymbol{a}_1\times\boldsymbol{a}_2, \boldsymbol{a}_3)|.$$

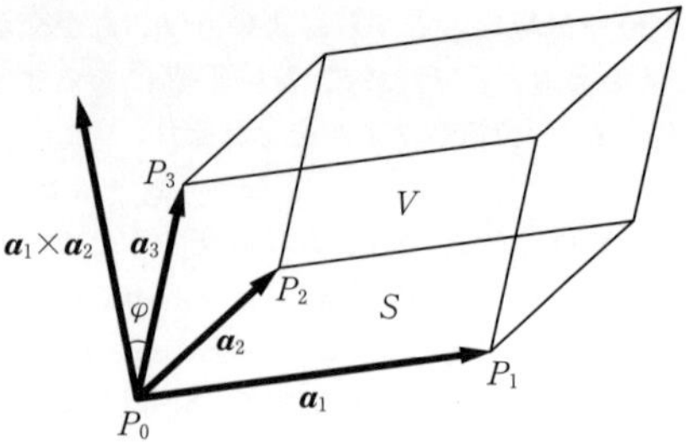

よって

$$(13)\qquad V = \mathrm{abs}\begin{vmatrix} a_{11} & a_{12} & a_{13} \\ a_{21} & a_{22} & a_{23} \\ a_{31} & a_{32} & a_{33} \end{vmatrix}.$$

これからまた

$$(14)\quad V^2 = \begin{vmatrix} a_{11} & a_{21} & a_{31} \\ a_{12} & a_{22} & a_{32} \\ a_{13} & a_{23} & a_{33} \end{vmatrix}\begin{vmatrix} a_{11} & a_{12} & a_{13} \\ a_{21} & a_{22} & a_{23} \\ a_{31} & a_{32} & a_{33} \end{vmatrix} = \begin{vmatrix} (\boldsymbol{a}_1, \boldsymbol{a}_1) & (\boldsymbol{a}_1, \boldsymbol{a}_2) & (\boldsymbol{a}_1, \boldsymbol{a}_3) \\ (\boldsymbol{a}_2, \boldsymbol{a}_1) & (\boldsymbol{a}_2, \boldsymbol{a}_2) & (\boldsymbol{a}_2, \boldsymbol{a}_3) \\ (\boldsymbol{a}_3, \boldsymbol{a}_1) & (\boldsymbol{a}_3, \boldsymbol{a}_2) & (\boldsymbol{a}_3, \boldsymbol{a}_3) \end{vmatrix}$$

を得る．すなわち，三つのベクトル $\boldsymbol{a}_1$，$\boldsymbol{a}_2$，$\boldsymbol{a}_3$ の決定する平行六面体の体積はそれらを列ベクトルとする行列式の絶対値に等しく．それはまたそれらによって作られる Gram の行列式の平方根に等しい．

三辺の長さ $\overline{P_0P_i} = \|\boldsymbol{a}_i\|$ $(1 \leqq i \leqq 3)$ が与えられたとき，平行六面体の体積は，それが‘直方体’になるとき最大である．すなわち

$$\mathrm{abs}\begin{vmatrix} a_{11} & a_{12} & a_{13} \\ a_{21} & a_{22} & a_{23} \\ a_{31} & a_{32} & a_{33} \end{vmatrix} \leqq \|\boldsymbol{a}_1\|\,\|\boldsymbol{a}_2\|\,\|\boldsymbol{a}_3\|.$$

等号が成立するのは $(\boldsymbol{a}_i, \boldsymbol{a}_j) = 0$ $(i \neq j)$ の場合である．これは IV, §4 で述べた Hadamard の定理に他ならない．

$P_0P_1P_2P_3$ を頂点とする四面体の体積を V' とすれば $V' = \dfrac{V}{6} = \dfrac{1}{6}|\det(a_{ij})|$．これを P_i の座標 $\begin{pmatrix} x_{1i} \\ x_{2i} \\ x_{3i} \end{pmatrix}$ を使って表わせば

$$V' = \frac{1}{6}\,\mathrm{abs}\begin{vmatrix} x_{10} & x_{11} & x_{12} & x_{13} \\ x_{20} & x_{21} & x_{22} & x_{23} \\ x_{30} & x_{31} & x_{32} & x_{33} \\ 1 & 1 & 1 & 1 \end{vmatrix}$$

である．またそれを六つの辺の長さ $\overline{P_iP_j} = d_{ij}$ $(i \neq j)$ を使って表わせば

$$2^3(3!)^2\,V'^2 = \begin{vmatrix} 0 & {d_{01}}^2 & {d_{02}}^2 & {d_{03}}^2 & 1 \\ {d_{10}}^2 & 0 & {d_{12}}^2 & {d_{13}}^2 & 1 \\ {d_{20}}^2 & {d_{21}}^2 & 0 & {d_{23}}^2 & 1 \\ {d_{30}}^2 & {d_{31}}^2 & {d_{32}}^2 & 0 & 1 \\ 1 & 1 & 1 & 1 & 0 \end{vmatrix}$$

となる．これは行列式の積の応用としてよく引用される定理である*)．(三角形の面積に対

しても類似の表現が得られる．それは Heron の公式に他ならない．）

問　空間において，二つずつ平行な 6 個の平面

$$\begin{aligned}\pi_i : A_{1i}x_1 + A_{2i}x_2 + A_{3i}x_3 + B_i = 0,\\ \pi_i' : A_{1i}x_1 + A_{2i}x_2 + A_{3i}x_3 + B_i' = 0.\end{aligned} \qquad (1 \leqq i \leqq 3)$$

によって囲まれる平行六面体の体積を求めよ．

さて (13) における行列式の符号は何を意味するであろうか？(三つのベクトル $\boldsymbol{a}_1$，$\boldsymbol{a}_2$，$\boldsymbol{a}_3$ が一次従属ならばこの行列式は $=0$ である．) それはこの（一次独立な）ベクトルの系，すなわち $V(E^3)$ の底 $(\boldsymbol{a}_1, \boldsymbol{a}_2, \boldsymbol{a}_3)$ の向き (orientation) を表わすものと考えられる．

$\det(a_{ij}) > 0$ なるとき，$(\boldsymbol{a}_1, \boldsymbol{a}_2, \boldsymbol{a}_3)$ は**正系**または右手系であるといい，$\det(a_{ij}) < 0$ なるとき，$(\boldsymbol{a}_1, \boldsymbol{a}_2, \boldsymbol{a}_3)$ は**負系**または左手系であるという．(この正系負系の概念は座標系のとり方に関係する．) 今考えている座標系に関する単位ベクトルを $\boldsymbol{e}_1$，$\boldsymbol{e}_2$，$\boldsymbol{e}_3$ とすれば，$(\boldsymbol{e}_1, \boldsymbol{e}_2, \boldsymbol{e}_3)$ は正系，また例えば $(\boldsymbol{e}_2, \boldsymbol{e}_1, \boldsymbol{e}_3)$，$(\boldsymbol{e}_1, \boldsymbol{e}_2, -\boldsymbol{e}_3)$ 等は負系である．また，$\boldsymbol{a}$，$\boldsymbol{b}$ が一次独立であるとき，

$$\det(\boldsymbol{a}, \boldsymbol{b}, \boldsymbol{a} \times \boldsymbol{b}) = (\boldsymbol{a} \times \boldsymbol{b}, \boldsymbol{a} \times \boldsymbol{b}) > 0.$$

従って，$(\boldsymbol{a}, \boldsymbol{b}, \boldsymbol{a} \times \boldsymbol{b})$ は正系である．

一般に $V(E^3)$ の二つの底 $(\boldsymbol{a}_1, \boldsymbol{a}_2, \boldsymbol{a}_3)$，$(\boldsymbol{b}_1, \boldsymbol{b}_2, \boldsymbol{b}_3)$ に対し

$$\boldsymbol{b}_i = \sum_{j=1}^{3} p_{ji}\boldsymbol{a}_j \qquad (1 \leqq i \leqq 3)$$

と表わしたとき，$\det(p_{ij}) > 0$ ならば，$(\boldsymbol{a}_i)$，$(\boldsymbol{b}_i)$ は‘同じ向きをもつ’という．(この概念は座標系のとり方に関係しない．幾何学的にいえば，$(\boldsymbol{a}_i)$，$(\boldsymbol{b}_i)$ が同じ向きをもつためには，$(\boldsymbol{a}_i)$ をその一次独立性をくずさずに連続的に変化させて $(\boldsymbol{b}_i)$ にすることができることが必要十分である．) II, 定理 8 から明らかなように，同じ向きをもつという関係は $V(E^3)$ の底の間の一つの同値関係であって，これによって $V(E^3)$ の底は二つの同値類に分れる．この同値類を E^3 の**向き**という．E^3 に一つの座標系を定めたとき，$(\boldsymbol{a}_1, \boldsymbol{a}_2, \boldsymbol{a}_3)$ が正系（負系）であるとは，$(\boldsymbol{a}_1, \boldsymbol{a}_2, \boldsymbol{a}_3)$ が $(\boldsymbol{e}_1, \boldsymbol{e}_2, \boldsymbol{e}_3)$ と同じ（相異なる）向きに属することに他ならない．空間に一つの向きを定めること（すなわち正系，負系の概念を定めること）を，空間を‘方向づける’という．

われわれは自分の住んでいる空間を次のように方向づけている．すなわち，三つのベクトル $\boldsymbol{a}_1$，$\boldsymbol{a}_2$，$\boldsymbol{a}_3$ が右手の親指，人さし指，中指（を互に直角になるようにひろげたもの）と同じ向きをもつとき，あるいは同じことだが，自分を中心として‘右’，‘前’，‘上’の

前頁の＊）　例えば三村征雄編，大学演習　代数学と幾何学，裳華房，1956，p. 226，284 参照．

方向と同じ向きをもつとき，正系という．このように約束すれば，空間を方向づけることは上下，前後の概念に対して左右の概念を定めることに他ならない．この左右の概念は絶対的なものでないから，‘個人的’かつ‘局所的’にしか決めることができない．しかし，われわれはそれをEuclidの運動によって任意の場所に移動させることにより，‘普遍的’かつ‘全局的’な左右の概念（方向づけ）を定義するのである．

（一般に‘多様体’に対して方向づけを考えることができる．すなわち多様体は局所的にEuclid空間と同相であるから，まず局所的な方向づけを与え，次にそれを連続的に移動させることにより，全局的な方向づけを考えることができる．しかし一般には全局的な方向づけができるとは限らない．例えばLie群（IV, §6）はつねに全局的な方向づけができるが，‘Möbiusの帯’や‘(実）射影平面’など全局的な方向づけができない．）

上に述べたことにより‘ベクトル積’の概念は方向づけられた空間における幾何学的概念である．

また方向づけられた空間において，三つのベクトル $\boldsymbol{a}_1$，$\boldsymbol{a}_2$，$\boldsymbol{a}_3$ が決定する平行六面体の体積，にそれらが正系か負系かに従って正負の符号をつけたものを，この平行六面体の‘符号づけられた体積’という．それを $F(\boldsymbol{a}_1, \boldsymbol{a}_2, \boldsymbol{a}_3)$ で表わせば，F がp. 56に述べた‘行列式を特徴づける性質’を満足することは容易に確かめられる．しかも明らかに $F(\boldsymbol{e}_1, \boldsymbol{e}_2, \boldsymbol{e}_3) = 1$ である．従って，$F(\boldsymbol{a}_1, \boldsymbol{a}_2, \boldsymbol{a}_3) = |\boldsymbol{a}_1, \boldsymbol{a}_2, \boldsymbol{a}_3|$．このようにして（13）が直接証明される．

空間における座標変換は

$$x_i = \sum_{j=1}^{3} t_{ij}x_j' + a_i \quad (1 \leqq i \leqq 3), \qquad T = (t_{ij})：直交行列$$

なる形で与えられる．(§4.）これが座標系によって定まる空間の向きを変えないためには $|T| = 1$，すなわち T が正格直交行列であることが必要十分である．ベクトル積や符号づけられた体積の概念はこのような座標変換に対して不変なのである．

§4 Euclid幾何の公理

以上われわれは空間の幾何学が一応でき上っているものとして話を進めてきた．すなわち，3次元Euclid空間，およびそこにおける直線，平面，平行，長さ，角，（平行四辺形の）面積，（平行六面体の）体積等の概念がすでに確立されているものとして議論してきたのである．しかしこれらの概念は十分明確にされているであろうか？　ここでわれわれはI, §5におけると同じ問題に行き当る．これらの概念を明確にし，幾何学に‘数学’としての形態を与えるためには，まずわれわれの幾何学的直観がどれだけの仮定（すなわち‘公理’）に立脚しているかを分析し，それに基づいて上記の諸概念に明確な‘定義’を与え，必要な‘定理’をすべて三段論法によって‘証明’しなければならない．このような試みは周知のように数学最古の古典である Euclid の "Elements" によってすでになされているのであるが，彼の与えた公理系は現代的にみて完全なものとはいい難い．その欠点を補って完全な公理系を作ることも実際可能なのであって，すでに Hilbert その他の人々によってなされている*)．

一方，今まで述べてきたことにより，空間のベクトルの概念が Euclid 幾何においていかに本質的であるかが諒解されたことと思う．すなわち，空間における '点' と 'ベクトル' の概念さえあれば他のすべての幾何学的対象（概念）はそれらによって表現されるのである．従って直接に点とベクトルの概念を適当に規定することによって Euclid 幾何の一つの公理系を作ることができるであろう．それは実際非常に簡単なのであって，次に示す通りである．これを **Weyl の公理系**という**)．

***n* 次元 Euclid 空間** E^n とは次のようなものである：一つの n 次元（計量）ベクトル空間 V^n があって，$E^n \ni P, Q, \cdots$，$V^n \ni \boldsymbol{a}, \boldsymbol{b}, \cdots$ とすれば

i）任意の $P, Q \in E^n$ の順序づけられた組に対し，一つの $\boldsymbol{a} \in V^n$ が対応する．このとき，$\boldsymbol{a} = (\overrightarrow{PQ})$ とかく．

ii）任意の $P \in E^n$，$\boldsymbol{a} \in V^n$ に対し，$(\overrightarrow{PQ}) = \boldsymbol{a}$ となるような $Q \in E^n$ が一意的に存在する．

iii）$\boldsymbol{a} = (\overrightarrow{PQ})$，$\boldsymbol{b} = (\overrightarrow{QR})$ ならば，$\boldsymbol{a} + \boldsymbol{b} = (\overrightarrow{PR})$***)．

$E^n \ni P, Q, \cdots$ を E^n の点という．また V^n を 'E^n に附随したベクトル空間' といい，$V^n = V(E^n)$ とかく．$V^n \ni \boldsymbol{a}, \boldsymbol{b}, \cdots$ を E^n の**ベクトル**という．

iii）から直ちに

$$(\overrightarrow{PP}) = \mathbf{0},$$
$$(\overrightarrow{QP}) = -(\overrightarrow{PQ})$$

を得る．実際，iii）において $P = Q = R$ とすれば，$(\overrightarrow{PP}) + (\overrightarrow{PP}) = (\overrightarrow{PP})$．よって****)，$(\overrightarrow{PP}) = \mathbf{0}$．次に $R = P$ とおけば，$(\overrightarrow{PQ}) + (\overrightarrow{QP}) = (\overrightarrow{PP}) = \mathbf{0}$．よって*****) $(\overrightarrow{QP}) = -(\overrightarrow{PQ})$．

---

*) D. Hilbert, Grundlagen der Geometrie, B. G. Teubner, Leipzig, 1899（中村幸四郎氏の翻訳あり）．また，秋月康夫，基礎課程　代数学と幾何学，裳華房，1951，附録 III にも一つの方法（Artin［1］）が紹介されている．

**) H. Weyl, Raum, Zeit, Materie, J. Springer, Berlin,（5. Aufl.）1923，Kap. I，§2 ～ 4.

***) i）～ iii）を仮定するならば，V^n に関する条件（p. 120 ～ 121，(I)，(II)）の中のいくつかは実は不要である．しかしここではそのような '公理の重複' は問題にしないことにする．

****), *****) ベクトル空間における減法の一意性．I, §1 参照．

さて，これだけの公理から Euclid の幾何が建設される．次に上記の諸概念がどのように定義され，またその理論がどのように展開されるか，その要点を述べよう．

1）座標系　E^n の一点 O，および V^n の一つの正規直交底 $\boldsymbol{e}_1, \cdots, \boldsymbol{e}_n$ の組 $(O\,;\,\boldsymbol{e}_1, \cdots, \boldsymbol{e}_n)$ を E^n の（直交）**座標系**という．座標系 $(O\,;\,\boldsymbol{e}_1, \cdots, \boldsymbol{e}_n)$ を定めたとき，任意の $P \in E^n$ に対し，$(\overrightarrow{OP}) = \boldsymbol{x}$ をその**位置ベクトル**という．また，$\boldsymbol{x}$ の $(\boldsymbol{e}_1, \cdots, \boldsymbol{e}_n$ に関する）成分を P の**座標**という．すなわち，P の座標が $(x_1, \cdots, x_n)$ であるとは

(15)
$$(\overrightarrow{OP}) = \boldsymbol{x} = x_1\boldsymbol{e}_1 + \cdots + x_n\boldsymbol{e}_n$$

となることである．明らかにこの対応により E^n の点 P と n 個の実数の組 $(x_1, \cdots, x_n)$ とは一対一に対応する．（記号：$P \underset{(O\,;\,\boldsymbol{e}_i)}{\longleftrightarrow} (x_1, \cdots, x_n)$．）

O をこの座標系の**原点**という．また位置ベクトルが $\boldsymbol{e}_i$ である点 E_i $(1 \leqq i \leqq n)$ をこの座標系の**単位点**という．

2）部分空間　E^n の（空でない）部分集合 S は次の条件を満たすとき r 次元（線型）**部分空間**という：V^n の（ベクトル空間としての）r 次元部分空間 W^r があって

i）$P, Q \in S \Longrightarrow \boldsymbol{a} = (\overrightarrow{PQ}) \in W$,

ii）$P \in S,\ \boldsymbol{a} \in W \Longrightarrow$ ある $Q \in S$ に対し，$(\overrightarrow{PQ}) = \boldsymbol{a}$.

このとき，W は S によって一意的に定まる．S 自身，W をそれに附随したベクトル空間として Euclid 空間の公理を満足する．よって，$V(S) = W$ とかき，$\boldsymbol{a} \in W$ を‘S の上にあるベクトル’または‘S のベクトル’という．

特に $(n-1)$ 次元部分空間を E^n の**超平面**という．

P_0 を S の一点，$\boldsymbol{a}_1, \cdots, \boldsymbol{a}_r$ を W の一つの底とすれば，S は $(\overrightarrow{P_0P}) \in W$，すなわち

$$(\overrightarrow{P_0P}) = \lambda_1\boldsymbol{a}_1 + \cdots + \lambda_r\boldsymbol{a}_r$$

なる点 P の軌跡に他ならない*)．よって，$(\overrightarrow{OP_0}) = \boldsymbol{x}_0$，$(\overrightarrow{OP}) = \boldsymbol{x}$ とおけば

(16)
$$\boldsymbol{x} = \boldsymbol{x}_0 + \lambda_1\boldsymbol{a}_1 + \cdots + \lambda_r\boldsymbol{a}_r.$$

また，$(\overrightarrow{P_0P_i}) = \boldsymbol{a}_i$ なる P_i をとり，$(\overrightarrow{OP_i}) = \boldsymbol{x}_i$，$\lambda_0 = 1 - \sum_{i=1}^{r} \lambda_i$ とおけば

---

*) このように S はその上の一点 P_0 および W によって一意的に定まるから $S = (P_0, W)$ とかくことがある．

(16′)　$$\boldsymbol{x} = \lambda_0\boldsymbol{x}_0 + \lambda_1\boldsymbol{x}_1 + \cdots + \lambda_r\boldsymbol{x}_r. \quad \left(\sum_{i=0}^{r}\lambda_i = 1\right)$$

を得る．これらの式が S のパラメーター表示を与える．またこれらの式から $\lambda_1, \cdots, \lambda_r$ を消去すれば，S が $(n-r)$ 個の（一次独立な）一次方程式の系によって表わされることがわかる．

特に1次元部分空間を**直線**という．相異なる二点 P, Q に対し，P, Q を通る直線は一意的に存在する．$S \subset E^n$ が部分空間になるためには，任意の相異なる二点 $P, Q \in S$ に対し，P, Q を通る直線が S に含まれることが必要十分である．

3）平行性　S_1, S_2 を E の部分空間とする．$V(S_1) \subset V(S_2)$ なるとき，S_1 は S_2 に**平行**であるといい，$S_1 /\!/ S_2$ とかく．$S_1 /\!/ S_2$ ならば，$\dim S_1 \leqq \dim S_2$ である．また定義から明らかに，$S_1 /\!/ S_2$, $S_2 /\!/ S_3 \Longrightarrow S_1 /\!/ S_3$ である．(しかし，$S_1 /\!/ S_2 \Longrightarrow S_2 /\!/ S_1$ は一般に成立しない．)

r 次元部分空間 S，および一点 P_0 が与えられたとき，P_0 を通り S に平行な r 次元部分空間 S' は一意的に存在する．$V(S) = W$ とすれば，$S' = (P_0, W)$ である．

4）二つの部分空間によって生成される部分空間　S_1, S_2 を二つの部分空間とすれば明らかに $S_1 \cap S_2$ も部分空間になる．しかし，$S_1 \cup S_2$ は必ずしも部分空間にならない．S_1, S_2 を含む最小の部分空間を，S_1, S_2 によって生成される部分空間といい，$S_1 \vee S_2$ とかくことにしよう．$S_1 = (P_1, W_1)$, $S_2 = (P_2, W_2)$ とすれば，容易にわかるように

(＊)　$$S_1 \vee S_2 = (P_1, \{\{(\overrightarrow{P_1P_2})\}\} + W_1 + W_2)$$

である．このことから直ちに次の結果が得られる：

1）$S_1 \cap S_2 \neq \phi \Longleftrightarrow (\overrightarrow{P_1P_2}) \in W_1 + W_2$. $S_1 \cap S_2 \neq \phi$ なるとき，$V(S_1 \cap S_2) = W_1 \cap W_2$. $V(S_1 \vee S_2) = W_1 + W_2$，従って（III, 定理4）

$$\dim S_1 \vee S_2 = \dim S_1 + \dim S_2 - \dim S_1 \cap S_2.$$

2）$S_1 \cap S_2 = \phi$ なるとき，$\dim S_1 \leqq \dim S_2$ とすれば

$$\dim S_2 + 1 \leqq \dim S_1 \vee S_2 \leqq \dim S_1 + \dim S_2 + 1.$$

左の等号は $S_1 /\!/ S_2$ なるとき，またそのときに限って成立する．右の等号が成立するとき，S_1, S_2 は‘捩れの位置’にあるという．

問1　上記のことを証明せよ．

以上2)，3)，4）で述べた諸概念はいずれも V^n の‘計量’に無関係である．このように V^n の計量を考えないとき，E^n を **affine 空間**（または擬似空間）という．Affine の座標系としては，$O \in E^n$ と V^n の任意の底 $\boldsymbol{a}_1, \cdots, \boldsymbol{a}_n$ の組（斜交座標系）をとる．2）で述

べたパラメーター $(\lambda_1, \cdots, \lambda_r)$ は S 上の affine の座標系 $(P_0\,;\,\boldsymbol{a}_1, \cdots, \boldsymbol{a}_r)$ に関する P の座標に他ならない.

5) 長さ, 角　$P, Q \in E^n$ に対し, $(\overrightarrow{PQ}) = \boldsymbol{a}$ のとき, $\|\boldsymbol{a}\|$ を二点 P, Q の**距離**（または線分 PQ の**長さ**）といい, $\overline{PQ}$ とかく. I, §6 に述べた $\|\ \|$ の性質から

$$\overline{PQ} \geqq 0\,;\quad \overline{PQ} = 0 \Longleftrightarrow P = Q,$$
$$\overline{PQ} = \overline{QP},$$
$$\overline{PQ} + \overline{QR} \geqq \overline{PR}$$

等が証明される.（この三条件を‘距離の公理’という.）

次に $(\overrightarrow{PQ}) = \boldsymbol{a}$, $(\overrightarrow{PR}) = \boldsymbol{b}$, $\boldsymbol{a}, \boldsymbol{b} \neq \boldsymbol{0}$ とするとき, Schwarz の不等式により

$$\frac{(\boldsymbol{a}, \boldsymbol{b})}{\|\boldsymbol{a}\|\,\|\boldsymbol{b}\|} = \cos\theta$$

となるような $\theta\ (0 \leqq \theta \leqq \pi)$ が一意的に定まる.（p. 34 ～ 36 参照.）これを $\angle QPR$ と定義する. そのとき, ‘余弦定理’

$$\overline{QR}^2 = \overline{PQ}^2 + \overline{PR}^2 - 2\overline{PQ}\cdot\overline{PR}\cos\theta$$
$$(\text{すなわち, } \|\boldsymbol{b} - \boldsymbol{a}\|^2 = \|\boldsymbol{a}\|^2 + \|\boldsymbol{b}\|^2 - 2\|\boldsymbol{a}\|\,\|\boldsymbol{b}\|\cos\theta)$$

が成立する. 特に $\theta = \dfrac{\pi}{2}$ のとき, ‘Pythagoras の定理’を得る.

6) 平行体の体積　$P_0, P_1, \cdots, P_r \in E^n$ とし, $(\overrightarrow{P_0P_i}) = \boldsymbol{a}_i\ (1 \leqq i \leqq r)$ とする.

$$(\overrightarrow{P_0P}) = \sum_{i=1}^{r} \lambda_i \boldsymbol{a}_i, \qquad 0 \leqq \lambda_i \leqq 1 \qquad (1 \leqq i \leqq r)$$

と表わされるような点 P 全体の集合を $P_0P_1, \cdots, P_0P_r$ を辺とする**平行体**という.

特に $r = n$ のとき, $\boldsymbol{a}_i$ の成分を $(a_{1i}, \cdots, a_{ni})$ とし, 上記平行体の**体積**を

$$\text{abs}\begin{vmatrix} a_{11} & \cdots & a_{1n} \\ & \cdots\cdots & \\ a_{n1} & \cdots & a_{nn} \end{vmatrix} = \begin{vmatrix} (\boldsymbol{a}_1, \boldsymbol{a}_1) & \cdots & (\boldsymbol{a}_1, \boldsymbol{a}_n) \\ & \cdots\cdots & \\ (\boldsymbol{a}_n, \boldsymbol{a}_1) & \cdots & (\boldsymbol{a}_n, \boldsymbol{a}_n) \end{vmatrix}^{\frac{1}{2}}$$

によって定義する*). $r < n$ のときにも $P_0P_1, \cdots, P_0P_r$ を辺とする平行体の（r 次元の）体積は

$$\begin{vmatrix} (\boldsymbol{a}_1, \boldsymbol{a}_1) & \cdots & (\boldsymbol{a}_1, \boldsymbol{a}_r) \\ & \cdots\cdots & \\ (\boldsymbol{a}_r, \boldsymbol{a}_1) & \cdots & (\boldsymbol{a}_r, \boldsymbol{a}_r) \end{vmatrix}^{\frac{1}{2}}$$

によって与えられる. $P_0, \cdots, P_r$ が**独立**である（すなわち一つの $(r-1)$ 次元部分空間に含まれない）ためには, この行列式が $\neq 0$ なることが必要十分である.

---

*)　ここでは体積の理論には触れない.

$$(\overrightarrow{P_0P}) = \sum_{i=1}^{r} \lambda_i \boldsymbol{a}_i, \qquad \lambda_i \geqq 0, \qquad \sum_{i=1}^{r} \lambda_i \leqq 1$$

すなわち $(\overrightarrow{OP_i}) = \boldsymbol{x}_i$ $(0 \leqq i \leqq r)$ とするとき

$$(\overrightarrow{OP}) = \sum_{i=0}^{r} \lambda_i \boldsymbol{x}_i, \qquad \lambda_i \geqq 0, \qquad \sum_{i=0}^{r} \lambda_i = 1$$

と表わされるような点 P 全体の集合を $P_0, P_1, \cdots, P_r$ を頂点とする**単体**という．$r = n$ のとき，P_i の座標を $(x_{1i}, \cdots, x_{ni})$ とすれば，この単体の体積は

$$\frac{1}{n!}\ \mathrm{abs}\begin{vmatrix} x_{10} & x_{11} & \cdots & x_{1n} \\ & \cdots\cdots & & \\ x_{n0} & x_{n1} & \cdots & x_{nn} \\ 1 & 1 & \cdots & 1 \end{vmatrix}$$

によって与えられる．

7）座標変換　二つの座標系 $(O\,;\boldsymbol{e}_1, \cdots, \boldsymbol{e}_n)$，$(O'\,;\boldsymbol{e}_1', \cdots, \boldsymbol{e}_n')$ が与えられたとし

$$O' \underset{(O\,;\,\boldsymbol{e}_i)}{\longleftrightarrow} (a_1, \cdots, a_n),$$

$$(\boldsymbol{e}_1', \cdots, \boldsymbol{e}_n') = (\boldsymbol{e}_1, \cdots, \boldsymbol{e}_n)\,T, \qquad T = (t_{ij})$$

とする．

今，$P \in E^n$ に対し

$$P \underset{(O\,;\,\boldsymbol{e}_i)}{\longleftrightarrow} (x_1, \cdots, x_n)$$

$$\underset{(O'\,;\,\boldsymbol{e}_i')}{\longleftrightarrow} (x_1', \cdots, x_n')$$

とすれば，$(\overrightarrow{OP}) = (\overrightarrow{OO'}) + (\overrightarrow{O'P})$ であるから

$$\sum_i x_i \boldsymbol{e}_i = \sum_i a_i \boldsymbol{e}_i + \sum_i x_i' \boldsymbol{e}_i'$$

$$= \sum_i a_i \boldsymbol{e}_i + \sum_{i,j} x_i' t_{ji} \boldsymbol{e}_j.$$

従って

$$x_i = \sum_{j=1}^{n} t_{ij} x_j' + a_i \qquad (1 \leqq i \leqq n)$$

あるいは

$$\begin{pmatrix} x_1 \\ \vdots \\ x_n \end{pmatrix} = T \begin{pmatrix} x_1' \\ \vdots \\ x_n' \end{pmatrix} + \begin{pmatrix} a_1 \\ \vdots \\ a_n \end{pmatrix}. \tag{17}$$

これが n 次元 Euclid 空間における座標変換の式である．

また $\boldsymbol{u} \in V(E^n)$ に対しその $(O\,;\boldsymbol{e}_i)$，$(O'\,;\boldsymbol{e}_i')$ に関する成分をそれぞれ $(u_1, \cdots, u_n)$，$(u_1', \cdots, u_n')$ とすれば

$$
(18) \qquad \begin{pmatrix} u_1 \\ \vdots \\ u_n \end{pmatrix} = T \begin{pmatrix} u_1' \\ \vdots \\ u_n' \end{pmatrix}
$$

が成立する．これがベクトルの成分の変換式である．(III, §7.)

T は正規直交系を正規直交系にうつすから直交行列である．従って，$|T| = \pm 1$．特に $|T| = 1$ のとき，この座標変換は‘空間の向きを保つ’という．

8) Euclid の運動　座標変換 $(O\,;\boldsymbol{e}_i) \longrightarrow (O'\,;\boldsymbol{e}_i')$ が与えられたとき

$$
P \underset{(O\,;\,\boldsymbol{e}_i)}{\longleftrightarrow} (x_1, \cdots, x_n)
$$

を

$$
P' \underset{(O'\,;\,\boldsymbol{e}_i')}{\longleftrightarrow} (x_1, \cdots, x_n)
$$

にうつす写像を考えよう．この写像を f とする：$f(P) = P'$．今

$$
P' \underset{(O\,;\,\boldsymbol{e}_i)}{\longleftrightarrow} (x_1', \cdots, x_n')
$$

とすれば，(17) により

$$
(19) \qquad \begin{pmatrix} x_1' \\ \vdots \\ x_n' \end{pmatrix} = T \begin{pmatrix} x_1 \\ \vdots \\ x_n \end{pmatrix} + \begin{pmatrix} a_1 \\ \vdots \\ a_n \end{pmatrix}.
$$

すなわち，P，P'，O' の座標系 $(O\,;\boldsymbol{e}_i)$ に関する位置ベクトルを $\boldsymbol{x}$，$\boldsymbol{x}'$，$\boldsymbol{a}$ とすれば，

$$
\boldsymbol{x}' = T\boldsymbol{x} + \boldsymbol{a}
$$

が成立する．このような式で表わされる写像 $f : P \longrightarrow P'$ を E^n の**合同変換**という．

E^n の‘合同変換’と‘座標変換’との関係はちょうど V^n の‘一次変換’と‘底の変換’との関係と同じである．すなわち (17) と (19) とは形式的には全く同じ形の式で，ただダッシュのつく場所が反対になっている．ある図形の性質が座標によって表わしたとき，座標系のとり方に関係しないということと，その性質が合同変換によって不変であるということとは全く同じである．Euclid 幾何とは E^n の中にある図形のこのような性質を研究することに他ならない．

合同変換は明らかに二点の距離を変えない．逆に E^n を自分自身の中にうつす写像 f が二点の距離を変えなければ，f は合同変換であることが証明される．

特に $|T| = 1$ なる合同変換を **Euclid の運動**という．それは O のまわりの**回転**：

$\boldsymbol{x} \longrightarrow T\boldsymbol{x}$ と**平行移動**：$\boldsymbol{x} \longrightarrow \boldsymbol{x} + \boldsymbol{a}$ とを合成したものである．

計量を考えない空間（affine 空間）の幾何学的性質を変えない変換としては

$$\boldsymbol{x}' = A\boldsymbol{x} + \boldsymbol{a} \qquad (A：任意の正則行列)$$

をとることができる．このような変換を **affine 変換**という．affine 変換は直線を直線にうつし，その上の有向線分比を変えない．逆にこのような性質をもつ変換は affine 変換であることが証明される．

問 2　平面における Euclid の運動は，固定点をもてば回転，固定点をもたなければ平行移動であることを証明せよ．

§5　二次曲面の主軸

IV, §3 ～ 4 で述べた二次形式の標準化の幾何学的意味を考えてみよう．印象を鮮明にするために 3 次元で考えることにする．E^3 に一つの座標系 $(O\,;\boldsymbol{e}_1, \boldsymbol{e}_2, \boldsymbol{e}_3)$ をとり，点やベクトルはこの座標系に関する座標や成分で表わされているものとする．

三つの変数（不定文字）x_1，x_2，x_3 に関する一般の 2 次式 F は

$$F(\boldsymbol{x}) = (A\boldsymbol{x}, \boldsymbol{x}) + 2(\boldsymbol{b}, \boldsymbol{x}) + c \tag{20}$$

$$A = {}^tA = (a_{ij}) \ (3\,次(実)対称行列), \qquad \boldsymbol{b} = \begin{pmatrix} b_1 \\ b_2 \\ b_3 \end{pmatrix}, \qquad \boldsymbol{x} = \begin{pmatrix} x_1 \\ x_2 \\ x_3 \end{pmatrix}$$

と表わされる．さらに

$$\widetilde{A} = \begin{pmatrix} A & \boldsymbol{b} \\ {}^t\boldsymbol{b} & c \end{pmatrix}, \qquad \tilde{\boldsymbol{x}} = \begin{pmatrix} \boldsymbol{x} \\ 1 \end{pmatrix} = \begin{pmatrix} x_1 \\ x_2 \\ x_3 \\ 1 \end{pmatrix}$$

とおけば

$$F(\boldsymbol{x}) = (\widetilde{A}\tilde{\boldsymbol{x}}, \tilde{\boldsymbol{x}}) \tag{20$'$}$$

とかくこともできる．今，方程式 $F(\boldsymbol{x}) = 0$ によって表わされる二次曲面 α について考えることにしよう．

まず座標変換に対する $F(\boldsymbol{x})$ の係数の変化をしらべておこう．座標変換 $\boldsymbol{x} = T\boldsymbol{x}' + \boldsymbol{x}_0$ に対して

$$F(\boldsymbol{x}) = F(T\boldsymbol{x}' + \boldsymbol{x}_0) = F'(\boldsymbol{x}') = (A'\boldsymbol{x}', \boldsymbol{x}') + 2(\boldsymbol{b}', \boldsymbol{x}') + c'$$

とすれば，簡単な計算により

$$(21)\qquad \begin{cases} A' = {}^tTAT = T^{-1}AT \\ \boldsymbol{b}' = {}^tT(A\boldsymbol{x}_0 + \boldsymbol{b}) \\ c' = (A\boldsymbol{x}_0, \boldsymbol{x}_0) + 2(\boldsymbol{b}, \boldsymbol{x}_0) + c \end{cases}$$

となる．ここに

$$c' = F(\boldsymbol{x}_0), \quad また \quad A\boldsymbol{x}_0 + \boldsymbol{b} = \frac{1}{2}\begin{pmatrix} \dfrac{\partial F}{\partial x_1} \\ \dfrac{\partial F}{\partial x_2} \\ \dfrac{\partial F}{\partial x_3} \end{pmatrix}_{\boldsymbol{x}=\boldsymbol{x}_0}$$

である．また

$$\widetilde{T} = \begin{pmatrix} T & \boldsymbol{x}_0 \\ 0 & 1 \end{pmatrix}, \quad \widetilde{\boldsymbol{x}'} = \begin{pmatrix} \boldsymbol{x}' \\ 1 \end{pmatrix}, \quad \widetilde{A}' = \begin{pmatrix} A' & \boldsymbol{b}' \\ {}^t\boldsymbol{b}' & c' \end{pmatrix}$$

とおけば，$\tilde{\boldsymbol{x}} = \widetilde{T}\widetilde{\boldsymbol{x}'}$ であるから $F(\boldsymbol{x}) = (\widetilde{A}\widetilde{T}\widetilde{\boldsymbol{x}'}, \widetilde{T}\widetilde{\boldsymbol{x}'}) = F'(\boldsymbol{x}') = (\widetilde{A}'\widetilde{\boldsymbol{x}'}, \widetilde{\boldsymbol{x}'})$ から

$$(21')\qquad \widetilde{A}' = {}^t\widetilde{T}\widetilde{A}\widetilde{T}$$

を得る．(p. 165，(28) 参照．)

注意　これらの変換式から，$\mathrm{tr}A$，$|A|$ 等 A の固有多項式の係数，$|\widetilde{A}|$，および A，$\widetilde{A}$ の階数，符号数等が座標変換に対して不変であることがわかる．(しかし点集合 α によって定まるわけではない．) $|\widetilde{A}| \neq 0$ なるとき，α を**固有な**二次曲面という．

今，α が点対称をもつとしよう．その中心を原点にとれば，$F(\boldsymbol{x})$ は変換 $\boldsymbol{x} \longrightarrow -\boldsymbol{x}$ に対して不変であるから*)，その 1 次の項の係数は 0 になる：$\boldsymbol{b} = \boldsymbol{0}$．逆に $\boldsymbol{b} = \boldsymbol{0}$ ならば，α は原点に対して点対称をもつ．従って，一般に原点が必ずしも中心にないとき，点 P_0：$\boldsymbol{x}_0$ が α の点対称の中心になるためには，O を P_0 に移す座標変換 $\boldsymbol{x} = \boldsymbol{x}' + \boldsymbol{x}_0$ によって $\boldsymbol{b}' = \boldsymbol{0}$ となること，すなわち（(21) からわかるように）$A\boldsymbol{x} + \boldsymbol{b} = \boldsymbol{0}$ なることが必要十分である．特に $|A| \neq 0$ ならば点対称の中心は一意的に定まる．($\boldsymbol{x}_0 = -A^{-1}\boldsymbol{b}$．) この場合，$\alpha$ を**有心二次曲面**という．

さて，α を固有な有心二次曲面とする．原点を α の中心にとれば，$\boldsymbol{b} = \boldsymbol{0}$．また $|\widetilde{A}| = |A|\cdot c \neq 0$ であるから，方程式 $F(\boldsymbol{x}) = 0$ の両辺を $-c \neq 0$ で割ることにより，α の方程式を

$$(22)\qquad (A\boldsymbol{x}, \boldsymbol{x}) = 1, \quad |A| \neq 0$$

*) 定数の範囲ではグラフが十分に現れない場合（α が空集合や点になる場合）があるから，“α が 0 に関して点対称をもつ”ということは“$F(\boldsymbol{x})$ が変換 $\boldsymbol{x} \longrightarrow -\boldsymbol{x}$ に対して不変である”によって定義すると考えた方がよい．‘線対称’についても同様．

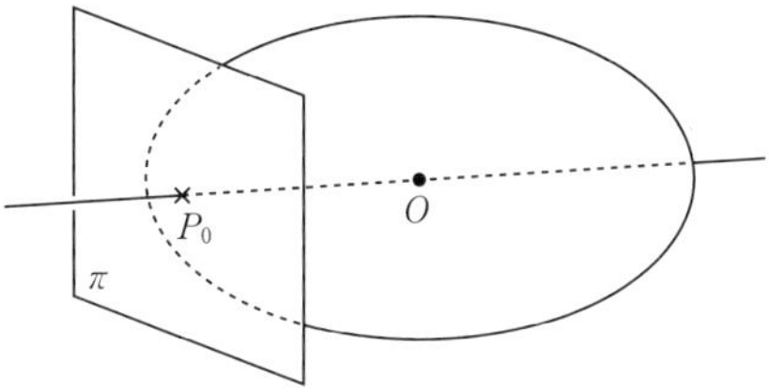

とすることができる．よってはじめから α の方程式はこの形で与えられているものとしよう．

この α はさらに線対称をもつであろうか？　α が直線 l に関して線対称をもつとき，l を α の**主軸**という．そのとき明らかに l は α の（ただ一つの）中心 O を通る．また l が α と点 P_0 : $\boldsymbol{x}_0$ において交わったとすれば，P_0 における α の接平面は l と直交しなければならない．

α 上の点 P_0 : $\boldsymbol{x}_0$ における接平面 π の方程式は

$$\sum_{i=1}^{3}\left[\frac{\partial}{\partial x_i}(A\boldsymbol{x},\boldsymbol{x})\right]_{\boldsymbol{x}=\boldsymbol{x}_0}(x_i - x_{i0}) = 0$$

で与えられる．

$$\frac{\partial}{\partial x_i}(A\boldsymbol{x},\boldsymbol{x}) = 2\sum_{j=1}^{3}a_{ij}x_j \qquad (1 \leqq i \leqq 3)$$

であるから，上の方程式は $(A\boldsymbol{x}_0, \boldsymbol{x}-\boldsymbol{x}_0) = 0$，あるいは $(A\boldsymbol{x}_0, \boldsymbol{x}_0) = 1$ に注意して

(23)
$$(A\boldsymbol{x}_0, \boldsymbol{x}) = 1$$

とかける．

(23) からわかるように P_0 における接ベクトル空間 $V(\pi)$ は $= \{\{A\boldsymbol{x}_0\}\}^{\perp}$ である．特に，OP_0 が主軸ならば，π は OP_0 と直交するから，$V(\pi) \perp \{\{\boldsymbol{x}_0\}\}$，従って $\{\{A\boldsymbol{x}_0\}\} = \{\{\boldsymbol{x}_0\}\}$ である．これは

$$A\boldsymbol{x}_0 = \lambda\boldsymbol{x}_0,$$

すなわち $\boldsymbol{x}_0$ が A の固有ベクトルになることに他ならない．

主軸 l が α と交わらない場合にも，l の上のベクトルは固有ベクトルになる．実際，l を x_1'-軸にとれば，$F'(\boldsymbol{x}')$ は変換 $(x_1', x_2', x_3') \longrightarrow (x_1', -x_2', -x_3')$ に対して不変である．よって，F' における $x_1'x_2'$，$x_1'x_3'$ の係数は 0 になる：

$$A' = \begin{pmatrix} a_{11}' & 0 & 0 \\ 0 & a_{22}' & a_{23}' \\ 0 & a_{32}' & a_{33}' \end{pmatrix}.$$

この座標変換を $(O\,;\boldsymbol{e}_i) \longrightarrow (O\,;\boldsymbol{e}_i')$，$T = (\boldsymbol{e}_1', \boldsymbol{e}_2', \boldsymbol{e}_3')$ とすれば，$T^{-1}AT = A'$ であるから，$A\boldsymbol{e}_1' = a_{11}'\boldsymbol{e}_1'$．従って $\boldsymbol{e}_1'$（それは x_1'-軸上の単位ベクトル）は A の固有ベクトルである．—— 明らかにこの逆も成立する．よって，O を通り方向 $\boldsymbol{a}$

なる直線が α の主軸になるためには，$\boldsymbol{a}$ が A の固有ベクトルなることが必要十分である．

IV, §3, 定理 4 により A の固有ベクトルからなる正規直交系 $\boldsymbol{e}_1{}'$，$\boldsymbol{e}_2{}'$，$\boldsymbol{e}_3{}'$ をとることができる．（主軸変換．）そのとき座標変換 $(O\,;\boldsymbol{e}_i) \longrightarrow (O\,;\boldsymbol{e}_i{}')$ により，α の方程式は

$$(24) \qquad \alpha_1 x_1{}'^2 + \alpha_2 x_2{}'^2 + \alpha_3 x_3{}'^2 = 1$$

なる形になる．これが有心二次曲面の標準形である．

A の符号数によって固有の有心二次曲面は次のように分類される．

A の符号数：	$(3, 0)$	楕円面
	$(2, 1)$	一葉双曲面
	$(1, 2)$	二葉双曲面
	$(0, 3)$	軌跡なし（虚楕円面）

問 1　(22) が楕円面を表わすとき，それの囲む体積は $\dfrac{4}{3}\dfrac{\pi}{\sqrt{|A|}}$ であることを示せ．

上に述べたことを少し別の角度から眺めてみよう．$P_0 \in \alpha$ における接平面が OP_0 に垂直であることは，α が P_0 において O を中心とする球面と接することに他ならない．今，中心 O，半径 1 の球面 $\varepsilon : (\boldsymbol{x}, \boldsymbol{x}) = 1$ を固定し，c をパラメーターとする二次曲面群

$$\alpha_c : (A\boldsymbol{x}, \boldsymbol{x}) = c$$

を考えれば，上記により ε と α_c とは α_c の主軸の方向（それは c に関係しない）において（またその方向においてのみ）接することがわかる．

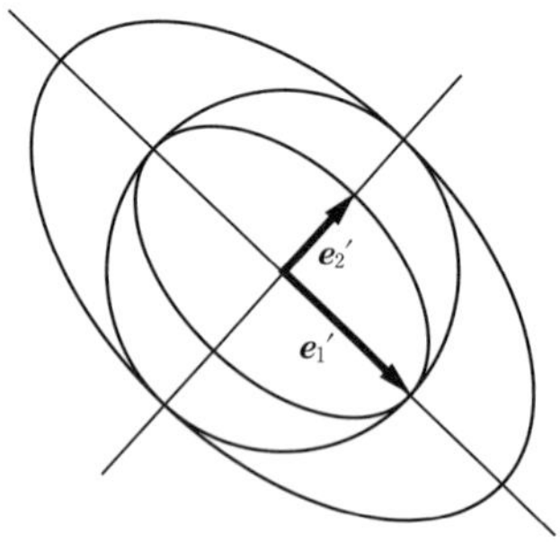

Lagrange の定理（高木 [15]，p. 372）によれば，このことは，“$\|\boldsymbol{x}\| = 1$ なる条件の下に函数 $f(\boldsymbol{x}) = (A\boldsymbol{x}, \boldsymbol{x})$ が極値をとるような $\boldsymbol{x}$ は A の固有ベクトルである” ことを意味する．（この逆も成立する．）その極値は容易にわかるようにその固有ベクトルに対する A の固有値である．特に $F(\boldsymbol{x})\,(\|\boldsymbol{x}\| = 1)$ の最大値，最小値はそれぞれ A の最大，最小の固有値である．

Weierstrass の定理（高木 [15]，p. 31）により $f(\boldsymbol{x})$ は球面 $\|\boldsymbol{x}\| = 1$（それはコンパクト）の上で最大値，最小値をとる．このことから逆に A の主軸（実固有ベクトル）の存在が証明される．今，例えば $f(\boldsymbol{e}_1{}') = \alpha_1$ をその最小値とすれば，上記により α_1 は A の最小

の固有値，$\boldsymbol{e}_1'$ はそれに対する固有ベクトルになる．適当に正規直交系 $\boldsymbol{e}_1'$，$\boldsymbol{e}_2'$，$\boldsymbol{e}_3'$ をとり座標変換 $(O\,;\boldsymbol{e}_i) \longrightarrow (O\,;\boldsymbol{e}_i')$ を行えば，$f(\boldsymbol{x}) = \alpha_1 x_1'^2 + \sum_{i,j=2,3} a_{ij}' x_i x_j'$ となる．従って，さらに $\|\boldsymbol{x}\| = 1$，$(\boldsymbol{x}, \boldsymbol{e}_1') = 0$ なる条件の下に $f(\boldsymbol{x})$ の最小値（いいかえれば，$x_2'^2 + x_3'^2 = 1$ なる条件の下に $\sum a_{ij}' x_i' x_j'$ の最小値）を $f(\boldsymbol{e}_2'') = \alpha_2$ とすれば，α_2 は $\begin{pmatrix} a_{22}' & a_{23}' \\ a_{32}' & a_{33}' \end{pmatrix}$ の固有値，従って A の固有値になり，$\boldsymbol{e}_2''$ はそれに対する固有ベクトルになる．よって正規直交系 $(\boldsymbol{e}_1', \boldsymbol{e}_2'', \boldsymbol{e}_3'')$ をとれば，固有ベクトルからなる一つの正規直交底が得られたことになる．一般にこの方法により IV, 定理 4 を証明することができる．

以上，固有な有心二次曲面について述べたが，固有な‘無心二次曲面’α に対しては，ただ一つの‘主軸’（線対称の軸）が存在し，それと α とはただ一点で交わることが証明される．

問 2　このことを証明せよ．

この交点を原点とし，主軸を x_3'-軸とすれば，α の方程式は（適当な定数で割ることにより）

$$\sum_{i,j=1}^{2} a_{ij}' x_i' x_j' + 2x_3' = 0, \qquad \begin{vmatrix} a_{11}' & a_{12}' \\ a_{21}' & a_{22}' \end{vmatrix} \neq 0$$

なる形になる．よって $x_1'x_2'$-平面と平行な平面 $x_3' = c$ による α の切り口は固有な有心二次曲線になり，その主軸の方向は c のとり方に関係しない．よってさらに x_1', x_2'-軸をこの主軸の方向にとることにより，α の方程式は

$$\alpha_1 x_1'^2 + \alpha_2 x_2'^2 + 2x_3' = 0$$

の形になる．これが固有な無心二次曲面の標準形である．

固有な無心二次曲面は次の二種である．

A の符号数：	$(2, 0), (0, 2)$	楕円放物面
	$(1, 1)$	双曲放物面

一般に n 次元 Euclid 空間 E^n の二次超曲面

$$\alpha : F(\boldsymbol{x}) = (A\boldsymbol{x}, \boldsymbol{x}) + 2(\boldsymbol{b}, \boldsymbol{x}) + c = 0$$

に対しても全く同様の考察をすることができる．固有でない場合まで含めて，その標準形は次のようになる*)．（容易にわかるように，$\mathrm{rank}\,\widetilde{A} - \mathrm{rank}\,A \leqq 2$．）

I）$\mathrm{rank}\,A = \mathrm{rank}\,\widetilde{A} = r$ の場合：$\sum_{i=1}^{r} \alpha_i x_i^2 = 0,$　　$(\alpha_i \neq 0)$

II）$\mathrm{rank}\,A = r$，$\mathrm{rank}\,\widetilde{A} = r + 1$ の場合：$\sum_{i=1}^{r} \alpha_i x_i^2 = 1,$　　（　〃　）

*)　三村征雄編，大学演習　代数学と幾何学，裳華房，1956，p. 335 ～ 339，375 ～ 379，精しくは浅野啓三，線型代数学提要，共立出版，1948 参照．

III）$\mathrm{rank}\,A = r$, $\mathrm{rank}\,\widetilde{A} = r+2$ の場合：$\sum_{i=1}^{r} \alpha_i x_i^2 + 2x_{r+1} = 0.$　　（　〃　）

I）は原点を頂点とする‘錐面’，II），III）は $\mathrm{rank}\,\widetilde{A} = n+1$ のとき，それぞれ固有な有心二次超曲面，無心二次超曲面（放物面），$\mathrm{rank}\,\widetilde{A} \leqq n$ のときは‘筒面’を表わす．

附記　射影空間の概念について

二次曲面に関する議論のある部分（例えば，極と極平面の対応など）は射影空間で考えた方が都合がよい．ここで射影空間について系統的な説明をする余裕はないが，ごく大ざっぱにその考え方だけを述べておこう．

今，$(n+1)$ 個の全部は 0 でない実数の組 $\tilde{\boldsymbol{x}} = \begin{pmatrix} x_1 \\ \vdots \\ x_{n+1} \end{pmatrix} \neq \mathbf{0}$ の連比によって点の座標が与えられるような空間 P^n を考える．（すなわち $\tilde{\boldsymbol{x}}$ と $\lambda\tilde{\boldsymbol{x}}$ $(\lambda \neq 0)$ とは同じ点を表わすものと考える．）従って P^n は $(n+1)$ 次元ベクトル空間 V^{n+1} の $\mathbf{0}$ 以外の元を，$\tilde{\boldsymbol{x}} \sim \widetilde{\boldsymbol{x}}' \Longleftrightarrow \widetilde{\boldsymbol{x}}' = \lambda\tilde{\boldsymbol{x}}$ $(\lambda \neq 0)$ なる同値関係で類別してできる空間，または同じことだが，V^{n+1} の 1 次元部分空間全体の作る空間，あるいは n 次元球面：$\|\tilde{\boldsymbol{x}}\| = 1$ において‘対極点’を一致させてできる空間と考えることもできる．（P^n はコンパクトな多様体になる．n が偶数のときそれは方向づけできない．）

P^n を n 次元（実）**射影空間**という．P^n の変換（射影変換）としては

$$\widetilde{\boldsymbol{x}}' = \widetilde{A}\tilde{\boldsymbol{x}}, \qquad |\widetilde{A}| \neq 0$$

なるものを考える．（$\widetilde{A}$ を $\lambda\widetilde{A}$ でおきかえても変換としては同一である．）図形の射影幾何的性質とは，射影変換に対して不変な性質のことである．

$\widetilde{F}(\tilde{\boldsymbol{x}})$ を $x_1, \cdots, x_{n+1}$ に関する m 次の斉次式とするとき，方程式

$$\widetilde{F}(\tilde{\boldsymbol{x}}) = 0$$

で表わされる図形 α を m 次の超曲面，特に 1 次の超曲面を超平面という．（α の次数 m は射影幾何的意味をもつ．すなわち，座標変換 $\tilde{\boldsymbol{x}} = \widetilde{A}\widetilde{\boldsymbol{x}}'$ に対して不変である．しかし，m が点集合 α によって一意的に決るわけではない．）いくつかの超平面の共通部分を（線型）**部分空間**という．r 次元部分空間は，V^{n+1} のある $(r+1)$ 次元部分空間 W に対し，$\tilde{\boldsymbol{x}} \in W$ となるような点 $\tilde{\boldsymbol{x}}$ の全体，従ってそれ自身 r 次元の射影空間である．

P^n から超平面 $\pi_\infty : x_{n+1} = 0$ を除いた部分は対応

$$E^n \ni \boldsymbol{x} \longleftrightarrow \tilde{\boldsymbol{x}} = \begin{pmatrix} \boldsymbol{x} \\ 1 \end{pmatrix} \in P^n$$

により n 次元 Euclid 空間（あるいは n 次元 affine 空間）と一対一に対応がつく．よって P^n は E^n に一つの超平面 π_∞（それを‘無限遠超平面’という）をつけ加えたものと考えられる．π_∞ を不変にする射影変換は

$$\widetilde{A} = \begin{pmatrix} A & \begin{matrix} a_{1,n+1} \\ \vdots \\ a_{n,n+1} \end{matrix} \\ 0 & a_{n+1,n+1} \end{pmatrix}$$

で与えられる．$a_{n+1,n+1} = 1$ にとれば，それは affine 変換

$$\boldsymbol{x}' = A\boldsymbol{x} + \begin{pmatrix} a_{1,n+1} \\ \vdots \\ a_{n,n+1} \end{pmatrix}$$

に他ならない．また P^n の（π_∞ に含まれない）m 次超曲面，または r 次元部分空間と E^n との共通部分はそれぞれ E^n の m 次超曲面，r 次元部分空間になる．P^n の中では π_∞ に何ら特殊性はない．しかし以下 π_∞ を固定し，$P^n = E^n \cup \pi_\infty$ と考えることにしよう．

P^n において r 次元部分空間と s 次元部分空間は $r + s \geqq n$ ならば必ず交わる．特に直線（1 次元部分空間）とそれを含まない超平面とは必ずただ 1 点において交わる．(III, 定理 7.) 上記のように $E^n \subset P^n$ と考えたとき，$V(l) = \{\{\boldsymbol{a}\}\}$ なる E^n の直線は π_∞ と $\begin{pmatrix} \boldsymbol{a} \\ 0 \end{pmatrix}$ なる点で交わる．従って 2 直線が E^n において平行であるためにはそれらが同一の‘無限遠点’を通ることが必要十分である．

射影空間における二次超曲面

$$\widetilde{F}(\tilde{\boldsymbol{x}}) = (\widetilde{A}\tilde{\boldsymbol{x}}, \tilde{\boldsymbol{x}}) = 0$$

は $\widetilde{A}$ の符号数 (p, q) のみによって分類される．(ただし，$\widetilde{F}$ を $-\widetilde{F}$ でおきかえてよいから $p \geqq q$ とする．)

例えば P^3 における‘固有な’二次曲面は次のようになる．

$\widetilde{A}$ の符号数：	$(4, 0)$	軌跡なし
	$(3, 1)$	E^n における楕円面，二葉双曲面，楕円放物面
	$(2, 2)$	E^n における一葉双曲面，双曲放物面

非固有な（すなわち $|\widetilde{A}| = 0$ なる）二次超曲面は必ずある超平面 π 上の二次超曲面を π 以外の一点から射影して生じる‘錐面’であることが証明される．特に $\operatorname{rank}\widetilde{A} = 1$，または $\operatorname{rank}\widetilde{A} = 2$ かつ $\widetilde{A}$ の符号数 $(1, 1)$ なる場合には，α は二つの超平面に分解される．(IV, 研究課題 1 参照．$\widetilde{A}$ の符号数 $(2, 0)$ または $(0, 2)$ の場合

には α は二つの虚の超平面に分解すると考える.)

二次超曲面 α 上の点 $P_0 : \tilde{\boldsymbol{x}}_0$ における接超平面の方程式は

$$(\widetilde{A}\tilde{\boldsymbol{x}}_0, \tilde{\boldsymbol{x}}) = 0$$

である. α が固有（すなわち $|\widetilde{A}| \neq 0$）なるとき，一般に対応

$$P_0 : \tilde{\boldsymbol{x}}_0 \longleftrightarrow \pi : (\widetilde{A}\tilde{\boldsymbol{x}}_0, \tilde{\boldsymbol{x}}) = 0$$

によって P^n の点 P_0 と超平面 π とは一対一に対応する.(容易にわかるようにこの対応は座標系のとり方によらない.) $P_0 \longleftrightarrow \pi$ のとき，P_0 を π の**極**（pole)，π を P_0 の**極超平面**（polar）という. 明らかに P が Q の極超平面の上にあるためには，Q が P の極超平面の上にあることが必要十分である.(この関係にある P, Q を α に関して‘共役’であるという. 同様に超平面に対しても‘共役’の関係が定義される.)

E^n における固有な‘有心二次超曲面’α の中心 O の極超平面は π_∞ である. 従って O を通る超平面 π の極を P とすれば，$P \in \pi_\infty$ である. このとき対応 $\pi \longleftrightarrow OP$ により，O を通る超平面（‘径面’）π と O を通る直線（‘直径’）l とは一対一に対応する. この関係にある π と l とを‘共役’という. l が主軸になるためにはそれが共役径面と直交することが必要十分である. また，固有な‘無心二次超曲面’α は π_∞ に接し，その接点を P_∞ とすれば，α の主軸 l は P_∞ を通る. 従って無限遠点の極超平面は l に平行な超平面である.

π_∞ を固定せず，射影的に考えるとき，‘中心’，‘主軸’等 Euclid 的（affine 的）概念は失われ，すべての点や直線が完全に同格になるのである.

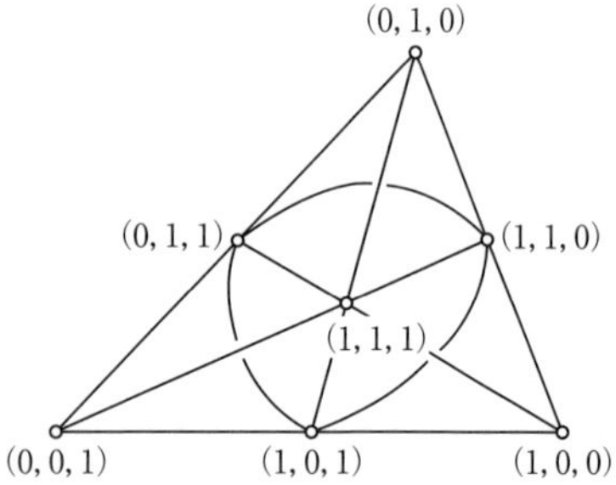

以上，幾何学的考察はすべて実数体の上で考えた. しかし affine 幾何や射影幾何は任意の体の上に構成することができる. 例えば二元体 $\{0, 1\}$ の上の 2 次元射影空間は右図のように 7 個の点からなり，7 本の直線を含む.

文献表

[1] E. Artin, Geometric algebra, Interscience Publ., New York, 1957.

[2] N. Bourbaki, Éléments de mathématique, Livre II Algèbre, Ch. 2 Algèbre linéaire, Hermann, Paris, 1967.

[3] N. Bourbaki, Éléments de mathématique, Livre II Algèbre, Ch. 3 Algèbre multilinéaire, Hermann, Paris, 1958.

[4] N. Bourbaki, Éléments de mathématique, Livre II Algèbre, Ch. 9 Formes sesquilinéaires et formes quadratiques, Hermann, Paris, 1959；〔邦訳〕ブルバキ数学原論［第 11］代数 7，東京図書，1970.

[5] C. Chevalley, Theory of Lie groups I, Princeton Univ. Press, Princeton, 1946.

[6] C. Chevalley, Fundamental concepts of algebra, Academic Press, New York, 1956.

[7] R. Courant and D. Hilbert, Methoden der mathematischen Physik I/II, Springer-Verlag, Berlin, 1968；〔英訳〕Interscience Publ., New York, 1953/62.

[8] N. Jacobson, The theory of rings, Amer. Math. Soc., New York, 1943.

[9] S. Lang, Algebra, Addison-Wesley Publ., Reading, Mass., 1965.

[10] 松島与三，多様体入門，裳華房，1965.

[11] K. Nomizu, Lie groups and differential geometry, Math. Soc. Japan, Tokyo, 1956.

[12] L. S. Pontryagin, Topological groups, Princeton Univ. Press, Princeton, 1939；Gordon & Breach, New York, 1966〔原著ロシア語〕.

[13] J.-P. Serre, Lie algebras and Lie groups, W. A. Benjamin, New York, 1965.

[14] J.-P. Serre, Algèbres de Lie semi-simples complexes, W. A. Benjamin, New York, 1966.

[15] 高木貞治，解析概論，岩波書店，（改訂第三版）1961.

[16] B. L. van der Waerden, Algebra I/II, Springer-Verlag, Berlin, 1966/67；〔英訳〕Frederick Ungar Publ., New York, 1970；〔邦訳〕現代代数学 1/2/3，商工

出版社，1959/60.

[17] H. Weyl, Raum, Zeit, Materie, J. Springer, Berlin, (5. Aufl.) 1923；〔英訳〕Dover Publ., New York, 1952.

[18] H. Weyl, Gruppentheorie und Quantenmechanik, S. Hirzel Verlag, Leipzig, (2. Aufl.) 1931；〔英訳〕Dover Publ., New York, 1950.

[19] H. Weyl, The classical groups, Princeton Univ. Press, Princeton, (2nd ed.) 1946.

[20] K. Yosida, Functional analysis, Springer-Verlag, Berlin, 1965.

問題の解答

I

§1　1　$\left(1+\frac{2}{3}\sqrt{2}, -1, -24\right)$.

2　$(1,0,0) = -\frac{1}{2}(0,1,1) + \frac{1}{2}(1,0,1) + \frac{1}{2}(1,1,0)$.

§2　1　条件：B, C が同じ型で，A の列数と B, C の行数とが相等しいこと．(11) の証：A を (n, m) 行列，B, C を (m, l) 行列，$A=(a_{ij})$，$B=(b_{jk})$，$C=(c_{jk})$，$(1 \leqq i \leqq n,\ 1 \leqq j \leqq m,\ 1 \leqq k \leqq l)$ とする．そのとき

$$\begin{aligned}(A(B+C) \text{ の } (i,k) \text{ 成分}) &= \sum_{j=1}^{m} a_{ij}(b_{jk}+c_{jk}) = \sum_{j=1}^{m} a_{ij}b_{jk} + \sum_{j=1}^{m} a_{ij}c_{jk} \\ &= (AB \text{ の } (i,k) \text{ 成分}) + (AC \text{ の } (i,k) \text{ 成分}) \\ &= ((AB+AC) \text{ の } (i,k) \text{ 成分})\end{aligned}$$

よって $A(B+C) = AB + AC$ である．

2　$\begin{pmatrix} -2 \\ 2 \\ 1 \end{pmatrix}$，$\begin{pmatrix} 2 \\ 3 \end{pmatrix}$，$(2, 1, -4)$，$(2, 3, 1, 0)$．

§3　1　(i)　$\begin{pmatrix} 0 & & & 1 \\ & & 1 & \\ & \iddots & & \\ 1 & & & 0 \end{pmatrix}^{\nu} = E\ (\nu：\text{偶数})$，$= \begin{pmatrix} 0 & & & 1 \\ & & 1 & \\ & \iddots & & \\ 1 & & & 0 \end{pmatrix}\ (\nu：\text{奇数})$．

(ii)　$\begin{pmatrix} 0 & 1 & 0 & 0 \\ & 0 & 1 & 0 \\ & & 0 & 1 \\ 0 & & & 0 \end{pmatrix}^{2} = \begin{pmatrix} 0 & 0 & 1 & 0 \\ & 0 & 0 & 1 \\ & & 0 & 0 \\ 0 & & & 0 \end{pmatrix}$，$\begin{pmatrix} 0 & 1 & 0 & 0 \\ & 0 & 1 & 0 \\ & & 0 & 1 \\ 0 & & & 0 \end{pmatrix}^{3} = \begin{pmatrix} 0 & 0 & 0 & 1 \\ & 0 & 0 & 0 \\ & & 0 & 0 \\ 0 & & & 0 \end{pmatrix}$，

$$\begin{pmatrix} 0 & 1 & 0 & 0 \\ & 0 & 1 & 0 \\ & & 0 & 1 \\ 0 & & & 0 \end{pmatrix}^{\nu} = 0 \ (\nu \geqq 4).$$

2 (i) $$\begin{pmatrix} 1 & & 0 & a_1 \\ & \ddots & & \vdots \\ & & 1 & a_{n-1} \\ 0 & & & 1 \end{pmatrix}^{-1} = \begin{pmatrix} 1 & & 0 & -a_1 \\ & \ddots & & \vdots \\ & & 1 & -a_{n-1} \\ 0 & & & 1 \end{pmatrix}.$$

(ii) $$\begin{pmatrix} 1 & 1 & 0 & 0 \\ & 1 & 1 & 0 \\ & & 1 & 1 \\ 0 & & & 1 \end{pmatrix}^{-1} = \begin{pmatrix} 1 & -1 & 1 & -1 \\ & 1 & -1 & 1 \\ & & 1 & -1 \\ 0 & & & 1 \end{pmatrix}.$$

§5 **1** 本文に述べられているように$a(-b) = -ab$. 同様にして$(-a)b = -ab$を得る. よって$(-a)(-b) = -(-a)b = -(-ab) = ab$.（$-(-c) = c$は$c + (-c) = 0$から減法の一意性によってでる.）次に$x_1 = \dfrac{-b}{a}$とおけば, $ax_1 = -b$であるから, 上記により$(-a)x_1 = a(-x_1) = -(-b) = b$. よって$x_1 = \dfrac{b}{-a}$, $-x_1 = \dfrac{b}{a}$, ゆえに$\dfrac{-b}{a} = \dfrac{b}{-a} = -\dfrac{b}{a}$.

2 $X = \begin{pmatrix} x_{11} & x_{12} \\ x_{21} & x_{22} \end{pmatrix}$とおけば, $\begin{pmatrix} x_{11} & x_{12} \\ x_{21} & x_{22} \end{pmatrix}\begin{pmatrix} x_{11} & x_{12} \\ x_{21} & x_{22} \end{pmatrix} = \begin{pmatrix} {x_{11}}^2 + x_{12}x_{21} & x_{12}(x_{11} + x_{22}) \\ x_{21}(x_{11} + x_{22}) & {x_{22}}^2 + x_{12}x_{21} \end{pmatrix}$ $= \begin{pmatrix} -1 & 0 \\ 0 & -1 \end{pmatrix}$から, $x_{12} = x_{21} = 0$, または$x_{11} + x_{22} = 0$. $x_{12} = 0$または$x_{21} = 0$の場合には${x_{11}}^2 = {x_{22}}^2 = -1$. これは実数の範囲では解けない.（複素数の範囲では$x_{11} = \pm i$. $x_{22} = \pm i$.）$x_{11} + x_{22} = 0$, $x_{12} \neq 0$, $x_{21} \neq 0$ の場合, $x_{11} = \lambda$, $x_{21} = \mu$とおけば, $x_{22} = -\lambda$, $x_{12} = -\dfrac{\lambda^2 + 1}{\mu}$を得る. よって$X = \begin{pmatrix} \lambda & -\dfrac{\lambda^2+1}{\mu} \\ \mu & -\lambda \end{pmatrix}$ $(\mu \neq 0)$. 逆にこの行列は$X^2 = -E$を満足する.

3 加法については明らか.

$$A = \begin{pmatrix} a_1 & -a_2 & -a_3 & -a_4 \\ a_2 & a_1 & -a_4 & a_3 \\ a_3 & a_4 & a_1 & -a_2 \\ a_4 & -a_3 & a_2 & a_1 \end{pmatrix}, \qquad B = \begin{pmatrix} b_1 & -b_2 & -b_3 & -b_4 \\ b_2 & b_1 & -b_4 & b_3 \\ b_3 & b_4 & b_1 & -b_2 \\ b_4 & -b_3 & b_2 & b_1 \end{pmatrix}$$

とおけば, 行列の計算により

$$AB=\begin{pmatrix} c_1 & -c_2 & -c_3 & -c_4 \\ c_2 & c_1 & -c_4 & c_3 \\ c_3 & c_4 & c_1 & -c_2 \\ c_4 & -c_3 & c_2 & c_1 \end{pmatrix}, \quad \begin{cases} c_1=a_1b_1-a_2b_2-a_3b_3-a_4b_4 \\ c_2=a_1b_2+a_2b_1+a_3b_4-a_4b_3 \\ c_3=a_1b_3-a_2b_4+a_3b_1+a_4b_2 \\ c_4=a_1b_4+a_2b_3-a_3b_2+a_4b_1 \end{cases}$$

を得る．よってこの形の行列全体は加法および乗法に関して閉じている．これに関して（1.2′）を除き，（1.1）〜(1.3）が成立することは明らか．また（1.4)，（1.5）（ただし0としては零行列をとる.)，（1.4′）（ただし1としては単位行列 E をとる.）が成立することも明らか．（1.5′）をいうために，$B={}^tA$（すなわち $b_1=a_1$, $b_2=-a_2$，$b_3=-a_3$，$b_4=-a_4$）とおけば，上式において，$c_1=a_1{}^2+a_2{}^2+a_3{}^2+a_4{}^2$，$c_2=c_3=c_4=0$ となる．よって $A{}^tA=(a_1{}^2+a_2{}^2+a_3{}^2+a_4{}^2)E$，従って $A^{-1}=(a_1{}^2+a_2{}^2+a_3{}^2+a_4{}^2)^{-1}{}^tA$ とおけば，$AA^{-1}=E$.（同様にして $A^{-1}A=E$ も成立する.）

§6　1　$A=(a_{ij})$，$B=(b_{jk})$，$C=(c_{ki})$ $(1\leqq i\leqq n,\ 1\leqq j\leqq m,\ 1\leqq k\leqq l)$ とすれば，$\mathrm{tr}(ABC)=\sum_{i,j,k}a_{ij}b_{jk}c_{ki}$，$\mathrm{tr}(BCA)=\sum_{j,k,i}b_{jk}c_{ki}a_{ij}$，$\mathrm{tr}(CAB)=\sum_{k,i,j}c_{ki}a_{ij}b_{jk}$. よって $\mathrm{tr}(ABC)=\mathrm{tr}(BCA)=\mathrm{tr}(CAB)$.（あるいは（30）により $\mathrm{tr}(A(BC))=\mathrm{tr}((BC)A)=\mathrm{tr}(B(CA))=\mathrm{tr}((CA)B)$.

2　X, Y, A を任意の n 次正方行列とするとき，$(AX,Y)=\mathrm{tr}({}^t(AX)Y)=\mathrm{tr}({}^tX{}^tAY)=(X,{}^tAY)$．よって $X\longrightarrow AX$ の双対写像は $X\longrightarrow {}^tAX$ である．同様に $(XA,Y)=\mathrm{tr}({}^t(XA)Y)=\mathrm{tr}({}^tA{}^tXY)=\mathrm{tr}({}^tXY{}^tA)=(X,Y{}^tA)$ ゆえ，$X\longrightarrow XA$ の双対写像は $X\longrightarrow X{}^tA$ である.

3　$\|\boldsymbol{a}+\boldsymbol{b}\|^2+\|\boldsymbol{a}-\boldsymbol{b}\|^2=(\|\boldsymbol{a}\|^2+\|\boldsymbol{b}\|^2+2(\boldsymbol{a},\boldsymbol{b}))+(\|\boldsymbol{a}\|^2+\|\boldsymbol{b}\|^2-2(\boldsymbol{a},\boldsymbol{b}))=2(\|\boldsymbol{a}\|^2+\|\boldsymbol{b}\|^2)$.

4　$\boldsymbol{a}_1=(0,1,1)$，$\boldsymbol{a}_2=(1,0,1)$，$\boldsymbol{a}_3=(1,1,0)$ とおく．$\|\boldsymbol{a}_1\|=\|\boldsymbol{a}_2\|=\|\boldsymbol{a}_3\|=\sqrt{2}$，$\angle(\boldsymbol{a}_1,\boldsymbol{a}_2)=\angle(\boldsymbol{a}_1,\boldsymbol{a}_3)=\angle(\boldsymbol{a}_2,\boldsymbol{a}_3)=\dfrac{\pi}{3}(=60°)$

5　$(\boldsymbol{e}_i,\boldsymbol{a})=(\boldsymbol{e}_i,\sum_j a_j\boldsymbol{e}_j)=\sum_j a_j(\boldsymbol{e}_i,\boldsymbol{e}_j)=\sum_j a_j\delta_{ij}=a_i$．$(\boldsymbol{e}_i,A\boldsymbol{e}_j)=(\boldsymbol{e}_i,\sum_k a_{kj}\boldsymbol{e}_k)=a_{ij}$.　$\mathrm{tr}(E_{ji}A)=\mathrm{tr}(E_{ji}\sum_{k,l}a_{kl}E_{kl})=\sum_{k,l}a_{kl}\mathrm{tr}(E_{ji}E_{kl})=\sum_{k,l}a_{kl}\delta_{ik}\delta_{jl}=a_{ij}$,　$E_{ii}AE_{jj}=E_{ii}\sum_{k,l}a_{kl}E_{kl}E_{jj}=\sum_{k,l}a_{kl}E_{ii}E_{kl}E_{jj}=\sum_{k,l}a_{kl}\delta_{ik}\delta_{lj}E_{ij}=a_{ij}E_{ij}$.

研究課題　$A=E+K$，$K=\begin{pmatrix}1&1&1\\1&1&1\\1&1&1\end{pmatrix}$ とおけば，$K^2=3K$．これから $A^2=E+5K$，$A^3=E+21K$，一般に $A^\nu=(E+K)^\nu=E+(1+4+\cdots+4^{\nu-1})K=E+\dfrac{4^\nu-1}{3}K$.（帰納法.）よって $\exp tA=\sum\dfrac{1}{\nu!}t^\nu\left(E+\dfrac{4^\nu-1}{3}K\right)=e^tE+$

$$\frac{1}{3}(e^{4t}-e^{t})K=\begin{pmatrix}\frac{1}{3}(e^{4t}+2e^{t}) & \frac{1}{3}(e^{4t}-e^{t}) & \frac{1}{3}(e^{4t}-e^{t})\\ \frac{1}{3}(e^{4t}-e^{t}) & \frac{1}{3}(e^{4t}+2e^{t}) & \frac{1}{3}(e^{4t}-e^{t})\\ \frac{1}{3}(e^{4t}-e^{t}) & \frac{1}{3}(e^{4t}-e^{t}) & \frac{1}{3}(e^{4t}+2e^{t})\end{pmatrix}.$$

初期条件 $\begin{cases} y_1(0)=1\\ y_2(0)=1\\ y_3(0)=1\end{cases}$ の解は $\begin{cases} y_1=e^{4t}\\ y_2=e^{4t}\\ y_3=e^{4t}\end{cases}$.

II

§1 1 $\sigma^i(1)=\sigma^j(k')$（ただし $0\leqq i\leqq r-1,\ 0\leqq j\leqq r'-1$）とすれば，$\sigma^{i+(r'-j)}(1)=\sigma^{r'}(k')=k'$．よって k' が，1，$\sigma(1)$，$\sigma^2(1)$，… に含まれることとなり矛盾である．

2 $(k_1,k_2,\cdots,k_r)^{-1}=\begin{pmatrix}k_1 & k_2 & \cdots & k_{r-1} & k_r\\ k_2 & k_3 & \cdots & k_r & k_1\end{pmatrix}^{-1}=\begin{pmatrix}k_2 & k_3 & \cdots & k_r & k_1\\ k_1 & k_2 & \cdots & k_{r-1} & k_r\end{pmatrix}=$
$\begin{pmatrix}k_r & k_{r-1} & \cdots & k_2 & k_1\\ k_{r-1} & k_{r-2} & \cdots & k_1 & k_r\end{pmatrix}=(k_r,k_{r-1},\cdots,k_1)$.

3 $\tau\sigma\tau^{-1}=\begin{pmatrix}k_1 & \cdots & k_r & k_{r+1} & \cdots & k_{r+r'} & \cdots\\ l_1 & \cdots & l_r & l_{r+1} & \cdots & l_{r+r'} & \cdots\end{pmatrix}\begin{pmatrix}k_1 & k_2 & \cdots & k_r & k_{r+1} & k_{r+2} & \cdots & k_{r+r'} & \cdots\\ k_2 & k_3 & \cdots & k_1 & k_{r+2} & k_{r+3} & \cdots & k_{r+1} & \cdots\end{pmatrix}$
$\times\begin{pmatrix}l_1 & \cdots & l_r & l_{r+1} & \cdots & l_{r+r'} & \cdots\\ k_1 & \cdots & k_r & k_{r+1} & \cdots & k_{r+r'} & \cdots\end{pmatrix}=\begin{pmatrix}l_1 & l_2 & \cdots & l_r & l_{r+1} & l_{r+2} & \cdots & l_{r+r'} & \cdots\\ l_2 & l_3 & \cdots & l_1 & l_{r+2} & l_{r+3} & \cdots & l_{r+1} & \cdots\end{pmatrix}$
$=(l_1,l_2,\cdots,l_r)(l_{r+1},l_{r+2},\cdots,l_{r+r'})\cdots$.

4 $k_1,k_2,\cdots,k_r$ に互換 $(k_1,k_2),(k_1,k_3),\cdots,(k_1,k_{r-1}),(k_1,k_r)$ をほどこせば，次々に，$k_2,k_1,k_3,\cdots,k_r$；$k_2,k_3,k_1,k_4,\cdots,k_r$；…；$k_2,k_3,k_4,\cdots,k_1,k_r$；$k_2,k_3,k_4,\cdots,k_r,k_1$ になる．よって $(k_1,k_r)(k_1,k_{r-1})\cdots(k_1,k_2)=(k_1,k_2,\cdots,k_r)$.

5 $F(x_1,x_2,\cdots,x_n)=\sum_{\sigma}f(x_{\sigma(1)},x_{\sigma(2)},\cdots,x_{\sigma(n)})$ とおく．任意の（n 文字の）置換 τ に対し $(\tau F)(x_1,x_2,\cdots,x_n)=F(x_{\tau(1)},x_{\tau(2)},\cdots,x_{\tau(n)})=\sum_{\sigma}f(x_{\tau\sigma(1)},x_{\tau\sigma(2)},\cdots,x_{\tau\sigma(n)})$．$\sigma$ が n 文字の置換全体を動くとき，$\tau\sigma$ もまた n 文字の置換全体を動く．よって，上式 $=F(x_1,x_2,\cdots,x_n)$．従って F は対称式である．$G(x_1,\cdots,x_n)=\sum_{\sigma}\varepsilon(\sigma)f(x_{\sigma(1)},x_{\sigma(2)},\cdots,x_{\sigma(n)})$ が交代式であることも全く同様にして（ただし $\varepsilon(\sigma\tau)=\varepsilon(\sigma)\varepsilon(\tau)$ を使って）証明される．

§2 1 (i) 0,　(ii) -42,　(iii) $a^3+b^3+c^3-3abc$.

2 第 i 行 $(1\leqq i\leqq n)$ に第 $(i+n)$ 行を加え，その後，第 $(i+n)$ 列 $(1\leqq i\leqq$

n) から第 i 列を引けば

$$\begin{vmatrix} A & B \\ B & A \end{vmatrix} = \begin{vmatrix} A+B & B+A \\ B & A \end{vmatrix} = \begin{vmatrix} A+B & 0 \\ B & A-B \end{vmatrix} = |A+B||A-B|.$$

§3　1　(i) 16,　(ii) 1,　(iii) $a_0x^n + a_1x^{n-1} + \cdots + a_n$

2　(i) $\begin{pmatrix} \frac{3}{4} & -\frac{1}{4} & -\frac{1}{4} \\ -\frac{1}{4} & \frac{3}{4} & -\frac{1}{4} \\ -\frac{1}{4} & -\frac{1}{4} & \frac{3}{4} \end{pmatrix}$,　(ii) $\begin{pmatrix} 0 & -1 & 0 & -1 \\ 1 & 0 & 0 & 0 \\ 0 & 0 & 0 & -1 \\ 1 & 0 & 1 & 0 \end{pmatrix}$.

3　§2, 例 4, および定理 6 により, 前半は明らかである. $\begin{pmatrix} A_{11} & A_{12} \\ 0 & A_{22} \end{pmatrix}^{-1} = \begin{pmatrix} X_{11} & X_{12} \\ X_{21} & X_{22} \end{pmatrix}$ とおけば, $A_{11}X_{11} + A_{12}X_{21} = E_{n_1}$*), $A_{11}X_{12} + A_{12}X_{22} = 0$, $A_{22}X_{21} = 0$, $A_{22}X_{22} = E_{n_2}$. よって $X_{22} = A_{22}{}^{-1}$, $X_{21} = A_{22}{}^{-1} \cdot 0 = 0$, $X_{11} = A_{11}{}^{-1}$, $X_{12} = -A_{11}{}^{-1}A_{12}X_{22} = -A_{11}{}^{-1}A_{12}A_{22}{}^{-1}$.

§6　1　$-(4p^3 + 27q^2)$,　$(-1)^{\frac{n(n-1)}{2}}((-1)^{n-1}(n-1)^{n-1}p^n + n^nq^{n-1})$.

2　$J_\varphi = A + Bi$, $J_f = \begin{pmatrix} A & -B \\ B & A \end{pmatrix}$ であるから, (＊) により求める関係を得る.

3
$$\frac{\partial(s_1, \cdots, s_n)}{\partial(x_1, \cdots, x_n)} = \begin{vmatrix} 1 & 1 & \cdots & 1 \\ \sum_{i \neq 1} x_i & \sum_{i \neq 2} x_i & \cdots & \sum_{i \neq n} x_i \\ & \cdots\cdots & & \\ \prod_{i \neq 1} x_i & \prod_{i \neq 2} x_i & \cdots & \prod_{i \neq n} x_i \end{vmatrix}.$$

この多項式を $P(x_1, \cdots, x_n)$ とおけば, これは $x_i (1 \leqq i \leqq n)$ に関する $\dfrac{n(n-1)}{2}$ 次の交代式であるから, $P(x_1, \cdots, x_n) = c\Delta(x_1, \cdots, x_n)$ (c：定数). $P(x_1, \cdots, x_n)$ における $x_1{}^{n-1}$ の係数はちょうど $n-1$ の場合の同様な行列式

$$\begin{vmatrix} 1 & \cdots & 1 \\ \sum_{i \neq 1,2} x_i & \cdots & \sum_{i \neq 1,n} x_i \\ & \cdots\cdots & \\ \prod_{i \neq 1,2} x_i & \cdots & \prod_{i \neq 1,n} x_i \end{vmatrix} = P(x_2, \cdots, x_n)$$

となり, 一方, $\Delta(x_1, \cdots, x_n)$ における $x_1{}^{n-1}$ の係数は $\Delta(x_2, \cdots, x_n)$ である. よって $P(x_2, \cdots, x_n) = c\Delta(x_2, \cdots, x_n)$. 従って c は n に関係しない. $n = 2$ のとき, 明ら

*)　n 次の単位行列を E_n, $E^{(n)}$ 等で表わすことがある.

かに $P(x_1, x_2) = x_1 - x_2 = \Delta(x_1, x_2)$. よって $c=1$. 従って一般に $P(x_1, \cdots, x_n) = \Delta(x_1, \cdots, x_n)$.

研究課題 1　1

$$\begin{pmatrix} x_1 & x_2 & x_3 & x_4 \\ x_2 & x_1 & x_4 & x_3 \\ x_3 & x_4 & x_1 & x_2 \\ x_4 & x_3 & x_2 & x_1 \end{pmatrix}\begin{pmatrix} 1 & 1 & 1 & 1 \\ 1 & -1 & 1 & -1 \\ 1 & 1 & -1 & -1 \\ 1 & -1 & -1 & 1 \end{pmatrix}$$

$$= \begin{pmatrix} 1 & 1 & 1 & 1 \\ 1 & -1 & 1 & -1 \\ 1 & 1 & -1 & -1 \\ 1 & -1 & -1 & 1 \end{pmatrix}\begin{pmatrix} x_1+x_2+x_3+x_4 & & & 0 \\ & x_1-x_2+x_3-x_4 & & \\ & & x_1+x_2-x_3-x_4 & \\ 0 & & & x_1-x_2-x_3+x_4 \end{pmatrix}$$

から, 求める行列式 $= (x_1+x_2+x_3+x_4)(x_1-x_2+x_3-x_4)(x_1+x_2-x_3-x_4)(x_1-x_2-x_3+x_4)$.

2　$(x_{\sigma_i\sigma_j^{-1}})(y_{\sigma_i\sigma_j^{-1}})$ の (i,j) 成分は, $\displaystyle\sum_{k=1}^{n} x_{\sigma_i\sigma_k^{-1}} y_{\sigma_k\sigma_j^{-1}} = \sum_{\sigma\tau=\sigma_i\sigma_j^{-1}} x_\sigma y_\tau = z_{\sigma_i\sigma_j^{-1}}$.

3　$\displaystyle -\sum_{i=1}^{n}\prod_{\substack{\nu=1 \\ \nu\neq i}}^{n}(x_\nu - 2a_\nu)$.

4　$n=2p$ とする. $\det(x_{ij})$ の第 i 行 $(1 \leqq i \leqq p)$ に第 $(n-i+1)$ 行を加え, その後で第 $(n-i+1)$ 列 $(1 \leqq i \leqq p)$ から第 i 列を引けば, 右上の部分が 0 になる:

$$\begin{vmatrix} x_{11} & \cdots & x_{1p} & x_{1p+1} & \cdots & x_{1n} \\ & & \cdots\cdots & & & \\ x_{p1} & \cdots & x_{pp} & x_{pp+1} & \cdots & x_{pn} \\ x_{pn} & \cdots & x_{pp+1} & x_{pp} & \cdots & x_{p1} \\ & & \cdots\cdots & & & \\ x_{1n} & \cdots & x_{1p+1} & x_{1p} & \cdots & x_{11} \end{vmatrix}$$

$$= \begin{vmatrix} x_{11}+x_{1n} & \cdots & x_{1p}+x_{1p+1} & x_{1p+1}+x_{1p} & \cdots & x_{1n}+x_{11} \\ & & \cdots\cdots & & & \\ x_{p1}+x_{pn} & \cdots & x_{pp}+x_{pp+1} & x_{pp+1}+x_{pp} & \cdots & x_{pn}+x_{p1} \\ x_{pn} & \cdots & x_{pp+1} & x_{pp} & \cdots & x_{p1} \\ & & \cdots\cdots & & & \\ x_{1n} & \cdots & x_{1p+1} & x_{1p} & \cdots & x_{11} \end{vmatrix}$$

$$= \begin{vmatrix} x_{11}+x_{1n} & \cdots & x_{1p}+x_{1p+1} & 0 & \cdots & 0 \\ & & \cdots\cdots & & & \\ x_{p1}+x_{pn} & \cdots & x_{pp}+x_{pp+1} & 0 & \cdots & 0 \\ x_{pn} & \cdots & x_{pp+1} & x_{pp}-x_{pp+1} & \cdots & x_{p1}-x_{pn} \\ & & \cdots\cdots & & & \\ x_{1n} & \cdots & x_{1p+1} & x_{1p}-x_{1p+1} & \cdots & x_{11}-x_{1n} \end{vmatrix}$$

$$= \begin{vmatrix} x_{11}+x_{1n} & \cdots & x_{1p}+x_{1p+1} \\ & \cdots\cdots & \\ x_{p1}+x_{pn} & \cdots & x_{pp}+x_{pp+1} \end{vmatrix} \begin{vmatrix} x_{11}-x_{1n} & \cdots & x_{1p}-x_{1p+1} \\ & \cdots\cdots & \\ x_{p1}-x_{pn} & \cdots & x_{pp}-x_{pp+1} \end{vmatrix}.$$

$n = 2p+1$ の場合も全く同様である.

III

§1　1　例えば $\begin{pmatrix} 1 \\ 1 \\ -1 \\ -1 \end{pmatrix}, \begin{pmatrix} 3 \\ 2 \\ 1 \\ -2 \end{pmatrix}, \begin{pmatrix} 1 \\ 2 \\ 3 \\ -2 \end{pmatrix}.$

2　まず $\begin{vmatrix} 1 & 3 \\ 1 & 2 \end{vmatrix} \neq 0$. よって第 1, 第 2 のベクトルは一次独立. 次に $\begin{vmatrix} 1 & 3 & 0 \\ 1 & 2 & 1 \\ -1 & 1 & -4 \end{vmatrix} = 0$, $3\begin{pmatrix} 1 \\ 1 \\ -1 \end{pmatrix} - \begin{pmatrix} 3 \\ 2 \\ 1 \end{pmatrix} = \begin{pmatrix} 0 \\ 1 \\ -4 \end{pmatrix}$ となる. この同じ係数により, 第 1, 第 2, 第 3 のベクトルは一次従属になることがわかる. 次に $\begin{vmatrix} 1 & 3 & 1 \\ 1 & 2 & 2 \\ -1 & 1 & 3 \end{vmatrix} \neq 0$. よって第 1, 第 2, 第 4 のベクトルは一次独立である. 最後に $\begin{vmatrix} 1 & 3 & 1 & 3 \\ 1 & 2 & 2 & 0 \\ -1 & 1 & 3 & 1 \\ -1 & -2 & -2 & 0 \end{vmatrix} = 0$. ((第 4 行) $= -$(第 2 行).) ゆえに第 5 のベクトルは第 1, 第 2, 第 4 のベクトルに一次従属である.

3　もしこの行列式が $=0$ ならば, t_i $(1 \leqq i \leqq n)$ に関する連立一次方程式

$$\begin{cases} t_1 + x_{12}t_2 + \cdots + x_{1n}t_n = 0 \\ x_{21}t_1 + t_2 + \cdots + x_{2n}t_n = 0 \\ \cdots\cdots \\ x_{n1}t_1 + x_{n2}t_2 + \cdots + t_n = 0 \end{cases}$$

は自明でない解 $t_i = a_i$ $(1 \leqq i \leqq n)$ をもつ. $|a_i|$ のうち最大のものを $|a_{i_0}|$ とすれば, 上記の第 i_0 番目の方程式から

$$a_{i_0} = -\sum_{j \neq i_0} x_{i_0 j} a_j$$

よって, $|x_{i_0 j}| < \dfrac{1}{n-1}$, $|a_{i_0}| > 0$ から

$$|a_{i_0}| \leqq \sum_{j \neq i_0} |x_{i_0 j}||a_j| \leqq \Bigl(\sum_{j \neq i_0} |x_{i_0 j}|\Bigr)|a_{i_0}|$$

$$< (n-1)\frac{1}{n-1}|a_{i_0}| = |a_{i_0}|.$$

これは矛盾である．

§2 1 3次元．例えば $\begin{pmatrix} 1 \\ 1 \\ -1 \\ -1 \end{pmatrix}, \begin{pmatrix} 3 \\ 2 \\ 1 \\ -2 \end{pmatrix}, \begin{pmatrix} 1 \\ 2 \\ 3 \\ -2 \end{pmatrix}, \begin{pmatrix} 0 \\ 1 \\ 0 \\ 0 \end{pmatrix}.$

2 まず，$\boldsymbol{x}, \boldsymbol{y} \in W_1 + W_2$ とすれば，$\boldsymbol{x} = \boldsymbol{x}_1 + \boldsymbol{x}_2$，$\boldsymbol{y} = \boldsymbol{y}_1 + \boldsymbol{y}_2\,(\boldsymbol{x}_1, \boldsymbol{y}_1 \in W_1, \boldsymbol{x}_2, \boldsymbol{y}_2 \in W_2)$ と表わされる．$\boldsymbol{x} + \boldsymbol{y} = (\boldsymbol{x}_1 + \boldsymbol{y}_1) + (\boldsymbol{x}_2 + \boldsymbol{y}_2)$ で，$\boldsymbol{x}_1 + \boldsymbol{y}_1 \in W_1$，$\boldsymbol{x}_2 + \boldsymbol{y}_2 \in W_2$ であるから，定義により $\boldsymbol{x} + \boldsymbol{y} \in W_1 + W_2$．同様にして，スカラー c に対し，$c\boldsymbol{x} = c\boldsymbol{x}_1 + c\boldsymbol{x}_2 \in W_1 + W_2$．よって，$W_1 + W_2$ は部分空間になる．$\boldsymbol{x}_1 \in W_1$ とすれば $\boldsymbol{x}_1 = \boldsymbol{x}_1 + \boldsymbol{0} \in W_1 + W_2$．よって，$W_1 \subset W_1 + W_2$．同様に $W_2 \subset W_1 + W_2$．ゆえに $W_1 + W_2$ は W_1，W_2 を含む．逆に W を W_1，W_2 を含む任意の部分空間とすれば，任意の $\boldsymbol{x}_1 \in W_1$，$\boldsymbol{x}_2 \in W_2$ に対し $\boldsymbol{x}_1 + \boldsymbol{x}_2 \in W$．よって，$W_1 + W_2 \subset W$．従って，$W_1 + W_2$ は W_1，W_2 を含む最小の部分空間である．

3 $\dim W_i = r_i$ とし，W_i の一つの底を $\{\boldsymbol{a}_1{}^{(i)}, \cdots, \boldsymbol{a}_{r_i}{}^{(i)}\}$ とする．$W = W_1 + W_2 + \cdots + W_m$ ならば，W は $\{\boldsymbol{a}_1{}^{(1)}, \cdots, \boldsymbol{a}_{r_1}{}^{(1)}, \boldsymbol{a}_1{}^{(2)}, \cdots, \boldsymbol{a}_{r_2}{}^{(2)}, \cdots, \boldsymbol{a}_1{}^{(m)}, \cdots, \boldsymbol{a}_{r_m}{}^{(m)}\}$ によって生成される．よって（定理3の後に述べたように）$\dim W \leqq r_1 + r_2 + \cdots + r_m$ である．特に W が $W_i\,(1 \leqq i \leqq m)$ の直和になれば，上記 $\sum_{i=1}^{m} r_i$ 個のベクトルは一次独立である．($\sum_{j,i} c_j{}^{(i)} \boldsymbol{a}_j{}^{(i)} = \boldsymbol{0} \Longrightarrow \sum_{j=1}^{r_i} c_j{}^{(i)} \boldsymbol{a}_j{}^{(i)} = \boldsymbol{0} \Longrightarrow c_j{}^{(i)} = 0\,(1 \leqq j \leqq r_i)$.）よってそれらは W の一つの底になり，$\dim W = \sum_{i=1}^{m} r_i$ である．

4 まず，$W = W_1 + W_2 + \cdots + W_m$ が直和である（すなわち，$\boldsymbol{x} = \sum_{i=1}^{m} \boldsymbol{x}_i$，$\boldsymbol{x}_i \in W_i$ なる表現が一意的である）ために

$$(*) \qquad \sum_{i=1}^{m} \boldsymbol{x}_i = \boldsymbol{0},\ \boldsymbol{x}_i \in W_i \Longrightarrow \boldsymbol{x}_i = \boldsymbol{0} \qquad (1 \leqq i \leqq m)$$

が必要十分であることに注意しよう．(必要は明らか．十分：（$*$）を仮定すれば，$\boldsymbol{x} = \sum \boldsymbol{x}_i = \sum \boldsymbol{x}_i'$ $(\boldsymbol{x}_i, \boldsymbol{x}_i' \in W_i) \Longrightarrow \sum(\boldsymbol{x}_i - \boldsymbol{x}_i') = \boldsymbol{0} \Longrightarrow \boldsymbol{x}_i - \boldsymbol{x}_i' = \boldsymbol{0} \Longrightarrow \boldsymbol{x}_i = \boldsymbol{x}_i'$.）よって（$*$）と問4の条件（それを（$**$）とする）が同値であることを示せばよい．（$*$）$\Longrightarrow$（$**$）：$\boldsymbol{x}_k = \sum_{i=1}^{k-1} \boldsymbol{x}_i \in (W_1 + \cdots + W_{k-1}) \cap W_k (\boldsymbol{x}_i \in W_i)$ とすれば，$\sum_{i=1}^{k-1} \boldsymbol{x}_i - \boldsymbol{x}_k = \boldsymbol{0}$．よって（$*$）により $\boldsymbol{x}_k = \boldsymbol{0}$．従って $(W_1 + \cdots + W_{k-1}) \cap W_k = \{\boldsymbol{0}\}$．（$**$）$\Longrightarrow$（$*$）：$\sum_{i=1}^{m} \boldsymbol{x}_i = \boldsymbol{0}$ かつある $\boldsymbol{x}_i \neq \boldsymbol{0}$ とする．$\boldsymbol{0}$ でな

い $\boldsymbol{x}_i$ のうち i が最大なるものを $\boldsymbol{x}_k$ とすれば，$\boldsymbol{x}_k=-\sum_{i=1}^{k-1}\boldsymbol{x}_i\in(W_1+\cdots+W_{k-1})\cap W_k$，$\boldsymbol{x}_k\neq\boldsymbol{0}$．これは（＊＊）に矛盾する．

§3　1　$\boldsymbol{a}_1=\begin{pmatrix}1\\1\\-1\\-1\end{pmatrix},\boldsymbol{a}_2=\begin{pmatrix}3\\2\\1\\-2\end{pmatrix},\boldsymbol{a}_3=\begin{pmatrix}1\\2\\3\\-2\end{pmatrix}$ とおく．$\|\boldsymbol{a}_1\|=\sqrt{1+1+1+1}=2$ よって $\boldsymbol{f}_1=\dfrac{\boldsymbol{a}_1}{\|\boldsymbol{a}_1\|}=\begin{pmatrix}1/2\\1/2\\-1/2\\-1/2\end{pmatrix}$．次に $\boldsymbol{a}_2'=\boldsymbol{a}_2-(\boldsymbol{a}_2,\boldsymbol{f}_1)\,\boldsymbol{f}_1=\begin{pmatrix}3\\2\\1\\-2\end{pmatrix}-\left(\dfrac{3}{2}+1-\dfrac{1}{2}+1\right)\begin{pmatrix}1/2\\1/2\\-1/2\\-1/2\end{pmatrix}=\begin{pmatrix}3/2\\1/2\\5/2\\-1/2\end{pmatrix}$，$\|\boldsymbol{a}_2'\|=\sqrt{\dfrac{9}{4}+\dfrac{1}{4}+\dfrac{25}{4}+\dfrac{1}{4}}=3$．よって，$\boldsymbol{f}_2=\dfrac{\boldsymbol{a}_2'}{\|\boldsymbol{a}_2'\|}=\begin{pmatrix}1/2\\1/6\\5/6\\-1/6\end{pmatrix}$．次に $\boldsymbol{a}_3'=\boldsymbol{a}_3-(\boldsymbol{a}_3,\boldsymbol{f}_1)\,\boldsymbol{f}_1-(\boldsymbol{a}_3,\boldsymbol{f}_2)\,\boldsymbol{f}_2=\begin{pmatrix}1\\2\\3\\-2\end{pmatrix}-\left(\dfrac{1}{2}+1-\dfrac{3}{2}+1\right)\begin{pmatrix}1/2\\1/2\\-1/2\\-1/2\end{pmatrix}-\left(\dfrac{1}{2}+\dfrac{1}{3}+\dfrac{5}{2}+\dfrac{1}{3}\right)\begin{pmatrix}1/2\\1/6\\5/6\\-1/6\end{pmatrix}=\begin{pmatrix}-4/3\\8/9\\4/9\\-8/9\end{pmatrix}$，

$\|\boldsymbol{a}_3'\|=\sqrt{\dfrac{144}{81}+\dfrac{64}{81}+\dfrac{16}{81}+\dfrac{64}{81}}=\dfrac{4}{3}\sqrt{2}$．よって，$\boldsymbol{f}_3=\dfrac{\boldsymbol{a}_3}{\|\boldsymbol{a}_3'\|}=\begin{pmatrix}-\sqrt{2}/2\\\sqrt{2}/3\\\sqrt{2}/6\\-\sqrt{2}/3\end{pmatrix}$．

ゆえに求むる正規直交系は $\begin{pmatrix}1/2\\1/2\\-1/2\\-1/2\end{pmatrix},\begin{pmatrix}1/2\\1/6\\5/6\\-1/6\end{pmatrix},\begin{pmatrix}-\sqrt{2}/2\\\sqrt{2}/3\\\sqrt{2}/6\\-\sqrt{2}/3\end{pmatrix}$．

2　まず，$\boldsymbol{f}_{r+1},\cdots,\boldsymbol{f}_n$ は W の底 $\boldsymbol{f}_1,\cdots,\boldsymbol{f}_r$ と直交するから，明らかに $W^{\perp}$ に属する．一方，任意の $\boldsymbol{x}\in W^{\perp}$ を $\boldsymbol{x}=\sum_{i=1}^{n}c_i\boldsymbol{f}_i$ と表わせば，$(\boldsymbol{x},\boldsymbol{f}_i)=c_i=0\ (1\leqq i\leqq r)$．よって $W^{\perp}$ は $\boldsymbol{f}_{r+1},\cdots,\boldsymbol{f}_n$ によって生成される．よって $\boldsymbol{f}_{r+1},\cdots,\boldsymbol{f}_n$ は $W^{\perp}$ の底になる．（$\boldsymbol{f}_{r+1},\cdots,\boldsymbol{f}_n$ は正規直交系ゆえ一次独立である．）

3 $W_2 \subset W_1{}^{\perp}$ は明らか. $V^n = W_1 + W_2$ ゆえ, (3), (9) により $\dim W_2 \geqq n - \dim W_1 = \dim W_1{}^{\perp}$. よって (1) により $W_2 = W_1{}^{\perp}$.

§4 1 $f(W) \subset f(V^m) \cap W'$ は明らか. $\boldsymbol{y} \in f(V^m) \cap W'$ とすれば, $\boldsymbol{y} = f(\boldsymbol{x})$, $\boldsymbol{x} \in V^m$ とかける. $\boldsymbol{y} \in W'$ であるから, $\boldsymbol{x} \in f^{-1}(W') = W$. よって, $\boldsymbol{y} = f(\boldsymbol{x}) \in f(W)$. $f(W) = f(V^m) \cap W'$, $W = f^{-1}(W') \supset f^{-1}(\mathbf{0})$ から, (14) により

$$\begin{aligned}\dim(f(V^m) \cap W') &= \dim f(W) = \dim W - \dim(f^{-1}(\mathbf{0}) \cap W) \\ &= \dim f^{-1}(W') - \dim f^{-1}(\mathbf{0}).\end{aligned}$$

2 $\operatorname{rank}\begin{pmatrix}1&1&1\\1&1&1\\1&1&1\end{pmatrix} = 1$, $\operatorname{rank}\begin{pmatrix}0&1&1\\1&0&1\\1&1&0\end{pmatrix} = 3$, $\operatorname{rank}\begin{pmatrix}-2&1&1\\1&-2&1\\1&1&-2\end{pmatrix} = 2$.

3 II, 研究課題 2, 例 1 の記号によれば, $\operatorname{rank} A \geqq r \Longleftrightarrow C_r(A) \neq 0$. (ただし, そこでは A : 正方行列としたが, ここでは長方行列を考える.) また, $AB = C$ のとき, $C_r(A)C_r(B) = C_r(C)$. よって

$$\begin{aligned}\operatorname{rank} C \geqq r \Longrightarrow C_r(C) \neq 0 &\Longrightarrow C_r(A) \neq 0,\ C_r(B) \neq 0 \\ &\Longrightarrow \operatorname{rank} A, \operatorname{rank} B \geqq r.\end{aligned}$$

ゆえに, $\operatorname{rank} C \leqq \operatorname{rank} A, \operatorname{rank} B$.

4 例 2 の不等式により

$$\begin{aligned}0 = \operatorname{rank}(ABC) &\geqq \operatorname{rank}(AB) + \operatorname{rank} C - n \\ &\geqq \operatorname{rank} A + \operatorname{rank} B + \operatorname{rank} C - 2n.\end{aligned}$$

よって, $\operatorname{rank} A + \operatorname{rank} B + \operatorname{rank} C \leqq 2n$.

5 $\operatorname{rank}(AB) = \dim(AB)V^l = \dim AW \leqq \dim AV^m = \operatorname{rank} A$ であるから

$$\begin{aligned}\operatorname{rank} AB = \operatorname{rank} A &\Longleftrightarrow AW = AV^m \\ &\Longleftrightarrow V^m = W + A^{-1}\{\mathbf{0}\}.\end{aligned}$$

(実際, $AW = AV^m$ のとき, 任意の $\boldsymbol{x} \in V^m$ に対し, ある $\boldsymbol{x}_1 \in W$ があって $A\boldsymbol{x} = A\boldsymbol{x}_1$. そのとき, $\boldsymbol{x} - \boldsymbol{x}_1 \in A^{-1}\{\mathbf{0}\}$. よって, $\boldsymbol{x} = \boldsymbol{x}_1 + (\boldsymbol{x} - \boldsymbol{x}_1) \in W + A^{-1}\{\mathbf{0}\}$. 逆は明らか.) 次に, $\operatorname{rank}(AB) = \dim(AB)V^l = \dim AW \leqq \dim W = \operatorname{rank} B$ であるから

$$\begin{aligned}\operatorname{rank} AB = \operatorname{rank} B &\Longleftrightarrow \dim AW = \dim W \\ &\Longleftrightarrow A^{-1}\{\mathbf{0}\} \cap W = \{\mathbf{0}\},\ ((14)\ \text{による})\end{aligned}$$

§5 1 (i) 基本解は例えば $\begin{pmatrix}1\\-1\\0\\0\end{pmatrix}$, $\begin{pmatrix}1\\0\\-1\\0\end{pmatrix}$, $\begin{pmatrix}1\\0\\0\\-1\end{pmatrix}$.

(ii) $\mathrm{rank}\begin{pmatrix} 2 & -1 & -1 & 2 \\ -1 & 2 & -1 & -1 \\ -1 & -1 & 2 & -2 \end{pmatrix} = 2$，$\begin{vmatrix} 2 & -1 \\ -1 & 2 \end{vmatrix} \neq 0$ であるから，最初の二つの方程式を解けばよい．$\begin{cases} x_1 = x_3 - x_4 \\ x_2 = x_3 \end{cases}$．基本解は例えば $\begin{pmatrix} 1 \\ 1 \\ 1 \\ 0 \end{pmatrix}$，$\begin{pmatrix} -1 \\ 0 \\ 0 \\ 1 \end{pmatrix}$．

2　(i) $\mathrm{rank}\begin{pmatrix} 2 & -1 & -1 \\ -1 & 2 & -1 \\ -1 & -1 & 2 \end{pmatrix} = 2$，$\mathrm{rank}\begin{pmatrix} 2 & -1 & -1 & 1 \\ -1 & 2 & -1 & 1 \\ -1 & -1 & 2 & 1 \end{pmatrix} = 3$ であるから，この方程式は解をもたない．(ii) $\mathrm{rank}\begin{pmatrix} 2 & -1 & -1 & 1 \\ -1 & 2 & -1 & 0 \\ -1 & -1 & 2 & -1 \end{pmatrix} = 2$ ゆえ，この方程式は解をもつ．$x_3 = 0$ とおき，$\begin{cases} 2x_1 - x_2 = 1 \\ -x_1 + 2x_2 = 0 \end{cases}$ を解くことにより，特殊解 $\begin{pmatrix} 2/3 \\ 1/3 \\ 0 \end{pmatrix}$ を得る．一般解は $c\begin{pmatrix} 1 \\ 1 \\ 1 \end{pmatrix} + \begin{pmatrix} 2/3 \\ 1/3 \\ 0 \end{pmatrix}$．

§6　1　(2.4) において，$c = d = 0$ とおけば，$0\boldsymbol{a} = 0\boldsymbol{a} + 0\boldsymbol{a}$．よって，減法の一意性（(I) からでる）により，$0\boldsymbol{a} = \mathbf{0}$．同時に (2.3) において，$\boldsymbol{a} = \boldsymbol{b} = \mathbf{0}$ とおくことにより，$c\mathbf{0} = c\mathbf{0} + c\mathbf{0}$．それから $c\mathbf{0} = \mathbf{0}$．

2　4 次元．底は例えば，$x^4 - 1$，$x^3 - 1$，$x^2 - 1$，$x - 1$．

3　$\begin{pmatrix} m + n - 1 \\ n \end{pmatrix}$ 次元．

4　無限数列全体の集合がベクトル空間になること，およびここに述べたような条件を満たす数列全体の集合が部分空間になること，はほとんど明らかであろう．例えば，$\boldsymbol{a} = (a_i)$，$\boldsymbol{b} = (b_i)$ に対し，$\sum_{i=1}^{\infty}|a_i|$，$\sum_{i=1}^{\infty}|b_i|$ が収斂すれば，$\sum_{i=1}^{\infty}|a_i + b_i|$，$\sum_{i=1}^{\infty}|ca_i|$ も収斂する．(それぞれ，$\leqq \sum_{i=1}^{\infty}|a_i| + \sum_{i=1}^{\infty}|b_i|$，$= |c|\sum_{i=1}^{\infty}|a_i|$．) よって $\sum_{i=1}^{\infty}a_i$ が絶対収斂するような数列 $\boldsymbol{a} = (a_i)$ 全体の集合を l_1 とすれば，$\boldsymbol{a}, \boldsymbol{b} \in l_1$ のとき，$\boldsymbol{a} + \boldsymbol{b}, c\boldsymbol{a} \in l_1$．($\sum_{i=1}^{\infty}a_i^2$ が（絶対）収斂するような数列 $\boldsymbol{a} = (a_i)$ 全体の集合 l_2 に対して，$\boldsymbol{a}, \boldsymbol{b} \in l_2 \Longrightarrow \boldsymbol{a} + \boldsymbol{b} \in l_2$ を証明するときには，三角不等式 $\sqrt{\sum_{i=1}^{n}(a_i + b_i)^2} \leqq \sqrt{\sum_{i=1}^{n}a_i^2} + \sqrt{\sum_{i=1}^{n}b_i^2}$ を使う．) また写像 $(a_i) \longrightarrow \lim_{i\to\infty}a_i$，$(a_i) \longrightarrow \sum_{i=1}^{\infty}a_i$ 等が線型

であることは解析でよく知られている通りである．これらの空間がすべて無限次元であることは，これらの空間がすべて無限個の一次独立なベクトル $\boldsymbol{e}_1 = (1, 0, 0, \cdots), \boldsymbol{e}_2 = (0, 1, 0, \cdots), \cdots, \boldsymbol{e}_n = (0, \cdots, 0, 1, 0, \cdots), \cdots$ を含むことからわかる．包含関係は次の通り．

（ほとんどすべての $a_i = 0$）$\subset \left(\sum_{i=1}^{\infty} a_i\right.$ が絶対収斂$\left.\right) \subset \left(\lim_{i\to\infty} a_i\right.$ が存在$\left.\right) \subset$（$\{a_i\}$ は有界）

5　(f, g) について (3.1)，(3.2)，(3.3)，(3.4) の前半は明らか．よって $f \neq 0 \Longrightarrow (f, f) > 0$ をいえばよい．$f \neq 0$ とすれば，ある x_0 $(a < x_0 < b)$ に対して $f(x_0) \neq 0$．$f(x)$ の連続性により x_0 の十分近く（$|x - x_0| < \varepsilon$）においては $|f(x)| \geqq \dfrac{|f(x_0)|}{2} > 0$．よって $(f, f) = \displaystyle\int_a^b f(x)^2 dx \geqq \dfrac{|f(x_0)|^2}{4}\varepsilon > 0$．$(\boldsymbol{a}, \boldsymbol{b})$ については，それが収斂すること以外は明らか．$\sum a_i^2$，$\sum b_i^2$ が収斂すれば，Schwarz の不等式により $\displaystyle\sum_{i=1}^{n} |a_i b_i| \leqq \sqrt{\sum_{i=1}^{n} a_i^2} \cdot \sqrt{\sum_{i=1}^{n} b_i^2} \leqq \sqrt{\sum_{i=1}^{\infty} a_i^2} \cdot \sqrt{\sum_{i=1}^{\infty} b_i^2}$．よって $\displaystyle\sum_{i=1}^{n} |a_i b_i|$ は有界，従って $\displaystyle\sum_{i=1}^{\infty} a_i b_i$ も（絶対）収斂する．

§7　1　$P^{-1}(A + B)P = P^{-1}AP + P^{-1}BP = A' + B'$．$P^{-1}(AB)P = (P^{-1}AP) \cdot (P^{-1}BP) = A'B'$．$A$ が正則ならば，$(P^{-1}AP)(P^{-1}A^{-1}P) = P^{-1}AA^{-1}P = E$．よって $P^{-1}A^{-1}P = A'^{-1}$．

2　$f(\boldsymbol{a}_1', \cdots, \boldsymbol{a}_m') = (\boldsymbol{b}_1', \cdots, \boldsymbol{b}_n')A'$．一方，$f(\boldsymbol{a}_1', \cdots, \boldsymbol{a}_m') = f((\boldsymbol{a}_1, \cdots, \boldsymbol{a}_m)P) = (f(\boldsymbol{a}_1, \cdots, \boldsymbol{a}_m))P = (\boldsymbol{a}_1, \cdots, \boldsymbol{b}_n)AP = (\boldsymbol{b}_1', \cdots, \boldsymbol{b}_n')Q^{-1}AP$．よって $A' = Q^{-1}AP$．$\operatorname{rank} A = r$ のとき，$\dim f^{-1}(\mathbf{0}) = m - r$ であるから，V の底 $\{\boldsymbol{a}_1', \cdots, \boldsymbol{a}_m'\}$ を $\{\boldsymbol{a}_{r+1}', \cdots, \boldsymbol{a}_m'\}$ が $f^{-1}(\mathbf{0})$ の底になるようにとることができる．そのとき，$f(V) = \{\{f(\boldsymbol{a}_1'), \cdots, f(\boldsymbol{a}_r')\}\}$，$\dim f(V) = r$ であるから，$f(\boldsymbol{a}_1'), \cdots, f(\boldsymbol{a}_r')$ は一次独立である．よって V' の底 $\{\boldsymbol{b}_1', \cdots, \boldsymbol{b}_n'\}$ を $\boldsymbol{b}_i' = f(\boldsymbol{a}_i')$ $(1 \leqq i \leqq r)$ となるようにとることができる．そのとき

$$
\begin{aligned}
(f(\boldsymbol{a}_1'), \cdots, f(\boldsymbol{a}_m')) &= (f(\boldsymbol{a}_1'), \cdots, f(\boldsymbol{a}_r'), 0, \cdots, 0) \\
&= (\boldsymbol{b}_1', \cdots, \boldsymbol{b}_n')
\begin{pmatrix}
1 & & & & & 0 \\
 & \overset{r}{\ddots} & & & & \\
 & & 1 & & & \\
 & & & 0 & & \\
 & & & & \ddots & \\
0 & & & & & 0
\end{pmatrix}.
\end{aligned}
$$

よって，$Q^{-1}AP = \begin{pmatrix} E_r & 0 \\ 0 & 0 \end{pmatrix}$．

3 i) $A=E^{-1}AE$ とかけるから. ii) $A'=P^{-1}AP$ のとき, $A=PA'P^{-1}=(P^{-1})^{-1}A'P^{-1}$. iii) $A'=P_1^{-1}AP_1$, $A''=P_2^{-1}A'P_2$ とすれば, $A''=P_2^{-1}P_1^{-1}AP_1P_2=(P_1P_2)^{-1}A(P_1P_2)$.

4 ${}^tA_1A_1=E$, ${}^tA_2A_2=E$ から, ${}^t(A_1A_2)A_1A_2={}^tA_2{}^tA_1A_1A_2={}^tA_2EA_2={}^tA_2A_2=E$. また ${}^t(A_1^{-1})A_1^{-1}=({}^tA_1)^{-1}A_1^{-1}=E$. よって A_1A_2, A_1^{-1} も直交行列である.

5 II, (25) により $A^{-1}=\dfrac{1}{|A|}(\Delta_{ji})$. 直交行列に対しては, $A^{-1}={}^tA=(a_{ji})$ であるから, $|A|=\pm 1$ に従って, $\Delta_{ij}=\pm a_{ij}$.

6 $A+Bi$：ユニタリー $\Longleftrightarrow ({}^tA+{}^tBi)(A-Bi)=E$

$$\Longleftrightarrow {}^tAA+{}^tBB=E,\ {}^tAB={}^tBA$$

一方,

$$\begin{pmatrix} A & -B \\ B & A \end{pmatrix}:\text{直交} \Longleftrightarrow \begin{pmatrix} {}^tA & {}^tB \\ -{}^tB & {}^tA \end{pmatrix}\begin{pmatrix} A & -B \\ B & A \end{pmatrix}=\begin{pmatrix} E & 0 \\ 0 & E \end{pmatrix}$$

$$\Longleftrightarrow {}^tAA+{}^tBB=E,\ {}^tAB={}^tBA.$$

7 n 次元複素数ベクトル空間 V の単位ベクトルを $\boldsymbol{e}_1,\cdots,\boldsymbol{e}_n$ とすれば, V の R 上の底として $\boldsymbol{e}_1,\cdots,\boldsymbol{e}_n, i\boldsymbol{e}_1,\cdots,i\boldsymbol{e}_n$ をとることができる. $\boldsymbol{a}_k=\boldsymbol{b}_k+i\boldsymbol{c}_k$ $(1\leqq k\leqq 2n)$, $\boldsymbol{b}_k,\boldsymbol{c}_k$：実数ベクトル, とすれば, 底 $\boldsymbol{e}_1,\cdots,\boldsymbol{e}_n, i\boldsymbol{e}_1,\cdots,i\boldsymbol{e}_n$ に関する $\boldsymbol{a}_k$ の成分は $\begin{pmatrix} \boldsymbol{b}_k \\ \boldsymbol{c}_k \end{pmatrix}$ で与えられる. よって,

$$\boldsymbol{a}_1,\cdots,\boldsymbol{a}_{2n}\ \text{が}\ R\ \text{上一次独立} \Longleftrightarrow \begin{vmatrix} \boldsymbol{b}_1 & \cdots & \boldsymbol{b}_{2n} \\ \boldsymbol{c}_1 & \cdots & \boldsymbol{c}_{2n} \end{vmatrix} \neq 0.$$

しかるに $\begin{pmatrix} \boldsymbol{a}_1 & \cdots & \boldsymbol{a}_{2n} \\ \bar{\boldsymbol{a}}_1 & \cdots & \bar{\boldsymbol{a}}_{2n} \end{pmatrix}=\begin{pmatrix} E & iE \\ E & -iE \end{pmatrix}\begin{pmatrix} \boldsymbol{b}_1 & \cdots & \boldsymbol{b}_{2n} \\ \boldsymbol{c}_1 & \cdots & \boldsymbol{c}_{2n} \end{pmatrix}$, $\begin{vmatrix} E & iE \\ E & -iE \end{vmatrix}=(-2i)^n\neq 0$ であるから, 上記のことは

$$\Longleftrightarrow \begin{vmatrix} \boldsymbol{a}_1 & \cdots & \boldsymbol{a}_{2n} \\ \bar{\boldsymbol{a}}_1 & \cdots & \bar{\boldsymbol{a}}_{2n} \end{vmatrix} \neq 0.$$

研究課題 1 **1** $A^2=A$ とする. 任意の $\boldsymbol{x}\in V$ に対し, $\boldsymbol{x}_1=A\boldsymbol{x}$, $\boldsymbol{x}_2=(E-A)\boldsymbol{x}=\boldsymbol{x}-A\boldsymbol{x}$ とおけば, $A\boldsymbol{x}_1=A^2\boldsymbol{x}=A\boldsymbol{x}=\boldsymbol{x}_1$. であるから $\boldsymbol{x}_1\in W$. よって $AV\subset W_1$. 逆に $W_1\subset AV$ は明らか. ゆえに $W_1=AV$. また, $A\boldsymbol{x}_2=(A-A^2)\boldsymbol{x}=\boldsymbol{0}$ であるから, $\boldsymbol{x}_2\in W_2$. よって $(E-A)V\subset W_2$. 逆に $\boldsymbol{x}\in W_2$ ならば, $\boldsymbol{x}_1=\boldsymbol{0}$, $\boldsymbol{x}=\boldsymbol{x}_2\in(E-A)V$. ゆえに $W_2=(E-A)V$. $\boldsymbol{x}=\boldsymbol{x}_1+\boldsymbol{x}_2$ であるから, $V=W_1+W_2$. また $\boldsymbol{x}\in W_1\cap W_2$ ならば, $\boldsymbol{x}=A\boldsymbol{x}=\boldsymbol{0}$. よって $W_1\cap W_2=\{\boldsymbol{0}\}$. ゆえに $V=W_1+W_2$ (直和) である.

2 $V=W_1+W_2$ (直和) であるから, $\dim W_1+\dim W_2=n$. 今, $\{\boldsymbol{p}_1,\cdots,\boldsymbol{p}_r\}$

を W_1 の底，$\{\boldsymbol{p}_{r+1}, \cdots, \boldsymbol{p}_n\}$ を W_2 の底とすれば，$\{\boldsymbol{p}_1, \cdots, \boldsymbol{p}_n\}$ は V の一つの底になる．この底に関して

$$A(\boldsymbol{p}_1, \cdots, \boldsymbol{p}_r, \boldsymbol{p}_{r+1}, \cdots, \boldsymbol{p}_n) = (\boldsymbol{p}_1, \cdots, \boldsymbol{p}_r, \boldsymbol{0}, \cdots, \boldsymbol{0})$$

$$= (\boldsymbol{p}_1, \cdots, \boldsymbol{p}_r, \boldsymbol{p}_{r+1}, \cdots, \boldsymbol{p}_n)\begin{pmatrix} 1 & & & & & 0 \\ & \ddots & & & & \\ & & 1 & & & \\ & & & 0 & & \\ & & & & \ddots & \\ 0 & & & & & 0 \end{pmatrix}.$$

よって，座標変換 $(\boldsymbol{e}_i) \longrightarrow (\boldsymbol{p}_i)$ の行列，すなわち $\boldsymbol{p}_i$ $(1 \leqq i \leqq n)$ を列ベクトルとする n 次行列を P とすればよい．(ただし $(\boldsymbol{e}_i)$ は V のあらかじめ定めた一つの底を表わす．)

3 $A^2 = A$ ならば，$\operatorname{rank} A + \operatorname{rank}(E - A) = \dim W_1 + \dim W_2 = n$．逆に $\operatorname{rank} A + \operatorname{rank}(E - A) = n$ とする．$V = AV + (E - A)V$ は明らかであるが，仮定により $\dim AV + \dim(E - A)V = n$ であるからそれは直和になる．(定理 4 の系．) よって $AV \cap (E - A)V = \{\boldsymbol{0}\}$．$A - A^2 = A(E - A) = (E - A)A$ であるから，$(A - A^2)V \subset AV \cap (E - A)V$．よって $(A - A^2)V = \{\boldsymbol{0}\}$，すなわち $A - A^2 = 0$，$A = A^2$．

4 前半は $m = 2$ の場合とほとんど同様である．(2) を満たす m 個の行列 $A_1, \cdots, A_m$ が与えられたとき，$A_iV = \{\boldsymbol{x}\,;\,\boldsymbol{x} \in V,\ A_i\boldsymbol{x} = \boldsymbol{x}\}$ となることは $m = 2$ の場合と同様である．(問 1 参照．) よってそれを W_i とおく．(2) により任意の $\boldsymbol{x} \in V$ に対し

$$\boldsymbol{x} = E\boldsymbol{x} = A_1\boldsymbol{x} + A_2\boldsymbol{x} + \cdots + A_m\boldsymbol{x}.$$

よって $V = W_1 + W_2 + \cdots + W_m$．これが直和であることをいうためには表現

$$\boldsymbol{x} = \boldsymbol{x}_1 + \boldsymbol{x}_2 + \cdots + \boldsymbol{x}_m, \quad \boldsymbol{x}_i \in W_i$$

が一意的であることを示せばよい．$\boldsymbol{x}_j = A_j\boldsymbol{x}_j$ であるから，(2) により $A_i\boldsymbol{x}_j = A_iA_j\boldsymbol{x}_j = \delta_{ij}A_j\boldsymbol{x}_j = \delta_{ij}\boldsymbol{x}_j$．よって，$A_i\boldsymbol{x} = \boldsymbol{x}_i$．よって $\boldsymbol{x}_i$ $(1 \leqq i \leqq m)$ は $\boldsymbol{x}$ により一意的に定まる．

5 仮定により，$A^2 = (\sum_i A_i)^2 = \sum_{i,j} A_iA_j = \sum_{i,j} \delta_{ij}A_i = \sum_i A_i = A$．また，$AA_i = (\sum_j A_j)A_i = \sum_j \delta_{ji}A_j = A_i$．同様にして $A_iA = A_i$ を得る．$A_1, \cdots, A_{m-1}, A_m$ に関して (2) が成立することをいうには $A_iA_m = \delta_{im}A_m$ だけをいえばよい．$1 \leqq i \leqq m - 1$ ならば，$A_iA_m = A_i(E - A) = A_i - A_iA = A_i - A_i = 0$．また $A_m{}^2 = (E - A)^2 = E - 2A + A^2 = E - A = A_m$．

6 A が部分空間 W への射影子であるとき，$\dim W = r$ とし W の一つの正規直交

系を$\{\boldsymbol{t}_1, \cdots, \boldsymbol{t}_r\}$，$W^\perp$のそれを$\{\boldsymbol{t}_{r+1}, \cdots, \boldsymbol{t}_x\}$とすれば，$\{\boldsymbol{t}_1, \cdots, \boldsymbol{t}_n\}$は$V$の一つの正規直交系になる．よって問2におけると同様，$\boldsymbol{t}_i$ $(1 \leqq i \leqq n)$を列ベクトルとする行列（それは直交行列になる）をTとおけばよい．

7 $W_1 \perp W_2$ならば，$\boldsymbol{x} \in W_2$に対し$A_1\boldsymbol{x} = \boldsymbol{0}$．よって任意の$\boldsymbol{x} \in V$に対し，$A_1 A_2\boldsymbol{x} = \boldsymbol{0}$，従って$A_1A_2 = 0$．逆に$A_1A_2 = 0$ならば，任意の$\boldsymbol{x} \in W_2$に対し，$A_1\boldsymbol{x} = A_1A_2\boldsymbol{x} = \boldsymbol{0}$．よって，$W_1 \perp W_2$．同様にして$W_1 \perp W_2 \Longleftrightarrow A_2A_1 = 0$を得る．また，$W_2{}^\perp$への射影子は$E - A_2$であるから

$$W_1 \subset W_2 \Longleftrightarrow W_1 \perp W_2{}^\perp \Longleftrightarrow A_1(E - A_2) = 0 \Longleftrightarrow A_1 = A_1A_2$$
$$\Longleftrightarrow (E-A_2)A_1 = 0 \Longleftrightarrow A_1 = A_2A_1.$$

8 $A_1A_2 = A_2A_1$ならば，任意の$\boldsymbol{x} \in V$に対し

$$\begin{aligned} A_1\boldsymbol{x} &= A_2A_1\boldsymbol{x} + (E - A_2)A_1\boldsymbol{x} \\ &= A_1A_2\boldsymbol{x} + A_1(E - A_2)\boldsymbol{x}. \end{aligned}$$

$A_2A_1\boldsymbol{x} = A_1A_2\boldsymbol{x} \in W_1 \cap W_2$，$(E - A_2)A_1\boldsymbol{x} = A_1(E - A_2)\boldsymbol{x} \in W_1 \cap W_2{}^\perp$．よって，$W_1 = W_1 \cap W_2 + W_1 \cap W_2{}^\perp$，同様にして，$W_2 = W_1 \cap W_2 + W_1{}^\perp \cap W_2$．

逆に，$W_1 = W_1 \cap W_2 + W_1 \cap W_2{}^\perp$とすれば，任意の$\boldsymbol{x} \in V$に対し，$A_1\boldsymbol{x} = \boldsymbol{x}' + \boldsymbol{x}''$，$\boldsymbol{x}' \in W_1 \cap W_2$，$\boldsymbol{x}'' \in W_1 \cap W_2{}^\perp$となる．$\boldsymbol{x}' = A_2A_1\boldsymbol{x}$．$\boldsymbol{x}' \in W_1$であるから，$A_1A_2A_1\boldsymbol{x} = A_2A_1\boldsymbol{x}$．よって$A_1A_2A_1 = A_2A_1$．両辺の転置行列をとれば，(4)により${}^t(A_1A_2A_1) = {}^tA_1{}^tA_2{}^tA_1 = A_1A_2A_1 = {}^t(A_2A_1) = {}^tA_1{}^tA_2 = A_1A_2$．よって，$A_1A_2 = A_1A_2A_1 = A_2A_1$を得る．上の証明からわかるように，この場合$W_1 \cap W_2$への射影子は$A_1A_2 = A_2A_1$である．

$A_1A_2 \neq A_2A_1$である例は，例えば

$$A_1 = \begin{pmatrix} 1 & 0 \\ 0 & 0 \end{pmatrix}, \quad A_2 = \begin{pmatrix} \cos^2\theta & \cos\theta\sin\theta \\ \cos\theta\sin\theta & \sin^2\theta \end{pmatrix} \quad \left(0 < \theta < \frac{\pi}{2}\right)$$

研究課題2 **1** 変換$y_i = y^{(i-1)}$ $(1 \leqq i \leqq n)$を行えば，(1)において$A(x) = A$

$$= \begin{pmatrix} 0 & 1 & \cdots & \cdots & 0 \\ \vdots & 0 & 1 & \cdots & \vdots \\ \vdots & \cdots & \ddots & \ddots & \vdots \\ 0 & \cdots & \cdots & 0 & 1 \\ a & 0 & \cdots & \cdots & 0 \end{pmatrix}$$

なる場合に帰着する．よって$\exp xA$の第一行を計算すればよい．

$$A^2 = \begin{pmatrix} 0 & 0 & 1 & \cdots & \cdots & 0 \\ \vdots & 0 & 0 & 1 & \cdots & \vdots \\ \vdots & \cdots & \ddots & \ddots & \ddots & \vdots \\ 0 & \cdots & \cdots & 0 & 0 & 1 \\ a & 0 & \cdots & \cdots & 0 & 0 \\ 0 & a & 0 & \cdots & \cdots & 0 \end{pmatrix}, \quad \cdots, \quad A^n = \begin{pmatrix} a & & & 0 \\ & a & & \\ & & \ddots & \\ 0 & & & a \end{pmatrix},$$

$$A^{n+1}=\begin{pmatrix}0 & a & \cdots & \cdots & 0\\ \vdots & 0 & a & \cdots & \vdots\\ \vdots & \cdots & \ddots & \ddots & \vdots\\ 0 & \cdots & \cdots & 0 & a\\ a^2 & 0 & \cdots & \cdots & 0\end{pmatrix},\ \cdots,\ A^{2n}=\begin{pmatrix}a^2 & & & 0\\ & a^2 & & \\ & & \ddots & \\ 0 & & & a^2\end{pmatrix},\cdots$$

であるから，$\exp xA$ の第一行を $(y_1,\cdots,y_n)$ とすれば

$$y_1=1+\frac{ax^n}{n!}+\frac{a^2x^{2n}}{(2n)!}+\cdots$$

$$y_2=x+\frac{ax^{n+1}}{(n+1)!}+\frac{a^2x^{2n+1}}{(2n+1)!}+\cdots$$

$$\cdots\cdots$$

$$y_n=x^{n-1}+\frac{ax^{2n-1}}{(2n-1)!}+\frac{a^2x^{3n-1}}{(3n-1)!}+\cdots$$

これらが $y^{(n)}=ay$ の基本解を与える．

2 行列式の微分法（II, 研究課題 3）により

$$\frac{dW(x)}{dx}=\begin{vmatrix}y_1' & y_2' & \cdots & y_n'\\ y_1' & y_2' & \cdots & y_n'\\ y_1'' & y_2'' & \cdots & y_n''\\ \vdots & \vdots & & \vdots\\ y_1^{(n-1)} & y_2^{(n-1)} & \cdots & y_n^{(n-1)}\end{vmatrix}+\begin{vmatrix}y_1 & y_2 & \cdots & y_n\\ y_1'' & y_2'' & \cdots & y_n''\\ y_1'' & y_2'' & \cdots & y_n''\\ \vdots & \vdots & & \vdots\\ y_1^{(n-1)} & y_2^{(n-1)} & \cdots & y_n^{(n-1)}\end{vmatrix}$$

$$+\cdots+\begin{vmatrix}y_1 & y_2 & \cdots & y_n\\ y_1' & y_2' & \cdots & y_n'\\ \vdots & \vdots & & \vdots\\ y_1^{(n-1)} & y_2^{(n-1)} & \cdots & y_n^{(n-1)}\\ y_1^{(n)} & y_2^{(n)} & \cdots & y_n^{(n)}\end{vmatrix}$$

$$=\begin{vmatrix}y_1 & y_2 & \cdots & y_n\\ y_1' & y_2' & \cdots & y_n'\\ \vdots & \vdots & & \vdots\\ y_1^{(n-2)} & y_2^{(n-2)} & \cdots & y_n^{(n-2)}\\ -\sum_{i=1}^{n}a_i(x)y_1^{(n-i)} & -\sum_{i=1}^{n}a_i(x)y_2^{(n-i)} & \cdots & -\sum_{i=1}^{n}a_i(x)y_n^{(n-i)}\end{vmatrix}$$

$$=-a_1(x)W(x).$$

Ⅳ

§1 **1** 行列式の微分法（II, 研究課題 3）によれば

$$f_A{}'(x) = \begin{vmatrix} 1 & 0 & \cdots & 0 \\ -a_{21} & x-a_{22} & \cdots & -a_{2n} \\ & \cdots\cdots & & \\ -a_{n1} & -a_{n2} & \cdots & x-a_{nn} \end{vmatrix} + \begin{vmatrix} x-a_{11} & -a_{12} & \cdots & -a_{1n} \\ 0 & 1 & \cdots & 0 \\ & \cdots\cdots & & \\ -a_{n1} & -a_{n2} & \cdots & x-a_{nn} \end{vmatrix}$$

$$+ \cdots + \begin{vmatrix} x-a_{11} & -a_{12} & \cdots & -a_{1n} \\ -a_{21} & x-a_{22} & \cdots & -a_{2n} \\ & \cdots\cdots & & \\ 0 & 0 & \cdots & 1 \end{vmatrix}$$

$$= \begin{vmatrix} x-a_{22} & -a_{23} & \cdots & -a_{2n} \\ -a_{32} & x-a_{33} & \cdots & -a_{3n} \\ & \cdots\cdots & & \\ -a_{n2} & -a_{n3} & \cdots & x-a_{nn} \end{vmatrix} + \begin{vmatrix} x-a_{11} & -a_{13} & \cdots & -a_{1n} \\ -a_{31} & x-a_{33} & \cdots & -a_{3n} \\ & \cdots\cdots & & \\ -a_{n1} & -a_{n3} & \cdots & x-a_{nn} \end{vmatrix}$$

$$+ \cdots + \begin{vmatrix} x-a_{11} & -a_{12} & \cdots & -a_{1,n-1} \\ -a_{21} & x-a_{22} & \cdots & -a_{2,n-1} \\ & \cdots\cdots & & \\ -a_{n-1,1} & -a_{n-1,2} & \cdots & x-a_{n-1,n-1} \end{vmatrix}$$

よって一般に

$$f_A{}^{(n-k)}(x) = (n-k)! \sum_{i_1<i_2<\cdots<i_k} \begin{vmatrix} x-a_{i_1i_1} & -a_{i_1i_2} & \cdots & -a_{i_1i_k} \\ -a_{i_2i_1} & x-a_{i_2i_2} & \cdots & -a_{i_2i_k} \\ & \cdots\cdots & & \\ -a_{i_ki_1} & -a_{i_ki_2} & \cdots & x-a_{i_ki_k} \end{vmatrix}$$

従って

$$a_k = \frac{f_A{}^{(n-k)}(0)}{(n-k)!} = (-1)^k \sum_{i_1<i_2<\cdots<i_k} \begin{vmatrix} a_{i_1i_1} & a_{i_1i_2} & \cdots & a_{i_1i_k} \\ a_{i_2i_1} & a_{i_2i_2} & \cdots & a_{i_2i_k} \\ & \cdots\cdots & & \\ a_{i_ki_1} & a_{i_ki_2} & \cdots & a_{i_ki_k} \end{vmatrix}.$$

2 (i) 固有方程式は $\begin{vmatrix} x & -1 & & & 0 \\ & x & -1 & & \\ & & \ddots & \ddots & \\ & & & x & -1 \\ 0 & & & & x \end{vmatrix} = x^n = 0$. よって固有値は 0 である．それに対する固有ベクトルを $\boldsymbol{x} = \begin{pmatrix} x_1 \\ \vdots \\ x_n \end{pmatrix}$ とおけば

$$\begin{pmatrix} 0 & 1 & & & \text{\Large 0} \\ & 0 & 1 & & \\ & & \ddots & \ddots & \\ & & & 0 & 1 \\ \text{\Large 0} & & & & 0 \end{pmatrix}\begin{pmatrix} x_1 \\ x_2 \\ \vdots \\ x_{n-1} \\ x_n \end{pmatrix} = \begin{pmatrix} x_2 \\ x_3 \\ \vdots \\ x_n \\ 0 \end{pmatrix} = 0\begin{pmatrix} x_1 \\ x_2 \\ \vdots \\ x_{n-1} \\ x_n \end{pmatrix} = \begin{pmatrix} 0 \\ 0 \\ \vdots \\ 0 \\ 0 \end{pmatrix}.$$

よって $x_2 = x_3 = \cdots = x_n = 0$．ゆえに固有ベクトル $\boldsymbol{e}_1 = \begin{pmatrix} 1 \\ 0 \\ \vdots \\ 0 \end{pmatrix}$（およびその任意のスカラー倍）である．

(ii) 固有多項式は $\begin{vmatrix} x & -1 & 0 & \cdots & 0 \\ \vdots & x & -1 & 0 & \vdots \\ \vdots & \cdots & \ddots & \ddots & \vdots \\ 0 & \cdots & \cdots & x & -1 \\ -1 & 0 & \cdots & \cdots & x \end{vmatrix} = x^n - 1$．よって，1 の原始 n 乗根を ζ_n とすれば，固有値は $1, \zeta_n, {\zeta_n}^2, \cdots, {\zeta_n}^{n-1}$ で与えられる．${\zeta_n}^i$ に対する固有ベクトルを $\boldsymbol{x} = \begin{pmatrix} x_1 \\ \vdots \\ x_n \end{pmatrix}$ とすれば

$$\begin{pmatrix} 0 & 1 & \cdots & \cdots & 0 \\ \vdots & 0 & 1 & \cdots & \vdots \\ \vdots & \cdots & \ddots & \ddots & \vdots \\ 0 & \cdots & \cdots & 0 & 1 \\ 1 & 0 & \cdots & \cdots & 0 \end{pmatrix}\begin{pmatrix} x_1 \\ x_2 \\ \vdots \\ x_{n-1} \\ x_n \end{pmatrix} = \begin{pmatrix} x_2 \\ x_3 \\ \vdots \\ x_n \\ x_1 \end{pmatrix} = {\zeta_n}^i\begin{pmatrix} x_1 \\ x_2 \\ \vdots \\ x_{n-1} \\ x_n \end{pmatrix} = \begin{pmatrix} {\zeta_n}^i x_1 \\ {\zeta_n}^i x_2 \\ \vdots \\ {\zeta_n}^i x_{n-1} \\ {\zeta_n}^i x_n \end{pmatrix}.$$

よって求める固有ベクトルは $\begin{pmatrix} 1 \\ {\zeta_n}^i \\ {\zeta_n}^{2i} \\ \vdots \\ {\zeta_n}^{(n-1)i} \end{pmatrix}$（およびその任意のスカラー倍）である．

(iii) $\begin{vmatrix} x & 0 & 0 & 0 & -1 \\ 0 & x & 0 & -1 & 0 \\ 0 & 0 & x-1 & 0 & 0 \\ 0 & -1 & 0 & x & 0 \\ -1 & 0 & 0 & 0 & x \end{vmatrix} = (x-1)^3(x+1)^2$．固有値は ± 1 である．1

に対する固有ベクトルは $\begin{pmatrix}1\\0\\0\\0\\1\end{pmatrix}$, $\begin{pmatrix}0\\1\\0\\1\\0\end{pmatrix}$, $\begin{pmatrix}0\\0\\1\\0\\0\end{pmatrix}$（およびそれらの一次結合），$-1$ に対する固有ベクトルは $\begin{pmatrix}1\\0\\0\\0\\-1\end{pmatrix}$, $\begin{pmatrix}0\\1\\0\\-1\\0\end{pmatrix}$（およびそれらの一次結合）である．

注意　σ を n 文字の置換，A_σ をそれに対応する行列とする．σ を互に共通文字のないいくつかの巡回置換の積として表わしたとき，その巡回置換に現れる文字の数がそれぞれ r, r', … であったとする.（II, §1, p. 44 参照.）そのとき A_σ の固有値は $1, \zeta_r, \cdots, \zeta_r{}^{r-1}, 1, \zeta_{r'}, \cdots, \zeta_{r'}{}^{r'-1}, \cdots$ で与えられる．ただし ζ_r は 1 の原始 r 乗根を表わす．また，$r+r'+\cdots<n$ のとき，$n-(r+r'+\cdots)$ だけ 1 を補うものとする．

3　$f(x)=x^nA_0+x^{n-1}A_1+\cdots+A_n$ が $xE-C$ により左側から割り切れるとすれば，$f(x)=(xE-C)\cdot g(x)$ となるような行列係数の多項式 $g(x)$ が存在する．$g(x)=\sum_{j=0}^{m}x^jB_j$（$m$：十分大）とおけば，両辺の x^i の係数を比較して，$A_n=-CB_0$，$A_{n-i}=B_{i-1}-CB_i$ $(1\leqq i\leqq n)$，$0=B_{i-1}-CB_i$ $(n<i\leqq m)$，$0=B_m$．よって $B_j=0$ $(n\leqq j\leqq m)$，また $C^nA_0+C^{n-1}A_1+\cdots+A_n=C^nB_{n-1}+C^{n-1}(B_{n-2}-CB_{n-1})+\cdots+C(B_0-CB_1)+(-CB_0)=0$．右側から割り切れる場合も全く同様である．

4　$\varphi_A(P^{-1}AP)=P^{-1}\varphi_A(A)P=0$．よって φ_A は $\varphi_{P^{-1}AP}$ によって割り切れる．$A=P(P^{-1}AP)P^{-1}$ であるから，同じ理由により $\varphi_{P^{-1}AP}$ は φ_A で割り切れる．よって（共に最高次の係数 $=1$ であるから）$\varphi_{P^{-1}AP}=\varphi_A$．次に $A=\begin{pmatrix}A_1&0\\0&A_2\end{pmatrix}$ ならば，$\varphi_A(A)=\begin{pmatrix}\varphi_A(A_1)&0\\0&\varphi_A(A_2)\end{pmatrix}=0$．よって φ_A は φ_{A_1}，φ_{A_2} で割り切れる．逆に φ が φ_{A_1}，φ_{A_2} で割り切れれば，$\varphi(A)=\begin{pmatrix}\varphi(A_1)&0\\0&\varphi(A_2)\end{pmatrix}=0$．よって，$\varphi$ は φ_A によっても割り切れる．よって，φ_A は φ_{A_1}，φ_{A_2} の最小公倍数である．

5　最初の四つに対しては $(x-1)(x-2)$，$(x-1)^2(x-2)$ を，次の三つに対しては $x-1$，$(x-1)^2$，$(x-1)^3$ を試めしてみればよい．結果は

$(x-1)^2(x-2)$，$(x-1)(x-2)$，$(x-1)^2(x-2)$，$(x-1)(x-2)$，
$(x-1)^3$，$x-1$，$(x-1)^2$，$(x-1)(x-2)(x-3)$．

6 $\begin{pmatrix} 0 & 1 & 0 & \cdots & & \\ & 0 & 1 & 0 & \cdots & \\ & & \cdots\cdots & & & \\ 0 & & \cdots & & 0 & 1 \\ 1 & 0 & & \cdots & & 0 \end{pmatrix}$, $\begin{pmatrix} 0 & & & & 1 \\ & & & 1 & \\ & & 1 & & \\ & 1 & & & \\ 1 & & & & 0 \end{pmatrix}$, $\begin{pmatrix} 1 & 0 & 0 \\ 0 & 1 & 0 \\ 0 & 0 & 2 \end{pmatrix}$, $\begin{pmatrix} 1 & 0 & 2 \\ 0 & 1 & 1 \\ 0 & 0 & 2 \end{pmatrix}$,

$\begin{pmatrix} 1 & 0 & 0 \\ 0 & 1 & 0 \\ 0 & 0 & 1 \end{pmatrix}$, $\begin{pmatrix} 1 & 1 & 2 \\ 0 & 2 & 1 \\ 0 & 0 & 3 \end{pmatrix}$.

§2 1 第1の行列 $\begin{pmatrix} 1 & 1 & 2 \\ 0 & 1 & 1 \\ 0 & 0 & 2 \end{pmatrix}$ に対しては，$\alpha_1 = 1$，$\alpha_2 = 2$，$f_1(x) = x - 2$，$f_2(x) = (x-1)^2$．$-x(x-2) + (x-1)^2 = 1$ であるから，$A_1 = -\begin{pmatrix} 1 & 1 & 2 \\ 0 & 1 & 1 \\ 0 & 0 & 2 \end{pmatrix}$ $\begin{pmatrix} -1 & 1 & 2 \\ 0 & -1 & 1 \\ 0 & 0 & 0 \end{pmatrix} = \begin{pmatrix} 1 & 0 & -3 \\ 0 & 1 & -1 \\ 0 & 0 & 0 \end{pmatrix}$，$A_2 = \begin{pmatrix} 0 & 1 & 2 \\ 0 & 0 & 1 \\ 0 & 0 & 1 \end{pmatrix}^2 = \begin{pmatrix} 0 & 0 & 3 \\ 0 & 0 & 1 \\ 0 & 0 & 1 \end{pmatrix}$．よって S $= \begin{pmatrix} 1 & 0 & -3 \\ 0 & 1 & -1 \\ 0 & 0 & 0 \end{pmatrix} + 2\begin{pmatrix} 0 & 0 & 3 \\ 0 & 0 & 1 \\ 0 & 0 & 1 \end{pmatrix} = \begin{pmatrix} 1 & 0 & 3 \\ 0 & 1 & 1 \\ 0 & 0 & 2 \end{pmatrix}$，$N = \begin{pmatrix} 0 & 1 & -1 \\ 0 & 0 & 0 \\ 0 & 0 & 0 \end{pmatrix}$．第 2，4，6，8 の行列は準単純であるから，$S = A$，$N = 0$．第 3，5，7 の行列については定義から直ちに次の分解が得られる：

$$\begin{pmatrix} 1 & 1 & 0 \\ 0 & 1 & 0 \\ 0 & 0 & 2 \end{pmatrix} = \begin{pmatrix} 1 & 0 & 0 \\ 0 & 1 & 0 \\ 0 & 0 & 2 \end{pmatrix} + \begin{pmatrix} 0 & 1 & 0 \\ 0 & 0 & 0 \\ 0 & 0 & 0 \end{pmatrix},$$

$$\begin{pmatrix} 1 & 1 & 2 \\ 0 & 1 & 1 \\ 0 & 0 & 1 \end{pmatrix} = \begin{pmatrix} 1 & 0 & 0 \\ 0 & 1 & 0 \\ 0 & 0 & 1 \end{pmatrix} + \begin{pmatrix} 0 & 1 & 2 \\ 0 & 0 & 1 \\ 0 & 0 & 0 \end{pmatrix},$$

$$\begin{pmatrix} 1 & 1 & 0 \\ 0 & 1 & 0 \\ 0 & 0 & 1 \end{pmatrix} = \begin{pmatrix} 1 & 0 & 0 \\ 0 & 1 & 0 \\ 0 & 0 & 1 \end{pmatrix} + \begin{pmatrix} 0 & 1 & 0 \\ 0 & 0 & 0 \\ 0 & 0 & 0 \end{pmatrix}.$$

2 1の原始3乗根を ζ_3 とすれば，$A = \begin{pmatrix} 0 & 1 & 0 \\ 0 & 0 & 1 \\ 1 & 0 & 0 \end{pmatrix}$ の固有値は，1，ζ_3，$\zeta_3{}^2$ である．

よって $a_0 + a_1 A + a_2 A^2 = \begin{pmatrix} a_0 & a_1 & a_2 \\ a_2 & a_0 & a_1 \\ a_1 & a_2 & a_0 \end{pmatrix}$ の固有値は，$a_0 + a_1 + a_2$，$a_0 + a_1\zeta_3 + a_2\zeta_3{}^2$，$a_0 + a_1\zeta_3{}^2 + a_2\zeta_3{}^4$ である．(II, 研究課題 1, 1) 参照．)

3 S_1，N_1 は可換であるから，$\exp(S_1 + N_1) = \exp S_1 \cdot \exp N_1 = \exp S_1 + \exp S_1 \times (\exp N_1 - E)$．よって例 2 に対する注意により，$S = \exp S_1$，$N = \exp S_1(\exp N_1 - E)$．あるいは $\exp N_1$ に関して解いて，$\exp N_1 = E + S^{-1}N$.

$|A| \neq 0$ なるとき，$A = \exp X$ とかけることを示すには，上記により $S = \exp S_1$，$E + S^{-1}N = \exp N_1$ なる S_1，N_1 を求めればよい．$P^{-1}AP = A_1 = \exp X_1$ ならば，$A = P(\exp X_1)P^{-1} = \exp(PX_1P^{-1})$ となるから，適当に底を変換して証明すれば十分である．よって最初から $S = \begin{pmatrix} \alpha_1 E_{n_1} & & 0 \\ & \ddots & \\ 0 & & \alpha_s E_{n_s} \end{pmatrix}$ とする．そのとき，$\alpha_i \neq 0$ であるから，$S_1 = \begin{pmatrix} (\log\alpha_1)E_{n_1} & & 0 \\ & \ddots & \\ 0 & & (\log\alpha_s)E_{n_s} \end{pmatrix}$（ただし，$\alpha = r(\cos\theta + i\sin\theta) \neq 0$ に対し，$\log\alpha = \log r + i\theta$）とおけば，確かに $S = \exp S_1$ となる．また，$N' = S^{-1}N$ は冪零であるから

$$\log(E + N') = N' - \frac{1}{2}N'^2 + \frac{1}{3}N'^3 - \cdots \pm \frac{1}{\nu - 1}N'^{(\nu-1)}$$

$$(\text{ただし } N'^{\nu} = 0)$$

を作ることができ，$N_1 = \exp(E + N')$ とおけば，$E + N' = \exp N_1$ となる．(exp と log が互に逆函数になることは冪級数の形式的な計算によって証明される．)

注意 $A = \exp X$ のとき，任意の自然数 m に対し，$A_1 = \exp\left(\dfrac{1}{m}X\right)$ は A の 'm 乗根' を与える．$A = S + N$，$S = \begin{pmatrix} \alpha_1 E_{n_1} & & 0 \\ & \ddots & \\ 0 & & \alpha_s E_{n_s} \end{pmatrix}$ とすれば，$A_1 = \begin{pmatrix} \alpha_1{}^{\frac{1}{m}} E_{n_1} & & 0 \\ & \ddots & \\ 0 & & \alpha_s{}^{\frac{1}{m}} E_{n_s} \end{pmatrix}$ $(E + S^{-1}N)^{\frac{1}{m}}$ は一つの m 乗根である*)．

4 $n = 2 : \begin{pmatrix} 0 & 1 \\ 0 & 0 \end{pmatrix}$，$0$；

$[r_1 = r_2 = 1]\,[r_1 = 2]$

---

*) A の m 乗根は少くとも m^n 個存在する．固有多項式 $f_A(x)$ が重根をもつとき，m 乗根は無限個存在する．(I, §5, 問 2 参照．)

$$n=3:\begin{pmatrix}0&1&0\\0&0&1\\0&0&0\end{pmatrix},\ \begin{pmatrix}0&1&0\\0&0&0\\0&0&0\end{pmatrix},\ 0\ ;$$

$[r_1=r_2=r_3=1]\,[r_1=2, r_2=1]\ [r_1=3]$

$$n=4:\begin{pmatrix}0&1&0&0\\0&0&1&0\\0&0&0&1\\0&0&0&0\end{pmatrix},\ \begin{pmatrix}0&1&0&0\\0&0&1&0\\0&0&0&0\\0&0&0&0\end{pmatrix},\ \begin{pmatrix}0&1&0&0\\0&0&0&0\\0&0&0&1\\0&0&0&0\end{pmatrix},\ \begin{pmatrix}0&1&0&0\\0&0&0&0\\0&0&0&0\\0&0&0&0\end{pmatrix},\ 0$$

$[r_1=r_2=r_3=r_4=1]\ [r_1=2, r_2=r_3=1]\ [r_1=r_2=2]\ [r_1=3, r_2=1]\,[r_1=4]$

5　冪零行列 N に対応する数 $r_i\ (1\leqq i\leqq \nu)$ が満たすべき条件は

(＊)　　$r_1\geqq r_2\geqq\cdots\geqq r_\nu\geqq 0,\quad r_1+r_2+\cdots+r_\nu=n$

である．さて，$N=N_1{}^2$ とかけたとし，N_1 に対応する r_i を $r_i'\ (1\leqq i\leqq \nu')$ とおけば，$r_i=\operatorname{rank}N^{i-1}-\operatorname{rank}N^i=\operatorname{rank}N_1{}^{2i-2}-\operatorname{rank}N_1{}^{2i}=r_{2i-1}'+r_{2i}'$.（ただし，$i>\nu'$ のとき $r_i'=0$ とおく.）よって $N=N_1{}^2$ とかけるためには

(＊＊)　$$r_i=r_{2i-1}'+r_{2i}'\quad(1\leqq i\leqq\nu)$$
$$r_1'\geqq r_2'\geqq\cdots\geqq r_{2\nu}'\geqq 0$$

なる $r_i'\ (1\leqq i\leqq 2\nu)$ が存在することが必要十分である．(＊＊) から，$\dfrac{r_1}{2}\geqq r_2'\geqq r_3'\geqq\dfrac{r_2}{2}$. 特に r_1，r_2 が共に奇数ならば，$\dfrac{r_1-1}{2}\geqq r_2'\geqq r_3'\geqq\dfrac{r_2+1}{2}$ であるから，$r_1\geqq r_2+2$. よって一般に (＊＊) が成立すれば，r_i，r_{i+1} が共に奇数であるとき，$r_i\geqq r_{i+1}+2$ である．逆にこの条件が成立すれば，r_i が偶数のとき，$r_{2i-1}'=r_{2i}'=\dfrac{r_i}{2}$. また r_i が奇数のとき，$r_{2i-1}'=\dfrac{r_i+1}{2}$，$r_{2i}'=\dfrac{r_i-1}{2}$ とおくことにより (＊＊) が成立する．よって求むる条件は，r_i，r_{i+1} が共に奇数であるとき $r_i\geqq r_{i+1}+2$ なることである.（例えば，$\begin{pmatrix}0&1&0\\0&0&0\\0&0&0\end{pmatrix}$ は平方根をもつが，$\begin{pmatrix}0&1&0\\0&0&1\\0&0&0\end{pmatrix}$，$\begin{pmatrix}0&1\\0&0\end{pmatrix}$ 等は平方根をもたない.）

6　$$\begin{pmatrix}1&1&0\\0&1&0\\0&0&2\end{pmatrix},\ \begin{pmatrix}1&0&0\\0&1&0\\0&0&2\end{pmatrix},\ \begin{pmatrix}1&1&0\\0&1&0\\0&0&2\end{pmatrix},\ \begin{pmatrix}1&0&0\\0&1&0\\0&0&2\end{pmatrix},\ \begin{pmatrix}1&1&0\\0&1&1\\0&0&1\end{pmatrix},\ \begin{pmatrix}1&0&0\\0&1&0\\0&0&1\end{pmatrix},$$
$$\begin{pmatrix}1&1&0\\0&1&0\\0&0&1\end{pmatrix},\ \begin{pmatrix}1&0&0\\0&2&0\\0&0&3\end{pmatrix}.$$

7 $S=\begin{pmatrix}\alpha t & & & 0\\ & \alpha t & & \\ & & \ddots & \\ 0 & & & \alpha t\end{pmatrix}$, $N=\begin{pmatrix}0 & t & & & 0\\ & 0 & t & & \\ & & \ddots & \ddots & \\ & & & \ddots & t\\ 0 & & & & 0\end{pmatrix}$とおけば

$$\begin{aligned}\exp tA &= \exp S\cdot\exp N\\ &= \exp S\left(E+N+\frac{1}{2!}N^2+\cdots+\frac{1}{(n-1)!}N^{n-1}\right)\\ &= e^{\alpha t}\begin{pmatrix}1 & t & \dfrac{t^2}{2!} & \cdots & \dfrac{t^{n-1}}{(n-1)!}\\ & 1 & t & \cdots & \dfrac{t^{n-2}}{(n-2)!}\\ & & \ddots & \ddots & \vdots\\ & & & 1 & t\\ 0 & & & & 1\end{pmatrix}.\end{aligned}$$

§3 1 $\dfrac{n(n+1)}{2}$, $\dfrac{n(n-1)}{2}$.

2 A_1A_2が対称ならば，$A_1A_2={}^t(A_1A_2)={}^tA_2{}^tA_1=A_2A_1$．逆に$A_1, A_2$が可換ならば，${}^t(A_1A_2)={}^tA_2{}^tA_1=A_2A_1=A_1A_2$.

3 (i) まず固有値を求めれば，$\begin{vmatrix}x-2 & -1 & -1\\ -1 & x-2 & -1\\ -1 & -1 & x-2\end{vmatrix}=(x-2)^3-2-3(x-2)=x^3-6x^2+9x-4=(x-1)^2(x-4)=0$から，$x=1,4$．1に対する固有ベクトルを$\boldsymbol{x}=\begin{pmatrix}x_1\\x_2\\x_3\end{pmatrix}$とすれば，$\begin{pmatrix}2&1&1\\1&2&1\\1&1&2\end{pmatrix}\begin{pmatrix}x_1\\x_2\\x_3\end{pmatrix}=\begin{pmatrix}x_1\\x_2\\x_3\end{pmatrix}$から，$x_1+x_2+x_3=0$．よって1に対する固有空間の正規直交底として例えば$\begin{pmatrix}\frac{1}{\sqrt{2}}\\ -\frac{1}{\sqrt{2}}\\ 0\end{pmatrix}$, $\begin{pmatrix}\frac{1}{\sqrt{6}}\\ \frac{1}{\sqrt{6}}\\ -\sqrt{\frac{2}{3}}\end{pmatrix}$をとることができる．また4に対する固有ベクトルを$\boldsymbol{x}=\begin{pmatrix}x_1\\x_2\\x_3\end{pmatrix}$とおけば，

$\begin{pmatrix} 2 & 1 & 1 \\ 1 & 2 & 1 \\ 1 & 1 & 2 \end{pmatrix}\begin{pmatrix} x_1 \\ x_2 \\ x_3 \end{pmatrix} = 4\begin{pmatrix} x_1 \\ x_2 \\ x_3 \end{pmatrix}$ から，$x_1 = x_2 = x_3$. よって 4 に対する固有空間の正規直交底として $\begin{pmatrix} \frac{1}{\sqrt{3}} \\ \frac{1}{\sqrt{3}} \\ \frac{1}{\sqrt{3}} \end{pmatrix}$ がとれる．以上により

$$\begin{pmatrix} \frac{1}{\sqrt{2}} & -\frac{1}{\sqrt{2}} & 0 \\ \frac{1}{\sqrt{6}} & \frac{1}{\sqrt{6}} & -\sqrt{\frac{2}{3}} \\ \frac{1}{\sqrt{3}} & \frac{1}{\sqrt{3}} & \frac{1}{\sqrt{3}} \end{pmatrix}\begin{pmatrix} 2 & 1 & 1 \\ 1 & 2 & 1 \\ 1 & 1 & 2 \end{pmatrix}\begin{pmatrix} \frac{1}{\sqrt{2}} & \frac{1}{\sqrt{6}} & \frac{1}{\sqrt{3}} \\ -\frac{1}{\sqrt{2}} & \frac{1}{\sqrt{6}} & \frac{1}{\sqrt{3}} \\ 0 & -\sqrt{\frac{2}{3}} & \frac{1}{\sqrt{3}} \end{pmatrix} = \begin{pmatrix} 1 & & 0 \\ & 1 & \\ 0 & & 4 \end{pmatrix}.$$

(ii) §1, 問 2 の結果から容易に

$$\begin{pmatrix} \frac{1}{\sqrt{2}} & 0 & 0 & 0 & \frac{1}{\sqrt{2}} \\ 0 & \frac{1}{\sqrt{2}} & 0 & \frac{1}{\sqrt{2}} & 0 \\ 0 & 0 & 1 & 0 & 0 \\ 0 & \frac{1}{\sqrt{2}} & 0 & -\frac{1}{\sqrt{2}} & 0 \\ \frac{1}{\sqrt{2}} & 0 & 0 & 0 & -\frac{1}{\sqrt{2}} \end{pmatrix}\begin{pmatrix} 0 & & & & 1 \\ & & & 1 & \\ & & 1 & & \\ & 1 & & & \\ 1 & & & & 0 \end{pmatrix}\begin{pmatrix} \frac{1}{\sqrt{2}} & 0 & 0 & 0 & \frac{1}{\sqrt{2}} \\ 0 & \frac{1}{\sqrt{2}} & 0 & \frac{1}{\sqrt{2}} & 0 \\ 0 & 0 & 1 & 0 & 0 \\ 0 & \frac{1}{\sqrt{2}} & 0 & -\frac{1}{\sqrt{2}} & 0 \\ \frac{1}{\sqrt{2}} & 0 & 0 & 0 & -\frac{1}{\sqrt{2}} \end{pmatrix}$$

$$= \begin{pmatrix} 1 & & & & 0 \\ & 1 & & & \\ & & 1 & & \\ & & & -1 & \\ 0 & & & & -1 \end{pmatrix}.$$

4 エルミット行列 $A = (a_{ij})$ において，a_{ii} $(1 \leqq i \leqq n)$ は任意の実数，a_{ij} $(1 \leqq i < j \leqq n)$ は任意の複素数をとることができる．よって次元は $n + 2\cdot\frac{n(n-1)}{2} = n^2$.

§4 **1** ${}^t\boldsymbol{x}A\boldsymbol{y} = \sum_{i,j} a_{ij}x_i y_j$ であるから，$\frac{\partial}{\partial x_i}{}^t\boldsymbol{x}A\boldsymbol{y} = \sum_j a_{ij}y_j$. $\frac{\partial^2}{\partial x_i \partial y_j}{}^t\boldsymbol{x}A\boldsymbol{y} = a_{ij}$.
次に A が対称のとき，$A[\boldsymbol{x}] = \sum_i a_{ii}x_i^2 + 2\sum_{i<j} a_{ij}x_i x_j$ であるから，$\frac{\partial}{\partial x_i}A[\boldsymbol{x}] = 2a_{ii}$

$x_i + 2\sum_{j \neq i} a_{ij}x_j = 2\sum_j a_{ij}x_j$. よって $\dfrac{\partial^2}{\partial x_i \partial x_j} A[\boldsymbol{x}] = 2a_{ij}$.

2 変数変換 $x_1' = x_1 + x_2$, $x_2' = x_1 - x_2$, $x_3' = x_3 + x_4$, $x_4' = x_3 - x_4$ を行えば, $(x_1 + x_2)^2 + x_3x_4 = x_1'^2 + \dfrac{1}{4}x_3'^2 - \dfrac{1}{4}x_4'^2$. よって符号数は $(2, 1)$ である.

3 $\begin{pmatrix} 2 & 1 & 1 \\ 1 & 2 & 1 \\ 1 & 1 & 2 \end{pmatrix} = \begin{pmatrix} p_{11} & & 0 \\ p_{12} & p_{22} & \\ p_{13} & p_{23} & p_{33} \end{pmatrix}\begin{pmatrix} p_{11} & p_{12} & p_{13} \\ & p_{22} & p_{23} \\ 0 & & p_{33} \end{pmatrix}$ とおけば, まず $2 = p_{11}^2$ から, $p_{11} = \sqrt{2}$. 次に $1 = p_{11}p_{12}$, $1 = p_{11}p_{13}$ から, $p_{12} = p_{13} = \dfrac{1}{\sqrt{2}}$. 次に $2 = p_{12}^2 + p_{22}^2 = \dfrac{1}{2} + p_{22}^2$ から, $p_{22} = \sqrt{\dfrac{3}{2}}$, 次に $1 = p_{12}p_{13} + p_{22}p_{23} = \dfrac{1}{2} + \sqrt{\dfrac{3}{2}}\,p_{23}$ から, $p_{23} = \sqrt{\dfrac{1}{6}}$. 最後に $2 = p_{13}^2 + p_{23}^2 + p_{33}^2 = \dfrac{1}{2} + \dfrac{1}{6} + p_{33}^2$ から, $p_{33} = \dfrac{2}{\sqrt{3}}$. よって

$$\begin{pmatrix} 2 & 1 & 1 \\ 1 & 2 & 1 \\ 1 & 1 & 2 \end{pmatrix} = \begin{pmatrix} \sqrt{2} & & 0 \\ \dfrac{1}{\sqrt{2}} & \sqrt{\dfrac{3}{2}} & \\ \dfrac{1}{\sqrt{2}} & \dfrac{1}{\sqrt{6}} & \dfrac{2}{\sqrt{3}} \end{pmatrix}\begin{pmatrix} \sqrt{2} & \dfrac{1}{\sqrt{2}} & \dfrac{1}{\sqrt{2}} \\ & \sqrt{\dfrac{3}{2}} & \dfrac{1}{\sqrt{6}} \\ 0 & & \dfrac{2}{\sqrt{3}} \end{pmatrix}.$$

4 (∗) により (あるいは p. 62, 例 3 により), $\begin{vmatrix} A & \boldsymbol{x} \\ {}^t\boldsymbol{x} & 0 \end{vmatrix} = -|A|\cdot A^{-1}[\boldsymbol{x}]$. 変数変換 $\boldsymbol{x} = A\boldsymbol{x}'$ を行えば, $A^{-1}[\boldsymbol{x}] = A^{-1}[A\boldsymbol{x}'] = AA^{-1}A[\boldsymbol{x}'] = A[\boldsymbol{x}']$. よって, $A^{-1}[\boldsymbol{x}]$ の符号数は $A[\boldsymbol{x}]$ のそれに等しい. ゆえに $\begin{vmatrix} A & \boldsymbol{x} \\ {}^t\boldsymbol{x} & 0 \end{vmatrix}$ の符号数は, $|A| > 0$ (すなわち q : 偶数) のとき, (q, p), $|A| < 0$ (すなわち q : 奇数) のとき, (p, q) である.

注意 一般に $\begin{vmatrix} A & \boldsymbol{x} \\ {}^t\boldsymbol{x} & 0 \end{vmatrix} = -\sum_{i,j=1}^{n} \Delta_{ij}x_ix_j$ (Δ_{ij} は A の (i, j) 余因子) であるが, $|A| = 0$ のとき, Jacobi の公式 (p. 70) により, $\mathrm{rank}(\Delta_{ij}) \leqq 1$ である. よってこの二次形式はある一次式の平方になる. (p. 192 ～ 193 参照.)

5 まず $A > 0$ であるから, ある正則行列 P_1 があって, $P_1{}^*AP_1 = E$ となる. 次にユニタリー行列 P_2 を, $P_2{}^*(P_1{}^*BP_1)P_2$ が対角行列になるようにとり, $P = P_1P_2$ とおけばよい. (そのとき $P^*AP = P_2{}^*P_1{}^*AP_1P_2 = P_2{}^*EP_2 = E$.)

6 $\mathrm{rank}\,A = r$ とすれば, ある正則行列 P_1 があって, $P_1{}^*AP_1 = \begin{pmatrix} E_r & 0 \\ 0 & 0 \end{pmatrix}$. そのと

き，$P_1{}^*BP_1 = \begin{pmatrix} B_1' & B_{12}' \\ B_{21}' & B_2' \end{pmatrix}\}r = (b_{ij}')$ と おけば，$\begin{pmatrix} E_r & 0 \\ 0 & 0 \end{pmatrix} \geqq \begin{pmatrix} B_1' & B_{12}' \\ B_{21}' & B_2' \end{pmatrix} \geqq \begin{pmatrix} 0 & 0 \\ 0 & 0 \end{pmatrix}$. よって，$b_{ii}' = 0\ (r+1 \leqq i \leqq n)$ となる．従って，p. 169 に述べたことにより，$b_{ij}' = 0\ (r+1 \leqq i \leqq n,\ 1 \leqq j \leqq n)$，すなわち $B_2' = 0$，$B_{21}' = 0$，$B_{12}' = 0$ である．よって $P_1{}^*BP_1 = \begin{pmatrix} B_1' & 0 \\ 0 & 0 \end{pmatrix}$，従って $\operatorname{rank} B = \operatorname{rank} P_1{}^*BP_1 \leqq r$．また，$r$ 次のユニタリー行列 P_2 をとり $P_2{}^*B_1'P_2 = \begin{pmatrix} \beta_1 & & 0 \\ & \ddots & \\ 0 & & \beta_r \end{pmatrix}$ とすれば，$E_r \geqq B_1' \geqq 0$ から，$\begin{pmatrix} 1 & & 0 \\ & \ddots & \\ 0 & & 1 \end{pmatrix} \geqq \begin{pmatrix} \beta_1 & & 0 \\ & \ddots & \\ 0 & & \beta_r \end{pmatrix} \geqq \begin{pmatrix} 0 & & 0 \\ & \ddots & \\ 0 & & 0 \end{pmatrix}$. よって，$1 \geqq \beta_i \geqq 0\ (1 \leqq i \leqq r)$ である．ゆえに $r = n$ のとき，$|P_1{}^*AP_1| = 1 \geqq \prod_{i=1}^{n} \beta_i = |P_1{}^*BP_1|$，よって $|A| \geqq |B|$ である．等号は $\beta_i = 1\ (1 \leqq i \leqq n)$，すなわち $A = B$ のときに限って成立する．よって，$A > 0$，$A \neq B$ ならば $|A| > |B|$ である．

§5　1　$AA^* = A^*A$ ならば，$\|A\boldsymbol{x}\|^2 = (A\boldsymbol{x}, A\boldsymbol{x}) = (\boldsymbol{x}, A^*A\boldsymbol{x}) = (\boldsymbol{x}, AA^*\boldsymbol{x}) = (A^*\boldsymbol{x}, A^*\boldsymbol{x}) = \|A^*\boldsymbol{x}\|^2$. よって $\|A\boldsymbol{x}\| = \|A^*\boldsymbol{x}\|$. 逆に $\|A\boldsymbol{x}\| = \|A^*\boldsymbol{x}\|$ ならば，任意の $\boldsymbol{x}$，$\boldsymbol{y} \in V$ に対し，$\mathrm{Re}\,(A\boldsymbol{x}, A\boldsymbol{y}) = \dfrac{1}{2}(\|A\boldsymbol{x} + A\boldsymbol{y}\|^2 - \|A\boldsymbol{x}\|^2 - \|A\boldsymbol{y}\|^2) = \dfrac{1}{2}(\|A^*\boldsymbol{x} + A^*\boldsymbol{y}\|^2 - \|A^*\boldsymbol{x}\|^2 - \|A^*\boldsymbol{y}\|^2) = \mathrm{Re}\,(A^*\boldsymbol{x}, A^*\boldsymbol{y})$．これが任意の $\boldsymbol{x}$ に対し成立するので，$\boldsymbol{x}$ を $i\boldsymbol{x}$ でおきかえてみればわかるように $\mathrm{Im}\,(A\boldsymbol{x}, A\boldsymbol{y}) = \mathrm{Im}\,(A^*\boldsymbol{x}, A^*\boldsymbol{y})$ も得られる．よって $(A\boldsymbol{x}, A\boldsymbol{y}) = (A^*\boldsymbol{x}, A^*\boldsymbol{y})$．よって，$(\boldsymbol{x}, A^*A\boldsymbol{y}) = (A\boldsymbol{x}, A\boldsymbol{y}) = (A^*\boldsymbol{x}, A^*\boldsymbol{y}) = (\boldsymbol{x}, AA^*\boldsymbol{y})$．これが任意の $\boldsymbol{x}$，$\boldsymbol{y}$ について成立するのであるから $A^*A = AA^*$．（記号の説明：一般に複素数 $\alpha = a_1 + a_2 i$ (a_1, a_2 は実数，$i = \sqrt{-1}$) に対し，$\mathrm{Re}\,\alpha = a_1 = \dfrac{1}{2}(\alpha + \overline{\alpha})$，$\mathrm{Im}\,\alpha = a_2 = \dfrac{1}{2i}(\alpha - \overline{\alpha})$ とかき，それぞれ α の**実部**，**虚部**という．p. 28 参照．明らかに $\mathrm{Re}(i\alpha) = -\mathrm{Im}\,\alpha$ である．）

2　A が正規行列ならば，$A - \alpha E$ も正規行列である．($(A - \alpha E)^* = A^* - \overline{\alpha}E$. A と A^* が可換ならば，$A - \alpha E$ と $A^* - \overline{\alpha}E$ も明らかに可換である．）よって $\boldsymbol{x}$ を固有値 α に対する A の固有ベクトルとすれば，問 1 の結果により，$0 = \|(A - \alpha E)\boldsymbol{x}\| = \|(A - \alpha E)^*\boldsymbol{x}\| = \|(A^* - \overline{\alpha}E)\boldsymbol{x}\|$. よって，$A^*\boldsymbol{x} = \overline{\alpha}\boldsymbol{x}$，すなわち $\boldsymbol{x}$ は固有値 $\overline{\alpha}$ に対する A^* の固有ベクトルになる．

3 $A = B + iC$, B, C：エルミットとすれば，$A^* = B^* - iC^* = B - iC$．よって，$A$：正規 $\Longleftrightarrow AA^* = A^*A \Longleftrightarrow (B + iC)(B - iC) = (B^2 + C^2) + i(CB - BC) = (B - iC)(B + iC) = (B^2 + C^2) + i(BC - CB) \Longleftrightarrow CB - BC = BC - CB \Longleftrightarrow BC = CB$.

4 §3, 6）により $A = U_1DU_2$，U_1, U_2：ユニタリー行列，$D = (d_i\delta_{ij})$：対角行列，$d_i > 0$ と表わされる．$H = U_1DU_1^*$，$U = U_1U_2$ とおけば，H：正値エルミット行列，U：ユニタリー行列で，$A = HU$ となる．今このような表現が二通りあったとし，$A = HU = H'U'$ とすれば，$AA^* = HUU^*H^* = H^2$，同様にして $AA^* = H'^2$ を得る．よって表現の一意性をいうためには，H，H' が正値エルミット行列なるとき，$H^2 = H'^2 \Longrightarrow H = H'$ をいえばよい．

$$H = U_1\begin{pmatrix} d_1 & & 0 \\ & \ddots & \\ 0 & & d_n \end{pmatrix}U_1^{-1},\ d_i \geqq 0 \text{ とすれば，} H^2 = U_1\begin{pmatrix} d_1^2 & & 0 \\ & \ddots & \\ 0 & & d_n^2 \end{pmatrix}U_1^{-1}.$$

ここで $d_i = d_j \Longleftrightarrow d_i^2 = d_j^2$ であるから，H，H^2 に関する固有空間分解は一致する．(すなわち，固有値 d_i に対する H の固有空間は固有値 d_i^2 に関する H^2 の固有空間に一致する．）同様に H'，H'^2 に関する固有空間分解も一致する．よって，$H^2 = H'^2$ ならば，H，H' に関する固有空間分解は一致し，かつ対応する固有値も一致する．(すなわち，H，H' は同時に対角化され，しかもその対角行列が一致する．）よって $H = H'$ を得る．これで一意性が証明された．次に，$A = HU$ のとき，A：正規 $\Longleftrightarrow AA^* = A^*A \Longleftrightarrow HUU^*H^* = H^2 = U^*H^*HU = U^{-1}H^2U \Longleftrightarrow H^2$ と U と交換可能．上に述べたように H^2 に関する固有空間分解と H に関するそれとは一致する．よって，H^2, U：交換可能 $\Longleftrightarrow H^2$ の各固有空間が U-不変 $\Longleftrightarrow H$ の各固有空間が U-不変 $\Longleftrightarrow H, U$：交換可能．

5 $A_k = (a_{ij}{}^{(k)})$ $(1 \leqq k \leqq m)$ とおけば，A_k はエルミット行列であるから，$\bar{a}_{ij}{}^{(k)} = a_{ji}{}^{(k)}$．よって $\sum_{k=1}^{m} A_k{}^2 = 0$ とすれば，$0 = \mathrm{tr}\left(\sum_{k=1}^{m} A_k{}^2\right) = \sum_{i,j,k} a_{ij}{}^{(k)} a_{ji}{}^{(k)} = \sum_{i,j,k} a_{ij}{}^{(k)} \bar{a}_{ij}{}^{(k)} = \sum_{i,j,k} |a_{ij}{}^{(k)}|^2$．ゆえに $a_{ij}{}^{(k)} = 0$ $(1 \leqq i, j \leqq n,\ 1 \leqq k \leqq m)$，すなわち $A_k = 0$ $(1 \leqq k \leqq m)$．

6 前半は問2の結果から明らか．また，$A = \sum\alpha_i A_i$ の両辺の $*$ をとり，スペクトル分解の一意性を使ってもよい．後半も同様に，(＊＊）から $f(A) = \sum f(\alpha_i) A_i$；これがスペクトル分解の条件を満たすことから，一意性により，それがちょうど $f(A)$ のスペクトル分解を与える．

7 §3, 問3の結果により

$$\begin{pmatrix}2&1&1\\1&2&1\\1&1&2\end{pmatrix}=\begin{pmatrix}\frac{1}{\sqrt{2}}&\frac{1}{\sqrt{6}}&\frac{1}{\sqrt{3}}\\-\frac{1}{\sqrt{2}}&\frac{1}{\sqrt{6}}&\frac{1}{\sqrt{3}}\\0&-\sqrt{\frac{2}{3}}&\frac{1}{\sqrt{3}}\end{pmatrix}\begin{pmatrix}1&&0\\&1&\\0&&4\end{pmatrix}\begin{pmatrix}\frac{1}{\sqrt{2}}&-\frac{1}{\sqrt{2}}&0\\\frac{1}{\sqrt{6}}&\frac{1}{\sqrt{6}}&-\sqrt{\frac{2}{3}}\\\frac{1}{\sqrt{3}}&\frac{1}{\sqrt{3}}&\frac{1}{\sqrt{3}}\end{pmatrix}$$

$$=\begin{pmatrix}\frac{1}{\sqrt{2}}&\frac{1}{\sqrt{6}}&0\\-\frac{1}{\sqrt{2}}&\frac{1}{\sqrt{6}}&0\\0&-\sqrt{\frac{2}{3}}&0\end{pmatrix}\begin{pmatrix}\frac{1}{\sqrt{2}}&-\frac{1}{\sqrt{2}}&0\\\frac{1}{\sqrt{6}}&\frac{1}{\sqrt{6}}&-\sqrt{\frac{2}{3}}\\0&0&0\end{pmatrix}$$

$$+4\begin{pmatrix}0&0&\frac{1}{\sqrt{3}}\\0&0&\frac{1}{\sqrt{3}}\\0&0&\frac{1}{\sqrt{3}}\end{pmatrix}\begin{pmatrix}0&0&0\\0&0&0\\\frac{1}{\sqrt{3}}&\frac{1}{\sqrt{3}}&\frac{1}{\sqrt{3}}\end{pmatrix}$$

$$=\begin{pmatrix}\frac{2}{3}&-\frac{1}{3}&-\frac{1}{3}\\-\frac{1}{3}&\frac{2}{3}&-\frac{1}{3}\\-\frac{1}{3}&-\frac{1}{3}&\frac{2}{3}\end{pmatrix}+4\begin{pmatrix}\frac{1}{3}&\frac{1}{3}&\frac{1}{3}\\\frac{1}{3}&\frac{1}{3}&\frac{1}{3}\\\frac{1}{3}&\frac{1}{3}&\frac{1}{3}\end{pmatrix}.$$

これがこの行列のスペクトル分解を与える.

8 $\{\boldsymbol{t}_1, \cdots, \boldsymbol{t}_n\}$ が正規直交系であることをいうには, $\boldsymbol{t}_{r_1+2j-1}$, $\boldsymbol{t}_{r_1+2j}$ が長さ 1, かつ直交することだけいえば十分である.($\{\{\boldsymbol{t}_{r_1+2j-1}, \boldsymbol{t}_{r_1+2j}\}\} = \{\{\boldsymbol{u}_{r_1+2j-1}, \boldsymbol{u}_{r_1+2j}\}\}$ であるから, これらの部分空間 $(1 \leqq j \leqq r_2)$ は j が違えば互に直交する. またそれらは $\{\{\boldsymbol{t}_i\}\} = \{\{\boldsymbol{u}_i\}\}$ $(1 \leqq i \leqq r_1)$ とも直交している.) $\{\boldsymbol{u}_{r_1+2j-1}, \boldsymbol{u}_{r_1+2j}\}$ が正規直交系なることから, 一般に

$$(\alpha_1\boldsymbol{u}_{r_1+2j-1} + \alpha_2\boldsymbol{u}_{r_1+2j}, \beta_1\boldsymbol{u}_{r_1+2j-1} + \beta_2\boldsymbol{u}_{r_1+2j}) = \alpha_1\bar{\beta}_1 + \alpha_2\bar{\beta}_2.$$

よって

$$(\boldsymbol{t}_{r_1+2j-1}, \boldsymbol{t}_{r_1+2j-1}) = \frac{1}{\sqrt{2}}\frac{1}{\sqrt{2}} + \frac{1}{\sqrt{2}}\frac{1}{\sqrt{2}} = 1,$$

$$(\boldsymbol{t}_{r_1+2j-1}, \boldsymbol{t}_{r_1+2j}) = \frac{1}{\sqrt{2}}\frac{-1}{\sqrt{2}i} + \frac{1}{\sqrt{2}}\frac{1}{\sqrt{2}i} = 0,$$

$$(\boldsymbol{t}_{r_1+2j}, \boldsymbol{t}_{r_1+2j}) = \frac{1}{\sqrt{2}i}\frac{-1}{\sqrt{2}i} + \frac{-1}{\sqrt{2}i}\frac{1}{\sqrt{2}i} = 1.$$

また，$\boldsymbol{t}_i\ (1 \leqq i \leqq n)$ が実ベクトルであることは定義から明らか．次に

$$A\,(\boldsymbol{t}_{r_1+2j-1},\, \boldsymbol{t}_{r_1+2j}) = A\,(\boldsymbol{u}_{r_1+2j-1},\, \boldsymbol{u}_{r_1+2j})\begin{pmatrix} \dfrac{1}{\sqrt{2}} & \dfrac{1}{\sqrt{2}\,i} \\ \dfrac{1}{\sqrt{2}} & \dfrac{-1}{\sqrt{2}\,i} \end{pmatrix}$$

$$= (\boldsymbol{u}_{r_1+2j-1},\, \boldsymbol{u}_{r_1+2j})\begin{pmatrix} \alpha_{r_1+j} & 0 \\ 0 & \bar{\alpha}_{r_1+j} \end{pmatrix}\begin{pmatrix} \dfrac{1}{\sqrt{2}} & \dfrac{1}{\sqrt{2}\,i} \\ \dfrac{1}{\sqrt{2}} & \dfrac{-1}{\sqrt{2}\,i} \end{pmatrix}$$

$$= (\boldsymbol{t}_{r_1+2j-1},\, \boldsymbol{t}_{r_1+2j})\begin{pmatrix} \dfrac{1}{\sqrt{2}} & \dfrac{1}{\sqrt{2}} \\ \dfrac{i}{\sqrt{2}} & \dfrac{-i}{\sqrt{2}} \end{pmatrix}\begin{pmatrix} \alpha_{r_1+j} & 0 \\ 0 & \bar{\alpha}_{r_1+j} \end{pmatrix}\begin{pmatrix} \dfrac{1}{\sqrt{2}} & \dfrac{1}{\sqrt{2}\,i} \\ \dfrac{1}{\sqrt{2}} & \dfrac{-1}{\sqrt{2}\,i} \end{pmatrix}.$$

$\alpha = \alpha_{r_1+j} = a + bi$ とおいてこの行列の積を計算すれば

$$\begin{pmatrix} \dfrac{\alpha}{\sqrt{2}} & \dfrac{\bar{\alpha}}{\sqrt{2}} \\ \dfrac{i\alpha}{\sqrt{2}} & \dfrac{-i\bar{\alpha}}{\sqrt{2}} \end{pmatrix}\begin{pmatrix} \dfrac{1}{\sqrt{2}} & \dfrac{1}{\sqrt{2}\,i} \\ \dfrac{1}{\sqrt{2}} & \dfrac{-1}{\sqrt{2}\,i} \end{pmatrix} = \begin{pmatrix} \dfrac{\alpha+\bar{\alpha}}{2} & \dfrac{\alpha-\bar{\alpha}}{2i} \\ \dfrac{i(\alpha-\bar{\alpha})}{2} & \dfrac{\alpha+\bar{\alpha}}{2} \end{pmatrix} = \begin{pmatrix} a & b \\ -b & a \end{pmatrix}.$$

9　例 3, ii) により $\operatorname{rank} A = \operatorname{rank} T^{-1}AT = 2r_2$．よって $\operatorname{rank} A$ は偶数である．それを $2p$ とおけば，ある直交行列 T'' により

$$T''^{-1}AT'' = \left(\begin{array}{c:c:c} 0 & \begin{matrix} b_1 & & 0 \\ & \ddots & \\ 0 & & b_p \end{matrix} & 0 \\ \hdashline \begin{matrix} -b_1 & & 0 \\ & \ddots & \\ 0 & & -b_p \end{matrix} & 0 & 0 \\ \hdashline 0 & 0 & 0 \end{array}\right)$$

となる.（本文の記号で，$T'' = (\boldsymbol{t}_{r_1+1}, \boldsymbol{t}_{r_1+3}, \cdots, \boldsymbol{t}_{r_1+2r_2-1}, \boldsymbol{t}_{r_1+2}, \boldsymbol{t}_{r_1+4}, \cdots, \boldsymbol{t}_{r_1+2r_2}, \boldsymbol{t}_1, \cdots, \boldsymbol{t}_{r_1})$ また b_{r_1+i} を b_i とおきなおす.）よって

$$P = T''\begin{pmatrix} 1 & & & & & & & & 0 \\ & \ddots & & & & & & & \\ & & 1 & & & & & & \\ & & & 1/b_1 & & & & & \\ & & & & \ddots & & & & \\ & & & & & 1/b_p & & & \\ & & & & & & 1 & & \\ & & & & & & & \ddots & \\ 0 & & & & & & & & 1 \end{pmatrix}$$

とおけば,

$$^{t}PAP = \left(\begin{array}{c:c:c} 0 & E_p & 0 \\ \hdashline -E_p & 0 & 0 \\ \hdashline 0 & 0 & 0 \end{array}\right).$$

10 (38) における -1 の個数を k とすれば, $|A| = |T^{-1}AT| = (-1)^k$. よって $|A| = -1$ ならば, k : 奇数, 従って特に $k \geqq 1$. また, $|A| = 1$ ならば, k : 偶数, よって (38) からわかるように, n が奇数ならば, 固有値 1 が奇数個なければならない.

§6 1 $\begin{pmatrix} \cos\theta & \sin\theta \\ \sin\theta & -\cos\theta \end{pmatrix} = \begin{pmatrix} \cos\dfrac{\theta}{2} & -\sin\dfrac{\theta}{2} \\ \sin\dfrac{\theta}{2} & \cos\dfrac{\theta}{2} \end{pmatrix}\begin{pmatrix} 1 & 0 \\ 0 & -1 \end{pmatrix}\begin{pmatrix} \cos\dfrac{\theta}{2} & \sin\dfrac{\theta}{2} \\ -\sin\dfrac{\theta}{2} & \cos\dfrac{\theta}{2} \end{pmatrix}.$

(よってこれは $\dfrac{\theta}{2}$ の方向の直線を不変にする鏡映である.)

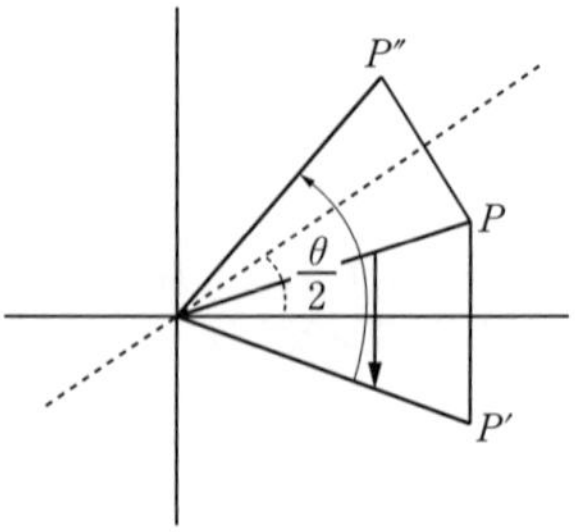

2 $P = (p_{ij})$ とすれば

$$T=\begin{pmatrix}p_{11}&p_{12}&p_{13}\\p_{21}&p_{22}&p_{23}\\p_{31}&p_{32}&p_{33}\end{pmatrix}\begin{pmatrix}\cos\theta&-\sin\theta&0\\\sin\theta&\cos\theta&0\\0&0&1\end{pmatrix}\begin{pmatrix}p_{11}&p_{21}&p_{31}\\p_{12}&p_{22}&p_{32}\\p_{13}&p_{23}&p_{33}\end{pmatrix}$$
$$=\begin{pmatrix}p_{11}&p_{12}&p_{13}\\p_{21}&p_{22}&p_{23}\\p_{31}&p_{32}&p_{33}\end{pmatrix}\begin{pmatrix}cp_{11}-sp_{12}&cp_{21}-sp_{22}&cp_{31}-sp_{32}\\sp_{11}+cp_{12}&sp_{21}+cp_{22}&sp_{31}+cp_{32}\\p_{13}&p_{23}&p_{33}\end{pmatrix}\quad\begin{pmatrix}c=\cos\theta\\s=\sin\theta\end{pmatrix}$$
$$=\begin{pmatrix}(1-c)p_{13}{}^2+c&(1-c)p_{13}p_{23}-sp_{33}&(1-c)p_{13}p_{33}+sp_{23}\\(1-c)p_{13}p_{23}+sp_{33}&(1-c)p_{23}{}^2+c&(1-c)p_{23}p_{33}-sp_{13}\\(1-c)p_{13}p_{33}-sp_{23}&(1-c)p_{23}p_{33}+sp_{13}&(1-c)p_{33}{}^2+c\end{pmatrix}$$

（ここで $\begin{vmatrix}p_{11}&p_{12}\\p_{21}&p_{22}\end{vmatrix}=p_{33}$, $\begin{vmatrix}p_{11}&p_{12}\\p_{31}&p_{32}\end{vmatrix}=-p_{23}$, $\begin{vmatrix}p_{21}&p_{22}\\p_{31}&p_{32}\end{vmatrix}=p_{13}$ なる関係を使った．p. 130, 問 5 参照.）この結果を x, y, z による T の表現と比較して

$$\frac{1-x^2-y^2+z^2}{1+x^2+y^2+z^2}=(1-c)p_{13}{}^2+c,$$
$$\frac{1-x^2+y^2-z^2}{〃}=(1-c)p_{23}{}^2+c,$$
$$\frac{1+x^2-y^2-z^2}{〃}=(1-c)p_{33}{}^2+c,$$
$$\frac{2x}{〃}=sp_{33},\quad \frac{2y}{〃}=-sp_{23},\quad \frac{2z}{〃}=sp_{13}.$$

これらの式から

$$1+2c=\frac{3-x^2-y^2-z^2}{1+x^2+y^2+z^2},\qquad c=\frac{1-x^2-y^2-z^2}{1+x^2+y^2+z^2},$$
$$s^2=\frac{4(x^2+y^2+z^2)}{(1+x^2+y^2+z^2)^2},\qquad s=\frac{2\sqrt{x^2+y^2+z^2}}{1+x^2+y^2+z^2}.$$

よって，$\tan\dfrac{\theta}{2}=\sqrt{x^2+y^2+z^2}$，また $\begin{pmatrix}p_{13}\\p_{23}\\p_{33}\end{pmatrix}=\dfrac{1}{\sqrt{x^2+y^2+z^2}}\begin{pmatrix}z\\-y\\x\end{pmatrix}$.

3 X を $X^*A+AX=0$ かつ固有値 -1 をもたない n 次行列とし，$T=(E-X)(E+X)^{-1}$ とおけば

$$\begin{aligned}T^*AT&=(E+X^*)^{-1}(E-X^*)A(E-X)(E+X)^{-1}\\&=(E+X^*)^{-1}(A-X^*A)(E-X)(E+X)^{-1}\\&=(E+X^*)^{-1}(A+AX)(E+X)^{-1}(E-X)\\&=(E+X^*)^{-1}A(E-X)=(E+X^*)^{-1}(A-AX)\\&=(E+X^*)^{-1}(A+X^*A)=A.\end{aligned}$$

$E+T=2(E+X)^{-1}$ であるから，$|E+T|\neq 0$. よって T も固有値 -1 をもた

ない．$T(E+X)=T+TX=E-X$ から $X=(E-T)(E+T)^{-1}$ を得る．逆も全く同様にして証明される．

研究課題 2　**1**　$X=\begin{pmatrix} X_1 & X_{12} \\ X_{21} & X_2 \end{pmatrix}\begin{matrix}\}p\\ \}q\end{matrix}$ が $O(p,q)$ の Lie 環に属するための条件は，

${}^tXE_{p,q}+E_{p,q}X=0$．すなわち

$$\begin{pmatrix} {}^tX_1 & {}^tX_{21} \\ {}^tX_{12} & {}^tX_2 \end{pmatrix}\begin{pmatrix} E_p & 0 \\ 0 & -E_q \end{pmatrix}+\begin{pmatrix} E_p & 0 \\ 0 & -E_q \end{pmatrix}\begin{pmatrix} X_1 & X_{12} \\ X_{21} & X_2 \end{pmatrix}$$
$$=\begin{pmatrix} {}^tX_1 & -{}^tX_{21} \\ {}^tX_{12} & -{}^tX_2 \end{pmatrix}+\begin{pmatrix} X_1 & X_{12} \\ -X_{21} & -X_2 \end{pmatrix}=0$$

よって

$$\begin{aligned} &{}^tX_1+X_1=0, \quad {}^tX_{21}=X_{12}, \\ &{}^tX_2+X_2=0. \end{aligned}$$

従って，X_1，X_2 はそれぞれ p 次，q 次の任意の交代行列，X_{21} は (q,p) 型の任意の行列であって，X_{12} は X_{21} によって一意的に定まる．ゆえにこのような X の作るベクトル空間の次元は

$$\frac{p(p-1)}{2}+\frac{q(q-1)}{2}+pq=\frac{n(n-1)}{2}.$$

2　(5)：$[X,X]=XX-XX=0$．(6)：$[X,[Y,Z]]+[Y,[Z,X]]+[Z,[X,Y]]=X\,(YZ-ZY)-(YZ-ZY)\,X+Y\,(ZX-XZ)-(ZX-XZ)\,Y+Z\,(XY-YX)-(XY-YX)Z=0$.

3　$$\begin{aligned}(\exp tX)\,Y\,(\exp tX)^{-1}&=\left(E+tX+\frac{t^2}{2}X^2+\cdots\right)Y\left(E-tX+\frac{t^2}{2}X^2-\cdots\right)\\ &=Y+t(XY-YX)+t^2(\cdots)+\cdots.\end{aligned}$$

よって

$$\left[\frac{d}{dt}(\exp tX)\,Y\,(\exp tX)^{-1}\right]_{t=0}=\lim_{t\to0}\frac{1}{t}((\exp tX)\,Y\,(\exp tX)^{-1}-Y)=[X,Y].$$

4　$\boldsymbol{p}_1=\begin{pmatrix} p_1 \\ p_2 \\ p_3 \end{pmatrix}$，　$\boldsymbol{p}_2=\begin{pmatrix} p_1' \\ p_2' \\ p_3' \end{pmatrix}$ とおけば，$X_1=\begin{pmatrix} 0 & -p_3 & p_2 \\ p_3 & 0 & -p_1 \\ -p_2 & p_1 & 0 \end{pmatrix}$，　$X_2=\begin{pmatrix} 0 & -p_3' & p_2' \\ p_3' & 0 & -p_1' \\ -p_2' & p_1' & 0 \end{pmatrix}$．よって，

$$[X_1,X_2]=\begin{pmatrix} 0 & -p_3 & p_2 \\ p_3 & 0 & -p_1 \\ -p_2 & p_1 & 0 \end{pmatrix}\begin{pmatrix} 0 & -p_3' & p_2' \\ p_3' & 0 & -p_1' \\ -p_2' & p_1' & 0 \end{pmatrix}$$

$$-\begin{pmatrix} 0 & -p_3' & p_2' \\ p_3' & 0 & -p_1' \\ -p_2' & p_1' & 0 \end{pmatrix}\begin{pmatrix} 0 & -p_3 & p_2 \\ p_3 & 0 & -p_1 \\ -p_2 & p_1 & 0 \end{pmatrix}$$

$$=\begin{pmatrix} 0 & p_2p_1' - p_1p_2' & p_3p_1' - p_1p_3' \\ * & 0 & p_3p_2' - p_2p_3' \\ * & * & 0 \end{pmatrix}.$$

よって，$[X_1, X_2] \longleftrightarrow \begin{pmatrix} p_2p_3' - p_3p_2' \\ p_3p_1' - p_1p_3' \\ p_1p_2' - p_2p_1' \end{pmatrix} = \boldsymbol{p}_1 \times \boldsymbol{p}_2.$

V

§1　1　対応 $(e_i) \longrightarrow (f_i)$ によって定義される同型により，$(e_i') = (e_i)P \longrightarrow (f_i)P$．一方，$(f_i') = (f_i)Q$ であるから，二つの同型が一致するためには，$P = Q = {}^tP^{-1}$，すなわち P が直交行列であることが必十である．

2　(13)，(10) により $(V^*/W^\perp)^* \cong W^{\perp\perp} = W$．よって (5) により $V^*/W^\perp = (V^*/W^\perp)^{**} \cong W^*$．直接証明：$f \in V^*$ の W への制限を f_W とおけば，$f_W \in W^*$．対応 $\psi : f \longrightarrow f_W$ は明らかに V^* から W^* の中への一次写像であるが，その核はちょうど $W^\perp$ になる：$\psi^{-1}(0) = W^\perp$．よって (12) から $V^*/W^\perp \cong \psi(V^*)$．(11) と (9) により $\dim\psi(V^*) = \dim V^* - \dim W^\perp = n - (n - \dim W) = \dim W = \dim W^*$．よって $\psi(V^*) = W^*$．従って $V^*/W^\perp \cong W^*$．

3　(15′) の証：$f' \in \varphi(V)^\perp \iff \langle {}^t\varphi(f'), x\rangle = \langle f', \varphi(x)\rangle = 0$　for all $x \in V$

$\iff {}^t\varphi(f') \in V^\perp = \{0\}$，すなわち ${}^t\varphi(f') = 0$

$\iff f' \in {}^t\varphi^{-1}(0)$．

(15) の証：(15′) において φ，V を ${}^t\varphi$，V'^* でおきかえれば，$({}^t\varphi(V'^*))^\perp = \varphi^{-1}(0)$．よって両辺の $\perp$ をとり，(15) を得る．

4　$f' \in \varphi(W)^\perp \iff \langle {}^t\varphi(f'), y\rangle = \langle f', \varphi(y)\rangle = 0$　for all $y \in W$

$\iff {}^t\varphi(f') \in W^\perp \iff f' \in {}^t\varphi^{-1}(W^\perp)$．

よって $\varphi(W)^\perp = {}^t\varphi^{-1}(W^\perp)$．この式で φ，W を ${}^t\varphi$，$W'^\perp$ でおきかえれば，${}^t\varphi(W'^\perp)^\perp = \varphi^{-1}(W')$．よって両辺の $\perp$ をとり，${}^t\varphi(W'^\perp) = \varphi^{-1}(W')^\perp$．

5　V の底 (e_i) $(1 \leqq i \leqq n)$ を $(e_1, \cdots, e_r)$ が W の底になるようにとり，(f_i) を内積 B に関する (e_i) の双対底とする．$e_i' = f_i - \sum_{j=1}^{r} \lambda_{ij} e_j$ $(\lambda_{ij} \in K)$ とおけば仮定により $B(e_i, e_k') = B(e_i, f_k) = \delta_{ik}$ $(1 \leqq i, k \leqq r)$．また $B(e_i', e_k') = B(f_i, f_k) - \lambda_{ik} - \lambda_{ki}$．よって $\lambda_{ik} = \dfrac{1}{2}B(f_i, f_k)$，$W' = \{e_1', \cdots, e_r'\}_K$ とおけばよい．

§2 1 $x_1', \cdots, x_r' \in V'$ が一次独立ならば，$f_1, \cdots, f_r \in V^*$ に対し

$$\sum_i \phi_{x_i', f_i} = 0 \Longrightarrow \sum_i \phi_{x_i', f_i}(x) = \sum_i \langle f_i, x \rangle x_i' = 0 \quad \text{for all } x \in V$$
$$\Longrightarrow \langle f_i, x \rangle = 0 \quad \text{for all } i, x \Longrightarrow f_i = 0 \ (1 \leqq i \leqq r)$$

2 1) 任意の $x \in V$，$f' \in V'^*$ に対し

$$\langle \phi_{f, x'} f', x \rangle = \langle f', x' \rangle \cdot \langle f, x \rangle = \langle f', \phi_{x', f}(x) \rangle.$$

よって $\phi_{f, x'} = {}^t\phi_{x', f}$.

2) 任意の $x \in V$ に対し

$$\phi_{x'', f'}(\phi_{x', f}(x)) = \langle f, x \rangle \phi_{x'', f'}(x') = \langle f, x \rangle \langle f', x' \rangle x''$$
$$= \langle f', x' \rangle \phi_{x'', f}(x).$$

よって 2) を得る．

3) V，V^* の互に双対的な底 (e_i)，(f_i) をとり，$x = \sum \xi_i e_i$，$f = \sum \lambda_i f_i$ とおけば

$$\mathrm{tr}(\phi_{x, f}) = \sum_i \langle f_i, \phi_{x, f}(e_i) \rangle = \sum_i \langle f, e_i \rangle \langle f_i, x \rangle$$
$$= \sum_i \lambda_i \xi_i = \langle f, x \rangle.$$

注意 上式により $\langle f, \sum_i \phi_{e_i, f_i}(x) \rangle = \langle f, x \rangle$．従って関係式 $\sum_i \phi_{e_i, f_i} = 1_V$ を得る．

3 $A \otimes B = (A \otimes E_m) \cdot (E_n \otimes B)$．よって $\det(A \otimes B) = \det(A \otimes E_m) \cdot \det(E_n \otimes B) = \det(A)^m \det(B)^n$.

4 $x \in V$，$y \in W$ とし $x \otimes y$ への作用を比べる．

$$(\phi_{x', f} \otimes \phi_{y', g})(x \otimes y) = (\phi_{x', f}(x)) \otimes (\phi_{y', g}(y)) \qquad \text{((24) による)}$$
$$= (\langle f, x \rangle x') \otimes (\langle g, y \rangle y') = \langle f, x \rangle \langle g, y \rangle x' \otimes y'$$

一方

$$\phi_{x' \otimes y', f \otimes g}(x \otimes y) = \langle f \otimes g, x \otimes y \rangle x' \otimes y'$$
$$= \langle f, x \rangle \langle g, y \rangle x' \otimes y' \qquad \text{((26) による)}$$

5 ${}^t({}^t\psi \circ \varphi) = {}^t\varphi \circ {}^{tt}\psi = {}^t\varphi \circ \psi$ であるから，$\mathrm{tr}({}^t\psi \circ \varphi) = \mathrm{tr}({}^t\varphi \circ \psi)$．よってこの双一次形式が非退化であることをいえばよい．すべての $\varphi \in \mathscr{L}(V, V')$ に対して $\langle \varphi, \psi \rangle = \mathrm{tr}({}^t\psi \circ \varphi) = 0$ とすれば，特に $\varphi = \phi_{x', f}$ とおき

$$({}^t\psi \circ \phi_{x', f})(x) = \langle f, x \rangle {}^t\psi(x') = \phi_{{}^t\psi(x'), f}(x).$$

よって問 2 の結果により，すべての f，x' に対し

$$\mathrm{tr}({}^t\psi \circ \phi_{x', f}) = \mathrm{tr}(\phi_{{}^t\psi(x'), f}) = \langle f, {}^t\psi(x') \rangle = \langle \psi(f), x' \rangle = 0.$$

よって $\psi = 0$．同様に，すべての ψ に対し $\langle \varphi, \psi \rangle = 0$ ならば，$\varphi = 0$.

6 $V \times (W_1 \oplus W_2)$ から $(V \otimes W_1) \oplus (V \otimes W_2)$ への写像 Φ を $\Phi(x, y_1 \oplus y_2) = (x \otimes y_1) \oplus (x \otimes y_2)$ $(x \in V, \ y_1 \in W_1, \ y_2 \in W_2)$ によって定義すれば，Φ は明らかに $x \in V$ と $y_1 \oplus y_2 \in W_1 \oplus W_2$ に関して双一次的で，条件（T2）を満たす．しかも $\dim V \cdot \dim(W_1 \oplus W_2) = \dim V \cdot (\dim W_1 + \dim W_2) = \dim V \cdot \dim W_1 +$

$\dim V\cdot\dim W_2 = \dim((V\otimes W_1)\oplus(V\otimes W_2))$ であるから，§2.1の最後の注意により (40) を得る．

7 $V_1, V_2 \subset V_1\oplus V_2$ と考え，$\varphi\in\mathscr{L}(V_1\oplus V_2, W)$ に対し，φ の V_i への制限を φ_i $(i=1,2)$ とおけば，$\varphi(x_1\oplus x_2) = \varphi_1(x_1)+\varphi_2(x_2)$ $(x_i\in V_i)$．よって φ は (φ_1, φ_2) によって一意的に定まる．対応 $\varphi\longleftrightarrow(\varphi_1,\varphi_2)$ は $\mathscr{L}(V_1\oplus V_2, W)$ と $\mathscr{L}(V_1, W)\oplus\mathscr{L}(V_2, W)$ の一対一，かつ線型な対応を与える．よって第一式を得る．同様に，$\psi\in\mathscr{L}(V, W_1\oplus W_2)$ に対し，$\psi(x)$ $(x\in V)$ の W_i 成分を $\psi_i(x)$ とおけば，$\psi_i\in\mathscr{L}(V, W_i)$ $(i=1,2)$ で，対応 $\psi\longleftrightarrow(\psi_1,\psi_2)$ により，第二の同型を得る．(同型 (21) を使って問題の同型を (39)，(40)，(41) に帰着させることもできる．)

§3 1 $x_1\otimes\cdots\otimes x_r = \sum_{i_1,\cdots,i_r=1}^{n}\xi_{i_11}\cdots\xi_{i_rr}e_{i_1}\otimes\cdots\otimes e_{i_r}$ であるから

$$\begin{aligned}\mathscr{A}(x_1\otimes\cdots\otimes x_r) &= \sum_{i_1,\cdots,i_r=1}^{n}\xi_{i_11}\cdots\xi_{i_rr}\mathscr{A}(e_{i_1}\otimes\cdots\otimes e_{i_r})\\ &= \sum_{i_1<\cdots<i_r}\sum_{\sigma\in\mathfrak{S}_r}\xi_{i_{\sigma(1)}1}\cdots\xi_{i_{\sigma(r)}r}\mathscr{A}(e_{i_{\sigma(1)}}\otimes\cdots\otimes e_{i_{\sigma(r)}})\\ &= \sum_{i_1<\cdots<i_r}\Big(\sum_{\sigma\in\mathfrak{S}_r}\varepsilon(\sigma)\xi_{i_{\sigma(1)}1}\cdots\xi_{i_{\sigma(r)}r}\Big)\mathscr{A}(e_{i_1}\otimes\cdots\otimes e_{i_r})\\ &= \sum_{i_1<\cdots<i_r}\begin{vmatrix}\xi_{i_11} & \cdots & \xi_{i_1r}\\ & \cdots & \\ \xi_{i_r1} & \cdots & \xi_{i_rr}\end{vmatrix}\mathscr{A}(e_{i_1}\otimes\cdots\otimes e_{i_r}).\end{aligned}$$

2 $\mathscr{S}^* = \sum P_\sigma{}^* = \sum{}^tP_\sigma{}^{-1} = \sum{}^tP_{\sigma^{-1}} = \sum{}^tP_\sigma = {}^t\mathscr{S}$. ($\sum$ はすべて $\sum_{\sigma\in\mathfrak{S}_r}$ の意.) $\mathscr{A}^*$ についても同様.

3 $S^r(V^*) = \mathscr{S}^*(T^r(V^*))$，$\mathscr{S}^* = {}^t\mathscr{S}$ であるから，V, §1, (15) により $S^r(V^*)^\perp = \mathscr{S}^{-1}(0)$．同様に $A^r(V^*)^\perp = \mathscr{A}^{-1}(0)$．$r\geqq 2$ ならば $\mathscr{S}\mathscr{A}=0$ であるから，$A^r(V) = \mathscr{A}(T^r(V))\subset\mathscr{S}^{-1}(0) = S^r(V^*)^\perp$．同様に $S^r(V)\subset A^r(V^*)^\perp$．

§4 1 $t\in T^r$，$t'\in T^{r'}$ としてやれば十分．定義式 (59) と補題4により

$$\mathscr{S}'(t)\cdot\mathscr{S}'(t') = \mathscr{S}'(\mathscr{S}'(t)\otimes\mathscr{S}'(t')) = \mathscr{S}'(t\otimes\mathscr{S}'(t')) = \mathscr{S}'(t\otimes t').$$

2 $t = \mathscr{A}'(x_1\otimes\cdots\otimes x_r)$，$t' = \mathscr{A}'(x_{r+1}\otimes\cdots\otimes x_{r+r'})$ $(x_i\in V)$ としてやれば十分．(65) により $t\wedge t' = \binom{r+r'}{r}\mathscr{A}'(t\otimes t') = \binom{r+r'}{r}\mathscr{A}'(x_1\otimes\cdots\otimes x_{r+r'})$．同様に $t'\wedge t = \binom{r+r'}{r}\mathscr{A}'(x_{r+1}\otimes\cdots\otimes x_{r+r'}\otimes x_1\otimes\cdots\otimes x_r)$．$\sigma = \begin{pmatrix}1, \cdots\cdots\cdots, r+r'\\ r+1,\cdots, r+r', 1,\cdots, r\end{pmatrix}$ とおけば，§3，補題1により $t'\wedge t = \binom{r+r'}{r}\mathscr{A}'P_\sigma(x_1\otimes\cdots\otimes x_{r+r'}) = \binom{r+r'}{r}\varepsilon(\sigma)\mathscr{A}'(x_1\otimes\cdots\otimes x_{r+r'}) = (-1)^{rr'}t\wedge t'$.

3　$t \in T^r$, $t' \in T^{r'}$ としてやれば十分．(64)，(65) により $\mathscr{A}(t) \wedge \mathscr{A}(t') = \binom{r+r'}{r} \cdot \mathscr{A}'(\mathscr{A}(t) \otimes \mathscr{A}(t')) = (r+r')!\,\mathscr{A}'(\mathscr{A}'(t) \otimes \mathscr{A}'(t')) = (r+r')!\,\mathscr{A}'(t \otimes t') = \mathscr{A}(t \otimes t')$．

4　$t \in \wedge^r(V)$, $t' \in \wedge^{r'}(V)$ とすれば，$t \wedge t' \in \wedge^{r+r'}(V)$．よって ι の定義と (66) により，$\iota(t') \wedge \iota(t) = (-1)^{\frac{1}{2}r'(r'-1)+\frac{1}{2}r(r-1)} t' \wedge t = (-1)^{\frac{1}{2}r'(r'-1)+\frac{1}{2}r(r-1)+rr'} t \wedge t' = (-1)^{\frac{1}{2}(r+r')(r+r'-1)} t \wedge t' = \iota(t \wedge t')$．$u(t) = t$ は明白．

5　$t \in \sum_{r \geqq 1} \wedge^r(V)$ とすれば，明らかに $t^k \in \sum_{r \geqq k} \wedge^r(V)$．$r \geqq n+1$ ならば $\wedge^r(V) = 0$ であるから，$t^{n+1} = 0$．

6　B が双一次的であることは明らか．$\wedge^r(V)$，$\wedge^{n-r}(V)$ の標準底は $\{e_{i_1} \wedge \cdots \wedge e_{i_r}\ (i_1 < \cdots < i_r)\}$，$\{e_{j_1} \wedge \cdots \wedge e_{j_{n-r}}\ (j_1 < \cdots < j_{n-r})\}$ によって与えられる．$(e_{i_1} \wedge \cdots \wedge e_{i_r}) \wedge (e_{j_1} \wedge \cdots \wedge e_{j_{n-r}})$ は $\{j_1, \cdots, j_{n-r}\} = \{i_1, \cdots, i_r\}^C$ のとき，$= \varepsilon \tilde{e}$ (ε は置換 $\begin{pmatrix} 1, \cdots\cdots\cdots\cdots\cdots\cdots, n \\ i_1, \cdots, i_r, j_1, \cdots, j_{n-r} \end{pmatrix}$ の符号)，その他の場合は $= 0$ である．よってこの底に関する B の行列式は $\neq 0$，従って B は非退化である．

7　$W \cap W' = \{0\}$ ならば，$W + W'$ は直和であるから，$p(W) \wedge p(W') = p(W + W') \neq \{0\}$．$W \cap W' \neq \{0\}$ のとき，$x \in W \cap W'$，$x \neq 0$，$W = \{x\}_K \oplus W_1$，$W' = \{x\}_K \oplus W_1'$ とおけば，$p(W) \wedge p(W') = \{x\}_K \wedge p(W_1) \wedge \{x\}_K \wedge p\{W_1'\} = \{x \wedge x\}_K \wedge p(W_1) \wedge p(W_1') = \{0\}$．

8　$\zeta_{12}\zeta_{34} - \zeta_{13}\zeta_{24} + \zeta_{14}\zeta_{23}$

$$= \begin{vmatrix} \xi_{11} & \xi_{12} \\ \xi_{21} & \xi_{22} \end{vmatrix} \begin{vmatrix} \xi_{31} & \xi_{32} \\ \xi_{41} & \xi_{42} \end{vmatrix} - \begin{vmatrix} \xi_{11} & \xi_{12} \\ \xi_{31} & \xi_{32} \end{vmatrix} \begin{vmatrix} \xi_{21} & \xi_{22} \\ \xi_{41} & \xi_{42} \end{vmatrix} + \begin{vmatrix} \xi_{11} & \xi_{12} \\ \xi_{41} & \xi_{42} \end{vmatrix} \begin{vmatrix} \xi_{21} & \xi_{22} \\ \xi_{31} & \xi_{32} \end{vmatrix}$$

$$= \frac{1}{2} \begin{vmatrix} \xi_{11} & \xi_{12} & \xi_{11} & \xi_{12} \\ \xi_{21} & \xi_{22} & \xi_{21} & \xi_{22} \\ \xi_{31} & \xi_{32} & \xi_{31} & \xi_{32} \\ \xi_{41} & \xi_{42} & \xi_{41} & \xi_{42} \end{vmatrix} = 0.$$

§5　1　§2, (21) を使って証明しよう．$\mathscr{L}(V, W)_{K'} \cong (W \otimes_K V^*)_{K'} \cong W_{K'} \otimes_{K'} (V^*)_{K'} \cong W_{K'} \otimes_{K'} (V_{K'})^* \cong \mathscr{L}(V_{K'}, W_{K'})$．(第二，第三の同型は (72)，(73) による．)

2　$\tilde{V} = \boldsymbol{C}^n$ において，$x \longrightarrow A\bar{x}$ が例 1 の条件 (74) を満たすことから，$\tilde{V} = V_{\boldsymbol{C}}$，$V = \{x \in \boldsymbol{C}^n ; A\bar{x} = x\}$．よって V の底 $(b_1, \cdots, b_n)$ をとり，b_i を第 i 列ベクトルとする n 次複素行列を B とおけば，B は正則で，$A\bar{b}_i = b_i\,(1 \leqq i \leqq n)$ から $A\bar{B} = B$，よって $A = B\bar{B}^{-1}$．

3　1) $x \in \widetilde{W} \cap V$とし，$x = \lambda \begin{pmatrix} 1 \\ i \\ 1 \end{pmatrix} + \mu \begin{pmatrix} -i \\ 1 \\ 1 \end{pmatrix}$，$\lambda, \mu \in \boldsymbol{C}$とおく．$\bar{x} = x$から

$$\begin{cases} \lambda - i\mu = \bar{\lambda} + i\bar{\mu} \\ i\lambda + \mu = -i\bar{\lambda} + \bar{\mu} \\ \lambda + \mu = \bar{\lambda} + \bar{\mu} \end{cases}$$

第二，第三式から $(i-1)\lambda = -(i+1)\bar{\lambda}$，$\therefore\ \bar{\lambda} = -i\lambda$．同様に第一，第三式から $-(i+1)\mu = (i-1)\bar{\mu}$，$\therefore\ \bar{\mu} = i\mu$．これらと第三式から $\Re\lambda = \Im\lambda = -\Im\mu = \Re\mu$．よって $\widetilde{W} \cap V$は

$$(1+i)\begin{pmatrix} 1 \\ i \\ 1 \end{pmatrix} + (1-i)\begin{pmatrix} -i \\ 1 \\ 1 \end{pmatrix} = \begin{pmatrix} 0 \\ 0 \\ 2 \end{pmatrix}$$

によって生成される．従って（iv）は成立せず．

2）同様にして

$$\widetilde{W} \cap V = \left\{ \begin{pmatrix} 1 \\ 0 \\ 1 \end{pmatrix}, \begin{pmatrix} 0 \\ 1 \\ 0 \end{pmatrix} \right\}_{\boldsymbol{R}}.$$

よって（iv）は成立．

4　$\varphi \in \mathscr{L}(V, W)$が与えられたとき，$z = x + iy \in V_{\boldsymbol{C}}$ $(x, y \in V)$ に対し，$\varphi(z) = \varphi(x) + i\varphi(y)$ とおくことにより，φ は複素線型写像 $V_{\boldsymbol{C}} \longrightarrow W_{\boldsymbol{C}}$ に拡張される．一般に $\varphi \in \mathscr{L}(V_{\boldsymbol{C}}, W_{\boldsymbol{C}})$，$\alpha \in \boldsymbol{C}$，$z \in V_{\boldsymbol{C}}$ に対し，定義と (74) から，$\bar{\varphi}(\alpha z) = \overline{\varphi(\overline{\alpha z})} = \overline{\varphi(\bar{\alpha}\cdot\bar{z})} = \overline{\bar{\alpha}\cdot\varphi(\bar{z})} = \bar{\bar{\alpha}}\cdot\overline{\varphi(\bar{z})} = \alpha\cdot\bar{\varphi}(z)$．よって $\bar{\varphi} \in \mathscr{L}(V_{\boldsymbol{C}}, W_{\boldsymbol{C}})$．$\bar{\varphi} = \varphi$ ならば，$x \in V$ に対し $\overline{\varphi(x)} = \varphi(\bar{x}) = \varphi(x)$，よって $\varphi(x) \in W$．従って $z = x + iy \in V_{\boldsymbol{C}}$ に対し $\varphi(z) = \varphi(x + iy) = \varphi(x) + i\varphi(y)$，$\varphi(x), \varphi(y) \in W$．よって φ は $\varphi \in \mathscr{L}(V, W)$ の自然な拡張である．

5　$f \in U_{\boldsymbol{C}}{}^*$ に対し

$$\begin{aligned} f \in (U^*)_+ &\iff {}^t If - if = f\circ(I - i1) = 0 \\ &\iff f\circ P_- = 0 \\ &\iff f(U_-) = 0 \qquad\qquad (U_- = P_-(U_{\boldsymbol{C}})\text{ゆえ}). \end{aligned}$$

よって $(U^*)_+ = (U_-)^\perp$．同様に $(U^*)_- = (U_+)^\perp$．

6　前半は明白．$\varphi = {}_{\boldsymbol{R}}\tilde{\varphi}$ のとき，φ の $U_{\boldsymbol{C}}$ への拡張（それをまた φ で表わす）は分解 $U_{\boldsymbol{C}} = U_+ \oplus U_-$ を不変にする．よって φ の $U_\pm$ への制限を $\varphi_\pm$ とおけば，$\varphi = \varphi_+ \oplus \varphi_-$，$\varphi_- = \bar{\varphi}_+$．一方，同型 $\tilde{V} \cong U_+$ に関して $\tilde{\varphi} \longleftrightarrow \varphi_+$．よって，$\det(\varphi) = \det(\varphi_+)\cdot\det(\varphi_-) = |\det(\varphi_+)|^2 = |\det(\tilde{\varphi})|^2$．

7　$4r$ 個のベクトル $\{x_i, Ix_i, Jx_i, IJx_i\ (1 \leqq i \leqq r)\}$ が U の底になるように r 個のベ

クトル $x_1, \cdots, x_r \in U$ をえらび得ることを証明しよう．$A = \alpha_0 1 + \alpha_1 I + \alpha_2 J + \alpha_3 IJ$ ($\alpha_i \in \boldsymbol{R}$)，$\bar{A} = \alpha_0 1 - \alpha_1 I - \alpha_2 J - \alpha_3 IJ$ とおく．簡単な計算により $A\bar{A} = \bar{A}A = \left(\sum_{i=0}^{3} \alpha_i^2\right)1$．まず $x_i \neq 0$ を任意にとる．$Ax_1 = 0$ とすれば，上式から $\bar{A}Ax_1 = (\sum \alpha_i^2) \cdot x_1 = 0 \Longrightarrow \sum_{i=0}^{3} \alpha_i^2 = 0 \Longrightarrow \alpha_i = 0$ $(0 \leqq i \leqq 3)$．よって x_1，Ix_1，Jx_1，IJx_1 は一次独立である．今，$4k$ 個のベクトル $\{x_i, Ix_i, Jx_i, IJx_i\ (1 \leqq i \leqq k)\}$ が一次独立であるように $x_1, \cdots, x_k$ をえらび得たとし，これら $4k$ 個のベクトルが生成する部分空間を W とおく．$W \neq U$ ならば，$x_{k+1} \in U$，$x_{k+1} \notin W$ をとる．W は I，J に関して不変であるから，上と同様の論法により $Ax_{k+1} \in W \Longrightarrow (\sum \alpha_i^2)x_{k+1} \in W \Longrightarrow \sum \alpha_i^2 = 0 \Longrightarrow \alpha_i = 0$ $(0 \leqq i \leqq 3)$．よって $\{x_i, Ix_i, Jx_i, IJx_i\ (1 \leqq i \leqq k+1)\}$ も一次独立である．よって帰納法により上記のような底の存在が証明される．

注意 一般に多元体の上の右（または左）ベクトル空間に対しても III, §§1, 2 と同様の結果，また V, 定理 8 が成立する．

8 定義から $J^2 = -1$ は明らか．$x \in U_{\boldsymbol{C}}$ に対し $IJx = I(-\psi^{-1}(x_-) + \psi(x_+)) = -i\psi^{-1}(x_-) - i\psi(x_+)$，$JIx = J(ix_+ - ix_-) = i\psi^{-1}(x_-) + i\psi(x_+)$．よって $IJ = -JI$.

9 $x_+, y_+ \in U_+$ に対し，$S(x_+, y_+) = A(x_+, Iy_+) = iA(x_+, y_+)$ は対称，かつ交代，よって恒等的に $= 0$．同様に $S|_{U_- \times U_-} = A|_{U_- \times U_-} = 0$．また $x, y \in U$ に対し，$P_\pm x = x_\pm$，$P_\pm y = y_\pm$ とおけば

$$
\begin{aligned}
F(x, y) &= A(x, Iy) + iA(x, y) \\
&= A(x_+ + x_-, iy_+ - iy_-) + iA(x_+ + x_-, y_+ + y_-) \\
&= 2iA(x_+ + x_-, y_+) = 2iA(x_-, y_+) = 2S(x_-, y_+).
\end{aligned}
$$

10 定義式 (86) から明らかに (ii), (iii) $\Longleftrightarrow$ (a)．また

$$
\text{(i)} \Longleftrightarrow \begin{cases} F(x, Iy) = F(x, y)i \\ F(x, Jy) = F(x, y)j \end{cases}
$$

$$
\Longleftrightarrow \begin{cases} S(x, Iy) = -A_1(x, y), \quad A_2(x, Iy) = A_3(x, y) \\ S(x, Jy) = -A_2(x, y), \quad A_1(x, Jy) = -A_3(x, y). \end{cases}
$$

最後の四式は明らかに (b) と同値である．次に (86) と (b) から

$$
\begin{aligned}
F(x, y) &= A_1(x, Iy) + iA_1(x, y) - jA_1(x, IJy) - kA_1(x, Jy) \\
&= F_1(x, y) - F_1(x, Jy)j.
\end{aligned}
$$

F_1 は正値エルミット形式である（例 3）が，上式と (86) により

$$
-F_1(x, Jy) = A_2(x, y) + iA_3(x, y),
$$

よってこれは交代的である．

附　録

§2　平面上に任意に座標系をとり，P_0，P_1，P_2 の位置ベクトル（それらは2次元数ベクトル）を $\boldsymbol{x}_0$，$\boldsymbol{x}_1$，$\boldsymbol{x}_2$ とする．そのとき Q_0，Q_1，Q_2 の位置ベクトルはそれぞれ

$$(1-\lambda)\boldsymbol{x}_1+\lambda\boldsymbol{x}_2, \quad (1-\mu)\boldsymbol{x}_2+\mu\boldsymbol{x}_0, \quad (1-\nu)\boldsymbol{x}_0+\nu\boldsymbol{x}_1$$

と表わされる．この三点が同一直線上にあるから

$$\begin{vmatrix}(1-\lambda)\boldsymbol{x}_1+\lambda\boldsymbol{x}_2 & (1-\mu)\boldsymbol{x}_2+\mu\boldsymbol{x}_0 & (1-\nu)\boldsymbol{x}_0+\nu\boldsymbol{x}_1 \\ 1 & 1 & 1\end{vmatrix}=0.$$

この行列式は $\begin{vmatrix}\boldsymbol{x}_0 & \boldsymbol{x}_1 & \boldsymbol{x}_2 \\ 1 & 1 & 1\end{vmatrix}$ と $\begin{vmatrix}0 & \mu & 1-\nu \\ 1-\lambda & 0 & \nu \\ \lambda & 1-\mu & 0\end{vmatrix}$ の積に等しく，前者は $\neq 0$ である．よって

$$\begin{vmatrix}0 & \mu & 1-\nu \\ 1-\lambda & 0 & \nu \\ \lambda & 1-\mu & 0\end{vmatrix}=\lambda\mu\nu+(1-\lambda)(1-\mu)(1-\nu)=0.$$

よって

$$(\overrightarrow{P_1Q_0}:\overrightarrow{P_2Q_0})(\overrightarrow{P_2Q_1}:\overrightarrow{P_0Q_1})(\overrightarrow{P_0Q_2}:\overrightarrow{P_1Q_2})=\frac{\lambda}{\lambda-1}\frac{\mu}{\mu-1}\frac{\nu}{\nu-1}=1.$$

§3　三平面 π_1,π_2,π_3；π_1',π_2,π_3；π_1,π_2',π_3；π_1,π_2,π_3' の交点をそれぞれ P_0，P_1，P_2，P_3 とする．$A=\begin{pmatrix}A_{11} & A_{21} & A_{31} \\ A_{12} & A_{22} & A_{32} \\ A_{13} & A_{23} & A_{33}\end{pmatrix}$ とおけば，Cramer の公式により，P_0，P_1，P_2，P_3 の位置ベクトルはそれぞれ

$$-A^{-1}\begin{pmatrix}B_1 \\ B_2 \\ B_3\end{pmatrix}, \quad -A^{-1}\begin{pmatrix}B_1' \\ B_2 \\ B_3\end{pmatrix}, \quad -A^{-1}\begin{pmatrix}B_1 \\ B_2' \\ B_3\end{pmatrix}, \quad -A^{-1}\begin{pmatrix}B_1 \\ B_2 \\ B_3'\end{pmatrix}$$

で与えられる．よって

$$(\overrightarrow{P_0P_1})=A^{-1}\begin{pmatrix}B_1-B_1' \\ 0 \\ 0\end{pmatrix}, \quad (\overrightarrow{P_0P_2})=A^{-1}\begin{pmatrix}0 \\ B_2-B_2' \\ 0\end{pmatrix}, \quad (\overrightarrow{P_0P_3})=A^{-1}\begin{pmatrix}0 \\ 0 \\ B_3-B_3'\end{pmatrix}.$$

ゆえに (13) により求める体積は

$$\begin{aligned}\mathrm{abs}\left|A^{-1}\begin{pmatrix}B_1-B_1' & 0 & 0 \\ 0 & B_2-B_2' & 0 \\ 0 & 0 & B_3-B_3'\end{pmatrix}\right| \\ =\mathrm{abs}\{|A|^{-1}(B_1-B_1')(B_2-B_2')(B_3-B_3')\}.\end{aligned}$$

§4　1　まず，$V(S_1 \vee S_2) \supset \{\{(\overrightarrow{P_1P_2})\}\} + W_1 + W_2$ は明らか．一方，$(P_1, \{\{(\overrightarrow{P_1P_2})\}\} + W_1 + W_2)$ は $S_1 = (P_1, W_1)$ を含み，また P_2 を含むから $S_2 = (P_2, W_2)$ をも含む．よって，$(P_1, \{\{(\overrightarrow{P_1P_2})\}\} + W_1 + W_2) \supset S_1 \vee S_2$，従って $V(S_1 \vee S_2) \subset \{\{(\overrightarrow{P_1P_2})\}\} + W_1 + W_2$ となり（＊）が成立する．次に，1）を証明しよう．$S_1 \cap S_2 \neq \phi$，$P \in S_1 \cap S_2$ とすれば $(\overrightarrow{P_1P}) \in W_1$，$(\overrightarrow{P_2P}) \in W_2$．よって $(\overrightarrow{P_1P_2}) = (\overrightarrow{P_1P}) - (\overrightarrow{P_2P}) \in W_1 + W_2$．逆に $(\overrightarrow{P_1P_2}) = \boldsymbol{y}_1 + \boldsymbol{y}_2 \in W_1 + W_2$，$\boldsymbol{y}_i \in W_i$ とすれば，$(\overrightarrow{P_1P}) = \boldsymbol{y}_1$ なる点 P は S_1 に属し，$(\overrightarrow{P_2P}) = -\boldsymbol{y}_2$ であるから S_2 にも属する．よって，$S_1 \cap S_2 \neq \phi$．さて $S_1 \cap S_2 \neq \phi$ なるとき，$P_0 \in S_1 \cap S_2$ をとれば，$S_i = (P_0, W_i)$．よって明らかに，$S_1 \cap S_2 = (P_0, W_1 \cap W_2)$，$S_1 \vee S_2 = (P_0, W_1 + W_2)$．従って，$V(S_1 \cap S_2) = W_1 \cap W_2$，$V(S_1 \vee S_2) = W_1 + W_2$ である．これ以外のことはほとんど明らかであろう．

2　平面に一つの座標系を定め，$\boldsymbol{x} \longrightarrow T\boldsymbol{x} + \boldsymbol{a}$ なる Euclid の運動を考える．これが固定点をもつとすれば，$T\boldsymbol{x} + \boldsymbol{a} = \boldsymbol{x}$，すなわち $(T - E)\boldsymbol{x} + \boldsymbol{a} = \boldsymbol{0}$ が解をもつ．またその逆もいえる．さて，$|T - E| \neq 0$ ならば，この方程式は一意的に解ける．その解を $\boldsymbol{x} = \boldsymbol{x}_0$ とし，座標変換 $\boldsymbol{x} = \boldsymbol{x}' + \boldsymbol{x}_0$ を行えば，この運動は $\boldsymbol{x}' \longrightarrow T(\boldsymbol{x}' + \boldsymbol{x}_0) + \boldsymbol{a} - \boldsymbol{x}_0 = T\boldsymbol{x}'$ と表わされる．従ってそれは点 $P_0 : \boldsymbol{x}_0$ を中心とする回転である．次に，$|T - E| = 0$ とすれば，T は 1 を固有値としてもつ．T は 2 次の行列で $|T| = 1$ であるからもう一つの固有値も 1 である．よって $T = E$．従って運動は $\boldsymbol{x} \longrightarrow \boldsymbol{x} + \boldsymbol{a}$ となり，平行移動である．($\boldsymbol{a} \neq \boldsymbol{0}$ ならば固定点なし，$\boldsymbol{a} = \boldsymbol{0}$ ならば，平面のすべての点が固定される．)

§5　1　半径 1 の球の体積は $\dfrac{4}{3}\pi$ であるから，(24) で与えられる楕円体の体積は $\dfrac{4}{3}\dfrac{\pi}{\sqrt{\alpha_1\alpha_2\alpha_3}}$ である．(22) の標準型が (24) であるとすれば，$|A| = \alpha_1\alpha_2\alpha_3$ であるから，(22) で表わされる楕円体の体積は $\dfrac{4}{3}\dfrac{\pi}{\sqrt{|A|}}$ である．

2　α が線対称の軸をもつとし，それが x_3'-軸になるように座標変換すれば，$F'(\boldsymbol{x}')$ における $x_1'x_3'$，$x_2'x_3'$，$x_1'x_2'$ の係数は 0 になる：

$$\widetilde{A}' = \begin{pmatrix} a_{11}' & a_{12}' & 0 & 0 \\ a_{21}' & a_{22}' & 0 & 0 \\ 0 & 0 & a_{33}' & b_3' \\ 0 & 0 & b_3' & c' \end{pmatrix}.$$

さて，α は固有の無心 2 次曲面であるから，$|\widetilde{A}'| = \begin{vmatrix} a_{11}' & a_{12}' \\ a_{21}' & a_{22}' \end{vmatrix} \begin{vmatrix} a_{33}' & b_3' \\ b_3' & c' \end{vmatrix} \neq 0$，

$|A'| = \begin{vmatrix} a_{11}' & a_{12}' \\ a_{21}' & a_{22}' \end{vmatrix} a_{33}' = 0$．よって，$a_{33}' = 0$，$b_3' \neq 0$ となる．従って，新しい単

位ベクトルを $\boldsymbol{e}_1'$, $\boldsymbol{e}_2'$, $\boldsymbol{e}_3'$ とすれば，$\boldsymbol{e}_3'$ は A の固有値 0 に対する固有ベクトルである：$A\boldsymbol{e}_3' = \boldsymbol{0}$. また新しい原点を $O' : \boldsymbol{x}_0$ とすれば，(21) により $A\boldsymbol{x}_0 + \boldsymbol{b} = T\boldsymbol{b}' = T\begin{pmatrix} 0 \\ 0 \\ b_3' \end{pmatrix} = b_3'\boldsymbol{e}_3'$. よって

$$(*) \qquad A\boldsymbol{e}_3' = \boldsymbol{0}, \qquad A\boldsymbol{x}_0 + \boldsymbol{b} = b_3'\boldsymbol{e}_3'.$$

逆にこのような関係を満足する $\boldsymbol{e}_3'$, $\boldsymbol{x}_0$ があれば，点 $O' : \boldsymbol{x}_0$ を通り，方向 $\boldsymbol{e}_3'$ なる直線が α の主軸を与える.

$\boldsymbol{e}_3'$, $\boldsymbol{x}_0$ は次のように求められる：まず，仮定により $\mathrm{rank}\,A = 2$ である.（まず $\mathrm{rank}\,\tilde{A} = 4$ であるから $\mathrm{rank}(A, \boldsymbol{b}) = 3$，よって $2 \leqq \mathrm{rank}\,A \leqq 3$. $|A| = 0$ であるから $\mathrm{rank}\,A = 2$.）従って，A の固有値 0 に対する固有空間は 1 次元である．それを $\{\{\boldsymbol{e}_3'\}\}$ とすれば，$AV^3 \subset \{\{\boldsymbol{e}_3'\}\}^{\perp}$ であるが，$\dim AV^3 = 2$ であるから，$AV^3 = \{\{\boldsymbol{e}_3'\}\}^{\perp}$ となる．よって $\boldsymbol{b}$ の $AV^3 = \{\{\boldsymbol{e}_3'\}\}^{\perp}$ への正射影を $-A\boldsymbol{x}_0$ とすれば，(*) が成立する．$\boldsymbol{x}_0$ は $\boldsymbol{e}_3'$ のスカラー倍を除いて一意的に定まる．よって主軸は一意的に定まる．また

$$F(\boldsymbol{x}_0 + \lambda\boldsymbol{e}_3') = F(\boldsymbol{x}_0) + 2\lambda(\boldsymbol{b}, \boldsymbol{e}_3') = F(\boldsymbol{x}_0) + 2b_3'\lambda, \qquad b_3' \neq 0$$

であるから，$F(\boldsymbol{x}_0 + \lambda\boldsymbol{e}_3') = 0$ となるような λ が一意的に定まる．よって，主軸は α とただ一点で交わる.

索　引

欧文

affine 空間　affine space　277
affine 変換　affine transformation　281
Cauchy の不等式
　Cauchy's inequality　35
Cauchy-Lagrange の等式
　Cauchy-Lagrange's equality　72
Cayley 変換　Cayley transformation　183
Cramer の公式　Cramer's rule　66
Euclid 空間　Euclidean space　275
　—— の部分空間　276
Euclid の運動
　Euclidean motion　280
Frobenius の定理
　Frobenius' theorem　155
G-準同型　G-homomorphism　243
G-同型　G-isomorphism　244
Gauss 平面　Gaussian plane　30
Gram の行列式　Gramian　97, 124
Hadamard の不等式
　Hadamard's inequality　173
Hamilton-Cayley の定理
　Hamilton-Cayley's theorem　143
Jacobi の行列　Jacobian matrix　78
Jacobi の行列式　Jacobian　79
Jacobi の公式　Jacobi's formula　70
Jacobi の等式　Jacobi's identity　197
Jacobi の変形
　Jacobi's transformation　169
Jordan の標準形
　Jordan normal form　157
K-型　K-form　233
Kronecker 積
　Kronecker product　212, 214
Kronecker のデルタ
　Kronecker's delta　12
Laplace 展開　Laplace expansion　231
Lie 環　Lie algebra　194, 197
Lie 群　Lie group　184
Lorentz 群　Lorentz group　188
Menelaus の定理
　Menelaus' theorem　266
Pfaffian　85, 194
Plücker 座標　Plücker coordinates　232
r-ベクトル　r-vector　230
Schmidt の直交化法
　orthonormalization of Schmidt　106
Schur の補題　Schur's lemma　244, 249
Schwarz の不等式
　Schwarz' inequality　35
Sylvester の慣性法則
　Sylvester's law of inertia　167
Sylvester の行列式
　Sylvester's determinant　74
Toeplitz の定理　Toeplitz' theorem　175
totally isotropic　209
Vandermonde の行列式
　Vandermonde's determinant　55
Weyl の公理系　axioms of Weyl　275
Wronski の行列式　Wronskian　138
Young 図形　Young diagram　253

い

位数　order　48
一次形式　linear form　18
一次結合　linear combination　4
一次写像　linear mapping　17, 122
　—— の階数　108, 110
　—— の行列　20
　—— のスカラー倍　21
　—— の和　21
一次従属　linearly dependent　91
一次独立　linearly independent　91, 121
一次変換（ベクトル空間の）
　linear transformation　21
一次変換（変数の）
　linear transformation　18
1 パラメーター部分群
　one-parameter subgroup　196
位置ベクトル　position vector　263, 276
一般解　general solution　117

う

裏返し　reflection　181

え

エルミット行列
　hermitian matrix　163, 176
エルミット形式
　hermitian form　172, 239
　—— の符号数　172
　四元数値の ——　240

か

解空間　solution space　115
階数　rank　108, 110, 219
外積　exterior product　73, 229
外積代数　exterior algebra　230
回転　rotation　30, 181, 280
回転角　angle of rotation　182
回転軸　axis of rotation　184
解ベクトル空間　solution space　115, 136
角　angle　36, 124, 267, 268, 269, 278
核　kernel　108
拡大体　extension field　233
函数行列　functional matrix　78
函数行列式
　functional determinant　78, 79
慣性法則　law of inertia　167
完全可約　completely reducible　242

き

幾何学的ベクトル
　geometric vector　260, 275
奇置換　odd permutation　47
基底　base, basis　100
基本解　fundamental solution(s)　116, 136
基本対称式　fundamental symmetric
　polynomial(s)　49
既約　irreducible　243
逆行列　inverse matrix　14, 64
逆元　inverse element　43
逆置換　inverse permutation　43
逆ベクトル　inverse vector　121
逆変換　inverse transformation　21
行　row　5
鏡映　symmetry, reflection　181
共変テンソル　covariant tensor　219
共変テンソル空間
　covariant tensor space　219
共役（行列の）　conjugate　128
共役（径面, 超平面, 直径, 点の）
　conjugate　288
共役線型　conjugate-linear　35
共役複素数
　conjugate complex number　28
共役部分群　conjugate subgroup　187
行列　matrix　5, 12
　—— の階数　108, 110

——の指数函数　36, 37
——のスカラー倍　6
——の成分　5
——の積　7
——の和　6
一次写像の——　20
共役な——　128
相似な——　128
底の変換の——　127
行列式　determinant　49, 271
——の展開　58, 60
——の特徴づけ　56, 87
行列単位　matrix unit　7
極　pole　288
極化形式　polar form, polarization　165
極超平面　polar, polar hyperplane　288
距離　distance　278

く

偶置換　even permutation　47
グラスマン積　Grassmann product　229
グラスマン代数
Grassmann algebra　225, 229, 230
グラスマン多様体
Grassmann manifold　232
群　group　43
——の行列表現　241
——の線型表現　241
——の表現　241
群行列式　group determinant　83
群多元環　group algebra　251

け

係数拡大　scalar extension　233
係数行列（双一次形式の）
coefficient matrix　33
係数行列（二次形式の）
coefficient matrix　165
係数制限　scalar restriction　236
計量ベクトル空間
metric vector space　123
結合代数　associative algebra　226
原始冪等元
primitive idempotent element　252
原点　origin　276

こ

交換　transposition　45
交換子環　commutor algebra　244
合成写像　composed mapping　21
交代化作用素　alternatizer　220, 223
交代行列　alternating matrix　85, 158, 193
交代群　alternating group　47
交代式　alternating polynomial　46
交代テンソル
alternating tensor　219, 221, 224
交代テンソル空間
alternating tensor space　223
恒等置換
identity, identity permutation　42
恒等変換
identity, identity transformation　21
合同変換　congruent transformation　280
互換　transposition　45
固有空間　eigen-space　139, 149
固有多項式
characteristic polynomial　140
固有値　eigen-value　139, 140
固有ベクトル　eigen-vector　139
固有方程式　characteristic equation　140
コンパクト　compact　186

さ

最小多項式　minimal polynomial　144
差積　difference-product　47
座標　coordinate(s)　276
座標系　coordinate system　276
座標変換　coordinate transformation　279

三角行列　triangular matrix　15
三角不等式
triangular inequality　34, 268

し

次元（表現の）　dimension　241
次元（ベクトル空間の）
dimension　100, 121
四元数　quaternion　29
四元数構造　quaternion structure　239
自己準同型環
endomorphism algebra　227, 244
自己双対的　self-dual　209
辞書式順序　lexicographic order　71
次数（拡大の）　degree　236
次数（多項式の）　degree　49
次数（テンソルの）　degree　219
指数函数（行列の）
exponential function　36, 37
実構造　real structure　235
自明な一次関係式
trivial linear relation　91
自明な解　trivial solution　67
射影空間　projective space　286
—— の部分空間　286
射影子　projection　131, 133, 176
射影変換　projective transformation　286
重一次写像
multilinear mapping　215
終結式　resultant　74, 76
重心座標　barycentric coordinate(s)　265
重複度　multiplicity　248
主軸　principal axis　283
主軸変換
transformation into the principal axis　160, 284
主小行列式　principal minor　170
シュプール　Spur　34
巡回行列式　cyclic determinant　82
巡回置換　cyclic permutation, cycle　44
瞬間回転　infinitesimal rotation　199
準既約　primary　246
準既約成分　primary component　248
準既約分解　primary decomposition　248
準単純行列　semi-simple matrix　147
準同型　homomorphism　241
小行列式
minor, minor determinant　60, 111
消去法　elimination　67, 74
商空間　factor space　205
剰余類空間　residue class space　205

す

数ベクトル　numerical vector　1, 2
数ベクトル空間
numerical vector space　17, 99
スカラー　scalar　2
スカラー行列　scalar matrix　13
スカラー積　scalar product　32
スカラー倍（一次写像の）
scalar multiple　21
スカラー倍（行列の）　scalar multiple　6
スカラー倍（ベクトルの）
scalar multiple　2, 121, 262
スペクトル分解　spectral resolution　177

せ

斉一次式
homogeneous linear polynomial　18
正格直交行列
proper orthogonal matrix　181
正規行列　normal matrix　173, 174
正規直交系　orthonormal system　36, 124
正規直交底　orthonormal basis　104
正系　positive system　273
斉次の元　homogeneous element　226
正射影子　orthogonal projection　133
生成する　generate　99

正則一次変換
non-singular linear transformation 22
正則行列 non-singular matrix 14
正則な二次形式
non-degenerate quadratic form 190
正値 positive 168, 172
正値定符号 positive definite 168
成分（行列の） component 5
成分（ベクトルの）
component 1, 2, 125, 263
正方行列 square matrix 12
積（行列の） product 7
積（置換の） product 42
絶対既約 absolutely irreducible 244
接ベクトル空間
tangent vector space 195
全一次変換群 general linear group 43
全行列環 full matrix algebra 227
全行列群 general linear group 43
線型 linear 17
線型写像 linear mapping 17
線型微分方程式
linear differential equation 39, 135
線型表現 linear representation 241
線型部分空間（Euclid 空間の）
linear subspace 276
線型部分空間（射影空間の）
linear subspace 286
線型部分空間（ベクトル空間の）
linear subspace 99

そ

像 image 108
双一次形式 bilinear form 33, 207
—— の係数行列 33
相似（行列の） similar 128
双対空間 dual space 123, 200, 201
双対写像 dual mapping 34, 206
双対性 duality 203, 204
双対底 dual basis 201
双対表現 dual representation 249

た

体 field 24
対角化可能 diagonalizable 147
対角行列 diagonal matrix 15
対角成分 diagonal component 15
退化次数 nullity 110
対称化作用素 symmetrizer 220, 223
対称行列 symmetric matrix 158
同値な —— 165
対称群 symmetric group 43
対称式 symmetric polynomial 46
対称代数 symmetric algebra 227, 228
対称テンソル
symmetric tensor 219, 221
対称テンソル空間
symmetric tensor space 223
代数学の基本定理 fundamental theorem of algebra 30, 31
代数的閉体
algebraically closed field 245
体積 volume 271, 278
多元環 algebra 226
多元体 division algebra 227
多様体 manifold 184
単位行列 unit matrix 12
単位形式 unit form 187
単位元 unit element, identity 43
単位置換
identity, identity permutation 42
単位点 unit point 276
単位ベクトル unit vector 4
単純多元環 simple algebra 248, 252
単体 simplex 279

ち

置換 permutation, substitution 41

—— の積　42
—— の符号　47
中心　centre　282
超曲面　hypersurface　286
超平面　hyperplane　276, 286
共役な ——　288
直積集合　direct product　ix
直線　line, straight line　277
直和（表現の）　direct sum　242
直和（部分空間の）　direct sum　103
直和（ベクトル空間の）
direct sum　217, 218, 219
直交　orthogonal　36
直交行列　orthogonal matrix　129, 181
直交群　orthogonal group　180, 187
直交座標系
orthogonal coordinate system　276
直交変換
orthogonal transformation　124, 129
直交補空間
orthogonal complement　104, 106, 124

て

底　base, basis　100, 121
テンソル　tensor　219
—— の階数　219
—— の次数　219
テンソル空間　tensor space　219
テンソル積
tensor product　209, 212, 214, 215
テンソル代数　tensor algebra　225, 226
テンソル表現（$\mathfrak{S}_r$ の）
tensor representation　254
テンソル表現（$GL(V)$の）
tensor representation　255
転置行列　transposed matrix　10

と

同型　isomorphic　125, 201
同相　homeomorphic　184
同値（対称行列の）　equivalent　165
同値（表現の）　equivalent　244
同値（有向線分の）　equivalent　260
同値律　equivalence law　128
同値類　equivalence class　128
特殊一次変換群
special linear group　258
特殊解　particular solution　118
特性根　characteristic root　140
特性多項式
characteristic polynomial　140
特性方程式　characteristic equation　140
独立　independent　266, 278
トレイス　trace　34

な

内積　inner product　32, 123, 203, 267
長さ（線分の）　length　278
長さ（ベクトルの）　length
34, 124, 267, 268

に

二次曲面　quadric　281
—— の標準形　284, 285
固有な ——　282
二次形式　quadratic form　164, 165, 189
—— の係数行列　165
—— の標準形　168
—— の符号数　168
零を表わす ——　191
二次超曲面　quadratic hypersurface
285, 287
—— の標準形　285

ね

捩れの位置　skew position　271, 277

は

張る span 99
反傾的 contragradient 204
反傾表現
contragradient representation 249
半正値 positive semi-definite 168
半線型 semi-linear 235, 239
半単純多元環 semi-simple algebra 251
判別式 discriminant 74, 77
反変テンソル contravariant tensor 219
反変テンソル空間
contravariant tensor space 219

ひ

非退化 non-degenerate 208
非退化二次形式
non-degenerate quadratic form 190
左イデヤル left ideal 251
非負値 non-negative 168, 172
表現 representation 241
—— の次元 241
—— の直和 242
同値な —— 244
表現空間 representation space 241
標準形（二次曲面の）
normal form, canonical form 284, 285
標準形（二次形式の）
normal form, canonical form 168
標準形（二次超曲面の）
normal form, canonical form 285
標準形（冪零行列の）
normal form, canonical form 155, 157
標準形（無心二次曲面の）
normal form, canonical form 285
標準形（有心二次曲面の）
normal form, canonical form 284
標準底 standard basis 219, 223
標準的 canonical 202
標数 characteristic 221

ふ

複素化 complexification 235
複素構造 complex structure 237
負系 negative system 273
符号（置換の） sign 47
符号数（エルミット形式の）
signature 172
符号数（二次形式の） signature 168
部分空間（Euclid 空間の） subspace 276
部分空間（射影空間の） subspace 286
部分空間（ベクトル空間の）
subspace 99, 122
—— の直和 103
—— の和 102, 103
部分群 subgroup 47
不変 invariant 148, 242
不変直和因子
invariant direct summand 242
不変部分空間 invariant subspace 242

へ

平行 parallel 266, 277
平行移動 parallel translation 30, 281
平行体 parallelotope 278
冪 power 12
冪等行列 idempotent matrix 131
冪等元 idempotent element 251
冪零行列 nilpotent matrix 144, 155, 157
—— の標準形 155, 157
ベクトル vector 1, 2, 120, 260, 275
—— のスカラー倍 2, 121, 262
—— の成分 1, 2, 125, 263
—— の長さ 34, 124, 267, 268
—— の和 2, 121, 261
ベクトル空間
vector space 17, 99, 119, 120, 275
—— の一次変換 21

　—— の次元　100, 121
　—— の線型部分空間　99
　—— の直和　217, 218, 219
　—— の部分空間　99, 122
ベクトル積　vector product　73, 269
変格直交行列
　improper orthogonal matrix　181

ほ

傍系　coset　48
方向づけ　orientation　273, 274

む

向き　orientation　273
無限遠超平面　hyperplane at infinity　287
無限遠点　point at infinity　287
無限次元　infinite dimensional　121
無限小回転　infinitesimal rotation　199
無心二次曲面　incentral quadric　285
　—— の標準形　285
無心二次超曲面
　incentral quadratic hypersurface　288

ゆ

有限次拡大　finite extension　236
有向線分　directed segment　259
　同値な ——　260
有心二次曲面　central quadric　282
　—— の標準形　284
有心二次超曲面
　central quadratic hypersurface　288
ユニタリー行列　unitary matrix　130, 176
ユニタリー群　unitary group　188
ユニタリー計量　unitary metric　124
ユニタリー変換
　unitary transformation　130

よ

余因子　cofactor　60

る

類　class　128, 261
類別　classification　261

れ

零行列　zero matrix　6
零形式　zero form　191
零ベクトル　zero vector　3, 121
列　column　5
連結　connected　185
連結成分　connected component　185
連立一次方程式
　system of linear equations　64, 114

わ

和（一次写像の）　sum　21
和（行列の）　sum　6
和（部分空間の）　sum　102, 103
和（ベクトルの）　sum　2, 121, 261
歪エルミット行列
　skew-hermitian matrix　164
歪対称行列
　skew-symmetric matrix　158
歪対称テンソル
　skew-symmetric tensor　221

著者略歴

佐武　一郎（さたけ　いちろう）

昭和2年12月25日山口県生まれ．昭和25年東京大学理学部数学科卒業，昭和31年同大学理学部助教授，昭和32〜35年パリ大学ポアンカレ研究所並びに米国プリンストン高級研究所に留学，昭和37年東京大学理学部教授，昭和38年シカゴ大学数学教授，昭和43年カリフォルニア大学教授．東北大学理学部教授，中央大学教授を歴任．理学博士．2014年逝去．

主な著書に Classification theory of semi-simple algebraic groups, Marcel Dekker, New York, 1971. Algebraic structures of symmetric domains, Iwanami Shoten : Tokyo ; Princeton Univ. Press : Princeton, 1980. リー群の話，日本評論社，1982. リー環の話，日本評論社，1987がある．

数学選書 1　**線型代数学（新装版）**

1958年1月20日	第1版発行
1974年1月20日	増補改題第27版発行
2009年3月25日	第66版発行
2015年1月30日	第66版4刷発行
2015年6月5日	新装第1版1刷発行
2016年3月10日	新装第2版1刷発行
2020年5月15日	新装第2版4刷発行

検印
省略

定価はカバーに表示してあります．

著作者　佐武一郎

発行者　吉野和浩

発行所　東京都千代田区四番町 8-1
電　話 03-3262-9166（代）
郵便番号 102-0081
株式会社　裳華房

印刷所　中央印刷株式会社

製本所　牧製本印刷株式会社

一般社団法人
自然科学書協会会員

JCOPY 〈出版者著作権管理機構 委託出版物〉
本書の無断複製は著作権法上での例外を除き禁じられています．複製される場合は，そのつど事前に，出版者著作権管理機構（電話03-5244-5088，FAX03-5244-5089，e-mail: info@jcopy.or.jp）の許諾を得てください．

ISBN 978-4-7853-1316-6

© 佐武一郎，2015　　Printed in Japan

数学選書

1	線型代数学【新装版】	佐武一郎 著	定価（本体 3400 円＋税）
2	ベクトル解析 －力学の理解のために－	岩堀長慶 著	定価（本体 4900 円＋税）
3	解析関数（新版）	田村二郎 著	定価（本体 4300 円＋税）
4	ルベーグ積分入門【新装版】	伊藤清三 著	定価（本体 4200 円＋税）
5	多様体入門【新装版】	松島与三 著	定価（本体 4400 円＋税）
6	可換体論（新版）	永田雅宜 著	定価（本体 4500 円＋税）
7	幾何概論	村上信吾 著	定価（本体 4500 円＋税）
8	有限群の表現	永尾　汎・津島行男 共著	定価（本体 5000 円＋税）
9	代数概論	森田康夫 著	定価（本体 4300 円＋税）
10	代数幾何学	宮西正宜 著	定価（本体 4700 円＋税）
11	リーマン幾何学	酒井　隆 著	定価（本体 6000 円＋税）
12	複素解析概論	野口潤次郎 著	定価（本体 4600 円＋税）
13	偏微分方程式論入門	井川　満 著	定価（本体 4300 円＋税）

数学シリーズ

集合と位相（増補新装版）	内田伏一 著	定価（本体 2600 円＋税）
代数入門 —群と加群—	堀田良之 著	定価（本体 3100 円＋税）
常微分方程式 [OD 版]	島倉紀夫 著	定価（本体 3300 円＋税）
位相幾何学	加藤十吉 著	定価（本体 3800 円＋税）
多変数の微分積分 [OD 版]	大森英樹 著	定価（本体 3200 円＋税）
数理統計学（改訂版）	稲垣宣生 著	定価（本体 3600 円＋税）
関数解析	増田久弥 著	定価（本体 3000 円＋税）
微分積分学	難波　誠 著	定価（本体 2800 円＋税）
測度と積分	折原明夫 著	定価（本体 3500 円＋税）
確 率 論	福島正俊 著	定価（本体 3000 円＋税）

裳華房ホームページ　**https://www.shokabo.co.jp/**